Arbeitsbuch Grundwissen Mathematikstudium

Tilo Arens Rolf Busam Frank Hettlich Christian Karpfinger Hellmuth Stachel

Arbeitsbuch Grundwissen Mathematikstudium

Analysis und Lineare Algebra mit Querverbindungen

Aufgaben, Hinweise, Lösungen und Lösungswege

mit Beiträgen von Klaus Lichtenegger

2. Auflage

Springer Spektrum

Autoren
Tilo Arens, Karlsruher Institut für Technologie (KIT), Karlsruhe, Deutschland
Rolf Busam, Mathematisches Institut, Universität Heidelberg, Heidelberg, Deutschland
Frank Hettlich, Karlsruher Institut für Technologie (KIT), Karlsruhe, Deutschland
Christian Karpfinger, Technische Universität München, München, Deutschland
Hellmuth Stachel, Technische Universität Wien, Wien, Österreich

ISBN 978-3-662-63367-0 ISBN 978-3-662-63368-7 (eBook)
https://doi.org/10.1007/978-3-662-63368-7

Die Deutsche Nationalbibliothek verzeichnet diese Publikation in der Deutschen Nationalbibliografie; detaillierte bibliografische Daten sind im Internet über http://dnb.d-nb.de abrufbar.

Teile des Hauptwerks basieren auf Arens, Hettlich, Karpfinger, Kockelkorn, Lichtenegger, Stachel „Mathematik", ISBN: 978-3-662-64388-4, das für Anwender der Mathematik konzipiert wurde.

Planung und Lektorat: Dr. Andreas Rüdinger, Bianca Alton
Satz: EDV-Beratung Frank Herweg, Laudenbach
Einbandabbildung: © Jos Leys
Einbandentwurf: deblik, Berlin

Springer Spektrum ist ein Imprint der eingetragenen Gesellschaft Springer-Verlag GmbH, DE und ist ein Teil von Springer Nature.

Die Anschrift der Gesellschaft ist: Heidelberger Platz 3, 14197 Berlin, Germany

Vorbemerkungen

Auf verschiedentlichen Wunsch bieten wir alle Aufgaben des Buchs Arens et al., *Grundwissen Mathematikstudium – Analysis und Lineare Algebra mit Querverbindungen* mit Hinweisen, Lösungen und Lösungswegen als gedrucktes Buch. Die Inhalte des Buchs stehen als PDF-Dateien auf der Website des Verlags zur Verfügung.

Die Aufgaben gliedern sich in drei Kategorien: Anhand der *Verständnisfragen* können Sie prüfen, ob Sie die Begriffe und zentralen Aussagen verstanden haben, mit den *Rechenaufgaben* üben Sie Ihre technischen Fertigkeiten und die *Beweisaufgaben* geben Ihnen Gelegenheit, zu lernen, wie man Beweise findet und führt.

Ein Punktesystem unterscheidet leichte Aufgaben •, mittelschwere •• und anspruchsvolle ••• Aufgaben. Die Lösungshinweise helfen Ihnen, falls Sie bei einer Aufgabe partout nicht weiterkommen. Für einen optimalen Lernerfolg schlagen Sie die Lösungen und Lösungswege bitte erst nach, wenn Sie selber zu einer Lösung gekommen sind.

Verweise auf Seiten, Formeln, Abschnitte und Kapitel beziehen sich auf das Buch *Grundwissen Mathematikstudium – Analysis und Lineare Algebra mit Querverbindungen* von Arens et al.

Wir wünschen Ihnen viel Freude und Spaß mit diesem Arbeitsbuch und in Ihrem Studium.

Der Verlag und die Autoren

Inhaltsverzeichnis

Kapitel 2

Aufgaben

Verständnisfragen

Aufgabe 2.1 • Welche der folgenden Aussagen sind richtig?
Für alle $x \in \mathbb{R}$ gilt:

(a) „$x > 1$ ist hinreichend für $x^2 > 1$."
(b) „$x > 1$ ist notwendig für $x^2 > 1$."
(c) „$x \geq 1$ ist hinreichend für $x^2 > 1$."
(d) „$x \geq 1$ ist notwendig für $x^2 > 1$."

Aufgabe 2.2 •• Wie viele unterschiedliche binäre, also zwei Aussagen verknüpfende Junktoren gibt es?

Rechenaufgaben

Aufgabe 2.3 • Beweisen Sie die Äquivalenzen:

$$(A \vee B) \Leftrightarrow \neg(\neg A \wedge \neg B),$$
$$(A \wedge B) \Leftrightarrow \neg(\neg A \vee \neg B).$$

Aufgabe 2.4 •• Zeigen Sie die *Transitivität* der Implikation, also die Aussage

$$((A \Rightarrow B) \wedge (B \Rightarrow C)) \Rightarrow (A \Rightarrow C).$$

Beweisaufgaben

Aufgabe 2.5 •• Zeigen Sie durch einen Widerspruchsbeweis, dass $\sqrt{2}$ keine rationale Zahl ist. Formulieren Sie dazu zunächst die beiden Aussagen,
A: „x ist die positive Lösung der Gleichung $x^2 = 2$"
und
B: „Es gibt keine Zahlen $a, b \in \mathbb{Z}$ mit $x = \frac{a}{b}$."

Aufgabe 2.6 •• Geheimrat Gelb, Frau Blau, Herr Grün und Oberst Schwarz werden eines Mordes verdächtigt. Genau einer bzw. eine von ihnen hat den Mord begangen. Beim Verhör sagen sie Folgendes aus:

Geheimrat Gelb: *Ich war es nicht. Der Mord ist im Salon passiert.*

Frau Blau: *Ich war es nicht. Ich war zur Tatzeit mit Oberst Schwarz zusammen in einem Raum.*

Herr Grün: *Ich war es nicht. Frau Blau, Geheimrat Gelb und ich waren zur Tatzeit nicht im Salon.*

Oberst Schwarz: *Ich war es nicht. Aber Geheimrat Gelb war zur Tatzeit im Salon.*

Unter der Annahme, dass die Unschuldigen die Wahrheit gesagt haben, finde man den Täter bzw. die Täterin.

Aufgabe 2.7 •• Es seien A eine Menge und $\mathcal{F}$ eine Menge von Teilmengen von A. Beweisen Sie die folgenden (allgemeineren) Regeln von De Morgan:

$$A \backslash \left(\bigcap_{B \in \mathcal{F}} B \right) = \bigcup_{B \in \mathcal{F}} (A \backslash B) \qquad \text{und}$$
$$A \backslash \left(\bigcup_{B \in \mathcal{F}} B \right) = \bigcap_{B \in \mathcal{F}} (A \backslash B).$$

Aufgabe 2.8 •• Es seien A, B Mengen, $M_1, M_2 \subseteq A$, ferner $N_1, N_2 \subseteq B$ und $f \colon A \to B$ eine Abbildung. Zeigen Sie:

(a) $f(M_1 \cup M_2) = f(M_1) \cup f(M_2)$,
(b) $f^{-1}(N_1 \cup N_2) = f^{-1}(N_1) \cup f^{-1}(N_2)$,
(c) $f^{-1}(N_1 \cap N_2) = f^{-1}(N_1) \cap f^{-1}(N_2)$.

Gilt im Allgemeinen auch $f(M_1 \cap M_2) = f(M_1) \cap f(M_2)$?

Aufgabe 2.9 •• Es seien A, B nichtleere Mengen und $f \colon A \to B$ eine Abbildung. Zeigen Sie:

(a) f ist genau dann injektiv, wenn eine Abbildung $g \colon B \to A$ mit $g \circ f = \mathrm{id}_A$ existiert.
(b) f ist genau dann surjektiv, wenn eine Abbildung $g \colon B \to A$ mit $f \circ g = \mathrm{id}_B$ existiert.

Aufgabe 2.10 •• Es seien A, B, C Mengen und $f \colon A \to B, g \colon B \to C$ Abbildungen.

(a) Zeigen Sie: Ist $g \circ f$ injektiv, so ist auch f injektiv.
(b) Zeigen Sie: Ist $g \circ f$ surjektiv, so ist auch g surjektiv.
(c) Geben Sie ein Beispiel an, in dem $g \circ f$ bijektiv, aber weder g injektiv noch f surjektiv ist.

Aufgabe 2.11 •• Es seien A, B Mengen und $f \colon A \to B$ eine Abbildung. Die Potenzmengen von A bzw. B seien $\mathcal{A}$ bzw. $\mathcal{B}$. Wir betrachten die Abbildung $g \colon \mathcal{B} \to \mathcal{A}, B' \mapsto f^{-1}(B')$. Zeigen Sie:

(a) Es ist f genau dann injektiv, wenn g surjektiv ist.
(b) Es ist f genau dann surjektiv, wenn g injektiv ist.

Aufgabe 2.12 •• Begründen Sie die Bijektivität der auf Seite 46 angegebenen Abbildung

$$f \colon \begin{cases} (-1, 1) \to & \mathbb{R}, \\ x \mapsto & \dfrac{x}{1 - x^2}. \end{cases}$$

Aufgabe 2.13 •• Geben Sie für die folgenden Relationen auf $\mathbb{Z}$ jeweils an, ob sie reflexiv, symmetrisch oder transitiv sind. Welche der Relationen sind Äquivalenzrelationen?

(a) $\rho_1 = \{(m, n) \in \mathbb{Z} \times \mathbb{Z} \mid m \geq n\}$,
(b) $\rho_2 = \{(m, n) \in \mathbb{Z} \times \mathbb{Z} \mid m \cdot n > 0\} \cup \{(0, 0)\}$,
(c) $\rho_3 = \{(m, n) \in \mathbb{Z} \times \mathbb{Z} \mid m = 2n\}$,
(d) $\rho_4 = \{(m, n) \in \mathbb{Z} \times \mathbb{Z} \mid m \leq n + 1\}$,
(e) $\rho_5 = \{(m, n) \in \mathbb{Z} \times \mathbb{Z} \mid m \cdot n \geq -1\}$,
(f) $\rho_6 = \{(m, n) \in \mathbb{Z} \times \mathbb{Z} \mid m = 2\}$.

Aufgabe 2.14 •• Wo steckt der Fehler in der folgenden Argumentation?

Ist $\sim$ eine symmetrische und transitive Relation auf einer Menge M, so folgt für $a, b \in M$ mit $a \sim b$ wegen der Symmetrie auch $b \sim a$. Wegen der Transitivität folgt aus $a \sim b$ und $b \sim a$ auch $a \sim a$. Die Relation $\sim$ ist also eine Äquivalenzrelation.

Aufgabe 2.15 •• Zeigen Sie, dass die folgenden Relationen Äquivalenzrelationen auf A sind. Bestimmen Sie jeweils die Äquivalenzklassen von $(2, 2)$ und $(2, -2)$.

(a) $A = \mathbb{R}^2$, $(a, b) \sim (c, d) \Leftrightarrow a^2 + b^2 = c^2 + d^2$.
(b) $A = \mathbb{R}^2$, $(a, b) \sim (c, d) \Leftrightarrow a \cdot b = c \cdot d$.
(c) $A = \mathbb{R}^2 \setminus \{(0, 0)\}$, $(a, b) \sim (c, d) \Leftrightarrow a \cdot d = b \cdot c$.

Aufgabe 2.16 •• Auf einer Menge A seien zwei Äquivalenzrelationen $\sim$ und $\approx$ gegeben. Dann heißt $\sim$ eine *Vergröberung* von $\approx$, wenn für alle $x, y \in A$ mit $x \approx y$ auch $x \sim y$ gilt.

(a) Es sei $\sim$ eine Vergröberung von $\approx$. Geben Sie eine surjektive Abbildung

$$f\colon A/{\approx} \to A/{\sim}$$

an.

(b) Für $m, n \in \mathbb{N}$ sind durch

$$x \sim y \Leftrightarrow m \mid (x - y)$$

und

$$x \approx y \Leftrightarrow n \mid (x - y)$$

Äquivalenzrelationen auf $\mathbb{Z}$ definiert.

Bestimmen Sie zu $n \in \mathbb{N}$ die Menge aller $m \in \mathbb{N}$, sodass $\sim$ eine Vergröberung von $\approx$ ist.

(c) Geben Sie die Abbildung f aus Teil (a) für $m = 3$ und $n = 6$ explizit an, indem Sie für sämtliche Elemente von $\mathbb{Z}/{\approx}$ das Bild unter f angeben.

Aufgabe 2.17 •• Es sei ρ eine reflexive und transitive Relation auf einer Menge A. Zeigen Sie:

(a) Durch

$$x \sim y \Leftrightarrow ((x, y) \in \rho \quad \text{und} \quad (y, x) \in \rho)$$

wird eine Äquivalenzrelation auf A definiert.

(b) Für $x \in A$ sei $[x] \in A/{\sim}$ die Äquivalenzklasse von x bezüglich $\sim$. Durch

$$[x] \preceq [y] \Leftrightarrow (x, y) \in \rho$$

wird eine Ordnungsrelation auf $A/{\sim}$ definiert.

Aufgabe 2.18 •• Es seien A eine Menge und $\mathcal{P}(A)$ die Potenzmenge von A. Zeigen Sie:

(a) Es gibt eine injektive Abbildung $A \to \mathcal{P}(A)$.
(b) Es gibt keine surjektive Abbildung $A \to \mathcal{P}(A)$.

Hinweise

Verständnisfragen

Aufgabe 2.1 • Bedenken Sie auch den Fall negativer Zahlen.

Aufgabe 2.2 •• Zählen Sie die möglichen Belegungen einer entsprechenden Wahrheitstafel!

Rechenaufgaben

Aufgabe 2.3 • Stellen Sie eine entsprechende Wahrheitstafel auf.

Aufgabe 2.4 •• Stellen Sie eine entsprechende Wahrheitstafel auf.

Beweisaufgaben

Aufgabe 2.5 •• Schreiben Sie x als vollständig gekürzte rationale Zahl, $x = p/q$, und setzen Sie diese Darstellung in $x^2 = 2$ ein.

Aufgabe 2.6 •• Gehen Sie die vier Teilnehmer der Reihe nach durch: Nehmen Sie an, dass der Teilnehmer die Wahrheit sagt. Finden Sie einen Widerspruch?

Aufgabe 2.7 •• Zeigen Sie die Gleichheit der angegebenen Mengen.

Aufgabe 2.8 •• Zeigen Sie die Gleichheit der angegebenen Mengen. Geben Sie für die zusätzliche Fragestellung ein Beispiel einer Abbildung an, bei der die angegebene Gleichheit nicht gilt.

Aufgabe 2.9 •• Beachten Sie das Lemma auf Seite 48.

Aufgabe 2.10 •• Beachten Sie die Definitionen von injektiv und surjektiv.

Aufgabe 2.11 •• Beachten Sie die Definitionen von injektiv und surjektiv.

Aufgabe 2.12 •• Zeigen Sie, dass f injektiv und surjektiv ist.

Aufgabe 2.13 •• Beachten Sie die Definitionen.

Aufgabe 2.14 •• Beachten Sie die Definitionen.

Aufgabe 2.15 •• Sehen Sie nach, wie Äquivalenzklassen definiert sind.

Aufgabe 2.16 •• Vergessen Sie nicht, die Wohldefiniertheit von f zu zeigen.

Aufgabe 2.17 •• Zeigen Sie, dass $\sim$ symmetrisch ist. Für den Teil (b) beachte man die Definition einer Ordnungsrelation.

Aufgabe 2.18 •• Nehmen Sie an, dass es eine surjektive Abbildung $f\colon A \to \mathcal{P}(A)$ gibt, und betrachten Sie die Menge $B = \{x \in A \mid x \notin f(x)\}$.

Lösungen

Verständnisfragen

Aufgabe 2.1 • Nur die erste Aussage ist richtig.

Aufgabe 2.2 •• Es sind 16.

Rechenaufgaben

Aufgabe 2.3 • –

Aufgabe 2.4 •• –

Beweisaufgaben

Aufgabe 2.5 •• –

Aufgabe 2.6 •• Herr Grün war der Täter.

Aufgabe 2.7 •• –

Aufgabe 2.8 •• –

Aufgabe 2.9 •• –

Aufgabe 2.10 •• –

Aufgabe 2.11 •• –

Aufgabe 2.12 •• –

Aufgabe 2.13 •• –

Aufgabe 2.14 •• –

Aufgabe 2.15 •• (a) $(2, 2)$ und $(2, -2)$ liegen in der gleichen Äquivalenzklasse, nämlich dem Kreis um $(0, 0)$ mit Radius $\sqrt{8}$. (b) Die Äquivalenzklasse von $(2, 2)$ ist die Hyperbel, die durch die Gleichung $x \cdot y = 4$ gegeben ist. Die Äquivalenzklasse von $(2, -2)$ ist die Hyperbel, die durch die Gleichung $x \cdot y = -4$ gegeben ist. (c) Die Äquivalenzklasse von $(2, 2)$ ist $g_1 \setminus \{(0, 0)\}$, die Äquivalenzklasse von $(2, -2)$ ist $g_2 \setminus \{(0, 0)\}$, dabei ist g_1 die Gerade durch die Null mit Steigung 1 und g_2 die Gerade durch die Null mit Steigung -1.

Aufgabe 2.16 •• –

Aufgabe 2.17 •• –

Aufgabe 2.18 •• –

Lösungswege

Verständnisfragen

Aufgabe 2.1 • Die erste Aussage stimmt. Wenn $x > 1$ ist, dann ist auch $x^2 > 1$. Die Bedingung $x > 1$ ist aber nicht notwendig für $x^2 > 1$, denn auch die Quadrate von Zahlen x mit $x < -1$ sind größer als eins.

Dass $x \geq 1$ ist, ist nicht hinreichend für $x^2 > 1$, denn im Falle $x = 1$ erhält man $x^2 = 1$. Mit dem gleichen Argument wie oben ist $x \geq 1$ nicht notwendig für $x^2 > 1$.

Aufgabe 2.2 •• Bei zwei Aussagen gibt es vier mögliche Kombinationen von Wahrheitswerten, jeder davon kann entweder w oder f zugewiesen werden. Insgesamt gibt es also $N = 2^4 = 16$ verschiedene Junktoren, zu denen eben auch die vorgestellen $\wedge$, $\vee$, $\Rightarrow$ und $\Leftrightarrow$ gehören.

Rechenaufgaben

Aufgabe 2.3 • Beweis mittels Wahrheitstafel:

A	B	$(A \vee B)$	$\Leftrightarrow$	$\neg$	$(\neg A$	$\wedge$	$\neg B)$
w	w	w	**w**	w	f	f	f
w	f	w	**w**	w	f	f	w
f	w	w	**w**	w	w	f	f
f	f	f	**w**	f	w	w	w

A	B	$(A \wedge B)$	$\Leftrightarrow$	$\neg$	$(\neg A$	$\vee$	$\neg B)$
w	w	w	**w**	w	f	f	f
w	f	f	**w**	f	f	w	w
f	w	f	**w**	f	w	w	f
f	f	f	**w**	f	w	w	w

Aufgabe 2.4 •• Wir führen den Beweis mittels einer Wahrheitstafel. Dazu kürzen wir ab $D = \big((A \Rightarrow B) \wedge (B \Rightarrow C)\big)$ und erhalten

A	B	C	$(A \Rightarrow B)$	$B \Rightarrow C$	D	$A \Rightarrow C$	$D \Rightarrow (A \Rightarrow C)$
w	w	w	w	w	w	w	w
w	w	f	w	f	f	f	w
w	f	w	f	w	f	w	w
w	f	f	f	w	f	f	w
f	w	w	w	w	w	w	w
f	w	f	w	f	f	w	w
f	f	w	w	w	w	w	w
f	f	f	w	w	w	w	w

Die Assoziativgesetze sind die Rechtfertigung für Schreibweisen wie $A_1 \vee A_2 \vee \ldots \vee A_n$ ohne Klammern.

Beweisaufgaben

Aufgabe 2.5 •• Für den Widerspruchsbeweis nehmen wir nun $A \wedge (\neg B)$ an, es gelte also $x^2 = 2$ und x sei rational. Dann lässt sich die Zahl als

$$x = \frac{a}{b}$$

mit ganzen Zahlen a und b schreiben. Diese Darstellung können wir so weit kürzen, bis man einen teilerfremden Bruch

$$x = \frac{p}{q}$$

erhält. Jede rationale Zahl lässt sich so darstellen. Nun ist

$$x^2 = \frac{p^2}{q^2} = 2,$$

also ist

$$p^2 = 2q^2.$$

Demnach ist p^2 eine gerade Zahl. Das Produkt zweier ungerader Zahlen ist aber ungerade, also muss auch p gerade sein. Eine gerade Zahl kann man als $p = 2r$ mit einer ganzen Zahl r darstellen. Das bedeutet

$$p^2 = (2r)^2 = 4r^2.$$

Andererseits ist aber

$$p^2 = 2q^2.$$

Damit ist

$$q^2 = 2r^2,$$

und somit ist auch q gerade. Wenn p und q aber beide gerade sind, ist

$$x = \frac{p}{q}$$

keine teilerfremde Darstellung. Wir haben einen Widerspruch zu unseren Annahmen erhalten. ∎

Aufgabe 2.6 •• Nach der Aussage von Herrn Grün war Geheimrat Gelb zur Tatzeit nicht im Salon. Andererseits behauptet Oberst Schwarz, dass Geheimrat Gelb zur Tatzeit im Salon gewesen sei. Also können Herr Grün und Oberst Schwarz nicht beide die Wahrheit sagen; somit ist einer von beiden der Täter.

Angenommen, Oberst Schwarz sei der Täter. Dann sagen Gelb, Blau und Grün die Wahrheit. Aus der Annahme und der Aussage von Gelb folgt, dass Oberst Schwarz zur Tatzeit im Salon war. Gemäß ihrer Aussage war dann auch Frau Blau zur Tatzeit im Salon. Dies widerspricht der Aussage von Herrn Grün.

Also ist die Annahme falsch und Herr Grün der Täter.

Aufgabe 2.7 •• Es gilt:

$$\begin{aligned} x \in A \setminus \left(\bigcap_{B\in\mathcal{F}} B \right) &\Leftrightarrow x \in A \text{ und } x \notin \bigcap_{B\in\mathcal{F}} B \\ &\Leftrightarrow x \in A \text{ und } x \notin B \text{ für ein } B \in \mathcal{F} \\ &\Leftrightarrow x \in A \setminus B \text{ für ein } B \in \mathcal{F} \\ &\Leftrightarrow x \in \bigcup_{B\in\mathcal{F}} (A \setminus B) . \end{aligned}$$

Die zweite Gleichheit zeigt man analog.

Aufgabe 2.8 •• (a) Es gilt:

$$\begin{aligned} y \in f(M_1 \cup M_2) &\Leftrightarrow \exists x \in M_1 \cup M_2 \text{ mit } y = f(x) \\ &\Leftrightarrow \exists x \in M_1 \text{ mit } y = f(x) \text{ oder } \exists x \in M_2 \\ &\qquad \text{mit } y = f(x) \\ &\Leftrightarrow y \in f(M_1) \text{ oder } y \in f(M_2) \\ &\Leftrightarrow y \in f(M_1) \cup f(M_2) . \end{aligned}$$

(b) Es gilt:

$$\begin{aligned} x \in f^{-1}(N_1 \cup N_2) &\Leftrightarrow f(x) \in N_1 \cup N_2 \\ &\Leftrightarrow f(x) \in N_1 \text{ oder } f(x) \in N_2 \\ &\Leftrightarrow x \in f^{-1}(N_1) \text{ oder } x \in f^{-1}(N_2) \\ &\Leftrightarrow x \in f^{-1}(N_1) \cup f^{-1}(N_2) . \end{aligned}$$

(c) Es gilt:

$$\begin{aligned} x \in f^{-1}(N_1 \cap N_2) &\Leftrightarrow f(x) \in N_1 \cap N_2 \\ &\Leftrightarrow f(x) \in N_1 \text{ und } f(x) \in N_2 \\ &\Leftrightarrow x \in f^{-1}(N_1) \text{ und } x \in f^{-1}(N_2) \\ &\Leftrightarrow x \in f^{-1}(N_1) \cap f^{-1}(N_2) . \end{aligned}$$

Nun zur zusätzlichen Frage. Wegen

$$\begin{aligned} y \in f(M_1 \cap M_2) &\Rightarrow \exists x \in M_1 \cap M_2 \text{ mit } y = f(x) \\ &\Rightarrow y \in f(M_1) \cap f(M_2) \end{aligned}$$

gilt stets $f(M_1 \cap M_2) \subseteq f(M_1) \cap f(M_2)$. Die Gleichheit aber muss nicht gelten, z. B.:

$$A=\{1, 2\},\ B=\{3\},\ M_1=\{1\},\ M_2=\{2\},\ f(1)=3=f(2) .$$

Hier gilt $f(M_1 \cap M_2) = \emptyset$ und $f(M_1) \cap f(M_2) = \{3\}$.

Aufgabe 2.9 •• Aufgrund des Lemmas von Seite 48 sind sowohl bei (a) als auch bei (b) nur die Richtungen $\Rightarrow$ zu zeigen.

(a) Die Abbildung $f\colon A \to B$ sei injektiv. Dann gilt für jedes $b \in f(A)$

$$|f^{-1}(\{b\})| = 1 .$$

Bezeichnen wir mit a_b dieses eindeutig bestimmte Element, so ist $g\colon f(A) \to A,\ b \mapsto a_b$ eine Abbildung. Diese Abbildung setzen wir nun beliebig auf ganz B fort, etwa indem wir $g(b) = a$ für alle $b \in B \setminus f(A)$ für irgendein $a \in A$ festlegen. Diese Abbildung g erfüllt nun für alle $a \in A$

$$(g \circ f)(a) = g(f(a)) = a = \mathrm{id}_A(a) .$$

(b) Die Abbildung $f\colon A \to B$ sei surjektiv. Dann gilt für jedes $b \in B$

$$|f^{-1}(\{b\})| \geq 1 .$$

Insbesondere sind die Mengen $f^{-1}(\{b\})$, $b \in B$, nicht leer. Mit dem Auswahlaxiom können wir nun aus jeder Menge $f^{-1}(\{b\})$ ein Element auswählen, wir bezeichnen dieses zu $b \in B$ gewählte Element mit a_b. Damit erhalten wir eine

Abbildung $g\colon B \to A$, $b \mapsto a_b$. Diese Abbildung g erfüllt nun für alle $b \in B$

$$(f \circ g)(b) = f(g(b)) = b = \mathrm{id}_B(b)\,.$$

Aufgabe 2.10 •• (a) Es sei $g \circ f$ injektiv, und es seien $x, y \in A$ mit $f(x) = f(y)$. Dann ist auch $g \circ f(x) = g(f(x)) = g(f(y)) = g \circ f(y)$. Da $g \circ f$ injektiv ist, folgt $x = y$. Somit ist f injektiv, was zu zeigen war.

(b) Es sei $g \circ f$ surjektiv, und es sei $z \in C$. Da $g \circ f$ surjektiv ist, existiert ein $x \in A$ mit $z = g \circ f(x) = g(f(x))$. Also ist g surjektiv, was zu beweisen war.

(c) Es sei $A = C = \{a\}$ einelementig, $B = \{b, c\}$ zweielementig, $f\colon \{a\} \to \{b, c\}$, $a \mapsto b$, und $g\colon \{b, c\} \to \{a\}$, $b \mapsto a$, $c \mapsto a$. Dann ist f nicht surjektiv, g nicht injektiv aber $g \circ f\colon \{a\} \to \{a\}$, $a \mapsto a$ bijektiv.

Ein anderes, etwas komplizierteres Beispiel: $A := B := C := \mathbb{Z}$ mit den Abbildungen $f := \mathbb{Z} \to \mathbb{Z}$, $m \mapsto 2m$ sowie $g\colon \mathbb{Z} \to \mathbb{Z}$,

$$m \mapsto \begin{cases} \frac{m}{2} & \text{falls } m \text{ gerade,} \\ 0 & \text{sonst.} \end{cases}$$

besitzt die gewünschten Eigenschaften.

Aufgabe 2.11 •• Vorbemerkung: (i) Es sei $f\colon A \to B$ injektiv, und es sei $A' \in \mathcal{A}$.

Dann gilt für $x \in A$:

$$x \in A' \Leftrightarrow f(x) \in f(A') \Leftrightarrow x \in f^{-1}(f(A')).$$

Und das bedeutet $A' = f^{-1}(f(A'))$. (Wo wird die Injektivität benutzt?).

(ii) Nun sei $f\colon A \to B$ surjektiv, und es sei $B' \in \mathfrak{P}(B)$ gegeben.

Dann gilt für $y \in B$:

$$y \in f(f^{-1}(B')) \Leftrightarrow \exists x \in f^{-1}(B') \text{ mit } f(x) = y \Leftrightarrow y \in B'.$$

Und das bedeutet $f(f^{-1}(B')) = B'$. (Wo wird die Surjektivität benutzt?).

Und nun zur Aufgabe:

(a) $\Rightarrow$: Es sei f injektiv, und es sei $A' \in \mathcal{A}$ gegeben. Dann ist $f(A') \in \mathcal{B}$, und es gilt nach (i) der Vorbemerkung:

$$g(f(A')) = f^{-1}(f(A')) = A'.$$

Und das bedeutet, dass g surjektiv ist.

$\Leftarrow$: Es sei g surjektiv, und es seien $x, y \in A$ mit $f(x) = f(y)$ gegeben.

Es existiert zu $\{x\} \in \mathcal{A}$ ein $B' \in \mathcal{B}$ mit $\{x\} = g(B') = f^{-1}(B')$. Also gilt $f(y) = f(x) \in B'$, d. h., $y \in f^{-1}(B') = \{x\}$, somit gilt $x = y$. Und das bedeutet, dass f injektiv ist.

(b) $\Rightarrow$: Es sei f surjektiv, und es seien $B', B'' \in \mathcal{B}$ mit $g(B') = g(B'')$ gegeben. Dann gilt mit (ii) der Vorbemerkung:

$$\begin{aligned} g(B') = g(B'') &\Rightarrow f^{-1}(B') = f^{-1}(B'') \\ &\Rightarrow f(f^{-1}(B')) = f(f^{-1}(B'')) \\ &\Rightarrow B' = B''. \end{aligned}$$

Und das bedeutet, dass g injektiv ist.

$\Leftarrow$: Es sei g injektiv, und es sei $y \in B$ gegeben. Es gilt dann (wegen $\{y\} \neq \emptyset$):

$$f^{-1}(\{y\}) = g(\{y\}) \neq g(\emptyset) = \emptyset.$$

Und damit existiert ein $x \in f^{-1}(\{y\}) \subseteq A$ mit $f(x) = y$, d. h., f ist surjektiv.

Aufgabe 2.12 •• Die Abbildung f ist injektiv: Aus $f(x) = f(y)$ mit $X, y \in (-1, 1)$ folgt:

$$\begin{aligned} \frac{x}{1-x^2} = \frac{y}{1-y^2} &\Leftrightarrow yx^2 + (1-y^2)x - y = 0 \\ &\Leftrightarrow x = y \text{ oder } x = -\frac{1}{y}. \end{aligned}$$

Wegen der Einschränkung $y \in (-1, 1)$ ist nur $x = y$ möglich. Damit ist gezeigt, dass f injektiv ist.

Die Abbildung f ist auch surjektiv: Es sei $a \in \mathbb{R}$. Im Fall $a = 0$ wähle $x = 0$. Daher dürfen wir $a \neq 0$ annehmen. Es gilt:

$$\begin{aligned} \frac{x}{1-x^2} = a \Leftrightarrow x &= -\left(\frac{1}{2a} + \sqrt{\frac{1}{4a^2} + 1}\right) \\ \text{oder } x &= \sqrt{\frac{1}{4a^2} + 1} - \frac{1}{2a}. \end{aligned}$$

Im Fall $a > 0$ ist damit $x = \sqrt{\frac{1}{4a^2} + 1} - \frac{1}{2a} \in (0, 1)$ ein Urbild von a.

Im Fall $a < 0$ ist $x = -\left(\frac{1}{2a} + \sqrt{\frac{1}{4a^2} + 1}\right) \in (-1, 0)$ ein Urbild von a.

Aufgabe 2.13 •• (a) ρ_1 ist offensichtlich reflexiv und transitiv, aber nicht symmetrisch, denn z. B. $6 \geq 4$, aber $4 \not\geq 6$. Somit ist ρ_1 keine Äquivalenzrelation.

(b) ρ_2 ist reflexiv, denn $(0, 0) \in \rho_2$ und $m \cdot m = m^2 > 0$ für alle $m \in \mathbb{Z}\setminus\{0\}$. Die Relation ρ_2 ist auch symmetrisch, denn aus $m \cdot n > 0$ folgt $n \cdot m > 0$. Die Relation ρ_2 ist außerdem transitiv, denn es seien $(m, n), (n, k) \in \rho_2$.
1. Fall $m = 0$: Es folgt $n = 0$ und dann $k = 0$, also $(m, k) = (0, 0) \in \rho_2$.

2. Fall $m > 0$: Es folgt $n > 0$ und dann $k > 0$, also $m \cdot k > 0$, somit $(m, k) \in \rho_2$.
3. Fall $m < 0$: Es folgt $n < 0$ und dann $k < 0$, also $m \cdot k > 0$, somit $(m, k) \in \rho_2$. Also ist ρ_2 eine Äquivalenzrelation.

(c) ρ_3 ist nicht reflexiv, denn $(1, 1) \notin \rho_3$. Ferner: ρ_3 ist nicht symmetrisch, denn $(2, 1) \in \rho_3$, aber $(1, 2) \notin \rho_3$. Die Relation ρ_3 ist nicht transitiv, da $(4, 2), (2, 1) \in \rho_3$ aber $(4, 1) \notin \rho_3$. Also ist ρ_3 keine Äquivalenzrelation.

(d) ρ_4 ist offensichtlich reflexiv. Ferner ist ρ_4 nicht symmetrisch, da $(1, 3) \in \rho_4$, aber $(3, 1) \notin \rho_4$. Die Relation ρ_4 ist nicht transitiv, da z. B. $(2, 1), (1, 0) \in \rho_4$, aber $(2, 0) \notin \rho_4$. Also ist ρ_4 keine Äquivalenzrelation.

(e) ρ_5 ist offensichtlich reflexiv und symmetrisch. Die Relation ρ_5 ist nicht transitiv, da z. B. $(1, -1), (-1, -2) \in \rho_5$, aber $(1, -2) \notin \rho_5$. Also ist ρ_5 keine Äquivalenzrelation.

(f) ρ_6 ist nicht reflexiv, da $(0, 0) \notin \rho_6$. Die Relation ρ_6 ist nicht symmetrisch, da $(2, 0) \in \rho_6$, aber $(0, 2) \notin \rho_6$. Die Relation ρ_6 ist offensichtlich transitiv. Also ist ρ_6 keine Äquivalenzrelation.

Aufgabe 2.14 •• Der Fehler, der in der Argumentation gemacht wurde, liegt einfach darin, dass es durchaus ein Element $x \in A$ geben kann, das zu keinem $y \in A$ äquivalent ist. Z. B. ist $\emptyset \subseteq \mathbb{Z} \times \mathbb{Z}$ eine symmetrische und transitive Relation, die nicht reflexiv ist.

Aufgabe 2.15 •• In dieser Aufgabe seien stets $a, b, c, d, e, f \in \mathbb{R}$.

(a) Wegen $a^2 + b^2 = a^2 + b^2$ für alle $(a, b) \in \mathbb{R}^2$ gilt $(a, b) \sim (a, b)$ für alle $(a, b) \in \mathbb{R}^2$; also ist $\sim$ reflexiv. Aus $(a, b) \sim (c, d)$ folgt $a^2+b^2 = c^2+d^2$, also $c^2+d^2 = a^2+b^2$ und somit $(c, d) \sim (a, b)$. Daher ist $\sim$ auch symmetrisch. Aus $(a, b) \sim (c, d)$ und $(c, d) \sim (e, f)$ folgt $a^2 + b^2 = c^2 + d^2 = e^2 + f^2$, also $(a, b) \sim (e, f)$. Somit ist $\sim$ auch transitiv, also eine Äquivalenzrelation.

$(2, 2)$ und $(2, -2)$ liegen in der gleichen Äquivalenzklasse, nämlich dem Kreis um $(0, 0)$ mit Radius $\sqrt{8}$.

(b) Wegen $a \cdot b = a \cdot b$ für alle $(a, b) \in \mathbb{R}^2$ gilt $(a, b) \sim (a, b)$ für alle $(a, b) \in \mathbb{R}^2$; also ist $\sim$ reflexiv. Aus $(a, b) \sim (c, d)$ folgt $a \cdot b = c \cdot d$, also $c \cdot d = a \cdot b$ und somit $(c, d) \sim (a, b)$. Daher ist $\sim$ auch symmetrisch. Aus $(a, b) \sim (c, d)$ und $(c, d) \sim (e, f)$ folgt $a \cdot b = c \cdot d = e \cdot f$, also $(a, b) \sim (e, f)$. Somit ist $\sim$ auch transitiv, also eine Äquivalenzrelation.

$(2, 2)$ und $(2, -2)$ liegen in unterschiedlichen Äquivalenzklassen. Die Äquivalenzklasse von $(2, 2)$ ist die Hyperbel, die durch die Gleichung $x \cdot y = 4$ gegeben ist. Die Äquivalenzklasse von $(2, -2)$ ist die Hyperbel, die durch die Gleichung $x \cdot y = -4$ gegeben ist.

(c) Wegen $a \cdot b = b \cdot a$ für alle $(a, b) \in A$ gilt $(a, b) \sim (a, b)$ für alle $(a, b) \in A$; also ist $\sim$ reflexiv. Aus $(a, b) \sim (c, d)$ folgt $a \cdot d = b \cdot c$, also $c \cdot b = d \cdot a$ und somit $(c, d) \sim (a, b)$. Daher ist $\sim$ auch symmetrisch. Aus $(a, b) \sim (c, d)$ und $(c, d) \sim (e, f)$ folgt $a \cdot d = b \cdot c$ und $c \cdot f = d \cdot e$. Es folgt weiter $afd = bfc = bde$ und $acf = ade = bce$. Wegen $(c, d) \neq (0, 0)$ gilt $c \neq 0$ oder $d \neq 0$.

1. Fall: $c \neq 0$. Dann ergibt sich $a \cdot f = b \cdot e$, also $(a, b) \sim (e, f)$.

2. Fall: $d \neq 0$. Analog zum 1. Fall folgt $(a, b) \sim (e, f)$.

Also ist $\sim$ auch transitiv, somit eine Äquivalenzrelation.
$(2, 2)$ und $(2, -2)$ liegen in unterschiedlichen Äquivalenzklassen. Es seien g_1 die Gerade durch den Ursprung mit Steigung 1 und g_2 die Gerade durch den Ursprung mit Steigung -1. Die Äquivalenzklasse von $(2, 2)$ ist $g_1 \setminus \{(0, 0)\}$, die Äquivalenzklasse von $(2, -2)$ ist $g_2 \setminus \{(0, 0)\}$.

Aufgabe 2.16 •• Wir verwenden für die Äquivalenzklasse $[x]_\approx$ bzw. $[x]_\sim$ $(x \in A)$ die abkürzende Schreibweise $x_\approx$ bzw. $x_\sim$.

(a) Gesucht ist eine surjektive Abbildung $f\colon A/\approx \to A/\sim$.

Wir betrachten $f\colon x_\approx \to x_\sim$ und stellen fest:

1. Es ist f eine Abbildung: Für $x, y \in A$ mit $x_\approx = y_\approx$ folgt $x \approx y$, also $x \sim y$ und somit $x_\sim = y_\sim$.
2. Es ist f surjektiv: Zu $x_\sim \in A/\sim$ wähle $x_\approx \in A/\approx$. Dann gilt $f(x_\approx) = x_\sim$.

(b) Es sei $n \in \mathbb{N}$.

Es ist $M := \{m \in \mathbb{N} \mid m|n\}$ die gesuchte Menge, denn:

Es sei m ein Teiler von n, also $n = rm$. Dann ist $\sim$ eine Vergröberung von $\approx$.

Für $x, y \in \mathbb{Z}$ gilt:

$$x \approx y \Rightarrow n|(x-y) \Rightarrow rm|(x-y) \Rightarrow m|(x-y).$$

Nun sei $\sim$ eine Vergröberung von $\approx$. Betrachte $[0]_\sim$ und $[0]_\approx$. Es gilt $n \in [0]_\approx \subseteq [0]_\sim$. Folglich gilt $m|n$.

Dies begründet: Es ist $\sim$ genau dann eine Vergröberung von $\approx$, wenn m ein Teiler von n ist. In anderen Worten: Die Menge aller derjenigen m, für die $\sim$ eine Vergröberung von $\approx$ ist, ist genau die Menge aller Teiler von n in $\mathbb{N}$.

(c) Für $m = 3$ und $n = 6$ gilt (mit unserer Kurzschreibweise):

$A/\approx = \{0_\approx, 1_\approx, 2_\approx, 3_\approx, 4_\approx, 5_\approx\}$ und $A/\sim = \{0_\sim, 1_\sim, 2_\sim\}$.

Damit erhalten wir nacheinander (für die Abbildung f aus (a)):

$$f(0_\approx) = 0_\sim, \quad f(1_\approx) = 1_\sim, \quad f(2_\approx) = 2_\sim,$$
$$f(3_\approx) = 0_\sim, \quad f(4_\approx) = 1_\sim, \quad f(5_\approx) = 2_\sim.$$

Aufgabe 2.17 •• Es sei A eine Menge, und ρ sei eine reflexive und transitive Relation auf A.

(a) (i) Es sei $x \in A$. Dann gilt (weil ρ reflexiv ist) $(x, x) \in \rho$ und $(x, x) \in \rho$. Für alle $x \in A$ gilt also $x \sim x$, folglich ist $\sim$ reflexiv.

(ii) Es seien $x, y \in A$ mit $x \sim y$ gegeben. Dann gilt $(x, y) \in \rho$ und $(y, x) \in \rho$. Es folgt $(y, x) \in \rho$ und $(x, y) \in \rho$, d. h., $y \sim x$, folglich ist $\sim$ symmetrisch.

(iii) Es seien $x, y, z \in A$ mit $x \sim y$ und $y \sim z$ gegeben. Dann gilt $((x, y) \in \rho$ und $(y, x) \in \rho)$ und $((y, z) \in \rho$ und $(z, y) \in \rho)$. Es folgt (weil ρ transitiv ist) $(x, z) \in \rho$ und $(z, x) \in \rho$, also $x \sim z$, folglich ist $\sim$ transitiv.

(b) Die Definition von $\preceq$ ist unabhängig von der Wahl der Repräsentanten, denn für $x, x', y, y' \in A$ gilt:

$$\begin{aligned}&[x] = [x'], [y] = [y'] \text{ und } [x] \preceq [y]\\ &\Rightarrow (x, x'), (x', x), (y, y'), (y', y), (x, y) \in \rho,\end{aligned}$$

also (weil ρ transitiv ist): $(x', y') \in \rho$ und damit $[x'] \preceq [y']$.

Und nun zu Reflexivität, Antisymmetrie und Transitivität:

(i) Es sei $[x] \in A/\sim$. Da $(x, x) \in \rho$ ist, gilt $[x] \preceq [x]$, also ist $\preceq$ reflexiv.

(ii) Es seien $[x], [y] \in A/\sim$ mit $[x] \preceq [y]$ und $[y] \preceq [x]$ gegeben. Dann gilt $(x, y) \in \rho$ und $(y, x) \in \rho$, also $x \sim y$. Es folgt $[x] = [y]$, also ist $\preceq$ antisymmetrisch.

(iii) Es seien $[x], [y], [z] \in A/\sim$ mit $[x] \preceq [y]$ und $[y] \preceq [z]$ gegeben. Dann gilt $(x, y) \in \rho$ und $(y, z) \in \rho$, also gilt $(x, z) \in \rho$. Es folgt $[x] \preceq [z]$, also ist $\preceq$ transitiv.

Aufgabe 2.18 •• (a) Die Abbildung $A \to \mathcal{P}(A)$, $x \mapsto \{x\}$ ist offenbar injektiv.

(b) Angenommen, es gibt eine surjektive Abbildung $f: A \to \mathcal{P}(A)$ (für jedes $x \in A$ ist dann $f(x) \subseteq A$).

Wir betrachten $B = \{x \in A \mid x \notin f(x)\} \in \mathcal{P}(A)$.

Weil f surjektiv ist, gibt es ein $x \in A$ mit $f(x) = B$.

1. Fall: $x \in B$. Dann ist $x \in A$ und $x \notin f(x) = B$, ein Widerspruch.
2. Fall: $x \notin B$. Dann ist $x \in A$ und $x \notin B = f(x)$, also doch $x \in B$, auch ein Widerspruch.

Da in beiden Fällen ein Widerspruch eintritt, muss die Annahme falsch sein.

Kapitel 3

Aufgaben

Verständnisfragen

Aufgabe 3.1 •• *Sudoku für Mathematiker.* Es sei $G = \{a, b, c, x, y, z\}$ eine sechselementige Menge mit einer inneren Verknüpfung $\cdot : G \times G \to G$. Vervollständigen Sie die untenstehende Multiplikationstafel unter der Annahme, dass $(G, \cdot)$ eine Gruppe ist.

$\cdot$	a	b	c	x	y	z
a					c	b
b		x	z			
c		y				
x				x		
y						
z		a			x	

Aufgabe 3.2 • Zeigen Sie: In einer Gruppe sind die Gleichungen $x * a = b$ und $a * y = b$ eindeutig nach x bzw. y auflösbar.

Aufgabe 3.3 •• Es sei $K = \{0, 1, a, b\}$ eine Menge mit 4 verschiedenen Elementen. Füllen Sie die folgenden Tabellen unter der Annahme aus, dass $(K, +, \cdot)$ ein Schiefkörper (mit dem neutralen Element 0 bezüglich + und dem neutralen Element 1 bezüglich $\cdot$) ist. Begründen Sie Ihre Wahl.

$+$	0	1	a	b
0				
1				
a				
b				

$\cdot$	0	1	a	b
0				
1				
a				
b				

Aufgabe 3.4 • Kann ein Polynomring $\mathbb{K}[X]$ ein Körper sein?

Aufgabe 3.5 • In welchen Ringen gilt $1 = 0$?

Rechenaufgaben

Aufgabe 3.6 • Untersuchen Sie die folgenden inneren Verknüpfungen $\mathbb{N} \times \mathbb{N} \to \mathbb{N}$ auf Assoziativität, Kommutativität und Existenz von neutralen Elementen.

(a) $(m, n) \mapsto m^n$.
(b) $(m, n) \mapsto \mathrm{kgV}(m, n)$.
(c) $(m, n) \mapsto \mathrm{ggT}(m, n)$.
(d) $(m, n) \mapsto m + n + m\,n$.

Aufgabe 3.7 • Untersuchen Sie die folgenden inneren Verknüpfungen $\mathbb{R} \times \mathbb{R} \to \mathbb{R}$ auf Assoziativität, Kommutativität und Existenz von neutralen Elementen.

(a) $(x, y) \mapsto \sqrt[3]{x^3 + y^3}$. (b) $(x, y) \mapsto x + y - x\,y$.
(c) $(x, y) \mapsto x - y$.

Aufgabe 3.8 •• Es seien die Abbildungen $f_1, \ldots, f_6 : \mathbb{R} \setminus \{0, 1\} \to \mathbb{R} \setminus \{0, 1\}$ definiert durch:

$$f_1(x) = x, \quad f_2(x) = \frac{1}{1-x}, \quad f_3(x) = \frac{x-1}{x},$$
$$f_4(x) = \frac{1}{x}, \quad f_5(x) = \frac{x}{x-1}, \quad f_6(x) = 1 - x.$$

Zeigen Sie, dass die Menge $F = \{f_1, f_2, f_3, f_4, f_5, f_6\}$ mit der inneren Verknüpfung $\circ : (f_i, f_j) \mapsto f_i \circ f_j$, wobei $f_i \circ f_j(x) = f_i(f_j(x))$, eine Gruppe ist. Stellen Sie eine Verknüpfungstafel für $(F, \circ)$ auf.

Aufgabe 3.9 •• Bestimmen Sie alle Untergruppen von $(\mathbb{Z}, +)$.

Aufgabe 3.10 •• Verifizieren Sie, dass $G = \{e, a, b, c\}$ zusammen mit der durch die Tabelle

$\cdot$	e	a	b	c
e	e	a	b	c
a	a	e	c	b
b	b	c	e	a
c	c	b	a	e

definierten Verknüpfung $\cdot : G \times G \to G$ eine abelsche Gruppe ist, und geben Sie alle Untergruppen von G an.

Man nennt $(G, \cdot)$ die **Klein'sche Vierergruppe**.

Aufgabe 3.11 • In $\mathbb{Q}[X]$ dividiere man mit Rest:

(a) $2X^4 - 3X^3 - 4X^2 - 5X + 6$ durch $X^2 - 3X + 1$.
(b) $X^4 - 2X^3 + 4X^2 - 6X + 8$ durch $X - 1$.

Aufgabe 3.12 •• Bestimmen Sie ein Polynom $P \in \mathbb{Z}[X]$ mit der Nullstelle $\sqrt{2} + \sqrt[3]{2}$.

Beweisaufgaben

Aufgabe 3.13 •• Es seien U_1 und U_2 Untergruppen einer Gruppe G. Zeigen Sie:

(a) Es ist $U_1 \cup U_2$ genau dann eine Untergruppe von G, wenn $U_1 \subseteq U_2$ oder $U_2 \subseteq U_1$ gilt.
(b) Aus $U_1 \neq G$ und $U_2 \neq G$ folgt $U_1 \cup U_2 \neq G$.
(c) Geben Sie ein Beispiel für eine Gruppe G und Untergruppen U_1, U_2 an, sodass $U_1 \cup U_2$ keine Untergruppe von G ist.

Aufgabe 3.14 •• Es sei G eine Gruppe. Man zeige:

(a) Ist die Identität Id der einzige Automorphismus von G, so ist G abelsch.
(b) Ist $a \mapsto a^2$ ein Homomorphismus von G, so ist G abelsch.
(c) Ist $a \mapsto a^{-1}$ ein Automorphismus von G, so ist G abelsch.

Aufgabe 3.15 ••• Es sei R ein kommutativer Ring mit 1. Zeigen Sie, dass die Menge $R[[X]] = \{P \mid P : \mathbb{N}_0 \to R\}$ mit den Verknüpfungen $+$ und $\cdot$, die für $P,\ Q \in R[[X]]$ wie folgt erklärt sind:

$$(P + Q)(m) = P(m) + Q(m)\,,\ (P\,Q)(m) = \sum_{i+j=m} P(i)\,Q(j)\,,$$

ein kommutativer Erweiterungsring mit 1 von $R[X]$ ist – der **Ring der formalen Potenzreihen** oder kürzer **Potenzreihenring** über R. Wir schreiben $P = \sum_{i\in\mathbb{N}_0} a_i\, X^i$ oder $\sum_{i=0}^{\infty} a_i\, X^i$ (also $P(i) = a_i$) für $P \in R[[X]]$ und nennen die Elemente aus $R[[X]]$ **Potenzreihen**. Zeigen Sie außerdem:

(a) $R[[X]]$ ist genau dann ein Integritätsbereich, wenn R ein Integritätsbereich ist.
(b) Eine Potenzreihe $P = \sum_{i\in\mathbb{N}_0} a_i\, X^i \in R[[X]]$ ist genau dann invertierbar, wenn a_0 in R invertierbar ist.
(c) Bestimmen Sie in $R[[X]]$ das Inverse von $1 - X$ und $1 - X^2$.

Hinweise

Verständnisfragen

Aufgabe 3.1 •• Ermitteln Sie zuerst das neutrale Element e und beachten Sie, dass in jeder Zeile und jeder Spalte jedes Element genau einmal vorkommt.

Aufgabe 3.2 • Multiplizieren Sie die Gleichungen mit dem Inversen von a.

Aufgabe 3.3 •• Füllen Sie erst die Tafel für die Multiplikation auf. Begründen Sie, dass $a \cdot b = 1$ gilt.

Aufgabe 3.4 • Geben Sie ein nichtinvertierbares Polynom an.

Aufgabe 3.5 • Was ist $1 \cdot x$, falls $1 = 0$?

Rechenaufgaben

Aufgabe 3.6 • Beachten Sie die Definitionen.

Aufgabe 3.7 • Beachten Sie die Definitionen.

Aufgabe 3.8 •• Beginnen Sie mit dem Erstellen der Verknüpfungstafel, Sie erkennen dann, dass alle Elemente invertierbar sind und ein neutrales Element existiert.

Aufgabe 3.9 •• Begründen Sie, dass jede Untergruppe von $(\mathbb{Z}, +)$ von der Form $(n \cdot \mathbb{Z}, +)$ ist.

Aufgabe 3.10 •• Das neutrale Element und die invertierbaren Elemente erkennt man an der Verknüpfungstafel. Das Assoziativgesetz zeigt man durch direktes Nachprüfen.

Aufgabe 3.11 • Man beachte die Division mit Rest.

Aufgabe 3.12 •• Setzen Sie $a = \sqrt{2} + \sqrt[3]{2}$ und betrachten Sie das Element $(a - \sqrt{2})^3$.

Beweisaufgaben

Aufgabe 3.13 •• (a) Nehmen Sie an, es gilt $U_1 \not\subseteq U_2$ und $U_2 \not\subseteq U_1$. Führen Sie dies zu einem Widerspruch. (b) Benutzen Sie den Teil (a). (c) Betrachten Sie z. B. die Klein'sche Vierergruppe.

Aufgabe 3.14 •• (a) Jeder innere Automorphismus ist nach Voraussetzung die Identität. (b), (c) Bilden Sie $a\,b$ ab und verwenden Sie die Kürzungsregeln bzw. invertieren Sie.

Aufgabe 3.15 ••• Gehen Sie analog zur Konstruktion des Polynomrings $R[X]$ vor.

Lösungen

Verständnisfragen

Aufgabe 3.1 ••

	a	b	c	x	y	z
a	x	z	y	a	c	b
b	y	x	z	b	a	c
c	z	y	x	c	b	a
x	a	b	c	x	y	z
y	b	c	a	y	z	x
z	c	a	b	z	x	y

Aufgabe 3.2 • –

Aufgabe 3.3 ••

$+$	0	1	a	b
0	0	1	a	b
1	1	0	b	a
a	a	b	0	1
b	b	a	1	0

$\cdot$	0	1	a	b
0	0	0	0	0
1	0	1	a	b
a	0	a	b	1
b	0	b	1	a

Aufgabe 3.4 • Nein.

Aufgabe 3.5 • Nur im Nullring $\{0\}$.

Rechenaufgaben

Aufgabe 3.6 • (a) Die Verknüpfung ist nicht assoziativ, nicht kommutativ, es gibt kein neutrales Element. (b) Die Verknüpfung ist assoziativ, kommutativ, 1 ist ein neutrales

Element. (c) Die Verknüpfung ist assoziativ, kommutativ, es gibt kein neutrales Element. (d) Die Verknüpfung ist assoziativ, kommutativ, es gibt kein neutrales Element.

Aufgabe 3.7 • (a) Die Verknüpfung ist assoziativ, kommutativ, 0 ist ein neutrales Element. (b) Die Verknüpfung ist assoziativ, kommutativ, 0 ist ein neutrales Element. (c) Die Verknüpfung ist nicht assoziativ, nicht kommutativ, es gibt kein neutrales Element.

Aufgabe 3.8 •• Die Verknüpfungstafel lautet

$\circ$	f_1	f_2	f_3	f_4	f_5	f_6
f_1	f_1	f_2	f_3	f_4	f_5	f_6
f_2	f_2	f_3	f_1	f_5	f_6	f_4
f_3	f_3	f_1	f_2	f_6	f_4	f_5
f_4	f_4	f_6	f_5	f_1	f_3	f_2
f_5	f_5	f_4	f_6	f_2	f_1	f_3
f_6	f_6	f_5	f_4	f_3	f_2	f_1

Aufgabe 3.9 •• Es ist $\{n \cdot \mathbb{Z} \mid n \in \mathbb{N}_0\}$ die Menge aller Untergruppen von $\mathbb{Z} = (\mathbb{Z}, +)$.

Aufgabe 3.10 •• –

Aufgabe 3.11 • (a) $2\,X^4 - 3\,X^3 - 4\,X^2 - 5\,X + 6 = (2\,X^2 + 3\,X + 3)(X^2 - 3\,X + 1) + (X + 3)$.

(b) $X^4 - 2\,X^3 + 4\,X^2 - 6\,X + 8 = (X^3 - X^2 + 3\,X - 3)(X - 1) + 5$.

Aufgabe 3.12 •• $P = X^6 - 6\,X^4 - 4\,X^3 + 12\,X^2 - 24\,X - 4 \in \mathbb{Z}[X]$.

Beweisaufgaben

Aufgabe 3.13 •• –

Aufgabe 3.14 •• –

Aufgabe 3.15 ••• –

Lösungswege

Verständnisfragen

Aufgabe 3.1 •• Um die unvollständige Gruppentafel zu vervollständigen, können folgende Argumente genutzt werden:

(1) In der vierten Spalte und vierten Zeile steht der Eintrag „$x^2 = x$". Daraus folgt, dass x das neutrale Element der Gruppe sein muss. Damit sind bereits alle Eintragungen der vierten Spalte und der vierten Zeile eindeutig festgelegt.

(2) Die in der Gruppentafel angegebenen Gleichungen $ay = c$, $az = b$, $b^2 = x$, usw. sowie die jeweils beim Ausfüllen neu dazukommenden Gleichungen, können (und müssen) verwendet werden (Beispiel siehe unten).

(3) In jeder Zeile und in jeder Spalte kann jedes Element der Gruppe nur genau einmal vorkommen. Sind also in einer Zeile oder Spalte 5 der 6 Eintragungen bekannt, ist der sechste Eintrag bereits eindeutig bestimmt.

Eine Möglichkeit, unsere Gruppentafel auszufüllen, ist die folgende: Wir starten mit der gegebenen Gruppentafel:

	a	b	c	x	y	z
a					c	b
b		x	z			
c		y				
x				x		
y						
z		a			x	

Aus dem Eintrag $x^2 = x$ folgt, dass x das neutrale Element ist, woraus wiederum die Eintragungen der vierten Zeile und Spalte folgen.

	a	b	c	x	y	z
a				a	c	b
b		x	z	b		
c		y		c		
x	a	b	c	x	y	z
y				y		
z		a		z	x	

Nun stehen in der zweiten Spalte vier von sechs Einträgen. Es fehlen die Einträge c und z. In der ersten Zeile der zweiten Spalte kann aber das c *nicht* stehen, weil das c in dieser Zeile schon aufgeführt ist. Also muss dort ein z stehen.

	a	b	c	x	y	z
a		z		a	c	b
b		x	z	b		
c		y		c		
x	a	b	c	x	y	z
y		c		y		
z		a		z	x	

Jetzt benutzen wir die beiden Gleichungen $b^2 = x$ und $bc = z$, um den Eintrag von bz zu bestimmen: $bz = bbc = xc = c$.

	a	b	c	x	y	z
a		z		a	c	b
b		x	z	b		c
c		y		c		
x	a	b	c	x	y	z
y		c		y		
z		a		z	x	

Durch weiteres Anwenden der oben aufgeführten Regeln erhalten wir:

	a	b	c	x	y	z
a	x	z	y	a	c	b
b	y	x	z	b	a	c
c		y		c		
x	a	b	c	x	y	z
y		c		y		
z	c	a	b	z	x	y

Aus dieser unvollständigen Gruppentafel erhalten wir

$$ca = (bz)a = b(za) = bc = z$$

und dann

$$cz = c(ab) = (ca)b = zb = a.$$

Durch weiteres Anwenden der oben aufgeführten Regeln erhalten wir die komplette Gruppentafel

	a	b	c	x	y	z
a	x	z	y	a	c	b
b	y	x	z	b	a	c
c	z	y	x	c	b	a
x	a	b	c	x	y	z
y	b	c	a	y	z	x
z	c	a	b	z	x	y

Aufgabe 3.2 • Die Gleichung $x * a = b$ wird durch $x = b * a^{-1}$ gelöst, denn

$$(b * a^{-1}) * a \overset{(G1)}{=} b * (a^{-1} * a) = b * e \overset{(i)}{=} b\,.$$

Die Lösung ist eindeutig, denn aus $x * a = x' * a = b$ folgt nach der Kürzungsregel (3.2) sogleich $x = x'$.
Analog löst $y = a' * b$ die Gleichung $a * y = b$, denn $a * (a' * b) = (a * a') * b = b$.

Aufgabe 3.3 ••

$+$	0	1	a	b
0	0	1	a	b
1	1	0	b	a
a	a	b	0	1
b	b	a	1	0

$\cdot$	0	1	a	b
0	0	0	0	0
1	0	1	a	b
a	0	a	b	1
b	0	b	1	a

Die Tafel für die Multiplikation: $a \cdot b \in K \setminus \{0\}$. Aus $a \cdot b = a$ folgte $b = 1$ (kann also nicht sein). Aus $a \cdot b = b$ folgte $a = 1$ (kann also auch nicht sein): Es muss also $a \cdot b = 1$ gelten. Damit kann aber nicht $a \cdot a = 1$ gelten (das Inverse zu a ist ja eindeutig bestimmt), und weil aus $a \cdot a = a$ die Gleichung $a = 1$ folgte, muss $a \cdot a = b$ gelten. Weiter muss auch $b \cdot a = 1$ gelten. Es bleibt noch $b \cdot b$ zu bestimmen. Das ist nun aber klar: $b \cdot b = 1$ und $b \cdot b = b$ sind ausgeschlossen, es muss also $b \cdot b = a$ gelten.

Bei der Addition beachte man: $1 + a \in \{0, b\}$ und $1 + b \in \{0, a\}$ (man kann ja „kürzen'').

Annahme: $1 + a = 0$. Dann muss $1 + b = a$ gelten (Eindeutigkeit von Inversen). Es folgt dann:

$$b = a \cdot a = a \cdot (1 + b) = a + a \cdot b = a + 1.$$

Und das ist ein Widerspruch.

Damit ist gezeigt: $1 + a = b$. Ebenso gilt (vertausche die Rollen von a und b) $1 + b = a$.

Es folgt weiter: $1+1 = 0$ (ein Inverses zu 1 muss es ja geben), und damit gilt auch $a + a = a \cdot (1 + 1) = 0 = b \cdot (1 + 1) = b + b$.

Kommentar: Nach einem berühmten Satz von Wedderburn ist jeder endliche Schiefkörper kommutativ, also ein Körper. Man beachte, dass unsere Multiplikationstafel symmetrisch ist (sein muss!).

Aufgabe 3.4 • Das Polynom $X \in \mathbb{K}[X]$ ist in keinem Polynomring $\mathbb{K}[X]$ invertierbar. Wäre nämlich $P \in \mathbb{K}[X]$ invers zu X, so gälte die Gleichung $P \cdot X = 1$. Wegen der Gradformel folgte $\deg P = -1$, ein Widerspruch.

Aufgabe 3.5 • In dem Ring R gelte $1 = 0$, d. h. das Nullelement ist das Einselement. Wegen

$$0 = 0 \cdot x = 1 \cdot x = x$$

für jedes $x \in R$, enthält der Ring R nur das Nullelement 0, d. h. $R = \{0\}$.

Rechenaufgaben

Aufgabe 3.6 • (a) Die Gleichheit $m^{n^k} = (m^n)^k = m^{nk}$ ist für $m, n, k \in \mathbb{N}$ im Allgemeinen nicht erfüllt, so gilt etwa für $m = n = k = 3$: $m^{n^k} = 3^{27} \neq 3^9 = m^{nk}$. Also ist die Verknüpfung nicht assoziativ. Die Verknüpfung ist auch nicht kommutativ, da etwa $3^2 \neq 2^3$ gilt. Aber es gibt ein *rechtsneutrales* Element, nämlich 1, denn es gilt für alle $m \in \mathbb{N}$: $m^1 = m$. Das rechtsneutrale Elemente 1 ist aber nicht *linksneutral*: $1^2 \neq 2$. Da es kein Element e in $\mathbb{N}$ mit $e^n = n$ für alle $n \in \mathbb{N}$ gibt, existiert kein neutrales Element.

(b) Wegen $\mathrm{kgV}(m, \mathrm{kgV}(n, k)) = \mathrm{kgV}(\mathrm{kgV}(m, n), k)$ und $\mathrm{kgV}(m, n) = \mathrm{kgV}(n, m)$ für alle $m, n, k \in \mathbb{N}$ ist die Verknüpfung assoziativ und kommutativ. Wegen $\mathrm{kgV}(1, n) = n$ für jedes $n \in \mathbb{N}$ ist 1 neutrales Element.

(c) Analog zu (b) zeigt man, dass die Verknüpfung assoziativ und kommutativ ist. Jedoch gibt es kein neutrales Element, da $\mathrm{ggT}(e, n) = n$ die Relation $n \mid e$ impliziert.

(d) Wir setzen $m \circ n := m + n + m\,n$ für $m, n \in \mathbb{N}$. Damit gilt für alle $m, n, k \in \mathbb{N}$:

$$\begin{aligned} m \circ (n \circ k) &= m \circ (n + k + n\,k) \\ &= m + (n + k + n\,k) + m\,(n + k + n\,k)\,, \\ (m \circ n) \circ k &= (m + n + m\,n) \circ k \\ &= m + n + m\,n + k + (m + n + m\,n)\,k. \end{aligned}$$

Offenbar gilt also $m \circ (n \circ k) = (m \circ n) \circ k$, sodass die Verknüpfung assoziativ ist. Sie ist offenbar auch kommutativ: $m \circ n = n \circ m$ für alle $m, n \in \mathbb{N}$. Es gibt kein neutrales Element, da $n \circ e = n$ mit $e(1+n) = 0$ gleichwertig ist und diese letzte Gleichung für $n, e \in \mathbb{N}$ nicht erfüllbar ist.

Aufgabe 3.7 • Wir schreiben $\circ$ für die jeweilige Verknüpfung.

(a) Diese Verknüpfung ist assoziativ, da für beliebige $x, y, z \in \mathbb{R}$ gilt:

$$\begin{aligned} x \circ (y \circ z) &= x \circ (\sqrt[3]{y^3 + z^3}) = \sqrt[3]{x^3 + \sqrt[3]{y^3 + z^3}^3} \\ &= \sqrt[3]{x^3 + y^3 + z^3} = \sqrt[3]{\sqrt[3]{x^3 + y^3}^3 + z^3} \\ &= (\sqrt[3]{x^3 + y^3}) \circ z = (x \circ y) \circ z . \end{aligned}$$

Die Verknüpfung ist offenbar kommutativ. Und es ist $0 \in \mathbb{R}$ ein neutrales Element, da $0 \circ x = x$ für alle $x \in \mathbb{R}$ gilt.

(b) Die Verknüpfung ist assoziativ, da für alle $x, y, z \in \mathbb{R}$ gilt:

$$\begin{aligned} x \circ (y \circ z) &= x \circ (y + z - y\,z) \\ &= x + (y + z - y\,z) - x\,(y + z - y\,z), \\ (x \circ y) \circ z &= (x + y - x\,y) \circ z \\ &= x + y - x\,y + z - (x + y - x\,y)\,z, \end{aligned}$$

d. h. $x \circ (y \circ z) = (x \circ y) \circ z$ erfüllt. Wegen $x \circ y = x + y - x\,y = y \circ x$ für alle $x, y \in \mathbb{R}$ ist die Verknüpfung auch kommutativ. Es ist $0 \in \mathbb{R}$ neutrales Element, da $0 \circ x = 0 + x - 0x = x$ für alle $x \in \mathbb{R}$ erfüllt ist.

(c) Diese Verknüpfung ist nicht assoziativ, da etwa $(0 \circ 0) \circ 1 = (0 - 0) - 1 = -1$ und $0 \circ (0 \circ 1) = 0 - (0 - 1) = 1$ gilt. Die Verknüpfung ist auch nicht kommutativ, da $0 \circ 1 = -1 \neq 1 = 1 \circ 0$ gilt. Es existiert das *rechtsneutrale* Element 0, da $x \circ 0 = x - 0 = x$ für jedes $x \in \mathbb{R}$ erfüllt ist, aber dieses Element ist nicht *linksneutral*, da etwa $0 \circ 1 = -1 \neq 1$ gilt.

Aufgabe 3.8 •• Wir beginnen mit der Verknüpfungstafel. Nach einfachen Rechnungen wie etwa $f_2 \circ f_2(x) = \frac{1}{1 - \frac{1}{1-x}} = \frac{x-1}{x} = f_3(x)$ erhalten wir:

$\circ$	f_1	f_2	f_3	f_4	f_5	f_6
f_1	f_1	f_2	f_3	f_4	f_5	f_6
f_2	f_2	f_3	f_1	f_5	f_6	f_4
f_3	f_3	f_1	f_2	f_6	f_4	f_5
f_4	f_4	f_6	f_5	f_1	f_3	f_2
f_5	f_5	f_4	f_6	f_2	f_1	f_3
f_6	f_6	f_5	f_4	f_3	f_2	f_1

Insbesondere erhalten wir, dass f_1 neutrales Element ist. Die Assoziativität ist erfüllt, da die Menge aller Abbildungen von $\mathbb{R} \setminus \{0, 1\}$ in sich bezüglich der Komposition $\circ$ von Abbildungen assoziativ ist. Wir sehen außerdem an der Verknüpfungstafel, dass jedes Element invertierbar ist, da das neutrale Element f_1 in jeder Zeile erscheint und auch $f_j \circ f_i = f_1$ im Falle $f_i \circ f_j = f_1$ gilt. Da die Verknüpfungstafel nicht symmetrisch ist, ist die Verknüpfung nicht abelsch.

Aufgabe 3.9 •• *Behauptung:* Es ist $\{n \cdot \mathbb{Z} \mid n \in \mathbb{N}_0\}$ die Menge aller Untergruppen von $\mathbb{Z} = (\mathbb{Z}, +)$.

Begründung: Wir zeigen:

1. Für jede natürliche Zahl n ist $n \cdot \mathbb{Z}$ eine Untergruppe von $\mathbb{Z}$.
2. Zu jeder Untergruppe U von $\mathbb{Z}$ gibt es eine natürliche Zahl n mit der Eigenschaft $U = n \cdot \mathbb{Z}$.

1. Es sei $n \in \mathbb{N}$. Es gilt: (i) $n \cdot \mathbb{Z} \neq \emptyset$, (ii) $\forall z, z' \in \mathbb{Z}$: $nz + nz' = n(z + z') \in n \cdot \mathbb{Z}$, also $n \cdot \mathbb{Z} + n \cdot \mathbb{Z} \subseteq n \cdot \mathbb{Z}$ und (iii) $\forall z \in \mathbb{Z}$: $-nz = n(-z) \in n \cdot \mathbb{Z}$, also $-n \cdot \mathbb{Z} \subseteq n \cdot \mathbb{Z}$. Es besagen (i), (ii) und (iii), dass $n \cdot \mathbb{Z}$ eine Untergruppe von $\mathbb{Z}$ ist.

2. Es ist $\{0\}$ $(= 0 \cdot \mathbb{Z})$ eine Untergruppe von $\mathbb{Z}$. Daher sei ohne Einschränkung eine Untergruppe $U \neq \{0\}$ gegeben. Weil mit $z \in U$ auch stets $-z \in U$ gilt, gibt es wegen $U \neq \{0\}$ ein kleinstes positives Element $n \neq 0$ in U.

Wir zeigen: $U = n \cdot \mathbb{Z}$. Die Inklusion $n \cdot \mathbb{Z} \subseteq U$ klar. Wir kommen zu $U \subseteq n \cdot \mathbb{Z}$: Es sei $u \in U$. Division von u durch n mit Rest liefert:

$$u = qn + r \quad \text{mit } q \in \mathbb{Z} \text{ und } r \in \{0, \ldots, n-1\}.$$

Und weil nun $n, u \in U$ gilt, ist auch $r = u - qn \in U$. Wegen der Wahl von n als kleinstes positives Element $\neq 0$ in U muss $r = 0$ gelten. Dies liefert aber

$$u = qn \quad \text{mit } q \in \mathbb{Z},$$

also $u \in n \cdot \mathbb{Z}$.

Aufgabe 3.10 •• Die Verknüpfung von $(G, \cdot)$ ist per Definition abgeschlossen. Es ist zu beweisen, dass das Assoziativgesetz gilt:

$$(*) \quad \forall x, y, z \in G: \quad (x \cdot y) \cdot z = x \cdot (y \cdot z).$$

Das sind 64 Gleichungen, die nachzuprüfen sind. Durch Tricks kann man sich viel Arbeit ersparen:

Wenn eines der Elemente x, y, z das neutrale Element e ist, so gilt die Gleichheit in $(*)$ offenbar, also verbleiben 27 Gleichungen, die nachzuprüfen sind. Ohne Einschränkung seien von nun an $x, y, z \in G \setminus \{e\}$.

Wenn die drei Elemente x, y, z verschieden sind (es gilt dann etwa $x \cdot y = z$) gilt die Gleichheit – es steht links und rechts von $=$ jeweils e.

Wenn die drei Elemente x, y, z gleich sind, gilt sowieso Gleichheit.

Es bleiben also nur die Fälle $x = y \neq z$, $x \neq y = z$, $x = z \neq y$ zu betrachten. Und in diesen Fällen gilt jeweils die Gleichheit in $(*)$, weil aus $a \neq b$ stets $a \cdot b \neq a, b, e$ folgt.

Also gilt das Assoziativgesetz. Bezüglich dem (links-) neutralen Element $e \in G$ zu jedem $x \in G$ ein (links-)inverses Element (nämlich x) in G gibt.

Es ist klar, dass die Gruppe abelsch ist – das ist die Symmetrie der Verknüpfungstafel.

Die Untergruppen von $(G, \cdot)$:

Triviale Untergruppen sind G und $\{e\}$.

Behauptung: Für jedes $x \in G \setminus \{e\}$ gilt: Es ist $U := \{e, x\}$ eine Untergruppe von $(G, \cdot)$.

Begründung: (i) $U \neq \emptyset$, (ii) $U \cdot U \subseteq U$, (iii) $U^{-1} \subseteq U$.

Damit haben wir alle zweielementigen Untergruppen: $\{e, a\}$, $\{e, b\}$ und $\{e, c\}$.

Behauptung: Es gibt keine dreielementigen Untergruppen von $(G, \cdot)$.

Begründung: Das liefert der Satz von Lagrange oder direkt: Ist U eine Untergruppe mit drei verschiedenen Elementen von $(G, \cdot)$, so ist mit $x, y \in U$ auch $x \cdot y \in U$. Die (mögliche) Wahl von $x \neq y$ und $x, y \in U \setminus \{e\}$ liefert aber: $x \cdot y \in U \setminus \{e, x, y\}$. Also muss $U = G$ gelten.

Aufgabe 3.11 • Division mit Rest liefert:

(a) $2X^4 - 3X^3 - 4X^2 - 5X + 6 = (2X^2 + 3X + 3)(X^2 - 3X + 1) + (X + 3)$.

(b) $X^4 - 2X^3 + 4X^2 - 6X + 8 = (X^3 - X^2 + 3X - 3)(X - 1) + 5$.

Aufgabe 3.12 •• Für $a = \sqrt{2} + \sqrt[3]{2}$ gilt $(a - \sqrt{2})^3 = 2$, d. h.:

$$
\begin{aligned}
& a^3 - 3\sqrt{2}a^2 + 3 \cdot 2a - 2\sqrt{2} = 2 \\
\Leftrightarrow & (a^3 + 6a - 2)^2 = 2(3a^3 + 2)^2 \\
\Leftrightarrow & a^6 + 36a^2 + 4 + 12a^4 - 4a^3 - 24a = 18a^4 + 24a^2 + 8 \\
\Leftrightarrow & a^6 - 6a^4 - 4a^3 + 12a^2 - 24a - 4 = 0 .
\end{aligned}
$$

Also ist $\sqrt{2} + \sqrt[3]{2}$ Nullstelle des Polynoms $P = X^6 - 6X^4 - 4X^3 + 12X^2 - 24X - 4 \in \mathbb{Z}[X]$.

Beweisaufgaben

Aufgabe 3.13 •• (a) $\Leftarrow$: Diese Richtung ist klar, da etwa aus $U_1 \subseteq U_2$ sogleich $U_1 \cup U_2 = U_2$ folgt.

$\Rightarrow$: Es sei $U_1 \cup U_2$ Untergruppe von G. Angenommen, es gilt $U_1 \not\subseteq U_2$ und $U_2 \not\subseteq U_1$. Dann gibt es $u_1 \in U_1 \setminus U_2$ und $u_2 \in U_2 \setminus U_1$. Da $u_1, u_2 \in U_1 \cup U_2$ und $U_1 \cup U_2$ Untergruppe von G ist, ist auch $u_1 \cdot u_2 \in U_1 \cup U_2$.

1. Fall $u_1 \cdot u_2 \in U_1$: Dann existiert $u_1' \in U_1$ mit $u_1 \cdot u_2 = u_1'$, also $u_1^{-1} \cdot (u_1 \cdot u_2) = u_1^{-1} \cdot u_1' \in U_1$. Somit: $u_2 = e \cdot u_2 = (u_1^{-1} \cdot u_1) \cdot u_2 = u_1^{-1} \cdot (u_1 \cdot u_2) \in U_1$, ein Widerspruch (zu $u_2 \in U_2 \setminus U_1$).

2. Fall $u_1 \cdot u_2 \in U_2$: Analog zum 1. Fall sieht man $u_1 \in U_2$, ebenfalls ein Widerspruch.

Daher ist die Annahme falsch, es folgt also die Behauptung.

(b) Aus $U_1 \cup U_2 = G$ würde nach (a) folgen: $U_1 \subseteq U_2$ oder $U_2 \subseteq U_1$, das hieße $U_2 = G$ oder $U_1 = G$.

(c) Es sei $G = \{e, a, b, c\}$ die Klein'sche Vierergruppe mit den Untergruppen $U_1 = \{e, a\}$ und $U_2 = \{e, b\}$. Dann gilt tatsächlich: $a \cdot b = c \notin U_1 \cup U_2$, also ist $U_1 \cup U_2$ keine Untergruppe von G.

Aufgabe 3.14 ••

(a) Für jedes $a \in G$ ist der innere Automorphismus $\iota_a : x \mapsto a\,x\,a^{-1}$ ein Automorphismus von G, d. h. $\iota_a = \text{Id}$. Somit gilt für jedes $x \in G$ und $a \in G$: $\iota_a(x) = a\,x\,a^{-1} = x$, folglich $a\,x = x\,a$ für alle $a,\ x \in G$. D. h. G ist abelsch.
(b) Da die Abbildung $q : a \mapsto a^2$ ein Homomorphismus ist, gilt für alle $a,\ b \in G$: $(a\,b)\,(a\,b) = (a\,b)^2 = a^2 b^2 = a\,a\,b\,b$. Nach Kürzen von a und b also $b\,a = a\,b$. Folglich ist G abelsch.
(c) Da die Abbildung $\iota : a \mapsto a^{-1}$ ein Automorphismus ist, gilt für alle $a,\ b \in G$: $b^{-1}a^{-1} = (a\,b)^{-1} = a^{-1}b^{-1}$. Nach beidseitigem Invertieren erhalten wir $a\,b = b\,a$, somit ist G abelsch.

Aufgabe 3.15 ••• Es ist klar, dass $R[[X]]$ ein kommutativer Erweiterungsring mit 1 von $R[X]$ ist, es gilt etwa

$$
1 : \begin{cases} \mathbb{N}_0 \to & R \\ n \mapsto & \begin{cases} 1, & \text{falls } n = 0 \\ 0, & \text{falls } n \neq 0 \end{cases} \end{cases} .
$$

(a) Ist $R[[X]]$ ein Integritätsbereich, so auch $R \subseteq R[[X]]$ (nach Identifikation).

Es sei R ein Integritätsbereich. Es seien $P = \sum\limits_{i=m}^{\infty} a_i\,X^i$, $Q = \sum\limits_{j=n}^{\infty} b_j\,X^j \in R[[X]]$ mit $a_m,\ b_n \neq 0$. Dann ist

$$
P\,Q \in a_m\,b_n\,X^{m+n} + R[[X]]\,X^{m+n+1} .
$$

Da R Integritätsbereich ist, ist $a_m\,b_n \neq 0$, also $P\,Q \neq 0$. Also ist $R[[X]]$ nullteilerfrei.

(b) Für einen Ring S sei $S^\times$ die Menge der invertierbaren Element aus S. Mit dieser Bezeichnung ist zu zeigen: $R[[X]]^\times = \{\sum\limits_{i=0}^{\infty} a_i\,X^i \mid a_0 \in R^\times\}$:

$\subseteq$: Es sei $P = \sum\limits_{i=m}^{\infty} a_i\,X^i \in R[[X]]^\times$, $a_m \neq 0$. Dann gibt es ein $Q = \sum\limits_{j=n}^{\infty} b_j\,X^j \in R[[X]]$, $b_n \neq 0$ mit $P\,Q = 1$. Wie in

(a) gezeigt, gilt dann:

$$1 = P\,Q \in a_m\,b_n\,X^{m+n} + R[[X]]\,X^{m+n+1}\,,$$

also $m = n = 0$, $a_0\,b_0 = 1$, also $a_0 \in R^\times$.

$\supseteq$: Es sei $P = \sum_{i=0}^{\infty} a_i\,X^i$, $a_0 \in R^\times$. Wir definieren $Q = \sum_{j=0}^{\infty} b_j\,X^j \in R[[X]]$ rekursiv durch:

$$b_0 = a_0^{-1}$$

und

$$b_j = -a_0^{-1}(a_j\,b_0 + a_{j-1}\,b_1 + \cdots + a_1\,b_{j-1})$$

für $j > 0$. Dann gilt $P\,Q = Q\,P = 1$, also $P \in R[[X]]^\times$.

(c) Aus der Formel in (b) folgt

$$(1 - X)^{-1} = \sum_{i \in \mathbb{N}_0} X^i$$

und

$$(1 - X^2)^{-1} = \sum_{i \in \mathbb{N}_0} X^{2i}\,.$$

Kapitel 4

Aufgaben

Verständnisfragen

Aufgabe 4.1 • Zeigen Sie, dass für beliebige $a, b \in \mathbb{R}$ gilt:

$$\sup\{a, b\} = \max\{a, b\} = \frac{1}{2}(a + b + |a - b|),$$

$$\inf\{a, b\} = \min\{a, b\} = \frac{1}{2}(a + b - |a - b|).$$

Aufgabe 4.2 • Wir haben gezeigt, dass es zu jeder reellen Zahl $a \geq 0$ eine eindeutig bestimmte reelle Zahl $x \geq 0$ gibt, welche $x^2 = a$ erfüllt (Bezeichnung: $x = \sqrt{a}$). Zeigen Sie die folgenden **Rechenregeln für Quadratwurzeln**:

(a) Für $0 \leq a, b \in \mathbb{R}$ gilt:

$$\sqrt{ab} = \sqrt{a}\sqrt{b}.$$

(b) Aus $0 \leq a < b$ folgt $\sqrt{a} < \sqrt{b}$.

Aufgabe 4.3 ••• Eine Teilmenge $M \subseteq \mathbb{R}$ heißt **konvex** genau dann, wenn für alle $x, y \in M$, $x \leq y$ stets $[x, y] \subseteq M$ gilt. Zeigen Sie: $M \subseteq \mathbb{R}$ ist genau dann konvex, wenn M ein Intervall ist.

Aufgabe 4.4 • Beweisen Sie die folgenden drei Aussagen:

(a) Sind M eine endliche Menge und N eine Teilmenge von M ($N \subseteq M$), dann ist auch N endlich, und es gilt $|N| \leq |M|$.

(b) Sind M und N disjunkte endliche Mengen ($M \cap N = \emptyset$), dann ist auch $M \cup N$ endlich, und es gilt $|M \cup N| = |M| + |N|$.

(c) Sind M und N endliche Mengen, dann ist auch $M \times N$ endlich, und es gilt $|M \times N| = |M| \cdot |N|$.

Aufgabe 4.5 • Zeigen Sie, dass je zwei abgeschlossene Intervalle $[\alpha, \beta]$ und $[a, b]$ mit $\alpha, \beta \in \mathbb{R}$ und $\alpha < \beta$ bzw. $a, b \in \mathbb{R}$ und $a < b$ gleichmächtig sind. Wieso gilt diese Aussage auch für offene Intervalle?

Aufgabe 4.6 • Seien $a, b \in \mathbb{R}$, $a < b$. Geben Sie eine bijektive Abbildung $\varphi\colon (-1, 1) \to \mathbb{R}$ an und folgern Sie, dass alle offenen Intervalle (a, b) mit $a < b$ die Mächtigkeit von $\mathbb{R}$ haben.

Aufgabe 4.7 •• Eine reelle oder komplexe Zahl α heißt **algebraisch**, falls es ein Polynom $P \neq 0$ mit $P(\alpha) = 0$ gibt. Dabei seien die Koeffizienten des Polynoms alle ganz. Existiert für eine Zahl α kein solches Polynom, nennen wir diese Zahl **transzendent**.

(a) Zeigen Sie, dass jede rationale Zahl $\alpha = \frac{m}{n}$, $m \in \mathbb{Z}$, $n \in \mathbb{Z} \setminus \{0\}$ algebraisch ist.

(b) Zeigen Sie, dass $\alpha = \sqrt{2}$ algebraisch ist.

(c) Zeigen Sie, dass $\alpha = \mathrm{i}$ algebraisch ist.

(d) Zeigen Sie, dass $\mathbb{A} = \{\alpha \in \mathbb{C} \mid \alpha \text{ ist algebraisch}\}$ abzählbar ist.

(e) Zeigen Sie, dass $\mathbb{T} = \{\alpha \in \mathbb{C} \mid \alpha \text{ ist nicht algebraisch}\}$ überabzählbar ist. Ein $\alpha \in \mathbb{T}$ heißt transzendent.

Aufgabe 4.8 • Zur Festigung der Begriffe „rational" und „irrational" beantworten Sie folgende Fragen:

(a) Wenn a rational und b irrational sind, ist $a + b$ dann notwendig irrational?

(b) Wenn a und b irrational sind, ist $a + b$ dann notwendig irrational?

(c) Wenn a rational und b irrational sind, ist $a \cdot b$ dann notwendig irrational?

(d) Gibt es eine reelle Zahl a, sodass a^2 irrational und a^4 rational sind?

(e) Gibt es zwei irrationale Zahlen a und b, deren Summe und Produkt rational sind?

Aufgabe 4.9 ••• Zeigen Sie, dass

$$\sigma : \mathbb{C} \to \mathbb{C}\colon\ z \mapsto \bar{z}$$

der einzige Körperautomorphismus von $\mathbb{C}$ ist mit $\sigma(x) = x$ für alle $x \in \mathbb{R}$, der von der Identität $\mathrm{id}_{\mathbb{C}}\colon z \mapsto z$ verschieden ist.

Aufgabe 4.10 •• Zeigen Sie, dass es keine Abbildung

$$f\colon \mathbb{C} \setminus \{0\} \to \mathbb{C} \setminus \{0\}$$

gibt mit

(1) $f(zw) = f(z)f(w)$ für alle $z, w \in \mathbb{C} \setminus \{0\}$.

(2) $(f(z))^2 = z$ für alle $z \in \mathbb{C} \setminus \{0\}$.

Mit anderen Worten: es gibt keinen Homomorphismus $f\colon \mathbb{C} \setminus \{0\} \to \mathbb{C} \setminus \{0\}$ mit $(f(z))^2 = z$ für alle $z \in \mathbb{C} \setminus \{0\}$.

Aufgabe 4.11 •• Zeigen Sie der Reihe nach:

(a) $M = \{1\} \cup \{x \in \mathbb{R} \mid x \geq 2\}$ ist induktiv, also $\mathbb{N} \subseteq M$.

(b) Es gibt kein $m \in \mathbb{N}$ mit $1 < m < 2$.

(c) $S = \{n \in \mathbb{N} \mid n - 1 \in \mathbb{N}_0\}$ ist induktiv, also ist $S = \mathbb{N}$.

(d) $T = \{n \in \mathbb{N} \mid \text{ es gibt kein } m \in \mathbb{N} \text{ mit } n < m < n + 1\}$ ist induktiv, also ist $T = \mathbb{N}$.

(e) Sind $m, n \in \mathbb{N}$, und gilt $m < n$, dann ist $m + 1 \leq n$.

Aufgabe 4.12 •• Zeigen Sie, dass die Teilmenge

$$\mathbb{Q}(\sqrt{2}) = \{a + b\sqrt{2} \mid a, b \in \mathbb{Q}\}$$

von $\mathbb{R}$ bezüglich der auf $\mathbb{R}$ erklärten Addition und Multiplikation ein Körper ist. Liegt die reelle Zahl $\sqrt{3}$ in $\mathbb{Q}(\sqrt{2})$?

Aufgabe 4.13 •• Sei $\mathbb{Q}(\mathrm{i}) := \{a + b\mathrm{i} \mid a, b \in \mathbb{Q}\}$. Zeigen Sie, dass $\mathbb{Q}(\mathrm{i})$ bezüglich der in $\mathbb{C}$ gültigen Addition und Multiplikation ein Körper ist.

Aufgabe 4.14 •• Ein Seeräuber hinterließ bei seinem unerwarteten Ableben im Alter von 107 Jahren unter anderem eine Schatzkarte mit eingezeichneter Schatzinsel und folgender Beschreibung:

Geh' direkt vom Galgen zur Palme, dann gleich viele Schritte unter rechtem Winkel nach rechts – steck' die erste Fahne!

Geh' vom Galgen zum Hinkelstein, genauso weit unter rechtem Winkel nach links – steck' die zweite Fahne!

Der Schatz steckt in der Mitte zwischen den beiden Fahnen!

Die Erben starteten sofort eine Expedition zu der kleinen Schatzinsel.

Die Palme und der Hinkelstein waren sofort zu identifizieren. Vom Galgen war keine Spur mehr zu finden. Dennoch stieß man beim ersten Spatenstich auf die Schatztruhe, obwohl man die Schritte von einer (zufälligen und sehr wahrscheinlich) falschen Stelle aus gezählt hatte.

Wie war das möglich? Wo lag der Schatz?

Aufgabe 4.15 ••• Hieronymus B. Einbahn, nach dem in Deutschland viele Straßen benannt sind, entdeckte im Jahr 1789 die Einbahninsel Sun-Tse mit n Orten ($n \in \mathbb{N}$) und genau einem Weg zwischen zwei Orten. Er wollte eine Route finden, auf der jeder Ort genau einmal vorkommt. Die Wege waren jedoch so schmal, dass nur in einer Richtung gefahren werden konnte. Daher hat Krao-Se, der Herrscher der Einbahninsel, nur eine Fahrtrichtung für jede Strecke zwischen zwei Orten zugelassen. Unter Beachtung dieser Regel gelang es Hieronymus B. Einbahn jedoch, eine entsprechende Route zu finden. Wie war das möglich? War dies ein Zufall?

Aufgabe 4.16 •• Sei $\boxed{2} := \{n \in \mathbb{N}_0 \mid \text{es gibt } x, y \in \mathbb{Z} \text{ mit } n = x^2 + y^2\}$. Zeigen Sie, dass 0, 1 und 2 in $\boxed{2}$ enthalten sind und dass mit $n, m \in \boxed{2}$ auch $nm \in \boxed{2}$ folgt. Zeigen Sie ferner, dass die drei Zahlen 5, 401 und 2005 in $\boxed{2}$ liegen. Finden Sie eine konkrete Darstellung von 2005 als Summe von zwei Quadraten ganzer Zahlen.

Rechenaufgaben

Aufgabe 4.17 • Seien a und b positive reelle Zahlen. Man bezeichnet mit

$$A(a, b) := \frac{a+b}{2} \text{ das \textbf{arithmetische}, mit}$$

$$G(a, b) := \sqrt{ab} \text{ das \textbf{geometrische}, mit}$$

$$H(a, b) := \frac{2}{\frac{1}{a} + \frac{1}{b}} \text{ das \textbf{harmonische}, mit}$$

$$Q(a, b) := \sqrt{\frac{a^2 + b^2}{2}} \text{ das \textbf{quadratische} Mittel.}$$

Beweisen Sie die folgende Ungleichungskette für den Fall $a \leq b$:

$$a \leq H(a, b) \leq G(a, b) \leq A(a, b) \leq Q(a, b) \leq b$$

Wann gilt das Gleichheitszeichen?

Aufgabe 4.18 • Bestimmen Sie explizit die folgenden Mengen:

(a) $L_1 := \{x \in \mathbb{R} \mid |3 - 2x| < 5\}$
(b) $L_2 := \{x \in \mathbb{R} \mid x \neq 2 \text{ und } \frac{x+4}{x-2} < x\}$
(c) $L_3 := \{x \in \mathbb{R} \mid x(2 - x) \geq 1 + |x|\}$

und stellen Sie (wenn möglich) L_1, L_2 und L_3 mithilfe von Intervallen dar.

Aufgabe 4.19 •• Zeigen Sie, dass der durch $d(a, b) = |a - b|$ für $a, b \in \mathbb{R}$ definierte Abstand die folgenden Eigenschaften erfüllt:

(M_1) $d(a, b) \geq 0$ und $d(a, b) = 0 \Leftrightarrow a = b$ (positiv definit),
(M_2) $d(a, b) = d(b, a)$ (symmetrisch),
(M_3) $d(a, c) \leq d(a, b) + d(b, c)$ (Dreiecksungleichung).

Dabei sind a, b, c beliebige reelle Zahlen.

Zeigen Sie ferner, dass $d(a, b) \geq 0$ aus den anderen Eigenschaften gefolgert werden kann.

Aufgabe 4.20 •• Wie viele Paare $(x, y) \in \mathbb{Z} \times \mathbb{Z}$ gibt es, die $x^2 + y^2 = 13$ erfüllen? Warum gibt es kein Paar $(x, y) \in \mathbb{Z} \times \mathbb{Z}$ mit $x^2 + y^2 = 3$?

Aufgabe 4.21 •• Wir betrachten das auf D. Hilbert zurückgehende Beispiel der Teilmenge $H = \{3k + 1 \mid k \in \mathbb{N}_0\}$ der natürlichen Zahlen. Wir wollen eine Zahl $n \neq 1$ aus H H-Primzahl nennen, wenn 1 und n die einzigen in H gelegenen Teiler von n sind.

(a) Weisen Sie nach, dass diese Menge bezüglich der Multiplikation abgeschlossen ist.
(b) Geben Sie die ersten 8 Folgeglieder der H-Primzahlen an und weisen Sie nach, dass $100 \in H$ gilt.
(c) Weisen Sie nach, dass sich jede H-Zahl n als ein Produkt von H-Primzahlen darstellen lässt.
(d) Finden Sie in H liegende Zerlegungen von 100 (Tipp: Es gibt derer zwei) und zeigen Sie damit, dass die Zerlegung nicht eindeutig ist.
(e) Weisen Sie jetzt nach, dass die Zahl 10 das Produkt aus 4 und 25 teilt, ohne eine der beiden Faktoren zu teilen. Besitzen die H-Primzahlen die Primelementeigenschaft?

Aufgabe 4.22 • Seien $c_0, c_1, \ldots, c_{n-1}$ reelle Zahlen ($n \in \mathbb{N}$). Zeigen Sie: Gilt für $z \in \mathbb{C}$ die Gleichung

$$z^n + c_{n-1}z^{n-1} + \ldots + c_1 z + c_0 = 0,$$

dann gilt sie auch für $\overline{z}$. Dies kann man auch so ausdrücken: Wenn $z_0 \in \mathbb{C}$ Lösung einer Polynomgleichung mit reellen Koeffizienten ist, so ist auch $\overline{z_0}$ Lösung derselben Gleichung.

Aufgabe 4.23 • Zeigen Sie, dass für beliebige reelle Zahlen a, b gilt:

$$(a+b)^3 = a^3 + 3a^2b + 3ab^2 + b^3,$$

dabei ist $3 := 2 + 1$, $x^3 := xxx$ für $x \in \mathbb{R}$.

Aufgabe 4.24 • Zeigen Sie: Sind $a_1, \ldots, a_n$ reelle Zahlen, dann gilt:

$$a_1^2 + a_2^2 + a_3^2 + \ldots + a_n^2 = 0 \Leftrightarrow a_j = 0 \text{ für } 1 \leq j \leq n.$$

Aufgabe 4.25 •• Bestimmen Sie explizit – falls existent – Supremum und Infimum der folgenden Mengen und untersuchen Sie, ob diese Mengen jeweils ein Maximum oder ein Minimum haben.

(a) $M_1 = \{\frac{1}{n} + \frac{1}{m} \mid n, m \in \mathbb{N}\}$
(b) $M_2 = \{x \in \mathbb{R} \mid x^2 + x + 1 \geq 0\}$
(c) $M_3 = \{x \in \mathbb{Q} \mid x^2 < 9\}$

Aufgabe 4.26 •• Zeigen Sie mit vollständiger Induktion: Sind p Primzahl und $a \in \mathbb{N}_0$, dann ist p ein Teiler von $a^p - a$. Dieser Satz wird **kleiner Fermat'scher Satz** genannt. Seine klassische Formulierung ist $a^{p-1} \equiv 1 \mod p$, die gültig ist, wenn a kein Vielfaches von p ist.

Aufgabe 4.27 •• Seien

$$f_1 = 1, f_2 = 1, f_{n+2} = f_{n+1} + f_n \text{ für alle } n \in \mathbb{N}.$$

(a) Zeigen Sie, dass für alle $n \in \mathbb{N}$ gilt:

$$f_n = \frac{1}{\sqrt{5}}\left[\left(\frac{1+\sqrt{5}}{2}\right)^n - \left(\frac{1-\sqrt{5}}{2}\right)^n\right].$$

(b) Die in dieser Aufgabe definierte Folge f_n heißt **Fibonacci-Folge**. Welchen Größenordnung haben f_{100} und $\frac{f_{101}}{f_{100}}$?

Aufgabe 4.28 •• Versuchen Sie, für die folgenden Summen einen geschlossenen Ausdruck – also eine Summenformel – zu finden und bestätigen Sie diese induktiv oder benutzen Sie geeignete Umformungen bzw. schon bekannte Formeln:

(a) $\frac{1}{1\cdot 2} + \frac{1}{2\cdot 3} + \ldots + \frac{1}{n\cdot(n+1)}$
(b) $1 - 4 + 9 - \ldots + (-1)^{n+1}n^2$
(c) $1 \cdot 2 + 2 \cdot 3 + \ldots + n \cdot (n+1)$
(d) $1 \cdot 2 \cdot 3 + 2 \cdot 3 \cdot 4 + \ldots + n \cdot (n+1) \cdot (n+2)$

Für alle Formeln sei $n \in \mathbb{N}$.

Aufgabe 4.29 •• $\mathbb{Z}[\mathrm{i}] = \{a + b\mathrm{i} \mid a, b \in \mathbb{Z}\}$ ist ein kommutativer Ring (Ring der ganzen Gauß'schen Zahlen) bezüglich der in $\mathbb{C}$ definierten Addition und Multiplikation. Welche Elemente $\alpha \in \mathbb{Z}[\mathrm{i}]$ besitzen ein multiplikatives Inverses in $\mathbb{Z}[\mathrm{i}]$?

Aufgabe 4.30 •• Zeigen Sie: Die in der vorherigen Aufgabe definierte Menge $\mathbb{Z}[\mathrm{i}]$ ist mit der durch $N(\alpha) = N(a + b\mathrm{i}) = a^2 + b^2$ ($\alpha \in \mathbb{Z}[\mathrm{i}]$) definierten Norm ein euklidischer Ring, d. h., zu $\alpha, \beta \in \mathbb{Z}[\mathrm{i}]$, $\beta \neq 0$, gibt es $\gamma, \delta \in \mathbb{Z}[\mathrm{i}]$ für die $\alpha = \gamma\beta + \delta$ und $N(\delta) < N(\beta)$ sind.

Aufgabe 4.31 • Stellen Sie für $z = 1 + 2\mathrm{i}$, $w = 3 + 4\mathrm{i}$ die folgenden komplexen Zahlen in der Form $a + b\mathrm{i}$, $a, b \in \mathbb{R}$, explizit dar:

$$3z + 4w, \quad 2z^2 - z\overline{w}, \quad \frac{w+z}{w-z}, \quad \frac{1-\mathrm{i}z}{1+\mathrm{i}z}.$$

Aufgabe 4.32 •• Beschreiben Sie geometrisch die folgenden Teilmengen von $\mathbb{C}$:

(a) $M_1 = \{z \in \mathbb{C} \mid 0 < \mathrm{Re}\,(\mathrm{i}z) < 1\}$
(b) $M_2 = \{z \in \mathbb{C} \mid |z| = \mathrm{Re}\,(z) + 1\}$
(c) $M_3 = \{z \in \mathbb{C} \mid |z - \mathrm{i}| = |z - 1|\}$
(d) $M_4 = \{z \in \mathbb{C} - \{-1\} \mid |\frac{z}{z+1}| = 2\}$

Aufgabe 4.33 • Zeigen Sie, dass für $z, w \in \mathbb{C}$ gilt:

(a) $|z - w|^2 = |z|^2 - 2\mathrm{Re}\,(z\overline{w}) + |w|^2$
(b) $|z + w|^2 + |z - w|^2 = 2(|z|^2 + |w|^2)$

Warum nennt man die zweite Gleichung Parallelogrammidentität?

Aufgabe 4.34 • Zeigen Sie, dass das Assoziativgesetz der Multiplikation in $\mathbb{C}$ erfüllt ist. Vervollständigen Sie dazu die bereits geführte Rechnung, indem Sie $(ac - bd, ad + bc)(e, f)$ mit $(a, b)(ce - df, cf + de)$ vergleichen! Verwenden Sie dazu nur die Definition der Multiplikation $(a, b)(c, d) := (ac - bd, ad + bc)$!

Aufgabe 4.35 • Schreiben Sie die folgenden komplexen Zahlen in der Normalform $a + b\mathrm{i}$, $a, b \in \mathbb{R}$ und berechnen Sie ihre Beträge:

$$\frac{1}{3+7\mathrm{i}}, \left(\frac{1+\mathrm{i}}{1-\mathrm{i}}\right)^2, \left(-\frac{1}{2} + \frac{\sqrt{3}}{2}\mathrm{i}\right)^3, \left(\frac{1+\mathrm{i}}{\sqrt{2}}\right)^n \text{ mit } n \in \mathbb{N}_0.$$

Aufgabe 4.36 •• Sei c eine komplexe Zahl ungleich null. Zeigen Sie durch Zerlegung in Real- und Imaginärteil, dass für $z \in \mathbb{C}$ die Gleichung

$$z^2 = c$$

genau zwei Lösungen hat. Für eine der Lösungen gilt:

$$\operatorname{Re}(z) = \sqrt{\frac{|c| + \operatorname{Re}(c)}{2}}, \quad \operatorname{Im}(z) = \epsilon\sqrt{\frac{|c| - \operatorname{Re}(c)}{2}}.$$

Dabei ist

$$\epsilon := \begin{cases} +1, & \text{falls } \operatorname{Im} c \geq 0, \\ -1, & \text{falls } \operatorname{Im} c < 0. \end{cases}$$

Die andere Lösung ist das Negative hiervon.

Aufgabe 4.37 • Bestimmen Sie alle Quadratwurzeln von

$$\mathrm{i}\,, \quad 8 - 6\mathrm{i}\,, \quad 5 + 12\mathrm{i}\,.$$

Aufgabe 4.38 • Bestimmen Sie beide Lösungen $z_1 = x_1 + y_1\mathrm{i}$, $z_2 = x_2 + y_2\mathrm{i}$ aus $\mathbb{C}$ mit $x_1, y_1, x_2, y_2 \in \mathbb{R}$ für die Gleichung

$$z^2 - (3 - \mathrm{i})z + 2 - 2\mathrm{i} = 0.$$

Beweisaufgaben

Aufgabe 4.39 ••• Seien A und B nichtleere Teilmengen von $\mathbb{R}$, und es gelte $a \leq b$ für alle $a \in A$ und für alle $b \in B$. Beweisen Sie das **Riemann-Kriterium**: Es gilt

$$\sup A = \inf B$$

genau dann, wenn die folgende Bedingung erfüllt ist:

Zu jedem $\epsilon > 0$ gibt es ein $a \in A$ und ein $b \in B$,

sodass $b - a < \epsilon$ gilt.

Aufgabe 4.40 • Bestimmen Sie alle $n \in \mathbb{N}$, für welche die folgenden Ungleichungen gelten und beweisen Sie Ihre Behauptungen:

(a) $3^n > n^3$
(b) $3^{2^n} < 2^{3^n}$
(c) $1^1 \cdot 2^2 \cdot 3^3 \cdot \ldots \cdot n^n < n^{n(n+1)/2}$
(d) $3(\frac{n}{3})^n \leq n! \leq 2(\frac{n}{2})^n$

Für die letzte Ungleichung dürfen Sie die Ungleichung $\left(1 + \frac{1}{n}\right)^n \leq 3$ ohne Beweis verwenden!

Aufgabe 4.41 • Für $n \in \mathbb{N}$ sei $\mathbb{A}_n := \{1, 2, 3, ..., n\}$. Zeigen Sie, dass es für alle $n > m \in \mathbb{N}$ und für jede Abbildung $\Phi : \mathbb{A}_n \to \mathbb{A}_m$ zwei verschiedene Zahlen $n_1, n_2 \in \mathbb{A}_n$ gibt, für welche gilt:

$$\Phi(n_1) = \Phi(n_2).$$

Folgern Sie, dass es genau dann eine bijektive Abbildung gibt, wenn $n = m$ ist.

Aufgabe 4.42 • Zeigen Sie, dass das Produkt $\mathbb{N} \times \mathbb{N}$ abzählbar ist.

Aufgabe 4.43 • Zeigen Sie: Das Produkt $A \times B$ zweier abzählbarer Mengen ist wieder abzählbar.

Aufgabe 4.44 •• Beweisen Sie folgende Aussage:

Erfüllt eine rationale Zahl x eine Gleichung der Gestalt

$$x^n + c_{n-1}x^{n-1} + \ldots + c_1 x + c_0 = 0,$$

wobei die Koeffizienten c_j $(0 \leq j < n)$ aus $\mathbb{Z}$ sind, dann gilt sogar $x \in \mathbb{Z}$.

Aufgabe 4.45 •• Es gibt einen weit verbreiteten Widerspruchsbeweis für die Aussage, dass $\sqrt{2}$ nicht rational ist. Kennen Sie diesen und können Sie ihn führen?

Aufgabe 4.46 •• Sei $N \in \mathbb{N}$ und $\sqrt{N}$ keine natürliche Zahl. Folgern Sie, dass dann $\sqrt{N}$ irrational ist.

Aufgabe 4.47 •• Satz 20 in Buch IX von Euklids „Elementen" lautet *„Es gibt mehr Primzahlen als jede vorgelegte Anzahl von Primzahlen."* Beweisen Sie diesen Satz und folgern Sie daraus, dass es unendlich viele Primzahlen geben muss.

Aufgabe 4.48 •• Zeigen Sie, dass die reelle Zahl $x := \sqrt{2} + \sqrt{3}$ nicht rational ist. Geben Sie ein möglichst einfaches Polynom p (nicht das Nullpolynom!) mit ganzzahligen Koeffizienten an, für das $p(x) = 0$ gilt.

Aufgabe 4.49 •• Zeigen Sie, dass die Summe

$$\sqrt{2} + \sqrt[3]{2}$$

irrational ist.

Aufgabe 4.50 • Die goldene Zahl $g = \frac{1+\sqrt{5}}{2} \approx 1.618$ genügt der Gleichung $g^2 - g - 1 = 0$. Folgern Sie hieraus, dass g irrational ist.

Aufgabe 4.51 ••• Wir betrachten den Körper $\mathbb{R}(x)$ der rationalen Funktionen in einer Variablen mit reellen Koeffizienten

$$\mathbb{R}(x) := \left\{\frac{p(x)}{q(x)} \mid p, q \text{ reelle Polynome, } q \text{ nicht Nullpolynom}\right\}.$$

Dass diese Menge ein Körper ist, setzen wir an dieser Stelle voraus. Eine rationale Funktion hat damit die Gestalt

$$r(x) = \frac{a_n x^n + a_{n-1}x^{n-1} + \ldots + a_0}{b_m x^m + b_{m-1}x^{m-1} + \ldots + b_0}$$

mit $a_i, b_j \in \mathbb{R}$ und $a_n \neq 0$ bzw. $b_m \neq 0$. Diese Darstellung ist zwar nicht eindeutig (Erweitern und Kürzen!), aber das

Vorzeichen von $a_m b_m$, also dem Produkt der beiden **Führungskoeffizienten**, hängt nicht von der Darstellung ab.

Man definiert nun:

$$P := \{r(x) \in \mathbb{R}(x) \mid a_n b_m > 0\}$$

und vergewissert sich, dass entweder $r \in P$ oder $-r \in P$ gilt, wenn r nicht das Nullpolynom ist, was wir aber mit $a_n \neq 0$ ausgeschlossen haben.

Zeigen Sie, dass dieser angeordnete Körper nicht archimedisch angeordnet ist!

Hinweise

Verständnisfragen

Aufgabe 4.1 • Schauen Sie noch einmal in die Definitionen der beiden Begriffe! Es gibt außerdem einen für diese Aufgabe nützlichen Satz auf Seite 114. Da die reellen Zahlen angeordnet werden können, gilt entweder $a < b, a = b$ oder $a > b$. Mit einer Fallunterscheidung lässt sich so der Betrag in den beiden Gleichungen auflösen.

Aufgabe 4.2 • Die Quadratwurzel $\sqrt{a}$ einer nicht negativen reellen Zahl $a > 0$ ist die **eindeutige** nicht negative Lösung $x \geq 0$ der Gleichung $x^2 = a$. Verwenden Sie diese Definition als Ansatz für ihre Beweise!

Aufgabe 4.3 ••• Man erinnere sich an die Definition der verschiedenen Intervalltypen (S. 110)

Aufgabe 4.4 • Eine endliche Menge mit n Elementen lässt sich mit den natürlichen Zahlen abzählen und daher immer bijektiv auf eine Teilmenge $A_n \subset \mathbb{N}$ abbilden mit $A_n := \{1, 2, \ldots, n\}$. Verwenden Sie dies in Ihren Beweisen.

Aufgabe 4.5 • Suchen Sie eine affine Abbildung. Bilden sie dazu α auf a bzw. β auf b ab. Die Intervalllängen können Sie mit einem „Streckfaktor" berücksichtigen.

Aufgabe 4.6 • Suchen Sie eine Abbildung, bei der die Null auf sich selbst abgebildet wird und die Zahlen ± 1 „Unendlich" als Bildpunkt haben würden.

Aufgabe 4.7 •• (a)–(c) Suchen Sie für die drei Zahlen je ein passendes Polynom.

(d), (e) Wäre die Menge der transzenden Zahlen abzählbar, dann wäre auch die Menge der reellen Zahlen abzählbar, da auch die Menge der algebraischen Zahlen abzählbar ist.

Aufgabe 4.8 • Lesen Sie sich den Abschnitt 4.5 zu den beiden Zahlbereichen durch. Sie können hier am besten mit (Gegen-) Beispielen arbeiten.

Aufgabe 4.9 ••• Lesen Sie sich noch einmal in Kapitel 3 die Definition eines Isomorphismus bzw. im Speziellen die eines Automorphismus durch.

Aufgabe 4.10 •• Nehmen Sie an, es gäbe eine solche Abbildung und führen Sie diese Annahme zu einem Widerspruch.

Aufgabe 4.11 •• Lesen Sie in Abschnitt 4.4 über Zählmengen nach.

Aufgabe 4.12 •• Sie müssen (eigentlich) alle Körpereigenschaften, also die Existenz eines neutralen Elements bzw. eines Inversen der Addition bzw. der Multiplikation, die Abgeschlossenheit bzgl. der Addition bzw. der Multiplikation und das Distributivgesetz einzeln überprüfen!

Aufgabe 4.13 •• Schauen Sie sich Aufgabe 4.12 genau an, die Aufgaben ähneln sich stark.

Aufgabe 4.14 •• Rechnen Sie in $\mathbb{C}$!

Aufgabe 4.15 ••• Mathematisch ausgedrückt behauptet die Aufgabe Folgendes:

Gegeben seien $n \in \mathbb{N}$ verschiedene Orte $o_1, o_2, \ldots, o_n$, sodass zu je zwei Orten o_i, o_j $(1 < i \neq j \leq n)$ genau eine Verbindungsstraße mit Fahrtrichtung $o_i \to o_j$ oder $o_j \to o_i$ existiert. Ob die Fahrtrichtung $o_i \to o_j$ oder $o_j \to o_i$ zulässig ist, liegt an der nicht näher bekannten Festlegung durch den Herrscher Krao-Se. Unabhängig von der Größe von n und von der Wahl der erlaubten Fahrtrichtungen (Pfeilrichtungen) existiert stets ein Weg, der alle Orte genau einmal enthält.

Aufgabe 4.16 •• Die Lösung der Aufgabe wird einfach, wenn wir bemerken, dass die additive Eigenschaft $n = x^2 + y^2$ als eine multiplikative Eigenschaft $n = |x + yi|^2$ umgeformt werden kann. Die Zahlenpaare alle zu entdecken ist eine gewisse Fleißaufgabe, da man für ein einmal gefundenes Zahlenpaar beide Vorzeichen durchwechseln muss und die Reihenfolge tauschen kann.

Rechenaufgaben

Aufgabe 4.17 • Beweisen Sie diese Ungleichungskette schrittweise, beginnend mit $a \leq H(a, b)$, dann $H(a, b) \leq G(a, b)$ bis hin zu $Q(a, b) \leq b$. Sie können die Ungleichungen entweder auflösen oder aber mit der folgenden Aussage starten:

$$0 \leq (a - b)^2.$$

Aufgabe 4.18 • Wir arbeiten mit Fallunterscheidungen. Wenn Sie sich nicht sicher sind, wie man an eine solche Aufgabe herangeht, dann lesen Sie bitte die Box auf Seite 113.

Aufgabe 4.19 •• Für den Betrag gelten die auf Seite 110 notierten Rechenregeln:

(R_1) $|a| \geq 0$ und $|a| = 0 \Leftrightarrow a = 0$,
(R_2) $|a \cdot b| = |a| \cdot |b|$,
(R_3) $|a \pm b| \leq |a| + |b|$.

Diese werden Sie im Folgenden verwenden müssen!

Aufgabe 4.20 •• Probieren Sie einige Paare (x, y). Denken Sie daran, dass $(-x)^2 = x^2 > 0$ für reelles x gilt und dass (y, x) eine Lösung ist, wenn (x, y) eine Lösung von $x^2 + y^2 = 13$ ist.

Aufgabe 4.21 •• Der Fundamentalsatz der elementaren Zahlentheorie findet sich zuerst bei C.F. Gauß in seinen *Disquisitiones Arithmeticae* in Artikel 16 aus dem Jahre 1801.

Aufgabe 4.22 • Betrachten Sie die zur Ausgangsgleichung konjugierte Gleichung

$$\overline{z^n + c_{n-1}z^{n-1} + \ldots + c_1 z} = \overline{0}$$

und folgern Sie

$$\overline{z}^n + c_{n-1}\overline{z}^{n-1} + \ldots + c_1\overline{z} = 0.$$

Benutzen Sie dabei die Rechenregeln für die komplexe Konjugation aus der Übersichtsbox auf Seite 139.

Aufgabe 4.23 • Orientieren Sie sich am vorgeführten Beispiel $(a+b)^2 = a^2 + 2ab + b^2$ auf Seite 105. Definieren Sie zuerst $3 := 2 + 1$ und nutzen Sie die dann die Identität

$$(a+b)^3 = (a+b)^2 \cdot (a+b).$$

Aufgabe 4.24 • Gehen Sie die Gleichung summandenweise an! Was gilt für beliebiges a^2 mit $a \in \mathbb{R}$? Und denken Sie daran, dass der Beweis zwei Richtungen umfassen muss.

Aufgabe 4.25 •• Das Maximum ist das größte Element einer Menge M und nicht immer definiert. Das Supremum ist gleich dem größten Element von M, wenn dieses existiert und sonst die kleinste obere Schranke von M. Für Minimum und Infimum gilt Analoges. Um die Aufgabe zu lösen, machen Sie sich bitte klar, aus welchen Elementen die Mengen bestehen!

Aufgabe 4.26 •• Eine andere Formulierung ist diese: a^p und a lassen zur Zahl p den gleichen Teilerrest: $a^p \equiv a \mod p$.

Der Satz kann mit Induktion nach a beweisen werden; verankern Sie bei $a = 0$. Im Induktionsschluss sollten Sie die Binomialkoeffizienten von $(a+1)^p$ auf Teilbarkeit durch p prüfen.

Aufgabe 4.27 •• Die zu zeigende Formel ist die explizite Form der oben definierten (ziemlich einfachen) rekursiven Formel. Der Ausdruck $\frac{1+\sqrt{5}}{2}$ heißt „goldener Schnitt" (der Betrag von $\frac{1-\sqrt{5}}{2}$ ist sein Kehrwert) und spielt nicht nur in der Kunst eine große Rolle. Da der Ausdruck in $\mathbb{N}$ definiert ist, führt das Beweisprinzip der Induktion zum Erfolg. Allerdings muss man hier zwei aufeinanderfolgende natürliche Zahlen prüfen, da man von n und $n+1$ auf $n+2$ wird schließen müssen, um nachzuweisen, dass der Ausdruck f_{n+2} konsistent mit der rekursiven Definition $f_n + f_{n+1} = f_{n+2}$ ist. Das Prinzip bleibt aber gleich!

Aufgabe 4.28 •• Notieren Sie sich einige Summanden der obigen Summen und suchen Sie Gesetzmäßigkeiten.

Aufgabe 4.29 •• Lesen Sie sich noch einmal die Eigenschaften eines Rings auf Seite 85 durch und weisen Sie diese direkt nach. Versuchen Sie mit systematischem Probieren die gesuchten Elemente α zu finden; es gibt vier Paare.

Aufgabe 4.30 •• Untersuchen Sie, ob der Quotient $\frac{\alpha}{\beta}$ in $\mathbb{Z}[i]$ liegt!

Aufgabe 4.31 • Sie benötigen $i^2 = -1$ und müssen wissen, dass bei $\overline{z}$ der Imaginärteil sein Vorzeichen wechselt. Um mit Brüchen komplexer Zahlen umgehen zu können, sollte man den Bruch mit dem Konjugierten des Nenners erweitern, denn ein Produkt $z\overline{z}$ ist immer reell.

Aufgabe 4.32 •• Fertigen Sie zu den Mengen Skizzen an, indem Sie einige Elemente der jeweiligen Menge bestimmen und in die komplexe Zahlenebene eintragen.

Verwenden Sie die Darstellung $z = x + yi$ mit reellen Parametern x, y und formen Sie die z-Gleichungen der Mengen in algebraische (x, y)-Gleichungen um. Denken Sie dabei daran, dass x der Realteil und y der Imaginärteil von z sind.

Aufgabe 4.33 • Für $z = x + yi$ ist die konjugiert komplexe Zahl $\overline{z}$ definiert als $\overline{z} := x - yi$. Verwenden Sie dies in Ihren Umformungen. Außerdem werden Sie $|z|^2 = z\overline{z}$ und $z + \overline{z} = 2\text{Re}(z)$ benötigen. Machen Sie sich diese Gleichungen klar, bevor Sie sie verwenden!

Aufgabe 4.34 • Schauen Sie sich noch einmal die begonnene Rechnung auf Seite 136 an und gehen Sie nach dem gleichen Schema vor.

Aufgabe 4.35 • Berücksichtigen Sie bei Ihren Rechnungen die Rechenregeln für komplexe Zahlen aus Abschnitt 4.6.

Aufgabe 4.36 •• Gilt $a^2 = b^2$ für beliebige reelle Zahlen a, b, dann gilt $b = \pm a$.

Aufgabe 4.37 • Beginnen Sie mit dem Ansatz $z^2 = \ldots$ und ersetzen Sie $z = x + yi$.

Aufgabe 4.38 • Benutzen Sie die (komplexe) Mitternachtsformel mit $a = 1$, $b = -(3-i) = i-3$ und $c = 2-2i$!

Beweisaufgaben

Aufgabe 4.39 ••• Zwischen A und B liegt offenbar das abgeschlossene Intervall $[\sup A, \inf B]$. Es kann sein, dass dieses Intervall auf einen einzigen Punkt zusammenschrumpft und dann gilt $\sup A = \inf B$. Die Frage, wann $\sup A = \inf B$ gilt, ist zum Beispiel in der Integrationstheorie von großer Bedeutung.

Wie bei jeder „genau dann"-Aussage sind zwei Richtungen zu zeigen. Zuerst beginnt man mit der Aussage „Es gelte $\sup A = \inf B$" und schließt daraus „Zu jedem $\epsilon > 0$ gibt es ein $a \in A$ und ein $b \in B$, sodass $b - a < \epsilon$ gilt". Danach dreht man die Reihenfolge der beiden Aussagen um. Sie werden für diesen Schritt das Fundamental-Lemma (Seite 110) benötigen.

Aufgabe 4.40 • Sie sollten mit Induktionsbeweisen arbeiten: Überprüfen Sie vorerst für einige Zahlen die Aussagen und verankern Sie so die Induktion. Anschließend führen Sie den Induktionsschritt $A(n) \to A(n+1)$ durch. Lesen Sie sich wenn nötig noch einmal Abschnitt 4.4 durch.

Aufgabe 4.41 • Die Aussage erscheint evident, muss aber dennoch bewiesen werden. Für solche auf den ersten Blick „klare" Aussagen führt oft ein Widerspruchsbeweis, der von der Annahme ausgeht, die Aussage sei falsch, zum Erfolg: Meist lässt sich diese Annahme schnell ablehnen und so muss nach dem Prinzip „tertium non datur" die eigentliche Aussage korrekt sein!

Aufgabe 4.42 • Sie können versuchen, eine grafische Abzählbarkeit zu entdecken, ohne die Bijektion explizit aufzuschreiben. Notieren Sie sich hierzu die Paare (n, m) mit $n, m \in \mathbb{N}$ nach diesem Schema:

$$\begin{array}{cccc} (1,1) & (1,2) & (1,3) & \ldots \\ (2,1) & (2,2) & (2,3) & \ldots \\ (3,1) & (3,2) & (3,3) & \ldots \\ \vdots & \vdots & \vdots & \end{array}$$

und zählen Sie die Paare längs der Diagonalen von rechts oben nach links unten so ab, dass das Paar (2, 2) die Nummer 5 und (3, 3) die Nummer 13 erhält.

Aufgabe 4.43 • Suchen Sie eine bijektive Abbildung zwischen $\mathbb{N} \times \mathbb{N}$ und $A \times B$.

Aufgabe 4.44 •• Man kann $x \neq 0$ annehmen. Sonst wäre $c_0 = 0$ nötig, und jeder Summand enthält ein x, welches man ausklammert. Wäre $c_1 = 0$, wiederholt man diesen Vorgang.

Verwenden Sie die reduzierte Bruchdarstellung $x = \frac{a}{b}$ mit $a, b \in \mathbb{Z}$ und $b > 0$. Dabei wählt man b minimal.

Aufgabe 4.45 •• Diesen Beweis findet man sehr häufig im Internet. Die Idee ist, $\sqrt{2}$ als vollständig gekürzten Bruch darzustellen und wegen der Eindeutigkeit der Primfaktorzerlegung einen Widerspruch herbeizuführen.

Aufgabe 4.46 •• Der im Text auf Seite 127 vorgestellte Irrationalitätsbeweis für $\sqrt{2}$ lässt sich relativ einfach verallgemeinern!

Aufgabe 4.47 •• Addiert man zu einer Primzahl p die Zahl 1, entsteht eine neue Zahl, die nicht durch p teilbar ist. Gleiches gilt für beliebige Produkte von Primzahlen; auch hier entsteht durch Addition der Eins eine Zahl, die sich nicht ohne Rest durch eine dieser Primzahlen teilen lässt!

Aufgabe 4.48 •• Wir benutzen Aufgabe 4.44.

Aufgabe 4.49 •• Suchen Sie ein geeignetes Polynom und verwenden Sie Aufgabe 4.44.

Aufgabe 4.50 • Verwenden Sie Aufgabe 4.44!

Aufgabe 4.51 ••• Lesen Sie noch einmal nach, welches die archimedische Eigenschaft ist. Identifizieren Sie die natürlichen Zahlen mit den konstanten Funktionen $1, 2, 3, \ldots$ und setzen Sie $x = \mathrm{id}(x)$!

Lösungen

Verständnisfragen

Aufgabe 4.1 • Da Beweis, siehe ausführliche Lösung!

Aufgabe 4.2 • Da Beweis, siehe ausführliche Lösung!

Aufgabe 4.3 ••• Da Beweis, siehe ausführliche Lösung!

Aufgabe 4.4 • Da Beweis, siehe ausführliche Lösung!

Aufgabe 4.5 • Es existiert die affine Abbildung $\varphi(x) = \frac{\beta-\alpha}{b-a}(x-a)+\alpha$, die die beiden Intervalle aufeinander abbildet. Nimmt man einzelne Punkte aus einem Intervall, so ändert sich die Mächtigkeit nicht, und daher gilt diese Aussage auch für offene Intervalle.

Aufgabe 4.6 • Die Abbildung $\varphi\colon (-1,1) \to \mathbb{R}$ mit $x \mapsto \frac{x}{1-|x|}$ und ihrer Umkehrabbildung $\tilde{\varphi}\colon \mathbb{R} \to (-1,1)$ mit $y \mapsto \frac{y}{1+|y|}$ ist eine solche Abbildung.

Aufgabe 4.7 •• Die Polynome lauten:

(a) $P(X) = nX - m$
(b) $P(X) = X^2 - 2$ bzw.
(c) $P(X) = X^2 + 1$
(d) Da Beweis, siehe ausführliche Lösung!
(e) Da Beweis, siehe ausführliche Lösung!

Aufgabe 4.8 •

(a) Ja
(b) Nein
(c) Ja und Nein
(d) Ja
(e) Ja

Aufgabe 4.9 ••• Da Beweis, siehe ausführliche Lösung!

Aufgabe 4.10 •• Da Beweis, siehe ausführliche Lösung.

Aufgabe 4.11 •• Da Beweis, siehe ausführliche Lösung!

Aufgabe 4.12 •• Es ist bei dieser Aufgabe nicht nötig, alle Körperaxiome einzeln nachzuweisen. Es genügt zu zeigen, dass es sich bei $\mathbb{Q}(\sqrt{2})$ um einen Unterkörper von $\mathbb{R}$ handelt; so gelten Kommutativ-, Assoziativ- und Distributivgesetze auf $\mathbb{Q}(\sqrt{2})$ als Teilmenge von $\mathbb{R}$!

Die reelle Zahl $\sqrt{3}$ liegt nicht in $\mathbb{Q}(\sqrt{2})$, bzw. die Gleichung $x^2 = 3$ hat keine Lösung in $\mathbb{Q}(\sqrt{2})$.

Aufgabe 4.13 •• Da Beweis, siehe ausführliche Lösung!

Aufgabe 4.14 •• Der Ort der Schatztruhe ist in der Beschreibung unabhängig vom Startpunkt, also vom Ort des Galgens.

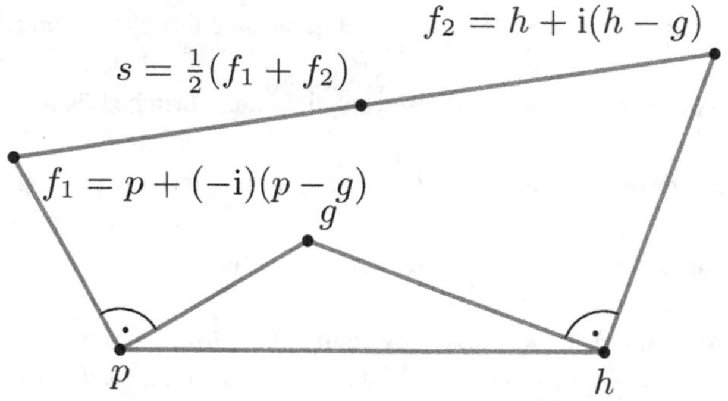

Abbildung 4.1 Hier eine mögliche Skizze der Situation auf der Insel.

Aufgabe 4.15 ••• Um diese Aussage zu zeigen, benutzt man einen Induktionsbeweis über die Anzahl n der Orte, wobei $A(n)$ die Aussage „Zu n Orten in obiger Situation existiert eine zulässige Route" ist. Der Beweis findet sich im Lösungsweg.

Aufgabe 4.16 •• Da Beweis, siehe ausführliche Lösung! Für die gesuchten Paare gilt das Folgende:

Es gibt acht Darstellungen (x, y) der Zahl 5: $(-2, -1)$, $(-2, 1)$, $(-1, -2)$, $(-1, 2)$, $(1, -2)$, $(1, 2)$, $(2, -1)$ und $(2, 1)$.

Es gibt auch für die Zahl 401 acht Darstellungen, eine davon ist $(20, 1)$, die anderen ergeben sich durch Ergänzen verschiedener Vorzeichenpaare bzw. durch einen Platztausch wie bei der Zahl 5.

Für die Zahl 2005 gibt es sogar 16 Darstellungen, die sich aus den beiden Paaren $(41, 18)$ und $(39, 22)$ ableiten lassen.

Rechenaufgaben

Aufgabe 4.17 • Die obige Ungleichungskette ist korrekt, und das Gleichheitszeichen gilt nur für $a = b$.

Aufgabe 4.18 •

(a) $L_1 = (-1, 4)$
(b) $L_2 = (-1, 2) \cup (4, \infty)$
(c) $L_3 = \emptyset$

Aufgabe 4.19 •• Da Beweis, siehe ausführliche Lösung!

Aufgabe 4.20 •• Es sind die acht Paare $(2, 3)$, $(3, 2)$, $(-2, -3)$, $(-3, -2)$, $(2, -3)$, $(-2, 3)$, $(-3, 2)$ und $(3, -2)$.

Zum Beweis des Zusatzes siehe ausführliche Lösung!

Aufgabe 4.21 ••

(b) $4, 7, 10, 13, 19, 22, 25, 31$. $3 \cdot 33 + 1 = 100 \in H$.
(d) $100 = 4 \cdot 25 = 10 \cdot 10$.
(e) Die H-Primzahlen besitzen nicht die Primzahleigenschaft

Aufgabe 4.22 • Da Beweis, siehe ausführliche Lösung!

Aufgabe 4.23 • Da Beweis, siehe ausführliche Lösung!

Aufgabe 4.24 • Da Beweis, siehe ausführliche Lösung!

Aufgabe 4.25 ••

(a) $\max M_1 = \sup M_1 = 2$ bzw. $\inf M_1 = 0$. Ein Minimum gibt es nicht.
(b) $M_2 = \mathbb{R}$ und damit existieren weder ein Maximum oder ein Minimum noch ein Supremum oder Infimum.
(c) $\max M_3$ bzw. $\min M_3$ existieren nicht, es gilt $\sup M_3 = 3$ bzw. $\inf M_3 = -3$.

Aufgabe 4.26 •• Da Beweis, siehe ausführliche Lösung!

Aufgabe 4.27 •• Da Beweis, siehe ausführliche Lösung!

Aufgabe 4.28 ••

(a) $\frac{1}{1\cdot 2}+\frac{1}{2\cdot 3}+\ldots+\frac{1}{n\cdot(n+1)}=1-\frac{1}{n+1}$
(b) $1-4+9-\ldots+(-1)^{n+1}n^2=(-1)^{n+1}\cdot\frac{n(n+1)}{2}$
(c) $1\cdot 2+2\cdot 3+\ldots+n\cdot(n+1)=\frac{n(n+1)(n+2)}{3}$
(d) $1\cdot 2\cdot 3+\ldots+n\cdot(n+1)\cdot(n+2)=\frac{n(n+1)(n+2)(n+3)}{4}$

Aufgabe 4.29 •• $\alpha=1, \alpha=\mathrm{i}, \alpha=-1$ und $\alpha=-\mathrm{i}$ mit den Inversen $1,\ -\mathrm{i},\ -1,\ \mathrm{i}$.

Aufgabe 4.30 •• Da Beweis, siehe ausführliche Lösung!

Aufgabe 4.31 •

(a) $3z+4w=15+22\mathrm{i}$
(b) $2z^2-z\overline{w}=-17+6\mathrm{i}$
(c) $\frac{w+z}{w-z}=2.5+0.5\mathrm{i}$
(d) $\frac{1-\mathrm{i}z}{1+\mathrm{i}z}=-2-\mathrm{i}$

Aufgabe 4.32 ••

(a) M_1 ist der durch $-1<\mathrm{Im}\,(z)<0$ begrenzte offene Horizontalstreifen in der komplexen Zahlenebene.
(b) M_2 beschreibt das Schaubild einer (liegenden) Parabel mit der „Gleichung" $x=y^2/2-1/2$.
(c) Die Menge M_3 beschreibt die erste Winkelhalbierende $y=x$.
(d) Die Elemente der Menge M_4 liegen auf der Kreislinie um $m=-4/3+0\mathrm{i}$ mit Radius $2/3$.

Aufgabe 4.33 • Da Beweis, siehe ausführliche Lösung!

Aufgabe 4.34 • Da Beweis, siehe ausführliche Lösung!

Aufgabe 4.35 •

(a) $\frac{1}{3+7\mathrm{i}}=\frac{3}{58}-\frac{7}{58}\mathrm{i}$ mit Betrag $\frac{1}{\sqrt{58}}$
(b) $\left(\frac{1+\mathrm{i}}{1-\mathrm{i}}\right)^2=-1+0\mathrm{i}$ mit Betrag 1
(c) $\left(-\frac{1}{2}+\frac{\sqrt{3}}{2}\mathrm{i}\right)^3=1+0\mathrm{i}$ mit Betrag 1
(d) Der Ausdruck $\left(\frac{1+\mathrm{i}}{\sqrt{2}}\right)^n$ ($n\in\mathbb{N}$) hat den Betrag 1 und nimmt als möglichen Wert die acht komplexen Zahlen $\frac{1}{\sqrt{2}}+\frac{1}{\sqrt{2}}\mathrm{i}$, $0+\mathrm{i}$, $-\frac{1}{\sqrt{2}}+\frac{1}{\sqrt{2}}\mathrm{i}$, $-1+0\mathrm{i}$, $-\frac{1}{\sqrt{2}}-\frac{1}{\sqrt{2}}\mathrm{i}$, $0-\mathrm{i}$, $\frac{1}{\sqrt{2}}-\frac{1}{\sqrt{2}}\mathrm{i}$ und $1+0\mathrm{i}$ an, die in dieser Reihenfolge zyklisch durchlaufen werden.

Aufgabe 4.36 •• Wenn z Lösung der Gleichung $z^2=c$ ist, so auch $-z$, denn es ist $(-z)^2=z^2=c$. Dass das angegebene z eine Lösung der Gleichung ist, zeigt man durch einfaches Nachrechnen.

Dass es keine weiteren Lösungen geben kann, folgt aus dieser Überlegung: Wären z, w Lösungen der Gleichung, so gilt $z^2=c=w^2$, woraus $w=\pm z$ folgt aus dem Nullteilersatz: $z^2=w^2\Leftrightarrow z^2-w^2=0\Leftrightarrow(z-w)(z+w)=0$.

Aufgabe 4.37 •

(a) Die Quadratwurzeln von i sind $z_1=\frac{1}{\sqrt{2}}+\frac{1}{\sqrt{2}}\mathrm{i}$ bzw. $z_2=-\frac{1}{\sqrt{2}}-\frac{1}{\sqrt{2}}\mathrm{i}$
(b) $z_1=3-\mathrm{i}$ und $z_2=-3+\mathrm{i}$
(c) $z_1=3+2\mathrm{i}$ und $z_2=-3-2\mathrm{i}$

Aufgabe 4.38 • Die beiden Lösungen sind $z_1=2$ und $z_2=1-\mathrm{i}$.

Beweisaufgaben

Aufgabe 4.39 ••• Da Beweis, siehe ausführliche Lösung!

Aufgabe 4.40 •

(a) Die erste Ungleichung gilt für alle natürlichen Zahlen außer $n=3$.
(b) Die zweite Ungleichung gilt für alle natürlichen Zahlen $n\geq 2$.
(c) Die dritte Ungleichung gilt für alle natürlichen Zahlen $n\geq 2$.
(d) Die vierte Ungleichung gilt für alle natürlichen Zahlen $n\geq 1$.

Aufgabe 4.41 • Das Beweisprinzip nennt man auch „Dirichlet'sches Schubfachprinzip". Da Beweis, siehe ausführliche Lösung.

Aufgabe 4.42 • Die Bijcktion

$$h:\mathbb{N}\times\mathbb{N}\to\mathbb{N},\ h(n,m)=n+\frac{(n+m-1)(n+m-2)}{2}$$

ist ein passendes Beispiel. Sie bildet z. B. das Zahlenpaar $(3,3)\in\mathbb{N}\times\mathbb{N}$ auf $13\in\mathbb{N}$ ab und wird **Cantor'sche Paarungsfunktion** (G. Cantor, 1878) genannt.

Aufgabe 4.43 • Da Beweis, siehe ausführliche Lösung!

Aufgabe 4.44 •• Wenn $b>1$ wäre, erhält man einen Widerspruch. Daher muss $b=1$ sein, und damit ist $x=a/1\in\mathbb{Z}$.

Aufgabe 4.45 •• Da Beweis, siehe ausführliche Lösung!

Aufgabe 4.46 •• Da Beweis, siehe ausführliche Lösung!

Aufgabe 4.47 •• Da Beweis, siehe ausführliche Lösung!

Aufgabe 4.48 •• $x = \sqrt{2} + \sqrt{3}$ ist Nullstelle des Polynoms $P(X) = X^4 - 10X^2 + 1$ und damit nicht rational, da x nicht ganz ist (es gilt $3.1 < x < 3.2$).

Aufgabe 4.49 •• $x = \sqrt{2} + \sqrt[3]{2}$ ist Nullstelle des Polynoms $P(X) = X^6 - 6X^4 - 4X^3 + 12X^2 - 24X - 4$.

Aufgabe 4.50 • Da Beweis, siehe ausführliche Lösung!

Aufgabe 4.51 ••• Da Beweis, siehe ausführliche Lösung!

Lösungswege

Verständnisfragen

Aufgabe 4.1 • Besitzt eine Menge reeller Zahlen ein Maximum, so ist dieses gleichzeitig auch das Supremum (siehe Seite 114). Analoges gilt für das Minimum bzw. Infimum einer Menge. Damit bleibt das hintere Gleichheitszeichen zu zeigen:

Für $a \leq b$ ist $\frac{1}{2}(a+b+|a-b|) = \frac{1}{2}(a+b+b-a) = b = \max\{a, b\}$. Für $a > b$ ist $\frac{1}{2}(a+b+|a-b|) = \frac{1}{2}(a+b+a-b) = a = \max\{a, b\}$.

Die Gleichung für das Infimum zeigt man völlig analog. Man ersetzt nach der gleichen Fallunterscheidung $|a-b|$ entsprechend.

Aufgabe 4.2 • Zur ersten Aussage: Seien $x, y \in \mathbb{R}$, $x, y \geq 0$ mit $x^2 = a$ und $y^2 = b$. Dann gilt $x = \sqrt{a}$ bzw. $y = \sqrt{b}$. Es gilt $(x \cdot y)^2 = x^2 \cdot y^2 = a \cdot b$. Wegen $x, y \geq 0$ ist auch $xy > 0$ und xy ist wegen der Eindeutigkeit der Quadratwurzel die Quadratwurzel von $a \cdot b$. Es gilt also $x \cdot y = \sqrt{a} \cdot \sqrt{b} = \sqrt{a \cdot b}$.

Die zweite Aussage beweisen wir indirekt mit einem Widerspruchsbeweis: Seien wieder $x, y \in \mathbb{R}$ mit $x, y \geq 0$ und $x^2 = a$ bzw. $y^2 = b$. Sei weiter $0 \leq a < b$ und wir nehmen an, dass $\sqrt{a} > \sqrt{b}$ gilt, also $x \geq y$. Durch Multiplikation dieser Ungleichung mit $x = \sqrt{a} \geq 0$ und $y = \sqrt{b} \geq 0$ folgt:

$$a = x^2 = x \cdot x \geq x \cdot y \geq y \cdot y = y^2 = b$$

im Widerspruch zur Voraussetzung $a < b$. Die gemachte Annahme $\sqrt{a} > \sqrt{b}$ ist somit falsch und es gilt $0 \leq a < b$.

Aufgabe 4.3 ••• Wir müssen zeigen, dass jede konvexe Menge $M \subseteq \mathbb{R}$ ein Intervall ist. Dabei bietet sich folgende Strategie an:

Wir fragen zunächst, ob die konvexe Menge leer ist, nur aus einem Element oder aus mehreren Elementen. Dann unterscheiden wir, ob die Menge M nach oben bzw. nach unten beschränkt ist.

- Enthält M kein Element, dann ist $M = \emptyset$ und damit ein Intervall vom Typ (a, a) mit $a \in \mathbb{R}$.
- Besteht M aus nur einem Element, dann ist M ein Intervall vom Typ $[a, a]$ mit $a \in \mathbb{R}$.
- Hat M mehr als ein Element, dann gibt es zwei Möglichkeiten; die Menge ist nach oben beschränkt oder sie ist nicht nach oben beschränkt.

Sei die Menge M nach oben beschränkt und $a := \sup M$.

Wir fragen, ob M auch nach unten beschränkt ist. Ist dies der Fall, dann sei $b := \inf M$. Je nach Zugehörigkeit von a bzw. b zu M ergeben sich diese Fälle $M = [a, b]$, $M = [a, b)$, $M = (a, b]$ oder $M = (a, b)$.

Wenn M nicht nach unten beschränkt ist, so ergeben sich je nach Zugehörigkeit von b zu M die Fälle $M = (-\infty, b]$ bzw. $M = (-\infty, b)$.

Für den Fall, dass M nicht nach oben beschränkt ist, fragen wir wieder, ob M nach unten beschränkt ist. Wenn dem so ist und $a := \inf M$ ist, ergeben sich nacheinander folgende Möglichkeiten für M: $M = [a, \infty)$, $M = (a, \infty)$.

Für den Fall, dass M weder nach oben noch nach unten beschränkt ist, ergibt sich $M = (-\infty, \infty)$.

Damit haben wir gezeigt, dass jede konvexe Menge $M \subseteq \mathbb{R}$ von einem der elf Intervalltypen ist.

Aufgabe 4.4 •

(a) Wäre $|N| > |M|$, dann gäbe es nach der vorherigen Aufgabe 4.9 mindestens ein Element von M, auf dass zwei verschiedene Zahlen aus N abgebildet werden. Damit könnte N aber nicht mehr Teilmenge von M sein im Widerspruch zu dieser Voraussetzung. Daher muss $|N| \leq |M|$ gelten.

(b) Es seien $|M| = m$ und $|N| = n$ mit $m, n \in \mathbb{N}$. Wir notieren außerdem $M = \{m_1, m_2, \ldots, m_m\}$ bzw. $N = \{n_1, n_2, \ldots, n_n\}$.
Wenn M und N keine gemeinsamen Elemente besitzen, können wir die beiden Mengen in Gestalt der Menge Menge $M \cup N := \{m_1, m_2, \ldots, m_m, n_1, n_2, \ldots, n_n\}$ „aneinandersetzen" Diese Menge hat anschaulicherweise $|M| + |N|$ Elemente. Da $|M| + |N| = m + n \in \mathbb{N}$, ist diese Menge endlich.

(b) Wir führen den Beweis mit einer Induktion nach $|N|$: Sei $|N| = 0$. Dann ist N die leere Menge und damit ist auch $M \times N = \emptyset$ und die Behauptung ist korrekt. Für den Induktionsschluss sei die Behauptung wahr für den Fall $|N'| = k \in \mathbb{N}$. Wir führen den Fall $|N| = k + 1$ auf diesen Fall zurück. Dabei ist $N' = N - \{n\}$ für ein $n \in N$. Es gilt

$$M \times N = (M \times N') \cup (M \times \{n\}).$$

Da diese Vereinigung disjunkt ist, ist $M \times N$ endlich. Nach Voraussetzung gelten $|M \times N| = |M| \cdot k$ bzw. $|M \times n| = |M| \times 1 = |M|$. Aus der im zweiten Aufgabenteil bewiesenen Aussage folgt dann $|M \times N| = |M|k + |M| = (k+1) \cdot |M|$ und damit die Behauptung.

Aufgabe 4.5 • Wie im Hinweis beschrieben, bilden wir α auf a bzw. β auf b ab. Nun können sich die Intervalllängen $\beta - \alpha$ bzw. $b - a$ unterscheiden. Der Quotient $\frac{\beta-\alpha}{b-a}$ berücksichtigt das. Die angegebene Abbildung bildet $[a, b]$ auf $[\alpha, \beta]$ ab. Für die Umkehrabbildung vertauscht man einfach die Buchstaben.

Aufgabe 4.6 • Zuerst zeigen wir, dass die beiden angegebenen Abbildungen zueinander invers sind. Dies wird mit Einsetzen verifiziert: Wir starten mit x und landen mit φ auf $y = \frac{x}{1-|x|}$. Setzen wir nun wiederum y in $\tilde{\varphi}$ ein, so ergibt sich Folgendes: $y = \varphi(x) = \frac{x}{1-|x|} \mapsto \frac{\frac{x}{1-|x|}}{1+|\frac{x}{1-|x|}|}$. Wir vereinfachen dies:

$$\frac{x}{(1-|x|)\cdot(1+|\frac{x}{1-|x|}|)} = \frac{x}{1-|x|+|x|} = \frac{x}{1} = x.$$

Somit gilt $\tilde{\varphi}(\varphi(x)) = x$ und die beiden Abbildungen sind zueinander invers.

Geben wir uns nun eine beliebige reelle Zahl r vor. Dann sollte sie mit der Abbildung $\tilde{\varphi}$ im Bereich $(-1, 1)$ landen. Dabei unterscheiden wir drei Fälle; entweder gilt $r = |r| = 0$ oder $|r| > 1$ oder $|r| < 1$. Die Zahl $r = 0$ landet wieder auf 0. Für $|r| > 1$ ist der Betrag des Bildes, $|\frac{r}{1+|r|}|$, immer kleiner als 1 und damit muss r in $(-1, 1)$ liegen. Im letzten der Fälle gilt $r < 1$ und auch hier ist wieder das Bild vom Betrag her kleiner 1. Machen Sie sich, wenn nötig, diese Fälle anhand von Beispielzahlen klar! ■

Aufgabe 4.7 •• Die drei Polynome findet man durch einfaches Probieren. Nach Einsetzen der jeweiligen Zahlen ergibt sich wie gefordert $P(X) = 0$.

Zu den letzten beiden Teilaussagen:

Für $n \in \mathbb{N}$ sei $\mathcal{P}_n$ die Menge aller Polynome $P = a_k X^k + \ldots + a_0 \in \mathbb{Z}[X]$ mit $k \leq n$ und $|a_j| \leq n$ für $1 \leq j \leq n$ und $\mathbb{A}_n = \{X \in \mathbb{C} \mid \exists P \in \mathcal{P}_n \text{ mit } P(X) = 0\}$.

Da jedes $\mathcal{P}_n$ endlich viele Polynome enthält und ein Polynom vom Grad n nach dem Fundamentalsatz der Algebra höchstens n Nullstellen hat, ist jedes $\mathbb{A}_n$ endlich. Auch die Vereinigung all dieser Mengen $\mathbb{A}_i$ mit $1 \leq i \leq n$ ist nach einem analogen Schluss wie bei Aufgabe 4.42 abzählbar. Diese ist aber gerade $\mathbb{A}$.

Damit ist die Menge $\mathbb{T}$ als Komplement von $\mathbb{A}$ in der überabzählbaren Menge $\mathbb{C}$ ebenfalls überabzählbar (ansonsten müsste auch $\mathbb{C}$ abzählbar sein).

Aufgabe 4.8 •

(a) Wäre $a+b$ rational, dann auch $(-a)+a+b = 0+b = b$ im Widerspruch zur Voraussetzung!
(b) Setzt man $b := -a$, so ist die Summe null, also rational.
(c) Ist $a = 0$, so ist auch das Produkt $ab = 0$. Für alle anderen Fälle ($a \neq 0$) ist das Produkt irrational. Denn wäre ab rational, so könnte man diesen Bruch mit a^{-1} multiplizieren und b wäre ratíonal im Widerspruch zur Voraussetzung, dass b irrational ist.
(d) Setzt man bspw. $a := \sqrt{\sqrt{2}}$, so ist $a^2 = \sqrt{2}$ irrational, wohingegen $a^4 = 2$ rational ist.
(e) Ja, bspw. $a := \sqrt{2}$ und $b := -\sqrt{2}$, denn $a + b = 0$ und $ab = -2$ sind beides rationale Zahlen.

Aufgabe 4.9 ••• Sei σ ein solcher Automorphismus. Dann ist für $z = x + y\mathrm{i}$ $(x, y \in \mathbb{R})$

$$\sigma(z) = \sigma(x + y\mathrm{i}) = \sigma(x) + \sigma(y\mathrm{i})$$

Dabei wurde die Additivität eines Automorphismus verwendet. Außerdem ist

$$\sigma(y\mathrm{i}) = \sigma(y) \cdot \sigma(\mathrm{i})$$

und nach Voraussetzung soll $\sigma(y) = y$ gelten, entsprechendes gilt für $\sigma(x)$. Wir erhalten

$$\sigma(z) = x + y\sigma(\mathrm{i}).$$

Aus $\mathrm{i}^2 + 1 = 0$ folgt wegen $\sigma(\mathrm{i}^2 + 1) = \sigma(\mathrm{i}^2) + 1 = \sigma(0) = 0$, dass $\sigma(\mathrm{i}) = \pm\mathrm{i}$ sein muss. Da die Identität ausgeschlossen wurde, bleibt $\sigma(\mathrm{i}) = -\mathrm{i}$ und damit folgt $\sigma(z) = \overline{z}$.

Aufgabe 4.10 •• Wir nehmen an, es gäbe eine Abbildung f mit den obigen Eigenschaften.

Setzt man $z = w$, folgt nach (1) $f(zz) = f(z)f(z) = (f(z))^2$, was nach (2) gerade z ist. Wir nutzen diese Folgerung jetzt für die Spezialfälle $z_1 = 1$ und $z_2 = -1$ und erhalten wegen

$$\begin{aligned} 1 &= (f(1))^2 = f(1) \cdot f(1) = f(1^2) \\ &= f((-1)^2) = f(-1) \cdot f(-1) = (f(-1))^2 = -1. \end{aligned}$$

einen Widerspruch.

Aufgabe 4.11 ••

(a) Wir prüfen die Eigenschaften einer Zählmenge für M:
 - $M \subseteq \mathbb{R}$ nach Definition von M.
 - $1 \in M$ ebenfalls nach Definition von M.
 - Sei $x \in M$, so ist entweder $x = 1$ und daher $x + 1 = 2 \geq 2$ oder es ist $x \geq 2$ und dann ist $x+1 \geq 2+1 \geq 2$. In beiden Fällen liegt also mit x auch $x + 1$ in M.

 Hieraus ergibt sich, dass M induktiv ist. Da die natürlichen Zahlen als Schnitt aller Zählmengen charakterisiert wurde, folgt $\mathbb{N} \subseteq M$.
(b) Wir verwenden die Menge M von oben: Da es offensichtlich kein $m \in M$ gibt mit $1 < m < 2$ und $\mathbb{N} \subseteq M$ gilt, kann es auch keine solche Zahl in $\mathbb{N}$ geben.
(c) Wieder sind die Eigenschaften einer Zählmenge nachzuprüfen:
 - $S \subseteq \mathbb{R}$ nach Definition von S, denn es gilt $S \subseteq \mathbb{N} \subseteq \mathbb{R}$.
 - $1 \in S$, da $1 - 1 = 0 \in \mathbb{N}_0 = \mathbb{N} \cup \{0\}$.
 - Wenn $s \in S$, ist s auch in $\mathbb{N}$ und damit $s-1 \in \mathbb{N}_0$. Da $\mathbb{N}$ induktiv ist, ist $s+1 \in \mathbb{N}$ und $s+1-1 = s \in \mathbb{N} \subseteq \mathbb{N}_0$ und damit wiederum $s + 1 \in S$.

Also ist S induktiv. Laut Definition ist $S \subseteq \mathbb{N}$, aber es gilt nach der Charakterisierung von $\mathbb{N}$ als Schnitt aller Zählmengen auch $\mathbb{N} \subseteq S$ und damit $S = \mathbb{N}$.

(d) Analog zum Nachweis der Induktivität der Menge M zeigt man, dass die Menge $M_n := \{1, 2, \ldots, n\} \cup \{x \in \mathbb{R} \mid x \geq n+1\}$ induktiv ist. Analog zur zweiten Aussage zeigt man, dass kein $m \in \mathbb{N}$ existiert mit $n < m < n+1$. Damit ist $T = \mathbb{N}$, da die erste Bedingung in der Definition die zweite Bedingung impliziert. Da $\mathbb{N}$ induktiv ist, ist T induktiv. Man könnte die Eigenschaften einer Zählmenge noch explizit nachweisen.

(e) Wir führen eine Widerspruchsbeweis. Sei $m, n \in \mathbb{N}$ mit $n < m$ und nehmen wir an, dass $m + 1 > n$ gilt. Dies würde sofort die Ungleichung $m < n < m + 1$ implizieren, die aber nach der letzten Teilaufgabe für kein $n \in \mathbb{N}$ erfüllt sein kann. Damit ist $m + 1 > n$ und es gilt $m + 1 \leq n$.

Aufgabe 4.12 •• Wir zeigen, dass $\mathbb{Q}(\sqrt{2})$ ein Unterkörper von $\mathbb{R}$ ist:

- $0 \in \mathbb{Q}(\sqrt{2})$: 0 ist darstellbar mit $a = b = 0$! Damit liegt das neutrale Element der Addition (von $\mathbb{R}$) in $\mathbb{Q}(\sqrt{2})$.
- $1 \in \mathbb{Q}(\sqrt{2})$: 1 ist darstellbar mit $a = 1, b = 0$! Damit liegt das neutrale Element der Multiplikation in $\mathbb{Q}(\sqrt{2})$.
- Abgeschlossenheit von $\mathbb{Q}(\sqrt{2})$ bezüglich der Addition: Seien $a + b\sqrt{2}$ bzw. $a' + b'\sqrt{2}$ aus $\mathbb{Q}(\sqrt{2})$, dann ist die Summe wieder in $\mathbb{Q}(\sqrt{2})$ wegen $(a + b\sqrt{2}) + (a' + b'\sqrt{2}) = (a + a') + (b + b')\sqrt{2}$, denn $a + a'$ bzw. $b + b'$ sind Elemente von $\mathbb{Q}$, denn $\mathbb{Q}$ selbst ist ein Körper.
- Abgeschlossenheit von $\mathbb{Q}(\sqrt{2})$ bezüglich der Multiplikation: Seien $a+b\sqrt{2}$ bzw. $a'+b'\sqrt{2}$ aus $\mathbb{Q}(\sqrt{2})$, dann ist das Produkt wieder in $\mathbb{Q}(\sqrt{2})$ wegen $(a+b\sqrt{2})\cdot(a'+b'\sqrt{2}) = aa' + ab'\sqrt{2} + a'b\sqrt{2} + bb'\sqrt{2}^2 = (aa' + 2bb') + (ab' + a'b)\sqrt{2}$ und $\mathbb{Q}$ selbst ist ein Körper.
- Das Inverse der Addition von $a + b\sqrt{2}$ liegt mit $a' + b'\sqrt{2}$ in $\mathbb{Q}(\sqrt{2})$: Man wählt $a' = -a$ bzw. $b' = -b$ und rechnet nach: $(a+b\sqrt{2}) + (a'+b'\sqrt{2}) = (a+a') + (b+b')\sqrt{2} = (a - a) + (b - b)\sqrt{2} = 0$.
- Das Inverse der Multiplikation von $a + b\sqrt{2}$ ($0 + 0\sqrt{2}$ ist ausgeschlossen) liegt in $\mathbb{Q}(\sqrt{2})$: Man wählt $a' = \frac{a}{a^2-2b^2}$ bzw. $b' = \frac{-b}{a^2-2b^2}$. Diese Zahlen ergeben sich aus folgender Rechnung:

$$(a+b\sqrt{2})^{-1} = \frac{1}{a + b\sqrt{2}} = \frac{a - b\sqrt{2}}{(a + b\sqrt{2})(a - b\sqrt{2})}$$
$$= \frac{a - b\sqrt{2}}{a^2 - 2b^2} = \frac{a}{a^2 - 2b^2} - \frac{b}{a^2 - 2b^2}\sqrt{2}.$$

Dieses Erweitern des Nenners wird uns bei den Aufgaben mit komplexen Zahlen erneut begegnen. Die Erweiterung des Bruchs war zulässig, da $a = b = 0$ nach Voraussetzung ausgeschlossen ist.

Dass $\sqrt{3} \notin \mathbb{Q}(\sqrt{2})$ gilt, beweisen wir mit einem Widerspruchsbeweis. Wir nehmen dazu an, $\sqrt{3} \in \mathbb{Q}(\sqrt{2})$ wäre korrekt. Mit dieser Aussage äquivalent ist, dass die Gleichung $x^2 = 3$ eine Lösung in $\mathbb{Q}(\sqrt{2})$ besitzt. Da diese Lösung angeblich existiert, sie sei $x = a + b\sqrt{2}$, formen wir die Gleichung um: $(a + b\sqrt{2})^2 = 3 \Rightarrow a^2 + 2ab\sqrt{2} + 2b^2 = 3 \Rightarrow \sqrt{2} = \frac{3-a^2-2b^2}{2ab} \in \mathbb{Q}$, was nicht wahr ist. Möglich wäre noch, dass entweder $a = 0$ oder $b = 0$ gilt, denn dann war die letzte Umformung unzulässig. Im Falle $b = 0$ gäbe es aber mit $x^2 = 3 \Leftrightarrow a^2 = 3 \Rightarrow \sqrt{3} \in \mathbb{Q}$ wieder einen Widerspruch. Im Falle $a = 0$ wäre $(b\sqrt{2})^2 = 3 \Leftrightarrow 2b^2 = 3$ und auch dies führt auf einen Widerspruch, wenn man annimmt, b wäre ein Bruch n/m mit n, m teilerfremd.

Aufgabe 4.13 •• Wir zeigen, dass $\mathbb{Q}(\mathrm{i})$ ein Unterkörper von $\mathbb{C}$ ist:

- $0 = 0 + 0\mathrm{i} \in \mathbb{Q}(\mathrm{i})$: $0 \in \mathbb{C}$ ist darstellbar in $\mathbb{Q}(\mathrm{i})$ mit $a = b = 0$. Damit liegt das neutrale Element der Addition (von $\mathbb{C}$) in $\mathbb{Q}(\mathrm{i})$.
- $1 = 1 + 0\mathrm{i} \in \mathbb{Q}(\mathrm{i})$: $1 \in \mathbb{C}$ ist darstellbar mit $a = 1, b = 0$. Damit liegt das neutrale Element der Multiplikation in $\mathbb{Q}(\mathrm{i})$.
- Abgeschlossenheit von $\mathbb{Q}(\mathrm{i})$ bezüglich der Addition: Seien $a+b\mathrm{i}$ bzw. $a'+b'\mathrm{i}$ aus $\mathbb{Q}(\mathrm{i})$. Dann ist die Summe wieder in $\mathbb{Q}(\mathrm{i})$ wegen $(a+b\mathrm{i})+(a'+b'\mathrm{i}) = (a+a')+(b+b')\mathrm{i}$, denn $a + a'$ bzw. $b + b'$ sind Elemente von $\mathbb{Q}$, da $\mathbb{Q}$ selbst ein Körper ist.
- Abgeschlossenheit von $\mathbb{Q}(\mathrm{i})$ bezüglich der Multiplikation: Seien $a + b\mathrm{i}$ bzw. $a' + b'\mathrm{i}$ aus $\mathbb{Q}(\mathrm{i})$, dann ist das Produkt wieder Element von $\mathbb{Q}(\mathrm{i})$: $(a + b\mathrm{i}) \cdot (a' + b'\mathrm{i}) = aa' + ab'\mathrm{i} + a'b\mathrm{i} - bb' = (aa' - bb') + (ab' + a'b)\mathrm{i}$ und $\mathbb{Q}$ selbst ist ein Körper.
- Das Inverse der Addition von $a + b\mathrm{i}$ liegt mit $a' + b'\mathrm{i} = (-a) + (-b)\mathrm{i}$ in $\mathbb{Q}(\mathrm{i})$: $(a + b\mathrm{i}) + (a' + b'\mathrm{i}) = (a - a) + (b - b)\mathrm{i} = 0$.
- Das Inverse der Multiplikation von $a + b\mathrm{i}$ (0 ist ausgeschlossen) liegt mit $\frac{a}{a^2+b^2} - \frac{b}{a^2+b^2}\mathrm{i}$ in $\mathbb{Q}(\mathrm{i})$:

$$(a + b\mathrm{i})^{-1} = \frac{1}{a + b\mathrm{i}} = \frac{a - b\mathrm{i}}{(a + b\mathrm{i})(a - b\mathrm{i})}$$
$$= \frac{a - b\mathrm{i}}{a^2 + b^2} = \frac{a}{a^2 + b^2} - \frac{b}{a^2 + b^2}\mathrm{i}.$$

Aufgabe 4.14 •• Wir identifizieren die Insel mit einem Teil der komplexen Zahlenebene und rechnen komplex, wobei wir beachten, dass die Multiplikation einer komplexen Zahl z mit den Zahlen $\pm\mathrm{i}$ einer Drehung um $\pm 90°$ entspricht.

Irgendwo auf der Insel liege der Nullpunkt der komplexen Zahlenebene. Sei g die komplexe Zahl, die dem Ort des Galgens auf der Insel entspricht und seien p bzw. h die Zahlen, die dem Ort der Palme bzw. dem Ort des Hinkelsteins entsprechen.

Die erste Fahne f_1 befindet sich dann bei $f_1 = p - \mathrm{i}(g - p)$ und die zweite Fahne f_2 bei $f_2 = h + \mathrm{i}(g - h)$.

Die Lage des Schatzes entspricht dann der Zahl $s = \frac{f_1+f_2}{2}$. Es gilt:

$$\frac{f_1 + f_2}{2} = \frac{1}{2}(p - \mathrm{i}(g - p) + h + \mathrm{i}(g - h))$$

Vereinfacht man die Klammer, so heben sich die Terme ig bzw. $-ig$ gegenseitig auf und die Stelle s wird unabhängig vom Ort des Galgens!

Aufgabe 4.15 ••• Wir beginnen unseren Induktionsbeweis mit $n = 1$. Hier ist $O = \{o_1\}$ und die eindeutige Route o_1 ist zulässig. Damit ist der Induktionsbeweis verankert.

Wir setzen jetzt $A(n)$ als wahr voraus und zeigen $A(n+1)$.

Zu $O = \{o_1, o_2, \ldots, o_{n+1}\}$ sei $O' = \{o_1, o_2, \ldots, o_n\}$. Dann gilt für die n-elementige Menge O' bereits die Aussage $A(n)$ und die zulässige Route sei

$$o_{i_1} \to o_{i_2} \to \ldots \to o_{i_{n-1}} \to o_{i_n},$$

wobei die Indizes (nicht notwendig in dieser Reihenfolge) die ersten n natürlichen Zahlen durchlaufen.

Um $A(n+1)$ zu zeigen, genügt es nun die bereits vorhandene Route um den noch nicht besuchten Ort o_{n+1} zu erweitern. Abhängig von den durch Krao-Se festgelegten Fahrtrichtungen geht das wie folgt:

- 1. Fall: Die Straße zwischen o_{n+1} und o_{i_1} hat die Fahrtrichtung $o_{n+1} \to o_{i_1}$. Dann hängt man o_{n+1} vor die vorhandene Route: $o_{n+1} \to o_{i_1} \to o_{i_2} \to \ldots \to o_{i_n}$.
- 2. Fall: Die Straße zwischen o_{n+1} und o_{i_n} hat die Fahrtrichtung $o_{i_n} \to o_{n+1}$. Dann hängt man o_{n+1} an die vorhandene Route an: $o_{i_1} \to o_{i_2} \to \ldots \to o_{i_n} \to o_{n+1}$.
- 3. Fall: Weder der 1. Fall noch der 2. Fall treffen zu, es gilt vielmehr $o_{i_1} \to o_{n+1}$ und $o_{n+1} \to o_{i_n}$.
  Dann sei $1 < j < n$ ein Index, an dem gilt $o_{i_j} \to o_{n+1}$ und $o_{n+1} \to o_{i_{j+1}}$. Dass ein solcher Index existiert, muss begründet werden: Irgendwann wechselt die Fahrtrichtung von „Straßen, die nach o_{n+1} hinführen" zu „Straßen, die von o_{n+1} wegführen". Wäre dem nicht so, läge Fall 2 vor, den wir aber ausgeschlossen haben.
  Nun zerschneidet man die Route nach dem betreffenden Index und fügt die neue Route ein. Der neue Baustein sieht dann so aus: $o_{i_j} \to o_{n+1} \to o_{i_{j+1}}$.
  Tatsächlich sind die Fälle 1 und 2 Spezialfälle dieses dritten Falles; der zu wählende Index j wäre einmal 0 (Anfang) oder n (Ende).

Aufgabe 4.16 •• Dass 0, 1 und 2 in der vorliegenden Menge enthalten sind, ist elementar: $0 = 0^2+0^2$, $1 = 0^2+1^2$ (oder $1^2 + 0^2$) bzw. $2 = 1^2 + 1^2$.

Wir zeigen zuerst die Abgeschlossenheit $\boxed{2}$ bezüglich der Multiplikation. Seien $n_1, n_2 \in \boxed{2}$. Dann gibt es Darstellungen $n_1 = |x+y\mathrm{i}|^2$ bzw. $n_2 = |x'+y'\mathrm{i}|^2$ mit $x, y, x', y' \in \mathbb{Z}$. Also ist $n := n_1 \cdot n_2 = |x+y\mathrm{i}|^2 \cdot |x'+y'\mathrm{i}|^2 = |(x+y\mathrm{i})(x'+y'\mathrm{i})|^2$. Das Produkt $(x + y\mathrm{i})(x' + y'\mathrm{i})$ lässt sich ausmultiplizieren und sortiert schreiben als $a + b\mathrm{i}$ mit $a := xx' - yy'$ bzw. $b := xy' + x'y$. Da $a, b \in \mathbb{Z}$, ist $n \in \boxed{2}$ bewiesen.

Die Zahl 5 ist ein Element der Menge $\boxed{2}$, denn es ist $5 = 2^2+1^2 = |2+\mathrm{i}|^2$ und auch 401 ist wegen $401 = 20^2+1^2 = |20+\mathrm{i}|^2$ ein Element von $\boxed{2}$.

Dass $2005 \in \boxed{2}$ gilt, folgt aus der Darstellung $2005 = 5 \cdot 401$ und der vorher bewiesenen Abgeschlossenheit von $\boxed{2}$ bezüglich der Multiplikation. Es gilt $2005^2 = 5^2 \cdot 401^2 = (2^2+1^2)\cdot(20^2+1^2) = |2+\mathrm{i}|^2\cdot|20+\mathrm{i}|^2 = |(2+\mathrm{i})\cdot(20+\mathrm{i})|^2 = |39 + 22\mathrm{i}|^2 = 39^2 + 22^2$.

Rechenaufgaben

Aufgabe 4.17 • Wir beginnen mit $a \le H(a,b)$. Nach Voraussetzung gilt $0 < a \le b$. Wir beginnen mit dieser Ungleichung und addieren auf beiden Seiten b. Danach multiplizieren wir mit a durch. Für $a < 0$ oder $a = 0$ wäre dies nicht so einfach. Auch das Auflösen nach a im letzten Umformungsschritt ist nur möglich, weil $(a + b) > 0$ gilt:

$$a \le b \Leftrightarrow a + b \le 2b \Leftrightarrow a(a+b) \le 2ab$$
$$\Leftrightarrow a \le \frac{2ab}{a+b} = \frac{2}{\frac{1}{b}+\frac{1}{a}}.$$

Die Ungleichung $H(a,b) \le G(a,b)$ lässt sich wie folgt beweisen:

$$\begin{aligned}
&0 \le (a-b)^2 = a^2 - 2ab + b^2\\
&\Leftrightarrow 4ab \le a^2 + 2ab + b^2 = (a+b)^2\\
&\Leftrightarrow \frac{4ab}{(a+b)^2} \le 1 \Leftrightarrow \frac{4a^2b^2}{(a+b)^2} \le ab\\
&\Leftrightarrow \left(\frac{2ab}{a+b}\right)^2 \le ab.
\end{aligned}$$

Dies entspricht bereits $H(a,b)^2 \le G(a,b)^2$, wobei $H(a,b)$ in der Form $\frac{2ab}{a+b}$ wiederzuerkennen ist. Wir ziehen auf beiden Seiten der Gleichung die Wurzel, was wegen der positiven Werte problemlos ist und erhalten die zu zeigende Ungleichung. Die einzelnen Umformungsschritte erklären sich wie folgt: Nach Addition von $4ab$ auf beiden Seiten der Ungleichung lässt sich $4ab$ durch $(a+b)^2$ teilen, da mit $0 < a$ bzw. $0 < b$ auch $0 < (a+b)$ gilt.

Nun ist $G(a,b) \le A(a,b)$ zu zeigen. Wir starten mit den gleichen Umformungen wie eben:

$$0 \le (a-b)^2 = a^2 - 2ab + b^2 \Leftrightarrow 4ab \le a^2 + 2ab + b^2 = (a+b)^2.$$

An dieser Stelle teilen wir durch 4:

$$ab \le \left(\frac{a+b}{2}\right)^2.$$

Auch hier muss noch einmal die Wurzel gezogen werden, um die eigentliche Ungleichung zu erhalten.

Als vorletzte Ungleichung untersuchen wir die Ungleichung $A(a,b) \le Q(a,b)$. Wir verwenden

$$0 \le (a-b)^2 = a^2 - 2ab + b^2.$$

Wir addieren auf beiden Seiten den Ausdruck $(a+b)^2 = a^2 + 2ab + b^2$ und erhalten

$$(a+b)^2 \le 2a^2 + 2b^2.$$

Nach Division durch 4 erhält man das Quadrat der gesuchten Ungleichung:

$$\left(\frac{a+b}{2}\right)^2 \leq \frac{a^2+b^2}{2}.$$

Zuletzt zeigen wir die Ungleichung $Q(a,b) \leq b$. Wir gehen von $a \leq b$ aus. Daraus folgt $a^2 < b^2$ und nach Addition von b^2 auf beiden Seiten erhält man

$$a^2 + b^2 \leq 2b^2 \iff \frac{a^2+b^2}{2} \leq b^2$$

und nach Ziehen der Wurzel folgt die Behauptung. ■

Aufgabe 4.18 •

(a) Wir beginnen mit L_1. Den Betrag können wir weglassen, wenn $x \leq \frac{3}{2}$ ist bzw. durch $-(\ldots)$ ersetzen, falls $x > \frac{3}{2}$ gilt.
Im ersten Fall ($x \leq \frac{3}{2}$) gilt $3 - 2x < 5 \Leftrightarrow -2 < 2x \Leftrightarrow -1 < x$, kurz $x \in (-1, \frac{3}{2})$.
Im zweiten Fall ($x > \frac{3}{2}$) ist $-3 + 2x < 5$ bzw. $2x < 8$ oder $x < 4$ und somit $x \in (\frac{3}{2}, 4)$. Für $x = \frac{3}{2}$ ist die Ungleichung mit $0 < 5$ erfüllt.
Also gilt $L_1 = (-1, \frac{3}{2}) \cup [\frac{3}{2}, 4) \cup (-1, 4) = (-1, 4)$.

(b) Für L_2 formen wir zuerst um:

$$\frac{x+4}{x-2} < x \Leftrightarrow \frac{x+4}{x-2} - x < 0 \Leftrightarrow \frac{x+4}{x-2} - \frac{x(x-2)}{x-2} < 0.$$

Die letzte Ungleichung ist wegen $x(x-2) = x^2 - 2x$ äquivalent mit

$$\frac{-x^2+3x+4}{x-2} < 0.$$

Jetzt kommt die Fallunterscheidung. Entweder ist $x > 2$ und die Ungleichungsrichtung „< 0“ bleibt erhalten oder es ist $x < 2$ und die Ungleichungsrichtung kehrt sich in „> 0“ um.
Beginnen wir mit dem ersten Fall, d. h. $(x-2) > 0$, also

$$\frac{-x^2+3x+4}{x-2} < 0 \Leftrightarrow -x^2+3x+4 < 0 \Leftrightarrow x^2-3x-4 > 0.$$

Dabei haben wir ausgenutzt, dass $x - 2 > 0$ ist und mit dieser Zahl die Ungleichung durchmultipliziert. Die Nullstellen von $x^2 - 3x - 4$ sind offensichtlich $x_1 = -1$ und $x_2 = 4$.
Für $2 < x < 4$ ist $x^2-3x-4 < x^2-3x-x = x(x-4) < 0$.
Für $x > 4$ ist $x^2 - 3x - 4 > x^2 - 3x - x = x(x-4) > 0$.
Also gilt $x \in (4, \infty)$.
Im zweiten Fall ($x < 2$) wird die Ungleichung zu

$$x^2 - 3x - 4 < 0.$$

Wir führen eine quadratische Ergänzung durch:

$$x^2-3x-4 = x^2-2\cdot\frac{3}{2}x-4+\frac{9}{4}-\frac{9}{4} = \left(x-\frac{3}{2}\right)^2 - \left(\frac{5}{2}\right)^2.$$

Dieser Ausdruck soll negativ sein, also muss $|x - \frac{3}{2}| < \frac{5}{2}$ werden, was für $-1 < x < 4$ der Fall ist. Da wir $x < 2$ vorausgesetzt hatten, gilt für den zweiten Fall $x \in (-1, 2)$.
Also ist $L_2 = (-1, 2) \cup (4, \infty)$.

(c) Um L_3 bestimmen zu können, formen wir die in L_3 gegebene Ungleichung um:

$$x(2-x) > 1 + |x| \iff 0 > 1 + |x| - 2x + x^2.$$

Diese Ungleichung ist äquivalent zu $0 > (x-1)^2 + |x|$. Da sowohl $(x-1)^2$ wie auch $|x|$ stets größer oder gleich null sind, kann diese Ungleichung nicht erfüllt werden und somit ist L_3 die leere Menge.

Aufgabe 4.19 •• Wir zeigen zunächst $|1| = |-1| = 1$ und folgern anschließend $|-x| = |x|$

$$0 < |1| = |1 \cdot 1| = |1| \cdot |1| = |1|^2 \iff 1 = |1|.$$

Dabei haben wir beim Ungleichungszeichen (R_1) und beim zweiten Gleichheitszeichen (R_2) verwendet. Außerdem sind wir von $0 \neq 1$ ausgegangen. Eine analoge Rechnung für -1 ergibt, dass auch $|-1| = 1$ ist:

$$0 < |1| = |(-1)\cdot(-1)| = |-1| \cdot |-1| = |-1|^2.$$

Wegen $|-1| \geq 0$ ist |-1| die positive Quadratwurzel der Zahl 1, also 1 selbst.

Nun liefert (R_2) sofort $|-x| = |-1 \cdot x| = |-1| \cdot |x| = 1 \cdot |x| = |x|$.

- (M_1) folgt, da der Betrag nach (R_1) nur nicht negative Werte annimmt: $d(a,b) = |a-b| \geq 0$ für alle $a, b \in \mathbb{R}$. Ist $d(a,b) = 0$, muss $|a-b| = 0$ gelten, also nach (R_1) $(a-b) = 0 \Leftrightarrow a = b$.
- (M_2): Wir haben oben gezeigt, dass $|-x| = |x|$ für alle reellen Zahlen x erfüllt ist. Setzt man nun $x := (a-b)$, so folgt daraus $d(a,b) = |a-b| = |x| = |-x| = |-(a-b)| = |b-a| = d(b,a)$.
- Um (M_3) zu beweisen, verwenden wir (R_3) und setzen $x := (a-b)$ und $y = (b-c)$. Dann ergibt sich $d(a,b) + d(b,c) = |a-b| + |b-c| = |x| + |y| \geq |x+y| = |(a-b)+(b-c)| = |a-c| = d(a,c)$.

Dass man $d(a,b) \geq 0$ folgern kann, sieht man wie folgt: Nach (M_3) gilt $d(a,a) \leq d(a,a) + d(a,a)$, insbesondere also $0 \leq d(a,a)$. Nach (M_2) gilt $0 \leq d(a,a) \leq d(a,b) + d(b,a) = 2d(a,b)$ und somit gilt die Aussage $0 \leq d(a,b)$ für beliebige $a, b \in \mathbb{R}$.

Aufgabe 4.20 •• Da $4^2 = (-4)^2 = 16$ ist, müssen wir nur die vier Zahlen 0, 1, 2, 3 testen, wobei 0 ausscheidet, da $\sqrt{13}$ keine ganze Zahl ist.

Setzen wir $x := 1$, so erfordert $1^2 = 1$, dass $y^2 = 12$ gilt, was aber weder von $y = 2$ mit $y^2 = 4$ noch von $y = 3$ mit $y^2 = 9$ erfüllt wird.

Setzen wir $x := 2$, so erfordert $2^2 = 4$, dass $y^2 = 9$ gilt, was von $y = 3$ bzw. von $y = -3$ erfüllt wird. Vom Betrag her finden wir keine weiteren Paare und so müssen wir nur noch die Zahlen vertauschen bzw. das Vorzeichen durchwechseln.

Der Zusatz ist schnell gezeigt: Bereits für $x = 2$ ist $x^2 = 4$ und somit bleiben nur $x = \pm 1$ bzw. $y = \pm 1$ als Kandidaten für die Gleichung $x^2 + y^2 = 3$. Allerdings ist das Ergebnis für zwei dieser Kandidaten immer $2 \neq 3$.

Aufgabe 4.21 ••

(a) Seien $n, m \in H$ mit $n = 3k + 1$ und $m = 3l + 1$ mit natürlichen k, l. Dann ist das Produkt $nm = (3k + 1)(3l + 1)$ wieder in H gelegen, denn es gilt $nm = 9kl + 3k + 3l + 1 = 3(3kl + k + l) + 1$ und setzt man $3kl + k + l = j$, so ist nm wieder von der geforderten Gestalt von Elementen von H.

(b) Die ersten acht Folgeglieder erhält man, wenn man für k nacheinander $1, 2, \dots, 8$ einsetzt. Wegen $100 = 3 \cdot 33 + 1$ gilt $100 \in H$, aber auch wegen der Abgeschlossenheit der Multiplikation: $4 \cdot 25 = 100$.

(c) Entweder ist n selbst H-Primzahl oder nicht und im ersten Fall ist nichts zu zeigen. Im zweiten Fall existieren dann zwei Zahlen $m, l \in H$, für die $ml = n$ und $m, l < n$ gilt. Nun sind diese beiden Zahlen prim oder nicht. Ist bspw. m nicht prim, zerlegt man diese Zahl in ein weiteres Produkt zweier H-Zahlen. So steigt man sukzessive in H ab, bis man ein reines Produkt von H-Primzahlen erhält und so muss n durch H-Primzahlen darstellbar sein.

(d) $100 = 4 \cdot 25 = 10 \cdot 10$.

(e) Siehe vorherige Rechnung. Da es keine Zahlen $n, m \in H$ gibt mit $10 \cdot n = 25$ bzw. $10 \cdot m = 4$ ist der erste Teil gezeigt. Doch gerade hiermit wird die Primzahleigenschaft verletzt: Teilt 10 die Zahl 100, so sollte sie auch einen Faktor von 100 teilen.

Der Fundamentalsatz der elementaren Zahlentheorie findet sich zuerst bei C.F. Gauß in seinen *Disquisitiones Arithmeticae* in Artikel 16 aus dem Jahre 1801.

Aufgabe 4.22 • Mit der Ausgangsgleichung ist auch

$$\overline{z^n + c_{n-1}z^{n-1} + \ldots + c_1 z + c_0} = \overline{0}$$

erfüllt. Mit $\overline{0} = 0$ und $\overline{z + w} = \overline{z} + \overline{w}$ ist die obige Gleichung äquivalent zu dieser Gleichung:

$$\overline{z^n} + \overline{c_{n-1}z^{n-1}} + \ldots + \overline{c_1 z} + \overline{c_0} = 0.$$

Mit $\overline{z \cdot w} = \overline{z} \cdot \overline{w}$ folgt

$$\overline{z}^n + \overline{c_{n-1}} \cdot \overline{z}^{n-1} + \ldots + \overline{c_1} \cdot \overline{z} + \overline{c_0} = 0.$$

Da nun aber alle Koeffizienten c_j $(0 \leq j < n)$ nach Voraussetzung reell sind, gilt $\overline{c_j} = c_j$ und damit ist diese Gleichung äquivalent zu

$$\overline{z}^n + c_{n-1}\overline{z}^{n-1} + \ldots + c_1\overline{z} + c_0 = 0.$$

Hieraus folgt die Behauptung.

Aufgabe 4.23 • Zunächst definieren wir $3 := 2 + 1$. $(a + b)^3$ bedeutet dann $(a + b)(a + b)(a + b)$.

Wir kennen bereits eine mögliche Darstellung des Paares $(a + b)(a + b) = a^2 + 2ab + b^2$. Damit müssen wir nur noch $(a^2 + 2ab + b^2)(a + b)$ untersuchen.

Nach (D) gilt $(a^2 + 2ab + b^2)a + (a^2 + 2ab + b^2)b$. Mit (A_1) wird umsortiert und nochmals mit (D) ausmultipliziert zu $(a^3 + 2a^2b + ab^2) + (a^2b + 2ab^2 + b^3)$. Fasst man ähnliche Summanden zusammen, folgt die Behauptung.

Aufgabe 4.24 • Beginnen wir mit $n = 1$. Egal, ob $a_1 \in \mathbb{R}$ positiv oder negativ ist, es gilt $a_1^2 > 0$ und damit kommen diese Zahlen nicht für die obige Gleichung in Frage. Es bleibt $a_1 = 0$.

Soll nun die Summe für eine beliebige Anzahl von Summanden gelten, dann darf kein $a_j \neq 0$ sein, ansonsten wäre sofort die Gleichung verletzt.

Die umgekehrte Richtung ist trivial: Sind alle $a_j = 0$, dann auch alle Quadrate a_j^2 und damit auch die Summe all dieser Quadrate.

Aufgabe 4.25 ••

(a) Die natürlichen Zahlen selbst haben mit 1 ein Minimum. Durch das Bilden des Kehrwertes wird hieraus das Maximum für $1/n$ bzw. für $1/m$. Alle weiteren Brüchen sind kleiner. Da die natürlichen Zahlen nicht beschränkt sind, findet man immer kleinere Brüche, die aber nie null werden. Daher kann es kein Minimum geben, andererseits kommt man beliebig nahe dem Infimum null.

(b) Wir formen den Term $x^2 + x + 1$ um zu $x^2 + x + (x - x) + 1 = x^2 + 2x + 1 - x = (x + 1)^2 + 1$. Man nennt dieses Verfahren eine *quadratische Ergänzung*. Das Quadrat $(x + 1)^2$ ist immer größergleich null und damit ist die Ungleichung immer, also für alle $x \in \mathbb{R}$, erfüllt. Alternativ könnte man auch argumentieren, dass $x^2 > x$ gilt für $x < -1$ und für $-1 < x < 0$ der dritte Summand, 1, überwiegt. Für $x > 0$ ist die Ungleichung sowieso erfüllt.

(c) Die Menge entspricht dem offenen Intervall $(-3, 3)$ geschnitten mit $\mathbb{Q}$.

Aufgabe 4.26 •• Wir führen eine vollständige Induktion nach a und beginnen mit $a = 0$: $0^p = 0$ und hier gilt $0^p \equiv 0 \mod p$.

Wir nehmen für den Induktionsschritt an, dass $a^p - a$ von p geteilt wird und wollen nun nachweisen, dass $(a+1)^p - (a+1)$

ebenfalls von p geteilt wird. Dazu müssen wir $(a+1)^p$ entwickeln (siehe binomischer Lehrsatz, Seite 131):

$$(a+1)^p = a^p + \binom{p}{1} a^{p-1} + \ldots + \binom{p}{p-1} a + 1.$$

mit den Binomialkoeffizienten $\binom{p}{k} = \frac{p\cdot(p-1)\ldots(p-k+1)}{k!}$. Diese Zahlen sind alle durch p teilbar, da in jedem das p im Zähler vorkommt, nicht aber im Nenner. Daraus folgt

$$(a+1)^p \equiv a^p + 1 \mod p$$

und für die zu untersuchende Differenz gilt:

$$(a+1)^p - (a+1) \equiv a^p + 1 - (a+1) \mod p.$$

Da nach Induktionsvoraussetzung die Zahl $a^p + 1 - (a+1) = a^p - a$ von p geteilt wird, ist p auch Teiler der Zahl $(a+1)^p - (a+1)$.

Aufgabe 4.27 •• Für Teilaufgabe (a) muss gezeigt werden, dass der explizite Ausdruck die rekursive Definition erfüllt und auch, dass die Startwerte $f_1 = 1$ und $f_2 = 1$ übereinstimmen. Dass der explizite Ausdruck die Rekursion erfüllt, zeigen wir mittels des Induktionsprinzips. Zuerst überprüfen wir aber die Startwerte durch simples Einsetzen:

$$f_1 = \frac{1}{\sqrt{5}}\left[\left(\frac{1+\sqrt{5}}{2}\right)^1 - \left(\frac{1-\sqrt{5}}{2}\right)^1\right]$$

$$= \frac{1}{\sqrt{5}}\left[\frac{1+\sqrt{5}-(1-\sqrt{5})}{2}\right] = \frac{1}{\sqrt{5}}\left[\frac{2\sqrt{5}}{2}\right] = 1,$$

was schon einmal korrekt ist.

$$f_2 = \frac{1}{\sqrt{5}}\left[\left(\frac{1+\sqrt{5}}{2}\right)^2 - \left(\frac{1-\sqrt{5}}{2}\right)^2\right]$$

$$= \frac{1}{\sqrt{5}}\left[\frac{(1+2\sqrt{5}+5)-(1-2\sqrt{5}+5)}{4}\right] = \frac{1}{\sqrt{5}}\left[\frac{4\sqrt{5}}{4}\right] = 1.$$

Somit sind beide Startwerte korrekt. Um den Induktionsschritt vernünftig durchführen zu können, beweisen wir kurz folgende zwei Identitäten mit $a = \frac{1+\sqrt{5}}{2}$ bzw. mit $b = \frac{1-\sqrt{5}}{2}$:

$$1+a = 1+\frac{1+\sqrt{5}}{2} = \frac{3+\sqrt{5}}{2} = \frac{6+2\sqrt{5}}{4} = \frac{1+2\sqrt{5}+5}{4}$$

Der letzte Ausdruck ist als $\left(\frac{1+\sqrt{5}}{2}\right)^2$ zu schreiben, was a^2 entspricht. Somit gilt $1 + a = a^2$. Völlig analog finden wir $1 + b = b^2$:

$$1+b = 1+\frac{1-\sqrt{5}}{2} = \frac{6-2\sqrt{5}}{4} = \frac{1-2\sqrt{5}+5}{4} = b^2.$$

Den Induktionsschritt gehen wir, indem wir mit $f_n + f_{n+1}$ beginnen und nachweisen, dass dieser Ausdruck mit f_{n+2} identisch ist. Dabei verwenden wir gleich die Abkürzungen a und b:

$$f_n + f_{n+1} = \frac{1}{\sqrt{5}}(a^n - b^n) + \frac{1}{\sqrt{5}}\left(a^{n+1} - b^{n+1}\right)$$

Wir fassen beide Summanden zusammen und erhalten

$$\frac{1}{\sqrt{5}}\left(a^n - b^n + a^{n+1} - b^{n+1}\right) = \frac{1}{\sqrt{5}}\left(a^n(1+a) - b^n(1+b)\right)$$

Nach unseren beiden Identitäten entspricht dies

$$\frac{1}{\sqrt{5}}\left(a^n a^2 - b^n b^2\right) = \frac{1}{\sqrt{5}}\left(a^{n+2} - b^{n+2}\right) = f_{n+2}.$$

Wir haben damit die Rekursion nachgewiesen.

In Teilaufgabe (b) soll eine Abschätzung von $\frac{f_{101}}{f_{100}}$ erfolgen, was einem „Wachstumsfaktor" entspricht. Dabei benötigen wir nur, dass $a > 1$ und $b < 1$ ist, denn damit ist b^{100} zu vernachlässigen:

$$f_{100} = \frac{1}{\sqrt{5}}\left(a^{100} - b^{100}\right) \approx \frac{a^{100}}{\sqrt{5}} \approx 10^{20}.$$

Gleiches gilt für f_{101}:

$$f_{101} = \frac{1}{\sqrt{5}}\left(a^{101} - b^{101}\right) \approx \frac{a^{101}}{\sqrt{5}}$$

und damit entspricht der gesuchte Ausdruck etwa $a \approx 1.618$.

Aufgabe 4.28 •• Wir beweisen die erste Formel direkt und die anderen durch Induktion. Dabei wird in der ersten Teilaufgabe gezeigt, wie man durch systematisches Probieren auf die Formeln kommen kann.

(a) Zuerst notieren wir uns die Summe für einige $n \in \mathbb{N}$:

n	1	2	3	4
$\frac{1}{1\cdot 2} + \ldots + \frac{1}{n(n+1)}$	$\frac{1}{2}$	$\frac{1}{2} + \frac{1}{6} = \frac{2}{3}$	$\frac{2}{3} + \frac{1}{12} = \frac{3}{4}$	$\frac{4}{5}$

Es erscheint plausibel, dass die Formel im n. Schritt dem Ausdruck $\frac{n}{n+1} = 1 - \frac{1}{n+1}$ entspricht. Die letzte Umformung ist nicht nötig, jedoch für den folgenden Induktionsbeweis zweckmäßig:

Für $n = 1$ ist die Summe $\frac{1}{1\cdot 2}$, was der Vermutung $1 - 1/2$ entspricht. Sei die obige Formel korrekt für $n \in \mathbb{N}$. Betrachten wir $A(n+1)$, also

$$\frac{1}{1\cdot 2} + \frac{1}{2\cdot 3} + \ldots + \frac{1}{n\cdot(n+1)} + \frac{1}{(n+1)(n+2)},$$

so ist auf der linken Seite ein weiterer Summand hinzugekommen. Es ist also zu überprüfen, ob

$$1 - \frac{1}{n+1} + \frac{1}{(n+1)(n+2)} = 1 - \frac{1}{n+2}$$

korrekt ist (dabei haben wir auf der linken Seite unsere Formel benutzt). Multiplizieren wir mit $(n+1)(n+2) \neq 0$ durch, so erhalten wir

$$(n+1)(n+2) - (n+2) + 1 = 1 - (n+1) \Leftrightarrow 0 = 0$$

und damit stimmt die Formel.

(b) Für $n = 1$ ist die linke Seite der Gleichung $(-1)^2 \cdot 1^2 = 1$, was mit der rechten Seite $(-1)^2 \cdot \frac{2}{2}$ übereinstimmt. Wir untersuchen nun

$$1 - 4 + 9 - \ldots + (-1)^{n+2}(n+1)^2 = (-1)^{n+2} \cdot \frac{(n+1)(n+2)}{2}.$$

Wir können auf der linken Seite alle Summanden bis auf den letzten durch den geschlossenen Ausdruck $(-1)^{n+1} \cdot \frac{n(n+1)}{2}$ ersetzen und haben zu prüfen, ob $(-1)^{n+1} \cdot \frac{n(n+1)}{2} + (-1)^{n+2}(n+1)^2$ der Zahl $(-1)^{n+2} \cdot \frac{(n+1)(n+2)}{2}$ entspricht. Wir können o. B. d. A annehmen, dass $(-1)^{n+1} = 1$ ist und überprüfen nun

$$\frac{n(n+1)}{2} - (n+1)^2 + \frac{(n+1)(n+2)}{2} = 0.$$

Wir erweitern und multiplizieren aus:

$$\frac{n^2+n}{2} - \frac{2(n^2+2n+1)}{2} + \frac{n^2+3n+2}{2} = \frac{0}{2}.$$

und damit folgt die Behauptung.

(c) $1 \cdot 2 = 2$ entspricht der rechten Seite $\frac{2 \cdot 3}{3} = 2$. Wir können wieder $A(n)$ als wahr voraussetzen. Betrachtet man $A(n+1)$, so erkennt man, dass verglichen mit $A(n)$ auf der linken Seite der Summand $(n+1)(n+2)$ hinzugekommen ist. Damit müssen wir überprüfen, ob

$$\frac{n(n+1)(n+2)}{3} + (n+1) \cdot (n+2) = \frac{(n+1)(n+2)(n+3)}{3}$$

erfüllt ist. Wir erweitern $(n+1) \cdot (n+2)$ und vergleichen die Summanden. Es ergibt sich $0 = 0$ und somit gilt die Behauptung.

(d) Für $n = 1$ wird die linke Seite zu $1 \cdot 2 \cdot 3 = 6$, was der rechten Seite $(\frac{24}{4})$ entspricht. Auch hier können wir auf $A(n+1)$ die Formel für $A(n)$ anwenden und müssen zeigen, dass

$$\frac{n(n+1)(n+2)(n+3)}{4} + (n+1)(n+2)(n+3)$$

dem Ausdruck $\frac{(n+1)(n+2)(n+3)(n+4)}{4}$ entspricht. Man bringt in der obigen Gleichung alles auf Viertel und multipliziert aus. Auch den Ausdruck $(n+1)(n+2)(n+3)(n+4)$ muss man ausmultiplizieren, um die Summanden (erfolgreich!) zu vergleichen.

Aufgabe 4.29 •• Zuerst weisen wir die folgenden Paare nach: $1 \cdot 1 = 1$, $\mathrm{i} \cdot (-\mathrm{i}) = 1$, $(-1)(-1) = 1$ und $-\mathrm{i} \cdot \mathrm{i} = 1$. Dass es keine weiteren α gibt, die ein multiplikatives Inverses besitzen, kann man sich wie folgt klar machen:

Es soll $\alpha \cdot \alpha^{-1} = 1$ gelten, also ist für $a + b\mathrm{i} \in \mathbb{Z}[\mathrm{i}]$ das Inverse $\alpha^{-1} = \frac{1}{a+b\mathrm{i}} = \frac{a-b\mathrm{i}}{a^2+b^2}$ bzw. $\alpha^{-1} = a' + b'\mathrm{i} = \frac{a}{a^2+b^2} - \frac{b}{a^2+b^2}\mathrm{i}$. Die beiden Zahlen a' bzw. b' sind nur ganz, wenn entweder $b = 0, a = a^2$ oder $a = 0, b = b^2$ gilt! Daraus ergeben sich unsere Lösungen.

Damit $\mathbb{Z}[\mathrm{i}]$ ein Ring ist, muss die Menge gegenüber der Addition eine abelsche Gruppe sein. Wir prüfen dazu in aller Kürze:

- Neutrales Element der Addition: $z + (0 + 0\mathrm{i}) = z$ für alle $z \in \mathbb{Z}[\mathrm{i}]$.
- Inverses Element zu $a + b\mathrm{i}$: $(-a - b\mathrm{i}) + (a + b\mathrm{i}) = 0$ $(a, b \in \mathbb{Z})$.
- Abgeschlossenheit: $(a+b\mathrm{i})+(c+d\mathrm{i}) = (a+c)+(b+d)\mathrm{i}$, was wieder in $\mathbb{Z}[\mathrm{i}]$ liegt $(a, b, c, d \in \mathbb{Z})$.
- Assoziativgesetz: $[(a + b\mathrm{i}) + (c + d\mathrm{i})] + (e + f\mathrm{i}) = (a+c+e)+(b+d+f)\mathrm{i} = (a+b\mathrm{i})+(c+e)+(d+f)\mathrm{i} = (a + b\mathrm{i}) + [(c + d\mathrm{i}) + (e + f\mathrm{i})]$.
- Kommutativgesetz: $a+b\mathrm{i}+c+d\mathrm{i} = (a+c)+(b+d)\mathrm{i} = (c + a) + (d + b)\mathrm{i} = c + d\mathrm{i} + a + b\mathrm{i}$.

Außerdem muss die Multiplikation von $\mathbb{Z}[\mathrm{i}]$ die Eigenschaften einer Halbgruppe erfüllen. Dazu muss die Multiplikation abgeschlossen sein und es gilt das Assoziativgesetz:

- Abgeschlossenheit: $(a + b\mathrm{i})(c + d\mathrm{i}) = (ac - bd) + (bc + ad)\mathrm{i} \in \mathbb{Z}[\mathrm{i}]$.
- Assoziativgesetz: Es ist zu prüfen, ob $[(a + b\mathrm{i})(c + d\mathrm{i})](e + f\mathrm{i}) = (a + b\mathrm{i})[(c + d\mathrm{i})(e + f\mathrm{i})]$ erfüllt ist. Diese Rechenaufgabe sei hier nicht ausgeführt; man vereinfacht beide Seiten soweit als möglich und vergleicht die Summanden.

Schließlich müssen wir uns der Distributivgesetze vergewissern. Diese sind lediglich ein Sonderfall der im Körper der komplexen Zahlen gültigen Distributivgesetze.

Es haben also nur die vier oben angegebenen Elemente ein Inverses in diesem Ring.

Aufgabe 4.30 •• Seien $\alpha, \beta \in \mathbb{Z}[x]$ und $\beta \neq 0$. Sei $\alpha = a + b\mathrm{i}$ und sei $\beta = c + d\mathrm{i}$ mit $a, b, c, d \in \mathbb{Z}$.

Dann ist $\frac{\alpha}{\beta} = \frac{a+b\mathrm{i}}{c+d\mathrm{i}}$. Wir multiplizieren mit $\frac{c-d\mathrm{i}}{c-d\mathrm{i}}$ und erhalten

$$\frac{ac+bd}{c^2+d^2} + \frac{ad-bc}{c^2+d^2}\mathrm{i} = e + f\mathrm{i}$$

mit den Zahlen $e := \frac{ac+bd}{c^2+d^2}$ und $f := \frac{ad-bc}{c^2+d^2}$. Zu e und f gibt es ganze Zahlen g und h mit $|g - e| \leq \frac{1}{2}$ und $|h - f| \leq \frac{1}{2}$. Man beachte, dass es mehrere solche Zahlen geben kann! Setzt man $\gamma := g + h\mathrm{i}$ (damit gilt $\gamma \in \mathbb{Z}[\mathrm{i}]$), dann ist $\frac{\alpha}{\beta} = \gamma + (e - g) + (f - h)\mathrm{i}$ oder

$$\alpha = \beta\gamma + [(e - g) + (f - h)\mathrm{i}] \cdot \beta.$$

Setzt man $\delta := [(e - g) + (f - h)\mathrm{i}] \cdot \beta$, dann ist $\alpha = \beta\gamma + \delta$ und auch $\delta \in \mathbb{Z}[x]$.

Außerdem ist $N(\delta) = N([(e - g) + (f - h)\mathrm{i}] \cdot \beta) = N([(e-g)+(f-h)\mathrm{i}]) \cdot N(\beta) = N(\beta)[(e-g)^2+(f-h)^2] = N(\beta)(\frac{1}{4} + \frac{1}{4}) = \frac{1}{2}N(\beta) < N(\beta)$. Man beachte dabei, dass $N(\beta) \neq 0$, da nach Voraussetzung $\beta \neq 0$ ist.

Aufgabe 4.31 •

(a) Mit $3z = 3(1 + 2\mathrm{i}) = 3 + 6\mathrm{i}$ und $4w = 4(3 + 4\mathrm{i}) = 12 + 16\mathrm{i}$ ergibt sich die Lösung.

(b) Mit $\overline{w} = 3 - 4\mathrm{i}$ ergibt sich $z\overline{w} = (1 + 2\mathrm{i})(3 - 4\mathrm{i}) = 3 - 4\mathrm{i} + 6\mathrm{i} + 8 = 11 + 2\mathrm{i}$ und wegen $z^2 = (1 + 2\mathrm{i})^2 = 1 + 4\mathrm{i} - 4 = -3 + 4\mathrm{i}$ findet man insgesamt $2(-3 + 4\mathrm{i}) - (11 + 2\mathrm{i}) = -6 + 8\mathrm{i} - 11 - 2\mathrm{i} = -17 + 6\mathrm{i}$.

(c) Wir bestimmen $w + z = 4 + 6\mathrm{i}$ und $w - z = 2 + 2\mathrm{i}$. Wir erweitern unseren Bruch mit dem Konjugierten des Nenners:

$$\frac{w+z}{w-z} = \frac{(w+z)\cdot\overline{w-z}}{(w-z)\cdot\overline{w-z}}.$$

Nun berechnen wir den Zähler zu $(4 + 6\mathrm{i})(2 - 2\mathrm{i}) = 8 - 8\mathrm{i} + 12\mathrm{i} + 12 = 20 + 4\mathrm{i}$ und den Nenner zu 8.

(d) Wir erweitern mit dem Konjugierten des Nenners:

$$\frac{1-\mathrm{i}z}{1+\mathrm{i}z} = \frac{(1-\mathrm{i}z)\cdot\overline{1+\mathrm{i}z}}{(1+\mathrm{i}z)\cdot\overline{1+\mathrm{i}z}}.$$

Mit $1+\mathrm{i}z = 1+\mathrm{i}(1+2\mathrm{i}) = 1+\mathrm{i}-2 = -1+\mathrm{i}$ findet man $\overline{1+\mathrm{i}z} = -1-\mathrm{i}$. Wir bestimmen noch $1-\mathrm{i}z = 1-\mathrm{i}+2 = 3-\mathrm{i}$ und müssen nun die beiden Produkte $(3-\mathrm{i})(-1-\mathrm{i})$ bzw. $(-1+\mathrm{i})(-1-\mathrm{i})$ bestimmen. Das zweite ist sehr einfach, denn dies ist die Zahl 2. $(3 - \mathrm{i})(-1 - \mathrm{i}) = -3 - 3\mathrm{i} + \mathrm{i} - 1 = -4 - 2\mathrm{i}$ und damit ist der gesamte Bruch $-2 - \mathrm{i}$.

Aufgabe 4.32 ••

(a) $0 < \mathrm{Re}\,(\mathrm{i}z) < 1 \Leftrightarrow 0 < \mathrm{Re}\,(\mathrm{i}(x + y\mathrm{i})) < 1 \Leftrightarrow 0 < \mathrm{Re}\,(-y + x\mathrm{i}) < 1 \Leftrightarrow 0 < -y < 1 \Leftrightarrow -1 < y < 0$.

(b) $|z| = \mathrm{Re}\,(z) + 1 \Leftrightarrow |z| = x + 1$. Insbesondere muss $x + 1 > 0$ erfüllt sein, denn der Betrag einer Zahl ist immer größergleich null. $|z| = x + 1 \Leftrightarrow \sqrt{x^2 + y^2} = x + 1 \Leftrightarrow x^2 + y^2 = (x+1)^2 = x^2 + 2x + 1$. Damit muss $y^2 = 2x + 1$ erfüllt sein (und immer noch $x + 1 \geq 0$). Die Nebenbedingung $x + 1 \geq 0$ ist immer erfüllt, denn in der Gleichung $y^2 = 2x + 1$ steckt insbesondere $x \geq -1/2$. Löst man nach x auf, erhält man die oben angegebene Parabelgleichung.

(c) Geometrisch bedeutet die Gleichung $|z - \mathrm{i}| = |z - 1|$, dass der Abstand von i und von 1 gleich groß sein soll. Schon daraus lässt sich die Lösung $y = x$ erkennen. Man kann sie auch durch Umformen von $|z - \mathrm{i}| = |z - 1|$ finden: $|z-\mathrm{i}| = |z-1| \Leftrightarrow |z-\mathrm{i}|^2 = |z-1|^2 \Leftrightarrow x^2 + (y-1)^2 = (x - 1)^2 + y^2$. Multipliziert man die Klammern aus, erhält man $x^2 + y^2 - 2y + 1 = x^2 + y^2 - 2x + 1$ oder eben $y = x$.

(d) $|\frac{z}{z+1}| = 2 \Leftrightarrow |z| = 2|z + 1| \Leftrightarrow |z|^2 = 4|z + 1|^2$. Nun wenden wir wieder $z = x + y\mathrm{i}$ an und erhalten $x^2 + y^2 = 4((x + 1)^2 + y^2) \Leftrightarrow 0 = 3x^2 + 8x + 4 + 3y^2$. Kennt man die allgemeine Gleichung für Kreislinien, $r^2 = (x - a)^2 + (y - b)^2$ mit Radius r und Mittelpunkt bei $z = a + b\mathrm{i}$, so kann man wie folgt quadratisch ergänzen:

$$0 = x^2 + 2\cdot\frac{4}{3}x + \left(\frac{4}{3}\right)^2 - \left(\frac{4}{3}\right)^2 - \frac{4}{3} + y^2.$$

Dies ist gleichbedeutend mit

$$\left(\frac{2}{3}\right)^2 = \left(x + \frac{4}{3}\right)^2 + y^2$$

und dies entspricht der oben angegebenen Lösung. Dabei ist immer noch $z \neq -1$ zu beachten, allerdings liegt die -1 nicht auf der Kreislinie.

Aufgabe 4.33 •

(a) $|z + w|^2 = (z + w)\overline{(z + w)} = (z + w)(\overline{z} + \overline{w}) = z\overline{z} + z\overline{w} + \overline{z}w + w\overline{w} = |z|^2 + z\overline{w} + \overline{z}w + |w|^2$. Nun ist aber $\overline{z}w = \overline{z\overline{w}}$ und damit ist $z\overline{w} + \overline{z}w = 2\mathrm{Re}\,(z\overline{w})$.

(a) Die zweite Gleichheit folgt direkt aus (a), wenn man w durch $-w$ ersetzt. Man kann sie auch einfach direkt beweisen. Da $\sigma\colon \mathbb{C} \to \mathbb{C},\ z \mapsto \overline{z}$ ist, gilt $|z + w|^2 + |z - w|^2 = (z + w)\overline{(z + w)} + (z - w)\overline{(z - w)} = (z + w)(\overline{z} + \overline{w}) + (z - w)(\overline{z} - \overline{w}) = 2(z\overline{z} + w\overline{w}) = 2(|z|^2 + |w|^2)$.
Diese Gleichung nennt man auch Parallelogrammidentität, denn sind $z, w \in \mathbb{C}$, spannen sie in der Gauß'schen Zahlenebene ein Parallelogramm auf.
Die Summe der Quadrate der Längen der Diagonalen ist gleich der doppelten Summe der Quadrate der Seitenlängen.

Aufgabe 4.34 • Zur Überprüfung des Assoziativgesetzes der Multiplikation setzen wir

$$z = (a, b) \in \mathbb{C},\ z' = (a', b') \in \mathbb{C} \text{ und } z'' = (a'', b'') \in \mathbb{C}.$$

Dann gilt:

$$\begin{aligned}(zz')z'' &= (\,(a, b)(a', b')\,)(a'', b'')\\ &= (\,aa' - bb'\,,\ ab' + ba'\,)(a'', b'').\end{aligned}$$

Da die Rechnungen sehr umfassend (aber elementar) sind, beschränken wir uns zuerst auf den Realteil des Ausdrucks:

$$\begin{aligned}\mathrm{Re}\,(zz')z'' &= (aa' - bb')a'' - (ab' + ba')b''\\ &= (aa')a'' - (bb')a'' - (ab')b'' - (ba')b''.\end{aligned}$$

Wegen der Assoziativität des Produkts in $\mathbb{R}$ gilt weiter

$$\mathrm{Re}\,(zz')z'' = a(a'a'') - b(b'a'') - a(b'b'') - b(a'b'')$$

und wegen der Kommutativität der Summe in $\mathbb{R}$ gilt

$$\begin{aligned}\mathrm{Re}\,(zz')z'' &= a(a'a'') - a(b'b'') - b(b'a'') - b(a'b'')\\ &= a(a'a'' - b'b'') - b(b'a'' + a'b'')\\ &= a(a'a'' - b'b'') - b(b'a'' + a'b'').\end{aligned}$$

Nun führt man die Umformungen völlig äquivalent für den Imaginärteil $\mathrm{Im}\,(zz')z''$ bis zur gleich Stelle durch. Man erhält insgesamt

$$\begin{aligned}(zz')z'' &= (a, b)(a'a'' - b'b''\,,\ b'a'' + a'b'')\\ &= (a, b)(\,(a', b')(a'', b'')\,)\\ &= z(z'z'').\end{aligned}$$

Aufgabe 4.35 •

(a) $\frac{1}{3+7\mathrm{i}} = \frac{3-7\mathrm{i}}{(3+7\mathrm{i})(3-7\mathrm{i})}$. Wir haben mit dem Konjugierten der Zahl im Nenner erweitert und nutzen nun aus, dass

$z\bar{z} = a^2 + b^2$ ist für $z = a + bi$:

$$\frac{3-7\mathrm{i}}{(3+7\mathrm{i})(3-7\mathrm{i})} = \frac{3-7\mathrm{i}}{3^2+7^2} = \frac{3}{58} - \frac{7}{58}\mathrm{i}.$$

Da der Ausdruck $z\bar{z}$ dem Quadrat des Betrages von z entspricht, muss der gesuchte Betrag $1/\sqrt{58}$ sein. Man kann dies auch über $\sqrt{(3/58)^2 + (7/58)^2}$ erhalten, was aber komplizierter ist.

(b) Wir zerlegen das Quadrat wie folgt:

$$\left(\frac{1+\mathrm{i}}{1-\mathrm{i}}\right)^2 = \frac{(1+\mathrm{i})^2}{(1-\mathrm{i})^2} = \frac{1+2\mathrm{i}-1}{1-2\mathrm{i}-1} = \frac{2\mathrm{i}}{-2\mathrm{i}} = -1.$$

Der Betrag ist dann 1.

(c) Wir schreiben den Ausdruck $\left(-\frac{1}{2} + \frac{\sqrt{3}}{2}\mathrm{i}\right)^3$ etwas um:

$$\left(-\frac{1}{2} + \frac{\sqrt{3}}{2}\mathrm{i}\right)^3 = \left(\frac{-1+\sqrt{3}\mathrm{i}}{2}\right)^3 = \frac{(-1+\sqrt{3}\mathrm{i})^3}{8}$$

und mit $(-1+\sqrt{3}\mathrm{i})^2 = 1 - 2\sqrt{3}\mathrm{i} - 3 = -2 - 2\sqrt{3}\mathrm{i}$ ist

$$\frac{(-1+\sqrt{3}\mathrm{i})^3}{8} = \frac{(-2-2\sqrt{3}\mathrm{i})(-1+\sqrt{3}\mathrm{i})}{8}.$$

Wir können die 2 im ersten Faktor gegen die 8 des Nenners kürzen. Man erhält

$$\frac{(-1-\sqrt{3}\mathrm{i})(-1+\sqrt{3}\mathrm{i})}{4} = \frac{1^2 + (\sqrt{3})^2}{4} = 1$$

und der Betrag ist 1. Diese Aufgabe kann man mit der Darstellung in Polarkoordinaten eleganter lösen. Dies nutzen wir in der nächsten Teilaufgabe aus.

(d) $\left(\frac{1+\mathrm{i}}{\sqrt{2}}\right)^n$ scheint wegen des allgemeinen $n \in \mathbb{N}$ nicht berechenbar. Doch in diesem Fall entspricht der Ausdruck „nur" acht verschiedene komplexen Zahlen.

Das liegt daran, dass der Ausdruck $\frac{1+\mathrm{i}}{\sqrt{2}}$ den Betrag 1 besitzt und zudem eine achte Einheitswurzel von 1 ist: Es gilt $\left(\frac{1+\mathrm{i}}{\sqrt{2}}\right)^8 = 1$. Dass der Betrag immer 1 ist, sieht man wie folgt: $z = a + bi = \frac{1+\mathrm{i}}{\sqrt{2}}$ hat mit $a = 1/\sqrt{2}$ und $b = 1/\sqrt{2}$ den Betrag $\sqrt{a^2+b^2} = \sqrt{1/2+1/2} = 1$ und damit hat der obige Ausdruck für alle $n \in \mathbb{N}$ den Betrag 1.

Wir können die Zahl $\xi := \frac{1+\mathrm{i}}{2}$ auch als $E\left(\frac{2\pi \mathrm{i}}{8}\right)$ notieren und da sie sogar eine primitive Einheitswurzel ist, sind die Zahlen ξ^n ($n \in \mathbb{N}$) mit $0 \leq n \leq 7$ alle Lösungen.

Zu Übungszwecken rechnen wir die Werte noch in der Standarddarstellung $a + bi$:

- $\left(\frac{1+\mathrm{i}}{\sqrt{2}}\right)^1 = \left(\frac{1}{\sqrt{2}} + \frac{1}{\sqrt{2}}\mathrm{i}\right)^1 = \frac{1}{\sqrt{2}} + \frac{1}{\sqrt{2}}\mathrm{i}$,
- $\left(\frac{1+\mathrm{i}}{\sqrt{2}}\right)^2 = \frac{(1+\mathrm{i})^2}{2} = \frac{1+2\mathrm{i}-1}{2} = \mathrm{i}$,
- $\left(\frac{1+\mathrm{i}}{\sqrt{2}}\right)^3 = \left(\frac{1+\mathrm{i}}{\sqrt{2}}\right)^2\left(\frac{1+\mathrm{i}}{\sqrt{2}}\right)^1$, was sich mit den vorherigen zwei Ergebnissen wie folgt umformen lässt: $(\frac{1}{\sqrt{2}} + \frac{1}{\sqrt{2}}\mathrm{i})\mathrm{i} = -\frac{1}{\sqrt{2}} + \frac{1}{\sqrt{2}}\mathrm{i}$,
- $\left(\frac{1+\mathrm{i}}{\sqrt{2}}\right)^4 = \left(\frac{1+\mathrm{i}}{\sqrt{2}}\right)^2\left(\frac{1+\mathrm{i}}{\sqrt{2}}\right)^2 = \mathrm{i}\cdot\mathrm{i} = -1$ und damit
- $\left(\frac{1+\mathrm{i}}{\sqrt{2}}\right)^5 = -1\cdot\left(\frac{1+\mathrm{i}}{\sqrt{2}}\right)^1 = -\frac{1}{\sqrt{2}} - \frac{1}{\sqrt{2}}\mathrm{i}$,
- $\left(\frac{1+\mathrm{i}}{\sqrt{2}}\right)^6 = \left(\frac{1+\mathrm{i}}{\sqrt{2}}\right)^4\left(\frac{1+\mathrm{i}}{\sqrt{2}}\right)^2 = -1\cdot\mathrm{i} = -\mathrm{i}$ und damit
- $\left(\frac{1+\mathrm{i}}{\sqrt{2}}\right)^7 = -\mathrm{i}\cdot(\frac{1}{\sqrt{2}} + \frac{1}{\sqrt{2}}\mathrm{i}) = \frac{1}{\sqrt{2}} - \frac{1}{\sqrt{2}}\mathrm{i}$,
- $\left(\frac{1+\mathrm{i}}{\sqrt{2}}\right)^8 = \left(\frac{1+\mathrm{i}}{\sqrt{2}}\right)^4\left(\frac{1+\mathrm{i}}{\sqrt{2}}\right)^4 = -1\cdot -1 = 1$.

Aufgabe 4.36 •• Wir starten mit $\mathrm{Im}\,(c) \geq 0$ (dann soll $\epsilon = 1$ gelten) und bilden z^2:

$$\begin{aligned} z^2 &= \left(\sqrt{\frac{|c| + \mathrm{Re}\,(c)}{2}} + \mathrm{i}\sqrt{\frac{|c| - \mathrm{Re}\,(c)}{2}}\right)^2 \\ &= \frac{|c| + \mathrm{Re}\,(c)}{2} + 2\mathrm{i}\cdot\sqrt{\frac{|c| + \mathrm{Re}\,(c)}{2}}\sqrt{\frac{|c| - \mathrm{Re}\,(c)}{2}} \\ &\quad - \frac{|c| - \mathrm{Re}\,(c)}{2} \\ &= \frac{2\mathrm{Re}\,(c)}{2} + 2\mathrm{i}\cdot\frac{\sqrt{|c|^2 - \mathrm{Re}\,(c)^2}}{2} \\ &= \mathrm{Re}\,(c) + \mathrm{i}\cdot\sqrt{\mathrm{Im}\,(c)^2}. \end{aligned}$$

Dabei wurde im letzten Schritt $|c|^2 = \mathrm{Re}\,(c)^2 + \mathrm{Im}\,(c)^2$ verwendet. Die Wurzel aus $\mathrm{Im}\,(c)^2$ ist $|\mathrm{Im}\,(c)|$, was aber wegen der Voraussetzung $\mathrm{Im}\,(c) > 0$ mit $\mathrm{Im}\,(c)$ übereinstimmt. Daher gilt $z^2 = c$.

Für den zweiten zu prüfenden Fall gilt $\mathrm{Im}\,(c) < 0$. Dann ist $\epsilon = -1$ und z^2 ist wie folgt zu berechnen:

$$z^2 = \left(\sqrt{\frac{|c| + \mathrm{Re}\,(c)}{2}} - \mathrm{i}\sqrt{\frac{|c| - \mathrm{Re}\,(c)}{2}}\right)^2.$$

Die Umformungen sind bis auf ein Vorzeichen im gemischten Term identisch mit den oberen und man erhält hier $z^2 = \mathrm{Re}\,(c) - \mathrm{i}|\mathrm{Im}\,(c)|$, was aber wegen $|\mathrm{Im}\,(c)| = -\mathrm{Im}\,(c)$ wieder mit c übereinstimmt.

Aufgabe 4.37 • Mit dem obigen Ansatz

$$z^2 = (x + y\mathrm{i})^2 = (x^2 - y^2) + 2xy\mathrm{i}$$

muss man nur noch die Koeffizienten der beiden Seiten abgleichen:

(a) $\mathrm{i} = 0 + 1\cdot\mathrm{i}$ und damit muss $x^2 = y^2$ gelten und $2xy = 1$ bzw. $xy = 1/2$. Es bleiben nur $x = y = 1/\sqrt{2}$ oder $x = y = -1/\sqrt{2}$, da ansonsten eine der beiden Gleichungen verletzt wäre.

(b) $x^2 - y^2 = 8$ und $2xy = -6$ wird durch $x = 3$ bzw. $y = -1$ bzw. durch das Paar $x = -3$ und $y = 1$ gelöst, was man durch einfaches Probieren schnell findet.

(c) $x^2 - y^2 = 5$ und $2xy = 12$ wird durch $x = 3$ und $y = 2$ gelöst. Auch $x = -3$ und $y = -2$ lösen die Gleichung.

Aufgabe 4.38 • Wir berechnen zuerst die Diskriminante $(\mathrm{i}-3)^2 - 4\cdot 1\cdot(2-2\mathrm{i}) = 2\mathrm{i}$. Eine komplexe Quadratwurzel aus $2\mathrm{i}$ ist $1+\mathrm{i}$, denn es gilt $(1+\mathrm{i})^2 = 1 + 2\mathrm{i} - 1 = 2\mathrm{i}$.

Um auf $1 + \mathrm{i}$ zu kommen, erinnere man sich an die Aussage, dass komplexe Multiplikationen Drehstreckungen sind.

Nun liefert die Mitternachtsformel $z_1 = \frac{-(\mathrm{i}-3)+(1+\mathrm{i})}{2} = 2$ bzw. $z_2 = \frac{-(\mathrm{i}-3)-(1+\mathrm{i})}{2} = 1 - \mathrm{i}$.

Beweisaufgaben

Aufgabe 4.39 ••• Wir beginnen wie im Hinweis vermerkt mit $\sup A = \inf B$. Wegen $\epsilon > 0$ ist auch $\epsilon/2 > 0$. Wir können für jedes $\epsilon > 0$ ein $a \in A$ finden, welches $\sup A - a < \epsilon/2$ bzw. $\sup A - \epsilon/2 < a$ erfüllt.

Die gleiche Überlegung stellen wir für die Menge B an und auch hier wählen wir die Bedingung $\inf B - \epsilon/2 > b$.

Setzt man nun $s := \sup A = \inf B$, so gilt wegen der beiden obigen Bedingungen $-a < -s + \epsilon/2$ bzw. $b < s + \epsilon/2$ und hieraus folgt durch Addition

$$b - a < s + \epsilon/2 - s + \epsilon/2 = \epsilon/2 + \epsilon/2 = \epsilon.$$

Nun zeigen wir die Umkehrung und beginnen mit der eben gewonnenen Aussage. Aus den Definitionen folgen $a \leq \sup A$ und $\inf B \leq b$ und wegen $a \leq b$ gilt dann $a \leq \sup A \leq \inf B \leq b$.

Das ist gleichbedeutend mit $-\sup A \leq -a$ und $\inf B \leq b$, woraus aus Addition $\inf B - \sup A \leq b - a$ folgt. Wegen der Voraussetzung $b - a < \epsilon$ folgt $x := \inf B - \sup A < \epsilon$. Nach dem Fundamental-Lemma ist $x \leq 0$ und da $\sup A \leq \inf B$ ist $x \geq 0$. Damit ist $x = 0$ und es gilt $\sup A = \inf B$. ■

Aufgabe 4.40 •

(a) Für die erste Aussage rechnen wir für $n = 1$ bzw. $n = 2$ nach und finden $3 > 1$ und $9 > 8$. Nun könnte man meinen, dass man direkt mit Induktion schließen kann, aber wir werden sehen, dass es einen Stolperstein gibt. Der Induktionsansatz ist, dass die Gleichung für ein bestimmtes N erfüllt ist. Wir versuchen, den Fall $n = N + 1$, also $3^{N+1} > (N + 1)^3$, auf den Fall $n = N$ zurückzuführen. Es gilt $3^{N+1} = 3 \cdot 3^N > 3 \cdot N^3$, denn es ist ja $3^N > N^3$ nach Voraussetzung wahr. Wenn die rechte Seite der Ungleichung immer noch größer ist als $(N+1)^3$, dann haben wir bereits einen Induktionsbeweis für die Ausgangsungleichung gefunden. Wir untersuchen

$$3 \cdot (N^3) > (N + 1)^3 = N^3 + 3N^2 + 3N + 1$$

und subtrahieren ein N^3 auf beiden Seiten:

$$\Leftrightarrow 2 \cdot N^3 > 3N^2 + 3N + 1 \Leftrightarrow N^3 - 3N^2 - 3N - 1 > 0.$$

Ob die letzte Ungleichung wahr ist, wissen wir eigentlich nicht und müssten auch hier wieder per Induktion schließen. Fertigt man eine Wertetabelle an, so erkennt man, dass ab $N = 3$ die Ungleichung immer erfüllt ist und damit wollen wir uns hier begnügen. Damit greift dieser Induktionsbeweis für alle natürlichen Zahlen ab $n = 4$. Die drei Fälle vorher müssen per Hand geprüft werden und hier findet man bei $n = 3$ den besagten Stolperstein, denn $3^3 > 3^3$ ist falsch.

(b) Für die zweite Aussage überprüfen wir $A(1)$ und finden, dass $9 = 3^2 < 2^3 = 8$ falsch ist. Also testen wir $A(2)$: $81 = 3^4 < 2^9 = 512$, was richtig ist. Nun setzen wir voraus, dass $A(n)$ wahr ist und versuchen, daraus $A(n+1)$ abzuleiten. Wir setzen $A(n + 1)$ an:

$$3^{2^{n+1}} < 2^{3^{n+1}} \Leftrightarrow 3^{2^n \cdot 2} < 2^{3^n \cdot 3} \Leftrightarrow 3^{2^n} \cdot 3^{2^n} < 2^{3^n} \cdot 2^{3^n} \cdot 2^{3^n}$$

Nun ist aber nach Induktionsvoraussetzung der Ausdruck 2^{3^n} größer als 3^{2^n} (und beide sind größer 1). Wir haben auf der linken Seite sogar „nur" zwei Faktoren und damit stimmt die ursprüngliche Aussage.

(c) Nicht immer beweist man Aussagen dieser Struktur mit vollständiger Induktion. Man kann häufiger direkt schließen. In diesem Fall kann man die linke Seite der dritten Ungleichung „stark überschätzen":

$$1^1 \cdot 2^2 \cdot 3^3 \cdot \ldots \cdot n^n < n^1 \cdot n^2 \cdot n^3 \cdot \ldots \cdot n^n.$$

Erinnert man sich (siehe Seite 130) an die Gleichheit von

$$1 + 2 + \ldots + n = n(n + 1)/2,$$

so folgt bereits die Behauptung.

(d) Die Ungleichungskette der vierten Aussage zwingt uns zu zwei getrennten Betrachtungen. Wir beginnen mit dem ersten Teil der Ungleichung $3\left(\frac{n}{3}\right)^n \leq n!$ und beginnen mit $n = 1$ als Induktionsanfang:

$$3\left(\frac{1}{3}\right)^1 \leq 1! \Leftrightarrow 1 \leq 1$$

und damit ist die Aussage $A(n)$ wahr. Nun folgt der Induktionsschritt:
Wir beginnen mit der Induktionsannahme und der angegebenen Ungleichung $\left(1 + \frac{1}{n}\right)^n \leq 3$:

$$\left(1 + \frac{1}{n}\right)^n \left(\frac{n}{3}\right)^n \leq 3\left(\frac{n}{3}\right)^n \leq n!$$

Wir fassen die linke Seite zusammen und ignorieren den mittleren Teil:

$$\left(\left(1 + \frac{1}{n}\right)\frac{n}{3}\right)^n \leq n!$$

Eine Multiplikation mit $(n + 1) > 0$ auf beiden Seiten der Ungleichung ergibt dann:

$$3 \cdot (n + 1)/3 \cdot \left(\left(1 + \frac{1}{n}\right)\frac{n}{3}\right)^n \leq (n + 1) \cdot n!$$

Der rechte Ausdruck ist einfach $(n + 1)!$ und fasst man den linken Ausdruck zusammen, ergibt sich $A(n + 1)$:

$$3\left(\frac{n + 1}{3}\right)^{n+1} \leq (n + 1)!$$

Analog kann man die Abschätzung nach oben zeigen. Dabei geht man von der Ungleichung $2 \leq (1 + 1/n)^n$ aus, deren Gültigkeit man sofort mit der Bernoulli'schen Ungleichung einsieht.

Aufgabe 4.41 • Offensichtlich gilt $|\mathbb{A}_n| = n$ für alle $n \in \mathbb{N}$. Wir nehmen an, dass die zu zeigende Behauptung falsch ist. Also gibt es eine Abbildung $\Phi' : \mathbb{A}_n \to \mathbb{A}_m$ derart, dass für alle $n_i \neq n_j \in \mathbb{A}_n$ gilt: $\Phi'(n_i) \neq \Phi'(n_j)$. Nach Definition der Abbildung enthält $\mathbb{A}_m$ dann (mindestens) die paarweise verschiedenen Elemente $\Phi'(1), \Phi'(2), \ldots, \Phi'(n)$ und damit wäre $|\mathbb{A}_m| \geq n$ im Widerspruch zur Voraussetzung $||\mathbb{A}_m| = m < n$. Damit ist unsere Annahme, dass die zu beweisende Aussage falsch ist, selbst falsch und somit ist die zu beweisende Aussage korrekt.

Als Folgerung ergibt sich: Gibt es eine injektive Abbildung $\Phi : \mathbb{A}_n \mapsto \mathbb{A}_m$, dann ist notwendig $n \leq m$ und die natürliche Injektion $\iota(n) = n$ ist eine solche Abbildung. Ist $\Phi : \mathbb{A}_n \mapsto \mathbb{A}_m$ bijektiv, so ist Φ surjektiv und damit die Umkehrabbildung $\Psi : \mathbb{A}_m \mapsto \mathbb{A}_n$ injektiv. Hieraus folgt $m \leq n$ und wegen $n \leq m$ gilt $n = m$.

Aufgabe 4.42 • Von selbst auf die Funktion h zu kommen ist nicht einfach. Wenn man die Zahlenpaare wie im Hinweis gezeigt notiert sind, kann man erahnen, dass diese Paare abzählbar sind: Man kann die dargestellten Paare auf verschiedene Weisen systematisch durchzählen und genau das ist die Anschauung des Begriffs der Abzählbarkeit.

Es ist klar, dass die Menge $\mathbb{N} \times \mathbb{N}$ nicht weniger Elemente enthalten kann als die Menge $\mathbb{N}$ selbst. Dies ist insbesondere an den Paaren $(n, 1)$ mit $n \in \mathbb{N}$ ersichtlich.

Andererseits liegt die Zahl $n + \frac{(n+m-1)(n+m-2)}{2}$ mit $n, m \in \mathbb{N}$ immer in der Menge $\mathbb{N}$. Da die Abbildungsvorschrift für alle Paare (n, m) ausführbar ist, kann $\mathbb{N}$ nicht weniger Elemente als $\mathbb{N} \times \mathbb{N}$ enthalten, wenn die Abbildung h injektiv ist, also nicht mehrere Paare aus $\mathbb{N} \times \mathbb{N}$ auf die gleiche Zahl $n \in \mathbb{N}$ abgebildet werden. Diesen Nachweis führen wir hier aber nicht, da er sehr rechenaufwändig ist.

Einerseits gilt also $|\mathbb{N} \times \mathbb{N}| \geq |\mathbb{N}|$, andererseits gilt $|\mathbb{N}| \geq |\mathbb{N} \times \mathbb{N}|$ und damit muss $|\mathbb{N} \times \mathbb{N}| = |\mathbb{N}|$ sein.

Aufgabe 4.43 • Ist A abzählbar, so muss eine bijektive Abbildung f_1 zwischen A und $\mathbb{N}$ existieren. Gleiches gilt für B, diese Abbildung sei mit f_2 bezeichnet. Bilde nun $f_1 \times f_2$ wie folgt:

$$f_1 \times f_2 : \mathbb{N} \times \mathbb{N} \to A \times B, \ (m, n) \mapsto (f_1(m), f_2(n)).$$

Diese Abbildung ist bijektiv, da sie komponentenweise bijektiv ist. Da $\mathbb{N} \times \mathbb{N}$ abzählbar ist, folgt die Behauptung.

Aufgabe 4.44 •• Wir schreiben $x \in \mathbb{Q}$ in der Form $x = \frac{a}{b}$ mit $a, b \in \mathbb{Z}$ und $b > 0$ und wählen b minimal. Dies erreichen wir durch Kürzen, falls a und b einen gemeinsamen Teiler $t \neq 1$ besitzen.

Wir setzen dieses x in die obige Gleichung ein:

$$\left(\frac{a}{b}\right)^n + c_{n-1}\left(\frac{a}{b}\right)^{n-1} + \ldots + c_1\left(\frac{a}{b}\right) + c_0 = 0$$

und nach Multiplikation mit b^n folgt

$$a^n + bc_{n-1}a^{n-1} + \ldots + b^{n-1}c_1 a + c_0 b^n = 0$$

oder

$$a^n + b(c_{n-1}a^{n-1} + \ldots + b^{n-2}c_1 a + c_0 b^{n-1}) = 0.$$

Damit ist ersichtlich, dass b auch Teiler von a^n ist. Wäre $b > 1$, dann besitzt b eine Primzahl p als Teiler, die dann auch a^n und wegen der Primzahleigenschaft auch a teilt. Also wäre $a = a'p$ und $b = b'p$. Damit ist aber die Minimalität von b verletzt, denn wir können $x = \frac{a}{b}$ als $x = \frac{a'}{b'}$ schreiben mit $b' < b$.

Hieraus ergibt sich z. B. sofort die Irrationalität von $\sqrt{2}$:

Wegen $1.4 < \sqrt{2} < 1.5$ ist $\sqrt{2}$ nicht ganz. $\sqrt{2}$ genügt aber der Gleichung $x^2 - 2 = 0$ und so kann $\sqrt{2}$ nicht rational sein.

Aufgabe 4.45 •• Wir nehmen an, dass die Gleichung

$$r^2 = 2$$

eine rationale Lösung $r = \frac{p}{q}$ mit teilerfremden $p, q \in \mathbb{Z}$ $(q \neq 0)$ besitzt. Wir notieren

$$r^2 = 2 \Leftrightarrow \left(\frac{p}{q}\right)^2 = 2 \Leftrightarrow \frac{p^2}{q^2} = 2 \Leftrightarrow p^2 = 2 \cdot q^2$$

und interpretieren die letzte Gleichheit $p^2 = 2 \cdot q^2$.

p und q können als ganze Zahlen entweder gerade oder ungerade sein.

Ist p ungerade, so steht auf der linken Seite der Gleichung eine ungerade Zahl, während die rechte Seite der Gleichung gerade ist.

Sind p gerade und q ungerade, stehen auf beiden Seiten gerade Zahlen und wir teilen durch 2. Wegen p^2 bleibt die linke Seite gerade, während die rechte Seite ungerade wird.

In jedem Fall erhalten wir einen Widerspruch. Damit kann r nicht existieren und $\sqrt{2}$ ist nicht rational.

Aufgabe 4.46 •• Wir definieren $[\sqrt{N}] := \max\{k \in \mathbb{Z} \mid k \leq \sqrt{N}\}$ als die größte ganze Zahl k, die gerade noch kleiner oder gleich $\sqrt{N}$ ist.

Dann gilt $0 < \sqrt{N} - [\sqrt{N}] < 1$. Wäre $\sqrt{N}$ rational, gibt es natürliche Zahlen m mit $m \cdot \sqrt{N} \in \mathbb{N}$. Sei m^* die kleinste Zahl, die dieser Bedingung genügt.

Dann wäre auch $m^*N - m^*[\sqrt{N}]\sqrt{N} \in \mathbb{N}$, also auch $(m^*\sqrt{N} - m^*[\sqrt{N}])\sqrt{N} \in \mathbb{N}$.

Wegen $0 < m^*\sqrt{N} - m^*[\sqrt{N}] < m^*$ widerspricht dies der Minimalität von m^*.

Aufgabe 4.47 •• Seien $p_1, \ldots, p_r$, $r \in \mathbb{N}$, endliche viele paarweise verschiedene Primzahlen und $n := p_1 \cdot \ldots p_r$ ihr Produkt. Dieses n lässt sich durch jede der Primzahlen p_i ohne Rest teilen. Addiert man nun die Zahl 1 zu diesem Produkt, so entsteht eine neue natürliche Zahl, die durch keine der vorgelegten Primzahlen ohne Rest teilbar ist. Sie ist nun entweder selbst prim oder durch eine nicht in diesem Produkt auftretende Primzahl teilbar. Auf diese Weise lassen sich immer neue Primzahlen finden und so kann es nicht endlich viele Primzahlen geben.

Aufgabe 4.48 •• Man berechne $(x - \sqrt{2})^2$, löse nach der Wurzel auf und quadriere erneut. Damit erhält man $x^4 - 10x^2 + 1 = 0$. Wegen $3.1 = 1.4 + 1.7 < \sqrt{2} + \sqrt{3} < 1.5 + 1.8 = 3.3$ ist x keine ganze Zahl und daher nach Aufgabe 4.44 irrational.

Aufgabe 4.49 •• In Aufgabe 3.12 wurde gezeigt, dass $P(x) = 0$ gilt. Wäre x rational, so müsste x nach Aufgabe 4.44 ganz sein. Es gilt aber mit $1.4 < \sqrt{2} < 1.5$ bzw. $1.2 < \sqrt[3]{2} < 1.3$ die Ungleichung $2.6 < \sqrt{2} + \sqrt[3]{2} < 2.8$.

Aufgabe 4.50 • Nach Aufgabe 4.44 muss g ganz sein oder g ist irrational. Mit $g \approx 1.618$ gilt aber $1 < g < 2$.

Aufgabe 4.51 ••• Ein Duplikat der natürlichen Zahlen in $\mathbb{R}(x)$ sind die konstanten Funktionen $1, 2, 3, \ldots$. Wir setzen $x = \mathrm{id}(x)$. Für dieses $x \in \mathbb{R}(x)$ gilt $x > n$ für alle $n \in \mathbb{N}$, denn $x - n = \frac{1 \cdot x - n}{1} > 0$, da die beiden Führungskoeffizienten jeweils 1 sind und $1 \cdot 1 > 0$ ist. Dies verletzt die archimedische Eigenschaft! ■

Kapitel 5

Aufgaben

Verständnisfragen

Aufgabe 5.1 • Haben reelle lineare Gleichungssysteme mit zwei verschiedenen Lösungen stets unendlich viele Lösungen?

Aufgabe 5.2 • Gibt es ein lineares Gleichungssystem über einem Körper $\mathbb{K}$ mit weniger Gleichungen als Unbekannten, welches eindeutig lösbar ist?

Aufgabe 5.3 •• Ist ein lineares Gleichungssystem $\boldsymbol{A}\,\boldsymbol{x} = \boldsymbol{b}$ mit n Unbekannten und n Gleichungen für ein $\boldsymbol{b}$ eindeutig lösbar, so gilt das für jedes $\boldsymbol{b}$. Stimmt das?

Aufgabe 5.4 • Folgt aus $\operatorname{rg}\boldsymbol{A} = \operatorname{rg}(\boldsymbol{A}\,|\,\boldsymbol{b})$, dass das lineare Gleichungssystem $(\boldsymbol{A}\,|\,\boldsymbol{b})$ eindeutig lösbar ist?

Aufgabe 5.5 •• Ein lineares Gleichungssystem mit lauter ganzzahligen Koeffizienten und Absolutgliedern ist auch als Gleichungssystem über dem Restklassenkörper $\mathbb{Z}_p$ aufzufassen. Angenommen, $\boldsymbol{l} = (l_1, \ldots, l_n)$ ist eine ganzzahlige Lösung dieses Systems. Warum ist dann $\overline{\boldsymbol{l}} = (\overline{l}_1, \ldots, \overline{l}_n)$ mit $\overline{l}_i \equiv l_i \pmod p$ für $i = 1, \ldots, n$ eine Lösung des gleichlautenden Gleichungssystems über $\mathbb{Z}_p$? Ist jede Lösung zu letzterem aus einer ganzzahligen Lösung des Systems über $\mathbb{Q}$ oder $\mathbb{R}$ herleitbar?

Aufgabe 5.6 •• Das folgende lineare Gleichungssystem mit ganzzahligen Koeffizienten ist über $\mathbb{R}$ unlösbar. In welchen Restklassenkörpern ist es lösbar, und wie lautet die jeweilige Lösung?

$$\begin{aligned} 2x_1 + x_2 - 2x_3 &= -1 \\ x_1 - 4x_2 - 19x_3 &= 10 \\ x_2 + 4x_3 &= -1 \end{aligned}$$

Aufgabe 5.7 •• Es sind Zahlen a, b, c, d, r, s aus dem Körper $\mathbb{K}$ vorgegeben. Begründen Sie, dass das lineare Gleichungssystem

$$\begin{aligned} a\,x_1 + b\,x_2 &= r \\ c\,x_1 + d\,x_2 &= s \end{aligned}$$

im Fall $a\,d - b\,c \neq 0$ eindeutig lösbar ist, und geben Sie die eindeutig bestimmte Lösung an.

Bestimmen Sie zusätzlich bei $\mathbb{K} = \mathbb{R}$ für $m \in \mathbb{R}$ die Lösungsmenge des folgenden linearen Gleichungssystems:

$$\begin{aligned} -2x_1 + 3x_2 &= 2m \\ x_1 - 5x_2 &= -11 \end{aligned}$$

Rechenaufgaben

Aufgabe 5.8 • Bestimmen Sie die Lösungsmengen L der folgenden reellen linearen Gleichungssysteme und untersuchen Sie deren geometrische Interpretationen:

$$\begin{aligned} 2x_1 + 3x_2 &= 5 \\ x_1 + x_2 &= 2 \\ 3x_1 + x_2 &= 1 \end{aligned}$$

$$\begin{aligned} 2x_1 - x_2 + 2x_3 &= 1 \\ x_1 - 2x_2 + 3x_3 &= 1 \\ 6x_1 + 3x_2 - 2x_3 &= 1 \\ x_1 - 5x_2 + 7x_3 &= 2 \end{aligned}$$

Aufgabe 5.9 ••• Für welche $a \in \mathbb{R}$ hat das reelle lineare Gleichungssystem

$$\begin{aligned} (a+1)\,x_1 - (a^2 - 6a + 9)\,x_2 + (a-2)\,x_3 &= 1 \\ (a^2 - 2a - 3)\,x_1 + (a^2 - 6a + 9)\,x_2 + 3x_3 &= a - 3 \\ (a+1)\,x_1 - (a^2 - 6a + 9)\,x_2 + (a+1)\,x_3 &= 1 \end{aligned}$$

keine, genau eine bzw. mehr als eine Lösung? Für $a = 0$ und $a = 2$ berechne man alle Lösungen.

Aufgabe 5.10 •• Berechnen Sie die Lösungsmenge der komplexen linearen Gleichungssysteme:

a)
$$\begin{aligned} x_1 + \mathrm{i}\,x_2 + x_3 &= 1 + 4\mathrm{i} \\ x_1 - x_2 + \mathrm{i}\,x_3 &= 1 \\ \mathrm{i}\,x_1 - x_2 - x_3 &= -1 - 2\mathrm{i} \end{aligned}$$

b)
$$\begin{aligned} 2x_1 + \mathrm{i}\,x_3 &= \mathrm{i} \\ x_1 - 3x_2 - \mathrm{i}\,x_3 &= 2\mathrm{i} \\ \mathrm{i}\,x_1 + x_2 + x_3 &= 1 + \mathrm{i} \end{aligned}$$

c)
$$\begin{aligned} (1+\mathrm{i})\,x_1 - \mathrm{i}\,x_2 - x_3 &= 0 \\ 2x_1 + (2 - 3\mathrm{i})\,x_2 + 2\mathrm{i}\,x_3 &= 0 \end{aligned}$$

Aufgabe 5.11 •• Bestimmen Sie die Lösungsmenge L des folgenden reellen linearen Gleichungssystems in Abhängigkeit von $r \in \mathbb{R}$:

$$\begin{aligned} r\,x_1 + x_2 + x_3 &= 1 \\ x_1 + r\,x_2 + x_3 &= 1 \\ x_1 + x_2 + r\,x_3 &= 1 \end{aligned}$$

Aufgabe 5.12 ••• Untersuchen Sie das reelle lineare Gleichungssystem

$$\begin{aligned} x_1 - x_2 + x_3 - 2x_4 &= -2 \\ -2x_1 + 3x_2 + a\,x_3 &= 4 \\ -x_1 + x_2 - x_3 + a\,x_4 &= a \\ a\,x_2 + b^2 x_3 - 4a\,x_4 &= 1 \end{aligned}$$

in Abhängigkeit der beiden Parameter $a, b \in \mathbb{R}$ auf Lösbarkeit bzw. eindeutige Lösbarkeit und stellen Sie die entsprechenden Bereiche für $(a, b) \in \mathbb{R}^2$ grafisch dar.

Aufgabe 5.13 •• Im Ursprung $\boldsymbol{0} = (0, 0, 0)$ des $\mathbb{R}^3$ laufen die drei Stäbe eines Stabwerks zusammen, die von den Punkten

$$a = (-2,\ 1,\ -5),\quad b = (2,\ -2,\ -4),\quad c = (1,\ 2,\ -3)$$

ausgehen.

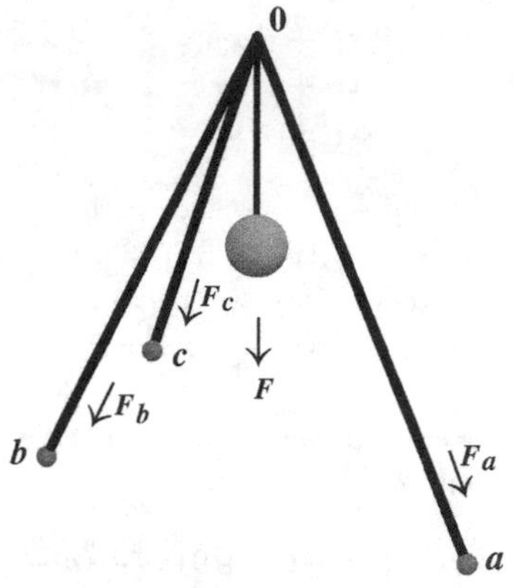

Abbildung 5.1 Die Gewichtskraft F verteilt sich auf die Stäbe.

Im Ursprung **0** wirkt die *vektorielle* Kraft $\boldsymbol{F} = (0,\ 0,\ -56)$ in Newton. Welche Kräfte wirken auf die Stäbe (siehe Abb. 5.1)?

Beweisaufgaben

Aufgabe 5.14 • Beweisen Sie, dass bei jedem linearen Gleichungssystem über dem Körper $\mathbb{K}$ mit den beiden Lösungen $\boldsymbol{l} = (l_1, \ldots, l_n)$ und $\boldsymbol{l}^* = (l_1^*, \ldots, l_n^*)$ gleichzeitig auch $\lambda\boldsymbol{l} + (1-\lambda)\boldsymbol{l}^*$, also $\big(\lambda l_1 + (1-\lambda)l_1^*,\ \ldots,\ \lambda l_n + (1-\lambda)l_n^*\big)$ eine Lösung ist, und zwar für jedes $\lambda \in \mathbb{K}$.

Aufgabe 5.15 •• Zeigen Sie, dass die *elementare* Zeilenumformung (1) auf Seite 172 auch durch mehrfaches Anwenden der Umformungen vom Typ (2) und (3) auf Seite 173 erzielt werden kann.

Hinweise

Verständnisfragen

Aufgabe 5.1 • Siehe Seite 183.

Aufgabe 5.2 • Man betrachte die Zeilenstufenform.

Aufgabe 5.3 •• Man ermittle die Zeilenstufenform der erweiterten Koeffizientenmatrix.

Aufgabe 5.4 • Man suche ein Gegenbeispiel.

Aufgabe 5.5 •• Beachten Sie, dass die Abbildung $\mathbb{Z} \to \mathbb{Z}_p$ mit $z \mapsto \overline{z}$ bei $\overline{z} \equiv z \pmod p$ im Sinne des Abschnittes 3.2 hinsichtlich der Addition und der Multiplikation verknüpfungstreu ist.

Aufgabe 5.6 •• Transformieren Sie zunächst das System über $\mathbb{R}$ in Zeilenstufenform. Achten Sie gleichzeitig darauf, welche Divisionen in Restklassenkörpern nicht erlaubt wären.

Aufgabe 5.7 •• Bringen Sie die erweiterte Koeffizientenmatrix auf Zeilenstufenform.

Rechenaufgaben

Aufgabe 5.8 • Benutzen Sie das Eliminationsverfahren von Gauß oder das von Gauß und Jordan.

Aufgabe 5.9 ••• Bringen Sie die erweiterte Koeffizientenmatrix auf Zeilenstufenform und unterschieden Sie dann verschiedene Fälle für a.

Aufgabe 5.10 •• Man bilde die erweiterte Koeffizientenmatrix und wende das Verfahren von Gauß an.

Aufgabe 5.11 •• Führen Sie das Eliminationsverfahren von Gauß durch.

Aufgabe 5.12 ••• Wenden Sie elementare Zeilenumformungen auf die erweiterte Koeffizientenmatrix an und beachten Sie jeweils, unter welchen Voraussetzungen an a und b diese zulässig sind.

Aufgabe 5.13 •• Man zerlege die Kraft $\boldsymbol{F}$ in drei Kräfte $\boldsymbol{F}_a$, $\boldsymbol{F}_b$ und $\boldsymbol{F}_c$ in Richtung der Stäbe.

Beweisaufgaben

Aufgabe 5.14 • Beachten Sie die allgemeine Form der Lösung auf Seite 184.

Aufgabe 5.15 •• Will man die Zeile i mit der Zeile j vertauschen, so beginne man mit der Addition der j-ten Zeile zur i-ten Zeile.

Lösungen

Verständnisfragen

Aufgabe 5.1 • Ja.

Aufgabe 5.2 • Nein.

Aufgabe 5.3 •• Ja.

Aufgabe 5.4 • Nein.

Aufgabe 5.5 •• Die erste Behauptung folgt aus der Verknüpfungstreue der Abbildung $\mathbb{Z} \to \mathbb{Z}_p$. Die Antwort auf die zweite Frage ist nein.

Aufgabe 5.6 •• Das System ist in $\mathbb{Z}_2$ und in $\mathbb{Z}_3$ lösbar. Die Lösungsmenge L lautet in $\mathbb{Z}_2$

$$L = \{(1, 1, 1), (0, 1, 0)\}$$

und in $\mathbb{Z}_3$

$$L = \{(0, 2, 0), (0, 1, 1), (0, 0, 2)\}.$$

Aufgabe 5.7 •• Die eindeutig bestimmte Lösung des allgemeinen Systems ist $\left(\frac{rd - bs}{ad - bc}, \frac{as - rc}{ad - bc}\right)$ und die eindeutige Lösung des Beispiels lautet $\left(\frac{-10m + 33}{7}, \frac{22 - 2m}{7}\right)$.

Rechenaufgaben

Aufgabe 5.8 • Das erste System ist nicht lösbar; die Lösungsmenge des zweiten Systems lautet $L = \{(\frac{1}{3}(1 - t), \frac{1}{3}(-1 + 4t), t) \mid t \in \mathbb{R}\}$.

Aufgabe 5.9 ••• Für $a = -1$ gibt es keine Lösung. Für $a = 2$ und $a = 3$ gibt es unendlich viele Lösungen. Für alle anderen reellen Zahlen a gibt es genau eine Lösung. Im Fall $a = 0$ ist dies $L = \{(1, 0, 0)\}$, und im Fall $a = 2$ ist $L = \{(\frac{1}{3} + \frac{1}{3}t, t, 0) \mid t \in \mathbb{R}\}$ die Lösungsmenge.

Aufgabe 5.10 •• Die Lösungsmengen sind

a) $L = \{(3 + 2\,\mathrm{i}, -1 + 2\,\mathrm{i}, 3\,\mathrm{i})\}$.

b) $L = \{\frac{1}{5}(3 + \mathrm{i}, 3 - 4\,\mathrm{i}, 3 + 6\,\mathrm{i})\}$.

c) $L = (4 - 3\,\mathrm{i}, -2\,\mathrm{i}, 5 + \mathrm{i})\,\mathbb{C}$.

Aufgabe 5.11 •• Im Fall $r = -2$ ist $L = \emptyset$. Im Fall $r = 1$ ist $L = \{(1 - s - t, s, t) \mid s, t \in \mathbb{R}\}$ die Lösungsmenge, und für alle anderen $r \in \mathbb{R}$ ist $L = \left\{\left(\frac{1}{2+r}, \frac{1}{2+r}, \frac{1}{2+r}\right)\right\}$.

Aufgabe 5.12 ••• Das Gleichungssystem ist für alle Paare (a, b) der Hyperbel $H = \{(a, b) \mid b^2 - a\,(a+2) = 0\}$ nicht lösbar. Für alle anderen Paare $(a, b) \in \mathbb{R}^2 \setminus H =: G$ ist das System lösbar. Es ist nicht eindeutig lösbar, falls $a = 2$ gilt, d. h. für alle Paare $(a, b) = (2, b) \in G$. Für die restlichen Paare ist das System eindeutig lösbar.

Aufgabe 5.13 •• $\boldsymbol{F}_a = (-12, 6, -30)$, $\boldsymbol{F}_b = (10, -10, -20)$, $\boldsymbol{F}_c = (2, 4, -6)$.

Beweisaufgaben

Aufgabe 5.14 • –

Aufgabe 5.15 •• –

Lösungswege

Verständnisfragen

Aufgabe 5.1 • Sind $\boldsymbol{s} = (s_1, \ldots, s_n)$ eine spezielle Lösung und $\boldsymbol{l} = (l_1, \ldots, l_n)$ eine Lösung des zugehörigen homogenen Systems, so ist für jedes $\lambda \in \mathbb{R}$ auch $\boldsymbol{s} + \lambda\,\boldsymbol{l} = (s_1 + \lambda\,l_1, \ldots, s_n + \lambda\,l_n)$ eine Lösung.

Aufgabe 5.2 • Bringt man die erweiterte Koeffizientenmatrix auf Zeilenstufenform, so erkennt man, dass im Falle der Lösbarkeit mindestens eine Unbekannte frei wählbar ist. Somit ist eine Lösung niemals eindeutig bestimmt.

Aufgabe 5.3 •• Weil die Lösung eindeutig bestimmt ist, muss der Rang der Koeffizientenmatrix, der in diesem Fall gleich dem Rang der erweiterten Koeffizientenmatrix ist, gleich n sein. Betrachtet man die Zeilenstufenform der erweiterten Koeffizientenmatrix, so hat diese n Stufen:

$$\left(\begin{array}{cccc|c} * & & & & b_1 \\ & * & & & \\ & & * & & \vdots \\ & 0 & & \ddots & \\ & & & * & b_n \end{array}\right)$$

Keines der Elemente $*$ ist null. Also ist das Gleichungssystem für beliebige $b_1, \ldots, b_n$ eindeutig lösbar.

Aufgabe 5.4 • Das lineare Gleichungssystem

$$x_1 + x_2 = 1$$

hat die erweiterte Koeffizientenmatrix

$$(1\ 1 \mid 1)\,.$$

Insbesondere gilt also $\operatorname{rg} \boldsymbol{A} = \operatorname{rg}(\boldsymbol{A} \mid \boldsymbol{b})$, aber dieses System ist nicht eindeutig lösbar, da $(1 - t, t)$ für jedes $t \in \mathbb{R}$ eine Lösung ist.

Aufgabe 5.5 •• Aus $a_{j1}l_1 + \ldots + a_{jn}l_n = b_j$ folgt $\overline{a}_{j1}\overline{l}_1 + \ldots + \overline{a}_{jn}\overline{l}_n \equiv \overline{b}_j \pmod p$ für alle $j = 1, \ldots, m$.

Die zweite Frage ist zu verneinen, denn es gibt lineare Gleichungssysteme, die über $\mathbb{Q}$ oder $\mathbb{R}$ unlösbar, jedoch über $\mathbb{Z}_p$ lösbar sind (Seite 169).

Aufgabe 5.6 •• Wir wenden über $\mathbb{R}$ elementare Zeilenumformungen an und erhalten

$$\left(\begin{array}{ccc|c} 2 & 1 & -2 & -1 \\ 1 & -4 & -19 & 10 \\ 0 & 1 & 4 & -1 \end{array}\right) \to \left(\begin{array}{ccc|c} 1 & -4 & -19 & 10 \\ 0 & 1 & 4 & -1 \\ 2 & 1 & -2 & -1 \end{array}\right) \xrightarrow{z_3-2z_1}$$
$$\left(\begin{array}{ccc|c} 1 & -4 & -19 & 10 \\ 0 & 1 & 4 & -1 \\ 0 & 9 & 36 & -21 \end{array}\right) \xrightarrow{1/3\cdot z_3} \left(\begin{array}{ccc|c} 1 & -4 & -19 & 10 \\ 0 & 1 & 4 & -1 \\ 0 & 3 & 12 & -7 \end{array}\right)$$
$$\xrightarrow{z_3-3z_2} \left(\begin{array}{ccc|c} 1 & -4 & -19 & 10 \\ 0 & 1 & 4 & -1 \\ 0 & 0 & 0 & -4 \end{array}\right)$$

Dieses System ist genau dann lösbar, wenn $-4 \equiv 0 \pmod{p}$ ist, also $p = 2$, nachdem $\mathbb{Z}_4$ kein Körper ist. Andererseits wäre schon zwei Schritte vorher im Körper $\mathbb{Z}_3$ die Zeilenstufenform erreicht worden und das System lösbar, denn die dritte Zeile wäre eine Nullzeile. Also bleiben $\mathbb{Z}_2$ und $\mathbb{Z}_3$.

In $\mathbb{Z}_2$ rechnen wir wie folgt:

$$\left(\begin{array}{ccc|c} 0 & 1 & 0 & 1 \\ 1 & 0 & 1 & 0 \\ 0 & 1 & 0 & 1 \end{array}\right) \xrightarrow{z_3-z_1} \left(\begin{array}{ccc|c} 1 & 0 & 1 & 0 \\ 0 & 1 & 0 & 1 \\ 0 & 0 & 0 & 0 \end{array}\right)$$

Die Lösung in Parameterform und Spaltenschreibweise lautet:

$$\begin{pmatrix} l_1 \\ l_2 \\ l_3 \end{pmatrix} = \begin{pmatrix} 0 \\ 1 \\ 0 \end{pmatrix} + \begin{pmatrix} 1 \\ 0 \\ 1 \end{pmatrix} t, \quad t \in \mathbb{Z}_2 .$$

In $\mathbb{Z}_3$ lautet die Umformung:

$$\left(\begin{array}{ccc|c} 2 & 1 & 1 & 2 \\ 1 & 2 & 2 & 1 \\ 0 & 1 & 1 & 2 \end{array}\right) \xrightarrow[z_2+z_1]{z_1 \leftrightarrow z_2} \left(\begin{array}{ccc|c} 1 & 2 & 2 & 1 \\ 0 & 0 & 0 & 0 \\ 0 & 1 & 1 & 2 \end{array}\right)$$
$$\xrightarrow[z_2 \leftrightarrow z_3]{z_1+z_3} \left(\begin{array}{ccc|c} 1 & 0 & 0 & 0 \\ 0 & 1 & 1 & 2 \\ 0 & 0 & 0 & 0 \end{array}\right)$$

und somit

$$L = \begin{pmatrix} 0 \\ 2 \\ 0 \end{pmatrix} + \begin{pmatrix} 0 \\ 2 \\ 1 \end{pmatrix} \mathbb{Z}_3 = \left\{ \begin{pmatrix} 0 \\ 2 \\ 0 \end{pmatrix}, \begin{pmatrix} 0 \\ 1 \\ 1 \end{pmatrix}, \begin{pmatrix} 0 \\ 0 \\ 2 \end{pmatrix} \right\}.$$

Aufgabe 5.7 •• Das Gleichungssystem aus der Aufgabenstellung hat als erweiterte Koeffizientenmatrix

$$\left(\begin{array}{cc|c} a & b & r \\ c & d & s \end{array}\right) \tag{5.1}$$

Zur Abkürzung setzen wir $D := a\,d - b\,c$. Da nach Voraussetzung $D \neq 0$ ist, gilt $a \neq 0$ oder $c \neq 0$.

1. Fall: $a \neq 0$. Wir formen die Matrix in (5.1) mithilfe von elementaren Zeilenumformungen um: Wir addieren das $-\frac{c}{a}$-Fache der ersten zur zweiten Zeile, multiplizieren dann die zweite Zeile mit a/D, addieren dann das $-b$-Fache der zweiten Zeile zur ersten, multiplizieren dann die erste Zeile mit $1/a$ und erhalten:

$$\left(\begin{array}{cc|c} 1 & 0 & \frac{rd-bs}{D} \\ 0 & 1 & \frac{as-rc}{D} \end{array}\right)$$

Also besitzt das Gleichungssystem aus der Aufgabenstellung genau eine Lösung, nämlich $\left(\frac{rd-bs}{D}, \frac{as-rc}{D}\right)$.

2. Fall: $c \neq 0$. Eine zum 1. Fall analoge Rechnung zeigt, dass das Gleichungssystem auch in diesem Fall genau eine Lösung besitzt, nämlich $\left(\frac{rd-bs}{D}, \frac{as-rc}{D}\right)$.

Insgesamt ist damit bewiesen: Das Gleichungssystem aus der Aufgabenstellung besitzt für $a\,d - b\,c \neq 0$ genau eine Lösung, nämlich

$$\left(\frac{rd-bs}{D}, \frac{as-rc}{D}\right).$$

Wir lösen nun das gegebene Gleichungssystem in Abhängigkeit von $m \in \mathbb{R}$. Wegen $10 - 3 = 7 \neq 0$ ist das System eindeutig lösbar, und Einsetzen in die Formel für die eindeutig bestimmte Lösung ergibt $\boldsymbol{l} = \left(\frac{-10m+33}{7}, \frac{22-2m}{7}\right)$.

Rechenaufgaben

Aufgabe 5.8 • Wir führen an der erweiterten Koeffizientenmatrix $(\boldsymbol{A} \mid \boldsymbol{b})$ des ersten Systems elementare Zeilenumformungen durch, bis wir Zeilenstufenform erreicht haben:

$$\left(\begin{array}{cc|c} 2 & 3 & 5 \\ 1 & 1 & 2 \\ 3 & 1 & 1 \end{array}\right) \to \left(\begin{array}{cc|c} 1 & 1 & 2 \\ 0 & 1 & 1 \\ 0 & -2 & -5 \end{array}\right) \to \left(\begin{array}{cc|c} 1 & 1 & 2 \\ 0 & 1 & 1 \\ 0 & 0 & -3 \end{array}\right)$$

Damit gilt $\operatorname{rg}(\boldsymbol{A} \mid \boldsymbol{b}) > \operatorname{rg} \boldsymbol{A}$ und nach dem Lösbarkeitskriterium auf Seite 180 ist das System nicht lösbar.

Zeichnet man die drei Geraden, die durch die drei Gleichungen des Systems gegeben sind, in ein Koordinatensystem ein, so erkennt man, dass die drei Geraden keinen gemeinsamen Punkt haben; ihre Schnittmenge ist leer. Das besagt die Nichtlösbarkeit des Gleichungssystems.

Nun wenden wir dasselbe Verfahren auf das zweite Gleichungssystem an:

$$\left(\begin{array}{ccc|c} 2 & -1 & 2 & 1 \\ 1 & -2 & 3 & 1 \\ 6 & 3 & -2 & 1 \\ 1 & -5 & 7 & 2 \end{array}\right) \to \left(\begin{array}{ccc|c} 1 & -2 & 3 & 1 \\ 0 & 3 & -4 & -1 \\ 0 & 15 & -20 & -5 \\ 0 & -3 & 4 & 1 \end{array}\right) \to$$
$$\left(\begin{array}{ccc|c} 1 & -2 & 3 & 1 \\ 0 & 3 & -4 & -1 \\ 0 & 0 & 0 & 0 \\ 0 & 0 & 0 & 0 \end{array}\right)$$

Damit gilt $\operatorname{rg}(\boldsymbol{A} \mid \boldsymbol{b}) = \operatorname{rg} \boldsymbol{A}$, und nach dem Lösbarkeitskriterium auf Seite 180 ist das System lösbar. Wir wählen für die Unbekannte x_3 eine beliebige reelle Zahl t und erhalten durch Rückwärtseinsetzen $x_2 = \frac{1}{3}(-1 + 4t)$ und schließlich $x_1 = \frac{1}{3}(1 - t)$. Die Lösungsmenge ist also $L = \{(\frac{1}{3}(1-t), \frac{1}{3}(-1+4t), t) \mid t \in \mathbb{R}\}$.

Jede einzelne Gleichung hat als Lösungsmenge eine Ebene. Die Schnittgerade der ersten beiden Ebenen liegt auch in der dritten und vierten Ebene und stellt somit die Lösungsmenge des Systems dar.

Aufgabe 5.9 ••• Wir führen elementare Zeilenumformungen an der erweiterten Koeffizientenmatrix aus:

$$\left(\begin{array}{ccc|c} a+1 & -a^2+6a-9 & a-2 & 1 \\ a^2-2a-3 & a^2-6a+9 & 3 & a-3 \\ a+1 & -a^2+6a-9 & a+1 & 1 \end{array}\right) =$$

$$\left(\begin{array}{ccc|c} a+1 & -(a-3)^2 & a-2 & 1 \\ (a+1)(a-3) & (a-3)^2 & 3 & a-3 \\ a+1 & -(a-3)^2 & a+1 & 1 \end{array}\right) \to$$

$$\left(\begin{array}{ccc|c} a+1 & -(a-3)^2 & a-2 & 1 \\ 0 & (a-3)^2(a-2) & -a^2+5a-3 & 0 \\ 0 & 0 & 3 & 0 \end{array}\right) \to$$

$$\left(\begin{array}{ccc|c} a+1 & -(a-3)^2 & 0 & 1 \\ 0 & (a-3)^2(a-2) & 0 & 0 \\ 0 & 0 & 1 & 0 \end{array}\right)$$

Wir unterscheiden vier Fälle:

$a \notin \{-1, 2, 3\}$ **:** Die Koeffizientenmatrix $\boldsymbol{A}$ hat den Rang 3, es gibt dann genau eine Lösung. Im Fall $a = 0$ erhält man

$$\left(\begin{array}{ccc|c} 1 & -9 & 0 & 1 \\ 0 & -18 & 0 & 0 \\ 0 & 0 & 1 & 0 \end{array}\right) \to \left(\begin{array}{ccc|c} 1 & 0 & 0 & 1 \\ 0 & 1 & 0 & 0 \\ 0 & 0 & 1 & 0 \end{array}\right)$$

also als Lösungsmenge $L = \{(1, 0, 0)\}$.

$a = -1$ **:** Hier ergibt sich:

$$\left(\begin{array}{ccc|c} 0 & -16 & 0 & 1 \\ 0 & -48 & 0 & 0 \\ 0 & 0 & 1 & 0 \end{array}\right) \to \left(\begin{array}{ccc|c} 0 & 0 & 0 & 1 \\ 0 & 1 & 0 & 0 \\ 0 & 0 & 1 & 0 \end{array}\right)$$

Wegen $\operatorname{rg} \boldsymbol{A} = 2 < 3 = \operatorname{rg}(\boldsymbol{A} \mid \boldsymbol{b})$ (oder weil die erste Zeile die Form $(0\,0\,0 \mid *)$ mit $* \neq 0$ hat) gibt es keine Lösung.

$a = 2$ **:** Hier ergibt sich:

$$\left(\begin{array}{ccc|c} 3 & -1 & 0 & 1 \\ 0 & 0 & 0 & 0 \\ 0 & 0 & 1 & 0 \end{array}\right) \longrightarrow \left(\begin{array}{ccc|c} 3 & -1 & 0 & 1 \\ 0 & 0 & 1 & 0 \\ 0 & 0 & 0 & 0 \end{array}\right)$$

Wegen $\operatorname{rg} \boldsymbol{A} = \operatorname{rg}(\boldsymbol{A} \mid \boldsymbol{b})$ ist das Gleichungssystem lösbar. Es ist $x_3 = 0$, wir setzen $x_2 = t \in \mathbb{R}$, also $x_1 = (1+t)/3$. Die Lösungsmenge ist $L = \{(\frac{1}{3} + \frac{1}{3}t,\ t,\ 0) \mid t \in \mathbb{R}\}$.

$a = 3$ **:** Hier ergibt sich:

$$\left(\begin{array}{ccc|c} 4 & 0 & 0 & 1 \\ 0 & 0 & 0 & 0 \\ 0 & 0 & 1 & 0 \end{array}\right) \to \left(\begin{array}{ccc|c} 4 & 0 & 0 & 1 \\ 0 & 0 & 1 & 0 \\ 0 & 0 & 0 & 0 \end{array}\right)$$

also die Lösungsmenge: $L = \{(\frac{1}{4},\ t,\ 0) \mid t \in \mathbb{R}\}$.

Uns interessiert allerdings nur, dass es mehr als eine, nämlich unendlich viele Lösungen gibt.

Aufgabe 5.10 •• a) Wir wenden elementare Zeilenumformungen auf die erweiterte Koeffizientenmatrix an und beachten dabei $\frac{1}{-1-\mathrm{i}} = \frac{-1+\mathrm{i}}{1+1} = \frac{1}{2}(-1+\mathrm{i})$:

$$\left(\begin{array}{ccc|c} 1 & \mathrm{i} & 1 & 1+4\mathrm{i} \\ 1 & -1 & \mathrm{i} & 1 \\ \mathrm{i} & -1 & -1 & -1-2\mathrm{i} \end{array}\right) \to$$

$$\left(\begin{array}{ccc|c} 1 & \mathrm{i} & 1 & 1+4\mathrm{i} \\ 0 & -1-\mathrm{i} & -1+\mathrm{i} & -4\mathrm{i} \\ 0 & 0 & -1-\mathrm{i} & 3-3\mathrm{i} \end{array}\right) \to$$

$$\left(\begin{array}{ccc|c} 1 & \mathrm{i} & 1 & 1+4\mathrm{i} \\ 0 & 1 & -\mathrm{i} & 2+2\mathrm{i} \\ 0 & 0 & 1 & 3\mathrm{i} \end{array}\right) \xrightarrow[z_2 + \mathrm{i}\, z_3]{z_1 - \mathrm{i}\, z_2}$$

$$\left(\begin{array}{ccc|c} 1 & 0 & 0 & 3+2\mathrm{i} \\ 0 & 1 & 0 & -1+2\mathrm{i} \\ 0 & 0 & 1 & 3\mathrm{i} \end{array}\right)$$

Daraus ist unmittelbar die Lösung ablesbar.

b) Mithilfe von elementaren Zeilenumformungen folgt:

$$\left(\begin{array}{ccc|c} 2 & 0 & \mathrm{i} & \mathrm{i} \\ 1 & -3 & -\mathrm{i} & 2\mathrm{i} \\ \mathrm{i} & 1 & 1 & 1+\mathrm{i} \end{array}\right) \to$$

$$\left(\begin{array}{ccc|c} 1 & -3 & -\mathrm{i} & 2\mathrm{i} \\ 2 & 0 & \mathrm{i} & \mathrm{i} \\ \mathrm{i} & 1 & 1 & 1+\mathrm{i} \end{array}\right) \to$$

$$\left(\begin{array}{ccc|c} 1 & -3 & -\mathrm{i} & 2\mathrm{i} \\ 0 & 6 & 3\mathrm{i} & -3\mathrm{i} \\ 0 & 1+3\mathrm{i} & 0 & 3+\mathrm{i} \end{array}\right) \to$$

$$\left(\begin{array}{ccc|c} 1 & -3 & -\mathrm{i} & 2\mathrm{i} \\ 0 & 2 & \mathrm{i} & -\mathrm{i} \\ 0 & 2+6\mathrm{i} & 0 & 6+2\mathrm{i} \end{array}\right) \to$$

$$\left(\begin{array}{ccc|c} 1 & -3 & -\mathrm{i} & 2\mathrm{i} \\ 0 & 2 & \mathrm{i} & -\mathrm{i} \\ 0 & 2+6\mathrm{i} & 0 & 6+2\mathrm{i} \end{array}\right) \to$$

$$\left(\begin{array}{ccc|c} 1 & -3 & -\mathrm{i} & 2\mathrm{i} \\ 0 & 2 & \mathrm{i} & -\mathrm{i} \\ 0 & 0 & 3-\mathrm{i} & 3+3\mathrm{i} \end{array}\right)$$

Es gibt also eine eindeutige Lösung und zwar

$$x_3 = \frac{3+3\,\mathrm{i}}{3-\mathrm{i}} = \frac{1}{10}(3+3\,\mathrm{i})(3+\mathrm{i}) = \frac{3+6\,\mathrm{i}}{5},$$

$$x_2 = \frac{-\mathrm{i} - \mathrm{i}\,x_3}{2} = \frac{3-4\,\mathrm{i}}{5},$$

$$x_1 = 2\,\mathrm{i} + 3\,x_2 + \mathrm{i}\,x_3 = \frac{3+\mathrm{i}}{5},$$

also ist $L = \left\{\frac{1}{5}(3+\mathrm{i},\ 3-4\,\mathrm{i},\ 3+6\,\mathrm{i})\right\}$ die Lösungsmenge.

c) Wir wenden die folgenden Umformungen an:

$$\left(\begin{array}{ccc|c} 1+\mathrm{i} & -\mathrm{i} & -1 & 0 \\ 2 & 2-3\,\mathrm{i} & 2\,\mathrm{i} & 0 \end{array}\right) \xrightarrow{z_1=\frac{1}{2}z_2}$$

$$\left(\begin{array}{ccc|c} 1 & \frac{1}{2}(2-3\,\mathrm{i}) & \mathrm{i} & 0 \\ 1+\mathrm{i} & -\mathrm{i} & -1 & 0 \end{array}\right) \xrightarrow{z_2-(1+\mathrm{i})\,z_1}$$

$$\left(\begin{array}{ccc|c} 1 & \frac{1}{2}(2-3\,\mathrm{i}) & \mathrm{i} & 0 \\ 0 & -\frac{1}{2}(5+\mathrm{i}) & -\mathrm{i} & 0 \end{array}\right) \xrightarrow{-2\cdot z_2}$$

$$\left(\begin{array}{ccc|c} 1 & \frac{1}{2}(2-3\,\mathrm{i}) & \mathrm{i} & 0 \\ 0 & 5+\mathrm{i} & 2\,\mathrm{i} & 0 \end{array}\right)$$

Um Brüche zu vermeiden, setzen wir $x_2 = 2\,\mathrm{i}\,t$ mit $t \in \mathbb{C}$ und erhalten durch Einsetzen $x_3 = -(5+\mathrm{i})t$ sowie $x_1 = -4+3\,\mathrm{i})t$, also

$$L = \begin{pmatrix} -4+3\,\mathrm{i} \\ 2\,\mathrm{i} \\ -5-\mathrm{i} \end{pmatrix} \mathbb{C}$$

Eine folgende Darstellung derselben Lösungsmenge

$$L = \begin{pmatrix} 17-19\,\mathrm{i} \\ -2-10\,\mathrm{i} \\ 26 \end{pmatrix} \mathbb{C}$$

entsteht durch Multiplikation aller Koordinaten mit dem Faktor $(-5+\mathrm{i})$.

Aufgabe 5.11 •• Wir notieren die erweiterte Koeffizientenmatrix und beginnen mit dem Eliminationsverfahren von Gauß:

$$\left(\begin{array}{ccc|c} r & 1 & 1 & 1 \\ 1 & r & 1 & 1 \\ 1 & 1 & r & 1 \end{array}\right) \rightarrow \left(\begin{array}{ccc|c} 0 & 1-r^2 & 1-r & 1-r \\ 1 & r & 1 & 1 \\ 0 & 1-r & r-1 & 0 \end{array}\right)$$

1. Fall: $r = 1$. In diesem Fall kann man die Lösungsmenge direkt ablesen: $L = \{(1-s-t,\, s,\, t) \mid s,\, t \in \mathbb{R}\}$ (das sind unendlich viele Lösungen).

2. Fall: $r \neq 1$. Wir führen einen weiteren Eliminationsschritt durch. Hierbei multiplizieren wir die erste und die dritte Zeile mit $\frac{1}{1-r}$ und erhalten:

$$\left(\begin{array}{ccc|c} 0 & 1+r & 1 & 1 \\ 1 & r & 1 & 1 \\ 0 & 1 & -1 & 0 \end{array}\right) \rightarrow \left(\begin{array}{ccc|c} 1 & r & 1 & 1 \\ 0 & 1 & -1 & 0 \\ 0 & 0 & 2+r & 1 \end{array}\right)$$

Im Fall $r = -2$ gilt offenbar $L = \emptyset$.

Und im Fall $r \neq -2$ gibt es offenbar genau eine Lösung. Es ist $L = \left\{\left(\frac{1}{2+r},\, \frac{1}{2+r},\, \frac{1}{2+r}\right)\right\}$ die Lösungsmenge.

Aufgabe 5.12 ••• Die erweiterte Koeffizientenmatrix $(\boldsymbol{A} \mid \boldsymbol{b})$ des Systems lautet:

$$\left(\begin{array}{cccc|c} 1 & -1 & 1 & -2 & -2 \\ -2 & 3 & a & 0 & 4 \\ -1 & 1 & -1 & a & a \\ 0 & a & b^2 & -4\,a & 1 \end{array}\right)$$

Wir führen nun elementare Zeilenumformungen durch, um die Matrix auf Zeilenstufenform zu bringen:

$$\left(\begin{array}{cccc|c} 1 & -1 & 1 & -2 & -2 \\ -2 & 3 & a & 0 & 4 \\ -1 & 1 & -1 & a & a \\ 0 & a & b^2 & -4\,a & 1 \end{array}\right) \rightarrow$$

$$\left(\begin{array}{cccc|c} 1 & -1 & 1 & -2 & -2 \\ 0 & 1 & a+2 & -4 & 0 \\ 0 & 0 & 0 & a-2 & a-2 \\ 0 & a & b^2 & -4\,a & 1 \end{array}\right) \rightarrow$$

$$\left(\begin{array}{cccc|c} 1 & -1 & 1 & -2 & -2 \\ 0 & 1 & a+2 & -4 & 0 \\ 0 & 0 & 0 & a-2 & a-2 \\ 0 & 0 & b^2-a\,(a+2) & 0 & 1 \end{array}\right) \rightarrow$$

$$\left(\begin{array}{cccc|c} 1 & -1 & 1 & -2 & -2 \\ 0 & 1 & a+2 & -4 & 0 \\ 0 & 0 & b^2-a\,(a+2) & 0 & 1 \\ 0 & 0 & 0 & a-2 & a-2 \end{array}\right)$$

An der dritten Zeile erkennen wir nun bereits, dass das Gleichungssystem nicht lösbar ist, falls der Ausdruck $b^2 - a\,(a+2)$ gleich null wird. Die Menge aller dieser Paare $(a,\, b)$ mit $b^2 - a\,(a+2) = 0$ bildet eine Hyperbel H.

Wir setzen nun voraus, dass $(a,\, b) \notin H$ gilt. Wir dividieren die dritte Zeile durch $b^2 - a\,(a+2)$ und erhalten die Koeffizientenmatrix:

$$\left(\begin{array}{cccc|c} 1 & -1 & 1 & -2 & -2 \\ 0 & 1 & a+2 & -4 & 0 \\ 0 & 0 & 1 & 0 & 1/(b^2-a\,(a+2)) \\ 0 & 0 & 0 & a-2 & a-2 \end{array}\right)$$

Ist $a \neq 2$, so kann man die letzte Zeile durch $a-2$ teilen und erhält so die eindeutige Lösbarkeit des Systems.

Ist jedoch $a = 2$, so hat das System unendlich viele Lösungen.

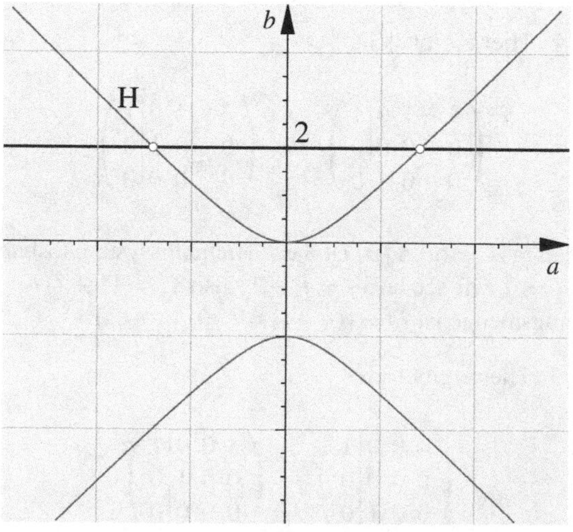

Für die Paare $(a,\, b)$ auf der eingezeichneten Hyperbel ist das Gleichungssystem nicht lösbar. Sonst ist es lösbar. Bei $a \neq 2$ ist die Lösung eindeutig; bei $a = 2$ gibt es unendlich viele Lösungen.

Aufgabe 5.13 •• Es ist die Kraft $\boldsymbol{F}$ in drei Kräfte zu zerlegen, welche in die Richtungen der Punkte $\boldsymbol{a} = (-2,\ 1,\ -5)$, $\boldsymbol{b} = (2,\ -2,\ -4)$ und $\boldsymbol{c} = (1,\ 2,\ -3)$ zeigen, wir bezeichnen diese mit $\boldsymbol{F}_a$, $\boldsymbol{F}_b$ und $\boldsymbol{F}_c$.

Gesucht sind also $l_1,\ l_2,\ l_3 \in \mathbb{R}$ mit $l_1 \cdot \boldsymbol{a} + l_2 \cdot \boldsymbol{b} + l_3 \cdot \boldsymbol{c} = \boldsymbol{F}$; es gilt dann Fall $l_1 \cdot \boldsymbol{a} = \boldsymbol{F}_a$, $l_2 \cdot \boldsymbol{a} = \boldsymbol{F}_b$ und $l_3 \cdot \boldsymbol{c} = \boldsymbol{F}_c$. Dies drückt aus, dass die Kräfte in die Richtungen der Stäbe zeigen. (Addition und Multiplikation verstehen wir hier durchwegs komponentenweise. Wir nehmen die Notationen aus dem folgenden Kapitel vorweg.)

Wir formulieren die Gleichung $l_1 \cdot \boldsymbol{a} + l_2 \cdot \boldsymbol{b} + l_3 \cdot \boldsymbol{c} = \boldsymbol{F}$ als ein lineares Gleichungssystem und geben sogleich die erweiterte Koeffizientenmatrix an, welche wir auf Zeilenstufenform bringen, um die Lösung $l_1,\ l_2,\ l_3$ zu bestimmen:

$$\left(\begin{array}{ccc|c} -2 & 2 & 1 & 0 \\ 1 & -2 & 2 & 0 \\ -5 & -4 & -3 & -56 \end{array}\right) \to$$

$$\left(\begin{array}{ccc|c} 1 & -2 & 2 & 0 \\ 0 & 2 & -5 & 0 \\ 0 & -14 & 7 & -56 \end{array}\right) \to$$

$$\left(\begin{array}{ccc|c} 1 & -2 & 2 & 0 \\ 0 & 2 & -5 & 0 \\ 0 & 0 & -28 & -56 \end{array}\right)$$

Es ist $(6,\ 5,\ 2)$ die eindeutige Lösung des Systems. Damit haben wir die Kräfte in Richtung der Stäbe ermittelt, es gilt:

$$\begin{aligned} \boldsymbol{F}_a &= (-12,\ 6,\ -30)\,, \\ \boldsymbol{F}_b &= (10,\ -10,\ -20)\,, \\ \boldsymbol{F}_c &= (2,\ 4,\ -6)\,. \end{aligned}$$

Beweisaufgaben

Aufgabe 5.14 • Wir zeigen die Behauptung durch Nachrechnen, indem wir in die j-te Gleichung einsetzen: Aus $a_{j1}l_1 + \cdots + a_{jn}l_n = b_j$ und $a_{j1}l_1^* + \cdots + a_{jn}l_n^* = b_j$ folgt, indem wir die erste Gleichung mit λ und die zweite mit $(1-\lambda)$ multiplizieren und dann addieren:

$$\begin{aligned} &a_{j1}\left(\lambda l_1 + (1-\lambda)l_1^*\right) + \ \ldots\ + a_{jn}\left(\lambda l_n + (1-\lambda)l_n^*\right) \\ &= (\lambda + (1-\lambda))\, b_j = b_j\,. \end{aligned}$$

Noch einfacher geht dies in Matrizenform: Aus $\boldsymbol{A}\,\boldsymbol{l} = \boldsymbol{b}$ und $\boldsymbol{A}\,\boldsymbol{l}^* = \boldsymbol{b}$ folgt bei Benutzung des Distributivgesetzes für Matrizen:

$$\boldsymbol{A}\left(\lambda \boldsymbol{l} + (1-\lambda)\boldsymbol{l}^*\right) = \lambda \boldsymbol{b} + (1-\lambda)\boldsymbol{b} = \boldsymbol{b}\,.$$

Die Behauptung gilt für homogene und inhomogene Systeme und ist bei $\boldsymbol{l} = \boldsymbol{l}^*$ natürlich trivial.

Aufgabe 5.15 •• Wir wollen die i-te Zeile z_i mit der j-ten Zeile z_j vertauschen. Dann können wir bei vektorieller Schreibweise die erweiterte Koeffizientenmatrix wie folgt umformen:

$$\begin{pmatrix} z_i \\ \vdots \\ z_j \end{pmatrix} \xrightarrow{(3)} \begin{pmatrix} z_i + z_j \\ \vdots \\ z_j \end{pmatrix} \xrightarrow{(2)} \begin{pmatrix} z_i + z_j \\ \vdots \\ z_j - (z_i + z_j) \end{pmatrix} \to$$

$$\begin{pmatrix} z_i + z_j \\ \vdots \\ -z_i \end{pmatrix} \xrightarrow{(3)} \begin{pmatrix} z_i + z_j + (-z_i) \\ \vdots \\ -z_i \end{pmatrix} \xrightarrow{(2)} \begin{pmatrix} z_j \\ \vdots \\ z_i \end{pmatrix}$$

Kapitel 6

Aufgaben

Verständnisfragen

Aufgabe 6.1 • Gelten in einem Vektorraum V die folgenden Aussagen?

(a) Ist eine Basis von V unendlich, so sind alle Basen von V unendlich.
(b) Ist eine Basis von V endlich, so sind alle Basen von V endlich.
(c) Hat V ein unendliches Erzeugendensystem, so sind alle Basen von V unendlich.
(d) Ist eine linear unabhängige Menge von V endlich, so ist es jede.

Aufgabe 6.2 • Gegeben sind ein Untervektorraum U eines $\mathbb{K}$-Vektorraums V und Elemente $\boldsymbol{u}, \boldsymbol{w} \in V$. Welche der folgenden Aussagen sind richtig?

(a) Sind $\boldsymbol{u}$ und $\boldsymbol{w}$ nicht in U, so ist auch $\boldsymbol{u} + \boldsymbol{w}$ nicht in U.
(b) Sind $\boldsymbol{u}$ und $\boldsymbol{w}$ nicht in U, so ist $\boldsymbol{u} + \boldsymbol{w}$ in U.
(c) Ist $\boldsymbol{u}$ in U, nicht aber $\boldsymbol{w}$, so ist $\boldsymbol{u} + \boldsymbol{w}$ nicht in U.

Aufgabe 6.3 • Folgt aus der linearen Unabhängigkeit von $\boldsymbol{u}$ und $\boldsymbol{v}$ eines $\mathbb{K}$-Vektorraums auch jene von $\boldsymbol{u} - \boldsymbol{v}$ und $\boldsymbol{u} + \boldsymbol{v}$? $\mathbb{K}$ habe dabei eine Charakteristik ungleich 2.

Aufgabe 6.4 • Folgt aus der linearen Unabhängigkeit der drei Vektoren $\boldsymbol{u}, \boldsymbol{v}, \boldsymbol{w}$ eines $\mathbb{K}$-Vektorraums auch die lineare Unabhängigkeit der drei Vektoren $\boldsymbol{u} + \boldsymbol{v} + \boldsymbol{w}$, $\boldsymbol{u} + \boldsymbol{v}$, $\boldsymbol{v} + \boldsymbol{w}$?

Aufgabe 6.5 • Geben Sie zu folgenden Teilmengen des $\mathbb{R}$-Vektorraums $\mathbb{R}^3$ an, ob sie Untervektorräume sind, und begründen Sie dies:

(a) $U_1 = \left\{ \begin{pmatrix} v_1 \\ v_2 \\ v_3 \end{pmatrix} \in \mathbb{R}^3 \mid v_1 + v_2 = 2 \right\}$

(b) $U_2 = \left\{ \begin{pmatrix} v_1 \\ v_2 \\ v_3 \end{pmatrix} \in \mathbb{R}^3 \mid v_1 + v_2 = v_3 \right\}$

(c) $U_3 = \left\{ \begin{pmatrix} v_1 \\ v_2 \\ v_3 \end{pmatrix} \in \mathbb{R}^3 \mid v_1 v_2 = v_3 \right\}$

(d) $U_4 = \left\{ \begin{pmatrix} v_1 \\ v_2 \\ v_3 \end{pmatrix} \in \mathbb{R}^3 \mid v_1 = v_2 \text{ oder } v_1 = v_3 \right\}$

Aufgabe 6.6 •• Welche der folgenden Teilmengen des $\mathbb{R}$-Vektorraums $\mathbb{R}^\mathbb{R}$ sind Untervektorräume? Begründen Sie Ihre Aussagen.

(a) $U_1 = \{f \in \mathbb{R}^\mathbb{R} \mid f(1) = 0\}$
(b) $U_2 = \{f \in \mathbb{R}^\mathbb{R} \mid f(0) = 1\}$
(c) $U_3 = \{f \in \mathbb{R}^\mathbb{R} \mid f$ hat höchstens endlich viele Nullstellen$\}$
(d) $U_4 = \{f \in \mathbb{R}^\mathbb{R} \mid$ für höchstens endlich viele $x \in \mathbb{R}$ ist $f(x) \neq 0\}$
(e) $U_5 = \{f \in \mathbb{R}^\mathbb{R} \mid f$ ist monoton wachsend$\}$
(f) $U_6 = \{f \in \mathbb{R}^\mathbb{R} \mid$ die Abbildung $g \in \mathbb{R}^\mathbb{R}$ mit $g(x) = f(x) - f(x-1)$ liegt in $U\}$, wobei $U \subseteq \mathbb{R}^\mathbb{R}$ ein vorgegebener Untervektorraum ist.

Aufgabe 6.7 •• Gibt es für jede natürliche Zahl n eine Menge A mit $n+1$ verschiedenen Vektoren $\boldsymbol{v}_1, \ldots, \boldsymbol{v}_{n+1} \in \mathbb{R}^n$, sodass je n Elemente von A linear unabhängig sind? Geben Sie eventuell für ein festes n eine solche an.

Aufgabe 6.8 •• Da $\dim(U+V) = \dim U + \dim V - \dim(U \cap V)$ gilt, gilt doch sicher auch analog zu Mengen $\dim(U+V+W) = \dim U + \dim V + \dim W - \dim(U \cap V) - \dim(U \cap W) - \dim(V \cap W) + \dim(U \cap V \cap W)$? Beweisen oder widerlegen Sie die Formel für $\dim(U+V+W)$!

Rechenaufgaben

Aufgabe 6.9 • Wir betrachten im $\mathbb{R}^2$ die drei Untervektorräume $U_1 = \left\langle \begin{pmatrix} 1 \\ 2 \end{pmatrix} \right\rangle$, $U_2 = \left\langle \begin{pmatrix} 1 \\ 1 \end{pmatrix}, \begin{pmatrix} 1 \\ -2 \end{pmatrix} \right\rangle$ und $U_3 = \left\langle \begin{pmatrix} 1 \\ -3 \end{pmatrix} \right\rangle$. Welche der folgenden Aussagen ist richtig?

(a) Es ist $\left\{ \begin{pmatrix} -2 \\ -4 \end{pmatrix} \right\}$ ein Erzeugendensystem von $U_1 \cap U_2$.
(b) Die leere Menge $\emptyset$ ist eine Basis von $U_1 \cap U_3$.
(c) Es ist $\left\{ \begin{pmatrix} 1 \\ 4 \end{pmatrix} \right\}$ eine linear unabhängige Teilmenge von U_2.
(d) Es gilt $\langle U_1 \cup U_3 \rangle = \mathbb{R}^2$.

Aufgabe 6.10 •• Prüfen Sie, ob die Menge

$$B := \left\{ \boldsymbol{v}_1 = \begin{pmatrix} 1 & 0 \\ 0 & 1 \end{pmatrix}, \boldsymbol{v}_2 = \begin{pmatrix} 1 & 1 \\ 0 & 0 \end{pmatrix}, \boldsymbol{v}_3 = \begin{pmatrix} 0 & 1 \\ -1 & 0 \end{pmatrix}, \boldsymbol{v}_4 = \begin{pmatrix} 0 & 0 \\ 1 & 0 \end{pmatrix} \right\} \subseteq \mathbb{R}^{2\times 2}$$

eine Basis des $\mathbb{R}^{2\times 2}$ bildet.

Aufgabe 6.11 •• Bestimmen Sie eine Basis des von der Menge

$$X = \left\{ \begin{pmatrix} 0 \\ 1 \\ 0 \\ -1 \end{pmatrix}, \begin{pmatrix} 1 \\ 0 \\ 1 \\ -2 \end{pmatrix}, \begin{pmatrix} -1 \\ -2 \\ 0 \\ 1 \end{pmatrix}, \begin{pmatrix} -1 \\ 0 \\ 1 \\ 0 \end{pmatrix}, \begin{pmatrix} 1 \\ 0 \\ -1 \\ -1 \end{pmatrix}, \begin{pmatrix} 2 \\ 0 \\ -1 \\ 0 \end{pmatrix} \right\}$$

erzeugten Untervektorraums $U = \langle X \rangle$ des $\mathbb{R}^4$.

Aufgabe 6.12 • Schreiben Sie die Matrix

$$A = \begin{pmatrix} -2 & -\sqrt{2} & 1 \\ 3 & 1 & \sqrt{2} \\ 1 & -3 & 2 \end{pmatrix} \in \mathbb{R}^{3\times 3}$$

als Summe einer symmetrischen und einer schiefsymmetrischen Matrix.

Aufgabe 6.13 •• Begründen Sie, dass für jedes $n \in \mathbb{N}$ die Menge

$$U = \left\{ \boldsymbol{u} = \begin{pmatrix} u_1 \\ \vdots \\ u_n \end{pmatrix} \in \mathbb{R}^n \mid u_1 + \cdots + u_n = 0 \right\}$$

einen $\mathbb{R}$-Vektorraum bildet, und bestimmen Sie eine Basis und die Dimension von U.

Aufgabe 6.14 •• Bestimmen Sie die Dimension des Vektorraums

$$\langle f_1 : x \mapsto \sin(x),\ f_2 : x \mapsto \sin(2x),\ f_3 : x \mapsto \sin(3x) \rangle \subseteq \mathbb{R}^{\mathbb{R}}.$$

Aufgabe 6.15 •• Es seien $\boldsymbol{a}, \boldsymbol{b}$ verschiedene, linear unabhängige Elemente eines $\mathbb{K}$-Vektorraums V. Wir setzen für Skalare $\lambda, \mu, \nu, \sigma \in \mathbb{K}$:

$$\boldsymbol{c} = \lambda \boldsymbol{a} + \mu \boldsymbol{b} \quad \text{und}$$
$$\boldsymbol{d} = \nu \boldsymbol{a} + \sigma \boldsymbol{b}.$$

Unter welcher Bedingung an $\lambda, \mu, \nu, \sigma \in \mathbb{K}$ sind $\boldsymbol{c}, \boldsymbol{d}$ linear unabhängig?

Beweisaufgaben

Aufgabe 6.16 •• Begründen Sie, dass sich die Kommutativität der Vektoraddition aus den restlichen Axiomen folgern lässt, vgl. auch den Kommentar auf Seite 192.

Aufgabe 6.17 • Es seien U_1, U_2, U_3 Untervektorräume eines $\mathbb{K}$-Vektorraums V. Weiter gelte

$$U_1 + U_3 = U_2 + U_3,\ U_1 \cap U_3 = U_2 \cap U_3 \text{ und } U_1 \subseteq U_2.$$

Zeigen Sie $U_1 = U_2$.

Aufgabe 6.18 •• Eine Funktion $f : \mathbb{R} \to \mathbb{R}$ heißt **gerade** (bzw. **ungerade**), falls $f(x) = f(-x)$ für alle $x \in \mathbb{R}$ (bzw. $f(x) = -f(-x)$ für alle $x \in \mathbb{R}$). Die Menge der geraden (bzw. ungeraden) Funktionen werde mit G (bzw. U) bezeichnet. Beweisen Sie: Es sind G und U Untervektorräume von $\mathbb{R}^{\mathbb{R}}$, und es gilt $\mathbb{R}^{\mathbb{R}} = G \oplus U$.

Aufgabe 6.19 ••• Es seien $\mathbb{K}$ ein Körper mit $|\mathbb{K}| = \infty$ und V ein $\mathbb{K}$-Vektorraum. Ferner seien $n \in \mathbb{N}$ und $U_1, \ldots, U_n$ Untervektorräume von V mit $U_i \neq V$ für $i = 1, \ldots, n$. Zeigen Sie:

$$\bigcup_{i=1}^{n} U_i \neq V.$$

(Anders formuliert: Ist $|\mathbb{K}| = \infty$, so lässt sich V nicht als Vereinigung endlich vieler echter Untervektorräume schreiben.)

Hinweise

Verständnisfragen

Aufgabe 6.1 • Beachten Sie die Definitionen von Erzeugendensystem, linear unabhängiger Menge und Basis.

Aufgabe 6.2 • Man beweise oder widerlege die Aussagen.

Aufgabe 6.3 • Wenden Sie das Kriterium für lineare Unabhängigkeit auf Seite 203 an.

Aufgabe 6.4 • Wenden Sie das Kriterium für lineare Unabhängigkeit auf Seite 203 an.

Aufgabe 6.5 • Prüfen Sie für jede Menge nach, ob sie nichtleer ist und ob für je zwei Elemente auch deren Summe und zu jedem Element auch das skalare Vielfache davon wieder in der entsprechenden Menge liegt.

Aufgabe 6.6 •• Prüfen Sie für jede Menge nach, ob sie nichtleer ist und ob für je zwei Elemente auch deren Summe und zu jedem Element auch das skalare Vielfache davon wieder in der entsprechenden Menge liegt.

Aufgabe 6.7 •• Geben Sie zur Standardbasis des $\mathbb{R}^n$ einen weiteren Vektor an.

Aufgabe 6.8 •• Suchen Sie ein Gegenbeispiel.

Rechenaufgaben

Aufgabe 6.9 • Bestimmen Sie die Mengen in einer Zeichnung.

Aufgabe 6.10 •• Überprüfen Sie die Menge auf lineare Unabhängigkeit.

Aufgabe 6.11 •• Überprüfen Sie die angegebenen Vektoren auf lineare Unabhängigkeit.

Aufgabe 6.12 • Beachten Sie das Beispiel auf Seite 219.

Aufgabe 6.13 •• Zeigen Sie, dass die Menge einen Untervektorraum des $\mathbb{R}^n$ bildet. Betrachten Sie für Basisvektoren Elemente von U, die abgesehen von einer 1 und einer -1 nur Nullen als Komponenten haben.

Aufgabe 6.14 •• Zeigen Sie, dass die drei Funktionen linear unabhängig sind.

Aufgabe 6.15 •• Betrachten Sie das Gleichungssystem $\tau\,\boldsymbol{c} + \eta\,\boldsymbol{d} = \boldsymbol{0}$.

Beweisaufgaben

Aufgabe 6.16 •• Berechnen Sie $(1+1)\,(\boldsymbol{v}+\boldsymbol{w})$ auf zwei verschiedene Arten.

Aufgabe 6.17 • Schreiben Sie ein beliebiges $\boldsymbol{v} \in U_2$ in der Form $\boldsymbol{v} = \boldsymbol{u}_1 + \boldsymbol{u}_3$ mit $\boldsymbol{u}_1 \in U_1$ und $\boldsymbol{u}_3 \in U_3$.

Aufgabe 6.18 •• Betrachten Sie die Summanden in der folgenden Darstellung von f: $f(x) = \frac{1}{2}\,(f(x) + f(-x)) + \frac{1}{2}\,(f(x) - f(-x))$.

Aufgabe 6.19 ••• Wählen Sie ein $\boldsymbol{u} \in U_m \setminus \bigcup_{i=1}^{m-1} U_i$ (Wie ist hierbei m zu wählen?) und ein $\boldsymbol{v} \in V \setminus U_m$ und schneiden Sie die Gerade $G = \{\boldsymbol{v} + \lambda\,\boldsymbol{u} \mid \lambda \in \mathbb{K}\}$ mit den Untervektorräumen U_i.

Lösungen

Verständnisfragen

Aufgabe 6.1 • Die Aussagen in (a) und (b) sind richtig, die Aussagen (c) und (d) sind falsch.

Aufgabe 6.2 • Die Aussagen in (a) und (b) sind falsch, die Aussage in (c) ist richtig.

Aufgabe 6.3 • Ja.

Aufgabe 6.4 • Ja.

Aufgabe 6.5 • U_1, U_3 und U_4 sind keine Untervektorräume, U_2 hingegen schon.

Aufgabe 6.6 •• U_2, U_3 und U_5 sind keine Untervektorräume, U_1, U_4 und U_6 hingegen schon.

Aufgabe 6.7 •• Ja, es ist $A = \{\boldsymbol{e}_1, \ldots, \boldsymbol{e}_n, \boldsymbol{v}\}$ mit den Standard-Einheitsvektoren $\boldsymbol{e}_1, \ldots, \boldsymbol{e}_n$ und $\boldsymbol{v} = \boldsymbol{e}_1 + \cdots + \boldsymbol{e}_n$ eine solche Menge.

Aufgabe 6.8 •• Nein, die Formel für $\dim(U + V + W)$ gilt nicht.

Rechenaufgaben

Aufgabe 6.9 • Alle Aussagen sind richtig.

Aufgabe 6.10 •• Ja, die Menge bildet eine Basis.

Aufgabe 6.11 •• Die Standardbasis $E_4 = \{\boldsymbol{e}_1, \boldsymbol{e}_2, \boldsymbol{e}_3, \boldsymbol{e}_4\}$ ist eine Basis von U.

Aufgabe 6.12 • $$A = \begin{pmatrix} -2 & \frac{3-\sqrt{2}}{2} & 1 \\ \frac{3-\sqrt{2}}{2} & 1 & \frac{-3+\sqrt{2}}{2} \\ 1 & \frac{-3+\sqrt{2}}{2} & 2 \end{pmatrix} + \begin{pmatrix} 0 & \frac{-3-\sqrt{2}}{2} & 0 \\ \frac{3+\sqrt{2}}{2} & 0 & \frac{3+\sqrt{2}}{2} \\ 0 & \frac{-3-\sqrt{2}}{2} & 0 \end{pmatrix}$$

Aufgabe 6.13 •• Es ist

$$B := \left\{ \begin{pmatrix} 1 \\ 0 \\ \vdots \\ 0 \\ -1 \end{pmatrix}, \begin{pmatrix} 0 \\ 1 \\ \vdots \\ 0 \\ -1 \end{pmatrix}, \ldots, \begin{pmatrix} 0 \\ 0 \\ \vdots \\ 1 \\ -1 \end{pmatrix} \right\}$$

eine Basis von U, insbesondere gilt $\dim(U) = n - 1$.

Aufgabe 6.14 •• Die Dimension ist 3.

Aufgabe 6.15 •• Die Vektoren $\boldsymbol{c}$, $\boldsymbol{d}$ sind genau dann linear unabhängig, falls $\lambda\sigma - \mu\nu \neq 0$ gilt.

Beweisaufgaben

Aufgabe 6.16 •• –

Aufgabe 6.17 • –

Aufgabe 6.18 •• –

Aufgabe 6.19 ••• –

Lösungswege

Verständnisfragen

Aufgabe 6.1 • (a) Richtig. Basen haben stets gleich viele Elemente. Wenn eine unendlich viele Elemente hat, so hat auch jede andere Basis unendlich viele.

(b) Richtig. Basen haben stets gleich viele Elemente.

(c) Falsch. Vektorräume können durchaus unendliche Erzeugendensysteme, aber nur endliche Basen haben.

(d) Falsch. Basen unendlichdimensionaler Vektorräume sind linear unabhängig und unendlich.

Aufgabe 6.2 • (a) Die Aussage ist falsch. Wir zeigen dies an einem Beispiel. Die beiden Vektoren $\begin{pmatrix}1\\1\end{pmatrix}$ und $\begin{pmatrix}-1\\-1\end{pmatrix}$ liegen beide nicht in dem von $\begin{pmatrix}1\\0\end{pmatrix}$ erzeugten Untervektorraum des $\mathbb{R}^2$, ihre Summe, das ist der Nullvektor des $\mathbb{R}^2$, jedoch schon.

(b) Die Aussage ist falsch. Wir zeigen dies an einem Beispiel. Die beiden Vektoren $\begin{pmatrix}1\\1\end{pmatrix}$ und $\begin{pmatrix}2\\2\end{pmatrix}$ liegen beide nicht in dem von $\begin{pmatrix}1\\0\end{pmatrix}$ erzeugten Untervektorraum des $\mathbb{R}^2$ und ihre Summe, das ist der Vektor $\begin{pmatrix}3\\3\end{pmatrix}$, auch nicht.

(c) Die Aussage ist richtig. Weil $\boldsymbol{u} \in U$ gilt, folgte aus $\boldsymbol{u} + \boldsymbol{w} \in U$:

$$\boldsymbol{u} + \boldsymbol{w} - \boldsymbol{u} = \boldsymbol{w} \in U ,$$

im Widerspruch zur Voraussetzung. Damit kann $\boldsymbol{u} + \boldsymbol{w} \in U$ nicht gelten.

Aufgabe 6.3 • Aus $\lambda\,(\boldsymbol{u} - \boldsymbol{v}) + \mu\,(\boldsymbol{u} + \boldsymbol{v}) = \boldsymbol{0}$ für Elemente $\lambda,\ \mu \in \mathbb{K}$ folgt $(\lambda + \mu)\,\boldsymbol{u} + (\mu - \lambda)\,\boldsymbol{v} = \boldsymbol{0}$. Und weil $\boldsymbol{v}$ und $\boldsymbol{u}$ linear unabhängig sind, ist eine solche Gleichheit nach dem Kriterium für lineare Unabhängigkeit auf Seite 203 nur im Fall $\lambda + \mu = 0 = \mu - \lambda$ möglich. Hieraus folgt $\lambda = 0 = \mu$. Erneut nach dem eben zitierten Kriterium folgt nun die lineare Unabhängigkeit von $\boldsymbol{u} - \boldsymbol{v}$ und $\boldsymbol{u} + \boldsymbol{v}$.

Aufgabe 6.4 • Aus $\lambda\,(\boldsymbol{u}+\boldsymbol{v}+\boldsymbol{w})+\mu\,(\boldsymbol{u}+\boldsymbol{v})+\nu\,(\boldsymbol{v}+\boldsymbol{w}) = \boldsymbol{0}$ für Elemente $\lambda,\ \mu,\ \nu \in \mathbb{K}$, folgt $(\lambda + \mu)\,\boldsymbol{u} + (\lambda + \mu + \nu)\,\boldsymbol{v} + (\mu + \nu)\,\boldsymbol{v} = \boldsymbol{0}$. Aus der linearen Unabhängigkeit von $\boldsymbol{u}$, $\boldsymbol{v}$ und $\boldsymbol{w}$ folgt mit dem Kriterium für lineare Unabhängigkeit auf Seite 203 sogleich $\lambda + \mu = 0, \lambda + \mu + \nu = 0$ und $\mu + \nu = 0$. Setzt man die letzte Gleichung in die vorletzte ein, so folgt $\lambda = 0$ und damit aus der ersten $\mu = 0$ und schließlich $\nu = 0$, sodass nach dem eben zitierten Kriterium die lineare Unabhängigkeit von $\boldsymbol{u}+\boldsymbol{v}+\boldsymbol{w},\ \boldsymbol{u}+\boldsymbol{v},\ \boldsymbol{v}+\boldsymbol{w}$ folgt.

Aufgabe 6.5 • (a) Der Nullvektor $\boldsymbol{0}$ ist nicht Element von U_1, somit kann U_1 kein Untervektorraum sein.

(b) Weil der Nullvektor offenbar in U_2 liegt, gilt $U_2 \neq \emptyset$. Sind $\begin{pmatrix}v_1\\v_2\\v_3\end{pmatrix}$ und $\begin{pmatrix}v_1'\\v_2'\\v_3'\end{pmatrix} \in U_2$, so gelten

$$v_1 + v_2 = v_3 \text{ und } v_1' + v_2' = v_3' ,$$

also auch

$$(v_1 + v_1') + (v_2 + v_2') = (v_3 + v_3') .$$

Damit ist aber $\begin{pmatrix}v_1 + v_1'\\v_2 + v_2'\\v_3 + v_3'\end{pmatrix} = \begin{pmatrix}v_1\\v_2\\v_3\end{pmatrix} + \begin{pmatrix}v_1'\\v_2'\\v_3'\end{pmatrix} \in U_2$.

Und für jedes $\lambda \in \mathbb{R}$ gilt:

$$\lambda\, v_1 + \lambda\, v_2 = \lambda v_3 ,$$

sodass also auch $\begin{pmatrix}\lambda\, v_1\\\lambda\, v_2\\\lambda\, v_3\end{pmatrix} = \lambda \begin{pmatrix}v_1\\v_2\\v_3\end{pmatrix} \in U_2$ gilt.

Diese drei Eigenschaften besagen, dass U_2 ein Untervektorraum des $\mathbb{R}^3$ ist.

(c) Der Vektor $\begin{pmatrix}-1\\-1\\1\end{pmatrix}$ ist offenbar ein Element aus U_3, aber das -1-Fache, $(-1)\begin{pmatrix}-1\\-1\\1\end{pmatrix} = \begin{pmatrix}1\\1\\-1\end{pmatrix}$, liegt nicht in U_3, sodass U_3 kein Untervektorraum des $\mathbb{R}^3$ ist.

(d) In U_4 liegen die beiden Elemente $\begin{pmatrix}1\\1\\0\end{pmatrix}$ und $\begin{pmatrix}2\\4\\2\end{pmatrix}$, nicht aber deren Summe $\begin{pmatrix}3\\3\\5\end{pmatrix}$. U_4 ist also kein Untervektorraum des $\mathbb{R}^3$.

Aufgabe 6.6 •• (a) Es ist U_1 ein Untervektorraum von $\mathbb{R}^{\mathbb{R}}$: (i) $\boldsymbol{0} \in U_1$. (ii) Mit $f,\ g \in U_1$ gilt auch $f + g \in U_1$. (iii) Mit $f \in U_1$ und $\lambda \in \mathbb{R}$ gilt auch $\lambda\, f \in U_1$.

(b) Es ist U_2 kein Untervektorraum von $\mathbb{R}^{\mathbb{R}}$, denn $\boldsymbol{0} \notin U_2$.

(c) Es ist U_3 kein Untervektorraum von $\mathbb{R}^{\mathbb{R}}$, denn $\boldsymbol{0} \notin U_3$.

(d) Es ist U_4 ein Untervektorraum von $\mathbb{R}^{\mathbb{R}}$: (i) $\boldsymbol{0} \in U_4$. (ii) Mit $f, g \in U_4$ gilt auch $f + g \in U_4$. Und (iii) Mit $f \in U_4$ und $\lambda \in \mathbb{R}$ gilt auch $\lambda\, f \in U_4$.

(e) Es ist U_5 kein Untervektorraum von $\mathbb{R}^{\mathbb{R}}$, denn es ist $f : x \mapsto x$ in U_5, $-f$ jedoch nicht.

(f) Es ist U_6 ein Untervektorraum von $\mathbb{R}^{\mathbb{R}}$. Ist U ein Untervektorraum von $\mathbb{R}^{\mathbb{R}}$, so gilt: (i) $\boldsymbol{0} \in U_6$, da $\boldsymbol{0} \in U$. (ii) Nun seien $f,\ f' \in U_6$. Dann gilt $g : x \mapsto f(x) - f(x-1)$, $g' : x \mapsto f'(x) - f'(x-1) \in U$. Und weil U ein Untervektorraum von $\mathbb{R}^{\mathbb{R}}$ ist, liegt auch $g + g' : x \mapsto (f(x) - f(x-1)) + (f'(x) - f'(x-1)) \in U$, aber d. h. gerade: $f + f' \in U_6$. (iii) Mit $f \in U_6$ und $\lambda \in \mathbb{R}$ gilt auch $\lambda\, f \in U_6$, da $\lambda\, g \in U$.

Aufgabe 6.7 •• Im Fall $n = 1$ wähle man $\boldsymbol{e}_1 = 1$ und $\boldsymbol{e}_2 = 2$. Es ist dann $A = \{\boldsymbol{e}_1,\ \boldsymbol{e}_2\}$ eine solche Menge.

Nun zum Fall $n > 1$. Wir behaupten, dass $A = \{\boldsymbol{e}_1, \ldots, \boldsymbol{e}_n, \boldsymbol{v}\}$ mit den Standard-Einheitsvektoren $\boldsymbol{e}_1, \ldots, \boldsymbol{e}_n$ und $\boldsymbol{v} = \begin{pmatrix}1\\\vdots\\1\end{pmatrix}$ die verlangte Eigenschaft hat. Es ist $B := \{\boldsymbol{e}_1, \ldots, \boldsymbol{e}_n\}$ natürlich linear unabhängig. Damit ist für $i \in \{1, \ldots, n\}$ auch die $(n-1)$-elementige Menge $\{\boldsymbol{e}_1, \ldots, \boldsymbol{e}_{i-1}, \boldsymbol{e}_{i+1}, \ldots, \boldsymbol{e}_n\}$ linear unabhängig. Wäre $E_i := \{\boldsymbol{e}_1, \ldots, \boldsymbol{e}_{i-1}, \boldsymbol{e}_{i+1}, \ldots, \boldsymbol{e}_n, \boldsymbol{v}\}$ linear abhängig, so müsste $\boldsymbol{v}$ Linearkombination der übrigen Vektoren sein, d. h.,

$$\boldsymbol{v} = \sum_{\substack{j=1\\ j\neq i}}^{n} \lambda_j \boldsymbol{e}_j$$

mit $\lambda_j \in \mathbb{R}$. In der Position i haben alle Vektoren $\boldsymbol{e}_j$ der rechten Seite eine Null, da $\boldsymbol{e}_i$ ja gerade fehlt, und damit auch die rechte Seite selbst. Der Vektor $\boldsymbol{v}$ hat aber in der Position i eine Eins, ein Widerspruch. Also ist E_i linear unabhängig. Wir haben begründet, dass jede n-elementige Teilmenge von A linear unabhängig ist.

Aufgabe 6.8 •• Man betrachte drei verschiedene eindimensionale Untervektorräume U, V und W im $\mathbb{R}^2$. Dann gilt $\dim(U+V+W) = 2$ und $\dim U + \dim V + \dim W - \dim(U\cap V) - \dim(U\cap W) - \dim(V\cap W) + \dim(U\cap V\cap W) = 3$.

Rechenaufgaben

Aufgabe 6.9 • (a) Weil $U_1 \subseteq U_2 = \mathbb{R}^2$ gilt, ist $U_1 \cap U_2 = U_1$. Der Vektor $\begin{pmatrix}-2\\-4\end{pmatrix}$ liegt natürlich in dem eindimensionalen Vektorraum U_1 und ist somit ein Basisvektor, also stimmt die Aussage.

(b) Die zwei eindimensionalen Vektorräume U_1 und U_3 sind voneinander verschieden. Also ist der Nullvektor ihr einziger gemeinsamer Punkt: $U_1 \cap U_3 = \{\boldsymbol{0}\}$. Die leere Menge ist eine Basis dieses trivialen Untervektorraums des $\mathbb{R}^2$ – also stimmt die Aussage.

(c) Der Vektor $\begin{pmatrix}1\\4\end{pmatrix}$ liegt in $U_2 = \mathbb{R}^2$ und ist vom Nullvektor verschieden. Als einelementige Menge ist dann $\left\{\begin{pmatrix}1\\4\end{pmatrix}\right\}$ linear unabhängig; damit stimmt die Aussage.

(d) Die U_1 und U_3 erzeugenden Vektoren sind linear unabhängig, also enthält $U_1 \cup U_3$ zwei linear unabhängige Vektoren, und zwei solche Vektoren erzeugen im $\mathbb{R}^2$ einen zweidimensionalen Raum, d. h. $\mathbb{R}^2$ selbst – die Aussage ist also richtig.

Aufgabe 6.10 •• Da der Vektorraum $\mathbb{R}^{2\times 2}$ die Dimension 4 hat, reicht es aus, die lineare Unabhängigkeit von B zu zeigen, da je vier linear unabhängige Vektoren eines vierdimensionalen Raums eine Basis bilden.

Wir machen den üblichen Ansatz. Mit reellen Zahlen $\lambda_1, \ldots, \lambda_4$ gelte

$$\lambda_1 \boldsymbol{v}_1 + \cdots + \lambda_4 \boldsymbol{v}_4 = \boldsymbol{0}.$$

Ausgeschrieben lautet diese Gleichung

$$\begin{pmatrix}\lambda_1+\lambda_2 & \lambda_2+\lambda_3\\ -\lambda_3+\lambda_4 & \lambda_1\end{pmatrix} = \begin{pmatrix}0&0\\0&0\end{pmatrix}.$$

Am rechten unteren Eintrag der linken Matrix erkennen wir $\lambda_1 = 0$. Der Eintrag an der Stelle $(1, 1)$ der linken Matrix liefert dann $\lambda_2 = 0$. Die Stelle $(1, 2)$ besagt dann $\lambda_3 = 0$, und schließlich folgt aus dem linken unteren Eintrag $\lambda_4 = 0$. Also ist B linear unabhängig und als vierelementige Menge somit eine Basis des $\mathbb{R}^{2\times 2}$.

Aufgabe 6.11 •• Man schreibt die in der Aufgabenstellung gegebenen erzeugenden Vektoren von U als Zeilen in eine Matrix:

$$\begin{pmatrix}0&1&0&-1\\1&0&1&-2\\-1&-2&0&1\\-1&0&1&0\\1&0&-1&-1\\2&0&-1&0\end{pmatrix}$$

Dann bringt man diese Matrix mit elementaren Zeilenumformungen auf Zeilenstufenform:

$$\begin{pmatrix}0&1&0&-1\\1&0&1&-2\\-1&-2&0&1\\-1&0&1&0\\1&0&-1&-1\\2&0&-1&0\end{pmatrix} \to \begin{pmatrix}1&0&1&-2\\0&1&0&-1\\0&0&1&-3\\0&0&0&5\\0&0&0&0\\0&0&0&0\end{pmatrix}$$

Wir haben bei diesen Umformungen nur eine Zeilenvertauschung durchgeführt. Und zwar haben wir die ersten beiden Zeilen miteinander vertauscht. Die Nullzeilen in der fünften und sechsten Zeile besagen, dass sich die letzten beiden angegeben Vektoren in der ersten Matrix als Linearkombination der ersten vier Vektoren darstellen lassen. Man kann sie aus dem Erzeugendensystem weglassen. Die ersten vier von der Nullzeile verschiedenen Zeilen besagen wegen der Dreiecksgestalt, dass sie linear unabhängig sind. Dann sind aber auch die ersten vier Vektoren in den oberen Zeilen der ersteren Matrix linear unabhängig. Weil vier linear unabhängige Vektoren eines vierdimensionalen Vektorraums eine Basis dieses Vektorraums bilden, ist also $U = \mathbb{R}^4$ und

$$B = \left\{\begin{pmatrix}0\\1\\0\\-1\end{pmatrix}, \begin{pmatrix}1\\0\\1\\-2\end{pmatrix}, \begin{pmatrix}-1\\-2\\0\\1\end{pmatrix}, \begin{pmatrix}-1\\0\\1\\0\end{pmatrix}\right\}$$

eine Basis von U und damit des $\mathbb{R}^4$.

Wir hätten die Lösung auch schneller haben können. Mit ein paar Kopfrechnungen sieht man sehr schnell, dass die Matrix

$$\begin{pmatrix}0&1&0&-1\\1&0&1&-2\\-1&-2&0&1\\-1&0&1&0\\1&0&-1&-1\\2&0&-1&0\end{pmatrix}$$

den Rang 4 hat, damit hat der Untervektorraum U des $\mathbb{R}^4$ die Dimension 4, folglich gilt $U = \mathbb{R}^4$. Und nun kann man eine beliebige Basis des $\mathbb{R}^4$ als Basis von U wählen, etwa die Standardbasis $E_4 = \{\boldsymbol{e}_1, \boldsymbol{e}_2, \boldsymbol{e}_3, \boldsymbol{e}_4\}$.

Aufgabe 6.12 • Es gilt

$$A = \begin{pmatrix} -2 & -\sqrt{2} & 1 \\ 3 & 1 & \sqrt{2} \\ 1 & -3 & 2 \end{pmatrix}$$

$$= \underbrace{\begin{pmatrix} -2 & \frac{3-\sqrt{2}}{2} & 1 \\ \frac{3-\sqrt{2}}{2} & 1 & \frac{-3+\sqrt{2}}{2} \\ 1 & \frac{-3+\sqrt{2}}{2} & 2 \end{pmatrix}}_{\in S(n,\mathbb{R})} + \underbrace{\begin{pmatrix} 0 & \frac{-3-\sqrt{2}}{2} & 0 \\ \frac{3+\sqrt{2}}{2} & 0 & \frac{3+\sqrt{2}}{2} \\ 0 & \frac{-3-\sqrt{2}}{2} & 0 \end{pmatrix}}_{\in A(n,\mathbb{R})}$$

Aufgabe 6.13 •• Der Nullvektor liegt in U, sodass U nicht leer ist. Und mit je zwei Elementen $\begin{pmatrix} u_1 \\ \vdots \\ u_n \end{pmatrix}, \begin{pmatrix} u_1' \\ \vdots \\ u_n' \end{pmatrix} \in U$ ist auch deren Summe $\begin{pmatrix} u_1 + u_1' \\ \vdots \\ u_n + u_n' \end{pmatrix}$ in U, da $(u_1 + u_1') + \cdots + (u_n + u_n') = 0$ gilt. Analog folgt auch, dass jedes skalare Vielfache eines Elements aus U wieder in U liegt. Damit ist begründet, dass U ein $\mathbb{R}$-Vektorraum ist.

Die folgenden $n-1$ Vektoren liegen in U:

$$\begin{pmatrix} 1 \\ 0 \\ \vdots \\ 0 \\ -1 \end{pmatrix}, \begin{pmatrix} 0 \\ 1 \\ \vdots \\ 0 \\ -1 \end{pmatrix}, \ldots, \begin{pmatrix} 0 \\ 0 \\ \vdots \\ 1 \\ -1 \end{pmatrix}$$

Wir bezeichnen diese Elemente der Reihe nach $\boldsymbol{u}_1$ bis $\boldsymbol{u}_{n-1}$ und begründen, dass sie eine Basis bilden.

Wir zeigen die lineare Unabhängigkeit der Menge $B = \{\boldsymbol{u}_1, \ldots, \boldsymbol{u}_{n-1}\}$. Der Ansatz $\lambda_1 \boldsymbol{u}_1 + \cdots + \lambda_{n-1} \boldsymbol{u}_{n-1} = \boldsymbol{0}$ für $\lambda_1, \ldots, \lambda_{n-1} \in \mathbb{R}$ liefert ein homogenes lineares Gleichungssystem, das wir sogleich durch die erweiterte Koeffizientenmatrix angeben und lösen:

$$\left(\begin{array}{cccccc|c} 1 & 0 & 0 & \ldots & 0 & 0 \\ 0 & 1 & 0 & & 0 & 0 \\ 0 & 0 & 1 & & 0 & 0 \\ \vdots & & \ddots & \ddots & \vdots & \vdots \\ 0 & 0 & \ldots & 0 & 1 & 0 \\ -1 & -1 & -1 & \ldots & -1 & 0 \end{array}\right) \rightarrow$$

$$\left(\begin{array}{cccccc|c} 1 & 0 & 0 & \ldots & 0 & 0 \\ 0 & 1 & 0 & & 0 & 0 \\ 0 & 0 & 1 & & 0 & 0 \\ \vdots & & \ddots & \ddots & \vdots & \vdots \\ 0 & 0 & \ldots & 0 & 1 & 0 \\ 0 & 0 & 0 & \ldots & 0 & 0 \end{array}\right)$$

Also ist der Nullvektor $\boldsymbol{0} \in \mathbb{R}^n$ nur als triviale Linearkombination darstellbar. Folglich ist B linear unabhängig.

Nun begründen wir, dass B ein Erzeugendensystem für U ist.

Ist $\boldsymbol{u} = \begin{pmatrix} u_1 \\ u_2 \\ \vdots \\ u_{n-1} \\ u_n \end{pmatrix} \in U$ ein beliebiger Vektor, so gilt die Gleichheit

$$\begin{pmatrix} u_1 \\ u_2 \\ \vdots \\ u_{n-1} \\ u_n \end{pmatrix} = u_1 \begin{pmatrix} 1 \\ 0 \\ \vdots \\ 0 \\ -1 \end{pmatrix} + u_2 \begin{pmatrix} 0 \\ 1 \\ \vdots \\ 0 \\ -1 \end{pmatrix} + \ldots + u_{n-1} \begin{pmatrix} 0 \\ 0 \\ \vdots \\ 1 \\ -1 \end{pmatrix},$$

denn $u_n = -u_1 - \ldots - u_{n-1}$. Damit gilt $U = \langle \boldsymbol{u}_1, \ldots, \boldsymbol{u}_{n-1} \rangle$.

Also ist B ein linear unabhängiges Erzeugendensystem von U und somit eine Basis von U.

Aufgabe 6.14 •• Für $\lambda_1, \lambda_2, \lambda_3 \in \mathbb{R}$ gelte

$$\lambda_1 f_1 + \lambda_2 f_2 + \lambda_3 f_3 = \boldsymbol{0},$$

d. h.

$$\lambda_1 \sin(x) + \lambda_2 \sin(2x) + \lambda_3 \sin(3x) = 0 \text{ für alle } x \in \mathbb{R}.$$

Für $x = \frac{\pi}{2}$ erhalten wir

$$\lambda_1 - \lambda_3 = 0 \text{ d. h., } \lambda_1 = \lambda_3.$$

Für $x = \frac{\pi}{4}$ erhalten wir

$$\frac{1}{2}\sqrt{2}\lambda_1 + \lambda_2 + \frac{1}{2}\sqrt{2}\lambda_3 = 0.$$

Für $x = \frac{\pi}{3}$ erhalten wir damit

$$\frac{1}{2}\sqrt{3}\lambda_1 + \frac{1}{2}\sqrt{3}\lambda_2 = 0 \text{ d. h., } \lambda_1 = -\lambda_2.$$

Aus der zweiten Gleichung folgt damit $\lambda_1 = 0$ und somit $\lambda_2 = 0 = \lambda_3$. Die drei Funktionen f_1, f_2, f_3 sind folglich linear unabhängig; der von ihnen erzeugte Vektorraum hat also die Dimension 3.

Aufgabe 6.15 •• Es seien $\tau, \eta \in \mathbb{K}$. Dann gilt:

$$\tau \boldsymbol{c} + \eta \boldsymbol{d} = \boldsymbol{0} \quad \Leftrightarrow \quad \tau(\lambda \boldsymbol{a} + \mu \boldsymbol{b}) + \eta(\nu \boldsymbol{a} + \sigma \boldsymbol{b}) = \boldsymbol{0}.$$

Somit folgt aus der linearen Unabhängigkeit von $\boldsymbol{a}$ und $\boldsymbol{b}$:

$$\tau\lambda + \eta\nu = 0 \quad \text{und} \quad \tau\mu + \eta\sigma = 0.$$

Und dies ist ein lineares Gleichungssystem in τ und η:

$$\left(\begin{array}{cc|c} \lambda & \nu & 0 \\ \mu & \sigma & 0 \end{array}\right)$$

Ist $\lambda = 0 = \mu$, so hat dieses Gleichungssystem nichttriviale Lösungen, d. h. $\boldsymbol{c}, \boldsymbol{d}$ sind linear abhängig.

Ist $\lambda \neq 0$ (der Fall $\mu \neq 0$ geht analog), so folgt:

$$\left(\begin{array}{cc|c} \lambda & \nu & 0 \\ \mu & \sigma & 0 \end{array}\right) \longrightarrow \left(\begin{array}{cc|c} 1 & \lambda^{-1}\nu & 0 \\ 0 & \sigma - \mu\lambda^{-1}\nu & 0 \end{array}\right)$$

Dieses System hat genau dann nur die triviale Lösung $\tau = \eta = 0$, wenn $\sigma - \mu\lambda^{-1}\nu \neq 0$, d. h., $\sigma\lambda - \mu\nu \neq 0$ gilt. Der oben behandelte Sonderfall $\lambda = 0 = \mu$ ist damit auch ausgeschlossen, es gilt also insgesamt:

Es sind $\boldsymbol{c}$, $\boldsymbol{d}$ genau dann linear unabhängig, wenn $\boldsymbol{c}$ und $\boldsymbol{d}$ verschieden sind und $\lambda\sigma - \mu\nu \neq 0$ gilt.

Bemerkung: Es ist $\lambda\sigma - \mu\nu$ die *Determinante* der obigen Koeffizientenmatrix.

Beweisaufgaben

Aufgabe 6.16 •• Sind $\boldsymbol{v}$ und $\boldsymbol{w}$ beliebige Elemente eines $\mathbb{K}$-Vektorraums V, so gilt wegen (V1)

$$(1+1)(\boldsymbol{v}+\boldsymbol{w}) = (1+1)\,\boldsymbol{v} + (1+1)\,\boldsymbol{w}$$

und somit wegen (V3) und (V4)

$$(1+1)(\boldsymbol{v}+\boldsymbol{w}) = \boldsymbol{v}+\boldsymbol{v}+\boldsymbol{w}+\boldsymbol{w}\,.$$

Wir wenden nun auf das gleiche Element gleich (V3) und (V4) an:

$$(1+1)(\boldsymbol{v}+\boldsymbol{w}) = 1\,(\boldsymbol{v}+\boldsymbol{w}) + 1\,(\boldsymbol{v}+\boldsymbol{w}) = \boldsymbol{v}+\boldsymbol{w}+\boldsymbol{v}+\boldsymbol{w}\,.$$

Insgesamt erhalten wir

$$\boldsymbol{v}+\boldsymbol{v}+\boldsymbol{w}+\boldsymbol{w} = \boldsymbol{v}+\boldsymbol{w}+\boldsymbol{v}+\boldsymbol{w}\,.$$

Weil wir nun $-\boldsymbol{v}$ von links und $-\boldsymbol{w}$ von rechts addieren dürfen, erhalten wir so $\boldsymbol{v}+\boldsymbol{w} = \boldsymbol{w}+\boldsymbol{v}$. Und dies gilt für beliebige $\boldsymbol{v}, \boldsymbol{w} \in V$.

Aufgabe 6.17 • Es sei $\boldsymbol{v} \in U_2$. Wegen $U_1 + U_3 = U_2 + U_3$ gibt es $\boldsymbol{u}_1 \in U_1$ und $\boldsymbol{u}_3 \in U_3$ mit

$$\boldsymbol{v} = \boldsymbol{u}_1 + \boldsymbol{u}_3\,.$$

Wegen $U_1 \subseteq U_2$ gilt:

$$U_2 \ni \boldsymbol{v} - \boldsymbol{u}_1 = \boldsymbol{u}_3 \in U_3\,,$$

sodass $\boldsymbol{u}_3 \in U_2 \cap U_3 = U_1 \cap U_3$. Es folgt $\boldsymbol{u}_3 \in U_1$. Damit gilt aber $\boldsymbol{v} = \boldsymbol{u}_1 + \boldsymbol{u}_3 \in U_1$. Gezeigt ist damit $U_2 \subseteq U_1$, d. h., $U_2 = U_1$.

Aufgabe 6.18 •• Aus $f(x) = f(-x)$, $g(x) = g(-x)$ folgt

$$\begin{aligned}(f+g)(-x) &= f(-x) + g(-x)\\ &= f(x) + g(x) = (f+g)(x),\\ (\lambda\, f)(-x) &= \lambda\, f(-x) = \lambda\, f(x) = (\lambda\, f)(x)\end{aligned}$$

für $x \in \mathbb{R}$, $\lambda \in \mathbb{R}$. Da außerdem $\mathbf{0} \in G$ (die Nullfunktion $\mathbf{0}$ ist gerade und ungerade), ist G ein Untervektorraum von $\mathbb{R}^{\mathbb{R}}$. Analog zeigt man, dass auch U ein Untervektorraum von $\mathbb{R}^{\mathbb{R}}$ ist. Es gilt:

$$f(x) = \frac{1}{2}\,(f(x) + f(-x)) + \frac{1}{2}\,(f(x) - f(-x))$$

mit $x \mapsto f(x) + f(-x) \in G$, $x \mapsto f(x) - f(-x) \in U$ und folglich $\mathbb{R}^{\mathbb{R}} = G + U$. Ist schließlich $f \in G \cap U$, so ist $f(x) = f(-x) = -f(x)$ und damit $f(x) = 0$ für $x \in \mathbb{R}$, d. h., $f = \mathbf{0}$.

Aufgabe 6.19 ••• Wir wählen $m \in \{1, 2, \ldots, n\}$ minimal bezüglich der Eigenschaft $\bigcup_{i=1}^{m} U_i = \bigcup_{i=1}^{n} U_i$. Da die Behauptung für $m = 1$ trivial ist, dürfen wir $m \geq 2$ annehmen. Aus der Minimalität von m folgt $U_m \not\subseteq \bigcup_{i=1}^{m-1} U_i$. Also gibt es einen Vektor $\boldsymbol{u} \in U_m \setminus \bigcup_{i=1}^{m-1} U_i$. Wegen $U_m \neq V$ gibt es außerdem einen Vektor $\boldsymbol{v} \in V \setminus U_m$. Wir betrachten die Menge

$$G = \{\boldsymbol{v} + \lambda\,\boldsymbol{u} \mid \lambda \in \mathbb{K}\} \subseteq V\,.$$

Wir zeigen zunächst:
(1) $|G| = \infty$,
(2) $|G \cap U_i| \leq 1$ für $i = 1, \ldots, m$.

Beweis von (1): Die Abbildung $f\colon \mathbb{K} \to G$, $\lambda \mapsto \boldsymbol{v} + \lambda\,\boldsymbol{u}$ ist injektiv, denn aus $f(\lambda) = f(\mu)$ folgt $\boldsymbol{v} + \lambda\,\boldsymbol{u} = \boldsymbol{v} + \mu\,\boldsymbol{u}$, also $\lambda = \mu$ oder $\boldsymbol{u} = \mathbf{0}$. Wegen $\boldsymbol{u} \notin U_1$ ist $\boldsymbol{u} \neq \mathbf{0}$ und daher $\lambda = \mu$. Also ist f injektiv und somit $|G| \geq |\mathbb{K}| = \infty$.

Beweis von (2): Es sei $\boldsymbol{w} = \boldsymbol{v} + \lambda\,\boldsymbol{u} \in G \cap U_m$. Wegen $\boldsymbol{u}, \boldsymbol{w} \in U_m$ ist dann auch $\boldsymbol{v} = \boldsymbol{w} - \lambda\,\boldsymbol{u} \in U_m$, ein Widerspruch. Also ist sogar $G \cap U_m = \emptyset$. Es seien nun $i \in \{1, \ldots, m-1\}$ und $\boldsymbol{w}, \boldsymbol{w}' \in G \cap U_i$. Dann existieren $\lambda, \mu \in \mathbb{K}$ mit $\boldsymbol{w} = \boldsymbol{v} + \lambda\,\boldsymbol{u}$ und $\boldsymbol{w}' = \boldsymbol{v} + \mu\,\boldsymbol{u}$. Dann ist auch $\boldsymbol{w} - \boldsymbol{w}' \in U_i$, also $(\lambda - \mu)\,\boldsymbol{u} \in U_i$. Wäre $\lambda - \mu \neq 0$, so wäre $\boldsymbol{u} \in U_i$, ein Widerspruch. Also ist $\lambda - \mu = 0$ und somit $\boldsymbol{w} = \boldsymbol{w}'$. Also: $|G \cap U_i| \leq 1$.

Aus (2) folgt $\left|G \cap \left(\bigcup_{i=1}^{n} U_i\right)\right| = \left|G \cap \left(\bigcup_{i=1}^{m} U_i\right)\right| = \left|\bigcup_{i=1}^{m} (G \cap U_i)\right| \leq m < \infty$. Wegen (1) gibt es also ein $\boldsymbol{w} \in G \subseteq V$ mit $\boldsymbol{w} \notin \bigcup_{i=1}^{n} U_i$, und das war zu zeigen.

Kapitel 7

Aufgaben

Verständnisfragen

Aufgabe 7.1 •• Angenommen, die Gerade G ist die Schnittgerade der Ebenen E_1 und E_2, jeweils gegeben durch eine lineare Gleichung

$$\boldsymbol{n}_i \cdot \boldsymbol{x} - k_i = 0, \quad i = 1, 2.$$

Stellen Sie die Menge aller durch G legbaren Ebenen dar als Menge aller linearen Gleichungen mit den Unbekannten (x_1, x_2, x_3), welche G als Lösungsmenge enthalten.

Aufgabe 7.2 ••• Welche eigentlich orthogonale 3×3-Matrix $A \neq \mathbf{E}_3$ erfüllt die Eigenschaften

$$A^3 = AAA = \mathbf{E}_3 \text{ und } A\begin{pmatrix}1\\1\\1\end{pmatrix} = \begin{pmatrix}1\\1\\1\end{pmatrix}.$$

Wie viele Lösungen gibt es? Gibt es auch eine uneigentlich orthogonale Matrix mit diesen Eigenschaften?

Aufgabe 7.3 •• Man füge in der folgenden Matrix $\boldsymbol{M}$ die durch Sterne markierten fehlenden Einträge derart ein, dass eine eigentlich orthogonale Matrix entsteht.

$$\boldsymbol{M} = \frac{1}{3}\begin{pmatrix} * & -2 & 2 \\ * & 1 & * \\ * & * & * \end{pmatrix}$$

Wie viele verschiedene Lösungen gibt es?

Aufgabe 7.4 •• Der Einheitswürfel $\mathcal{W}$ wird um die durch den Koordinatenursprung gehende Raumdiagonale durch 60° gedreht. Berechnen Sie die Koordinaten der Ecken des verdrehten Würfels $\mathcal{W}'$.

Aufgabe 7.5 •• Man bestimme die orthogonale Darstellungsmatrix $\boldsymbol{R}_{d,\varphi}$ der Drehung durch den Winkel φ um eine durch den Koordinatenursprung laufende Drehachse mit dem Richtungsvektor $\boldsymbol{d} = \begin{pmatrix}d_1\\d_2\\d_3\end{pmatrix}$ bei $\|\boldsymbol{d}\| = 1$.

Rechenaufgaben

Aufgabe 7.6 • Im $\mathbb{R}^3$ sind zwei Vektoren gegeben, nämlich $\boldsymbol{u} = \begin{pmatrix}2\\-2\\1\end{pmatrix}$ und $\boldsymbol{v} = \begin{pmatrix}2\\5\\14\end{pmatrix}$. Berechnen Sie $\|\boldsymbol{u}\|$, $\|\boldsymbol{v}\|$, den von $\boldsymbol{u}$ und $\boldsymbol{v}$ eingeschlossenen Winkel φ sowie das Vektorprodukt $\boldsymbol{u} \times \boldsymbol{v}$ samt Norm $\|\boldsymbol{u} \times \boldsymbol{v}\|$.

Aufgabe 7.7 • Stellen Sie die Gerade

$$G = \begin{pmatrix}3\\0\\4\end{pmatrix} + \mathbb{R}\begin{pmatrix}2\\-2\\1\end{pmatrix}$$

als Schnittgerade zweier Ebenen, also als Lösungsmenge zweier linearer Gleichungen dar. Wie lauten die Gleichungen aller durch G legbaren Ebenen?

Aufgabe 7.8 •• Im Raum $\mathbb{R}^3$ sind die vier Punkte

$$\boldsymbol{a} = \begin{pmatrix}-1\\0\\1\end{pmatrix}, \boldsymbol{b} = \begin{pmatrix}0\\0\\2\end{pmatrix}, \boldsymbol{c} = \begin{pmatrix}-1\\2\\0\end{pmatrix}, \boldsymbol{d} = \begin{pmatrix}1\\2\\x_3\end{pmatrix}$$

gegeben. Bestimmen Sie die letzte Koordinate x_3 von $\boldsymbol{d}$ derart, dass der Punkt $\boldsymbol{d}$ in der von $\boldsymbol{a}$, $\boldsymbol{b}$ und $\boldsymbol{c}$ aufgespannten Ebene liegt. Liegt $\boldsymbol{d}$ im Inneren oder auf dem Rand des Dreiecks $\boldsymbol{abc}$?

Aufgabe 7.9 • Im Anschauungsraum $\mathbb{R}^3$ sind die zwei Geraden

$$G = \begin{pmatrix}2\\0\\-3\end{pmatrix} + \mathbb{R}\begin{pmatrix}3\\1\\-1\end{pmatrix}, \quad H = \begin{pmatrix}2\\-1\\0\end{pmatrix} + \mathbb{R}\begin{pmatrix}-1\\1\\1\end{pmatrix}$$

gegeben. Bestimmen Sie die Gleichung derjenigen Ebene E durch den Ursprung, welche zu G und H parallel ist. Welche Entfernung hat E von der Geraden G, welche von H?

Aufgabe 7.10 • Im Anschauungsraum $\mathbb{R}^3$ sind die Gerade

$$G = \begin{pmatrix}1\\0\\2\end{pmatrix} + \mathbb{R}\begin{pmatrix}2\\1\\-2\end{pmatrix} \text{ und der Punkt } \boldsymbol{p} = \begin{pmatrix}1\\1\\1\end{pmatrix}$$

gegeben. Bestimmen Sie die Hesse'sche Normalform derjenigen Ebene E durch $\boldsymbol{p}$, welche zu G normal ist.

Aufgabe 7.11 •• Im Anschauungsraum $\mathbb{R}^3$ sind die zwei Geraden

$$G_1 = \begin{pmatrix}3\\0\\4\end{pmatrix} + \mathbb{R}\begin{pmatrix}2\\-2\\1\end{pmatrix}, \quad G_2 = \begin{pmatrix}2\\3\\3\end{pmatrix} + \mathbb{R}\begin{pmatrix}-1\\1\\2\end{pmatrix}$$

gegeben. Bestimmen Sie die zwischen den beiden Geraden verlaufende kürzeste Strecke, also deren Endpunkte $\boldsymbol{a}_1 \in G_1$ und $\boldsymbol{a}_2 \in G_2$ sowie deren Länge d.

Aufgabe 7.12 •• Im Anschauungsraum $\mathbb{R}^3$ ist die Gerade $G = \begin{pmatrix}1\\1\\2\end{pmatrix} + \mathbb{R}\begin{pmatrix}2\\-2\\1\end{pmatrix}$ gegeben. Welcher Gleichung müssen die Koordinaten x_1, x_2 und x_3 des Raumpunkts $\boldsymbol{x}$ genügen, damit $\boldsymbol{x}$ von G den Abstand $r = 3$ hat und somit auf dem Drehzylinder mit der Achse G und dem Radius r liegt?

Aufgabe 7.13 •• Im Anschauungsraum $\mathbb{R}^3$ sind die zwei Geraden

$$G_1 = \begin{pmatrix} 3 \\ 0 \\ 4 \end{pmatrix} + \mathbb{R}\begin{pmatrix} 2 \\ -2 \\ 1 \end{pmatrix}, \quad G_2 = \begin{pmatrix} 2 \\ 3 \\ 3 \end{pmatrix} + \mathbb{R}\begin{pmatrix} -1 \\ 2 \\ 2 \end{pmatrix}$$

gegeben. Welcher Gleichung müssen die Koordinaten x_1, x_2 und x_3 des Raumpunkts $\boldsymbol{x}$ genügen, damit $\boldsymbol{x}$ von den beiden Geraden denselben Abstand hat? Bei der Menge dieser Punkte handelt es sich übrigens um das *Abstandsparaboloid* von G_1 und G_2, ein orthogonales hyperbolisches Paraboloid (siehe Kapitel 18).

Aufgabe 7.14 •• Im Anschauungsraum $\mathbb{R}^3$ ist die Gerade $G = \boldsymbol{p} + \mathbb{R}\boldsymbol{u}$ mit $\boldsymbol{p} = \begin{pmatrix} 1 \\ 1 \\ 2 \end{pmatrix}$ und $\boldsymbol{u} = \begin{pmatrix} 2 \\ -2 \\ 1 \end{pmatrix}$ gegeben. Welcher Gleichung müssen die Koordinaten x_1, x_2 und x_3 des Raumpunkts $\boldsymbol{x}$ genügen, damit $\boldsymbol{x}$ auf demjenigen Drehkegel mit der Spitze $\boldsymbol{p}$ und der Achse G liegt, dessen halber Öffnungswinkel $\varphi = 30°$ beträgt?

Aufgabe 7.15 •• Im Anschauungsraum $\mathbb{R}^3$ sind die „einander fast schneidenden" Geraden

$$G_1 = \begin{pmatrix} 2 \\ 3 \\ 3 \end{pmatrix} + \mathbb{R}\begin{pmatrix} -1 \\ 1 \\ 2 \end{pmatrix}, \quad G_2 = \begin{pmatrix} 3 \\ 0 \\ 4 \end{pmatrix} + \mathbb{R}\begin{pmatrix} 2 \\ -2 \\ 1 \end{pmatrix}$$

gegeben. Für welchen Raumpunkt $\boldsymbol{m}$ ist die Quadratsumme der Abstände von G_1 und G_2 minimal?

Aufgabe 7.16 •• Die eigentlich orthogonale Matrix

$$\boldsymbol{A} = \frac{1}{\sqrt{6}}\begin{pmatrix} 2 & -1 & -1 \\ 0 & \sqrt{3} & -\sqrt{3} \\ \sqrt{2} & \sqrt{2} & \sqrt{2} \end{pmatrix}$$

ist die Darstellungsmatrix einer Drehung. Bestimmen Sie einen Richtungsvektor $\boldsymbol{d}$ der Drehachse und den auf die Orientierung von $\boldsymbol{d}$ abgestimmten Drehwinkel φ.

Aufgabe 7.17 •• Die eigentlich orthogonale Matrix

$$\boldsymbol{A} = \frac{1}{3}\begin{pmatrix} 2 & 1 & 2 \\ 1 & 2 & -2 \\ -2 & 2 & 1 \end{pmatrix}$$

ist die Umrechnungsmatrix ${}_B\boldsymbol{T}_{B'}$ zwischen kartesischen Koordinatensystemen $(\boldsymbol{o}; B')$ und $(\boldsymbol{o}; B)$. Bestimmen Sie die zugehörigen Euler'schen Drehwinkel α, β und γ.

Aufgabe 7.18 ••• Die drei Raumpunkte

$$\boldsymbol{a}_1 = \begin{pmatrix} 0 \\ 0 \\ 1 \end{pmatrix}, \quad \boldsymbol{a}_2 = \begin{pmatrix} -2 \\ 1 \\ 2 \end{pmatrix}, \quad \boldsymbol{a}_3 = \begin{pmatrix} -1 \\ -1 \\ 3 \end{pmatrix}$$

bilden ein gleichseitiges Dreieck. Gesucht ist die erweiterte Darstellungsmatrix derjenigen Bewegung, welche die drei Eckpunkte zyklisch vertauscht, also mit $\boldsymbol{a}_1 \mapsto \boldsymbol{a}_2$, $\boldsymbol{a}_2 \mapsto \boldsymbol{a}_3$ und $\boldsymbol{a}_3 \mapsto \boldsymbol{a}_1$.

Beweisaufgaben

Aufgabe 7.19 • Man beweise: Zwei Vektoren $\boldsymbol{u}, \boldsymbol{v} \in \mathbb{R}^3 \setminus \{\boldsymbol{0}\}$ sind dann und nur dann zueinander orthogonal, wenn $\|\boldsymbol{u} + \boldsymbol{v}\|^2 = \|\boldsymbol{u}\|^2 + \|\boldsymbol{v}\|^2$ ist.

Aufgabe 7.20 • Man beweise: Für zwei linear unabhängige Vektoren $\boldsymbol{u}, \boldsymbol{v} \in \mathbb{R}^3$ sind die zwei Vektoren $\boldsymbol{u} - \boldsymbol{v}$ und $\boldsymbol{u} + \boldsymbol{v}$ genau dann orthogonal, wenn $\|\boldsymbol{u}\| = \|\boldsymbol{v}\|$ ist. Was heißt dies für das von $\boldsymbol{u}$ und $\boldsymbol{v}$ aufgespannte Parallelogramm?

Aufgabe 7.21 •• Das (orientierte) Volumen V des von drei Vektoren $\boldsymbol{v}_1$, $\boldsymbol{v}_2$ und $\boldsymbol{v}_3$ aufgespannten Parallelepipeds ist gleich dem Spatprodukt $\det(\boldsymbol{v}_1, \boldsymbol{v}_2, \boldsymbol{v}_3)$. Zeigen Sie unter Verwendung des Determinantenmultiplikationssatzes von Seite 474, dass das Quadrat V^2 des Volumens gleich ist der Determinante der von den paarweisen Skalarprodukten gebildeten (symmetrischen) *Gram'schen Matrix*

$$G(\boldsymbol{v}_1, \boldsymbol{v}_2, \boldsymbol{v}_3) = \begin{pmatrix} \boldsymbol{v}_1 \cdot \boldsymbol{v}_1 & \boldsymbol{v}_1 \cdot \boldsymbol{v}_2 & \boldsymbol{v}_1 \cdot \boldsymbol{v}_3 \\ \boldsymbol{v}_2 \cdot \boldsymbol{v}_1 & \boldsymbol{v}_2 \cdot \boldsymbol{v}_2 & \boldsymbol{v}_2 \cdot \boldsymbol{v}_3 \\ \boldsymbol{v}_3 \cdot \boldsymbol{v}_1 & \boldsymbol{v}_3 \cdot \boldsymbol{v}_2 & \boldsymbol{v}_3 \cdot \boldsymbol{v}_3 \end{pmatrix}.$$

Aufgabe 7.22 ••• Die Quaternionen (siehe Seite 83) bilden einen vierdimensionalen Vektorraum über $\mathbb{R}$. Sie sind aber auch als Elemente des Vektorraums $\mathbb{C}^2$ über $\mathbb{R}$ aufzufassen dank der bijektiven linearen Abbildung $\varphi\colon \mathbb{H} \to \mathbb{C}^2$ mit

$$\varphi\colon q = a + \mathrm{i}b + \mathrm{j}c + \mathrm{k}d \mapsto \begin{pmatrix} x \\ y \end{pmatrix} = \begin{pmatrix} a + \mathrm{i}b \\ c + \mathrm{i}d \end{pmatrix}.$$

Im Urbild ist i eine Quaternioneneinheit; das i im Bild ist die imaginäre Einheit. Ignoriert man diesen Unterschied, so ist $\varphi^{-1}\begin{pmatrix} x \\ y \end{pmatrix} = x + y \circ \mathrm{j}$.

Beweisen Sie, dass φ einen Isomorphismus von $(\mathbb{H} \setminus \{0\}, \circ)$ auf $(\mathbb{C}^2 \setminus \{\boldsymbol{0}\}, *)$ induziert, sofern $\circ$ die Quaternionenmultiplikation bezeichnet und die Verknüpfung $*$ auf $\mathbb{C}^2$ definiert wird durch

$$\begin{pmatrix} x_1 \\ y_1 \end{pmatrix} * \begin{pmatrix} x_2 \\ y_2 \end{pmatrix} = \begin{pmatrix} x_1 x_2 - y_1 \overline{y_2} \\ x_1 y_2 + y_1 \overline{x_2} \end{pmatrix}.$$

Der Querstrich bedeutet hier die Konjugation in $\mathbb{C}$. Wie sieht das zu $\begin{pmatrix} x \\ y \end{pmatrix}$ hinsichtlich $*$ inverse Element aus?

Beweisen Sie weiter, dass die Abbildung

$$\psi\colon \mathbb{C}^2 \to \mathbb{C}^{2\times 2}, \quad \begin{pmatrix} x \\ y \end{pmatrix} \to \begin{pmatrix} x & -y \\ \overline{y} & \overline{x} \end{pmatrix}$$

einen injektiven Homomorphismus von $(\mathbb{C}^2 \setminus \{\boldsymbol{0}\}, *)$ in die multiplikative Gruppe der invertierbaren Matrizen aus $\mathbb{C}^{2\times 2}$ induziert. Inwiefern bestimmt die Norm der Quaternion q die Determinante der Matrix $(\psi \circ \varphi)(q)$?

Damit ist dann bestätigt, dass die von den Einheitsquaternionen gebildete Gruppe $(\mathbb{H}_1, \circ)$ (siehe Seite 264) isomorph ist zur multiplikativen Gruppe SU_2 der Matrizen obiger Bauart mit der Determinante 1, der zweireihigen *unitären* Matrizen (siehe Kapitel 17).

Aufgabe 7.23 ••• Man zeige:

a) In einem Parallelepiped schneiden die vier Raumdiagonalen einander in einem Punkt.
b) Die Quadratsumme dieser vier Diagonalenlängen ist gleich der Summe der Quadrate der Längen aller 12 Kanten des Parallelepipeds (siehe dazu die Parallelogrammgleichung (7.2)).

Aufgabe 7.24 ••• Angenommen, die Punkte $\boldsymbol{p}_1, \boldsymbol{p}_2, \boldsymbol{p}_3, \boldsymbol{p}_4$ bilden ein reguläres Tetraeder der Kantenlänge 1. Man zeige:

a) Der Schwerpunkt $\boldsymbol{s} = \frac{1}{4}(\boldsymbol{p}_1 + \boldsymbol{p}_2 + \boldsymbol{p}_3 + \boldsymbol{p}_4)$ hat von allen Eckpunkten dieselbe Entfernung.
b) Die Mittelpunkte der Kanten $\boldsymbol{p}_1\boldsymbol{p}_2$, $\boldsymbol{p}_1\boldsymbol{p}_3$, $\boldsymbol{p}_4\boldsymbol{p}_3$ und $\boldsymbol{p}_4\boldsymbol{p}_2$ bilden ein Quadrat. Wie lautet dessen Kantenlänge?
c) Der Schwerpunkt $\boldsymbol{s}$ halbiert die Strecke zwischen den Mittelpunkten gegenüberliegender Kanten. Diese drei Strecken sind paarweise orthogonal.

Hinweise

Verständnisfragen

Aufgabe 7.1 •• Jede dieser Ebenen hat eine Gleichung, welche die Lösungsmenge des durch die Gleichungen von E_1 und E_2 gegebenen linearen Gleichungssystem nicht weiter einschränkt.

Aufgabe 7.2 ••• Als eigentlich orthogonale Matrix stellt $\boldsymbol{A}$ eine Bewegung $\mathcal{B}$ dar, die den Vektor $\boldsymbol{d} = (1, 1, 1)^\top$ fix lässt. $\mathcal{B}$ ist daher eine Drehung um $\boldsymbol{d}$.

Aufgabe 7.3 •• Definitionsgemäß müssen die Spaltenvektoren ein orthonormiertes Rechtsdreibein bilden.

Aufgabe 7.4 •• Wenden Sie die Formel aus dem Lemma von Seite 261 für die Drehmatrix $\boldsymbol{R}_{\widehat{d},\varphi}$ an.

Aufgabe 7.5 •• Verwenden Sie die Darstellung der Drehmatrix von Seite 261.

Rechenaufgaben

Aufgabe 7.6 • Beachten Sie die geometrischen Deutungen des Skalarprodukts und des Vektorprodukts im $\mathbb{R}^3$.

Aufgabe 7.7 • Jeder zum Richtungsvektor von G orthogonale Vektor ist Normalvektor einer derartigen Ebene. Das zugehörige Absolutglied in der Ebenengleichung folgt aus der Bedingung, dass der gegebene Punkt von G auch die Ebenengleichung erfüllen muss.

Aufgabe 7.8 •• Es muss $\boldsymbol{d}$ eine Affinkombination von $\boldsymbol{a}, \boldsymbol{b}$ und $\boldsymbol{c}$ sein. Wenn $\boldsymbol{d}$ der abgeschlossenen Dreiecksscheibe angehört, ist dies sogar eine Konvexkombination.

Aufgabe 7.9 • Der Normalvektor von E ist zu den Richtungsvektoren von G und H orthogonal. Für die Berechnungen der Abstände wird zweckmäßig die Hesse'sche Normalform von E verwendet.

Aufgabe 7.10 • Der Richtungsvektor von G ist ein Normalvektor von E.

Aufgabe 7.11 •• Verwenden Sie die Formeln aus der Folgerung von Seite 250.

Aufgabe 7.12 •• Beachten Sie die Formel auf Seite 248.

Aufgabe 7.13 •• Beachten Sie die Formel auf Seite 248.

Aufgabe 7.14 •• Die Gleichung dieses Drehkegels muss ausdrücken, dass die Verbindungsgerade des Punkts $\boldsymbol{x}$ mit der Kegelspitze $\boldsymbol{p}$ mit dem Richtungsvektor $\boldsymbol{u}$ der Kegelachse den Winkel φ einschließt.

Aufgabe 7.15 •• Beachten Sie das Anwendungsbeispiel auf Seite 251.

Aufgabe 7.16 •• Nach dem Lemma auf Seite 261 lautet der schiefsymmetrischen Anteil $\frac{1}{2}(\boldsymbol{A} - \boldsymbol{A}^\top) = \sin\varphi\, \boldsymbol{S}_{\widehat{d}}$ mit $\boldsymbol{d} = \|\boldsymbol{d}\|\, \widehat{\boldsymbol{d}}$. Die Spur von $\boldsymbol{A}$, also die Summe der Hauptdiagonalglieder, lautet $1 + 2\cos\varphi$.

Aufgabe 7.17 •• Beachten Sie das Beispiel auf Seite 262.

Aufgabe 7.18 ••• Berechnen Sie die Drehmatrix mithilfe des Lemmas auf Seite 261. Sie müssen allerdings beachten, dass die Drehachse diesmal nicht durch den Ursprung geht.

Beweisaufgaben

Aufgabe 7.19 • Berechnen Sie das Skalarprodukt $\boldsymbol{u} \cdot \boldsymbol{v}$.

Aufgabe 7.20 • Berechnen Sie $(\boldsymbol{u} - \boldsymbol{v}) \cdot (\boldsymbol{u} + \boldsymbol{v})$.

Aufgabe 7.21 •• Der Determinantenmultiplikationssatz aus Kapitel 13 besagt, dass die Determinante des Produktes zweier quadratischer Matrizen gleich ist dem Produkt der Determinanten. Ferner bleibt die Determinante einer Matrix beim Transponieren unverändert.

Aufgabe 7.22 ••• Beachten Sie die Definition eines Homomorphismus auf Seite 72 und jene der Quaternionenmultiplikation auf Seite 83. Die Norm $\|q\|$ einer Quaternion (siehe

Seite 264) ist definiert durch $\|q\|^2 = q \circ \overline{q}$ mit $\overline{q}$ als zu q konjugierter Quaternion (Seite 83).

Aufgabe 7.23 ••• Beachten Sie die Koordinatenvektoren der 8 Eckpunkte eines Parallelepipeds auf Seite 244.

Aufgabe 7.24 ••• Benutzen Sie bei $i \neq j$ die Gleichung $(\boldsymbol{p}_i - \boldsymbol{p}_j)^2 = 1$, um das Skalarprodukt $(\boldsymbol{p}_i \cdot \boldsymbol{p}_j)$ durch eine Funktion von $\boldsymbol{p}_i^2$ und $\boldsymbol{p}_j^2$ zu substituieren.

Lösungen

Verständnisfragen

Aufgabe 7.1 ••

$$\left\{(\lambda \boldsymbol{n}_1 + \mu \boldsymbol{n}_2) \cdot \boldsymbol{x} = \lambda k_1 + \mu k_2 \mid (\lambda, \mu) \in \mathbb{R}^2 \setminus \{(0,0)\}\right\}.$$

Aufgabe 7.2 ••• Es gibt zwei Lösungen,

$$\boldsymbol{A}_1 = \begin{pmatrix} 0 & 0 & 1 \\ 1 & 0 & 0 \\ 0 & 1 & 0 \end{pmatrix} \text{ und } \boldsymbol{A}_2 = \begin{pmatrix} 0 & 1 & 0 \\ 0 & 0 & 1 \\ 1 & 0 & 0 \end{pmatrix} = \boldsymbol{A}_1^2.$$

Keine uneigentlich orthogonale Matrix kann diese Bedingungen erfüllen.

Aufgabe 7.3 •• Es gibt vier Lösungen, wobei in den folgenden Darstellungen einmal die oberen, einmal die unteren Vorzeichen zu wählen sind:

$$\boldsymbol{M}_{1,2} = \tfrac{1}{3}\begin{pmatrix} \mp 1 & -2 & 2 \\ \pm 2 & 1 & 2 \\ -2 & \pm 2 & \pm 1 \end{pmatrix}$$

$$\boldsymbol{M}_{3,4} = \tfrac{1}{15}\begin{pmatrix} \pm 5 & -10 & 10 \\ \pm 14 & 5 & -2 \\ -2 & \pm 10 & \pm 11 \end{pmatrix}$$

Aufgabe 7.4 •• Die zugehörige Drehmatrix lautet:

$$\boldsymbol{R}_{\widehat{\boldsymbol{d}},\varphi} = \frac{1}{3}\begin{pmatrix} 2 & -1 & 2 \\ 2 & 2 & -1 \\ -1 & 2 & 2 \end{pmatrix}$$

Die Koordinatenvektoren der verdrehten Würfelecken sind die Spaltenvektoren in

$$\frac{1}{3}\begin{pmatrix} 0 & 2 & 1 & -1 & 2 & 4 & 3 & 1 \\ 0 & 2 & 4 & 2 & -1 & 1 & 3 & 1 \\ 0 & -1 & 1 & 2 & 2 & 1 & 3 & 4 \end{pmatrix}$$

Aufgabe 7.5 •• Bei Benützung der üblichen Abkürzungen sφ und cφ für den Sinus und Kosinus des Drehwinkels lautet die Drehmatrix $\boldsymbol{R}_{\boldsymbol{d},\varphi}$:

$$\begin{pmatrix} (1-d_1^2)\mathrm{c}\varphi + d_1^2 & d_1d_2(1-\mathrm{c}\varphi) - d_3\mathrm{s}\varphi & d_1d_3(1-\mathrm{c}\varphi) + d_2\mathrm{s}\varphi \\ d_1d_2(1-\mathrm{c}\varphi) + d_3\mathrm{s}\varphi & (1-d_2^2)\mathrm{c}\varphi + d_2^2 & d_2d_3(1-\mathrm{c}\varphi) - d_1\mathrm{s}\varphi \\ d_1d_3(1-\mathrm{c}\varphi) - d_2\mathrm{s}\varphi & d_2d_3(1-\mathrm{c}\varphi) + d_1\mathrm{s}\varphi & (1-d_3^2)\mathrm{c}\varphi + d_3^2 \end{pmatrix}$$

Rechenaufgaben

Aufgabe 7.6 •

$$\|\boldsymbol{u}\| = 3,\ \|\boldsymbol{v}\| = 15,\ \cos\varphi = 8/45,\ \varphi \approx 79.76°$$

$$\boldsymbol{u} \times \boldsymbol{v} = \begin{pmatrix} -33 \\ -26 \\ 14 \end{pmatrix},\ \|\boldsymbol{u} \times \boldsymbol{v}\| = \sqrt{1961}.$$

Aufgabe 7.7 •

$$E_1\colon\quad x_2 + 2x_3 - 8 = 0$$
$$E_2\colon\ -x_1 + 2x_3 - 5 = 0$$

Jede weitere Ebenengleichung ist eine Linearkombination dieser beiden.

Aufgabe 7.8 •• $x_3 = 2$. Der Punkt $\boldsymbol{d}$ liegt außerhalb des Dreiecks.

Aufgabe 7.9 • $E\colon x_1 - x_2 + 2x_3 = 0$. Die Entfernung der Ebene E von G beträgt $2\sqrt{6}/3$, jene von der Geraden H $\sqrt{6}/2$.

Aufgabe 7.10 • $l(\boldsymbol{x}) = \frac{1}{3}(2x_1 + x_2 - 2x_3 - 1) = 0.$

Aufgabe 7.11 •• $d = \sqrt{2},\ \boldsymbol{a}_1 = \begin{pmatrix} 1 \\ 2 \\ 3 \end{pmatrix},\ \boldsymbol{a}_2 = \begin{pmatrix} 2 \\ 3 \\ 3 \end{pmatrix}.$

Aufgabe 7.12 ••

$$5x_1^2 + 5x_2^2 + 8x_3^2 + 8x_1x_2 - 4x_1x_3 + 4x_2x_3$$
$$-10x_1 - 26x_2 - 32x_3 = 31.$$

Aufgabe 7.13 ••

$$3x_1^2 - 3x_3^2 - 4x_1x_2 + 8x_1x_3 - 12x_2x_3$$
$$-42x_1 + 26x_2 + 38x_3 = 27.$$

Aufgabe 7.14 ••

$$11x_1^2 + 11x_2^2 + 23x_3^2 + 32x_1x_2 - 16x_1x_3 + 16x_2x_3$$
$$-22x_1 - 86x_2 - 92x_3 + 146 = 0.$$

Aufgabe 7.15 •• $\boldsymbol{m} = \frac{1}{2}\begin{pmatrix} 3 \\ 5 \\ 6 \end{pmatrix}.$

Aufgabe 7.16 ••

$$\boldsymbol{d} = \begin{pmatrix} \sqrt{2} + \sqrt{3} \\ -1 - \sqrt{2} \\ 1 \end{pmatrix},\quad \cos\varphi = \frac{1}{2\sqrt{6}}(2 + \sqrt{2} + \sqrt{3} - \sqrt{6}),$$

$$\sin\varphi = \frac{1}{2\sqrt{6}}\sqrt{9 + 2\sqrt{6} + 2\sqrt{2}},$$

und daher $\varphi \approx 56.60°$.

Aufgabe 7.17 ••

$$\cos\alpha = \tfrac{1}{\sqrt{2}},\quad \sin\alpha = \tfrac{1}{\sqrt{2}},\quad \alpha = 45°,$$
$$\cos\beta = \tfrac{1}{3},\quad \sin\beta = \tfrac{2\sqrt{2}}{3},\quad \beta \approx 70.53°,$$
$$\cos\gamma = \tfrac{1}{\sqrt{2}},\quad \sin\gamma = -\tfrac{1}{\sqrt{2}},\quad \gamma = 315°.$$

Aufgabe 7.18 •••

$$D^* = \begin{pmatrix} 1 & 0 & 0 & 0 \\ -3 & 0 & 0 & 1 \\ 1 & 1 & 0 & 0 \\ 2 & 0 & 1 & 0 \end{pmatrix}$$

Beweisaufgaben

Aufgabe 7.19 • –

Aufgabe 7.20 • Ein Parallelogramm hat genau dann orthogonale Diagonalen, wenn die vier Seitenlängen übereinstimmen.

Aufgabe 7.21 •• –

Aufgabe 7.22 ••• $\varphi(q_1 \circ q_2) = \varphi(q_1) * \varphi(q_2)$. Es ist

$$\begin{pmatrix} x \\ y \end{pmatrix}^{-1} = \tfrac{1}{x\overline{x}+y\overline{y}}\begin{pmatrix} \overline{x} \\ -y \end{pmatrix} = \varphi\left(\tfrac{1}{\|q\|^2}\,\overline{q}\right).$$

$$\begin{aligned}(\psi\circ\varphi)(q_1\circ q_2) &= \psi\left(\begin{pmatrix} x_1 \\ y_1 \end{pmatrix} * \begin{pmatrix} x_2 \\ y_2 \end{pmatrix}\right) \\ &= \begin{pmatrix} x_1 & -y_1 \\ \overline{y_1} & \overline{x_1} \end{pmatrix}\begin{pmatrix} x_2 & -y_2 \\ \overline{y_2} & \overline{x_2} \end{pmatrix}.\end{aligned}$$

$$\det\left((\psi\circ\varphi)(q)\right) = \det\begin{pmatrix} x & -y \\ \overline{y} & \overline{x} \end{pmatrix} = |x|^2 + |y|^2 = q\circ\overline{q} = \|q\|^2.$$

Aufgabe 7.23 ••• –

Aufgabe 7.24 ••• Die Entfernung der Eckpunkte vom Schwerpunkt lautet

$$\|\boldsymbol{x} - \boldsymbol{p}_i\| = \sqrt{\tfrac{3}{8}}.$$

Die Seitenlänge des Quadrates ist $\frac{1}{2}$.

Lösungswege

Verständnisfragen

Aufgabe 7.1 •• Die Gleichung dieser Ebene muss linear sein und eine Folgegleichung der Gleichungen von E_1 und E_2, also nach den Ergebnissen von Kapitel 5 eine Linearkombination dieser Gleichungen.

Aufgabe 7.2 ••• $\boldsymbol{A}$ ist die Darstellungsmatrix einer Drehung um die Achse $\mathbb{R}\boldsymbol{d}$, $\boldsymbol{d} = (1, 1, 1)^\top$, durch den Winkel $\varphi = \pm 120°$, nachdem wegen $\boldsymbol{A}^3 = \mathbf{E}_3$ der Drehwinkel zur dreifachen Drehung gleich $3\varphi = \pm 360°$ sein muss. Nun benutzen wir entweder die Darstellung der Drehmatrix $\boldsymbol{R}_{\widehat{d},\varphi}$ aus dem Lemma von Seite 261 mit $\widehat{\boldsymbol{d}} = \frac{1}{\sqrt{3}}\boldsymbol{d}$.

Oder wir denken daran, dass diese Drehungen um die Raumdiagonale des Einheitswürfels die Vektoren $(\boldsymbol{e}_1, \boldsymbol{e}_2, \boldsymbol{e}_3)$ der Standardbasis zyklisch vertauschen müssen. Die Matrix $\boldsymbol{A}$ hat die Bildvektoren als Spalten; daher bleibt $\boldsymbol{A} = (\boldsymbol{e}_2, \boldsymbol{e}_3, \boldsymbol{e}_1)$ oder $\boldsymbol{A} = (\boldsymbol{e}_3, \boldsymbol{e}_1, \boldsymbol{e}_2)$.

$\boldsymbol{A}$ kann nicht uneigentlich sein, denn bei dreimaliger Anwendung der zugehörigen linearen Abbildung würden alle Rechtssysteme in Linkssysteme übergehen, während sie bei $\boldsymbol{A}^3 = \mathbf{E}_3$ fix bleiben müssten.

Aufgabe 7.3 •• Es ist zu beachten, dass die Spaltenvektoren paarweise orthogonale Einheitsvektoren sind. So bleibt für den zweiten Spaltenvektor als dritte Koordinate $\pm 2/3$. Der dritte Spaltenvektor ist gleichfalls ein Einheitsvektor und gleichzeitig orthogonal zum zweiten. Also gelten für dessen fehlende Koordinaten x_2 und x_3 die Gleichungen

$$x_2 \pm 2x_3 = \tfrac{4}{3} \quad\text{und}\quad \tfrac{4}{9} + x_2^2 + x_3^2 = 1.$$

Wir berechnen x_2 aus der ersten Gleichung und setzen dies in der zweiten ein. Dies ergibt die quadratische Gleichung

$$45x_3^2 \mp 48x_3 + 11 = 0$$

mit den beiden Lösungen

$$x_3 = \pm\tfrac{11}{15} \quad\text{oder}\quad x_3 = \mp\tfrac{1}{3}.$$

Der erste Spaltenvektor ist als Vektorprodukt aus dem zweiten und dritten Spaltenvektor berechenbar.

Aufgabe 7.4 •• Wir setzen für die Drehachse $\widehat{\boldsymbol{d}} = \frac{1}{\sqrt{3}}\begin{pmatrix} 1 \\ 1 \\ 1 \end{pmatrix}$, für den Drehwinkel $\cos\varphi = \frac{1}{2}$, $\sin\varphi = \frac{\sqrt{3}}{2}$, und berechnen die Drehmatrix $\boldsymbol{R}_{\widehat{d},\varphi}$. Als Matrizenprodukt

$$\boldsymbol{R}_{\widehat{d},\varphi}\cdot\begin{pmatrix} 0 & 1 & 1 & 0 & 0 & 1 & 1 & 0 \\ 0 & 0 & 1 & 1 & 0 & 0 & 1 & 1 \\ 0 & 0 & 0 & 0 & 1 & 1 & 1 & 1 \end{pmatrix}$$

entsteht dann die oben angegebene Matrix mit den Koordinaten der Würfelecken in den Spalten.

Aufgabe 7.5 •• Wir setzen in die Formel

$$\boldsymbol{R}_{d,\varphi} = (\boldsymbol{d}\,\boldsymbol{d}^T) + \cos\varphi\,(\boldsymbol{E}_3 - \boldsymbol{d}\,\boldsymbol{d}^T) + \sin\varphi\,\boldsymbol{S}_d$$

ein. Dabei ist

$$\boldsymbol{d}\,\boldsymbol{d}^T = \begin{pmatrix} d_1d_1 & d_1d_2 & d_1d_3 \\ d_2d_1 & d_2d_2 & d_2d_3 \\ d_3d_1 & d_3d_2 & d_3d_3 \end{pmatrix}$$

und

$$\boldsymbol{S}_d = \begin{pmatrix} 0 & -d_3 & d_2 \\ d_3 & 0 & -d_1 \\ -d_2 & d_1 & 0 \end{pmatrix}.$$

Als erstes Element in der Hauptdiagonale von $\boldsymbol{R}_{d,\varphi}$ folgt

$$r_{11} = d_1^2 + \cos\varphi(1 - d_1^2).$$

Rechts daneben steht

$$r_{12} = d_1 d_2(1 - \cos\varphi) - d_3 \sin\varphi.$$

Rechenaufgaben

Aufgabe 7.6 •

$$\|\boldsymbol{u}\| = \sqrt{2^2 + (-2)^2 + 1^2} = \sqrt{9}$$
$$\|\boldsymbol{v}\| = \sqrt{2^2 + 5^2 + 14^2} = \sqrt{225}$$

$$\cos\varphi = \frac{1}{\|\boldsymbol{u}\|\,\|\boldsymbol{v}\|}(\boldsymbol{u}\cdot\boldsymbol{v}) = \frac{1}{45}(4 - 10 + 14) = \frac{8}{45}$$

$$\boldsymbol{u}\times\boldsymbol{v} = \begin{pmatrix} 2 \\ -2 \\ 1 \end{pmatrix} \times \begin{pmatrix} 2 \\ 5 \\ 14 \end{pmatrix} = \begin{pmatrix} -2\cdot 14 - 1\cdot 5 \\ 1\cdot 2 - 2\cdot 14 \\ 2\cdot 5 + 2\cdot 2 \end{pmatrix}$$

Es ist

$$\|\boldsymbol{u}\times\boldsymbol{v}\| = \sqrt{33^2 + 26^2 + 14^2} = \sqrt{1\,961}$$

und zur Kontrolle

$$\begin{aligned} \|\boldsymbol{u}\times\boldsymbol{v}\| &= \|\boldsymbol{u}\|\,\|\boldsymbol{v}\|\,\sin\varphi \\ &= 3\cdot 15\cdot\sqrt{1 - (8/45)^2} = \sqrt{1\,961}. \end{aligned}$$

Aufgabe 7.7 • Bei

$$G = \begin{pmatrix} 3 \\ 0 \\ 4 \end{pmatrix} + \mathbb{R}\begin{pmatrix} 2 \\ -2 \\ 1 \end{pmatrix} = \boldsymbol{p} + \mathbb{R}\,\boldsymbol{v}$$

wählen wir:

$$\begin{aligned} E_1\colon\ (\boldsymbol{v}\times\boldsymbol{e}_1)\boldsymbol{x} - (\boldsymbol{v}\times\boldsymbol{e}_1)\boldsymbol{p} = 0 \\ E_2\colon\ (\boldsymbol{v}\times\boldsymbol{e}_2)\boldsymbol{x} - (\boldsymbol{v}\times\boldsymbol{e}_2)\boldsymbol{p} = 0 \end{aligned}$$

Wir berechnen:

$$\boldsymbol{v}_1 = \begin{pmatrix} 2 \\ -2 \\ 1 \end{pmatrix} \times \begin{pmatrix} 1 \\ 0 \\ 0 \end{pmatrix} = \begin{pmatrix} 0 \\ 1 \\ 2 \end{pmatrix},\ \boldsymbol{v}_1\cdot\boldsymbol{p} = 8$$

$$\boldsymbol{v}_2 = \begin{pmatrix} 2 \\ -2 \\ 1 \end{pmatrix} \times \begin{pmatrix} 0 \\ 1 \\ 0 \end{pmatrix} = \begin{pmatrix} -1 \\ 0 \\ 2 \end{pmatrix},\ \boldsymbol{v}_2\cdot\boldsymbol{p} = 5$$

Für beliebige $(\lambda,\mu)\in\mathbb{R}^2\setminus\{(0,0\}$ stellt

$$E\colon\ -\mu\,x_1 + \lambda\,x_2 + 2(\lambda+\mu)x_3 - 8\lambda - 5\mu = 0$$

eine Ebene durch G dar, und dies sind alle möglichen Ebenen durch G.

Aufgabe 7.8 •• Für die Koeffizienten λ, μ und ν in der gesuchten Affinkombination von $\boldsymbol{a}$, $\boldsymbol{b}$ und $\boldsymbol{c}$ muss gelten:

$$\begin{array}{rcrcrcl} \lambda & + & \mu & + & \nu & = & 1 \\ -\lambda & & & - & \nu & = & 1 \\ & & & & 2\nu & = & 2 \\ \lambda & + & 2\mu & & & = & x_3 \end{array}$$

Aus den ersten drei Gleichungen folgt als eindeutige Lösung $\nu = 1$, $\lambda = -2$ und $\mu = 2$. Damit bleibt $x_3 = \lambda + 2\mu = 2$ Der Punkt $\boldsymbol{d}$ liegt außerhalb des Dreiecks, nachdem λ nicht im Intervall $[0, 1]$ liegt.

Für den ersten Teil der Aufgabe könnte man auch die Gleichung $2x_1 - x_2 - 2x_3 + 4 = 0$ der von $\boldsymbol{a}$, $\boldsymbol{b}$ und $\boldsymbol{c}$ aufgespannten Ebene verwenden.

Aufgabe 7.9 • Wir berechnen einen Normalvektor von E durch

$$\boldsymbol{n} = \begin{pmatrix} 3 \\ 1 \\ -1 \end{pmatrix} \times \begin{pmatrix} -1 \\ 1 \\ 1 \end{pmatrix} = \begin{pmatrix} 2 \\ -2 \\ 4 \end{pmatrix},\ \widehat{\boldsymbol{n}} = \frac{1}{\sqrt{6}}\begin{pmatrix} 1 \\ -1 \\ 2 \end{pmatrix}.$$

Das Absolutglied der Gleichung von E muss null sein, weil E durch den Ursprung geht. Damit lautet die Hesse'sche Normalform

$$E\colon\ l(\boldsymbol{x}) = \widehat{\boldsymbol{n}}\cdot\boldsymbol{x} = \frac{1}{\sqrt{6}}(x_1 - x_2 + 2x_3) = 0.$$

Wir setzen die gegebenen Punkte $\boldsymbol{g}$ von G und $\boldsymbol{h}$ von H ein und erhalten als orientierte Abstände:

$$l(\boldsymbol{g}) = \widehat{\boldsymbol{n}}\cdot\boldsymbol{g} = \frac{-4}{\sqrt{6}} = \frac{-2\sqrt{6}}{3}$$

$$l(\boldsymbol{h}) = \widehat{\boldsymbol{n}}\cdot\boldsymbol{h} = \frac{3}{\sqrt{6}} = \frac{\sqrt{6}}{2}$$

Die Ebene verläuft zwischen G und H, weil diese beiden orientierten Abstände verschiedene Vorzeichen haben.

Aufgabe 7.10 • Die Koordinaten des Richtungsvektors $\boldsymbol{n} = \begin{pmatrix} 2 \\ 1 \\ -2 \end{pmatrix}$ von G sind die Koeffizienten in der linearen Gleichung von E. Das Absolutglied ist $\boldsymbol{n}\cdot\boldsymbol{p} = 1$. Um daraus die Hesse'sche Normalform zu erhalten, muss die Gleichung noch durch $\|\boldsymbol{n}\| = 3$ dividiert werden.

Aufgabe 7.11 •• Die gemeinsame Normale von G_1 und G_2 hat als Richtungsvektor

$$\boldsymbol{n} = \begin{pmatrix} 2 \\ -2 \\ 1 \end{pmatrix} \times \begin{pmatrix} -1 \\ 1 \\ 2 \end{pmatrix} = \begin{pmatrix} -5 \\ -5 \\ 0 \end{pmatrix}.$$

Durch Normieren entsteht daraus $\widehat{\boldsymbol{n}} = \frac{1}{\sqrt{2}}\begin{pmatrix} 1 \\ 1 \\ 0 \end{pmatrix}$. Der im Sinne von $\widehat{\boldsymbol{n}}$ orientierte kürzeste Abstand zwischen G_1 und G_2 lautet

$$\left(\begin{pmatrix} 3 \\ 0 \\ 4 \end{pmatrix} - \begin{pmatrix} 2 \\ 3 \\ 3 \end{pmatrix}\right)\cdot\widehat{\boldsymbol{n}} = \begin{pmatrix} 1 \\ -3 \\ 1 \end{pmatrix}\cdot\widehat{\boldsymbol{n}} = \frac{-2}{\sqrt{2}} = -\sqrt{2}.$$

Der Schnittpunkt der gemeinsamen Normalen mit G_1 ist

$$a_1 = \begin{pmatrix} 3 \\ 0 \\ 4 \end{pmatrix} + t_1 \begin{pmatrix} 2 \\ -2 \\ 1 \end{pmatrix}$$

mit

$$t_1 = \frac{1}{\|n\|^2} \det \begin{pmatrix} -1 & -1 & -5 \\ 3 & 1 & -5 \\ -1 & 2 & 0 \end{pmatrix} = \frac{-50}{50} = -1,$$

also $a_1 = \begin{pmatrix} 3 \\ 0 \\ 4 \end{pmatrix} - \begin{pmatrix} 2 \\ -2 \\ 1 \end{pmatrix} = \begin{pmatrix} 1 \\ 2 \\ 3 \end{pmatrix}$.

Analog ist

$$a_2 = \begin{pmatrix} 2 \\ 3 \\ 3 \end{pmatrix} + t_2 \begin{pmatrix} -1 \\ 1 \\ 2 \end{pmatrix}$$

mit

$$t_2 = \frac{1}{\|n\|^2} \det \begin{pmatrix} -1 & 2 & -5 \\ 3 & -2 & -5 \\ -1 & 1 & 0 \end{pmatrix} = \frac{0}{50} = 0,$$

also $a_2 = \begin{pmatrix} 2 \\ 3 \\ 3 \end{pmatrix}$.

Aufgabe 7.12 •• Ausgehend von der Bedingung

$$d = \frac{\|(x - p) \times u\|}{\|u\|} = 3$$

mit $p = \begin{pmatrix} 1 \\ 1 \\ 2 \end{pmatrix}$ und $u = \begin{pmatrix} 2 \\ -2 \\ 1 \end{pmatrix}$ berechnen wir

$$n = \begin{pmatrix} x_1 - 1 \\ x_2 - 1 \\ x_3 - 2 \end{pmatrix} \times \begin{pmatrix} 2 \\ -2 \\ 1 \end{pmatrix} = \begin{pmatrix} x_2 + 2x_3 - 5 \\ -x_1 + 2x_3 - 3 \\ -2x_1 - 2x_2 + 4 \end{pmatrix}$$

und setzen dies in die Gleichung $n^2 = 9\,u^2$ ein.

Aufgabe 7.13 •• Aus der Formel

$$d = \frac{\|(x - p_i) \times u_i\|}{\|u_i\|}$$

für den Abstand des Punkts x von der Geraden $p_i + \mathbb{R}\,u_i$ folgt als Bedingungsgleichung

$$\frac{\|(x - p_1) \times u_1\|}{\|u_1\|} = \frac{\|(x - p_2) \times u_2\|}{\|u_2\|}.$$

Wir berechnen die Vektorprodukte

$$\begin{pmatrix} x_1 - 3 \\ x_2 \\ x_3 - 4 \end{pmatrix} \times \begin{pmatrix} 2 \\ -2 \\ 1 \end{pmatrix} = \begin{pmatrix} x_2 + 2x_3 - 8 \\ -x_1 + 2x_3 - 5 \\ -2x_1 - 2x_2 + 6 \end{pmatrix}$$

sowie

$$\begin{pmatrix} x_1 - 2 \\ x_2 - 3 \\ x_3 - 3 \end{pmatrix} \times \begin{pmatrix} -1 \\ 2 \\ 2 \end{pmatrix} = \begin{pmatrix} 2x_2 - 2x_3 \\ -2x_1 - x_3 + 7 \\ 2x_1 + x_2 - 7 \end{pmatrix}$$

und erhalten wegen $\|u_1\| = \|u_2\|$ die quadratische Bedingungsgleichung

$$\begin{aligned}(x_2 + 2x_3 - 8)^2 &+ (-x_1 + 2x_3 - 5)^2 + (-2x_1 - 2x_2 + 6)^2 \\ &= (2x_2 - 2x_3)^2 + (-2x_1 - x_3 + 7)^2 + (2x_1 + x_2 - 7)^2.\end{aligned}$$

Aufgabe 7.14 •• Wir berechnen den Winkel φ zwischen den Vektoren $x - p$ und u nach der Formel

$$\cos\varphi = \frac{\sqrt{3}}{2} = \frac{(x - p) \cdot u}{\|x - p\|\,\|u\|}.$$

Dies ergibt die quadratische Bedingungsgleichung

$$((x - p) \cdot u)^2 = \frac{3}{4}\,(x - p)^2\,u^2.$$

Nach Einsetzung der gegebenen Koordinaten folgt

$$\begin{aligned}&(2x_1 - 2x_2 + x_3 - 2)^2 \\ &= \tfrac{27}{4}\left((x_1 - 1)^2 + (x_2 - 1)^2 + (x_3 - 2)^2\right).\end{aligned}$$

Aufgabe 7.15 •• m ist der Mittelpunkt der Gemeinlotstrecke. Wir verwenden die Formeln von Seite 250 und berechnen zunächst einen Richtungsvektor der gemeinsamen Normalen von G_1 und G_2, nämlich

$$n = \begin{pmatrix} -1 \\ 1 \\ 2 \end{pmatrix} \times \begin{pmatrix} 2 \\ -2 \\ 1 \end{pmatrix} = \begin{pmatrix} 5 \\ 5 \\ 0 \end{pmatrix}.$$

Der Schnittpunkt der gemeinsamen Normalen mit G_1 ist

$$a_1 = \begin{pmatrix} 2 \\ 3 \\ 3 \end{pmatrix} + t_1 \begin{pmatrix} -1 \\ 1 \\ 2 \end{pmatrix}$$

mit

$$t_1 = \frac{1}{\|n\|^2} \det \begin{pmatrix} -1 & 2 & -5 \\ 3 & -2 & -5 \\ -1 & 1 & 0 \end{pmatrix} = \frac{0}{50} = 0,$$

also $a_1 = \begin{pmatrix} 2 \\ 3 \\ 3 \end{pmatrix}$. Analog ist

$$a_2 = \begin{pmatrix} 3 \\ 0 \\ 4 \end{pmatrix} + t_2 \begin{pmatrix} 2 \\ -2 \\ 1 \end{pmatrix}$$

mit

$$t_2 = \frac{1}{\|n\|^2} \det \begin{pmatrix} -1 & -1 & -5 \\ 3 & 1 & -5 \\ -1 & 2 & 0 \end{pmatrix} = \frac{-50}{50} = -1,$$

also $a_2 = \begin{pmatrix} 3 \\ 0 \\ 4 \end{pmatrix} - \begin{pmatrix} 2 \\ -2 \\ 1 \end{pmatrix} = \begin{pmatrix} 1 \\ 2 \\ 3 \end{pmatrix}$. Nun bleibt

$$m = \frac{1}{2}(a_1 + a_2) = \frac{1}{2}\begin{pmatrix} 3 \\ 5 \\ 6 \end{pmatrix}.$$

Diese Aufgabe ließe sich auch mit Methoden der Analysis lösen: Setzen Sie m zunächst mit unbekannten Koordinaten $(x_1, x_2, x_3)^\top$ an und minimieren Sie dann die Quadratsumme der Abstände von G_1 und G_2 (siehe Formel auf Seite 248) durch Nullsetzen der partiellen Ableitungen nach x_1, x_2 und x_3.

Aufgabe 7.16 •• Wir berechnen den schiefsymmetrischen Anteil von A mittels

$$\frac{1}{2}(A + A^\top) = \sin\varphi\, S_{\widehat{d}}$$

und erhalten wegen $d = \|d\|\,\widehat{d}$

$$\frac{1}{2\sqrt{6}}\begin{pmatrix} 0 & -1 & -1-\sqrt{2} \\ 1 & 0 & -\sqrt{2}-\sqrt{3} \\ 1+\sqrt{2} & \sqrt{2}+\sqrt{3} & 0 \end{pmatrix} = \frac{\sin\varphi}{\|d\|} S_d.$$

Wir setzen

$$d = \begin{pmatrix} \sqrt{2}+\sqrt{3} \\ -1-\sqrt{2} \\ 1 \end{pmatrix}, \quad \text{daher } \sin\varphi = \frac{\|d\|}{2\sqrt{6}} > 0.$$

Wir erhalten

$$\sin^2\varphi = \frac{9 + 2\sqrt{6} + 2\sqrt{2}}{24}.$$

Andererseits ist

$$\operatorname{Sp} A = \tfrac{1}{\sqrt{6}}(2 + \sqrt{2} + \sqrt{3}) = 1 + 2\cos\varphi$$

und daher

$$\cos\varphi = \frac{1}{2\sqrt{6}}(2 + \sqrt{2} + \sqrt{3} - \sqrt{6}).$$

Daraus folgt $\varphi \approx 56.60°$.

Aufgabe 7.17 •• In den Spalten von A stehen der Reihe nach die B-Koordinaten der Vektoren b'_1, b'_2 und b'_3 der Basis B', also die Skalarprodukte $b_i \cdot b'_j$. Wir beginnen mit $\cos\beta = b_3 \cdot b'_3 = \frac{1}{3}$. Der Vektor

$$d = b_3 \times b'_3 = \begin{pmatrix} 0 \\ 0 \\ 1 \end{pmatrix} \times \frac{1}{3}\begin{pmatrix} 2 \\ -2 \\ 1 \end{pmatrix} = \frac{1}{3}\begin{pmatrix} 2 \\ 2 \\ 0 \end{pmatrix}$$

schließt mit b_1 den (im Sinne von b_3 gemessenen) orientierten Winkel α ein. Wir erhalten

$$\cos\alpha = b_1 \cdot \widehat{d} = \frac{1}{\sqrt{2}}.$$

d liegt im ersten Quadranten, also $0 < \alpha < 90°$.

Der Vektor d schließt mit b'_1 den im Sinne von b'_3 zu messenden Winkel γ ein. Wir finden

$$\cos\gamma = b'_1 \cdot \widehat{d} = \frac{1}{3}\begin{pmatrix} 2 \\ 1 \\ -2 \end{pmatrix} \cdot \frac{1}{\sqrt{2}}\begin{pmatrix} 1 \\ 1 \\ 0 \end{pmatrix} = \frac{3}{3\sqrt{2}} = \frac{1}{\sqrt{2}}.$$

Zur Bestimmung der richtigen Orientierung berechnen wir ferner

$$\sin\gamma = (\widehat{d} \times b'_1) \cdot b'_3 = \det(\widehat{d}, b'_1, b'_3) = \widehat{d} \cdot (b'_1 \times b'_3) = -\widehat{d} \cdot b'_2,$$

also

$$\sin\gamma = -\widehat{d} \cdot b'_2 = -\frac{1}{3\sqrt{2}}\begin{pmatrix} 1 \\ 1 \\ 0 \end{pmatrix} \cdot \begin{pmatrix} 1 \\ 2 \\ 2 \end{pmatrix} = -\frac{1}{\sqrt{2}}.$$

Aufgabe 7.18 ••• Wir berechnen einen zur Dreiecksebene orthogonalen Vektor $d = (a_1 - a_2) \times (a_2 - a_3)$ als

$$d = \begin{pmatrix} 2 \\ -1 \\ -1 \end{pmatrix} \times \begin{pmatrix} -1 \\ 2 \\ -1 \end{pmatrix} = \begin{pmatrix} 3 \\ 3 \\ 3 \end{pmatrix}, \ \widehat{d} = \frac{1}{\sqrt{3}}\begin{pmatrix} 1 \\ 1 \\ 1 \end{pmatrix}.$$

Die Drehachse geht durch den Schwerpunkt

$$s = \frac{1}{3}(a_1 + a_2 + a_3) = \begin{pmatrix} -1 \\ 0 \\ 2 \end{pmatrix}.$$

Durch die Drehung soll a_1 nach a_2 kommen. Da der Vektor $(a_1 - s) \times (a_2 - s)$ mit $\widehat{d}$ gleichgerichtet ist, beträgt der Drehwinkel $\varphi = 120°$, d. h., $\cos\varphi = -\frac{1}{2}$, $\sin\varphi = \frac{\sqrt{3}}{2}$. Die zugehörige Drehmatrix $R_{\widehat{d},\varphi}$ wurde bereits im Beispiel ausgerechnet als

$$R_{\widehat{d},\varphi} = \begin{pmatrix} 0 & 0 & 1 \\ 1 & 0 & 0 \\ 0 & 1 & 0 \end{pmatrix}.$$

Sie ist deshalb besonders einfach, weil die Basisvektoren zyklisch vertauscht werden.

Nun ist diese orthogonale 3×3-Drehmatrix rechte untere Teilmatrix in der erweiterten Darstellungsmatrix D^*. Die erste Spalte in D^* folgt aus der Forderung, dass der Schwerpunkt sich bei der Drehung nicht ändert, also wegen

$$\begin{pmatrix} 1 \\ s \end{pmatrix} = \begin{pmatrix} 1 & 0^\top \\ x & R_{\widehat{d},\varphi} \end{pmatrix}\begin{pmatrix} 1 \\ s \end{pmatrix}.$$

Wir setzen ein und erhalten für den noch unbekannten Vektor x in der ersten Spalte

$$\begin{pmatrix} 1 \\ -1 \\ 0 \\ 2 \end{pmatrix} = \begin{pmatrix} 1 & 0 & 0 & 0 \\ x_1 & 0 & 0 & 1 \\ x_2 & 1 & 0 & 0 \\ x_3 & 0 & 1 & 0 \end{pmatrix}\begin{pmatrix} 1 \\ -1 \\ 0 \\ 2 \end{pmatrix} = \begin{pmatrix} 1 \\ x_1 + 2 \\ x_2 - 1 \\ x_3 \end{pmatrix},$$

woraus $x_1 = -3$, $x_2 = 1$, $x_3 = 2$ folgt.

Beweisaufgaben

Aufgabe 7.19 •

$$\begin{aligned}\|u+v\|^2 &= (u+v)\cdot(u+v)\\ &= \|u\|^2+\|v\|^2+2\,(u\cdot v).\end{aligned}$$

Damit ist die gegebene Bedingung äquivalent zur Aussage $u\cdot v=0$, also bei $u,\ v\neq 0$ zur Orthogonalität.

Aufgabe 7.20 • Wegen der Linearität und Kommutativität des Skalarprodukts gilt

$$(u-v)\cdot(u+v)=\|u\|^2-\|v\|^2.$$

Somit ist die Orthogonalität zwischen dem Summenvektor und dem Differenzenvektor, die beide von $\mathbf{0}$ verschieden sind, äquivalent zu $\|u\|=\|v\|$.

Aufgabe 7.21 •• Wir verwenden nach wie vor das Symbol $(v_1,\ v_2,\ v_3)$ für die 3×3 -Matrix mit den Spaltenvektoren v_1, v_2 und v_3. Dann ist

$$\begin{aligned}V^2 &= (\det(v_1,\ v_2,\ v_3))^2\\ &= \det(v_1,\ v_2,\ v_3)^{\top}\cdot\det(v_1,\ v_2,\ v_3)\\ &= \det\left((v_1,\ v_2,\ v_3)^{\top}(v_1,\ v_2,\ v_3)\right)\\ &= \det\begin{pmatrix} v_1\cdot v_1 & v_1\cdot v_2 & v_1\cdot v_3\\ v_2\cdot v_1 & v_2\cdot v_2 & v_2\cdot v_3\\ v_3\cdot v_1 & v_3\cdot v_2 & v_3\cdot v_3\end{pmatrix}.\end{aligned}$$

Aufgabe 7.22 ••• Bei $q_j=a_j+\mathrm{i}\,b_j+\mathrm{j}\,c_j+\mathrm{k}\,d_j$ und $\varphi(q_j)=\begin{pmatrix}x_j\\y_j\end{pmatrix}=\begin{pmatrix}a_j+\mathrm{i}b_j\\c_j+\mathrm{i}d_j\end{pmatrix}$ für $j=1,2$ ist

$$\begin{aligned}q_1\circ q_2 &= (a_1a_2-b_1b_2)+\mathrm{i}\,(a_1b_2+b_1a_2)\\ &\quad-[(c_1c_2+d_1d_2)+\mathrm{i}\,(-c_1d_2+d_1c_2)]\\ &\quad+\mathrm{j}\,(a_1c_2-b_1d_2)+\mathrm{k}\,(a_1d_2+b_1c_2)\\ &\quad+\mathrm{j}\,(c_1a_2+d_1b_2)+\mathrm{k}\,(-c_1b_2+d_1a_2)\end{aligned}$$

und daher wegen $(a_1+\mathrm{i}\,b_1)(a_2+\mathrm{i}\,b_2)=(a_1a_2-b_1b_2)+\mathrm{i}\,(a_1b_2-b_1a_2)$ usw.

$$\varphi(q_1\circ q_2)=\begin{pmatrix}x_1x_2-y_1\overline{y_2}\\x_1y_2+y_1\overline{x_2}\end{pmatrix}=\begin{pmatrix}x_1\\y_1\end{pmatrix}*\begin{pmatrix}x_2\\y_2\end{pmatrix}.$$

Damit ist φ ein Homomorphismus. Wegen

$$q^{-1}=\frac{1}{\|q\|^2}\,(a-\mathrm{i}\,b-\mathrm{j}\,c-\mathrm{k}\,d)$$

ist

$$\begin{pmatrix}x\\y\end{pmatrix}^{-1}=\varphi(q^{-1})=\frac{1}{\|q\|^2}\begin{pmatrix}a-\mathrm{i}\,b\\-c-\mathrm{i}\,d\end{pmatrix}=\frac{1}{\|q\|^2}\begin{pmatrix}\overline{x}\\-y\end{pmatrix},$$

wobei

$$\|q\|^2=a^2+b^2+c^2+d^2=x\,\overline{x}+y\,\overline{y}=|x|^2+|y|^2.$$

Die Abbildung $\psi:\ \mathbb{C}^2\to\mathbb{C}^{2\times 2}$ ist injektiv, denn die erste Zeile $(x,\ -y)$ des Bildes $\psi\begin{pmatrix}x\\y\end{pmatrix}$ legt bereits das Urbild eindeutig fest.

Nach den Regeln der Matrizenmultiplikation ist

$$\begin{aligned}\psi\begin{pmatrix}x_1\\y_1\end{pmatrix}\psi\begin{pmatrix}x_2\\y_2\end{pmatrix}&=\begin{pmatrix}x_1 & -y_1\\ \overline{y_1} & \overline{x_1}\end{pmatrix}\begin{pmatrix}x_2 & -y_2\\ \overline{y_2} & \overline{x_2}\end{pmatrix}\\ &=\begin{pmatrix}x_1x_2-y_1\overline{y_2} & -x_1y_2-y_1\overline{x_2}\\ \overline{y_1}x_2+\overline{x_1}\,\overline{y_2} & -\overline{y_1}y_2+\overline{x_1}\,\overline{x_2}\end{pmatrix}\\ &=\psi\begin{pmatrix}x_1x_2-y_1\overline{y_2}\\x_1y_2+y_1\overline{x_2}\end{pmatrix}=\psi\left[\begin{pmatrix}x_1\\y_1\end{pmatrix}*\begin{pmatrix}x_2\\y_2\end{pmatrix}\right].\end{aligned}$$

Damit ist auch ψ ein Homomorphismus. Die Determinante von $\psi\,(\varphi(q))$ ist gleich dem Quadrat der Norm von q, denn

$$\det\begin{pmatrix}x & -y\\ \overline{y} & \overline{x}\end{pmatrix}=x\,\overline{x}+y\,\overline{y}=|x|^2+|y|^2=q\,\overline{q}=\|q\|^2.$$

Ist q eine Einheitsquaternion, also $q\in\mathbb{H}_1$, dann hat $\psi\,(\varphi(q))$ die Determinante 1, und umgekehrt.

Aufgabe 7.23 ••• Wird das Parallelepiped von den drei linear unabhängigen Vektoren a, b und c aufgespannt und wählen wir die erste Ecke im Koordinatenursprung $\mathbf{0}$, so verbinden die 4 Raumdiagonalen die Punktepaare $(p_i,\ q_i)$, $i=1,\dots,4$, wobei gilt:

$$\begin{aligned}&p_1=\mathbf{0}, && q_1=a+b+c\\ &p_2=a, && q_2=b+c\\ &p_3=a+b, && q_3=c\\ &p_4=b, && q_4=a+c\end{aligned}$$

Nun liegt der Mittelpunkt

$$m=\frac{1}{2}\,(a+b+c)$$

auf allen Raumdiagonalen, denn für jedes $i\in\{1,\dots,4\}$ ist

$$m=\frac{1}{2}\,(p_i+q_i).$$

Als Quadratsumme der Längen $\|q_i-p_i\|$ folgt

$$\begin{aligned}&(a+b+c)^2+(-a+b+c)^2\\ &+(-a-b+c)^2+(a-b+c)^2\\ &=4\left(a^2+b^2+c^2\right),\end{aligned}$$

nachdem die gemischten Skalarprodukte $2(a\cdot b)$, $2(a\cdot c)$ und $2(b\cdot c)$ in dieser Summe je zweimal mit positivem und zweimal mit negativem Vorzeichen auftreten.

Aufgabe 7.24 ••• Zu a) Für die Entfernung d_1 des Schwerpunkts s vom Eckpunkt p_1 folgt

$$\begin{aligned}d_1^2 &= \|s-p_1\|^2=\tfrac{1}{16}\|p_1+p_2+p_3+p_4-4p_1\|^2\\ &= \tfrac{1}{16}\left((p_2-p_1)+(p_3-p_1)+(p_4-p_1)\right)^2\\ &= \tfrac{1}{16}\,(3\cdot 1+3\cdot 1)=\tfrac{3}{8},\end{aligned}$$

nachdem für die Skalarprodukte bei $i\neq j$ und $i,\ j\neq 1$ gilt

$$\begin{aligned}&(p_i-p_1)\cdot(p_j-p_1)\\ &=p_i\cdot p_j-p_i\cdot p_1-p_j\cdot p_1+p_1^2\\ &\quad+\tfrac{1}{2}\left(p_i^2+p_j^2-p_i^2-p_j^2\right)\\ &=\tfrac{1}{2}\left((p_i-p_1)^2+(p_j-p_1)^2-(p_i-p_j)^2\right)=\tfrac{1}{2}.\end{aligned}$$

Die Distanz $d_1=\|s-p_1\|$ hängt gar nicht vom Index 1 ab.

Zu b) Die genannten Kantenmitten sind der Reihe nach

$$\begin{aligned} \boldsymbol{m}_1 &= \tfrac{1}{2}(\boldsymbol{p}_1+\boldsymbol{p}_2), \quad \boldsymbol{m}_2 = \tfrac{1}{2}(\boldsymbol{p}_1+\boldsymbol{p}_3), \\ \boldsymbol{m}_3 &= \tfrac{1}{2}(\boldsymbol{p}_3+\boldsymbol{p}_4), \quad \boldsymbol{m}_4 = \tfrac{1}{2}(\boldsymbol{p}_2+\boldsymbol{p}_4). \end{aligned}$$

Sie erfüllen die Parallelogrammbedingung

$$\boldsymbol{m}_2-\boldsymbol{m}_1=\boldsymbol{m}_3-\boldsymbol{m}_4=\boldsymbol{p}_3-\boldsymbol{p}_2.$$

Alle Seitenlängen in diesem Parallelogramm sind gleich $\frac{1}{2}$, denn

$$\begin{aligned} \|\boldsymbol{m}_2-\boldsymbol{m}_1\|^2 &= \tfrac{1}{4}(\boldsymbol{p}_3-\boldsymbol{p}_2)^2=\tfrac{1}{4}, \\ \|\boldsymbol{m}_3-\boldsymbol{m}_2\|^2 &= \tfrac{1}{4}(\boldsymbol{p}_4-\boldsymbol{p}_1)^2=\tfrac{1}{4}. \end{aligned}$$

Zudem sind aufeinanderfolgende Seiten orthogonal, denn zunächst folgt

$$\begin{aligned} (\boldsymbol{m}_2-\boldsymbol{m}_1)\cdot(\boldsymbol{m}_3-\boldsymbol{m}_2) &= \tfrac{1}{4}(\boldsymbol{p}_3-\boldsymbol{p}_2)\cdot(\boldsymbol{p}_4-\boldsymbol{p}_1) \\ &= \tfrac{1}{4}(\boldsymbol{p}_3\cdot\boldsymbol{p}_4-\boldsymbol{p}_3\cdot\boldsymbol{p}_1-\boldsymbol{p}_2\cdot\boldsymbol{p}_4+\boldsymbol{p}_2\cdot\boldsymbol{p}_1). \end{aligned}$$

Der letzte Ausdruck ist eine Summe von Skalarprodukten. Nun gilt für $i \neq j$

$$(\boldsymbol{p}_i-\boldsymbol{p}_j)^2=\boldsymbol{p}_i^2+\boldsymbol{p}_j^2-2(\boldsymbol{p}_i\cdot\boldsymbol{p}_j)=1,$$

somit

$$\boldsymbol{p}_i\cdot\boldsymbol{p}_j=\frac{1}{2}\left(\boldsymbol{p}_i^2+\boldsymbol{p}_j^2-1\right).$$

Wir setzen dies in der letzten Gleichung ein und erhalten

$$\begin{aligned} (\boldsymbol{m}_2-\boldsymbol{m}_1)\cdot(\boldsymbol{m}_3-\boldsymbol{m}_2) &= \tfrac{1}{8}(\boldsymbol{p}_3^2+\boldsymbol{p}_4^2-1-\boldsymbol{p}_3^2-\boldsymbol{p}_1^2+1 \\ &\quad -\boldsymbol{p}_2^2-\boldsymbol{p}_4^2+1+\boldsymbol{p}_2^2+\boldsymbol{p}_1^2-1)=0. \end{aligned}$$

Zu c) Mit dem letzten Beweis ist gleichzeitig

$$(\boldsymbol{p}_3-\boldsymbol{p}_2)\cdot(\boldsymbol{p}_4-\boldsymbol{p}_1)=0$$

und damit die Orthogonalität der Gegenkantenpaare bestätigt. Als Mittelpunkt der zugehörigen Seitenmitten folgt

$$\begin{aligned} \frac{1}{2}\left(\frac{1}{2}(\boldsymbol{p}_2+\boldsymbol{p}_3)+\frac{1}{2}(\boldsymbol{p}_1+\boldsymbol{p}_4)\right) &= \frac{1}{4}(\boldsymbol{p}_1+\boldsymbol{p}_2+\boldsymbol{p}_3+\boldsymbol{p}_4) \\ &= \boldsymbol{s}. \end{aligned}$$

Kapitel 8

Aufgaben

Verständnisfragen

Aufgabe 8.1 • Gegeben sei die Folge $(x_n)_{n=2}^{\infty}$ mit $x_n = (n-2)/(n+1)$ für $n \geq 2$. Bestimmen Sie eine Zahl $N \in \mathbb{N}$ sodass $|x_n - 1| \leq \varepsilon$ für alle $n \geq N$ gilt, wenn

$$\text{(a)} \quad \varepsilon = \frac{1}{10}, \qquad \text{(b)} \quad \varepsilon = \frac{1}{100}$$

ist.

Aufgabe 8.2 • Stellen Sie eine Vermutung auf für eine explizite Darstellung der rekursiv gegebenen Folge (a_n) mit

$$a_{n+1} = 2a_n + 3a_{n-1} \quad \text{und} \quad a_1 = 1,\ a_2 = 3,$$

und zeigen Sie diese mit vollständiger Induktion.

Aufgabe 8.3 •• Zeigen Sie, dass für zwei positive Zahlen $x, y > 0$ gilt:

$$\lim_{n\to\infty} \sqrt[n]{x^n + y^n} = \max\{x, y\}.$$

Aufgabe 8.4 • Welche der folgenden Aussagen sind richtig? Begründen Sie Ihre Antwort.

(a) Eine Folge konvergiert, wenn Sie monoton und beschränkt ist.
(b) Eine konvergente Folge ist monoton und beschränkt.
(c) Wenn eine Folge nicht monoton ist, kann sie nicht konvergieren.
(d) Wenn eine Folge nicht beschränkt ist, kann sie nicht konvergieren.
(e) Wenn es eine Lösung zur Fixpunktgleichung einer rekursiv definierten Folge gibt, so konvergiert die Folge gegen diesen Wert.

Aufgabe 8.5 • Gegeben sei eine divergente Folge (x_n) und eine konvergente Folge (y_n). Sind dann die Folgen $(x_n + y_n)$ bzw. $(x_n\, y_n)$ divergent? Erbringen Sie einen Beweis oder konstruieren Sie ein Gegenbeispiel.

Aufgabe 8.6 •• Eine Cauchy-Folge aus $\mathbb{Q}$ braucht keinen Grenzwert aus $\mathbb{Q}$ zu besitzen. Reicht es für die Existenz eines Grenzwerts aus $\mathbb{Q}$ aus, dass die Folge mindestens einen Häufungspunkt in $\mathbb{Q}$ besitzt?

Rechenaufgaben

Aufgabe 8.7 • Untersuchen Sie die Folge (x_n) auf Monotonie und Beschränktheit. Dabei ist

$$\text{(a)} \quad x_n = \frac{1-n+n^2}{n+1}, \qquad \text{(b)} \quad x_n = \frac{1-n+n^2}{n(n+1)},$$

$$\text{(c)} \quad x_n = \frac{1}{1+(-2)^n}, \qquad \text{(d)} \quad x_n = \sqrt{1+\frac{n+1}{n}}.$$

Aufgabe 8.8 • Untersuchen Sie die Folgen (a_n), (b_n), (c_n) und (d_n) mit den unten angegebenen Gliedern auf Konvergenz.

$$a_n = \frac{n^2}{n^3-2}, \qquad b_n = \frac{n^3-2}{n^2},$$

$$c_n = n-1, \qquad d_n = b_n - c_n.$$

Aufgabe 8.9 • Berechnen Sie jeweils den Grenzwert der Folge (x_n), falls dieser existiert:

$$\text{(a)} \quad x_n = \frac{1-n+n^2}{n(n+1)}$$

$$\text{(b)} \quad x_n = \frac{n^3-1}{n^2+3} - \frac{n^3(n-2)}{n^2+1}$$

$$\text{(c)} \quad x_n = \sqrt{n^2+n} - n$$

$$\text{(d)} \quad x_n = \sqrt{4n^2+n+2} - \sqrt{4n^2+1}$$

$$\text{(e)} \quad x_n = \frac{3^{n+1}+2^n}{3^n+2}$$

Aufgabe 8.10 •• Bestimmen Sie mit dem Einschließungskriterium Grenzwerte zu den Folgen (a_n) und (b_n), die durch

$$a_n = \sqrt[n]{\frac{3n+2}{n+1}}, \qquad b_n = \sqrt{\frac{1}{2^n} + n} - \sqrt{n}, \qquad n \in \mathbb{N},$$

gegeben sind.

Aufgabe 8.11 ••• Untersuchen Sie die Folgen (a_n), (b_n), (c_n) bzw. (d_n) mit den unten angegebenen Gliedern auf Konvergenz und bestimmen Sie gegebenenfalls ihre Grenzwerte:

$$a_n = \left(1 - \frac{1}{n^2}\right)^n \quad \text{(Hinweis: Bernoulli-Ungleichung)},$$

$$b_n = 2^{n/2}\frac{(n+\mathrm{i})(1+\mathrm{i}n)}{(1+\mathrm{i})^n},$$

$$c_n = \frac{1+q^n}{1+q^n+(-q)^n}, \quad \text{mit } q > 0,$$

$$d_n = \frac{(\mathrm{i}q)^n + \mathrm{i}^n}{2^n + \mathrm{i}}, \quad \text{mit } q \in \mathbb{C}.$$

Aufgabe 8.12 •• Zu $a > 0$ ist die rekursiv definierte Folge (x_n) mit

$$x_{n+1} = 2x_n - a x_n^2$$

und $x_0 \in (0, \frac{1}{a})$ gegeben. Überlegen Sie sich zunächst, dass $x_n \leq \frac{1}{a}$ gilt für alle $n \in \mathbb{N}_0$ und damit induktiv auch $x_n > 0$ folgt. Zeigen Sie dann, dass diese Folge konvergiert und berechnen Sie ihren Grenzwert.

Aufgabe 8.13 •• Für welche Startwerte $a_0 \in \mathbb{R}$ konvergiert die rekursiv definierte Folge (a_n) mit

$$a_{n+1} = \frac{1}{4}\left(a_n^2 + 3\right), \quad n \in \mathbb{N}?$$

Aufgabe 8.14 • Bestimmen Sie für die Folgen (a_n) mit den unten angegebenen Gliedern jeweils $\sup_{n\in\mathbb{N}} a_n$, $\inf_{n\in\mathbb{N}} a_n$, Limes Superior und Limes Inferior, falls diese Zahlen existieren.

(a) $a_n = 1 + (-1)^n + n^{-1/2}, \quad n \in \mathbb{N}$

(b) $a_n = \begin{cases} \frac{k-1}{k}, & n = 3k, \\ \frac{1}{k+1}, & n = 3k-1, \quad k \in \mathbb{N} \\ -\frac{1}{k^2}, & n = 3k-2, \end{cases}$

(c) $a_n = \dfrac{n^2+1}{n+1}, \quad n \in \mathbb{N}$

Beweisaufgaben

Aufgabe 8.15 • Ist (a_n) eine konvergente Zahlenfolge aus $\mathbb{C}$ mit $a = \lim\limits_{n\to\infty} a_n$, so gilt auch $|a| = \lim\limits_{n\to\infty} |a_n|$.

Aufgabe 8.16 • Zeigen Sie für $p \in \mathbb{N}$ und $|q| < 1$:

$$\lim_{n\to\infty} n^p q^n = 0\,.$$

Aufgabe 8.17 •• Zeigen Sie mit der Definition des Grenzwerts die folgenden Rechenregeln:

(a) Ist (x_n) eine konvergente Folge aus $\mathbb{C}$, und ist $x = \lim\limits_{n\to\infty} x_n$, so gilt für alle $\lambda \in \mathbb{C}$ die Gleichung $\lim\limits_{n\to\infty} (\lambda x_n) = \lambda x$.

(b) Sind (x_n), (y_n) konvergente Folgen aus $\mathbb{C}$, und sind $x = \lim\limits_{n\to\infty} x_n$, $y = \lim\limits_{n\to\infty} y_n$, so gilt $\lim\limits_{n\to\infty} (x_n y_n) = xy$.

Aufgabe 8.18 •• Gegeben sei eine konvergente Folge (a_n) aus $\mathbb{C}$ und eine bijektive Abbildung $g\colon \mathbb{N} \to \mathbb{N}$. Setze $b_k = a_{g(k)}$ für $k \in \mathbb{N}$. Man nennt die so definierte Folge (b_k) eine **Umordnung** der Folge (a_n).

Zeigen Sie, dass die Folge (b_k) konvergiert mit

$$\lim_{k\to\infty} b_k = \lim_{n\to\infty} a_n\,.$$

Aufgabe 8.19 ••• Im Beispiel auf Seite 287 ist die Folge (a_n) der Fibonacci-Zahlen definiert. Zeigen Sie, dass für die Folge (b_n) der Verhältnisse

$$b_n = \frac{a_{n+1}}{a_n}, \quad n \in \mathbb{N},$$

aufeinanderfolgender Fibonacci-Zahlen gilt:

$$\lim_{n\to\infty} b_n = \frac{1}{2}\left(1+\sqrt{5}\right).$$

Dieser Grenzwert wird *Zahl des goldenen Schnitts* genannt.

Gehen Sie wie folgt vor:

(a) Leiten Sie eine Rekursionsformel für die (b_n) her.

(b) Zeigen Sie, dass die Teilfolgen (b_{2n}) und (b_{2n-1}) monoton und beschränkt sind.

(c) Weisen Sie nach, dass der goldene Schnitt der Grenzwert der Folge (b_n) ist.

Aufgabe 8.20 ••• Beweisen Sie mit der Definition des Grenzwerts folgende Aussage: Wenn (a_n) eine Nullfolge ist, so ist auch die Folge (b_n) mit

$$b_n = \frac{1}{n}\sum_{j=1}^{n} a_j, \quad n \in \mathbb{N},$$

eine Nullfolge.

Aufgabe 8.21 •• Gegeben ist eine Folge von abgeschlossenen Intervallen (I_n) mit

$$I_1 \supseteq I_2 \supseteq \cdots \supseteq I_n \supseteq I_{n+1} \supseteq \cdots.$$

Setze $I_n = [a_n, b_n]$. Es gelte $|I_n| = b_n - a_n \to 0$ für $n \to \infty$. Zeigen Sie: Es gibt genau eine Zahl $a \in \mathbb{R}$ mit $a \in I_n$ für alle $n \in \mathbb{N}$.

Man nennt eine solche Konstruktion eine **Intervallschachtelung.**

Hinweise

Verständnisfragen

Aufgabe 8.1 • Vereinfachen Sie den Ausdruck $x_n - 1$.

Aufgabe 8.2 • Berechnen Sie die ersten vier Folgenglieder. Welche Zahlen erhalten Sie?

Aufgabe 8.3 •• Schätzen Sie die Folgenglieder nach unten und oben durch Terme ab, in denen nur die größere der beiden Zahlen vorkommen und verwenden Sie das Einschließungskriterium.

Aufgabe 8.4 • Gehen Sie die im Kapitel formulierten Aussagen zur Konvergenz durch, die Antworten ergeben sich daraus unmittelbar.

Aufgabe 8.5 • Die beiden Fälle sind unterschiedlich. Versuchen Sie einen indirekten Beweis. In welchem Fall kann noch eine Rechenregel für Grenzwerte verwendet werden.

Aufgabe 8.6 •• Wie viele verschiedene Häufungspunkte kann eine Cauchy-Folge besitzen?

Rechenaufgaben

Aufgabe 8.7 • Um Beschränktheit zu zeigen, vereinfachen Sie die Ausdrücke und verwenden geeignete Abschätzungen. Für die Monotoniebetrachtungen bestimmen Sie die Differenz oder den Quotienten aufeinanderfolgender Glieder.

Aufgabe 8.8 • Formen Sie die Ausdrücke so um, dass in Zähler und Nenner nur bekannte Nullfolgen oder Konstanten stehen und wenden Sie die Rechenregeln an.

Aufgabe 8.9 • Kürzen Sie höchste Potenzen in Zähler und Nenner. Bei (b) können Sie x_n/n^2 betrachten. Bei Differenzen von Wurzeln führt das Erweitern mit der Summe der Wurzeln zum Ziel.

Aufgabe 8.10 •• Bei (a) können Sie den Bruch in der Wurzel verkleinern bzw. vergrößern. Bei (b) sollte man mit der Summe der Wurzeln erweitern und dann eine obere Schranke bestimmen.

Aufgabe 8.11 ••• Wenn Sie vermuten, dass eine Folge divergiert, untersuchen Sie zuerst, ob die Folge überhaupt beschränkt bleibt. Für die Folgen (c_n) und (d_n) benötigen Sie eine Fallunterscheidung. Was wissen Sie über die Folge (q^n) mit $q \in \mathbb{C}$?

Aufgabe 8.12 •• Nutzen Sie quadratische Ergänzung geschickt aus. Sie benötigen das Monotoniekriterium und für die Bestimmung des Grenzwerts die Fixpunktgleichung.

Aufgabe 8.13 •• Überlegen Sie sich zunächst, welche Kandidaten es für den Grenzwert gibt. Betrachten Sie erst nur positive Startwerte und überlegen Sie sich, ob die Folge monoton und beschränkt ist.

Aufgabe 8.14 • Versuchen Sie die Folgen entweder in konvergente oder in unbeschränkte Teilfolgen zu zerlegen.

Beweisaufgaben

Aufgabe 8.15 • Für $z \in \mathbb{C}$ ist $|z|^2 = z\,\overline{z}$. Verwenden Sie Rechenregeln für Grenzwerte.

Aufgabe 8.16 • Bilden Sie die n-te Wurzel der Beträge der Folgenglieder.

Aufgabe 8.17 •• (a) Nutzen Sie direkt die Definition der Konvergenz. (b) Gehen Sie ähnlich vor wie es im Text beim Quotienten vorgeführt wurde.

Aufgabe 8.18 •• Verwenden Sie die Definition des Grenzwerts.

Aufgabe 8.19 ••• (b) (b_{2n-1}) liegt im Intervall $[1, b]$, (b_{2n}) im Intervall $[b, 2]$, wobei b die Zahl des Goldenen Schnitts bezeichnet. (c) Bestimmen Sie für beide Teilfolgen den Grenzwert.

Aufgabe 8.20 ••• Schreiben Sie mit der Definition des Grenzwerts auf, was es bedeutet, dass (a_n) eine Nullfolge ist. Spalten Sie die Summe in der Definition von (b_n) entsprechend auf.

Aufgabe 8.21 •• Betrachten Sie die Folgen der Randpunkte der Intervalle. Welche Eigenschaften haben diese?

Lösungen

Verständnisfragen

Aufgabe 8.1 • (a) $N = 29$, (b) $N = 299$.

Aufgabe 8.2 • Es gilt $a_n = 3^{n-1}$ für $n \in \mathbb{N}$.

Aufgabe 8.3 •• –

Aufgabe 8.4 • (a) Richtig, (b) falsch, (c) falsch, (d) richtig, (e) falsch.

Aufgabe 8.5 • Die Summe $(x_n + y_n)$ ist immer divergent, beim Produkt $(x_n\, y_n)$ ist Konvergenz möglich.

Aufgabe 8.6 •• Ja.

Rechenaufgaben

Aufgabe 8.7 • (a) unbeschränkt, streng monoton wachsend, (b) beschränkt, monoton wachsend, (c) beschränkt, nicht monoton, (d) beschränkt, streng monoton fallend.

Aufgabe 8.8 • (a_n) und (d_n) sind konvergent. (b_n) und (c_n) sind unbeschränkt, also insbesondere divergent.

Aufgabe 8.9 • (a) $\lim_{n\to\infty} x_n = 1$, (b) divergent, (c) $\lim_{n\to\infty} x_n = 1/2$, (d) $\lim_{n\to\infty} x_n = 1/4$, (e) $\lim_{n\to\infty} x_n = 3$.

Aufgabe 8.10 •• $\lim_{n\to\infty} a_n = 1$, $\lim_{n\to\infty} b_n = 0$.

Aufgabe 8.11 ••• $\lim_{n\to\infty} a_n = 1$, (b_n) divergiert. Für $q < 1$ ist $\lim_{n\to\infty} c_n = 1$, für $q \geq 1$ divergiert die Folge. Die Folge (d_n) divergiert für $|q| \geq 2$ und konvergiert gegen null für $|q| < 2$.

Aufgabe 8.12 •• Die Folge wächst monoton, und es ist $\lim_{n\to\infty} x_n = 1/a$.

Aufgabe 8.13 •• Für $-3 < a_0 < 3$ konvergiert die Folge mit $\lim_{n\to\infty} a_n = 1$. Für $a_0 = -3$ und $a_0 = 3$ konvergiert sie ebenfalls, aber mit $\lim_{n\to\infty} a_n = 3$. Für alle anderen Startwerte ist die Folge unbeschränkt und daher divergent.

Aufgabe 8.14 • (a) $\sup_{n\in\mathbb{N}} a_n = 2 + \frac{\sqrt{2}}{2}$, $\inf_{n\in\mathbb{N}} a_n = 0$, $\limsup_{n\to\infty} a_n = 2$, $\liminf_{n\to\infty} a_n = 0$. (b) $\sup_{n\in\mathbb{N}} a_n = 1$, $\inf_{n\in\mathbb{N}} a_n = -1$,

$\limsup_{n\to\infty} a_n = 1$, $\liminf_{n\to\infty} a_n = 0$. (c) $\sup_{n\in\mathbb{N}} a_n$, $\limsup_{n\to\infty} a_n$ und $\liminf_{n\to\infty} a_n$ existieren nicht. $\inf_{n\in\mathbb{N}} a_n = 1$.

Beweisaufgaben

Aufgabe 8.15 • –

Aufgabe 8.16 • –

Aufgabe 8.17 •• –

Aufgabe 8.18 •• –

Aufgabe 8.19 ••• –

Aufgabe 8.20 ••• –

Aufgabe 8.21 •• –

Lösungswege

Verständnisfragen

Aufgabe 8.1 • Wir schreiben die Differenz zwischen 1 und x_n um:

$$|x_n - 1| = \left|\frac{n-2}{n+1} - 1\right| = \left|1 - \frac{3}{n+1} - 1\right| = \frac{3}{n+1}.$$

Für $n \geq N$ folgt $3/(n+1) \leq 3/(N+1)$. Aus

$$\frac{3}{N+1} \leq \frac{1}{10} \quad \Leftrightarrow \quad N \geq 29$$

ergibt sich damit, dass die Folgenglieder für $n \geq N = 29$ die erste Abschätzung $|x_n - 1| \leq 1/10$ erfüllen. Analog erhalten wir aus $3/(N+1) \leq 1/100$ den Wert $N = 299$ für die zweite Abschätzung.

Aufgabe 8.2 • Es gilt $a_3 = 9$, $a_4 = 27$, und es lässt sich vermuten, dass $a_n = 3^{n-1}$ gilt.

Der Induktionsanfang ist bereits erbracht, es genügt, den Induktionsschritt durchzuführen. Dazu nehmen wir an, dass $a_n = 3^{n-1}$ und $a_{n-1} = 3^{n-2}$ gilt für ein $n \in \mathbb{N}$. Es folgt aus dieser Annahme

$$\begin{aligned} a_{n+1} &= 2\,a_n + 3\,a_{n-1} = 2 \cdot 3^{n-1} + 3 \cdot 3^{n-2} \\ &= (2+1) \cdot 3^{n-1} = 3^n\,. \end{aligned}$$

Also ist der Induktionsschritt gezeigt, und es gilt $a_n = 3^{n-1}$ für alle $n \in \mathbb{N}$.

Aufgabe 8.3 •• Wir dürfen annehmen, dass $x \geq y$ ist, denn andernfalls lassen sich die Rollen von x und y vertauschen. Es folgt:

$$x = \sqrt[n]{x^n} \leq \sqrt[n]{x^n + y^n} = x\sqrt[n]{1 + \left(\frac{y}{x}\right)^n} \leq x\sqrt[n]{2}\,.$$

Also ergibt sich mit $\lim_{n\to\infty} \sqrt[n]{2} = 1$ und dem Einschließungskriterium der Grenzwert

$$\lim_{n\to\infty} \sqrt[n]{x^n + y^n} = x\,.$$

Mit $x \geq y$ ist $x = \max\{x, y\}$.

Aufgabe 8.4 •

(a) Dies ist die Aussage des Monotoniekriteriums, also richtig!
(b) Nein, so ist etwa die Nullfolge $(-1)^n/n$ konvergent, aber nicht monoton.
(c) Es gibt auch nicht monotone Folgen, die konvergieren, siehe das Gegenbeispiel zur vorherigen Frage.
(d) Diese Aussage stimmt. Wenn eine Folge (x_n) konvergiert, so ist sie auch beschränkt. Eine Schranke bekommen wir, da sich etwa zu $\varepsilon = 1$ ein $N \in \mathbb{N}$ finden lässt, sodass $|x_n - x| \leq 1$ gilt für alle $n \geq N$, wenn x den Grenzwert der Folge bezeichnet. Damit gilt:
$$|x_n| \leq |x| + |x_n - x| \leq |x| + 1 \qquad \text{für } n \geq N,$$
und es folgt:
$$|x_n| \leq \max\{|x_1|, |x_2|, \ldots, |x_{N-1}|, |x| + 1\}.$$
(e) Durch eine Lösung der Fixpunktgleichung wird nur ein Kandidat für einen Grenzwert ermittelt. Die Konvergenz muss separat gezeigt werden.

Aufgabe 8.5 • Wir nehmen an, die Summe $(z_n) = (x_n + y_n)$ konvergiert. Dann können wir die Rechenregel für die Differenz konvergenter Folgen anwenden:

$$\lim_{n\to\infty} z_n - \lim_{n\to\infty} y_n = \lim_{n\to\infty} (z_n - y_n) = \lim_{n\to\infty} x_n\,.$$

Dies steht im Widerspruch zur Voraussetzung, dass (x_n) divergiert.

Beim Produkt wählen wir als Gegenbeispiel $x_n = n$, $y_n = 1/n^2$. Das Produkt $x_n\,y_n = 1/n$ konvergiert gegen null.

Aufgabe 8.6 •• Eine Cauchy-Folge aus $\mathbb{Q}$ konvergiert auf jeden Fall in $\mathbb{R}$ und besitzt somit auch nur genau einen Häufungspunkt, nämlich ihren Grenzwert. Besitzt eine solche Folge nun einen Häufungspunkt in $\mathbb{Q}$, so bedeutet dies, dass der Grenzwert eine rationale Zahl ist. Die Folge konvergiert also in $\mathbb{Q}$.

Rechenaufgaben

Aufgabe 8.7 • (a) Wir schreiben den Term um:

$$\begin{aligned} x_n &= \frac{1 - n + n^2}{n+1} = \frac{1 + 2n + n^2}{n+1} - \frac{3n}{n+1} \\ &= n + 1 - \frac{3n}{n+1} = n - 2 + \frac{3}{n+1}. \end{aligned}$$

Da der letzte Term positiv ist, folgt:

$$x_n \geq n - 2 \to \infty \qquad (n \to \infty),$$

die Folge ist also unbeschränkt.

Für die Differenz zweier aufeinanderfolgender Glieder ergibt sich:

$$x_{n+1} - x_n = 1 + \frac{3}{n+2} - \frac{3}{n+1} = 1 - \frac{3}{(n+1)(n+2)}.$$

Da $(n+1)(n+2) \geq 6$ für $n \in \mathbb{N}$, folgt $x_{n+1} - x_n \geq 1/2 > 0$, die Folge wächst also streng monoton.

(b) Ganz ähnlich wie im Teil (a) ergibt sich:

$$x_n = \frac{n^2+n}{n^2+n} - \frac{2n-1}{n^2+n} = 1 - \frac{2n-1}{n^2+n} \leq 1.$$

Da auch $x_n \geq 0$ für $n \in \mathbb{N}$, ist die Folge beschränkt.

Für die Monotonie betrachten wir wieder die Differenz

$$\begin{aligned} x_{n+1} - x_n &= \frac{2n-1}{n(n+1)} - \frac{2n+1}{(n+1)(n+2)} \\ &= \frac{2\,(n-1)}{n(n+1)(n+2)} \geq 0, \end{aligned}$$

denn jeder hier auftretende Faktor ist größer oder gleich null. Die Folge wächst monoton.

(c) An den ersten drei Folgengliedern,

$$x_1 = -1, \qquad x_2 = \frac{1}{5}, \qquad x_3 = -\frac{1}{7},$$

erkennt man, dass die Folge nicht monoton ist.

Für gerades n, also $n = 2k$ mit $k \in \mathbb{N}$, folgt:

$$|x_n| = \left|\frac{1}{1+4^k}\right| \leq 1.$$

Für ungerades $n = 2k-1$, $k \in \mathbb{N}$, erhält man

$$|x_n| = \left|\frac{1}{1-\frac{4^k}{2}}\right| = \frac{2}{4^k-2} \leq \frac{2}{4-2} = 1.$$

Damit gilt $|x_n| \leq 1$ für alle $n \in \mathbb{N}$, die Folge ist beschränkt.

(d) Es ist $x_n \geq 0$ und

$$x_n = \sqrt{1 + \frac{n+1}{n}} = \sqrt{2 + \frac{1}{n}} \leq \sqrt{3}.$$

Daher ist die Folge beschränkt.

Für die Monotonie schreiben wir $x_n = \sqrt{(2n+1)/n}$ und betrachten den Quotienten zweier aufeinanderfolgender Glieder:

$$\frac{x_{n+1}}{x_n} = \sqrt{\frac{(2n+3)\,n}{(n+1)\,(2n+1)}} = \sqrt{\frac{2n^2+3n}{2n^2+3n+1}} < 1.$$

Die Folge fällt also streng monoton.

Aufgabe 8.8 • Es gilt:

$$\begin{aligned} \lim_{n\to\infty} a_n &= \lim_{n\to\infty} \frac{n^2}{n^3-2} = \lim_{n\to\infty} \frac{\frac{1}{n}}{1-\frac{2}{n^3}} \\ &= \frac{\lim\limits_{n\to\infty} \frac{1}{n}}{1 - \lim\limits_{n\to\infty} \frac{2}{n^3}} = \frac{0}{1-0} = 0\,. \end{aligned}$$

Also ist (a_n) konvergent. Für die Folge (b_n) sehen wir:

$$b_n = \frac{1}{a_n} = \frac{n^3-2}{n^2} = n - \frac{2}{n^2} \to \infty \quad (n \to \infty)\,.$$

Die Folge ist unbeschränkt und somit insbesondere nicht konvergent. Genauso divergiert die Folge (c_n) mit $c_n = n - 1$, da sie unbeschränkt ist.

Für die Differenz ergibt sich:

$$d_n = b_n - c_n = \frac{n^3-2}{n^2} - (n-1) = n - \frac{2}{n^2} - n + 1 = 1 - \frac{2}{n^2}.$$

Somit ist (d_n) konvergent mit $\lim\limits_{n\to\infty} d_n = 1$.

Kommentar: Dies ist ein Beispiel dafür, dass die Umkehrung der Rechenregeln für Grenzwerte nicht möglich ist: Auch wenn zwei Folgen divergieren, kann ihre Summe sehr wohl konvergieren.

Aufgabe 8.9 • (a) Durch Kürzen der höchstens Potenz von n in Zähler und Nenner ergibt sich:

$$x_n = \frac{1-n+n^2}{n(n+1)} = \frac{\frac{1}{n^2} - \frac{1}{n} + 1}{1 \cdot \left(1 + \frac{1}{n}\right)} \longrightarrow 1 \quad (n \to \infty).$$

(b) Man kann zeigen:

$$\begin{aligned} \frac{x_n}{n^2} &= \frac{1}{n^2}\left(\frac{n^3-1}{n^2+3} - \frac{n^3(n-2)}{n^2+1}\right) \\ &= \frac{\frac{1}{n} - \frac{1}{n^4}}{1+\frac{3}{n^2}} - \frac{1-\frac{2}{n}}{1+\frac{1}{n^2}} \longrightarrow -1 \quad (n \to \infty). \end{aligned}$$

Die Folge (x_n/n^2) konvergiert gegen -1, insbesondere ist daher

$$\frac{x_n}{n^2} \leq -\frac{1}{2} \qquad \text{oder} \qquad x_n \leq -\frac{n^2}{2}$$

für alle n ab einem bestimmten n_0. Dies bedeutet, dass (x_n) unbeschränkt ist, also nicht konvergieren kann.

(c) Es ist mit der dritten binomischen Formel

$$\begin{aligned} x_n = \sqrt{n^2+n} - n &= \frac{n^2+n-n^2}{\sqrt{n^2+n}+n} \\ &= \frac{n}{\sqrt{n^2+n}+n} = \frac{1}{\sqrt{1+\frac{1}{n}}+1} \longrightarrow \frac{1}{2} \quad (n \to \infty). \end{aligned}$$

(d) Ganz analog zum Teil (c) rechnen wir

$$\begin{aligned} x_n &= \sqrt{4n^2+n+2} - \sqrt{4n^2+1} \\ &= \frac{4n^2+n+2-4n^2-1}{\sqrt{4n^2+n+2}+\sqrt{4n^2+1}} \\ &= \frac{n+1}{\sqrt{4n^2+n+2}+\sqrt{4n^2+1}} \\ &= \frac{1+\frac{1}{n}}{\sqrt{4+\frac{1}{n}+\frac{2}{n^2}}+\sqrt{4+\frac{1}{n^2}}} \longrightarrow \frac{1}{4} \quad (n \to \infty). \end{aligned}$$

(e) Wir kürzen den Term 3^n im Zähler und Nenner. Dann ergibt sich:

$$\frac{3^{n+1}+2^n}{3^n+2} = \frac{3+\left(\frac{2}{3}\right)^n}{1+\frac{2}{3^n}}.$$

Die Terme rechts sind entweder Konstanten oder Glieder von Nullfolgen. Ausführlich ergibt sich:

$$\lim_{n\to\infty} x_n = \frac{\lim\limits_{n\to\infty}\left(3+\left(\frac{2}{3}\right)^n\right)}{\lim\limits_{n\to\infty}\left(1+\frac{2}{3^n}\right)} = \frac{3+\lim\limits_{n\to\infty}\left(\frac{2}{3}\right)^n}{1+\lim\limits_{n\to\infty}\frac{2}{3^n}} = \frac{3+0}{1+0} = 3.$$

Aufgabe 8.10 •• Es gilt:

$$1 = \frac{n+1}{n+1} \le \frac{3n+2}{n+1} \le \frac{3n+3}{n+1} = 3.$$

Daher folgt:

$$\sqrt[n]{1} \le a_n \le \sqrt[n]{3}.$$

Die Terme links und rechts konvergieren beide gegen 1. Daher ist nach dem Einschließungskriterium auch $\lim\limits_{n\to\infty} a_n = 1$.

Für (b_n) gilt

$$0 \le b_n = \frac{\left(\frac{1}{2}\right)^n}{\sqrt{\left(\frac{1}{2}\right)^n + n + \sqrt{n}}} \le \left(\frac{1}{2}\right)^n \frac{1}{2\sqrt{n}} \le \frac{1}{2\sqrt{n}}.$$

Die rechte Schranke konvergiert ebenfalls gegen null, also ist nach dem Einschließungskriterium auch $\lim\limits_{n\to\infty} b_n = 0$.

Aufgabe 8.11 ••• Mit der Bernoulli-Ungleichung folgt:

$$a_n = \left(1-\frac{1}{n^2}\right)^n \ge 1-\frac{1}{n}$$

für alle $n \in \mathbb{N}$. Somit ergibt sich:

$$1 = \lim_{n\to\infty}\left(1-\frac{1}{n}\right) \le \lim_{n\to\infty}\left(1-\frac{1}{n^2}\right)^n \le 1,$$

also gilt mit dem Einschließungskriterium $a_n \to 1$ für $n \to \infty$.

Wir betrachten den Betrag der Glieder von (b_n):

$$|b_n| = \frac{|n+\mathrm{i}|\cdot|1+\mathrm{i}\,n|}{|1+\mathrm{i}|^n} = \frac{|n+\mathrm{i}|\cdot|1+\mathrm{i}\,n|}{2^{n/2}} \ge \frac{|n|\cdot|n|}{2^{n/2}} = \frac{n^2}{2^{n/2}} \longrightarrow \infty \qquad (n\to\infty).$$

Die Folge ist unbeschränkt, also divergent.

Für die Folge (c_n) muss eine Fallunterscheidung durchgeführt werden. Für $q < 1$ gilt $q^n \to 0$ und $(-q)^n \to 0$ für $n \to \infty$. In diesem Fall ist $\lim\limits_{n\to\infty} c_n = 1$.

Im Fall $q = 1$ ist $c_n = 2/3$ für jedes gerade n und $c_n = 2$ für jedes ungerade n. Daher ist die Folge divergent.

Im Fall $q > 1$ gilt für alle ungeraden n:

$$c_n = \frac{1+q^n}{1+q^n-q^n} = 1+q^n \longrightarrow \infty \qquad (n\to\infty).$$

Nun ist die Folge unbeschränkt und daher divergent.

Für die Folge (d_n) ist ebenfalls eine Fallunterscheidung notwendig. Für $|q| < 2$ schreiben wir

$$d_n = \mathrm{i}^n \frac{\left(\frac{q}{2}\right)^n + \left(\frac{1}{2}\right)^n}{1+\frac{\mathrm{i}}{2^n}} \longrightarrow 0 \qquad (n\to\infty).$$

Für $|q| \ge 2$ nutzen wir die Darstellung

$$d_n = \left(\frac{\mathrm{i}q}{2}\right)^n \frac{1+\frac{1}{q^n}}{1+\frac{\mathrm{i}}{2^n}}.$$

Der zweite Faktor konvergiert gegen 1. Der erste Faktor divergiert aber, da die Folge (q^n) für $|q| \ge 1$ divergiert. Die Annahme, dass (d_n) konvergiert, führt also zu einem Widerspruch.

Aufgabe 8.12 •• Für $n = 0, 1, 2, \ldots$ betrachten wir die Differenz

$$\frac{1}{a} - x_{n+1} = \frac{1}{a} - 2x_n + ax_n^2 = a\left(\frac{1}{a^2} - 2\frac{1}{a}x_n + x_n^2\right) = a\left(\frac{1}{a} - x_n\right)^2 \ge 0.$$

Damit folgt $x_n \le 1/a$ für $n = 1, 2, 3, \ldots$. Für $n = 0$ ist dies aber schon vorausgesetzt.

Es gilt also $ax_n \le 1$, was wir im Folgenden häufig ausnutzen werden. Insbesondere folgt auch $ax_n \le 2$, und es ergibt sich:

$$x_{n+1} = x_n\,(2 - ax_n) \ge 0.$$

Damit gilt $0 \le x_n \le 1/a$ für alle $n \in \mathbb{N}_0$, die Folge ist beschränkt.

Um Konvergenz zu erhalten, benötigen wir noch die Monotonie. Dazu betrachten wir

$$x_{n+1} - x_n = 2x_n - ax_n^2 - x_n = x_n\,(1 - ax_n) \ge 0.$$

Die Folge ist also monoton wachsend. Aus dem Monotoniekriterium folgt, dass die Folge konvergiert.

Um den Grenzwert $x = \lim\limits_{n\to\infty} x_n$ zu bestimmen, betrachten wir die Fixpunktgleichung, die wir erhalten, indem wir in der Rekursionsvorschrift auf beiden Seiten zum Grenzwert übergehen. Sie lautet

$$x = 2x - ax^2$$

und hat die Lösungen 0 und $1/a$. Diese sind die Kandidaten für den Grenzwert. Da die Folge monoton wächst und schon $x_0 > 0$ ist, kommt 0 als Grenzwert nicht infrage. Also gilt $\lim_{n\to\infty} x_n = 1/a$.

Aufgabe 8.13 •• Wir überlegen uns zunächst, welche Kandidaten es für Grenzwerte gibt. Diese sind die Lösung der Fixpunktgleichung

$$a = \frac{1}{4}(a^2 + 3),$$

also $a = 1$ und $a = 3$. Wir betrachten ferner die Differenz zweier aufeinanderfolgender Glieder

$$a_{n+1} - a_n = \frac{1}{4}(a_n^2 + 3 - 4a_n) = \frac{1}{4}(a_n - 3)(a_n - 1).$$

Indem wir die Vorzeichen der Terme auf der rechten Seite betrachten, können wir einige Aussagen über Monotonieeigenschaften der Folge formulieren. Auf jeden Fall gilt: Für $a_0 = 1$ oder $a_0 = 3$ ist die Folge konstant und daher konvergent.

Schließlich betrachten wir noch

$$\begin{aligned} a_{n+1} - 1 &= \frac{1}{4}\left(a_n^2 - 1\right) = \frac{1}{4}(a_n - 1)(a_n + 1), \\ a_{n+1} - 3 &= \frac{1}{4}\left(a_n^2 - 9\right) = \frac{1}{4}(a_n - 3)(a_n + 3). \end{aligned}$$

Nun können alle Fälle abgearbeitet werden: Für $a_0 = -3$ bzw. $a_0 = -1$ ergibt sich $a_1 = 3$ bzw. $a_1 = 1$, und die Folge konvergiert.

Ist $a_0 > 3$, so wächst die Folge streng monoton und ist größer als beide Kandidaten für den Grenzwert. Also divergiert die Folge in diesem Fall. Ist $a_0 < -3$, so gilt $a_1 > 3$. Auch dann divergiert die Folge.

Für $1 < a_0 < 3$ erhält man auch $1 < a_n < 3$ für alle $n \in \mathbb{N}$. Die Folge konvergiert, da sie beschränkt und monoton fallend ist, und es ist $\lim_{n\to\infty} a_n = 1$.

Für $-3 < a_0 < -1$ ist $1 < a_1 < 3$, und wie im vorhergehenden Fall erhält man $\lim_{n\to\infty} a_n = 1$.

Für $-1 < a_0 < 1$ wächst die Folge monoton, aber es gilt $a_n < 1$ für alle $n \in \mathbb{N}$. Daher folgt auch hier $\lim_{n\to\infty} a_n = 1$.

Aufgabe 8.14 • (a) Die Folge zerfällt vollständig in die beiden Teilfolgen (a_{2k}) und (a_{2k-1}) mit

$$a_{2k} = 2 + \frac{1}{\sqrt{2k}}, \quad a_{2k-1} = \frac{1}{\sqrt{2k-1}}, \quad k \in \mathbb{N}.$$

Beide Teilfolgen sind streng monoton fallend und konvergent. Ferner gilt auch $a_{2k} > 2 > a_{2l-1}$ für alle $k, l \in \mathbb{N}$. Es ist also

$$\begin{aligned} \sup_{n\in\mathbb{N}} a_n &= a_2 = 2 + \frac{\sqrt{2}}{2}, \\ \limsup_{n\to\infty} a_n &= \lim_{k\to\infty} a_{2k} = 2, \\ \liminf_{n\to\infty} a_n &= \inf_{n\in\mathbb{N}} a_n = \lim_{k\to\infty} a_{2k-1} = 0. \end{aligned}$$

(b) Die Folge zerfällt vollständig in die drei Teilfolgen (a_{3k}), (a_{3k-1}) und (a_{3k-2}), die jeweils konvergieren. Die Grenzwerte sind 1 im Fall der ersten bzw. 0 im Fall der anderen beiden Teilfolgen. Damit ist

$$\limsup_{n\to\infty} a_n = 1, \qquad \liminf_{n\to\infty} a_n = 0.$$

Ferner gilt für alle $k, l \in \mathbb{N}$:

$$1 > a_{3k} > 0, \quad 1 > a_{3k-1} > 0 > a_{3l-2}.$$

Hieraus folgt direkt $\sup_{n\in\mathbb{N}} a_n = \lim_{k\to\infty} a_{3k} = 1$. Da die Folge (a_{3l-2}) streng monoton wächst, folgt ferner $\inf_{n\in\mathbb{N}} a_n = a_1 = -1$.

(c) Die Folge wächst streng monoton, denn

$$\begin{aligned} \frac{a_{n+1}}{a_n} &= \frac{(n+1)^2 + 1}{n+2} \cdot \frac{n+1}{n^2+1} = \frac{n^3 + 3n^2 + 4n + 1}{n^3 + 2n^2 + n + 2} \\ &\geq \frac{n^3 + 3n^2 + 3n + 2}{n^3 + 2n^2 + n + 2} = 1 + \frac{n^2 + 2n}{n^3 + 2n^2 + n + 2} > 1 \end{aligned}$$

für alle $n \in \mathbb{N}$. Ferner ist sie unbeschränkt. Somit existieren $\limsup_{n\to\infty} a_n$, $\liminf_{n\to\infty} a_n$ und $\sup_{n\in\mathbb{N}} a_n$ nicht. Es ist

$$\inf_{n\in\mathbb{N}} a_n = a_1 = 1.$$

Beweisaufgaben

Aufgabe 8.15 • Ist (a_n) aus $\mathbb{C}$ konvergent, so konvergieren Realteil und Imaginärteil dieser Folge. Nach den Rechenregeln für Summen von Grenzwerten ist dann

$$\begin{aligned} \lim_{n\to\infty} \overline{a_n} &= \lim_{n\to\infty} \operatorname{Re}(a_n) - \mathrm{i} \lim_{n\to\infty} \operatorname{Im}(a_n) \\ &= \operatorname{Re}(a) - \mathrm{i}\operatorname{Im}(a) = \overline{a}. \end{aligned}$$

Nach der Rechenregel für Produkte folgt nun

$$\begin{aligned} \lim_{n\to\infty} |a_n|^2 &= \lim_{n\to\infty} a_n \overline{a_n} \\ &= \lim_{n\to\infty} a_n \lim_{n\to\infty} \overline{a_n} = a\,\overline{a} = |a|^2. \end{aligned}$$

Nun wenden wir noch die Rechenregel für Potenzen an:

$$\begin{aligned} \lim_{n\to\infty} |a_n| &= \lim_{n\to\infty} \left(|a_n|^2\right)^{1/2} \\ &= \left(\lim_{n\to\infty} |a_n|^2\right)^{1/2} = \left(|a|^2\right)^{1/2} = |a|. \end{aligned}$$

Aufgabe 8.16 • Mit $a_n = \sqrt[n]{|n^p q^n|} = (\sqrt[n]{n})^p |q|$ folgt mit $\sqrt[n]{n} \to 1$, dass $\lim\limits_{n\to\infty} a_n = |q|$ ist. Wählen wir $\delta \in (|q|, 1)$, so gibt es $n_0 \in \mathbb{N}$ mit $a_n \le \delta < 1$ für $n \ge n_0$ und wir erhalten

$$|n^p q^n| = a_n^n \le \delta^n \longrightarrow 0 \quad (n \to \infty)\,.$$

Aufgabe 8.17 •• (a) Im Fall $\lambda = 0$ ist (λx_n) konstant null und es ist nichts weiter zu zeigen. Es gelte also $\lambda \neq 0$. Zu $\varepsilon > 0$ gibt es ein $N \in \mathbb{N}$ mit

$$|x_n - x| \le \frac{\varepsilon}{|\lambda|}, \qquad n \ge N\,.$$

Daraus folgt:

$$|\lambda x_n - \lambda x| \le \varepsilon, \qquad n \ge N\,.$$

(b) Wir schreiben um und schätzen mit der Dreiecksungleichung ab:

$$\begin{aligned}|x_n y_n - xy| &= |x_n y_n - x_n y + x_n y - xy| \\ &\le |x_n|\,|y_n - y| + |x_n - x|\,|y|\,.\end{aligned}$$

Da die Folge (x_n) konvergiert, ist sie auch beschränkt. Ist $C > 0$ eine Schranke für diese Folge, so erhalten wir

$$|x_n y_n - xy| \le C\,|y_n - y| + |y|\,|x_n - x|\,.$$

Die rechte Seite in dieser Abschätzung geht gegen null für $n \to \infty$, daher folgt mit dem Monotoniekriterium, dass $x_n y_n \to xy$ für $n \to \infty$.

Aufgabe 8.18 •• Setze $a = \lim\limits_{n\to\infty} a_n$. Sei $\varepsilon > 0$. Dann existiert nach der Definition des Grenzwerts ein $N \in \mathbb{N}$ mit

$$|a_n - a| < \varepsilon \quad \text{für alle } n \ge N\,.$$

Setze nun $K = 1 + \max\{k \mid g(k) < N\}$. Das Maximum existiert, da es genau $N - 1$ verschiedene k mit $g(k) < N$ gibt, insbesondere also endlich viele. Ist nun $k \ge K$, so folgt $g(k) \ge N$ und damit ist

$$|b_k - a| = |a_{g(k)} - a| < \varepsilon\,.$$

Dies bedeutet, dass die Folge (b_k) konvergiert und dass ihr Grenzwert gleich a ist.

Aufgabe 8.19 ••• (a) Es ist

$$\begin{aligned}b_{n+1} &= \frac{a_{n+2}}{a_{n+1}} = \frac{a_{n+1} + a_n}{a_n + a_{n-1}} \\ &= \frac{a_n + a_{n-1} + a_n}{a_n + a_{n-1}} = 1 + \frac{a_n}{a_{n+1}} = 1 + \frac{1}{b_n}\,.\end{aligned}$$

(b) Wir zeigen induktiv

$$b_{2n-1} \in [1, b] \quad \text{und} \quad b_{2n} \in [b, 2]\,,$$

wobei b die Zahl des Goldenen Schnitts bezeichne.

Mit $b_1 = 1 \in [1, b]$ und $b_2 = 1 + 1/1 = 2 \in [b, 2]$ ist der Induktionsanfang offensichtlich. Für den Induktionsschritt nehmen wir an, dass $1 \le b_{2n-1} \le b$ und $b \le b_{2n} \le 2$ gilt. Dann folgt:

$$1 \le \underbrace{1 + \frac{1}{b_{2n}}}_{=b_{2n+1}} \le 1 + \frac{1}{b}\,.$$

Also ist $b_{2n+1} \le 1 + \frac{1}{b} = b$. Die letzte Gleichung gilt, da b Lösung der quadratischen Gleichung $b^2 - b - 1 = 0$ ist. Mit dieser Ungleichung folgern wir weiter:

$$b = 1 + \frac{1}{b} \le \underbrace{1 + \frac{1}{b_{2n+1}}}_{b_{2n+2}} \le 2\,.$$

Damit ist die Induktion abgeschlossen, und wir wissen insbesondere, dass die beiden Teilfolgen beschränkt sind.

Nun betrachten wir die Differenz

$$b_{n+2} - b_n = 1 + \frac{1}{1 + \frac{1}{b_n}} - b_n = \frac{-b_n^2 + b_n + 1}{b_n + 1}\,.$$

Der Graph des Zählerpolynoms ist eine nach unten offene Parabel mit den Nullstellen

$$\frac{1}{2}(1 - \sqrt{5}) \quad \text{und} \quad \frac{1}{2}(1 + \sqrt{5})\,.$$

Da $b_n + 1 > 0$ ist, sehen wir

$$b_{n+2} - b_n \le 0 \quad \text{für } b_n \ge b$$

und

$$b_{n+2} - b_n \ge 0 \quad \text{für } 0 \le b_n \le b\,.$$

Somit ist die Folge (b_{2n}) in $[b, 2]$ beschränkt und monoton fallend und andererseits die Folge (b_{2n-1}) in $[1, b]$ beschränkt und monoton wachsend.

(c) Mit dem Monotoniekriterium erhalten wir die Konvergenz beider Teilfolgen, d. h., es gibt Zahlen $l_1 \in [1, b]$ und $l_2 \in [b, 2]$ mit

$$\lim_{n\to\infty} b_{2n-1} = l_1 \quad \text{und} \quad \lim_{n\to\infty} b_{2n} = l_2\,.$$

Beide Zahlen l_1, l_2 müssen aber Lösung der Fixpunktgleichung

$$l = \lim_{n\to\infty} b_{n+2} = \lim_{n\to\infty}\left(1 + \frac{1}{1 + \frac{1}{b_n}}\right) = 1 + \frac{1}{1 + \frac{1}{l}}$$

sein. Diese ist äquivalent zur quadratischen Gleichung $l^2 - l + 1 = 0$ mit der einzigen positiven Lösung $b = \frac{1}{2}(1 + \sqrt{5})$. Somit konvergieren beide Teilfolgen gegen denselben Grenzwert, d. h., die Folge (b_n) hat nur einen einzigen Häufungspunkt b. Da sie beschränkt ist, folgt $\lim\limits_{n\to\infty} b_n = b$.

Kommentar: Der Wert $b = \frac{1}{2}(1+\sqrt{5})$ hat eine weitreichende kulturhistorische Bedeutung und wird *die Zahl des goldenen Schnitts* genannt. Objekte im Verhältnis des goldenen Schnitts anzuordnen, fasziniert Künstler und Architekten seit Jahrtausenden. Der Wert ergibt sich als das Verhältnis $b = \frac{x}{y}$ zweier Strecken $x > y > 0$, wenn diese so gewählt sind, dass die längere Strecke zur kürzeren im gleichen Verhältnis steht, wie die Summe beider Strecken zur längeren; also kurz, wenn gilt:

$$\frac{x}{y} = \frac{x+y}{x}.$$

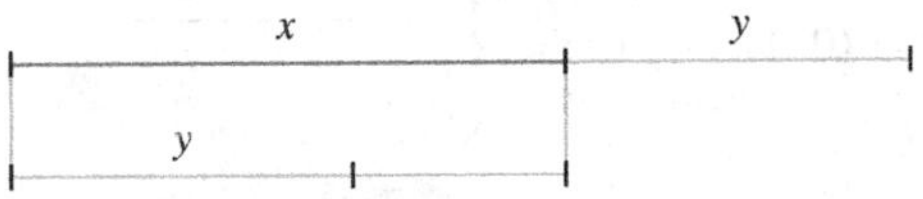

Abbildung 8.1 Teilung der Strecke $x + y$ im Verhältnis des Goldenen Schnitts. Es gilt die Gleichung $x/y = (x+y)/x$.

Übrigens, wenn man analog zu den Fibonacci-Zahlen andere Folgen (a_n) mit derselben Rekursion $a_{n+1} = a_{n-1} + a_n$ aber mit anderen Startwerten a_0 und a_1 bildet, so ergibt sich derselbe Grenzwert für die Folge der Verhältnisse a_{n+1}/a_n. Beispiele und viele weitere Betrachtungen zum goldenen Schnitt finden sich in dem Buch *Der goldene Schnitt* von A. Beutelspacher und B. Petri, das im BI-Wiss.-Verlag 1989 erschienen ist.

Aufgabe 8.20 ••• Zu jedem $\varepsilon > 0$ gibt es ein $N \in \mathbb{N}$, sodass $|a_n| < \varepsilon$ ist für alle $n \geq N$. Also gilt für $n \geq N$:

$$\begin{aligned}|b_n| &\leq \frac{1}{n}\sum_{j=1}^{N-1}|a_j| + \frac{1}{n}\sum_{j=N}^{n}|a_j| \\ &\leq \frac{N-1}{n}\max_{j=1\ldots N-1}|a_j| + \frac{n-N+1}{n}\varepsilon \\ &\leq \frac{N-1}{n}\max_{j=1\ldots N-1}|a_j| + \varepsilon.\end{aligned}$$

Der erste Term geht gegen null für $n \to \infty$, daher ist

$$\lim_{n\to\infty}|b_n| \leq \varepsilon$$

für jedes $\varepsilon > 0$. Hieraus ergibt sich die Behauptung.

Aufgabe 8.21 •• Die Folge (a_n) ist monoton wachsend und durch b_1 nach oben beschränkt, die Folge (b_n) ist monoton fallend und durch a_1 nach unten beschränkt. Nach dem Monotoniekriterium konvergieren beide Folgen, die Grenzwerte bezeichnen wir mit a bzw. b. Aus $a_n \leq b_n$ für alle $n \in \mathbb{N}$ folgt auch $a \leq b$. Zusammen mit der Monotonie haben wir

$$a_n \leq a \leq b \leq b_n, \qquad n \in \mathbb{N}.$$

Somit ist $[a, b] \subseteq I_n$ für alle $n \in \mathbb{N}$. Zu zeigen ist noch $a = b$.

Wir nehmen an, dass $b - a = \delta > 0$ ist. Dann ist auch

$$b_n - a_n \geq b - a_n \geq b - a = \delta > 0$$

für alle $n \in \mathbb{N}$. Dies ist ein Widerspruch zu $|I_n| = b_n - a_n \to 0$ für $n \to \infty$. Somit folgt $a = b$.

Kapitel 9

Aufgaben

Verständnisfragen

Aufgabe 9.1 • Bestimmen Sie jeweils den größtmöglichen Definitionsbereich $D \subseteq \mathbb{R}$ und das zugehörige Bild der Funktionen $f\colon D \to \mathbb{R}$ mit den folgenden Abbildungsvorschriften:

(a) $f(x) = \dfrac{x + \frac{1}{x}}{x}$ (b) $f(x) = \dfrac{x^2 + 3x + 2}{x^2 + x - 2}$

(c) $f(x) = \dfrac{1}{x^4 - 2x^2 + 1}$ (d) $f(x) = \sqrt{x^2 - 2x - 1}$

Aufgabe 9.2 • Welche der folgenden Funktionen $f\colon [0, 1] \to [0, 1]$ sind streng monoton, injektiv, surjektiv?

(a) $f(x) = \begin{cases} \dfrac{x - 1 + x^2 - x^3}{x - 1}, & x \in [0, 1)\,, \\ 1\,, & x = 1\,, \end{cases}$

(b) $f(x) = \begin{cases} \dfrac{x}{4}, & x < \dfrac{x}{2}\,, \\ \dfrac{3x}{2} - \dfrac{1}{2}, & x \geq \dfrac{1}{2}\,, \end{cases}$

(c) $f(x) = \dfrac{1 - x}{2x + 1}\,.$

Aufgabe 9.3 • Formulieren Sie mithilfe der ε-δ-Definition der Stetigkeit die Aussage, dass eine Funktion $f\colon D \to W$ im Punkt $x_0 \in D$ nicht stetig ist.

Aufgabe 9.4 • Welche stetigen Funktionen $f\colon \mathbb{R} \to \mathbb{R}$ erfüllen die Funktionalgleichung

$$f(x + y) = f(x) + f(y)\,, \qquad x, y \in \mathbb{R}\,?$$

Aufgabe 9.5 •• Welche der folgenden Teilmengen von $\mathbb{C}$ sind beschränkt, abgeschlossen und/oder kompakt?

(a) $\{z \in \mathbb{C} \mid |z - 2| \leq 2 \text{ und } \operatorname{Re}(z) + \operatorname{Im}(z) \geq 1\}$

(b) $\{z \in \mathbb{C} \mid |z|^2 + 1 \geq 2\operatorname{Im}(z)\}$

(c) $\{z \in \mathbb{C} \mid 1 > \operatorname{Im}(z) \geq -1\}$
$\cap \{z \in \mathbb{C} \mid \operatorname{Re}(z) + \operatorname{Im}(z) \leq 0\}$
$\cap \{z \in \mathbb{C} \mid \operatorname{Re}(z) - \operatorname{Im}(z) \geq 0\}$

(d) $\{z \in \mathbb{C} \mid |z + 2| \leq 2\} \cap \{z \in \mathbb{C} \mid |z - \mathrm{i}| < 1\}$

Aufgabe 9.6 • Welche der folgenden Aussagen über eine Funktion $f\colon (a, b) \to \mathbb{R}$ sind richtig, welche sind falsch?

(a) f ist stetig, falls für jedes $\hat{x} \in (a, b)$ der linksseitige Grenzwert $\lim\limits_{x \to \hat{x}-} f(x)$ mit dem rechtsseitigen Grenzwert $\lim\limits_{x \to \hat{x}+} f(x)$ übereinstimmt.

(b) f ist stetig, falls für jedes $\hat{x} \in (a, b)$ der Grenzwert $\lim\limits_{x \to \hat{x}} f(x)$ existiert.

(c) Falls f stetig ist, ist f auch beschränkt.

(d) Falls f stetig ist und eine Nullstelle besitzt, aber nicht die Nullfunktion ist, dann gibt es Stellen $x_1, x_2 \in (a, b)$ mit $f(x_1) < 0$ und $f(x_2) > 0$.

(e) Falls f stetig und monoton ist, wird jeder Wert aus dem Bild von f an genau einer Stelle angenommen.

Aufgabe 9.7 • Wie muss jeweils der Parameter $c \in \mathbb{R}$ gewählt werden, damit die folgenden Funktionen $f\colon D \to \mathbb{R}$ stetig sind?

(a) $D = [-1, 1]$, $\quad f(x) = \begin{cases} \dfrac{x^2 + 2x - 3}{x^2 + x - 2}, & x \neq 1 \\ c, & x = 1 \end{cases}$

(b) $D = (0, 1]$, $\quad f(x) = \begin{cases} \dfrac{x^3 - 2x^2 - 5x + 6}{x^3 - x}, & x \neq 1 \\ c, & x = 1 \end{cases}$

Aufgabe 9.8 •• Gegeben ist eine Funktion $f\colon [a, b] \to \mathbb{R}$ mit der folgenden Zwischenwerteigenschaft: Sind $y_1, y_2 \in f([a, b])$, so ist $y \in f([a, b])$ für jedes y zwischen y_1 und y_2. Ist f notwendigerweise stetig?

Aufgabe 9.9 •• Gegeben ist eine Funktion $f\colon [0, 1] \to \mathbb{R}$ durch die Abbildungsvorschrift

$$f(x) = \begin{cases} \frac{1}{q}, & x = \frac{p}{q},\ p, q \in \mathbb{N} \text{ teilerfremd}, \\ 0, & \text{sonst.} \end{cases}$$

In welchen Punkten ist f stetig?

Rechenaufgaben

Aufgabe 9.10 • Berechnen Sie die folgenden Grenzwerte:

(a) $\lim\limits_{x \to 2} \dfrac{x^4 - 2x^3 - 7x^2 + 20x - 12}{x^4 - 6x^3 + 9x^2 + 4x - 12}$

(b) $\lim\limits_{x \to \infty} \dfrac{2x - 3}{x - 1}$

(c) $\lim\limits_{x \to \infty} \left(\sqrt{x + 1} - \sqrt{x}\right)$

(d) $\lim\limits_{x \to 0} \left(\dfrac{1}{x} - \dfrac{1}{x^2}\right)$

Aufgabe 9.11 •• Verwenden Sie die ε-δ-Formulierung der Stetigkeit, um zu zeigen, dass die folgenden Funktionen stetig sind. Ist eine von ihnen gleichmäßig stetig?

(a) $f(x) = \dfrac{1}{x^2 - x - 2}, \qquad x \in (0, 1)$

(b) $g(x) = \dfrac{x^2 - 2}{x + 1}, \qquad x > 2$

Aufgabe 9.12 •• Bestimmen Sie die globalen Extrema der folgenden Funktionen.

(a) $f\colon [-2, 2] \to \mathbb{R}$ mit $f(x) = 1 - 2x - x^2$

(b) $f\colon \mathbb{R} \to \mathbb{R}$ mit $f(x) = x^4 - 4x^3 + 8x^2 - 8x + 4$

Aufgabe 9.13 ••• Auf der Menge $M=\{z\in\mathbb{C}\mid |z|\le 2\}$ ist die Funktion $f\colon \mathbb{C}\to\mathbb{R}$ mit

$$f(z)=\operatorname{Re}[(3+4\mathrm{i})z]$$

definiert.

(a) Untersuchen Sie die Menge M auf Offenheit, Abgeschlossenheit, Kompaktheit.
(b) Begründen Sie, dass f globale Extrema besitzt und bestimmen Sie diese.

Aufgabe 9.14 • Zeigen Sie, dass das Polynom

$$p(x)=x^5-9x^4-\frac{82}{9}x^3+82x^2+x-9$$

auf dem Intervall $[-1,4]$ genau drei Nullstellen besitzt.

Aufgabe 9.15 •• Betrachten Sie die beiden Funktionen $f,g\colon\mathbb{R}\to\mathbb{R}$ mit

$$f(x)=\begin{cases}4-x^2, & x\le 2,\\ 4x^2-24x+36, & x>2\end{cases}$$

und

$$g(x)=x+1.$$

Zeigen Sie, dass die Graphen der Funktionen mindestens vier Schnittpunkte haben.

Beweisaufgaben

Aufgabe 9.16 • Gegeben sind zwei stetige Funktionen $f,g\colon\mathbb{R}\to\mathbb{C}$ mit $f(x)=g(x)$ für alle $x\in\mathbb{Q}$. Zeigen Sie $f(x)=g(x)$ für alle $x\in\mathbb{R}$.

Aufgabe 9.17 ••• Sei $D\subseteq\mathbb{C}$.

(a) Zeigen Sie: Sind $f_1,\ldots,f_n\colon D\to\mathbb{R}$ stetig, so ist auch g mit

$$g(x)=\max_{j=1,\ldots,n} f_j(x),\qquad x\in D,$$

stetig.
(b) Es seien $f_j\colon D\to\mathbb{R}$, $j\in\mathbb{N}$ stetig, und es existiere die Funktion g, die durch

$$g(x)=\sup_{j\in\mathbb{N}} f_j(x),\qquad x\in D,$$

definiert ist. Zeigen Sie durch ein Gegenbeispiel, dass g nicht stetig sein muss.

Aufgabe 9.18 •• Gegeben ist eine stetige Funktion $f\colon[0,1]\to\mathbb{R}$ mit $f(0)=f(1)$. Zeigen Sie: Für jedes $n\in\mathbb{N}$ gibt es ein $\hat{x}\in[0,(n-1)/n]$ mit $f(\hat{x})=f(\hat{x}+\frac{1}{n})$.

Aufgabe 9.19 ••• Auf einer Scheibe Brot liegt eine Scheibe Schinken, wobei die beiden nicht deckungsgleich sein müssen (Abb. 9.1). Zeigen Sie, dass man mit einem Messer das Schinkenbrot durch einen geraden Schnitt fair teilen kann, d. h., beide Hälften bestehen aus gleich viel Brot und Schinken. Machen Sie zur Lösung geeignete Annahmen über stetige Abhängigkeiten.

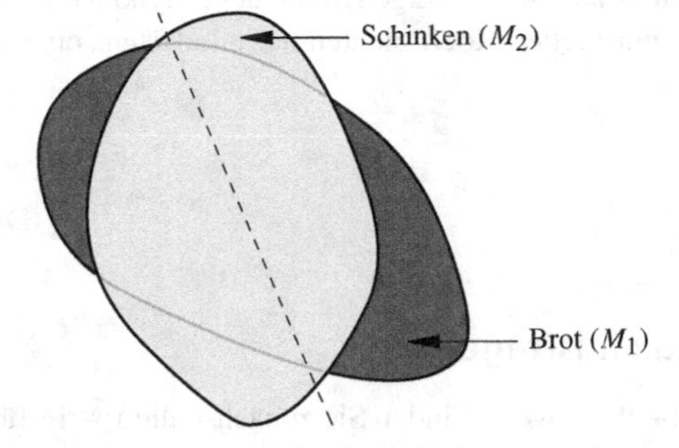

Abbildung 9.1 Wie teilt man ein Schinkenbrot gerecht in zwei Teile?

Aufgabe 9.20 •• Zeigen Sie: Eine Teilmenge von $\mathbb{R}$ mit leerem Rand ist entweder die leere Menge oder ganz $\mathbb{R}$.

Aufgabe 9.21 •• Es soll gezeigt werden, dass ein abgeschlossenes Intervall $[a,b]$ die Heine-Borel-Eigenschaft besitzt. Gegeben ist ein System U von offenen Mengen mit

$$[a,b]\subseteq\bigcup_{V\in U} V.$$

Man sagt, die Elemente V von U überdecken $[a,b]$. Betrachten Sie die Menge

$$M=\{x\in[a,b]\mid [a,x] \text{ wird durch endlich viele } V \text{ aus } U \text{ überdeckt.}\}.$$

Zeigen Sie:

(a) M besitzt ein Supremum.
(b) Das Supremum von M ist gleich b.

Aufgabe 9.22 • Gegeben ist eine stetige Funktion $f\colon[a,b]\to\mathbb{R}$. Für alle $x\in(a,b)$ soll es ein $y\in(x,b]$ geben mit $f(y)>f(x)$. Für a soll dies nicht gelten. Zeigen Sie, dass $f(x)\le f(b)$ für alle $x\in(a,b)$ gilt, sowie $f(a)=f(b)$.

In der englischen Literatur wird diese Aussage auch als *Rising Sun Lemma* bezeichnet. Den Grund für diesen Namen gibt die Abbildung 9.2 wieder.

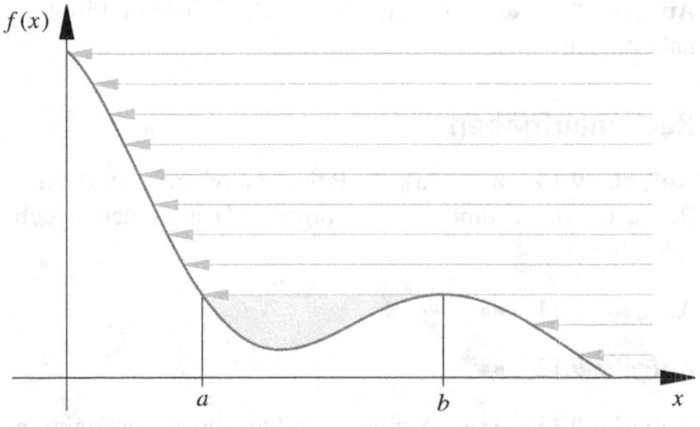

Abbildung 9.2 Die Voraussetzungen des Rising-Sun-Lemmas charakterisieren Intervalle, auf denen der Graph der Funktion nicht von den Strahlen der im Unendlichen aufgehenden Sonne getroffen wird.

Aufgabe 9.23 • Zeigen Sie: Jedes Polynom ungeraden Grades mit reellen Koeffizienten hat mindestens eine reelle Nullstelle.

Hinweise

Verständnisfragen

Aufgabe 9.1 • Finden Sie zunächst alle $x \in \mathbb{R}$, für die $f(x)$ nicht definiert ist. Um das Bild zu bestimmen, versuchen Sie durch Kürzen oder durch die binomischen Formeln die Ausdrücke auf einfache Funktionen wie $\frac{1}{x}$, $\frac{1}{x^2}$ oder $\sqrt{x}$ zurückzuführen.

Aufgabe 9.2 • Da aus strenger Monotonie die Injektivität folgt, ist es hilfreich, zunächst auf Monotonie zu untersuchen. Evtl. ist es nützlich die Funktionen zu skizzieren.

Aufgabe 9.3 • Formulieren Sie die Stetigkeit in x_0 und identifizieren Sie die Quantoren.

Aufgabe 9.4 • Versuchen Sie, Darstellungen von $f(x)$ für $x \in \mathbb{N}$ und $x \in \mathbb{Q}$ zu finden.

Aufgabe 9.5 •• Fertigen Sie Skizzen der Mengen an. Überlegen Sie sich, ob die Ränder der Mengen dazugehören oder nicht. Eventuell ist es hilfreich, die Ungleichungszeichen durch Gleichheitszeichen zu ersetzen, die Lösungen dieser Gleichungen ergeben die Ränder. In einem zweiten Schritt ist zu überlegen, welche Mengen durch die Ungleichungen beschrieben werden.

Aufgabe 9.6 • Wenn Sie vermuten, dass eine Aussage falsch ist, versuchen Sie ein explizites Gegenbeispiel zu konstruieren.

Aufgabe 9.7 • Nullstellen der Nenner bestimmen, Polynomdivision.

Aufgabe 9.8 •• Überlegen Sie sich, ob eine Funktion mit einer typischen Unstetigkeit die Eigenschaft erfüllen kann.

Aufgabe 9.9 •• Untersuchen Sie rationale und irrationale Zahlen.

Rechenaufgaben

Aufgabe 9.10 • (a), (b) Polynomdivision (bei (b) mit Rest), (c) dritte binomische Formel, (d) als einen Bruch schreiben.

Aufgabe 9.11 •• –

Aufgabe 9.12 •• –

Aufgabe 9.13 ••• Auf welchen Mengen ist die Funktion konstant? Machen Sie sich geometrisch klar, wann der Funktionswert maximal bzw. minimal wird.

Aufgabe 9.14 • Überprüfen Sie zunächst, ob es ganzzahlige Nullstellen gibt. Weitere Nullstellen können Sie mit dem Zwischenwertsatz finden.

Aufgabe 9.15 •• Suchen Sie geeignete Intervalle, auf denen sowohl f also auch g stetig sind. Betrachten Sie dort die Differenz der beiden Funktionen.

Beweisaufgaben

Aufgabe 9.16 • Konstruieren Sie zu $x \in \mathbb{R} \setminus \mathbb{Q}$ eine Folge rationaler Zahlen, die gegen x konvergiert.

Aufgabe 9.17 ••• (a) Es reicht, die Aussage für das Maximum von zwei Funktionen zu zeigen. (b) Wählen Sie eine Folge von Funktionen mit zunehmender Steigung.

Aufgabe 9.18 •• Definieren Sie eine neue Funktion als Differenz von f und der um $1/n$ verschobenen Funktion. Führen Sie die Annahme zu einem Widerspruch, dass diese Funktion in den Stellen j/n, $j = 0, \ldots, n-1$ stets dasselbe Vorzeichen besitzt.

Aufgabe 9.19 ••• –

Aufgabe 9.20 •• Versuchen Sie, einen Randpunkt der Menge zu konstruieren, wenn Sie annehmen, dass es sowohl innerhalb als auch außerhalb der Menge Punkte gibt.

Aufgabe 9.21 •• (a) Zeigen Sie, dass M nichtleer ist. (b) Finden Sie endlich viele der Mengen aus U, die das Intervall $[a, \sup M]$ überdecken. Es ergibt sich ein Widerspruch, wenn $\sup M < b$ angenommen wird.

Aufgabe 9.22 • Verwenden Sie den Satz über die Existenz globaler Extrema.

Aufgabe 9.23 • Verwenden Sie den Nullstellensatz.

Lösungen

Verständnisfragen

Aufgabe 9.1 •

(a) $D = \mathbb{R} \setminus \{0\}$, $f(D) = \mathbb{R}_{>1}$
(b) $D = \mathbb{R} \setminus \{1, -2\}$, $f(D) = \mathbb{R} \setminus \{1, \frac{1}{3}\}$
(c) $D = \mathbb{R} \setminus \{-1, 1\}$, $f(D) = \mathbb{R}_{>0}$
(d) $D = \mathbb{R} \setminus \{1 - \sqrt{2}, 1 + \sqrt{2}\}$, $f(D) = \mathbb{R}_{\geq 0}$

Aufgabe 9.2 • (a) Weder monoton, noch injektiv, noch surjektiv. (b) Streng monoton wachsend, daher injektiv, aber nicht surjektiv. (c) Streng monoton fallend, daher injektiv, und auch surjektiv.

Aufgabe 9.3 • Es gibt ein $\varepsilon > 0$ sodass für alle $\delta > 0$ ein $x \in D$ mit $|x - x_0| < \delta$ existiert, für das gilt: $|f(x) - f(x_0)| \geq \varepsilon$.

Aufgabe 9.4 • Es ist $f(x) = ax$, $x \in \mathbb{R}$, mit $a \in \mathbb{R}$.

Aufgabe 9.5 ••

(a) Beschränkt, abgeschlossen, kompakt.
(b) Abgeschlossen, aber nicht beschränkt oder kompakt.
(c) Beschränkt, abgeschlossen, kompakt.
(d) Beschränkt, nicht abgeschlossen, nicht kompakt.

Aufgabe 9.6 •

(a) Falsch.
(b) Richtig.
(c) Falsch.
(d) Falsch.
(e) Falsch.

Aufgabe 9.7 • (a) $\frac{4}{3}$ (b) -3

Aufgabe 9.8 •• f muss nicht stetig sein.

Aufgabe 9.9 •• In $(0, 1] \cap \mathbb{Q}$ ist f nicht stetig, in $([0, 1] \setminus \mathbb{Q}) \cup \{0\}$ ist f stetig.

Rechenaufgaben

Aufgabe 9.10 • (a) $-\frac{5}{3}$ (b) 2 (c) 0 (d) $-\infty$

Aufgabe 9.11 •• –

Aufgabe 9.12 ••

(a) Minimalstelle $x^- = 2$ mit Funktionswert $f(x^-) = -7$, Maximalstelle $x^+ = -1$ mit Funktionswert $f(x^+) = 2$.
(b) Minimalstelle $x^- = 1$ mit Funktionswert $f(x^-) = 1$, keine Maximalstelle.

Aufgabe 9.13 ••• Maximalstelle $z^+ = \frac{6}{5} + \frac{8}{5}\mathrm{i}$ mit $f(z^+) = 10$, Minimalstelle $z^- = -\frac{6}{5} - \frac{8}{5}\mathrm{i}$ mit $f(z^-) = -10$.

Aufgabe 9.14 • –

Aufgabe 9.15 •• –

Beweisaufgaben

Aufgabe 9.16 • –

Aufgabe 9.17 ••• –

Aufgabe 9.18 •• –

Aufgabe 9.19 ••• –

Aufgabe 9.20 •• –

Aufgabe 9.21 •• –

Aufgabe 9.22 • –

Aufgabe 9.23 • –

Lösungswege

Verständnisfragen

Aufgabe 9.1 •

(a) Für alle $x \in \mathbb{R} \setminus \{0\}$ macht der Ausdruck Sinn, für $x = 0$ ist er nicht definiert. Also ist $D = \mathbb{R} \setminus \{0\}$. Um das Bild zu bestimmen, schreiben wir nun:

$$f(x) = 1 + \frac{1}{x^2}$$

Der Bruch $\frac{1}{x^2}$ nimmt auf D alle positiven Zahlen an, also ist $f(D) = \mathbb{R}_{>1}$.

(b) Um Stellen zu bestimmen, an denen die Funktion nicht definiert ist, schreiben wir den Nenner um:

$$\begin{aligned} x^2 + x - 2 &= \left(x + \frac{1}{2}\right)^2 - \frac{9}{4} \\ &= \left(x + \frac{1}{2}\right)^2 - \left(\frac{3}{2}\right)^2 \\ &= \left(x + \frac{1}{2} - \frac{3}{2}\right)\left(x + \frac{1}{2} + \frac{3}{2}\right) \\ &= (x-1)(x+2). \end{aligned}$$

Also ist $D = \mathbb{R} \setminus \{1, -2\}$. Um das Bild zu bestimmen, untersuchen wir auch die Nullstellen des Zählers:

$$\begin{aligned} x^2 + 3x + 2 &= \left(x + \frac{3}{2}\right)^2 - \frac{9}{4} + 2 \\ &= \left(x + \frac{3}{2}\right)^2 - \left(\frac{1}{2}\right)^2 \\ &= (x+1)(x+2). \end{aligned}$$

Damit kürzt sich der Term $x + 2$, und wir erhalten die Darstellung

$$f(x) = \frac{x+1}{x-1} = \frac{x-1+2}{x-1} = 1 + \frac{2}{x-1}.$$

Der Bruch $2/(x-1)$ nimmt für $x \in \mathbb{R} \setminus \{1\}$ alle Werte außer null an. Für $x = -2$ erhält man $1 + \frac{2}{-3} = \frac{1}{3}$, und dieser Wert wird nur an dieser Stelle angenommen. Also ist $f(D) = \mathbb{R} \setminus \{1, \frac{1}{3}\}$.

(c) Mit den binomischen Formeln folgt:

$$x^4 - 2x^2 + 1 = (x^2 - 1)^2 = (x+1)^2(x-1)^2.$$

Also ist $D = \mathbb{R} \setminus \{-1, 1\}$. Auf D nimmt $x^2 - 1$ alle Zahlen aus $\mathbb{R}_{\geq -1} \setminus \{0\}$ als Werte an, $(x^2 - 1)^2$ also alle Zahlen aus $\mathbb{R}_{>0}$. Aus der Darstellung

$$f(x) = \frac{1}{(x^2 - 1)^2}$$

erhält man daher $f(D) = \mathbb{R}_{>0}$.

(d) Mit

$$f(x) = \sqrt{x^2 - 2x - 1} = \sqrt{(x-1)^2 - 2}$$

erkennt man, dass $f(x)$ für $(x-1)^2 \geq 2$ definiert ist. Dies ist gerade für $x \in D = (-\infty, 1 - \sqrt{2}] \cup [1 + \sqrt{2}, \infty)$ der Fall. Auf D nimmt $(x-1)^2 - 2$ alle Werte aus $\mathbb{R}_{\geq 0}$ an, die Wurzelfunktion bildet $\mathbb{R}_{\geq 0}$ nach $\mathbb{R}_{\geq 0}$ ab. Also ist $f(D) = \mathbb{R}_{\geq 0}$.

Aufgabe 9.2 • (a) Der Zähler ist

$$x - 1 + x^2 - x^3 = (x-1)(1-x^2),$$

und damit

$$f(x) = 1 - x^2, \quad x < 1.$$

Damit ist zum Beispiel $f(0) = 1$, $f(1/2) = 3/4$, $f(1) = 1$. Die Funktion ist also weder monoton noch injektiv. Sie ist auch nicht surjektiv, denn 0 hat kein Urbild.

(b) Auf $[0, 1/2)$ und auf $[1/2, 1]$ ist die Funktion linear mit positiver Steigung, also streng monoton wachsend. Da auch

$$\lim_{\substack{x \to 1/2 \\ x < 1/2}} f(x) = \frac{1}{8} < \frac{1}{4} = f\left(\frac{1}{2}\right),$$

ist die Funktion insgesamt streng monoton wachsend und daher auch injektiv. Sie ist aber nicht surjektiv, da z. B. $y = 3/16$ kein Urbild besitzt:

$$\text{aus} \quad \frac{x}{4} = \frac{3}{16} \qquad \text{folgt} \quad x = \frac{3}{4} > \frac{1}{2},$$
$$\text{aus} \quad \frac{3x}{2} - \frac{1}{2} = \frac{3}{16} \qquad \text{folgt} \quad x = \frac{11}{24} < \frac{1}{2}.$$

(c) Wir schreiben f um zu

$$f(x) = \frac{1-x}{2x+1} = \frac{1}{2} \cdot \frac{-2x - 1 + 3}{2x+1} = -\frac{1}{2} + \frac{3}{2} \cdot \frac{1}{2x+1}.$$

Der Bruch rechts mit x im Nenner wird umso kleiner, je größer x wird. Also ist f streng monoton fallend und damit injektiv. Nutzt man die Stetigkeit von f, so folgt aus $f(0) = 1$ und $f(1) = 0$ mit dem Zwischenwertsatz, dass f auch surjektiv ist. Will man die Stetigkeit nicht verwenden, so löst man die Gleichung

$$y = -\frac{1}{2} + \frac{3}{2} \cdot \frac{1}{2x+1}$$

nach x auf:

$$x = \frac{3}{2} \cdot \frac{1}{2y+1} - \frac{1}{2}.$$

Da beide Gleichungen äquivalent sind, erhält man, dass zu jedem $y \in [0, 1]$ ein $x \in [0, 1]$ mit $f(x) = y$ existiert. Dieses Vorgehen entspricht dem Auffinden der Umkehrfunktion von f.

Aufgabe 9.3 • Die Stetigkeit von f in x_0 würde nach Definition lauten:

Zu jedem $\varepsilon > 0$ gibt es ein $\delta > 0$ mit

$$|f(x) - f(x_0)| < \varepsilon$$

für alle $x \in D$ mit $|x - x_0| < \delta$.

Vor ε steht ein All-Quantor, vor δ ein Existenzquantor, vor dem x wieder ein All-Quantor. Wir negieren formal:

Es gibt ein $\varepsilon > 0$ sodass für alle $\delta > 0$ ein $x \in D$ mit $|x - x_0| < \delta$ existiert, für das gilt:

$$|f(x) - f(x_0)| \geq \varepsilon.$$

Aufgabe 9.4 • Mit $x = y$ erhält man $f(2x) = 2\,f(x)$ für alle $x \in \mathbb{R}$. Daraus folgt induktiv $f(nx) = n\,f(x)$ für $x \in \mathbb{R}$ und $n \in \mathbb{N}$. Ist $q \in \mathbb{Q}_{>0}$ mit $q = m/n$, $m, n \in \mathbb{N}$, so folgern wir weiter:

$$n\,f(qx) = n\,f\left(m\,\frac{x}{n}\right) = m\,f(x),$$

und somit:

$$f(qx) = \frac{m}{n}\,f(x) = q\,f(x), \qquad x \in \mathbb{R}.$$

Mit $a = f(1)$ erhalten wir:

$$f(q) = a\,q, \qquad q \in \mathbb{Q}_{>0}.$$

Da f stetig ist, erhält man mit

$$f(0) = \lim_{n\to\infty} f\left(\frac{1}{n}\right) = \lim_{n\to\infty} \frac{a}{n} = 0,$$

dass diese Darstellung sogar auf $\mathbb{Q}_{\geq 0}$ richtig ist. Für $q \in \mathbb{Q}_{<0}$ gilt nun:

$$0 = f(0) = f(q + (-q)) = f(q) + f(-q) = f(q) - a\,q.$$

Somit ist $f(q) = a\,q$ für alle $q \in \mathbb{Q}$.

Schließlich approximieren wir eine irrationale Zahl x durch die Folge ihrer abgebrochenen Dezimalbrüche (x_n). Mit der Gauß-Klammer ist $x_n = 10^{-n}\,\lfloor 10^n\,x \rfloor$, $n \in \mathbb{N}$. Mit der Stetigkeit von f folgt jetzt sofort:

$$f(x) = \lim_{n\to\infty} f(x_n) = \lim_{n\to\infty} a\,x_n = ax, \qquad x \in \mathbb{R}.$$

Umgekehrt prüft man direkt nach, dass die Funktion $f(x) = ax$, $x \in \mathbb{R}$, mit $a \in \mathbb{R}$, die Funktionalgleichung erfüllt. Die Lösungen sind also genau die linearen Funktionen.

Aufgabe 9.5 ••

(a) (Abb. 9.3) Durch $|z - 2| \leq 2$ ist die abgeschlossene Kreisscheibe mit Mittelpunkt 2 und Radius 2 beschrieben. Da diese beschränkt ist, ist auch die gesamte Menge beschränkt. Die Ungleichung $\mathrm{Re}(z) + \mathrm{Im}(z) \geq 1$ beschreibt alle komplexen Zahlen in der Halbebene oberhalb der Geraden durch 1 und i. Durch die Ungleichungen, die Gleichheit zulassen, gehören die Ränder jeweils dazu, die Menge ist also abgeschlossen. Da sie beschränkt und abgeschlossen ist, ist sie auch kompakt.

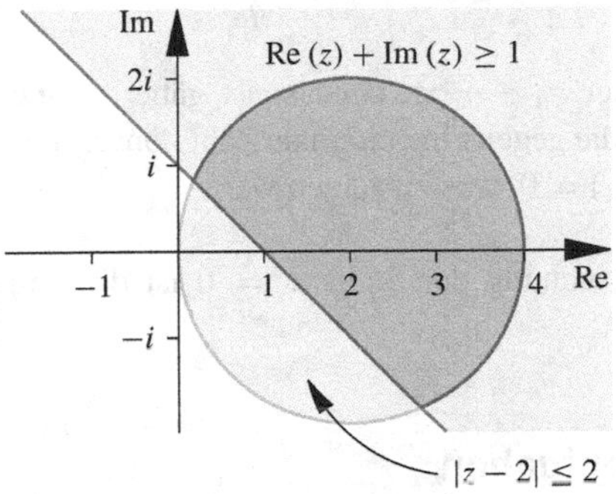

Abbildung 9.3 Die Menge aus der Aufgabe 9.5a.

(b) Wir schreiben die Ungleichung nun:

$$
\begin{aligned}
&|z|^2 + 1 \geq 2\mathrm{Im}(z) \\
&\Leftrightarrow z\bar{z} - \frac{1}{2\mathrm{i}} z + \frac{1}{2\mathrm{i}} \bar{z} + 1 \geq 0 \\
&\Leftrightarrow \left(z + \frac{1}{2\mathrm{i}}\right)\left(\bar{z} - \frac{1}{2\mathrm{i}}\right) - \frac{1}{4} + 1 \geq 0 \\
&\Leftrightarrow \left|z + \frac{1}{2\mathrm{i}}\right|^2 \geq -\frac{3}{4}
\end{aligned}
$$

Diese Ungleichung wird offensichtlich von allen $z \in \mathbb{C}$ erfüllt. Damit ist die Menge unbeschränkt und damit auch nicht kompakt. Allerdings ist $\mathbb{C}$ abgeschlossen.

(c) (Abb. 9.4) Zunächst wenden wir uns den beiden letzten Mengen zu: Die Ungleichung

$$\mathrm{Re}(z) + \mathrm{Im}(z) \leq 0$$

beschreibt alle $z \in \mathbb{C}$ unterhalb der Geraden durch 0 und $1 - \mathrm{i}$, die Ungleichung

$$\mathrm{Re}(z) - \mathrm{Im}(z) \geq 0$$

alle $z \in \mathbb{C}$ unterhalb der Geraden durch 0 und $-1 - \mathrm{i}$. Die erste Menge ist genau der Streifen zwischen den Geraden $\mathrm{Im}(z) = 1$ und $\mathrm{Im}(z) = -1$. Der Schnitt dieser drei Mengen ist das Dreieck mit den Eckpunkten 0, $1 - \mathrm{i}$ und $-1 - \mathrm{i}$. Insbesondere ist diese Menge beschränkt. Außerdem gehören die Ränder des Dreiecks zu der Menge X. Die dafür relevanten Ungleichungen lassen alle die Gleichheit zu. Also ist die Menge abgeschlossen und damit auch kompakt.

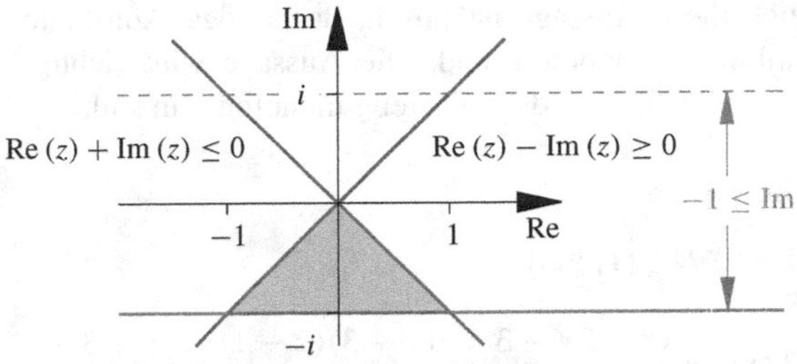

Abbildung 9.4 Die Menge aus der Aufgabe 9.5c.

(d) (Abb. 9.5) Die erste Menge ist eine Kreisscheibe mit Mittelpunkt -2 und Radius 2, ihr Rand gehört dazu. Die zweite Menge ist eine Kreisscheibe um i mit Radius 1, deren Rand nicht Teil der Menge ist. Der Schnitt der beiden Kreisscheiben ist nicht leer, $-\frac{1}{2} + \mathrm{i}$ gehört zum Beispiel dazu. Andererseits gehören etwa die Mittelpunkte jeweils nur zu einer der beiden Kreisscheiben, keine ist also eine Teilmenge der anderen. Deswegen besteht der Rand des Schnitts aus Teilen des Randes beider Mengen. Da bei der zweiten Menge der Rand nicht dazugehört, ist die Schnittmenge also nicht abgeschlossen, folglich auch nicht kompakt. Als Schnitt zweier beschränkter Kreisscheiben ist sie aber auch selbst beschränkt.

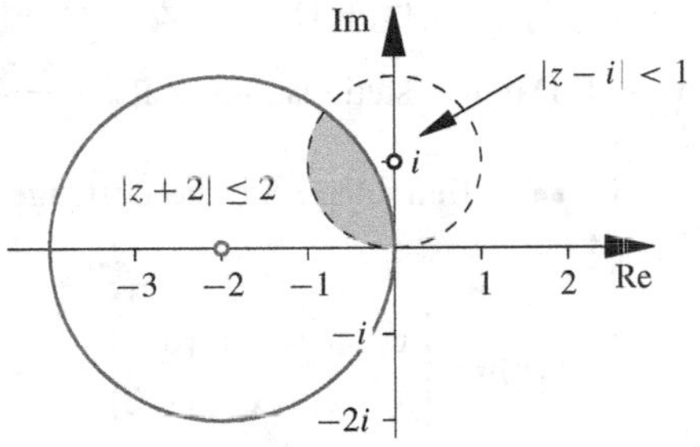

Abbildung 9.5 Die Menge aus der Aufgabe 9.5d.

Aufgabe 9.6 •

(a) Die Aussage ist falsch, denn die Grenzwerte müssen auch mit $f(\hat{x})$ übereinstimmen. Die Funktion $f\colon (0, 2) \to \mathbb{R}$ mit

$$f(x) = \begin{cases} x, & x \neq 1, \\ 2, & x = 1 \end{cases}$$

erfüllt die Bedingung, ist aber an der Stelle 1 nicht stetig.

(b) Dies ist genau die Definition der Stetigkeit, also richtig.

(c) Die Aussage ist falsch, wie das Beispiel $f(x) = \frac{1}{x}$ auf $(0, 1)$ zeigt. Die Aussage wäre richtig, wenn f statt auf dem offenen Intervall (a, b) auf dem abgeschlossenen Intervall $[a, b]$ definiert wäre.

(d) Wieder falsch, betrachte

$$f(x) = (x - 1)^2 \quad \text{auf} \quad (0, 2).$$

Diese Funktion besitzt eine Nullstelle bei 1, hat aber sonst nur positive Werte.

(e) Auch diese Aussage ist falsch, da ja sogar konstante Funktionen monoton sind. Die Aussage wird richtig, wenn man fordert, dass f streng monoton sein soll.

Aufgabe 9.7 •

(a) Für $x \in D \setminus \{1\}$ gilt:

$$f(x) = \frac{x^2+2x-3}{x^2+x-2} = \frac{(x+3)(x-1)}{(x+2)(x-1)} = \frac{x+3}{x+2}.$$

Also ist:

$$\lim_{x\to 1} f(x) = \lim_{x\to 1} \frac{x+3}{x+2} = \frac{4}{3}.$$

Damit f stetig ist, muss also $f(1) = c = \lim\limits_{x\to 1} f(x) = \frac{4}{3}$ gelten.

(b) Für $x \in D \setminus \{1\}$ gilt:

$$f(x) = \frac{x^3-2x^2-5x+6}{x^3-x} = \frac{x^3-2x^2-5x+6}{x(x-1)(x+1)}.$$

Wir untersuchen, ob der Faktor $x-1$ auch im Zählerpolynom enthalten ist:

$$f(x) = \frac{x^2-x-6}{x(x+1)} \to \frac{-6}{2} = -3,$$

für $x \to 1$. Damit f stetig ist, muss also $c = -3$ sein.

Aufgabe 9.8 •• Betrachten Sie die unstetige Funktion $f\colon [0,2] \to \mathbb{R}$ mit

$$f(x) = \begin{cases} x, & x \in [0,1), \\ 3-x, & x \in [1,2]. \end{cases}$$

Das Bild von f ist $[0,2]$ und damit ein Intervall. Die Zwischenwerteigenschaft ist also erfüllt, trotzdem ist f nicht stetig.

Es folgt übrigens, dass f stetig ist, wenn man zusätzlich noch die Monotonie fordert. Dies können Sie durch einen Widerspruchsbeweis nachweisen. Nehmen Sie dazu an, dass f monoton wächst, die Zwischenwerteigenschaft besitzt, aber in einem $\hat{x} \in [a,b]$ nicht stetig ist.

Aufgabe 9.9 •• Wir betrachten zunächst $x \in (0,1] \cap \mathbb{Q}$ und stellen diese Zahl dar als $x = p/q$, $p, q \in \mathbb{N}$ teilerfremd. Wir setzen

$$x_n = \frac{p}{q} - \frac{\pi}{n}, \qquad n \in \mathbb{N} \text{ mit } n > \frac{\pi q}{p}.$$

Dann ist $x_n \in [0,1]$ irrational, und $x_n \to p/q$ für $n \to \infty$. Es gilt aber:

$$\lim_{n\to\infty} f(x_n) = 0 \neq \frac{1}{q} = f\left(\frac{p}{q}\right),$$

und somit ist f in p/q nicht stetig.

Für $x \in [0,1] \setminus \mathbb{Q}$ gilt für jede Folge (x_n) mit $x_n \to x(n \to \infty)$ und x_n irrational für fast alle n offensichtlich $\lim_{n\to\infty} f(x_n) = 0 = f(x)$. Es müssen also solche Folgen (x_n) betrachtet werden, die gegen x konvergieren, aber unendlich viele rationale Glieder besitzen. Sei (x_n) eine solche Folge aus $[0,1]$. Wir können sogar ohne Beschränkung annehmen, dass (x_n) nur positive rationale Glieder besitzt.

Jedes Folgenglied lässt sich also als $x_n = p_n/q_n$ schreiben mit $p_n, q_n \in \mathbb{N}$ und teilerfremd. Es ist dann

$$f(x_n) = \frac{1}{q_n}.$$

Es gilt aber $q_n \to \infty$, denn sonst gäbe es eine Teilfolge von (x_n), die gegen eine rationale Zahl konvergiert. Somit ist $\lim\limits_{n\to\infty} f(x_n) = 0$, was zu zeigen war.

Zur Untersuchung der Stelle $x = 0$ ist die Folge $\left(\frac{1}{n}\right)$ zu betrachten.

Rechenaufgaben

Aufgabe 9.10 •

(a) 2 ist eine Nullstelle des Zählers und des Nenners,

$$x^4 - 2x^3 - 7x^2 + 20x - 12 = (x-2)(x^3 - 7x + 6),$$
$$x^4 - 6x^3 + 9x_4^2 x - 12 = (x-2)(x^3 - 4x^2 + x + 6).$$

Also ist

$$\begin{aligned}\lim_{x\to 2} &\frac{x^4-2x^3-7x^2+20x-12}{x^4-6x^3+9x^2+4x-12} \\ &= \lim_{x\to 2} \frac{x^3-7x+6}{x^3-4x^2+x+6}.\end{aligned}$$

Aber auch in dieser Darstellung ist 2 noch Nullstelle von Zähler und Nenner. Also noch einmal:

$$x^3 - 7x + 6 = (x-2)(x^2+2x-3),$$
$$x^3 - 4x^2 + x + 6 = (x-2)(x^2-2x-3).$$

Also folgt:

$$\lim_{x\to 2} \frac{x^3-7x+6}{x^3-4x^2+x+6} = \lim_{x\to 2} \frac{x^2+2x-3}{x^2-2x-3} = -\frac{5}{3}$$

(b) Es ist

$$2x - 3 = (x-1)\cdot 2 - 1.$$

Also folgt:

$$\begin{aligned}\lim_{x\to\infty} \frac{2x-3}{x-1} &= \lim_{x\to\infty} \left(2\frac{x-1}{x-1} - \frac{1}{x-1}\right) \\ &= \lim_{x\to\infty} \left(2 - \frac{1}{x-1}\right) = 2.\end{aligned}$$

(c) Mit der 3. binomischen Formel folgt:

$$\sqrt{x+1}-\sqrt{x} = \frac{(\sqrt{x+1}-\sqrt{x})(\sqrt{x+1}+\sqrt{x})}{\sqrt{x+1}+\sqrt{x}} = \frac{1}{\sqrt{x+1}+\sqrt{x}}.$$

Damit erhält man, da die Wurzelfunktion stetig ist:

$$\begin{aligned}\lim_{x\to\infty}\left(\sqrt{x+1}-\sqrt{x}\right) &= \lim_{x\to\infty}\frac{1}{\sqrt{x+1}+\sqrt{x}} \\ &= \left(\lim_{x\to\infty}\frac{1}{\sqrt{x}}\right)\left(\frac{1}{\sqrt{\lim\limits_{x\to\infty} 1+\frac{1}{x}}+1}\right) \\ &= 0\cdot 1 = 0.\end{aligned}$$

(d) $\lim\limits_{x\to 0}\left(\frac{1}{x}-\frac{1}{x^2}\right) = \lim\limits_{x\to 0}\frac{x-1}{x^2} = -\infty,$

da der Nenner positiv ist und gegen null konvergiert, der Zähler aber gegen -1.

Aufgabe 9.11 •• (a) Für den Nenner gilt:

$$x^2-x-2 = \left(x-\frac{1}{2}\right)^2-\frac{9}{4}.$$

Hieran lässt sich ablesen, dass der Nenner auf dem Intervall $(0,1)$ Werte aus $[-9/4,-2]$ annimmt. Insbesondere gilt $|x^2-x-2|\geq 2$ für $x\in(0,1)$.

Wir wählen nun $\varepsilon>0$ und $x,y\in(0,1)$ mit $|x-y|\leq(4/3)\,\varepsilon$. Es folgt:

$$\begin{aligned}|f(x)-f(y)| &= \left|\frac{1}{x^2-x-2}-\frac{1}{y^2-y-2}\right| \\ &= \left|\frac{y^2-x^2+x-y}{(x^2-x-2)\,(y^2-y-2)}\right| \\ &\leq \frac{|1+y+x|}{4}\,|x-y| \\ &\leq \frac{1+x+y}{4}\,\frac{4}{3}\,\varepsilon \leq \frac{3}{4}\,\frac{4}{3}\,\varepsilon = \varepsilon\,.\end{aligned}$$

Da δ unabhängig von der konkreten Wahl von x und y definiert wurde, ist f sogar gleichmäßig stetig.

(b) Wir wählen $\varepsilon>0$ und $x>2$. Setzen wir $\delta=\max\{1,(9\varepsilon)/(x^2+3x+3)\}$, so erfüllt jedes $y>2$ mit $|x-y|<\delta$ sicherlich die Abschätzung $y<x+1$. Für solch ein y schätzen wir ab:

$$\begin{aligned}|g(x)-g(y)| &= \left|\frac{x^2-2}{x+1}-\frac{y^2-2}{y+1}\right| \\ &= \frac{|x^2y-2y+x^2-2-xy^2+2x-y^2+2|}{|x+1|\,|y+1|} \\ &< \frac{|xy+x+y+2|\,|x-y|}{9} \\ &\leq \frac{xy+x+y+2}{9}\,\frac{9\varepsilon}{x^2+3x+3} \\ &< \frac{x(1+x)+x+(1+x)+2}{x^2+3x+3}\,\varepsilon \\ &= \varepsilon\,.\end{aligned}$$

Aus der Tatsache, dass wir bei diesem Lösungsweg δ abhängig von x gewählt haben, kann man aber nicht schließen, dass g nicht gleichmäßig stetig ist. Mit

$$g(x) = x-1-\frac{1}{x+1}$$

gelingt sofort die bessere Abschätzung:

$$|g(x)-g(y)| < \frac{10}{9}\,|x-y|, \qquad x,y>2\,.$$

Hieraus lässt sich wie in Teil (a) die gleichmäßige Stetigkeit von g zeigen.

Aufgabe 9.12 ••

(a) Durch quadratisches Ergänzen erhalten wir

$$f(x) = 2-(x+1)^2.$$

Da das Quadrat immer positiv ist, gilt $f(x)\leq 2$ mit $f(x)=2$ genau dann, wenn das Quadrat null wird, also für $x=-1$. Also liegt bei $x^+=-1$ das globale Maximum der Funktion vor.

Ferner gilt stets:

$$f(x)-f(y) = (y+1)^2-(x+1)^2 = (y-x)(y+x+2).$$

Daher ist f auf dem Intervall $[-2,-1]$ streng monoton wachsend, denn für $-2\leq y<x\leq -1$ sind beide Faktoren negativ, also $f(x)-f(y)<0$. Der kleinste Wert ist demnach $f(-2)=1$.

Man sieht analog, dass f auf dem Intervall $[-1,2]$ streng monoton fallend ist, denn hier wäre der erste Faktor negativ, der zweite aber positiv. Der kleinste Wert ist nun also $f(2)=-7$. Da dies der kleinere der beiden Werte ist, liegt das globale Minimum bei $x^-=2$.

(b) Wir entwickeln das Polynom um die Stelle $x=1$. Es ergibt sich:

$$\begin{aligned}f(x) &= (x-1)^4+2x^2-4x+3 \\ &= (x-1)^4+2(x-1)^2+1.\end{aligned}$$

Also ist

$$f(x) = \left[(x-1)^2+1\right]^2.$$

Der Ausdruck $(x-1)^2+1$ wird minimal für $x=1$, er ist auf $\mathbb{R}$ aber nach oben unbeschränkt. Also besitzt auch f nur ein globales Minimum bei 1, aber kein globales Maximum.

Aufgabe 9.13 •••

(a) Die Menge ist die abgeschlossene Kreisscheibe mit Radius 2, insbesondere also beschränkt und kompakt.

(b) Da f eine stetige Funktion ist, besitzt f auf der kompakten Menge M Maximum und Minimum.
Mit z^+ wollen wir eine Maximalstelle bezeichnen. Es gilt also:

$$f(z^+) \geq f(z) \qquad \text{für alle } z \in M.$$

Nun ist aber $f(-z) = -f(z)$ für jedes $z \in M$. Es folgt also:

$$f(-z^+) \leq f(-z) \qquad \text{für alle } z \in M.$$

Da M punktsymmetrisch zum Ursprung ist, ist $M = \{-z \mid z \in M\}$, und wir erhalten die Aussage, dass $-z^+$ eine Minimalstelle ist. Dasselbe gilt übrigens auch umgekehrt: Ändert man bei einer Minimalstelle das Vorzeichen, erhält man eine Maximalstelle.
Also reicht es bei dieser Funktion aus, nur nach den Maximalstellen zu suchen. Dazu überlegen wir uns zunächst, auf welchen Mengen die Funktion f konstant ist, etwa $f(z) = c$. Dazu schreiben wir $z = x + \mathrm{i}y$ mit x, $y \in \mathbb{R}$. Aus $f(z) = c$ folgt dann:

$$3x - 4y = c, \qquad \text{also} \quad y = \frac{3}{4}x - \frac{c}{4}.$$

Diese Gleichung beschreibt eine Gerade in der komplexen Ebene. Für eine bestimmte Menge von Werten für c schneidet diese Gerade die Kreisscheibe M. Insbesondere gibt es ein maximales c, in dem die Gerade eine Tangente an den Kreis wird. Der Schnittpunkt ist die gesuchte Maximalstelle. Dazu setzen wir in die Gleichung $x^2 + y^2 = 4$ für den Rand von M ein und erhalten:

$$\begin{aligned} x^2 + \left(\frac{3}{4}x - \frac{c}{4}\right)^2 &= 4 \\ \frac{25}{16}x^2 - \frac{6c}{16}x + \frac{c^2}{16} &= 4 \\ 25x^2 - 6c\,x + c^2 - 64 &= 0 \\ \left(5x - \frac{3c}{5}\right)^2 &= 64 - \frac{16}{25}c^2. \end{aligned}$$

Es handelt sich um eine Tangente, wenn es nur eine Lösung dieser Gleichung gibt, also falls

$$64 - \frac{16}{25}c^2 = 0.$$

Dies ist für $c = \pm 10$ der Fall, die Maximalstelle erfüllt dann $5x - 6 = 0$. Damit haben wir die Maximalstelle $z^+ = \frac{6}{5} + \frac{8}{5}\mathrm{i}$ und die Minimalstelle $z^- = -\frac{6}{5} - \frac{8}{5}\mathrm{i}$ gefunden.

Aufgabe 9.14 • Zunächst überprüfen wir die Funktion auf einfache, ganzzahlige Nullstellen. Dafür kommen alle Teiler von -9 in Frage, dem Koeffizienten von x^0, also ± 9, ± 3 und ± 1. Einsetzen liefert

$$p(-3) = p(3) = p(9) = 0.$$

Die anderen Zahlen sind keine Nullstellen.

Somit haben wir bereits drei Nullstellen des Polynoms gefunden, eine davon liegt im Intervall $[-1, 4]$.

Wir werten nun p an verschiedenen Stellen aus und erhalten die folgende Wertetabelle:

x	-1	0	1
$p(x)$	$\frac{640}{9}$	-9	$\frac{512}{9}$

Damit liegt nach dem Zwischenwertsatz je eine Nullstelle von p in den Intervallen $(-1, 0)$ und $(0, 1)$. Mehr als die fünf Nullstellen kann ein Polynom 5. Grades nicht besitzen, also haben wir alle Nullstellen von p gefunden, drei davon liegen im Intervall $[-1, 4]$.

Aufgabe 9.15 •• Da f nicht stetig ist, können wir auf die Differenz von f und g den Zwischenwertsatz nicht direkt anwenden. Stattdessen geht man abschnittsweise vor.

Zunächst betrachten wir die Differenz der Funktionen $f_1(x) = 4 - x^2$ und g für $x \leq 2$. Als Polynom ist diese Differenz stetig. Es ist:

$$\begin{aligned} f_1(2) - g(2) &= 4 - 4 \cdot 4 - 2 - 1 = -15 < 0 \\ f_1(0) - g(0) &= 4 - 1 = 3 > 0 \\ f_1(-2) - g(-2) &= 4 - 4 \cdot 4 - (-2) - 1 = -11 < 0 \end{aligned}$$

Also besitzt die Differenz nach dem Nullstellensatz im Intervall $(0, 1)$ und im Intervall $(1, 2)$ mindestens je eine Nullstelle. Dort schneiden sich auch die Graphen von f und g.

Analog betrachtet man für $x \geq 2$ die Differenz von $f_2(x) = 4x^2 - 24x + 36$ und g. Hier gilt:

$$\begin{aligned} f_2(2) - g(2) &= 4 \cdot 4 - 24 \cdot 2 + 36 - 2 - 1 = 1 > 0 \\ f_2(3) - g(3) &= 4 \cdot 9 - 24 \cdot 3 + 36 - 3 - 1 = -4 < 0 \\ f_2(5) - g(5) &= 4 \cdot 25 - 24 \cdot 5 + 36 - 4 - 1 = 11 > 0 \end{aligned}$$

Also gibt es je eine Stelle im Intervall $(2, 3)$ und im Intervall $(3, 5)$, an denen sich f und g schneiden.

Beweisaufgaben

Aufgabe 9.16 • Zu $x \in \mathbb{R}$ bilden wir eine Folge von rationalen Zahlen, die gegen x konvergiert. Dazu verwenden wir die Gauß-Klammer:

$$\lfloor x \rfloor = \max\{n \in \mathbb{Z} \mid n \leq x\}.$$

Es gilt $0 \leq x - \lfloor x \rfloor < 1$.

Nun wählen wir $x \in \mathbb{R} \setminus \mathbb{Q}$ beliebig und setzen

$$x_n = 10^{-n} \lfloor 10^n x \rfloor \in \mathbb{Q}, \qquad n \in \mathbb{N}.$$

Dann ist $0 \leq 10^n x - \lfloor 10^n x \rfloor < 1$, also

$$|x - x_n| < 10^{-n}.$$

Insbesondere folgt $x_n \to x$ für $n \to \infty$.

Jetzt erhalten wir direkt aufgrund der Stetigkeit von f und g und da die Funktionswerte für $x_n \in \mathbb{Q}$ übereinstimmen:

$$f(x) = \lim_{n\to\infty} f(x_n) = \lim_{n\to\infty} g(x_n) = g(x).$$

Eine Alternative zur Konstruktion der x_n wäre übrigens eine Intervallschachtelung.

Aufgabe 9.17 ••• (a) Es seien $f, g\colon D \to \mathbb{C}$ zwei stetige Funktionen. Wir setzen $h(x) = \max\{f(x), g(x)\}$, $x \in D$. Wir werden zwei Wege präsentieren, auf denen man die Stetigkeit von h nachweisen kann. Der erste ist die direkte Verwendung von Folgen, der zweite ist sehr elegant, aber trickreich.

Wähle $\hat{x} \in D$. Gilt $f(\hat{x}) > g(\hat{x})$, so gilt nach dem Satz auf Seite 329, dass $f > g$ auf einer Umgebung von $\hat{x}$ ist. Damit ist $h = f$ auf dieser Umgebung und somit dort stetig. Dieselbe Überlegung kann angestellt werden, falls $g(\hat{x}) < f(\hat{x})$ ist.

Es bleibt also der Fall $f(\hat{x}) = g(\hat{x})$ zu untersuchen. Ist (x_n) eine Folge aus D, die gegen $x \in D$ konvergiert, so können wir davon ausgehen, dass (x_n) vollständig in zwei Teilfolgen (x_{n_k}) und (x_{m_k}) zerfällt, mit

$$f(x_{n_k}) \geq g(x_{n_k}) \quad \text{und} \quad f(x_{m_k}) < g(x_{m_k}), \qquad k \in \mathbb{N}.$$

Denn gilt z. B. die erste der beiden Ungleichungen nur für eine endliche Anzahl von Folgengliedern, so ist $h(x_n) = g(x_n)$ für fast alle $n \in \mathbb{N}$, und es folgt $h(x_n) \to g(\hat{x}) = h(\hat{x})$. Genauso argumentieren wir, falls die andere Ungleichung nur für endlich viele Folgenglieder gilt.

Wegen der Stetigkeit von f und g gilt nun aber:

$$f(x_{n_k}) \to f(\hat{x}), \qquad g(x_{m_k}) \to g(\hat{x}) \qquad (k \to \infty),$$

und die Grenzwerte beider Folgen sind gleich. Also hat die Folge $(h(x_n))$ nur einen einzigen Häufungspunkt. Sie ist beschränkt, da die Folgen $(f(x_n))$ und $(g(x_n))$ beide beschränkt sind. Also konvergiert $(h(x_n))$ gegen den einen Häufungspunkt $h(\hat{x}) = f(\hat{x}) = g(\hat{x})$.

Die zweite Möglichkeit des Nachweises der Stetigkeit von h geht folgendermaßen: Ist $d\colon D \to \mathbb{R}$ stetig, so sicherlich auch die Funktion

$$d^-(x) = \begin{cases} 0, & d(x) \geq 0, \\ d(x), & d(x) < 0. \end{cases}$$

Wir verwenden speziell $d(x) = f(x) - g(x)$, $x \in D$. Dann ist

$$h(x) = \begin{cases} f(x), & f(x) \geq g(x), \\ f(x) - d(x), & f(x) < g(x). \end{cases}$$

Somit ist $h = f - d^-$. Da beide Summanden stetig sind, ist auch h stetig.

(b) Als Beispiel können folgende Funktionen $f_n\colon [0,1] \to \mathbb{R}$ gewählt werden:

$$f_n(x) = \begin{cases} 0, & 0 \leq x \leq \frac{n-1}{2n}, \\ nx - \frac{n-1}{2}, & \frac{n-1}{2n} < x < \frac{n+1}{2n}, \\ 1, & \frac{n+1}{2n} \leq x \leq 1, \end{cases} \qquad n \in \mathbb{N}.$$

Alle f_n sind stetig, da es stückweise lineare Funktionen sind und die links- und rechtsseitigen Grenzwerte an den Teilstücksgrenzen übereinstimmen.

Ferner ist

$$\sup_{n\in\mathbb{N}} f_n(x) = \begin{cases} x, & 0 \leq x \leq 1/2, \\ 1, & 1/2 < x \leq 1. \end{cases}$$

Diese Funktion ist offensichtlich nicht stetig.

Aufgabe 9.18 •• Wir wählen $n \in \mathbb{N}$ und definieren eine neue Funktion $g\colon [0, (n-1)/n] \to \mathbb{R}$ durch

$$g(x) = f(x) - f\left(x + \frac{1}{n}\right), \qquad x \in \left[0, \frac{n-1}{n}\right].$$

Nehmen wir $g(j/n) > 0$ für $j = 0, \ldots, n-1$ an, so gilt:

$$\begin{aligned} 0 &< \sum_{j=0}^{n-1} g\left(\frac{j}{n}\right) = \sum_{j=0}^{n-1}\left[f\left(\frac{j}{n}\right) - f\left(\frac{j+1}{n}\right)\right] \\ &= \sum_{j=0}^{n-1} f\left(\frac{j}{n}\right) - \sum_{j=1}^{n} f\left(\frac{j}{n}\right) = f(0) - f(1) = 0. \end{aligned}$$

Da wir auf einem Widerspruch stoßen, war die Annahme falsch. Ganz analog sehen wir, dass $g(j/n) < 0$ für $j = 0, \ldots, n$ falsch ist. Also gibt es eine Stelle, an der g positiv ist, und eine, an der g negativ ist. Da g stetig ist, liegt nach dem Nullstellensatz zwischen beiden Stellen eine Nullstelle $\hat{x}$ von g.

Kommentar: Übrigens gilt auch folgende Umkehrung: Zu $p \in (0,1] \setminus \{1/n \mid n \in \mathbb{N}\}$ gibt es eine stetige Funktion $f\colon [0,1] \to \mathbb{R}$ mit $f(0) = f(1)$ und $f(x+p) \neq f(p)$ für alle $x \in [0, 1-p]$. Die Konstruktion einer entsprechenden Funktion für gegebenes p ist jedoch nicht einfach.

Aufgabe 9.19 ••• Die Scheibe Brot idealisiert man als eine beschränkte Menge $M_1 \subseteq \mathbb{R}^2$, den Schinken als eine Menge $M_2 \subseteq \mathbb{R}^2$. Der Schnitt erfolgt längs der Geraden

$$n_1 x_1 + n_2 x_2 + c = 0, \qquad n_1, n_2, c \in \mathbb{R},$$

mit

$$n_1^2 + n_2^2 = 1.$$

Hierbei ist $\boldsymbol{n} = (n_1, n_2)^\top$ der normierte Normalenvektor an die Schnittgerade und c der (orientierte) Abstand der Schnittgerade vom Ursprung.

Wir können zusätzlich $n_2 \geq 0$ annehmen. Es gilt dann:

$$n_2 = \sqrt{1 - n_1^2}, \qquad n_1 \in [-1, 1].$$

Zunächst betrachten wir ein festes $n_1 \in [-1, 1]$. Die Schnittgerade zerteilt die Ebene $\mathbb{R}^2$ in zwei Halbebenen. Mit $b(c)$ bezeichnen wir den Anteil des Brotes M_1, der in der Halbebene liegt, in die $\boldsymbol{n}$ zeigt, mit $s(c)$ den entsprechenden Anteil des Schinkens M_2. Wir wollen jetzt annehmen, dass M_1 und M_2 so beschaffen sind, dass b und s stetige Funktionen sind. Es gilt ferner:

$$\lim_{c \to -\infty} b(c) = 0, \qquad \lim_{c \to \infty} b(c) = 1.$$

Somit finden wir einen Wert $\hat{c}$, sodass $b(\hat{c}) = 1/2$ ist (Zwischenwertsatz).

Der Wert $\hat{c}$, den wir oben gefunden haben, hängt natürlich von n_1 ab. Wir wollen auch annehmen, dass diese Abhängigkeit stetig ist. Dann ist auch durch $\tilde{s}(n_1) = s(\hat{c}(n_1))$ eine stetige Funktion $\tilde{s}\colon [-1, 1] \to [0, 1]$ definiert.

Wir müssen jetzt nur noch zeigen, dass es eine Koordinate $\hat{n}_1$ gibt, für die $\tilde{s}(\hat{n}_1) = 1/2$ ist. Wir betrachten $\tilde{s}(-1)$. Ist dieser Wert gleich $1/2$, so sind wir fertig. Ist er aber kleiner als $1/2$, so folgt aus Symmetriegründen, dass $\tilde{s}(1) > 1/2$ ist. Denn es handelt sich hier um dieselbe Schnittgerade, nur der Normalenvektor zeigt in die entgegengesetzte Richtung. Damit ist $\tilde{s}(1) = 1 - \tilde{s}(-1)$. Nun folgt aber mit dem Zwischenwertsatz, dass es die Koordinate $\hat{n}_1$ mit $\tilde{s}(\hat{n}_1) = 1/2$ gibt.

Somit können wir also das Schinkenbrot mit der Wahl $\hat{n}_1$ und $\hat{c}(\hat{n}_1)$ fair halbieren.

Für diese Aufgabe mussten wir annehmen, dass bestimmte Funktionen stetig sind. Anschaulich erscheint vollkommen klar, dass diese Annahmen erfüllt sind. Im Gebiet der *Maßtheorie* setzt man sich sehr allgemein damit auseinander, unter welchen Voraussetzungen wir auch mathematisch sicherstellen können, dass diese Annahmen tatsächlich richtig sind. Insbesondere stellt man dabei fest, dass man nicht einmal jeder Teilmenge des $\mathbb{R}^2$ einen sinnvollen Flächeninhalt (eben ein Maß) zuordnen kann.

Aufgabe 9.20 •• Wir nehmen an, dass $A \subseteq \mathbb{R}$ einen leeren Rand besitzt, und dass es Punkte $x \in A$ und $y \in \mathbb{R} \setminus A$ gibt. Ohne Einschränkung können wir $x < y$ annehmen. Wir definieren

$$M = \{z \in [x, y] \mid z \in A\} \quad \text{und} \quad \tilde{x} = \sup M.$$

M ist nichtleer, denn es gilt $x \in M$. Da M eine nichtleere Teilmenge des beschränkten Intervalls $[x, y]$ ist, existiert das Supremum.

Ferner ist $M \subseteq A$, daher existiert eine Folge aus A, die gegen $\tilde{x}$ konvergiert. Es ist somit $\tilde{x} \in \overline{A}$.

Analog können wir definieren

$$M = \{z \in [x, y] \mid z \in \mathbb{R} \setminus A\} \quad \text{und} \quad \tilde{y} = \inf M.$$

Wie oben folgt, dass es eine Folge aus $\mathbb{R} \setminus A$ gibt, die gegen $\tilde{x}$ konvergiert. Also ist $\tilde{x} \in \overline{\mathbb{R} \setminus A}$.

Wir haben gezeigt:

$$\tilde{x} \in \overline{A} \cap \overline{\mathbb{R} \setminus A} = \partial A = \emptyset.$$

Dies ist ein Widerspruch. Soll A einen leeren Rand haben, darf es nicht Punkte sowohl in A als auch außerhalb geben. Es muss $A = \emptyset$ oder $A = \mathbb{R}$ gelten.

Aufgabe 9.21 •• (a) Da U das Intervall $[a, b]$ überdeckt, gibt es ein $V_0 \in U$ mit $a \in V_0$. Somit überdeckt V_0 die Menge $\{a\}$. Dies bedeutet, dass $a \in M$ ist, und somit M nicht leer ist. Ferner ist $M \subseteq [a, b]$ und damit beschränkt. Es folgt, dass M ein Supremum besitzt.

(b) Wir nehmen an, dass b nicht das Supremum von M ist. Dann ist $\sup M < b$. Wir wählen nun eine offene Menge $\hat{V} \in U$ mit $\sup M \in \hat{V}$. Da $\hat{V}$ offen ist, gibt es ein $y \in [a, \sup M) \subseteq M$ mit $y \in \hat{V}$. Es überdecken endlich viele offene Mengen $V_1, \ldots, V_n$ das Intervall $[a, y]$. Dann ist aber

$$[a, \sup M] \subseteq \hat{V} \cup \bigcup_{j=1}^{n} V_j.$$

Hieraus folgt $\sup M \in M$, also $\sup M = \max M$.

Da $\hat{V}$ offen ist, gibt es ein $\delta > 0$ mit $\max M + \delta \in \hat{V}$, aber auch $\max M + \delta < b$. Somit ist

$$[a, \max M + \delta] \subseteq \hat{V} \cup \bigcup_{j=1}^{n} V_j.$$

Hieraus folgt $\max M + \delta \in M$, ein Widerspruch.

Es folgt $\max M = b$, und somit lässt sich $[a, b]$ durch endlich viele Mengen aus U überdecken.

Aufgabe 9.22 • Da f stetig ist, nimmt f auf $[a, b]$ sein Maximum an, etwa an der Stelle x^+. Ist nun $x^+ < b$, so gibt es ein $y \in (x^+, b)$ mit $f(y) > f(x^+)$. Dies ist ein Widerspruch dazu, dass f in x^+ sein Maximum annimmt. Also ist $x^+ = b$, und es folgt $f(x) \leq f(b)$ für alle $x \in [a, b]$.

Nun nehmen wir an, dass $f(a) < f(b)$ ist. Dann erfüllt a aber die Eigenschaft, dass es ein $y = b > a$ gibt mit $f(y) > f(a)$. Ein erneuter Widerspruch.

Aufgabe 9.23 • Wir betrachten ein Polynom

$$p(x) = \sum_{k=0}^{n} a_k x^k$$

mit reellen Koeffizienten a_k, $k = 0, \ldots, n$ und einer ungeraden Zahl n. Wir wollen $a_n > 0$ annehmen. Dann ist

$$\lim_{x \to \infty} p(x) = \infty, \qquad \lim_{x \to -\infty} p(x) = -\infty.$$

Indem wir also x groß genug wählen, ist

$$p(x) > 0, \qquad p(-x) < 0.$$

Damit liegt nach dem Nullstellensatz im Intervall $[-x, x]$ eine Nullstelle von p.

Kapitel 10

Aufgaben

Verständnisfragen

Aufgabe 10.1 • Ist es möglich, eine divergente Reihe der Form

$$\sum_{n=1}^{\infty}(-1)^n\, a_n$$

zu konstruieren, wobei alle $a_n > 0$ sind und $a_n \to 0$ gilt. Beispiel oder Gegenbeweis angeben.

Aufgabe 10.2 ••• Welche Teilmenge von $\mathbb{R}$ wird dadurch charakterisiert, dass ihre Elemente g-adische Entwicklungen haben, die ab irgendeinem Index m periodisch sind (d.h. es gilt $a_{j+k} = a_j$ für ein $k \in \mathbb{N}$ und alle $j \geq m$ in einer Entwicklung $\left(\sum_{j=1}^{\infty} a_j g^{-j}\right)$)?

Aufgabe 10.3 • Kann man die Reihe

$$\left(\sum_{n=1}^{\infty} \frac{(-1)^{n+1}}{n}\right)$$

so umordnen, dass die umgeordnete Reihe divergiert?

Aufgabe 10.4 •• Zeigen Sie dass, dass die Reihe

$$\left(\sum_{n=1}^{\infty} \frac{(-1)^{n+1}}{\sqrt{n}}\right)$$

zwar konvergiert, ihr Cauchy-Produkt mit sich selbst allerdings divergiert. Warum ist das möglich?

Aufgabe 10.5 • Was kann man über das Konvergenzverhalten einer Reihe aussagen, die eine der beiden Bedingungen erfüllt?

(i) $\sqrt[n]{|a_n|} \geq 1$ für unendlich viele $n \in \mathbb{N}$,

(ii) $\left|\dfrac{a_{n+1}}{a_n}\right| \geq 1$ für unendlich viele $n \in \mathbb{N}$.

Rechenaufgaben

Aufgabe 10.6 • Sind die folgenden Reihen konvergent?

(a) $\left(\sum_{n=1}^{\infty} \dfrac{1}{n+n^2}\right)$

(b) $\left(\sum_{n=1}^{\infty} \dfrac{3^n}{n^3}\right)$

(c) $\left(\sum_{n=1}^{\infty} (-1)^n \left[\mathrm{e} - \left(1+\dfrac{1}{n}\right)^n\right]\right)$

Aufgabe 10.7 • Zeigen Sie, dass die folgenden Reihen konvergieren und berechnen Sie ihren Wert:

(a) $\left(\sum_{n=1}^{\infty} \left(\dfrac{1}{\sqrt{n}} - \dfrac{1}{\sqrt{n+1}}\right)\right)$

(b) $\left(\sum_{n=1}^{\infty} \left(\dfrac{3+4\mathrm{i}}{6}\right)^n\right)$

Aufgabe 10.8 •• Zeigen Sie, dass die folgenden Reihen absolut konvergieren:

(a) $\left(\sum_{n=1}^{\infty} \dfrac{2+(-1)^n}{2^{n-1}}\right)$

(b) $\left(\sum_{n=1}^{\infty} (-1)^n \dfrac{1}{n}\left(\dfrac{1}{3}+\dfrac{1}{n}\right)^n\right)$

(c) $\left(\sum_{n=1}^{\infty} \binom{4n}{3n}^{-1}\right)$

Aufgabe 10.9 • Untersuchen Sie die Reihe

$$\left(\sum_{n=1}^{\infty} \frac{1\cdot 3\cdot 5\cdot \ldots \cdot (2n+3)}{n!}\right)$$

auf Konvergenz.

Achtung: In den folgenden vier Aufgaben kommen der natürliche Logarithmus und trigonometrische Funktionen vor, die erst im Kapitel 11 definiert werden. Da solche Aufgaben aber insbesondere als Klausuraufgaben oft gestellt werden, haben wir sie hier mit aufgenommen. Die Aufgaben sind mit elementaren Kenntnissen über diese Funktionen, wie sie in der Schule vermittelt werden, lösbar.

Aufgabe 10.10 •• Stellen Sie fest, ob die folgenden Reihen konvergieren.

(a) $\left(\sum_{k=2}^{\infty} \dfrac{1}{k\,(\ln k)^{\alpha}}\right), \quad \alpha > 0$

(b) $\left(\sum_{k=2}^{\infty} \dfrac{1}{(\ln k)^{\ln k}}\right)$

Aufgabe 10.11 •• Stellen Sie fest, ob die folgenden Reihen divergieren, konvergieren oder sogar absolut konvergieren:

(a) $\left(\sum_{n=1}^{\infty} \binom{2n}{n} 2^{-3n-1}\right)$

(b) $\left(\sum_{n=1}^{\infty} \dfrac{n\cdot(\sqrt{n}+1)}{n^2+5n-1}\right)$

(c) $\left(\sum_{n=1}^{\infty} (-1)^n \dfrac{\sin\sqrt{n}}{n^{5/2}}\right)$

Aufgabe 10.12 •• Zeigen Sie, dass die folgenden Reihen konvergieren. Konvergieren sie auch absolut?

(a) $\left(\sum_{k=1}^{\infty}(-1)^k \frac{k+2\sqrt{k}}{k^2+4k+3}\right)$

(b) $\left(\sum_{k=1}^{\infty}\left[\frac{(-1)^k}{k+3}-\frac{\cos(k\pi)}{k+2}\right]\right)$

Aufgabe 10.13 •• Bestimmen Sie die Menge M aller $x \in I$, für die die Reihen

(a) $\left(\sum_{n=0}^{\infty}(\sin 2x)^n\right) \qquad I=(-\pi,\pi),$

(b) $\left(\sum_{n=0}^{\infty}\left(x^2-4\right)^n\right) \qquad I=\mathbb{R},$

(c) $\left(\sum_{n=0}^{\infty}\frac{n^x+1}{n^3+n^2+n+1}\right) \qquad I=(0,\infty)$

konvergieren.

Aufgabe 10.14 •• Unter einer Koch'schen Schneeflocke versteht man eine Menge, die von einer Kurve eingeschlossen wird, die durch den folgenden iterativen Prozess entsteht: Ausgehend von einem gleichseitigen Dreieck der Kantenlänge 1

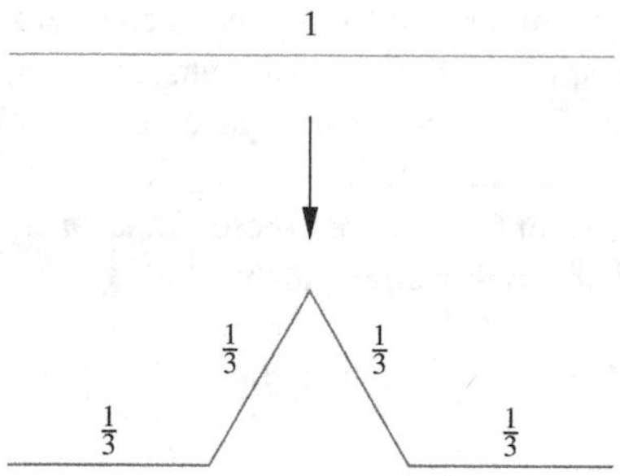

Abbildung 10.1 In jedem Iterationsschritt wird eine Kante durch den Streckenzug ersetzt.

wird jede Kante durch den im unteren Teil von Abbildung 10.1 gezeigten Streckenzug ersetzt. Die Abbildung 10.2 zeigt die ersten drei Iterationen der Kurve.

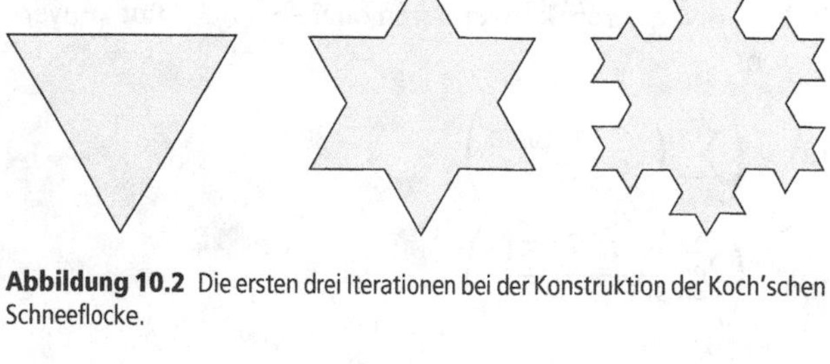

Abbildung 10.2 Die ersten drei Iterationen bei der Konstruktion der Koch'schen Schneeflocke.

Bestimmen Sie den Umfang und den Flächeninhalt der Koch'schen Schneeflocke.

Beweisaufgaben

Aufgabe 10.15 • Gegeben ist eine Folge (a_n) mit Gliedern $a_n \in \{0,1,2,\ldots,9\}$. Zeigen Sie, dass die Reihe

$$\left(\sum_{n=0}^{\infty} a_n \left(\frac{1}{10}\right)^n\right)$$

konvergiert.

Aufgabe 10.16 •• Gegeben sind zwei Folgen (a_n) und (b_n) aus $\mathbb{C}$.

(a) Zeigen Sie: Für alle $n \in \mathbb{N}$ gilt:

$$\sum_{j=1}^{n} a_j b_j = b_{n+1}\sum_{j=1}^{n} a_j + \sum_{k=1}^{n}(b_k - b_{k+1})\sum_{j=1}^{k} a_j .$$

(b) Beweisen Sie das Abel'sche Konvergenzkriterium: Konvergiert $\left(\sum_{n=1}^{\infty} a_n\right)$, und ist (b_n) monoton und beschränkt (insbesondere also reell), so konvergiert auch $\left(\sum_{n=1}^{\infty} a_n b_n\right)$.

(c) Beweisen Sie das Dirichlet'sche Konvergenzkriterium: Ist die Folge der Partialsummen $\left(\sum_{n=1}^{N} a_n\right)_N$ beschränkt, und ist (b_n) aus $\mathbb{R}$ und konvergiert monoton gegen null, so konvergiert auch $\left(\sum_{n=1}^{\infty} a_n b_n\right)$.

Aufgabe 10.17 •• Eine Reihe $\left(\sum_{k=1}^{\infty} a_k\right)$ heißt **Cesàro-summierbar**, falls die Folge der Mittelwerte aus den ersten n Partialsummen konvergiert, wenn n gegen unendlich geht, also der Grenzwert

$$C = \lim_{n\to\infty}\frac{1}{n}\sum_{m=1}^{n}\sum_{k=1}^{m} a_k$$

existiert. Zeigen Sie:

(a) Jede konvergente Reihe ist Cesàro-summierbar, und C ist gleich dem Reihenwert.

(b) Die Reihe $\left(\sum_{k=1}^{\infty}(-1)^{k+1}\right)$ ist Cesàro-summierbar. Berechnen Sie auch den Wert von C.

Aufgabe 10.18 •• Sei $\left(\sum_{n=1}^{\infty} a_n\right)$ eine konvergente Reihe und $u:\mathbb{N}\to\mathbb{N}$ eine bijektive Abbildung mit folgender Eigenschaft: Es gibt ein $C\in\mathbb{N}$ mit $|n-u(n)|\le C,\ n\in\mathbb{N}$. Zeigen Sie, dass die Reihe $\left(\sum_{n=1}^{\infty} a_{u(n)}\right)$ ebenfalls konvergiert und die Reihenwerte beider Reihen übereinstimmen.

Aufgabe 10.19 • Ist $\left(\sum_{n=1}^{\infty} a_n\right)$ absolut konvergent und (b_n) eine Umordnung der Folge (a_n), so konvergiert auch $\left(\sum_{n=1}^{\infty} b_n\right)$. Zeigen Sie, dass die Reihe $\left(\sum_{n=1}^{\infty} b_n\right)$ sogar absolut konvergiert.

Hinweise

Verständnisfragen

Aufgabe 10.1 • Gibt es hier einen Widerspruch zum Leibniz-Kriterium?

Aufgabe 10.2 ••• Gehen Sie von den Ihnen bekannten Tatsachen für Dezimalentwicklungen aus. Wie bestimmt man die Ziffern in der Dezimalentwicklung konkret? Wieso treten periodische Entwicklungen auf?

Aufgabe 10.3 • Gehen Sie ähnlich vor wie im Beweis des Riemann'schen Umordnungssatzes, aber lassen Sie die zu überschreitende Zahl wachsen.

Aufgabe 10.4 •• Benutzen Sie für die Reihe das Leibniz-Kriterium. Schätzen Sie die Terme im Cauchy-Produkt geeignet ab.

Aufgabe 10.5 • Kann man aus den Bedingungen ableiten, dass die Folge der Glieder keine Nullfolge ist?

Rechenaufgaben

Aufgabe 10.6 • Bei (a) kann das Majoranten-, bei (b) das Quotienten- und bei (c) das Leibniz-Kriterium angewandt werden.

Aufgabe 10.7 • Bei (a) handelt es sich um eine Teleskopsumme, bei (b) um eine geometrische Reihe.

Aufgabe 10.8 •• Wenden Sie jeweils das Quotienten- oder Wurzelkriterium an.

Aufgabe 10.9 • Verwenden Sie das Quotientenkriterium.

Aufgabe 10.10 •• Wenden Sie das Verdichtungskriterium an.

Aufgabe 10.11 •• Bei (a) kann das Quotientenkriterium angewendet werden, bei (b) und (c) führen Vergleichskriterien zum Erfolg.

Aufgabe 10.12 •• Konvergenz kann man mit dem Leibniz-Kriterium nachweisen. Kann man bei (b) den Ausdruck vereinfachen?

Aufgabe 10.13 •• In (a) und (b) liegen geometrische Reihen vor, in (c) können Sie mit einer Reihe über $1/n^{x-3}$ vergleichen.

Aufgabe 10.14 •• Überlegen Sie sich, aus wie vielen Strecken welcher Länge die Kurve nach der n-ten Iteration besteht. Wie viele Dreiecke welcher Fläche kommen dann im nächsten Schritt dazu?

Beweisaufgaben

Aufgabe 10.15 • Verwenden Sie das Monotoniekriterium für die Folge der Partialsummen.

Aufgabe 10.16 •• (a) Schreiben Sie $a_k = \sum_{j=1}^{k} a_j - \sum_{j=1}^{k-1} a_j$. (b) und (c) Verwenden Sie Teil (a). In beiden Fällen kann man zeigen, dass die erste Summe der rechten Seite aus (a) Partialsumme einer konvergenten Reihe ist, die zweite Summe sogar Partialsumme einer absolut konvergierenden Reihe.

Aufgabe 10.17 •• –

Aufgabe 10.18 •• Überlegen Sie sich, wie sich die Partialsummen beider Reihen unterscheiden.

Aufgabe 10.19 • Zeigen Sie, dass die Reihe $\left(\sum_{n=1}^{\infty} b_n\right)$ sogar absolut konvergiert.

Lösungen

Verständnisfragen

Aufgabe 10.1 • Eine solche Reihe kann konstruiert werden.

Aufgabe 10.2 ••• Dies sind genau die rationalen Zahlen.

Aufgabe 10.3 • Ja, dies ist möglich.

Aufgabe 10.4 •• –

Aufgabe 10.5 • (i) Die Reihe muss divergieren. (ii) Keine Aussage über Konvergenz/Divergenz möglich.

Rechenaufgaben

Aufgabe 10.6 • –

Aufgabe 10.7 •

$$\text{(a)} \quad \sum_{n=1}^{\infty} \left(\frac{1}{\sqrt{n}} - \frac{1}{\sqrt{n+1}} \right) = 1$$

$$\text{(b)} \quad \sum_{n=1}^{\infty} \left(\frac{3+4\mathrm{i}}{6} \right)^n = \frac{18}{25} + \frac{24}{25}\mathrm{i}$$

Aufgabe 10.8 •• –

Aufgabe 10.9 • Die Reihe ist divergent.

Aufgabe 10.10 •• (a) Die Reihe konvergiert für $\alpha > 1$, sonst divergiert sie. (b) Die Reihe konvergiert.

Aufgabe 10.11 •• (a) und (c) sind absolut konvergente Reihen, (b) ist divergent.

Aufgabe 10.12 •• (a) konvergiert, aber nicht absolut. Die Reihe (b) konvergiert absolut.

Aufgabe 10.13 •• (a) $M = (-\pi, \pi) \setminus \{-\frac{3\pi}{4}, -\frac{\pi}{4}, \frac{\pi}{4}, \frac{3\pi}{4}\}$, (b) $M = (-\sqrt{5}, -\sqrt{3}) \cup (\sqrt{3}, \sqrt{5})$, (c) $M = (0, 2)$.

Aufgabe 10.14 •• Der Flächeninhalt ist $(4/10)\sqrt{3}$, der Umfang ist unendlich.

Beweisaufgaben

Aufgabe 10.15 • –

Aufgabe 10.16 •• –

Aufgabe 10.17 •• –

Aufgabe 10.18 •• –

Aufgabe 10.19 • –

Lösungswege

Verständnisfragen

Aufgabe 10.1 • Eine solche Reihe kann man konstruieren, allerdings ist klar, dass die Folge (a_n) nicht monoton fallend sein darf, sonst hätte man nach Leibniz Konvergenz vorliegen. Eines von vielen Beispielen für eine derartige Reihe ist:

$$a_n = \begin{cases} \frac{1}{n} & \text{für } n \text{ gerade,} \\ \frac{1}{n^2} & \text{für } n \text{ ungerade.} \end{cases}$$

Nehmen wir an, dass $\sum_{n=1}^{\infty}(-1)^n a_n$ konvergiert. Von S. 355 wissen wir auch um die Konvergenz der Reihe $\sum_{n=1}^{\infty} b_n$ mit $b_n = \frac{1}{n^2}$ für n ungerade, $b_n = 0$ für n gerade. Gemäß Rechenregeln konvergiert also auch die Summe $\sum_{n=1}^{\infty}(-1)^n a_n + \sum_{n=1}^{\infty} b_n$. Das ist aber gerade $\sum_{k=1}^{\infty} \frac{1}{2k}$, und somit wäre auch das Doppelte davon, die harmonische Reihe, konvergent; ein Widerspruch. Also muss $\sum_{n=1}^{\infty}(-1)^n a_n$ divergieren.

Aufgabe 10.2 ••• Es ist für unsere Überlegungen ausreichend, uns auf das offene Intervall $(0, 1)$ zu beschränken. Es liegt nahe, zu vermuten, dass jede Zahl $x \in (0, 1)$, deren g-adische Entwicklung ab irgendeinem Index periodisch ist, eine rationale Zahl ist. Der Beweis ist einfach. Betrachten Sie

$$x = \sum_{n=1}^{m} \frac{a_n}{g^m} + \sum_{n=1}^{\infty} \frac{a}{g^{m+nk}}$$

mit $m, k, a \in \mathbb{N}$ und $0 < a < g^k - 1$ sowie $a_n \in \{0, \ldots, g-1\}$ für $1 \leq n \leq m$. Die erste Summe ist eine rationale Zahl. Für die Reihe erhalten wir

$$\sum_{n=1}^{\infty} \frac{a}{g^{m+nk}} = \frac{a}{g^{m+k}} \sum_{n=1}^{\infty} \frac{1}{g^{k(n-1)}} = \frac{a}{g^{m+k}} \cdot \frac{1}{1-g^{-k}} = \frac{a}{g^m\,(g^k - 1)}.$$

Dies ist ebenfalls eine rationale Zahl.

Umgekehrt wollen wir nun zeigen, dass jede rationale Zahl $x \in (0, 1)$ eine ab einem Index periodische g-adische Entwicklung besitzt. Dafür schreiben wir die Zahl als gekürzten Bruch $x = p/q$ mit $p, q \in \mathbb{N}$ und $0 < p < q$. Dieser hat eine eindeutig bestimmte nicht-abbrechende g-adische Entwicklung mit Ziffern $a_n \in \{0, \ldots, g-1\}$,

$$x = \frac{p}{q} = \sum_{n=1}^{\infty} \frac{a_n}{g^n}.$$

Betrachten Sie nun folgende rekursiv definierte Folge: setze $r_1 = p$ und definiere r_{n+1} als Rest bei der Division von $r_n g$ durch q:

$$r_n g = \tilde{a}_n\, q + r_{n+1}, \qquad n \in \mathbb{N},$$

mit eindeutig bestimmtem $\tilde{a}_n \in \mathbb{N}_0$ und $0 \leq r_{n+1} < q$.

Wir zeigen nun zunächst folgende Behauptung: Sind alle $r_1, \ldots, r_{n+1}$ von null verschieden, so gilt $a_j = \tilde{a}_j$ für $j = 1, \ldots, n$. Der Beweis erfolgt über vollständige Induktion. Für den Induktionsanfang betrachten wir

$$\frac{p}{q} = \frac{a_1}{g} + \sum_{n=2}^{\infty} \frac{a_n}{g^n},$$

$$r_1 g = pg = a_1 q + q \sum_{n=2}^{\infty} \frac{a_n}{g^{n-1}}.$$

Die Reihe rechts ist die g-adische Entwicklung einer Zahl aus $(0, 1]$. Hat sie den Wert 1, so gilt

$$r_1 g = (a_1 + 1)\, q.$$

Dann ist $r_2 = 0$, was einen Widerspruch zur Voraussetzung bedeutet. Also besitzt die Reihe einen Wert kleiner als 1 und aus der Eindeutigkeit bei der Division mit Rest folgt

$$q > q \sum_{n=2}^{\infty} \frac{a_n}{g^{n-1}} = r_2.$$

und $a_1 = \tilde{a}_1$.

Wir schließen nun von n auf $n+1$. Nach Induktionsvoraussetzung gilt $a_j = \tilde{a}_j$ für $j = 1, \ldots, n$. Somit ist

$$\begin{aligned} \frac{p}{q} - \sum_{j=1}^{n} \frac{a_j}{g^j} &= \frac{p}{q} - \sum_{j=1}^{n} \frac{r_j g - r_{j+1}}{q\, g^j} \\ &= \frac{1}{q}\left(p - \sum_{j=1}^{n} \frac{r_j}{g^{j-1}} + \sum_{j=1}^{n} \frac{r_{j+1}}{g^j}\right) \\ &= \frac{1}{q}\left(p - r_1 + \frac{r_{n+1}}{g^n}\right) = \frac{r_{n+1}}{q\, g^n}. \end{aligned}$$

Hieraus folgt die Identität

$$\begin{aligned} q\,\tilde{a}_{n+1} + r_2 = r_{n+1} g &= p\, g^{n+1} - q \sum_{j=1}^{n} a_j\, g^{n+1-j} \\ &= q\, a_{n+1} + q \sum_{j=n+2}^{\infty} \frac{a_j}{g^{j-n-1}}. \end{aligned}$$

Nun argumentiert man wie beim Induktionsanfang und erhält aus $r_{n+2} \neq 0$ und der Eindeutigkeit bei der Division mit Rest die Gleichheit $a_{n+1} = \tilde{a}_{n+1}$.

Nun sind zwei Fälle zu unterscheiden: Im ersten Fall nehmen wir an, dass ein n mit $r_n = 0$ existiert. Wir nehmen gleichzeitig an, dass n die kleinste Zahl mit dieser Eigenschaft ist. Mit Argumenten wie im eben erbrachten Induktionsbeweis folgt

$$\sum_{j=n}^{\infty} \frac{a_j}{g^{j-n+1}} = 1\,.$$

Dann sind aber alle $a_j = g - 1$, $j \geq n$, und die Darstellung ist ab dem Index n periodisch.

Im zweiten Fall nehmen wir an, dass keines der r_n null ist. Es kommen aber nur endlich viele Werte $1, 2, \ldots, q-1$ als Rest bei der Division durch q in Frage. Somit tritt nach einer gewissen Anzahl von Rekursionen zur Bestimmung der r_n und a_n derselbe Rest erneut auf. Es wiederholt sich damit auch die Abfolge der Ziffern a_n.

Aufgabe 10.3 • Wir betrachten die Reihe, die nur aus den positiven Gliedern der alternierenden harmonischen Reihe besteht,

$$\left(\sum_{n=1}^{\infty} \frac{1}{2n-1}\right)$$

Da die zugehörige Folge von Partialsummen streng monoton wächst und unbeschränkt ist, gibt es eine streng monotone Folge (n_k) aus $\mathbb{N}$ mit $n_1 = 1$ und

$$\sum_{n=n_k}^{n_{k+1}-1} \frac{1}{2n-1} > 1 + \frac{1}{2k} \qquad \text{für alle } k \in \mathbb{N}\,.$$

Wir betrachten nun folgende Umordnung der alternierenden harmonischen Reihe:

$$\left(\sum_{k=1}^{\infty}\left[\sum_{n=n_k}^{n_{k+1}-1} \frac{1}{2n-1}\right] - \frac{1}{2k}\right).$$

Nach der Definition der n_k ist

$$\sum_{k=1}^{K}\left[\sum_{n=n_k}^{n_{k+1}-1} \frac{1}{2n-1}\right] - \frac{1}{2k} > K$$

für jedes $K \in \mathbb{N}$. Die umgeordnete Reihe ist also unbeschränkt und damit divergent.

Aufgabe 10.4 •• Das Leibniz-Kriterium zeigt sofort Konvergenz, denn die Reihe ist alternierend, und $\left(\frac{1}{\sqrt{n}}\right)$ ist eine monoton fallende Nullfolge. Die Konvergenz ist allerdings nur bedingt, da

$$\left(\sum_{n=1}^{\infty} \frac{1}{\sqrt{n}}\right)$$

divergiert. Im Cauchy-Produkt

$$\left(\sum_{n=1}^{\infty} c_n\right)$$

der Reihe mit sich selbst erhält man für $n \geq 2$

$$\begin{aligned}
|c_n| &= \left|\sum_{k=1}^{n-1} \frac{(-1)^k}{\sqrt{k}}\,\frac{(-1)^{n-k}}{\sqrt{n-k}}\right| = \left|\sum_{k=1}^{n-1} \frac{(-1)^n}{\sqrt{k}\,\sqrt{n-k}}\right| \\
&= \sum_{k=1}^{n-1} \frac{1}{\sqrt{k}\,\sqrt{n-k}} \geq \sum_{k=1}^{n-1} \frac{1}{\sqrt{n-1}\,\sqrt{n-1}} \\
&= \frac{n-2}{n-1} \to 1\,.
\end{aligned}$$

Die Folge (c_n) ist keine Nullfolge, damit divergiert die Produktreihe. Das Cauchy-Produkt lediglich bedingt konvergenter Reihen muss nicht konvergieren.

Aufgabe 10.5 • (i) Die Glieder a_n einer Reihe, die diese Bedingung erfüllen, erfüllen auch $|a_n| \geq 1$ für unendlich viele n, bilden also keine Nullfolge. Die Reihe divergiert.

(ii) Jede Reihe mit einer monoton wachsenden Folge von positiven Gliedern erfüllt diese Bedingung, die Glieder bilden aber keine Nullfolge. Eine solche Reihe divergiert daher.

Aber auch die Reihe $\left(\sum_{n=2}^{\infty} a_n\right)$ mit $a_{2k} = \frac{1}{2k^2}$, $k = 1, 2, 3, \ldots$ und $a_{2k-1} = \frac{1}{(k-1)^2}$, $k = 2, 3, 4, \ldots$, erfüllt die Bedinung. Für $n = 2k$ gilt nämlich

$$\left|\frac{a_{n+1}}{a_n}\right| = \left|\frac{2k^2}{k^2}\right| = 2 \geq 1$$

für alle $k \in \mathbb{N}$. Die Reihe konvergiert aber, wie man mit dem Majorantenkriterium leicht einsieht.

Also ist mit der Bedinung (ii) keine Aussage über Konvergenz oder Divergenz einer Reihe möglich.

Rechenaufgaben

Aufgabe 10.6 •

(a) Abschätzung: $a_n = \dfrac{1}{n+n^2} \leq \dfrac{1}{n^2}$. Da die Reihe $\sum_{n=1}^{\infty} \frac{1}{n^2}$ konvergent ist, ist auch diese Reihe konvergent (Majorantenkriterium).

(b) Quotientenkriterium:

$$\begin{aligned}
\left|\frac{a_{n+1}}{a_n}\right| &= \frac{3^{n+1}/(n+1)^3}{3^n/n^3} = \frac{3^{n+1}\cdot n^3}{3^n\cdot(n+1)^3} = \\
&= 3\cdot\frac{n^3}{n^3+3n^2+3n+1} \to 3 > 1\,,
\end{aligned}$$

also divergiert die Reihe.

(c) Weil $\left(1+\dfrac{1}{n}\right)^n$ monoton wächst und $\lim\limits_{n\to\infty}\left(1+\dfrac{1}{n}\right)^n = \mathrm{e}$ ist, ist $\left(e - \left(1+\dfrac{1}{n}\right)^n\right)$ eine monoton fallende Nullfolge. Die Reihe ist also nach dem Leibniz-Kriterium konvergent.

Aufgabe 10.7 •

(a) Die Partialsummen sind Teleskopsummen, es gilt:

$$S_N = \sum_{n=1}^{N} \left(\frac{1}{\sqrt{n}} - \frac{1}{\sqrt{n+1}} \right) = 1 - \frac{1}{\sqrt{N+1}} .$$

Damit erhält man

$$\sum_{n=1}^{\infty} \left(\frac{1}{\sqrt{n}} - \frac{1}{\sqrt{n+1}} \right) = \lim_{N\to\infty} S_N = 1.$$

(b) Es handelt sich um eine geometrische Reihe. Wir überprüfen zunächst

$$\left|\frac{3+4\mathrm{i}}{6}\right| = \left|\frac{1}{2} + \frac{2}{3}\mathrm{i}\right| = \sqrt{\frac{1}{4} + \frac{4}{9}} = \frac{5}{6} < 1 .$$

Die Reihe ist konvergent, und wir erhalten

$$\sum_{n=1}^{\infty} \left(\frac{3+4\mathrm{i}}{6}\right)^n = \frac{1}{1-\frac{3+4\mathrm{i}}{6}} = \left(\frac{3-4\mathrm{i}}{6}\right)^{-1} = \\ = \frac{6}{3-4\mathrm{i}} \cdot \frac{3+4\mathrm{i}}{3+4\mathrm{i}} = \frac{18}{25} + \frac{24}{25}\mathrm{i}.$$

Aufgabe 10.8 ••

(a) Die Reihe ist absolut konvergent nach Wurzelkriterium:

$$\sqrt[n]{|a_n|} = \sqrt[n]{\frac{2+(-1)^n}{2^{n-1}}} = \frac{\sqrt[n]{2+(-1)^n}}{2^{\frac{n-1}{n}}} \to \frac{1}{2}.$$

(b) Wurzelkriterium:

$$\sqrt[n]{|a_n|} = \frac{1}{\sqrt[n]{n}} \left(\frac{1}{3} + \frac{1}{n}\right) \to \frac{1}{1}\left(\frac{1}{3} + 0\right) = \frac{1}{3} < 1.$$

(c) Es ist

$$a_n = \binom{4n}{3n}^{-1} = \left(\frac{(4n)!}{(3n)!\,n!}\right)^{-1} = \frac{(3n)!\,n!}{(4n)!}$$

und damit

$$\begin{aligned}\left|\frac{a_{n+1}}{a_n}\right| &= \frac{(3n+3)!\,(n+1)!}{(4n+4)!} \cdot \frac{(4n)!}{(3n)!\,n!} \\ &= \frac{(3n+3)\,(3n+2)\,(3n+1)\,(n+1)!}{(4n+4)\,(4n+3)\,(4n+2)\,(4n+1)} \\ &= \frac{27n^4 + \ldots}{256n^4 + \ldots} \to \frac{27}{256} < 1.\end{aligned}$$

Aufgabe 10.9 • Wir erhalten mit dem Quotientenkriterium

$$\begin{aligned}\left|\frac{a_{n+1}}{a_n}\right| &= \frac{1 \cdot 3 \cdot \ldots \cdot (2n+3)\,(2n+5) \cdot n\,!}{1 \cdot 3 \cdot \ldots \cdot (2n+3) \cdot (n+1)\,!} = \\ &= \frac{(2n+5) \cdot n\,!}{(n+1) \cdot n\,!} = \frac{2n+5}{n+1} \to 2 > 1.\end{aligned}$$

Die Reihe ist also divergent.

Aufgabe 10.10 •• (a) Nach dem Verdichtungskriterium konvergiert die Reihe genau dann, wenn die Reihe

$$\left(\sum_{k=1}^{\infty} \frac{2^k}{2^k\,(\ln 2^k)^\alpha}\right)$$

konvergiert. Wir formen die Glieder um zu

$$\frac{2^k}{2^k\,(\ln 2^k)^\alpha} = \frac{1}{(k\,\ln 2)^\alpha} = \frac{1}{(\ln 2)^\alpha\,k^\alpha} .$$

Wir erhalten demnach genau die verallgemeinerte harmonische Reihe, die für $\alpha > 1$ konvergiert, sonst divergiert.

(b) Wir wenden wieder das Verdichtungskriterium an und erhalten die neue Reihe

$$\left(\sum_{k=1}^{\infty} \frac{2^k}{(\ln 2^k)^{\ln 2^k}}\right) .$$

Die Reihenglieder lassen sich umschreiben zu

$$\frac{2^k}{(\ln 2^k)^{\ln 2^k}} = \frac{2^k}{(k\,\ln 2)^{k \ln 2}} = \left(\frac{2}{(k\,\ln 2)^{\ln 2}}\right)^k .$$

Der geklammerte Term ist kleiner als 1, falls die Ungleichung

$$k > \frac{2^{1/\ln 2}}{\ln 2}$$

erfüllt ist. Dies ist der Fall, wenn k nur hinreichend groß ist. Somit ist für ein geeignet gewähltes q die geometrische Reihe eine konvergente Majorante und die Reihe konvergiert.

Aufgabe 10.11 ••

(a) Es ist

$$a_n = \binom{2n}{n} 2^{-3n-1} = \frac{(2n)!}{n!\,n!} 2^{-3n-1}$$

und damit gilt:

$$\begin{aligned}\left|\frac{a_{n+1}}{a_n}\right| &= \frac{(2n+2)!\,2^{-3n-4}}{(n+1)!\,(n+1)!} \cdot \frac{n!\,n!}{(2n)!\,2^{-3n-1}} \\ &= \frac{(2n+2)\,(2n+1)\,2^{-3}}{(n+1)\,(n+1)} \\ &= \frac{2\,(n+1)\,(2n+1)}{2^3\,(n+1)\,(n+1)} \to \frac{2}{4} = \frac{1}{2} < 1.\end{aligned}$$

Die Reihe ist also absolut konvergent.

(b) Vergleich mit

$$\sum_{n=1}^{\infty} \frac{1}{\sqrt{n}}$$

liefert:

$$\begin{aligned}\frac{a_n}{b_n} &= \frac{(n^{3/2}+n) \cdot \sqrt{n}}{n^2+5n-1} = \frac{n^2+n^{3/2}}{n^2+5n-1} \\ &= \frac{1+\frac{1}{\sqrt{n}}}{1+\frac{5}{n}-\frac{1}{n^2}} \to 1.\end{aligned}$$

Die Reihen haben gleiches Konvergenzverhalten und divergieren demnach beide.

(c) Es gilt:

$$\left|(-1)^n \frac{\sin \sqrt{n}}{n^{5/2}}\right| \leq \frac{1}{n^{5/2}}.$$

Die Reihe konvergiert absolut, da auch

$$\sum_{n=1}^{\infty} \frac{1}{n^{5/2}}$$

absolut konvergiert.

Aufgabe 10.12 ••

(a) Die Reihe hat die Form $(\sum_{k=1}^{\infty}(-1)^k a_k)$ mit

$$a_k = \frac{k + 2\sqrt{k}}{k^2 + 4k + 3}.$$

Ferner ist $a_k = \frac{1}{k} + b_k$ mit

$$b_k = \frac{2k\sqrt{k} - 4k - 3}{k\left(k^2 + 4k + 3\right)}.$$

Die Reihe $(\sum_{k=1}^{\infty}(-1)^k b_k)$ konvergiert absolut wegen der Abschätzung

$$\left|(-1)^k b_k\right| < \frac{2k\sqrt{k} + 4k + 3}{k\left(k^2 + 4k + 3\right)} < \frac{9k\sqrt{k}}{k^3} = 9\frac{1}{k^{3/2}},$$

die die konvergente Majorante $(9\sum_{k=1}^{\infty} k^{-3/2})$ liefert. Die Differenz der Reihen $(\sum_{k=1}^{\infty}(-1)^k a_k)$ und $(\sum_{k=1}^{\infty}(-1)^k b_k)$ ist $(\sum_{k=1}^{\infty}(-1)^k \frac{1}{k})$, also die alternierende harmonische Reihe, die nach dem Leibniz-Kriterium konvergiert. Daher konvergiert auch die Gesamtreihe.

Absolute Konvergenz liegt aber nicht vor, da die Betragsreihe $(\sum_{k=1}^{\infty}|a_k|)$ eine divergente Minorante hat:

$$|a_k| > \frac{3k}{8k^2} = \frac{3}{8k}.$$

(b) Wir stellen fest, dass

$$\cos(k\pi) = (-1)^k$$

ist. Wir können also die Reihe wie folgt umschreiben:

$$\sum_{k=1}^{\infty}\left[\frac{(-1)^k}{k+3} - \frac{\cos(k\pi)}{k+2}\right] = \sum_{k=1}^{\infty}(-1)^k\left[\frac{1}{k+3} - \frac{1}{k+2}\right]$$
$$= \sum_{k=1}^{\infty}(-1)^{k+1}\frac{1}{(k+3)\,(k+2)}.$$

Diese Reihe konvergiert absolut, da die Betragsreihe die konvergente Majorante $(\sum_{k=1}^{\infty} k^{-2})$ hat.

Aufgabe 10.13 ••

(a) Es liegt eine geometrische Reihe vor. $\sqrt[n]{|a_n|} = |\sin 2x|$ ist kleiner eins, außer für $2x = \pm\frac{\pi}{2}, \pm\frac{3\pi}{2}, \ldots \iff x = \pm\frac{\pi}{4}, \pm\frac{3\pi}{4}, \ldots$ In diesen Fällen erhält man die divergenten Reihen $\left(\sum_{n=1}^{\infty} 1\right)$ bzw. $\left(\sum_{n=1}^{\infty}(-1)^n\right)$. Die Reihe konvergiert also für $x \in (-\pi, \pi) \setminus \{-\frac{3\pi}{4}, -\frac{\pi}{4}, \frac{\pi}{4}, \frac{3\pi}{4}\}$.

(b) Auch hier liegt eine geometrische Reihe vor. Als Bedingung für die Konvergenz erhalten wir

$$\begin{aligned} -1 &< x^2 - 4 < 1, \\ 3 &< \;\; x^2 \;\; < 5. \end{aligned}$$

Das ist für $x \in (-\sqrt{5}, -\sqrt{3})$ oder $x \in (\sqrt{3}, \sqrt{5})$ erfüllt. Damit erhalten wir $M = (-\sqrt{5}, -\sqrt{3}) \cup (\sqrt{3}, \sqrt{5})$.

(c) Für $x > 0$ ist n^x der dominante Term im Zähler. Die Reihe hat das gleiche Konvergenzverhalten wie $\left(\sum_{n=0}^{\infty} \frac{1}{n^{3-x}}\right)$, was man mit dem Grenzwertkriterium sofort nachprüfen kann. Diese Reihe konvergiert für $3 - x > 1$, d. h. für $x < 2$. Wir erhalten $M = (0, 2)$.

Aufgabe 10.14 •• Zunächst betrachten wir nur eine Seite des ursprünglichen Dreiecks. In der Ausgangssituation (0-ter Schritt) gibt es eben nur $K_0 = 1$ davon, und sie hat die Länge $L_0 = 1$. Nun werden in jedem Schritt aus jeder Kante vier neue, deren Länge sich dabei auf ein Drittel reduziert. Also gilt:

$$K_n = 4^n, \qquad L_n = \frac{1}{3^n}, \qquad n = 0, 1, 2, \ldots$$

Nun betrachten wir die Situation nach dem ersten Schritt. Ein Dreieck ist in diesem Schritt dazugekommen mit Kantenlänge L_1. Damit hat es, wie sich mit dem Satz des Pythagoras leicht ausrechnen lässt, die Fläche $\Delta_1 = (\sqrt{3}/4) \cdot L_1^2$. Im n-ten Schritt sind K_{n-1} Dreiecke dazugekommen, jedes hat den Flächeninhalt $\Delta_n = (\sqrt{3}/4) \cdot L_n^2$.

Um den gesamten Flächeninhalt zu bestimmen, der über einer Seite des ursprünglichen Dreiecks entsteht, müssen wir die Reihe über diese einzelnen Dreiecksflächen bilden:

$$\begin{aligned} F &= \sum_{n=1}^{\infty} K_{n-1} \cdot \Delta_n = \frac{\sqrt{3}}{4}\sum_{n=1}^{\infty} K_{n-1} \cdot L_n^2 \\ &= \frac{\sqrt{3}}{4}\sum_{n=1}^{\infty}\frac{4^{n-1}}{9^n} = \frac{\sqrt{3}}{36}\sum_{n=0}^{\infty}\left(\frac{4}{9}\right)^n \\ &= \frac{\sqrt{3}}{36} \cdot \frac{1}{1 - \frac{4}{9}} = \frac{\sqrt{3}}{20}. \end{aligned}$$

Um die Gesamtfläche der Schneeflocke zu bestimmen, müssen wir F mit 3 multiplizieren und die Fläche des ursprünglichen Dreiecks addieren. So erhalten wir

$$\frac{\sqrt{3}}{4} + 3F = \frac{\sqrt{3}}{4} + \frac{3\sqrt{3}}{20} = \frac{4}{10}\sqrt{3}.$$

Um den Umfang nach dem n-ten Iterationsschritt zu bestimmen muss man einfach K_n mit L_n multiplizieren. Dies ergibt $(4/3)^n$ und diese Zahl geht gegen Unendlich für $n \to \infty$. Also ist die Koch'sche Schneeflocke eine Menge mit endlichem Flächeninhalt aber unendlichem Umfang!

Beweisaufgaben

Aufgabe 10.15 • Wir bezeichnen mit

$$S_N = \sum_{n=0}^{N} a_n \left(\frac{1}{10}\right)^n$$

die Partialsummen und betrachten nun deren Folge. Einerseits ist

$$S_N - S_{N-1} = a_N \left(\frac{1}{10}\right)^N \geq 0\,,$$

die Folge ist monoton wachsend. Andererseits erhalten wir sofort die Abschätzung

$$\begin{aligned} S_N = \sum_{n=0}^{N} a_n \left(\frac{1}{10}\right)^n &\leq \sum_{n=0}^{N} 9 \left(\frac{1}{10}\right)^n = 9 \sum_{n=0}^{N} \left(\frac{1}{10}\right)^n = \\ &= 9 \cdot \frac{1-\left(\frac{1}{10}\right)^{N-1}}{1-\frac{1}{10}} \leq 9 \cdot \frac{1}{1-\frac{1}{10}} = 10\,. \end{aligned}$$

Die Folge ist monoton und beschränkt, nach dem Monotoniekriterium ist sie konvergent.

Aufgabe 10.16 •• (a) Es gilt:

$$\begin{aligned} \sum_{k=1}^{n} a_k\, b_k &= \sum_{k=1}^{n} b_k \left[\sum_{j=1}^{k} a_j - \sum_{j=1}^{k-1} a_j\right] \\ &= \sum_{k=1}^{n} b_k \sum_{j=1}^{k} a_j - \sum_{k=1}^{n} b_k \sum_{j=1}^{k-1} a_j \\ &= \sum_{k=1}^{n} b_k \sum_{j=1}^{k} a_j - \sum_{k=1}^{n-1} b_{k+1} \sum_{j=1}^{k} a_j \\ &= \sum_{k=1}^{n} b_k \sum_{j=1}^{k} a_j - \sum_{k=1}^{n} b_{k+1} \sum_{j=1}^{k} a_j + b_{n+1} \sum_{j=1}^{n} a_j \\ &= b_{n+1} \sum_{j=1}^{n} a_j + \sum_{k=1}^{n} (b_k - b_{k+1}) \sum_{j=1}^{k} a_j\,. \end{aligned}$$

(b) Wir verwenden die Formel aus (a). Wegen des Monotoniekriteriums konvergiert (b_n) und wegen der Konvergenz der Reihe $(\sum_{n=1}^{\infty} a_n)$ auch $\left(b_{n+1} \sum_{j=1}^{n} a_j\right)_n$. Da die Reihe $(\sum_{n=1}^{\infty} a_n)$ konvergiert, ist sie beschränkt. Sei C eine Schranke ihrer Partialsummen. Wir nehmen an, dass (b_n) monoton fällt. Dann ist

$$\begin{aligned} &\sum_{k=1}^{n} \left|(b_k - b_{k+1}) \sum_{j=1}^{k} a_j\right| \\ &= \sum_{k=1}^{n} |b_k - b_{k+1}| \left|\sum_{j=1}^{k} a_j\right| \leq C \cdot \sum_{k=1}^{n} (b_k - b_{k+1}) \\ &= C \cdot (b_1 - b_{n+1}) \to C \cdot (b_1 - \lim_{n\to\infty} b_n)\,. \end{aligned}$$

Somit sind beide Summen auf der rechten Seite der Formel aus (a) Partialsummen konvergenter Reihen, die zweite Reihe konvergiert sogar absolut. Daher konvergiert auch die linke Seite.

(c) Wir verwenden wieder die Formel aus (a). Da (b_n) eine Nullfolge ist und $\left(\sum_{n=1}^{N} a_n\right)_N$ beschränkt, so geht auch der erste Summand rechts für $n \to \infty$ gegen null. Wie im Beweis von (b) sieht man, dass der zweite Summand die Partialsumme einer absolut konvergenten Reihe ist. Statt des Reihenwerts der Reihe über die a_n muss man allerdings die Schranke für die Partialsummen verwenden.

Aufgabe 10.17 •• (a) Wir schreiben (s_n) für die Folge der Partialsummen $s_n = \sum_{k=1}^{n} a_k$, $n \in \mathbb{N}$. Den Wert der Reihe bezeichnen wir mit s.

Da (s_n) gegen s konvergiert, gibt es für ein vorgegebenes ε ein $M \in \mathbb{N}$ mit $|s - s_m| < \varepsilon/2$ für jedes $m > M$. Somit folgt für $n > M$ auch

$$\frac{1}{n} \sum_{m=M+1}^{n} |s_m - s| < \frac{1}{n-M} \sum_{m=M+1}^{n} |s_m - s| < \frac{\varepsilon}{2}\,.$$

Für hinreichend großes n ist auch

$$\frac{1}{n} \sum_{m=1}^{M} |s_m - s| < \frac{\varepsilon}{2}\,.$$

Somit ergibt sich für jedes hinreichend große n

$$\begin{aligned} \left|\frac{1}{n}\left[\sum_{m=1}^{n} s_m\right] - s\right| &\leq \frac{1}{n} \sum_{m=1}^{n} |s_m - s| \\ &\leq \frac{1}{n} \sum_{m=1}^{M} |s_m - s| + \frac{1}{n} \sum_{m=M+1}^{n} |s_m - s| \\ &< \varepsilon\,. \end{aligned}$$

Damit ist die Konvergenz $\frac{1}{n}\left(\sum_{m=1}^{n} s_m\right) \to s$ gezeigt.

(b) Es ist

$$s_m = \sum_{k=1}^{m} (-1)^{k+1} = \begin{cases} 1, & m \text{ ungerade}, \\ 0, & m \text{ gerade}. \end{cases}$$

Damit folgt für $n \in \mathbb{N}$:

$$\frac{1}{2n} \sum_{m=1}^{2n} s_m = \frac{n}{2n} = \frac{1}{2}\,,$$

$$\frac{1}{2n-1} \sum_{m=1}^{2n-1} s_m = \frac{n-1}{2n-1} \longrightarrow \frac{1}{2} \quad (n \to \infty)\,.$$

Die Folge der Mittelwerte der Partialsummen ist also beschränkt und besitzt genau den einen Häufungspunkt $1/2$. Somit ist die Reihe Cèsaro-summierbar mit $C = 1/2$.

Aufgabe 10.18 •• Aus der Eigenschaft für u folgt insbesondere $u(n) \leq n + C$ für alle $n \in \mathbb{N}$. Daraus folgt, dass für alle $N \in \mathbb{N}$ in der Menge $\{a_1, \ldots, a_{N+C}\}$ die Reihenglieder $a_{u(1)}, \ldots, a_{u(N)}$ vorkommen. Zusätzlich enthält diese Menge alle a_j mit

$$j \in J_N = \{n \mid n \leq N + C, u(n) > N\}.$$

Ferner gilt für $j \in J_N$ die Ungleichungskette

$$N + C \geq j \geq u(j) - C > N - C.$$

Somit ist $J_N \subseteq \tilde{J}_N = \{N - C + 1, N - C + 2, \ldots, N + C\}$. Die Menge $\tilde{J}_N$ hat $2C$ Elemente.

Mit diesen Vorüberlegungen erhalten wir

$$\sum_{n=1}^{N} a_{u(n)} = \sum_{n=1}^{N+C} a_n - \sum_{n \in J_N} a_n$$

und

$$\left| \sum_{n \in J_N} a_n \right| \leq \sum_{n \in J_N} |a_n| \leq \sum_{n \in \tilde{J}_N} |a_n|$$
$$\leq 2C \max_{n \in \tilde{J}_N} |a_n| \longrightarrow 0 \quad (N \to \infty).$$

Die Konvergenzaussage haben wir, da die (a_n) eine Nullfolge bilden. Insgesamt folgt:

$$\sum_{n=1}^{\infty} a_{u(n)} = \sum_{n=1}^{\infty} a_n - \lim_{n \to \infty} \sum_{n \in J_N} a_n = \sum_{n=1}^{\infty} a_n.$$

Aufgabe 10.19 • Wir betrachten für $N \in \mathbb{N}$ die Partialsumme

$$\sum_{n=1}^{N} |b_n|.$$

Da (b_n) eine Umordnung der Folge (a_n) ist, existiert ein $M(N) \in \mathbb{N}$ mit $\{b_1, \ldots, b_N\} \subseteq \{a_1, \ldots, a_{M(N)}\}$. Somit folgt

$$\sum_{n=1}^{N} |b_n| \leq \sum_{n=1}^{M(N)} |a_n| \leq \sum_{n=1}^{\infty} |a_n|.$$

Also ist die Reihe über die Beträge der a_n eine konvergente Majorante für die Reihe über die Beträge der b_n. Die Reihe $\left(\sum_{n=1}^{\infty} b_n\right)$ ist somit absolut konvergent, und daher insbesondere konvergent.

Kapitel 11

Aufgaben

Verständnisfragen

Aufgabe 11.1 • Handelt es sich bei den folgenden, für $z \in \mathbb{C}$ definierten Reihen um Potenzreihen? Falls ja, wie lautet die Koeffizientenfolge und wie der Entwicklungspunkt?

(a) $\left(\sum_{n=0}^{\infty} \frac{3^n}{n!} \frac{1}{z^n}\right)$ (b) $\left(\sum_{n=2}^{\infty} \frac{n\,(z-1)^n}{z^2}\right)$

(c) $\left(\sum_{n=0}^{\infty} \sum_{j=0}^{n} \frac{1}{n!} \binom{n}{j} z^j\right)$ (d) $\left(\sum_{n=0}^{\infty} z^{2n} \cos z\right)$

Aufgabe 11.2 • Welche der folgenden Aussagen über eine Potenzreihe mit Entwicklungspunkt $z_0 \in \mathbb{C}$ und Konvergenzradius ρ sind richtig?

(a) Die Potenzreihe konvergiert für alle $z \in \mathbb{C}$ mit $|z - z_0| < \rho$ absolut.
(b) Durch die Potenzreihe ist auf dem Konvergenzkreis eine beschränkte Funktion gegeben.
(c) Durch die Potenzreihe ist auf jedem Kreis mit Mittelpunkt z_0 und Radius $r < \rho$ eine beschränkte Funktion gegeben.
(d) Die Potenzreihe konvergiert für kein $z \in \mathbb{C}$ mit $|z - z_0| = \rho$.
(e) Konvergiert die Potenzreihe für ein $\hat{z} \in \mathbb{C}$ mit $|\hat{z} - z_0| = \rho$ absolut, so gilt dies für alle $z \in \mathbb{C}$ mit $|z - z_0| = \rho$.

Aufgabe 11.3 •• Bestimmen Sie mithilfe der zugehörigen Potenzreihen die folgenden Grenzwerte:

(a) $\lim\limits_{x \to 0} \frac{1 - \cos x}{x \sin x}$, (b) $\lim\limits_{x \to 0} \frac{\mathrm{e}^{\sin(x^4)} - 1}{x^2\,(1 - \cos(x))}$.

Aufgabe 11.4 •• Berechnen Sie mit dem Taschenrechner die Differenz $\sin(\sinh(x)) - \sinh(\sin(x))$ für $x \in \{0.1,\ 0.01,\ 0.001\}$. Erklären Sie Ihre Beobachtung, indem Sie das erste Glied der Potenzreihenentwicklung dieser Differenz um den Entwicklungspunkt 0 bestimmen.

Aufgabe 11.5 • Finden Sie je ein Paar (w, z) von komplexen Zahlen, sodass die Funktionalgleichung des Logarithmus für $\beta = 0$, $\beta = 1$ und $\beta = -1$ erfüllt ist.

Rechenaufgaben

Aufgabe 11.6 •• Bestimmen Sie den Konvergenzradius und den Konvergenzkreis der folgenden Potenzreihen:

(a) $\left(\sum_{k=0}^{\infty} \frac{(k!)^4}{(4k)!} z^k\right)$

(b) $\left(\sum_{n=1}^{\infty} n^n (z-2)^n\right)$

(c) $\left(\sum_{n=0}^{\infty} \frac{n + \mathrm{i}}{(\sqrt{2}\,\mathrm{i})^n} \binom{2n}{n} z^{2n}\right)$

(d) $\left(\sum_{n=0}^{\infty} \frac{(2+\mathrm{i})^n - \mathrm{i}}{\mathrm{i}^n} (z + \mathrm{i})^n\right)$

Aufgabe 11.7 •• Bestimmen Sie den Konvergenzradius der Potenzreihe

$$\left(\sum_{n=0}^{\infty} 3^n\,(x - x_0)^{2n+1}\right)$$

einmal direkt durch das Wurzelkriterium und einmal mit der Formel von Hadamard.

Aufgabe 11.8 • Für welche $x \in \mathbb{R}$ konvergieren die folgenden Potenzreihen?

(a) $\left(\sum_{n=1}^{\infty} \frac{(-1)^{n-1}\,(2^n + 1)}{n} \left(x - \frac{1}{2}\right)^n\right)$

(b) $\left(\sum_{n=0}^{\infty} \frac{1 - (-2)^{-n-1}\, n!}{n!} (x-2)^n\right)$

(c) $\left(\sum_{n=1}^{\infty} \frac{1}{n^2} \left[\sqrt{n^2 + n} - \sqrt{n^2 + 1}\right]^n (x+1)^n\right)$

Aufgabe 11.9 ••• Für welche $z \in \mathbb{C}$ konvergiert die Potenzreihe

$$\left(\sum_{n=1}^{\infty} \frac{(2\mathrm{i})^n}{n^2 + \mathrm{i}n} (z - 2\mathrm{i})^n\right)?$$

Aufgabe 11.10 •• Gegeben ist die Funktion $f\colon D \to \mathbb{C}$ mit

$$f(z) = \frac{z-1}{z^2+2}, \qquad z \in D.$$

(a) Bestimmen Sie den maximalen Definitionsbereich $D \subseteq \mathbb{C}$ von f.
(b) Stellen Sie f als eine Potenzreihe mithilfe des Ansatzes

$$z - 1 = (z^2 + 2) \sum_{n=0}^{\infty} a_n z^n$$

dar. Was ist der Konvergenzradius dieser Potenzreihe?

Aufgabe 11.11 ••• Bestimmen Sie die ersten beiden Glieder der Potenzreihenentwicklung von

$$f(x) = (1 + x)^{1/n}, \qquad x > -1,$$

um den Entwicklungspunkt $x_0 = 1$.

Aufgabe 11.12 •• Bestimmen Sie alle $z \in \mathbb{C}$, die der folgenden Gleichung genügen:

(a) $\cosh(z) = -1$

(b) $\cosh z - \frac{1}{2}(1 - 8\mathrm{i})\, e^{-z} = 2 + 2\mathrm{i}$

Aufgabe 11.13 • Bestimmen Sie jeweils alle $z \in \mathbb{C}$, die Lösungen der folgenden Gleichung sind:

(a) $\cos \overline{z} = \overline{\cos z}$, (b) $\mathrm{e}^{\mathrm{i}\overline{z}} = \overline{\mathrm{e}^{\mathrm{i}z}}$.

Beweisaufgaben

Aufgabe 11.14 • Beweisen Sie, dass die rationale Funktion

$$f(z) = \frac{1 + z^3}{2 - z}, \qquad z \in \mathbb{C} \setminus \{2\},$$

für $|z| < 2$ durch die Potenzreihe

$$f(z) = \frac{1}{2} + \frac{z}{4} + \frac{z^2}{8} + \frac{9}{2} \sum_{n=3}^{\infty} \left(\frac{z}{2}\right)^n$$

darstellbar ist.

Aufgabe 11.15 •• Gesucht ist eine Potenzreihendarstellung der Form $\left(\sum_{n=0}^{\infty} a_n\, x^n\right)$ zu der Funktion

$$f(x) = \frac{\mathrm{e}^x}{1 - x}, \qquad x \in \mathbb{R} \setminus \{1\}.$$

(a) Zeigen Sie $a_n = \sum_{k=0}^{n} \frac{1}{k!}$.

(b) Für welche $x \in \mathbb{R}$ konvergiert die Potenzreihe?

Aufgabe 11.16 • Zeigen Sie: Eine durch eine Potenzreihe mit Entwicklungspunkt 0 gegebene Funktion ist genau dann gerade, wenn in der Potenzreihe alle Koeffizienten für ungerade Exponenten null sind.

Aufgabe 11.17 •• Die Funktion $f\colon D \to \mathbb{C}$ sei durch eine Potenzreihe mit Konvergenzkreis D und Entwicklungspunkt z_0 gegeben. Ferner gelte für eine gegen z_0 konvergente Folge (x_n) aus D mit $x_n \neq z_0$, $n \in \mathbb{N}$, dass $f(x_n) = 0$ ist für alle $n \in \mathbb{N}$. Zeigen Sie, dass f die Nullfunktion ist.

Aufgabe 11.18 • Zeigen Sie die *Formel von Moivre:*

$$(\cos\varphi + \mathrm{i}\,\sin\varphi)^n = \cos(n\varphi) + \mathrm{i}\sin(n\varphi)$$

für alle $\varphi \in \mathbb{R}$, $n \in \mathbb{Z}$. Benutzen Sie diese Formel, um die Identität

$$\cos(2n\varphi) = \sum_{k=0}^{n} (-1)^k \binom{2n}{2k} \cos^{2(n-k)}(\varphi)\, \sin^{2k}(\varphi)$$

für alle $\varphi \in \mathbb{R}$, $n \in \mathbb{N}_0$ zu beweisen.

Aufgabe 11.19 • Zeigen Sie das Additionstheorem

$$\sin w + \sin z = 2\sin\frac{w+z}{2}\cos\frac{w-z}{2}, \qquad w, z \in \mathbb{C}.$$

Hinweise

Verständnisfragen

Aufgabe 11.1 • Überlegen Sie sich, ob Sie die Reihenglieder geschickt umschreiben können. Sind bekannte Formeln anwendbar?

Aufgabe 11.2 • Die Aussagen lassen sich bis auf die letzte direkt aus den Sätzen über Potenzreihen und ihre Konvergenzkreise aus dem Kapitel ableiten. Für die letzte Aussage kann man das Majoranten-/Minorantenkriterium anwenden.

Aufgabe 11.3 •• Stellen Sie die Funktionen im Zähler und Nenner als Potenzreihen dar. Die Darstellung kann durch Nutzung der Landau-Symbolik vereinfacht werden.

Aufgabe 11.4 •• Benutzen Sie die Landau-Symbolik zur Darstellung der Potenzreihen.

Aufgabe 11.5 • Wählen Sie sich zunächst ein festes w mit $\mathrm{Re}\,(w) > 0$ und finden Sie heraus, wie sich die beiden Seiten der Funktionalgleichung für verschiedene z verhalten.

Rechenaufgaben

Aufgabe 11.6 •• Versuchen Sie, das Quotienten- oder das Wurzelkriterium auf die Reihen anzuwenden.

Aufgabe 11.7 •• Finden Sie in der Darstellung $\left(\sum_{k=0}^{\infty} a_k\,(x - x_0)^k\right)$ den richtigen Ausdruck für die a_k.

Aufgabe 11.8 • Den Konvergenzradius kann man entweder mit dem Quotienten- oder dem Wurzelkriterium bestimmen. Für die Randpunkte muss man das Majoranten-/Minorantenkriterium oder das Leibniz-Kriterium bemühen.

Aufgabe 11.9 ••• Zur Bestimmung des Konvergenzradius können Sie das Wurzelkriterium verwenden. Versuchen Sie für z auf dem Rand des Konvergenzkreises eine konvergente Majorante zu bestimmen.

Aufgabe 11.10 •• Aus dem Ansatz kann man durch Koeffizientenvergleich eine Rekursionsformel für die Koeffizienten herleiten. Indem Sie die ersten Koeffizienten ausrechnen, können Sie eine explizite Darstellung finden. Für die Bestimmung des Konvergenzradius ist das Wurzelkriterium geeignet.

Aufgabe 11.11 ••• Benutzen Sie das Cauchy-Produkt. Zur einfacheren Darstellung sollten Sie die Landau-Symbolik verwenden.

Aufgabe 11.12 •• Nutzen Sie die Darstellung der cosh-Funktion durch die Exponentialfunktion. Führen Sie anschließend eine Substitution durch, die auf eine quadratische Gleichung führt.

Aufgabe 11.13 • Drücken Sie die Kosinus- durch die Exponentialfunktion aus. Mithilfe der Euler'schen Formel können Sie sich überlegen, wie die komplexen Konjugationen umgeformt werden können.

Beweisaufgaben

Aufgabe 11.14 • Klammern Sie im Nenner 2 aus, damit Sie die geometrische Reihe anwenden können.

Aufgabe 11.15 •• Teil (a) lösen Sie durch Koeffizientenvergleich. Zur Bestimmung des Konvergenzradius in Teil (b) kann das Quotientenkriterium angewandt werden.

Aufgabe 11.16 • Schreiben Sie die Bedingung für eine gerade Funktion hin und führen Sie einen Koeffizientenvergleich durch.

Aufgabe 11.17 •• Zeigen Sie durch eine vollständige Induktion, dass alle Koeffizienten der Potenzreihe null sind.

Aufgabe 11.18 • Benutzen Sie die Euler'sche Formel für den Nachweis der Formel von Moivre. Die Identität ergibt sich als Realteil der rechten Seite.

Aufgabe 11.19 • Drücken Sie w und z durch $(w+z)/2$ und $(w-z)/2$ aus.

Lösungen

Verständnisfragen

Aufgabe 11.1 • (a) Nein. (b) Nein, aber als Potenzreihe darstellbar mit Entwicklungspunkt 1. (c) Ja, mit Entwicklungspunkt -1 und $a_n = 1/n!$. (d) Nein, aber als Potenzreihe darstellbar mit Entwicklungspunkt 0 und $a_n = \sum_{k=0}^{n}(-1)^k/(2k)!$.

Aufgabe 11.2 • (a) Richtig. (b) Falsch. (c) Richtig. (d) Falsch. (e) Richtig.

Aufgabe 11.3 •• (a) $1/2$. (b) 2.

Aufgabe 11.4 •• Die ersten 8 Nachkommastellen sind in allen drei Fällen null. Für die Differenz ergibt sich $1/45\,x^7 + O(x^8)$ für $x \to 0$.

Aufgabe 11.5 • Für (i, i) mit $\beta = 0$, für $(\mathrm{i}, -1)$ mit $\beta = 1$ und für $(-\mathrm{i}, -\mathrm{i})$ mit $\beta = -1$.

Rechenaufgaben

Aufgabe 11.6 •• (a) Konvergenzradius 256, Entwicklungspunkt 0. (b) Konvergenzradius 0, Entwicklungspunkt 2. (c) Konvergenzradius $2^{-3/4}$, Entwicklungspunkt 0. (d) Konvergenzradius $1/\sqrt{5}$, Entwicklungspunkt $-\mathrm{i}$.

Aufgabe 11.7 •• –

Aufgabe 11.8 • (a) Konvergenz für $x \in (0, 1]$. (b) Konvergenz für $x \in (0, 4)$. (c) Konvergenz für $x \in [-3, 1]$.

Aufgabe 11.9 ••• Die Reihe konvergiert für alle z mit $|z - 2\mathrm{i}| \leq 1/2$.

Aufgabe 11.10 •• (a) $D = \mathbb{C}\setminus\{\sqrt{2}\,\mathrm{i}, -\sqrt{2}\,\mathrm{i}\}$. (b) $a_{2k} = \left(-\frac{1}{2}\right)^{k+1}$, $a_{2k+1} = -\left(-\frac{1}{2}\right)^{k+1}$, jeweils für $k \in \mathbb{N}_0$. Der Konvergenzradius ist $\sqrt{2}$.

Aufgabe 11.11 ••• $(1+x)^{1/n} = 1 + \frac{1}{n}(x-1) + \mathrm{O}((x-1)^2)$ für alle $n \in \mathbb{N}$ und $x \to 1$.

Aufgabe 11.12 •• (a) $z = (2n+1)\pi\mathrm{i}$, $n \in \mathbb{Z}$. (b) $z = \ln(2\sqrt{2}) + \left(\frac{\pi}{4} + 2\pi n\right)\mathrm{i}$, $n \in \mathbb{Z}$.

Aufgabe 11.13 • (a) Jedes $z \in \mathbb{C}$ erfüllt diese Gleichung. (b) $z = \pi n$, $n \in \mathbb{Z}$.

Beweisaufgaben

Aufgabe 11.14 • –

Aufgabe 11.15 •• Die Reihe konvergiert genau für $x \in (-1, 1)$.

Aufgabe 11.16 • –

Aufgabe 11.17 •• –

Aufgabe 11.18 • –

Aufgabe 11.19 • –

Lösungswege

Verständnisfragen

Aufgabe 11.1 • (a) Da Potenzen von $1/x$ auftreten, handelt es sich nicht um eine Potenzreihe.

(b) In der vorliegenden Form ist die Reihe keine Potenzreihe. Mit dem Ansatz

$$\sum_{n=0}^{\infty} a_n\,(x-1)^n = \sum_{n=2}^{\infty} \frac{n\,(x-1)^n}{x^2}$$

erhält man aber die Gleichung

$$\left[(x-1)^2 + 2(x-1) + 1\right] \sum_{n=0}^{\infty} a_n\,(x-1)^n = \sum_{n=2}^{\infty} n\,(x-1)^n,$$

aus der durch Koeffizientenvergleich die a_n bestimmt werden können.

(c) Aus der allgemeinen binomischen Formel folgt

$$(x+1)^n = \sum_{j=0}^{n} \binom{n}{j} x^j.$$

Daher lautet die Reihe $(\sum_{n=0}^{\infty}(1/n!)(x+1)^n)$, ist also eine Potenzreihe mit Entwicklungspunkt -1 und Koeffizientenfolge $(1/n!)$.

(d) In der vorliegenden Form ist die Reihe keine Potenzreihe. Mit der Reihendarstellung des Kosinus und dem Cauchy-Produkt erhält man aber

$$\begin{aligned}\sum_{n=0}^{\infty} x^{2n} \cos x &= \left(\sum_{n=0}^{\infty} x^{2n}\right)\left(\sum_{n=0}^{\infty} (-1)^n \frac{x^{2n}}{(2n)!}\right)\\ &= \sum_{n=0}^{\infty}\left(\sum_{k=0}^{n} \frac{(-1)^k}{(2k)!}\right) x^{2n}.\end{aligned}$$

Man kann diese Reihe also als eine Potenzreihe mit Entwicklungspunkt 0 und Koeffizientenfolge $(\sum_{k=0}^{n}(-1)^k/(2k)!)$ darstellen.

Aufgabe 11.2 •

(a) Die Aussage ist richtig, siehe die Definition des Konvergenzradius.

(b) Die Aussage ist falsch, siehe etwa die Reihe $(\sum_{n=1}^{\infty} z^n/n)$, die für $|z| < 1$ konvergiert, aber für $z \to 1$ unbeschränkt wird.

(c) Die Aussage ist richtig, da durch eine Potenzreihe im Inneren des Konvergenzkreises eine stetige Funktion gegeben ist. Der Kreis mit Radius r bildet eine kompakte Menge und auf kompakten Mengen sind stetige Funktionen beschränkt.

(d) Auf dem Rand des Konvergenzkreises ist sowohl Konvergenz als auch Divergenz möglich. Die Aussage ist also falsch.

(e) Für eine Potenzreihe $(\sum_{n=0}^{\infty} a_n(z-z_0)^n)$ und ein beliebiges $z \in \mathbb{C}$ mit $|z-z_0| = \rho$ gilt

$$|a_n(z-z_0)^n| = |a_n|\,\rho^n = |a_n(\hat{z}-z_0)^n|.$$

Da die Potenzreihe in $\hat{z}$ absolut konvergiert, bildet die Reihe $(\sum_{n=0}^{\infty} |a_n(\hat{z}-z_0)^n|)$ eine konvergente Majorante. Die Aussage ist also richtig.

Aufgabe 11.3 •• (a) Die Potenzreihen

$$1-\cos x = -\sum_{n=1}^{\infty} \frac{(-1)^n}{(2n)!} x^{2n} = \frac{1}{2}x^2 - \frac{1}{24}x^4 + O(x^6)$$

$$x \sin x = \sum_{n=0}^{\infty} \frac{(-1)^n}{(2n+1)!} x^{2n+2} = x^2 - \frac{1}{6}x^4 + O(x^6)$$

sind auf ganz $\mathbb{R}$ absolut konvergent. Somit gilt

$$\begin{aligned}\lim_{x\to 0} \frac{1-\cos x}{x \sin x} &= \lim_{x\to 0} \frac{\frac{1}{2}x^2 - \frac{1}{24}x^4 + O(x^6)}{x^2 - \frac{1}{6}x^4 + O(x^6)}\\ &= \lim_{x\to 0} \frac{\frac{1}{2} - \frac{1}{24}x^2 + O(x^4)}{1 - \frac{1}{6}x^2 + O(x^4)} = \frac{1}{2}.\end{aligned}$$

(b) Es gilt

$$\begin{aligned}\sin(x^4) &= \sum_{n=0}^{\infty} \frac{(-1)^n}{(2n+1)!} x^{4(2n+1)}\\ &= x^4 - \frac{1}{6}x^{12} + O(x^{20}),\\ e^{\sin(x^4)} - 1 &= \sum_{n=1}^{\infty} \frac{1}{n!}(\sin(x^4))^n\\ &= x^4 + \frac{1}{2}x^8 + O(x^{12}),\\ x^2(1-\cos(x)) &= -\sum_{n=1}^{\infty} \frac{(-1)^n}{(2n)!} x^{2n+2}\\ &= \frac{1}{2}x^4 - \frac{1}{24}x^6 + O(x^8).\end{aligned}$$

Es folgt also

$$\begin{aligned}\lim_{x\to 0} \frac{e^{\sin(x^4)} - 1}{x^2(1-\cos(x))} &= \lim_{x\to 0} \frac{x^4 + \frac{1}{2}x^8 + O(x^{12})}{\frac{1}{2}x^4 - \frac{1}{24}x^6 + O(x^8)}\\ &= \lim_{x\to 0} \frac{1 + \frac{1}{2}x^4 + O(x^8)}{\frac{1}{2} - \frac{1}{24}x^2 + O(x^4)} = 2.\end{aligned}$$

Aufgabe 11.4 •• Auf 8 Nachkommastellen gerundet, ergibt sich in allen drei Fällen eine Differenz von 0. Bei einem Taschenrechner ohne wissenschaftliche Zahlendarstellung ist dies das Ergebnis, dass angezeigt wird.

Um diese Beobachtung zu erklären, stellen wir die Potenzen von $\sin(x)$ als Potenzreihen dar:

$$\begin{aligned}\sin(x) &= x - \frac{1}{6}x^3 + \frac{1}{120}x^5 - \frac{1}{5040}x^7 + O(x^8),\\ \sin^2(x) &= \sin(x)\cdot\sin(x)\\ &= x^2 - \frac{1}{3}x^4 + \frac{2}{45}x^6 + O(x^8),\\ \sin^3(x) &= \sin(x)\cdot\sin^2(x)\\ &= x^3 - \frac{1}{2}x^5 + \frac{13}{120}x^7 + O(x^9),\\ \sin^5(x) &= \sin^2(x)\cdot\sin^3(x)\\ &= x^5 - \frac{5}{6}x^7 + O(x^9),\\ \sin^7(x) &= \sin^2(x)\cdot\sin^5(x) = x^7 + O(x^9).\end{aligned}$$

Diese Ausdrücke setzen wir in die Potenzreihen von sinh ein und erhalten

$$\begin{aligned}
\sinh(\sin(x)) &= \sin(x) + \frac{1}{6}\sin^3(x) + \frac{1}{120}\sin^5(x)\\
&\quad + \frac{1}{5040}\sin^7(x) + O\big(\sin^8(x)\big)\\
&= x - \frac{1}{6}x^3 + \frac{1}{120}x^5 - \frac{1}{5040}x^7\\
&\quad + \frac{1}{6}\left(x^3 - \frac{1}{2}x^5 + \frac{13}{120}x^7\right)\\
&\quad + \frac{1}{120}\left(x^5 - \frac{5}{6}x^7\right)\\
&\quad + \frac{1}{5040}x^7 + O(x^8)\\
&= x - \frac{1}{15}x^5 + \frac{1}{90}x^7 + O(x^8).
\end{aligned}$$

Nun der umgekehrte Fall, zunächst bestimmen wir die Potenzen von $\sinh(x)$:

$$\begin{aligned}
\sinh(x) &= x + \frac{1}{6}x^3 + \frac{1}{120}x^5 + \frac{1}{5040}x^7 + O(x^8),\\
\sinh^2(x) &= \sinh(x)\cdot\sinh(x)\\
&= x^2 + \frac{1}{3}x^4 + \frac{2}{45}x^6 + O(x^8),\\
\sinh^3(x) &= \sinh(x)\cdot\sinh^2(x)\\
&= x^3 + \frac{1}{2}x^5 + \frac{13}{120}x^7 + O(x^9),\\
\sinh^5(x) &= \sinh^2(x)\cdot\sinh^3(x)\\
&= x^5 + \frac{5}{6}x^7 + O(x^9),\\
\sinh^7(x) &= \sinh^2(x)\cdot\sinh^5(x) = x^7 + O(x^9).
\end{aligned}$$

Eingesetzt in die Sinus-Funktion ergibt sich

$$\begin{aligned}
\sin(\sinh(x)) &= \sinh(x) - \frac{1}{6}\sinh^3(x) + \frac{1}{120}\sinh^5(x)\\
&\quad - \frac{1}{5040}\sinh^7(x) + O\big(\sin^8(x)\big)\\
&= x + \frac{1}{6}x^3 + \frac{1}{120}x^5 + \frac{1}{5040}x^7\\
&\quad - \frac{1}{6}\left(x^3 + \frac{1}{2}x^5 + \frac{13}{120}x^7\right)\\
&\quad + \frac{1}{120}\left(x^5 + \frac{5}{6}x^7\right)\\
&\quad - \frac{1}{5040}x^7 + O(x^8)\\
&= x - \frac{1}{15}x^5 - \frac{1}{90}x^7 + O(x^8).
\end{aligned}$$

Daher ist

$$\sinh(\sin(x)) - \sin(\sinh(x)) = \frac{1}{45}x^7 + O(x^8)$$

für $x \to 0$.

Aufgabe 11.5 • Zunächst wählen wir $w = \mathrm{i}$. Für $z = \mathrm{i}$ folgt dann

$$\ln w + \ln z = \mathrm{i}\frac{\pi}{2} + \mathrm{i}\frac{\pi}{2} = \mathrm{i}\pi$$

und

$$\ln(wz) = \ln(-1) = \mathrm{i}\pi.$$

Die Funktionalgleichung gilt also mit $\beta = 0$.

Für $z = -1$ folgt

$$\ln w + \ln z = \mathrm{i}\frac{\pi}{2} + \mathrm{i}\,\pi = \mathrm{i}\frac{3\pi}{2}$$

und

$$\ln(wz) = \ln(-\mathrm{i}) = -\mathrm{i}\frac{\pi}{2}.$$

Die Funktionalgleichung gilt also mit $\beta = 1$.

Für $w = z = -\mathrm{i}$ dagegen gilt

$$\ln w + \ln z = -\mathrm{i}\frac{\pi}{2} - \mathrm{i}\frac{\pi}{2} = -\mathrm{i}\pi$$

und

$$\ln(wz) = \ln(-1) = \mathrm{i}\pi.$$

Die Funktionalgleichung gilt also mit $\beta = -1$.

Rechenaufgaben

Aufgabe 11.6 •• (a) Wir bestimmen

$$\begin{aligned}
&\left|\frac{[(k+1)!]^4\, z^{k+1}}{(4k+4)!}\cdot\frac{(4k)!}{(k!)^4 z^k}\right|\\
&= \frac{(k+1)^4}{(4k+4)(4k+3)(4k+2)(4k+1)}\,|z|\\
&\longrightarrow \frac{|z|}{4^4} \quad (k\to\infty)
\end{aligned}$$

Nach dem Quotientenkriterium konvergiert die Reihe absolut für $|z| < 4^4 = 256$ und divergiert für $|z| > 256$. Der Konvergenzradius ist also 256, der Entwicklungspunkt, d. h. der Mittelpunkt des Konvergenzkreises, ist 0.

(b) Wir wenden das Wurzelkriterium an. Für $z \neq 0$ gilt

$$\sqrt[n]{n^n\,|z^n|} = n\,|z| \longrightarrow \infty \qquad (n\to\infty).$$

Die Potenzreihe konvergiert nur für $z = 0$. Der Konvergenzradius ist also 0 und der Konvergenzkreis besteht nur aus dem isolierten Punkt $\{0\}$.

(c) Wir wenden wieder das Quotientenkriterium an. Mit

$$\begin{aligned}
&\left|\frac{n+1+\mathrm{i}}{n+\mathrm{i}}\cdot\frac{\binom{2n+2}{n+1}}{\binom{2n}{n}}\cdot\frac{(\sqrt{2}\,\mathrm{i})^n}{(\sqrt{2}\,\mathrm{i})^{n+1}}\cdot\frac{z^{2(n+1)}}{z^{2n}}\right|\\
&= \left|\frac{n+1+\mathrm{i}}{n+\mathrm{i}}\cdot\frac{\frac{(2n+2)!}{(n+1)!(n+1)!}}{\frac{2n!}{n!n!}}\cdot\frac{z^2}{\sqrt{2}\,\mathrm{i}}\right|\\
&= \left|\frac{n+1+\mathrm{i}}{n+\mathrm{i}}\right|\cdot\frac{(2n+2)(2n+1)}{(n+1)^2}\cdot\frac{|z|^2}{\sqrt{2}}\\
&\longrightarrow 1\cdot 4\cdot\frac{|z|}{\sqrt{2}} = 2\sqrt{2}\,|z|^2 \qquad (n\to\infty).
\end{aligned}$$

Nach dem Quotientenkriterium konvergiert die Reihe demnach für $|z| < (2\sqrt{2})^{-1/2}$. Der Konvergenzkreis ist der Kreis um null mit Radius $2^{-3/4}$.

(d) Hier gilt

$$\sqrt[n]{\left|\frac{(2+\mathrm{i})^n - \mathrm{i}}{\mathrm{i}^n}(z+\mathrm{i})^n\right|} = \left|\frac{2+\mathrm{i}}{\mathrm{i}}\right| \sqrt[n]{\left|1 - \frac{\mathrm{i}}{(2+\mathrm{i})^n}\right|}\, |z+\mathrm{i}|.$$

Da $\lim_{n\to\infty} (\mathrm{i}/(2+\mathrm{i}))^n = 0$ gilt, gibt es $n_0 \in \mathbb{N}$ mit

$$\frac{1}{2} \le |1 - \frac{\mathrm{i}}{(2+\mathrm{i})^n}| \le \frac{3}{2}$$

für $n \ge n_0$ und mit dem Einschließungskriterium folgt

$$\lim_{n\to\infty} \sqrt[n]{\left|1 - \frac{\mathrm{i}}{(2+\mathrm{i})^n}\right|} = 1 .$$

Also ist

$$\lim_{n\to\infty} \sqrt[n]{\left|\frac{(2+\mathrm{i})^n - \mathrm{i}}{\mathrm{i}^n}(z+\mathrm{i})^n\right|} = |2+\mathrm{i}|\,|z+\mathrm{i}| = \sqrt{5}\,|z+\mathrm{i}|.$$

Nach dem Wurzelkriterium konvergiert die Reihe genau für $|z+\mathrm{i}| < 1/\sqrt{5}$ absolut. Der Konvergenzradius ist $1/\sqrt{5}$, der Entwicklungspunkt ist $-\mathrm{i}$.

Aufgabe 11.7 •• Aus

$$\sqrt[n]{|3^n\,(x-x_0)^{2n+1}|} = 3\,|x-x_0|^2\,\sqrt[n]{|x-x_0|} \to 3|x-x_0|^2$$

für $n \to \infty$, folgt mit dem Wurzelkriterium, dass der Konvergenzradius $\sqrt{1/3}$ ist.

Für die Anwendung der Formel von Hadamard, schreiben wir die Potenzreihe als

$$\left(\sum_{k=0}^{\infty} a_k\,(x-x_0)^k\right)$$

mit

$$a_k = \begin{cases} 3^{(k-1)/2}, & \text{falls } k \text{ ungerade,} \\ 0, & \text{falls } k \text{ gerade.} \end{cases}$$

Somit ist

$$\limsup_{k\to\infty} \sqrt[k]{|a_k|} = \lim_{k\to\infty} \sqrt[k]{3^{(k-1)/2}} = \lim_{k\to\infty} \sqrt{3}\,\sqrt[k]{3^{-1/2}} = \sqrt{3}.$$

Nach der Formel von Hadamard ist der Konvergenzradius somit $1/\sqrt{3}$.

Aufgabe 11.8 • (a) Das Quotientenkriterium soll zur Bestimmung des Konvergenzradius angewendet werden. Wir erhalten

$$\lim_{n\to\infty}\left|\frac{(-1)^n(2^{n+1}+1)\cdot n}{(n+1)\cdot(-1)^{n-1}(2^n+1)} \cdot \frac{\left(x-\frac{1}{2}\right)^{n+1}}{\left(x-\frac{1}{2}\right)^n}\right| = \lim_{n\to\infty}\left|\frac{n}{n+1}\,\frac{(2^{n+1}+1)}{(2^n+1)}\cdot\left(x-\frac{1}{2}\right)\right| = 2\left|x-\frac{1}{2}\right|$$

Die Potenzreihe konvergiert nach dem Quotientenkriterium für

$$2\left|x-\frac{1}{2}\right| < 1$$

absolut. Wir erhalten als Konvergenzkreis das Intervall $(0, 1)$.

Für $x = 0$ lauten die Reihenglieder

$$\frac{(-1)^{n-1}(2^n+1)}{n}\left(-\frac{1}{2}\right)^n = -\frac{1+2^{-n}}{n} < -\frac{1}{n}$$

und damit erhalten wir Divergenz mit dem Minoranten-/Majorantenkriterium.

Für $x = 1$ sind die Glieder

$$\frac{(-1)^{n-1}(2^n+1)}{n}\left(\frac{1}{2}\right)^n = (-1)^{n-1}\frac{1+2^{-n}}{n}$$

alternierend und ihr Betrag ist streng monoton fallend (2^{-n} ist fallend, n wachsend). Mit dem Leibniz-Kriterium folgt, dass die Reihe konvergiert. Insgesamt erhalten wir Konvergenz der Potenzreihe für $x \in (0, 1]$.

(b) Man kann das Quotientenkriterium anwenden. Dazu bestimmen wir

$$\left|\frac{\left(1-(-2)^{-n-2}(n+1)!\right)n!}{(n+1)!\left(1-(-2)^{-n-1}n!\right)}\cdot\frac{(x-2)^{n+1}}{(x-2)^n}\right| = \left|\frac{\frac{1}{2}-\frac{1}{(n+1)!}}{1-\frac{1}{n!}}\right|\,|x-2| \longrightarrow \frac{1}{2}|x-2| \qquad (n\to\infty).$$

Für $(1/2)\,|x-2| < 1$, also für $x \in (0, 4)$, konvergiert die Reihe absolut, für $|x-2| > 2$ divergiert sie.

Im Randpunkt $x = 0$ lautet die Reihe

$$\left(\sum_{n=0}^{\infty}\frac{1-(-2)^{-n-1}n!}{n!}(-2)^n\right) = \left(\sum_{n=0}^{\infty}\left[\frac{(-2)^n}{n!}+\frac{1}{2}\right]\right).$$

Da $(1/2) + ((-2)^n/n!) \to (1/2)$ $(n \to \infty)$, bilden die Reihenglieder keine Nullfolge, die Reihe divergiert also.

Im Randpunkt $x = 4$ erhält man analog die Reihenglieder $(2^n/n!) + ((-1)^n/2)$, die ebenfalls keine Nullfolge bilden. Auch hier divergiert die Reihe. Die Reihe konvergiert demnach genau für $x \in (0, 4)$.

(c) Es gilt

$$\sqrt[n]{\frac{1}{n^2}\left|\sqrt{n^2+n}-\sqrt{n^2+1}\right|^n |x+1|^n} = \frac{1}{(\sqrt[n]{n})^2}\left|\sqrt{n^2+n}-\sqrt{n^2+1}\right|\,|x+1| = \frac{1}{(\sqrt[n]{n})^2}\,\frac{n-1}{\sqrt{n^2+n}+\sqrt{n^2+1}}\,|x+1| = \frac{1}{(\sqrt[n]{n})^2}\,\frac{n-1}{n\left(\sqrt{1+\frac{1}{n}}+\sqrt{1+\frac{1}{n^2}}\right)}\,|x+1| \longrightarrow \frac{1}{2}\,|x+1| \qquad (n\to\infty).$$

Also konvergiert die Potenzreihe nach dem Wurzelkriterium für $|x+1|<2$, d. h. $x\in(-3,1)$. Sie divergiert für $|x+1|>2$.

Wenn $|x+1|=2$ ist, zeigt die Abschätzung

$$\frac{2^n}{n^2}\left|\left(\sqrt{n^2+n}-\sqrt{n^2+1}\right)^n\right| = \frac{1}{n^2}\left(\frac{2(n-1)}{n\left(\sqrt{1+\frac{1}{n}}+\sqrt{1+\frac{1}{n^2}}\right)}\right)^n \le \frac{1}{n^2},$$

dass durch $\left(\sum_{n=1}^{\infty}\frac{1}{n^2}\right)$ eine konvergente Majorante gegeben ist. Also konvergiert die Potenzreihe für $x=1$ und $x=-3$, insgesamt also für $x\in[-3,1]$.

Aufgabe 11.9 ••• Um den Konvergenzradius zu bestimmen, wenden wir das Wurzelkriterium an. Es gilt

$$\sqrt[n]{\left|\frac{(2i)^n}{n^2+in}(z-2i)^n\right|} = 2\,|z-2i|\,\frac{1}{\sqrt[n]{|n^2+in|}} = 2\,|z-2i|\,\frac{1}{\sqrt[2n]{n^4+n^2}} \longrightarrow 2\,|z-2i| \quad (n\to\infty).$$

Damit konvergiert die Potenzreihe für $|z-2i|<1/2$ und divergiert für $|z-2i|>1/2$.

Wir betrachten nun ein z auf dem Rand des Konvergenzkreises, also gilt $|z-2i|=1/2$. Es ist dann $|2i\,(z-2i)|=1$. Damit folgt

$$\left|\frac{(2i(z-2i))^n}{n^2+in}\right| = \frac{1}{|n^2+in|} = \frac{1}{\sqrt{n^4+n^2}} \le \frac{1}{n^2}.$$

Die Reihe $\left(\sum_{n=1}^{\infty}1/n^2\right)$ bildet demnach eine konvergente Majorante. Also konvergiert die Reihe auch für jedes z auf dem Rand des Konvergenzkreises. Insgesamt folgt die Konvergenz für alle z mit $|z-2i|\le 1/2$.

Aufgabe 11.10 •• (a) Die Funktion ist für alle z mit $z^2+2\neq 0$ definiert. Also ist $D=\mathbb{C}\setminus\{\sqrt{2}\,i,-\sqrt{2}\,i\}$.

(b) Es muss gelten

$$\begin{aligned} z-1 &= (z^2+2)\sum_{n=0}^{\infty}a_n z^n \\ &= \sum_{n=0}^{\infty}a_n z^{n+2}+\sum_{n=0}^{\infty}2a_n z^n \\ &= \sum_{n=2}^{\infty}a_{n-2}z^n+\sum_{n=0}^{\infty}2a_n z^n \\ &= 2a_0+2a_1 z+\sum_{n=2}^{\infty}\left(a_{n-2}+2a_n\right)z^n. \end{aligned}$$

Jetzt können wir einen Koeffizientenvergleich durchführen:

$$a_0=-\frac{1}{2},\qquad a_1=\frac{1}{2},\qquad a_n=-\frac{1}{2}\,a_{n-2},\quad n\ge 2.$$

Wir bestimmen die ersten paar Folgenglieder,

$$\begin{aligned} a_0 &= -\frac{1}{2}, & a_1 &= \frac{1}{2}, & a_2 &= \frac{1}{4},\\ a_3 &= -\frac{1}{4}, & a_4 &= -\frac{1}{8}, & a_5 &= \frac{1}{8}, \end{aligned}$$

und vermuten

$$a_{2k}=\left(-\frac{1}{2}\right)^{k+1},\quad a_{2k+1}=-\left(-\frac{1}{2}\right)^{k+1},\quad k\in\mathbb{Z}_{\ge 0}.$$

Diese Vermutung lässt sich mit vollständiger Induktion zeigen.

Den Konvergenzradius kann man mit dem Wurzelkriterium bestimmen. Dafür betrachten wir $\sqrt[n]{|a_n z^n|}$:

$$\begin{aligned} \sqrt[2k]{|a_{2k}\,z^{2k}|} &= \frac{1}{\sqrt[2k]{2^{k+1}}}\,|z| \longrightarrow \frac{1}{\sqrt{2}}\,|z|,\\ \sqrt[2k+1]{|a_{2k+1}\,z^{2k+1}|} &= \frac{1}{\sqrt[2k+1]{2^{k+1}}}\,|z| \longrightarrow \frac{1}{\sqrt{2}}\,|z|, \end{aligned}$$

jeweils für $k\to\infty$.

Die Folge $(\sqrt[n]{|a_n z^n|})$ ist konvergent mit Grenzwert $|z|/\sqrt{2}$. Für absolute Konvergenz muss dieser Grenzwert kleiner als 1 sein, also $|z|<\sqrt{2}$. Der Konvergenzradius ist also $\sqrt{2}$.

Aufgabe 11.11 ••• Der Ansatz

$$f(x)=\sum_{k=0}^{\infty}a_k(x-1)^k$$

führt auf die Gleichung

$$1+x=\left(\sum_{k=0}^{\infty}a_k(x-1)^k\right)^n.$$

Wir müssen also die ersten Glieder von Potenzen einer Potenzreihe bestimmen. Mit dem Cauchy-Produkt und der Landau-Symbolik erhalten wir

$$\begin{aligned} \left(\sum_{k=0}^{\infty}a_k(x-1)^k\right)^1 &= a_0+a_1(x-1)+O((x-1)^2),\\ \left(\sum_{k=0}^{\infty}a_k(x-1)^k\right)^2 &= a_0^2+(a_0a_1+a_1a_0)\,(x-1)\\ &\quad+O((x-1)^2),\\ \left(\sum_{k=0}^{\infty}a_k(x-1)^k\right)^2 &= a_0^3+(a_0^2a_1+2a_0^2a_1)\,(x-1)\\ &\quad+O((x-1)^2), \end{aligned}$$

jeweils für $x\to 1$. Dies legt die Vermutung

$$\left(\sum_{k=0}^{\infty}a_k(x-1)^k\right)^n = a_0^n+na_0^{n-1}a_1(x-1)+O((x-1)^2)$$

für alle $n \in \mathbb{N}$ und $x \to 1$ nahe, die wir mit vollständiger Induktion beweisen. Den Induktionsanfang haben wir schon erbracht. Aus der Annahme, dass die Vermutung für ein bestimmtes $n \in \mathbb{N}$ richtig ist, folgt

$$\begin{aligned}\left(\sum_{k=0}^{\infty} a_k(x-1)^k\right)^{n+1} &= \left(a_0^n + n a_0^{n-1} a_1 (x-1) + \mathrm{O}((x-1)^2)\right) \\ &\quad \cdot \left(a_0 + a_1(x-1) + \mathrm{O}((x-1)^2)\right) \\ &= a_0^{n+1} + a_0^n a_1 (x-1) + n a_0^n a_1 (x-1) + \mathrm{O}((x-1)^2) \\ &= a_0^{n+1} + (n+1) a_0^n a_1 (x-1) + \mathrm{O}((x-1)^2)\end{aligned}$$

für $x \to 1$. Damit ist die Vermutung für alle $n \in \mathbb{N}$ bewiesen. Durch Koeffizientenvergleich ergibt sich nun

$$a_0^n = 1, \qquad n a_0^{n-1} a_1 = 1,$$

und daher

$$a_0 = 1, \qquad a_1 = \frac{1}{n}.$$

Es ist also

$$(1+x)^{1/n} = 1 + \frac{1}{n}(x-1) + \mathrm{O}((x-1)^2)$$

für alle $n \in \mathbb{N}$ und $x \to 1$.

Aufgabe 11.12 •• (a) Wir schreiben die Gleichung in die Form

$$\frac{1}{2}\left(w + \frac{1}{w}\right) = -1 \quad \text{mit} \quad w = \mathrm{e}^z.$$

um. Das ist äquivalent zu

$$w^2 + 2w + 1 = (w+1)^2 = 0.$$

Die Lösung ist $w = -1$. Das führt auf $\mathrm{e}^z = -1$, d. h.

$$z = \ln(-1) + 2\pi i n = \pi \mathrm{i} + 2\pi i n = (2n+1)\pi \mathrm{i}, \quad n \in \mathbb{Z}.$$

(b) Mit der Formel $\cosh z = \frac{1}{2}(\mathrm{e}^z + \mathrm{e}^{-z})$ erhält man

$$\frac{1}{2}\left(\mathrm{e}^z + \mathrm{e}^{-z}\right) - \frac{1}{2}(1 - 8\mathrm{i})\,\mathrm{e}^{-z} = 2 + 2\mathrm{i},$$

also

$$\mathrm{e}^z + 8\mathrm{i}\,\mathrm{e}^{-z} = 4 + 4\mathrm{i}.$$

Nach der Substitution $w = \mathrm{e}^z$ und anschließender Multiplikation mit w ergibt sich die quadratische Gleichung

$$w^2 - (4 + 4\mathrm{i})\,w + 8\mathrm{i} = 0.$$

Diese Gleichung löst man durch quadratisches Ergänzen:

$$\begin{aligned}0 &= (w - (2+2\mathrm{i}))^2 - (2+2\mathrm{i})^2 + 8\mathrm{i} \\ &= (w - (2+2\mathrm{i}))^2 - 4 - 8\mathrm{i} + 4 + 8\mathrm{i} \\ &= (w - (2+2\mathrm{i}))^2.\end{aligned}$$

Also ist $w = 2 + 2\mathrm{i}$, insbesondere also $|w| = 2\sqrt{2}$ und $\arg(w) = \pi/4$. Mit dem komplexen Logarithmus ergibt sich

$$z = \ln(2\sqrt{2}) + \mathrm{i}\left(\frac{\pi}{4} + 2\pi n\right), \qquad n \in \mathbb{Z}.$$

Aufgabe 11.13 • (a) Mit der Euler'schen Formel ist $\cos z = \frac{1}{2}(\mathrm{e}^{\mathrm{i}z} + \mathrm{e}^{-\mathrm{i}z})$. Für jedes $z \in \mathbb{C}$ folgt also

$$\begin{aligned}\cos \overline{z} &= \frac{1}{2}\left(\mathrm{e}^{\mathrm{i}\overline{z}} + \mathrm{e}^{-\mathrm{i}\overline{z}}\right) \\ &= \frac{1}{2}\left(\overline{\mathrm{e}^{-\mathrm{i}z}} + \overline{\mathrm{e}^{\mathrm{i}z}}\right) \\ &= \overline{\frac{1}{2}(\mathrm{e}^{-\mathrm{i}z} + \mathrm{e}^{\mathrm{i}z})} \\ &= \overline{\cos z}.\end{aligned}$$

Jedes $z \in \mathbb{C}$ erfüllt also diese Gleichung.

(b) Falls $z \in \mathbb{C}$ Lösung der Gleichung ist, folgt

$$\mathrm{e}^{\mathrm{i}\overline{z}} = \overline{\mathrm{e}^{\mathrm{i}z}} = \mathrm{e}^{-\mathrm{i}\overline{z}}, \qquad \text{also} \quad \mathrm{e}^{2\mathrm{i}\overline{z}} = 1.$$

Die Substitution $w = \mathrm{e}^{\mathrm{i}\overline{z}}$ führt auf $w^2 = 1$ also $w = \pm 1$.

Nun wendet man den komplexen Logarithmus an:

$$\begin{aligned} w = 1: &\quad \mathrm{i}\overline{z} = \ln 1 + 2\pi n \mathrm{i} = 2n\pi\mathrm{i}, \\ w = -1: &\quad \mathrm{i}\overline{z} = \ln 1 + \mathrm{i}(\pi + 2\pi n) = (2n+1)\pi\mathrm{i},\end{aligned}$$

jeweils für $n \in \mathbb{Z}$. Fasst man beide Fälle zusammen, erhält man $z = \pi n$ für $n \in \mathbb{Z}$. Umgekehrt stellt man fest, dass jedes solche z tatsächlich die Gleichung erfüllt.

Beweisaufgaben

Aufgabe 11.14 • Die geometrische Reihe ist

$$\frac{1}{1-q} = \sum_{n=0}^{\infty} q^n \qquad \text{für} \quad |q| < 1.$$

Setzen wir $q = z/2$, so erhalten wir

$$\frac{1}{1 - \frac{z}{2}} = \sum_{n=0}^{\infty} \left(\frac{z}{2}\right)^n \qquad \text{für} \quad |z| < 2.$$

Damit folgt

$$\begin{aligned}f(z) &= \frac{1}{2}(1+z^3) \sum_{n=0}^{\infty} \left(\frac{z}{2}\right)^n \\ &= \frac{1}{2}\sum_{n=0}^{\infty} \left(\frac{z}{2}\right)^n + \frac{1}{2}\sum_{n=0}^{\infty} \frac{z^{n+3}}{2^n} \\ &= \frac{1}{2}\sum_{n=0}^{\infty} \left(\frac{z}{2}\right)^n + 4\sum_{n=3}^{\infty} \frac{z^n}{2^n} \\ &= \frac{1}{2} + \frac{z}{4} + \frac{z^2}{8} + \frac{9}{2}\sum_{n=3}^{\infty} \left(\frac{z}{2}\right)^n\end{aligned}$$

für $|z| < 2$.

Aufgabe 11.15 •• (a) Es muss gelten

$$(1-x)\sum_{n=0}^{\infty} a_n\, x^n \stackrel{!}{=} \mathrm{e}^x = \sum_{n=0}^{\infty} \frac{x^n}{n!}.$$

Die linke Seite wird umgeformt zu:

$$\begin{aligned}(1-x)\sum_{n=0}^{\infty} a_n\, x^n &= \sum_{n=0}^{\infty} a_n\left(x^n - x^{n+1}\right)\\ &= a_0 + \sum_{n=1}^{\infty}(a_n - a_{n-1})\, x^n.\end{aligned}$$

Durch Koeffizientenvergleich ergeben sich die Bedingungen

$$\begin{aligned}a_0 &= 1,\\ a_n &= a_{n-1} + \frac{1}{n!}, \qquad n \in \mathbb{N}.\end{aligned}$$

Die Behauptung folgt jetzt durch vollständige Induktion. Den Induktionsanfang bildet die Relation $a_0 = 1$. Der Induktionsschritt: Aus

$$a_n = \sum_{k=0}^{n} \frac{1}{k!} \qquad \text{und} \qquad a_{n+1} = a_n + \frac{1}{(n+1)!}$$

folgt

$$a_{n+1} = \sum_{k=0}^{n} \frac{1}{k!} + \frac{1}{(n+1)!} = \sum_{k=0}^{n+1} \frac{1}{k!}.$$

Dies ist die Behauptung.

Alternativ lässt sich die Potenzreihe mit dem Cauchy-Produkt berechnen, wenn wir die Potenzreihe für e^x und die Darstellung von $\frac{1}{1-x}$ durch die geometrische Reihe für $|x| < 1$ nutzen. Es ergibt sich mit $|x| < 1$:

$$\begin{aligned}\frac{\mathrm{e}^x}{1-x} &= \left(\sum_{n=0}^{\infty} \frac{1}{n!} x^n\right)\left(\sum_{n=0}^{\infty} x^n\right)\\ &= \sum_{n=0}^{\infty}\sum_{k=0}^{n} \frac{x^k}{k!} x^{n-k}\\ &= \sum_{n=0}^{\infty}\left(\sum_{k=0}^{n} \frac{1}{k!}\right) x^n .\end{aligned}$$

Man beachte, dass auf diesem Weg bereits $r \geq 1$ für den Konvergenzradius folgt, aber $r = 1$ noch begründet werden muss (s. Teil (b)).

(b) Es gilt

$$\lim_{n\to\infty}\left|\frac{a_{n+1}x^{n+1}}{a_n x^n}\right| = \lim_{n\to\infty}\left| x \frac{\sum\limits_{k=0}^{n+1} \frac{1}{k!}}{\sum\limits_{k=0}^{n} \frac{1}{k!}}\right| = \left|\frac{\mathrm{e}\, x}{\mathrm{e}}\right| = |x|.$$

Nach dem Quotientenkriterium ist der Konvergenzradius der Potenzreihe also 1.

Im Randpunkt $x = 1$ hat die Reihe die Form $\sum_{n=0}^{\infty} a_n$. Da (a_n) aber keine Nullfolge ist, kann diese Reihe nicht konvergieren. Analog ist die Reihe für $x = -1$ von der Form $\left(\sum_{n=0}^{\infty}(-1)^n a_n\right)$, daher divergiert auch diese Reihe, da $((-1)^n a_n)$ keine Nullfolge ist. Insgesamt konvergiert die Potenzreihe nur auf dem Intervall $(-1, 1)$.

Aufgabe 11.16 • Sind in der Potenzreihenentwicklung alle Koeffizienten für ungerades n null, so erkennt man durch einfaches Einsetzen sofort, dass die hierdurch gegebene Funktion gerade ist. Es ist also nur noch die andere Richtung der Äquivalenz zu beweisen.

Gegeben ist also eine Potenzreihe $\left(\sum_{n=0}^{\infty} a_n x^n\right)$ mit Konvergenzkreis D und $f\colon D \to \mathbb{C}$ die dadurch definierte Funktion. Wir nehmen an, dass f gerade ist. Aus der Bedingung $f(x) = f(-x)$ für alle $x \in D$ ergibt sich

$$\sum_{n=0}^{\infty} a_n\, x^n = \sum_{n=0}^{\infty} (-1)^n\, a_n\, x^n, \qquad x \in D.$$

Für ungerade n ergibt sich durch Koeffizientenvergleich $a_n = -a_n$, d.h. $a_n = 0$.

Aufgabe 11.17 •• Wir stellen f durch die Potenzreihe mit Koeffizientenfolge (a_k) dar,

$$f(z) = \sum_{k=0}^{\infty} a_k\, (z - z_0)^k, \qquad z \in D.$$

Die Funktion f ist in z_0 stetig. Daher ist

$$f(z_0) = f(\lim_{n\to\infty} x_n) = \lim_{n\to\infty} f(x_n) = 0.$$

Es folgt $a_0 = 0$. Dies ist der Induktionsanfang.

Für den Induktionsschritt nehmen wir an, dass $a_0 = a_1 = \cdots = a_m = 0$ ist. Somit ist

$$f(z) = (z - z_0)^{m+1} \sum_{k=0}^{\infty} a_{m+k+1}(z - z_0)^k, \qquad z \in D.$$

Die Funktion

$$g(z) = \begin{cases} \frac{f(z)}{(z-z_0)^{m+1}}, & z \in D, z \neq z_0\\ a_{m+1}, & z = z_0\end{cases}$$

lässt sich also durch eine Potenzreihe darstellen,

$$g(z) = \sum_{k=0}^{\infty} a_{m+k+1}(z - z_0)^k, \qquad z \in D.$$

Ferner ist $g(x_n) = f(x_n)/(x_n - z_0)^{m+1} = 0$ für alle $n \in \mathbb{N}$. Wie im Induktionsanfang folgern wir daraus $a_{m+1} = 0$. Damit ist der Induktionsschritt abgeschlossen.

Insgesamt haben wir $a_m = 0$ für alle $m \in \mathbb{N}_0$ gezeigt. Somit ist f die Nullfunktion.

Aufgabe 11.18 • Nach der Euler'schen Formel gilt für alle $\varphi \in \mathbb{R}$ und alle $n \in \mathbb{Z}$

$$(\cos\varphi + \mathrm{i}\sin\varphi)^n = \mathrm{e}^{\mathrm{i}n\varphi} = \cos(n\varphi) + \mathrm{i}\sin(n\varphi).$$

Damit ist die Formel von Moivre schon bewiesen.

Andererseits ist nach der binomischen Formel für $\varphi \in \mathbb{R}$ und $n \in \mathbb{N}_0$

$$(\cos\varphi + \mathrm{i}\sin\varphi)^{2n} = \sum_{k=0}^{2n} \binom{2n}{k} \mathrm{i}^k \cos^{2n-k}(\varphi)\ \sin^k(\varphi).$$

Betrachtet man nur den Realteil dieser Gleichung, so bleiben nur die Terme in der Summe mit geradem k bestehen, und es folgt

$$\begin{aligned}\cos(2n\varphi) &= \mathrm{Re}\,(\cos\varphi + \mathrm{i}\sin\varphi)^{2n} \\ &= \sum_{k=0}^{n} \binom{2n}{2k} \mathrm{i}^{2k} \cos^{2n-2k}(\varphi)\ \sin^{2k}(\varphi) \\ &= \sum_{k=0}^{n} (-1)^k \binom{2n}{2k} \cos^{2(n-k)}(\varphi)\ \sin^{2k}(\varphi).\end{aligned}$$

Aufgabe 11.19 • Es ist für alle $w, z \in \mathbb{C}$

$$w = \frac{w+z}{2} + \frac{w-z}{2}, \qquad z = \frac{w+z}{2} - \frac{w-z}{2}.$$

Somit erhalten wir mit dem Additionstheorem für die Sinus-Funktion

$$\begin{aligned}\sin w &= \sin\left(\frac{w+z}{2} + \frac{w-z}{2}\right) \\ &= \sin\frac{w+z}{2}\cos\frac{w-z}{2} + \sin\frac{w-z}{2}\cos\frac{w+z}{2},\end{aligned}$$

und analog

$$\sin z = \sin\frac{w+z}{2}\cos\frac{w-z}{2} - \sin\frac{w-z}{2}\cos\frac{w+z}{2}.$$

Addition beider Gleichungen liefert die Behauptung.

Kapitel 12

Aufgaben

Verständnisfragen

Aufgabe 12.1 • Für welche $\boldsymbol{u} \in \mathbb{R}^2$ ist die Abbildung

$$\varphi\colon \begin{cases} \mathbb{R}^2 & \to & \mathbb{R}^2, \\ \boldsymbol{v} & \mapsto & \boldsymbol{v}+\boldsymbol{u} \end{cases}$$

linear?

Aufgabe 12.2 • Gibt es eine lineare Abbildung $\varphi\colon \mathbb{R}^2 \to \mathbb{R}^2$ mit

(a)

$$\varphi\left(\begin{pmatrix}2\\3\end{pmatrix}\right)=\begin{pmatrix}2\\2\end{pmatrix},\ \varphi\left(\begin{pmatrix}2\\0\end{pmatrix}\right)=\begin{pmatrix}1\\1\end{pmatrix},\ \varphi\left(\begin{pmatrix}6\\3\end{pmatrix}\right)=\begin{pmatrix}4\\3\end{pmatrix}$$

bzw.

(b)

$$\varphi\left(\begin{pmatrix}1\\3\end{pmatrix}\right)=\begin{pmatrix}2\\1\end{pmatrix},\ \varphi\left(\begin{pmatrix}2\\0\end{pmatrix}\right)=\begin{pmatrix}1\\1\end{pmatrix},\ \varphi\left(\begin{pmatrix}5\\3\end{pmatrix}\right)=\begin{pmatrix}4\\3\end{pmatrix}?$$

Aufgabe 12.3 • Folgt aus der linearen Abhängigkeit der Zeilen einer reellen 11×11-Matrix $\boldsymbol{A}$ die lineare Abhängigkeit der Spalten von $\boldsymbol{A}$?

Rechenaufgaben

Aufgabe 12.4 • Welche der folgenden Abbildungen sind linear?

(a) $\varphi_1\colon \begin{cases} \mathbb{R}^2 & \to & \mathbb{R}^2, \\ \begin{pmatrix}v_1\\v_2\end{pmatrix} & \mapsto & \begin{pmatrix}v_2-1\\-v_1+2\end{pmatrix} \end{cases}$

(b) $\varphi_2\colon \begin{cases} \mathbb{R}^2 & \to & \mathbb{R}^3, \\ \begin{pmatrix}v_1\\v_2\end{pmatrix} & \mapsto & \begin{pmatrix}13\,v_2\\11\,v_1\\-4\,v_2-2\,v_1\end{pmatrix} \end{cases}$

(c) $\varphi_3\colon \begin{cases} \mathbb{R}^2 & \to & \mathbb{R}^3, \\ \begin{pmatrix}v_1\\v_2\end{pmatrix} & \mapsto & \begin{pmatrix}v_1\\-v_1^2\,v_2\\v_2-v_1\end{pmatrix} \end{cases}$

Aufgabe 12.5 • Welche Dimensionen haben Kern und Bild der folgenden linearen Abbildung?

$$\varphi\colon \begin{cases} \mathbb{R}^2 & \to & \mathbb{R}^2, \\ \begin{pmatrix}v_1\\v_2\end{pmatrix} & \mapsto & \begin{pmatrix}v_1+v_2\\v_1+v_2\end{pmatrix}. \end{cases}$$

Aufgabe 12.6 •• Zeigen Sie, dass für $\boldsymbol{M} = \begin{pmatrix}0&1&1\\1&0&1\\1&1&0\end{pmatrix}$ gilt:

$$\boldsymbol{M}^n = a_n\boldsymbol{M} + b_n\mathbf{E}_3$$

und bestimmen Sie eine Rekursionsformel für a_n und b_n.

Aufgabe 12.7 • Wir betrachten die lineare Abbildung $\varphi\colon \mathbb{R}^4 \to \mathbb{R}^4$, $\boldsymbol{v} \mapsto \boldsymbol{A}\,\boldsymbol{v}$ mit der Matrix

$$\boldsymbol{A} = \begin{pmatrix}3&1&1&-1\\1&3&-1&1\\1&-1&3&1\\-1&1&1&3\end{pmatrix}$$

Gegeben sind weiter die Vektoren

$$\boldsymbol{a} = \begin{pmatrix}1\\1\\1\\1\end{pmatrix},\ \boldsymbol{b} = \begin{pmatrix}1\\-1\\-1\\1\end{pmatrix} \text{ und } \boldsymbol{c} = \begin{pmatrix}4\\4\\4\\4\end{pmatrix}.$$

(a) Berechnen Sie $\varphi(\boldsymbol{a})$ und zeigen Sie, dass $\boldsymbol{b}$ im Kern von φ liegt. Ist φ injektiv?
(b) Bestimmen Sie die Dimensionen von Kern und Bild der linearen Abbildung φ.
(c) Bestimmen Sie Basen des Kerns und des Bildes von φ.
(d) Bestimmen Sie die Menge L aller $\boldsymbol{v} \in \mathbb{R}^4$ mit $\varphi(\boldsymbol{v}) = \boldsymbol{c}$.

Aufgabe 12.8 • Wir betrachten den reellen Vektorraum $\mathbb{R}[X]_3$ aller Polynome über $\mathbb{R}$ vom Grad kleiner oder gleich 3, und es bezeichne $\frac{\mathrm{d}}{\mathrm{d}X}\colon \mathbb{R}[X]_3 \to \mathbb{R}[X]_3$ die Differenziation. Weiter sei $E = (1,\ X,\ X^2,\ X^3)$ die Standardbasis von $\mathbb{R}[X]_3$.

(a) Bestimmen Sie die Darstellungsmatrix ${}_E\boldsymbol{M}(\frac{\mathrm{d}}{\mathrm{d}X})_E$.
(b) Bestimmen Sie die Darstellungsmatrix ${}_B\boldsymbol{M}(\frac{\mathrm{d}}{\mathrm{d}X})_B$ von $\frac{\mathrm{d}}{\mathrm{d}X}$ bezüglich der geordneten Basis $B = (X^3,\ 3\,X^2,\ 6\,X,\ 6)$ von $\mathbb{R}[X]_3$.

Aufgabe 12.9 •• Gegeben sind die geordnete Standardbasis $E_2 = \left(\begin{pmatrix}1\\0\end{pmatrix}, \begin{pmatrix}0\\1\end{pmatrix}\right)$ des $\mathbb{R}^2$, $B = \left(\begin{pmatrix}1\\1\\1\end{pmatrix}, \begin{pmatrix}1\\1\\0\end{pmatrix}, \begin{pmatrix}1\\0\\0\end{pmatrix}\right)$ des $\mathbb{R}^3$ und $C = \left(\begin{pmatrix}1\\1\\1\\1\end{pmatrix}, \begin{pmatrix}1\\1\\1\\0\end{pmatrix}, \begin{pmatrix}1\\1\\0\\0\end{pmatrix}, \begin{pmatrix}1\\0\\0\\0\end{pmatrix}\right)$ des $\mathbb{R}^4$.

Nun betrachten wir zwei lineare Abbildungen $\varphi\colon \mathbb{R}^2 \to \mathbb{R}^3$ und $\psi\colon \mathbb{R}^3 \to \mathbb{R}^4$ definiert durch

$$\varphi\left(\begin{pmatrix}v_1\\v_2\end{pmatrix}\right) = \begin{pmatrix}v_1-v_2\\0\\2\,v_1-v_2\end{pmatrix} \text{ und}$$

$$\psi\left(\begin{pmatrix}v_1\\v_2\\v_3\end{pmatrix}\right) = \begin{pmatrix}v_1+2\,v_3\\v_2-v_3\\v_1+v_2\\2\,v_1+3\,v_3\end{pmatrix}.$$

Bestimmen Sie die Darstellungsmatrizen ${}_B\boldsymbol{M}(\varphi)_{E_2}$, ${}_C\boldsymbol{M}(\psi)_B$ und ${}_C\boldsymbol{M}(\psi \circ \varphi)_{E_2}$.

Aufgabe 12.10 •• Gegeben ist eine lineare Abbildung $\varphi\colon \mathbb{R}^3 \to \mathbb{R}^3$. Die Darstellungsmatrix von φ bezüglich der geordneten Standardbasis $E_3 = (\boldsymbol{e}_1, \boldsymbol{e}_2, \boldsymbol{e}_3)$ des $\mathbb{R}^3$ lautet:

$$_{E_3}\boldsymbol{M}(\varphi)_{E_3} = \begin{pmatrix} 4 & 0 & -2 \\ 1 & 3 & -2 \\ 1 & 2 & -1 \end{pmatrix} \in \mathbb{R}^{3\times 3}.$$

(a) Zeigen Sie: $B = \left(\begin{pmatrix} 2 \\ 2 \\ 3 \end{pmatrix}, \begin{pmatrix} 1 \\ 1 \\ 1 \end{pmatrix}, \begin{pmatrix} 2 \\ 1 \\ 1 \end{pmatrix}\right)$ ist eine geordnete Basis des $\mathbb{R}^3$.

(b) Bestimmen Sie die Darstellungsmatrix $_B\boldsymbol{M}(\varphi)_B$ und die Transformationsmatrix $\boldsymbol{S}$ mit $_B\boldsymbol{M}(\varphi)_B = \boldsymbol{S}^{-1}\, {_{E_3}\boldsymbol{M}(\varphi)_{E_3}}\, \boldsymbol{S}$.

Aufgabe 12.11 •• Gegeben sind zwei geordnete Basen A und B des $\mathbb{R}^3$

$$A = \left(\begin{pmatrix} 8 \\ -6 \\ 7 \end{pmatrix}, \begin{pmatrix} -16 \\ 7 \\ -13 \end{pmatrix}, \begin{pmatrix} 9 \\ -3 \\ 7 \end{pmatrix}\right)$$

$$B = \left(\begin{pmatrix} 1 \\ -2 \\ 1 \end{pmatrix}, \begin{pmatrix} 3 \\ -1 \\ 2 \end{pmatrix}, \begin{pmatrix} 2 \\ 1 \\ 2 \end{pmatrix}\right)$$

und eine lineare Abbildung $\varphi\colon \mathbb{R}^3 \to \mathbb{R}^3$, die bezüglich der Basis A die folgende Darstellungsmatrix hat

$$_A\boldsymbol{M}(\varphi)_A = \begin{pmatrix} 1 & -18 & 15 \\ -1 & -22 & 15 \\ 1 & -25 & 22 \end{pmatrix}$$

(a) Bestimmen Sie die Darstellungsmatrix $_B\boldsymbol{M}(\varphi)_B$ von φ bezüglich der geordneten Basis B.

(b) Bestimmen Sie die Darstellungsmatrizen $_A\boldsymbol{M}(\varphi)_B$ und $_B\boldsymbol{M}(\varphi)_A$.

Aufgabe 12.12 ••• Es bezeichne $\Delta\colon \mathbb{R}[X]_4 \to \mathbb{R}[X]_4$ den durch $\Delta(f) = f(X+1) - f(X)$ erklärten *Differenzenoperator*.

(a) Zeigen Sie, dass Δ linear ist, und berechnen Sie die Darstellungsmatrix $_E\boldsymbol{M}(\Delta)_E$ von Δ bezüglich der kanonischen Basis $E = (1, X, X^2, X^3, X^4)$ von $\mathbb{R}[X]_4$ sowie die Dimensionen des Bildes und des Kerns von Δ.

(b) Zeigen Sie, dass

$$B = \left(1, \quad X, \quad \frac{X(X-1)}{2}, \quad \frac{X(X-1)(X-2)}{6}, \frac{X(X-1)(X-2)(X-3)}{24}\right)$$

eine geordnete Basis von $\mathbb{R}[X]_4$ ist, und berechnen Sie die Darstellungsmatrix $_B\boldsymbol{M}(\Delta)_B$ von Δ bezüglich B.

(c) Angenommen, Sie sollten auch noch die Darstellungsmatrizen der Endomorphismen $\Delta^2, \Delta^3, \Delta^4, \Delta^5$ berechnen – es bedeutet hierbei $\Delta^k = \underbrace{\Delta \circ \cdots \circ \Delta}_{k\text{-mal}}$ – Ihnen sei dafür aber die Wahl der Basis von $\mathbb{R}[X]_4$ freigestellt. Welche Basis würden Sie nehmen? Begründen Sie Ihre Wahl.

Beweisaufgaben

Aufgabe 12.13 •• Es seien $\mathbb{K}$ ein Körper, V ein endlichdimensionaler $\mathbb{K}$-Vektorraum, $\varphi_1, \varphi_2 \in \operatorname{End}_{\mathbb{K}}(V)$ mit $\varphi_1 + \varphi_2 = \operatorname{id}_V$. Zeigen Sie:

(a) $\dim(\text{Bild } \varphi_1) + \dim(\text{Bild } \varphi_2) \geq \dim(V)$.

(b) Falls „=" in (a) gilt, so ist

$$\varphi_1 \circ \varphi_1 = \varphi_1,$$
$$\varphi_2 \circ \varphi_2 = \varphi_2,$$
$$\varphi_1 \circ \varphi_2 = \varphi_2 \circ \varphi_1 = \boldsymbol{0} \in \operatorname{End}_{\mathbb{K}}(V).$$

Aufgabe 12.14 •• Wenn A eine linear unabhängige Menge eines $\mathbb{K}$-Vektorraums V und φ ein injektiver Endomorphismus von V ist, ist dann auch $A' = \{\varphi(\boldsymbol{v}) \mid \boldsymbol{v} \in A\}$ linear unabhängig?

Aufgabe 12.15 ••• Gegeben ist eine lineare Abbildung $\varphi\colon \mathbb{R}^2 \to \mathbb{R}^2$ mit $\varphi \circ \varphi = \operatorname{id}_{\mathbb{R}^2}$ (d. h., für alle $\boldsymbol{v} \in \mathbb{R}^2$ gilt $\varphi(\varphi(\boldsymbol{v})) = \boldsymbol{v}$), aber $\varphi \neq \pm\operatorname{id}_{\mathbb{R}^2}$ (d. h. $\varphi \notin \{\boldsymbol{v} \mapsto \boldsymbol{v},\ \boldsymbol{v} \mapsto -\boldsymbol{v}\}$). Zeigen Sie:

(a) Es gibt eine Basis $B = \{\boldsymbol{b}_1, \boldsymbol{b}_2\}$ des $\mathbb{R}^2$ mit $\varphi(\boldsymbol{b}_1) = \boldsymbol{b}_1$, $\varphi(\boldsymbol{b}_2) = -\boldsymbol{b}_2$.

(b) Ist $B' = \{\boldsymbol{a}_1, \boldsymbol{a}_2\}$ eine weitere Basis mit der in (a) angegebenen Eigenschaft, so existieren $\lambda, \mu \in \mathbb{R} \setminus \{0\}$ mit $\boldsymbol{a}_1 = \lambda\, \boldsymbol{b}_1, \boldsymbol{a}_2 = \mu\, \boldsymbol{b}_2$.

Aufgabe 12.16 •• Es seien $\mathbb{K}$ ein Körper und $n \in \mathbb{N}$. In dem $\mathbb{K}$-Vektorraum $V = \mathbb{K}^n$ seien die Unterräume $U = \langle \boldsymbol{u}_1, \ldots, \boldsymbol{u}_r \rangle$ und $W = \langle \boldsymbol{w}_1, \ldots, \boldsymbol{w}_t \rangle$ gegeben. Weiter seien $m = r + t$ und

$$\boldsymbol{A} = \begin{pmatrix} \boldsymbol{u}_1 & \boldsymbol{u}_1 \\ \vdots & \vdots \\ \boldsymbol{u}_r & \boldsymbol{u}_r \\ \boldsymbol{w}_1 & \boldsymbol{0} \\ \vdots & \vdots \\ \boldsymbol{w}_t & \boldsymbol{0} \end{pmatrix} \in \mathbb{K}^{m\times 2n}$$

(wobei die $\boldsymbol{u}_i$, $\boldsymbol{w}_i$ als Zeilen geschrieben sind). Zeigen Sie: Bringt man $\boldsymbol{A}$ durch elementare Zeilenumformungen auf die Form

$$\boldsymbol{A}' = \begin{pmatrix} \boldsymbol{v}_1 & \star \\ \vdots & \vdots \\ \boldsymbol{v}_l & \star \\ \boldsymbol{0} & \boldsymbol{y}_1 \\ \vdots & \vdots \\ \boldsymbol{0} & \boldsymbol{y}_{m-l} \end{pmatrix},$$

wobei $\boldsymbol{v}_1, \ldots, \boldsymbol{v}_l$ paarweise verschieden und linear unabhängig sind, so ist $\{\boldsymbol{v}_1, \ldots, \boldsymbol{v}_l\}$ eine Basis von $U + W$ und $\langle \boldsymbol{y}_1, \ldots, \boldsymbol{y}_{m-l} \rangle = U \cap W$. Zeigen Sie weiter: Ist $\dim(U) = r$ und $\dim(W) = t$, so ist $\{\boldsymbol{y}_1, \ldots, \boldsymbol{y}_{m-l}\}$ eine Basis von $U \cap W$.

Aufgabe 12.17 • Bestimmen Sie eine Basis von $U \cap W$. Dabei seien die beiden Untervektorräume

$$U = \langle (0, 1, 0, -1)^\top, (1, 0, 1, -2)^\top, (-1, -2, 0, 1)^\top \rangle$$
$$W = \langle (-1, 0, 1, 0)^\top, (1, 0, -1, -1)^\top, (2, 0, -1, 0)^\top \rangle$$

des $\mathbb{R}$-Vektorraums $V = \mathbb{R}^4$ gegeben.

Aufgabe 12.18 ••• Für $A, B \in \mathbb{K}^{n \times n}$ sei $\mathbf{E}_n - A\,B$ invertierbar. Zeigen Sie, dass dann auch $\mathbf{E}_n - B\,A$ invertierbar ist und bestimmen Sie das Inverse.

Aufgabe 12.19 ••• Es sei $A \in \mathbb{K}^{m \times n}$ und $B \in \mathbb{K}^{n \times p}$. Zeigen Sie:

$$\text{rg}(A\,B) = \text{rg}(B) - \dim(\ker A \cap \text{Bild } B)\,.$$

Aufgabe 12.20 •• Zeigen Sie: Sind A und A' zwei $n \times n$-Matrizen über einem Körper $\mathbb{K}$, so gilt

$$A\,A' = \mathbf{E_n} \Rightarrow A'\,A = \mathbf{E_n}\,.$$

Insbesondere ist $A' = A^{-1}$ das Inverse der Matrix A.

Hinweise

Verständnisfragen

Aufgabe 12.1 • Nehmen Sie an, dass die Abbildung linear ist. Untersuchen Sie, welche Bedingung u erfüllen muss.

Aufgabe 12.2 • Beachten Sie das Prinzip der linearen Fortsetzung auf Seite 420.

Aufgabe 12.3 • Man beachte die Regel *Zeilenrang ist gleich Spaltenrang*.

Rechenaufgaben

Aufgabe 12.4 • Überprüfen Sie die Abbildungen auf Linearität oder widerlegen Sie die Linearität durch Angabe eines Gegenbeispiels.

Aufgabe 12.5 • Bestimmen Sie das Bild von φ und beachten Sie die Dimensionsformel auf Seite 427.

Aufgabe 12.6 •• Zeigen Sie die Behauptung per Induktion.

Aufgabe 12.7 • Beachten Sie das Injektivitätskriterium auf Seite 427.

Aufgabe 12.8 • In der i-ten Spalten der Darstellungsmatrix steht der Koordinatenvektor des Bildes des i-ten Basisvektors.

Aufgabe 12.9 •• Beachten Sie die Formel auf Seite 444.

Aufgabe 12.10 •• Beachten Sie die Basistransformationsformel auf Seite 455.

Aufgabe 12.11 •• Schreiben Sie ${}_B M(\varphi)_B = {}_B M(\text{id} \circ \varphi \circ \text{id})_B$, und beachten Sie die Formel für das Produkt von Darstellungsmatrizen auf Seite 444.

Aufgabe 12.12 ••• Beachten Sie die Definitionen der Linearität und der Darstellungsmatrix.

Beweisaufgaben

Aufgabe 12.13 •• Benutzen Sie für den Nachweis von (a) den Dimensionssatz. Zum Nachweis von (b) zeige man zuerst $\varphi_1(V) \cap \varphi_2(V) = \{\mathbf{0}\}$.

Aufgabe 12.14 •• Prüfen Sie die Menge A' auf lineare Unabhängigkeit, bedenken Sie dabei aber, dass A' durchaus unendlich viele Elemente enthalten kann. Beachten Sie auch das Injektivitätskriterium auf Seite 427.

Aufgabe 12.15 ••• Wählen Sie geeignete Vektoren v und v', und betrachten Sie $v + \varphi(v)$ und $v' - \varphi(v')$.

Aufgabe 12.16 •• Betrachten Sie den von den Zeilen von A aufgespannten Untervektorraum T von $\mathbb{K}^{2n}$ sowie die Abbildung $\pi\colon T \to \mathbb{K}^n$, $(x, y) \mapsto x$. Zeigen Sie, dass π linear, Bild $\pi = U + W$ und $\ker \pi = \{(\mathbf{0}, y) \mid y \in U \cap W\}$ ist.

Aufgabe 12.17 • Benutzen Sie die Methode aus Aufgabe 12.16.

Aufgabe 12.18 ••• Zeigen Sie mit der (reellen) geometrischen Reihe

$$\frac{1}{1 - ba} = 1 + b(1 - ab)^{-1}a\,.$$

Aufgabe 12.19 ••• Ergänzen Sie eine Basis von $\ker(A) \cap \text{Bild } B$ durch $C = \{b_1, \ldots, b_t\}$ zu einer Basis von Bild B und zeigen Sie, dass

$$D = \{A\,b_1, \ldots, A\,b_t\}$$

linear unabhängig ist.

Aufgabe 12.20 •• Betrachten Sie die Komposition der Abbildungen $\varphi_A\colon \mathbb{K}^n \to \mathbb{K}^n$, $v \mapsto A\,v$ und $\varphi_{A'}\colon \mathbb{K}^n \to \mathbb{K}^n$, $v \mapsto A'\,v$.

Lösungen

Verständnisfragen

Aufgabe 12.1 • Nur für $\boldsymbol{u} = \boldsymbol{0}$.

Aufgabe 12.2 • (a) Nein. (b) Ja.

Aufgabe 12.3 • Ja.

Rechenaufgaben

Aufgabe 12.4 • (a) φ_1 ist nichtlinear. (b) φ_2 ist linear. (c) φ_3 ist nicht linear.

Aufgabe 12.5 • $\dim \varphi(\mathbb{R}^2) = 1$ und $\dim \varphi^{-1}(\{\boldsymbol{0}\}) = 1$.

Aufgabe 12.6 •• Es gilt $a_{n+1} = a_n + b_n$ und $b_{n+1} = 2\,a_n$.

Aufgabe 12.7 • (a) $\varphi(\boldsymbol{a}) = \boldsymbol{c}$, $\varphi(\boldsymbol{b}) = \boldsymbol{0}$, φ ist nicht injektiv. (b) Der Kern hat die Dimension 1 und das Bild die Dimension 3. (c) Es ist $\{\boldsymbol{b}\}$ eine Basis des Kerns von φ und $\left\{\begin{pmatrix}3\\1\\1\\-1\end{pmatrix}, \begin{pmatrix}1\\3\\-1\\1\end{pmatrix}, \begin{pmatrix}1\\-1\\3\\1\end{pmatrix}\right\}$ eine Basis des Bildes von φ. (d) $L = \boldsymbol{a} + \varphi^{-1}(\{\boldsymbol{0}\})$.

Aufgabe 12.8 •

$$_E\boldsymbol{M}\left(\frac{\mathrm{d}}{\mathrm{d}X}\right)_E = \begin{pmatrix}0&1&0&0\\0&0&2&0\\0&0&0&3\\0&0&0&0\end{pmatrix} \text{ und } {}_B\boldsymbol{M}\left(\frac{\mathrm{d}}{\mathrm{d}X}\right)_B = \begin{pmatrix}0&0&0&0\\1&0&0&0\\0&1&0&0\\0&0&1&0\end{pmatrix}$$

Aufgabe 12.9 •• $_B\boldsymbol{M}(\varphi)_{E_2} = \begin{pmatrix}2&-1\\-2&1\\1&-1\end{pmatrix}$,

$$_C\boldsymbol{M}(\psi)_B = \begin{pmatrix}5&2&2\\-3&0&-1\\-2&-1&-1\\3&0&1\end{pmatrix}, {}_C\boldsymbol{M}(\psi\circ\varphi)_{E_2} = \begin{pmatrix}8&-5\\-7&4\\-3&2\\7&-4\end{pmatrix}$$

Aufgabe 12.10 •• (b) Es gilt $_B\boldsymbol{M}(\varphi)_B = \begin{pmatrix}1&0&0\\0&2&0\\0&0&3\end{pmatrix}$ und $\boldsymbol{S} = \begin{pmatrix}2&1&2\\2&1&1\\3&1&1\end{pmatrix}$

Aufgabe 12.11 •• (a) Es gilt

$$_B\boldsymbol{M}(\varphi)_B = \begin{pmatrix}16&47&-88\\18&44&-92\\12&27&-59\end{pmatrix}$$

(b) Es gilt $_A\boldsymbol{M}(\varphi)_B = \begin{pmatrix}-2&10&-3\\-8&0&23\\-2&17&-10\end{pmatrix}$ und

$$_B\boldsymbol{M}(\varphi)_A = \begin{pmatrix}7&-13&22\\6&-2&14\\4&1&7\end{pmatrix}$$

Aufgabe 12.12 ••• (a) $_E\boldsymbol{M}(\Delta)_E = \begin{pmatrix}0&1&1&1&1\\0&0&2&3&4\\0&0&0&3&6\\0&0&0&0&4\\0&0&0&0&0\end{pmatrix}$,

$\dim \varphi^{-1}(\{\boldsymbol{0}\}) = 1$,

$\dim(\Delta(V)) = 4$. (b) $_B\boldsymbol{M}(\Delta)_B = \begin{pmatrix}0&1&0&0&0\\0&0&1&0&0\\0&0&0&1&0\\0&0&0&0&1\\0&0&0&0&0\end{pmatrix}$.

(c) Die Basis B.

Beweisaufgaben

Aufgabe 12.13 •• –

Aufgabe 12.14 •• Ja.

Aufgabe 12.15 ••• –

Aufgabe 12.16 •• –

Aufgabe 12.17 • Es ist $\{(1, 0, 1, -2)^\top, (1, 0, 0, 1)^\top\}$ eine Basis von $U \cap W$.

Aufgabe 12.18 ••• Es ist $\mathbf{E}_n + \boldsymbol{B}\,(\mathbf{E}_n - \boldsymbol{A}\,\boldsymbol{B})^{-1}\,\boldsymbol{A}$ das Inverse zu $\mathbf{E}_n - \boldsymbol{B}\,\boldsymbol{A}$.

Aufgabe 12.19 ••• –

Aufgabe 12.20 •• –

Lösungswege

Verständnisfragen

Aufgabe 12.1 • Wenn φ linear ist, dann gilt $\varphi(\boldsymbol{v} + \boldsymbol{w}) = \varphi(\boldsymbol{v}) + \varphi(\boldsymbol{w})$ für alle $\boldsymbol{v}, \boldsymbol{w} \in \mathbb{R}^2$. Mit der angegeben Abbildungsvorschrift besagt dies:

$$\varphi(\boldsymbol{v} + \boldsymbol{w}) = \boldsymbol{v} + \boldsymbol{w} + \boldsymbol{u} = \boldsymbol{v} + \boldsymbol{u} + \boldsymbol{w} + \boldsymbol{u} = \varphi(\boldsymbol{v}) + \varphi(\boldsymbol{w})\,.$$

Und dies ist nur dann möglich, wenn $\boldsymbol{u} = \boldsymbol{0}$ ist. Also folgt aus der Linearität von φ die Gleichung $\boldsymbol{u} = \boldsymbol{0}$. Umgekehrt ist aber natürlich φ in der Situation $\boldsymbol{u} = \boldsymbol{0}$ eine lineare Abbildung, denn dann ist φ die Identität.

Aufgabe 12.2 • (a) Wegen

$$\begin{pmatrix}6\\3\end{pmatrix} = 1\begin{pmatrix}2\\3\end{pmatrix} + 2\begin{pmatrix}2\\0\end{pmatrix}$$

würde eine lineare Abbildung $\varphi\colon \mathbb{R}^2 \to \mathbb{R}^2$ mit den angegebenen Eigenschaften den Vektor $\begin{pmatrix}6\\3\end{pmatrix}$ einerseits auf

$$\begin{aligned}\varphi\left(\begin{pmatrix}6\\3\end{pmatrix}\right) &= \varphi\left(1\begin{pmatrix}2\\3\end{pmatrix} + 2\begin{pmatrix}2\\0\end{pmatrix}\right)\\ &= \varphi\left(\begin{pmatrix}2\\3\end{pmatrix}\right) + 2\varphi\left(\begin{pmatrix}2\\0\end{pmatrix}\right)\\ &= \begin{pmatrix}2\\2\end{pmatrix} + 2\begin{pmatrix}1\\1\end{pmatrix} = \begin{pmatrix}4\\4\end{pmatrix}\end{aligned}$$

abbilden, andererseits aber auch $\varphi\left(\begin{pmatrix}6\\3\end{pmatrix}\right) = \begin{pmatrix}4\\3\end{pmatrix} \neq \begin{pmatrix}4\\4\end{pmatrix}$ erfüllen. Das kann aber nicht sein, d. h., dass keine solche lineare Abbildung existiert.

(b) Wegen

$$\begin{pmatrix}5\\3\end{pmatrix} = 1\begin{pmatrix}1\\3\end{pmatrix} + 2\begin{pmatrix}2\\0\end{pmatrix} \quad \text{und}$$
$$\begin{pmatrix}4\\3\end{pmatrix} = 1\begin{pmatrix}2\\1\end{pmatrix} + 2\begin{pmatrix}1\\1\end{pmatrix}$$

enthält die dritte Forderung $\varphi\left(\begin{pmatrix}5\\3\end{pmatrix}\right) = \begin{pmatrix}4\\3\end{pmatrix}$ tatsächlich nichts, was nicht schon in den ersten beiden Forderungen verlangt wird. Nach dem Prinzip der linearen Fortsetzung existiert genau eine Abbildung mit den gewünschten Eigenschaften.

Aufgabe 12.3 • Die Aussage ist richtig. Weil der Zeilenrang von $\boldsymbol{A}$ kleiner oder gleich 10 ist, ist auch der Spaltenrang von $\boldsymbol{A}$ kleiner oder gleich 10. Also sind die Spalten von $\boldsymbol{A}$ linear abhängig.

Rechenaufgaben

Aufgabe 12.4 • (a) Wegen $\varphi_1(\boldsymbol{0}) = \begin{pmatrix}-1\\-2\end{pmatrix} \neq \boldsymbol{0}$ kann φ_1 nicht linear sein.

(b) Mit $\lambda \in \mathbb{R}$ und $\boldsymbol{v} = \begin{pmatrix}v_1\\v_2\end{pmatrix}$, $\boldsymbol{w} = \begin{pmatrix}w_1\\w_2\end{pmatrix}$ gilt:

$$\begin{aligned}\varphi(\lambda\,\boldsymbol{v} + \boldsymbol{w}) &= \begin{pmatrix}13\,(\lambda\,v_2 + w_2)\\ 11\,(\lambda\,v_1 + w_1)\\ -4\,(\lambda\,v_2 + w_2) - 2\,(\lambda\,v_1 + w_1)\end{pmatrix}\\ &= \lambda\,\varphi_2(\boldsymbol{v}) + \varphi(\boldsymbol{w}),\end{aligned}$$

d. h., dass φ_2 eine lineare Abbildung ist.

(c) Mit $\boldsymbol{v} = \begin{pmatrix}1\\1\end{pmatrix}$ und $\lambda = 2$ gilt:

$$\varphi_3(\lambda\,\boldsymbol{v}) = \begin{pmatrix}2\\-8\\0\end{pmatrix} \text{ und } \lambda\,\varphi(\boldsymbol{v}) = \begin{pmatrix}2\\-2\\0\end{pmatrix},$$

d. h., dass φ_3 keine lineare Abbildung ist.

Aufgabe 12.5 • Für jedes $\boldsymbol{v} \in \mathbb{R}^2$ gilt $\varphi(\boldsymbol{v}) \in \mathbb{R}\begin{pmatrix}1\\1\end{pmatrix}$, d. h., dass also $\varphi(\mathbb{R}^2) = \langle\begin{pmatrix}1\\1\end{pmatrix}\rangle$ und somit $\dim \varphi(\mathbb{R}^2) = 1$ gilt. Mit der Dimensionsformel auf Seite 427 folgt $\dim \varphi^{-1}(\{\boldsymbol{0}\}) = 1$.

Wir können auch den Kern von φ bestimmen, dieser ist offenbar $\langle\begin{pmatrix}1\\-1\end{pmatrix}\rangle$.

Aufgabe 12.6 •• Wir berechnen die ersten Potenzen:

$$\begin{aligned}\boldsymbol{M}^2 &= \begin{pmatrix}2&1&1\\1&2&1\\1&1&2\end{pmatrix} = \boldsymbol{M} + 2\,\mathbf{E}_3 \quad \text{und}\\ \boldsymbol{M}^3 &= \begin{pmatrix}2&3&3\\3&2&3\\3&3&2\end{pmatrix} = 3\,\boldsymbol{M} + 2\,\mathbf{E}_3\,.\end{aligned}$$

Nun zeigen wir per Induktion

$$\boldsymbol{M}^n = a_n\,\boldsymbol{M} + b_n\,\mathbf{E}_n \quad \text{für } a_n,\ b_n \in \mathbb{R}\,.$$

Wir haben die Behauptung bereits für $n = 2$ und $n = 3$ gezeigt. Die Behauptung gelte für ein $n \in \mathbb{N}$. Wegen

$$\begin{aligned}\boldsymbol{M}^{n+1} &= \boldsymbol{M}^n\boldsymbol{M} = (a_n\,\boldsymbol{M} + b_n)\,\mathbf{E}_3\,\boldsymbol{M}\\ &= a_n\,\boldsymbol{M}^2 + b_n\,\boldsymbol{M}\\ &= a_n\,(\boldsymbol{M} + 2\,\mathbf{E}_3) + b_n\,\boldsymbol{M}\\ &= (a_n + b_n)\,\boldsymbol{M} + 2\,a_n\,\mathbf{E}_3\,.\end{aligned}$$

Somit gilt $a_{n+1} = a_n + b_n$ und $b_{n+1} = 2\,a_n$.

Aufgabe 12.7 • (a) Wir berechnen $\varphi(\boldsymbol{a})$:

$$\varphi(\boldsymbol{a}) = \boldsymbol{A}\,\boldsymbol{a} = \begin{pmatrix}3&1&1&-1\\1&3&-1&1\\1&-1&3&1\\-1&1&1&3\end{pmatrix}\begin{pmatrix}1\\1\\1\\1\end{pmatrix} = \begin{pmatrix}4\\4\\4\\4\end{pmatrix} = \boldsymbol{c}.$$

Der Vektor $\boldsymbol{b}$ liegt im Kern von φ, wenn $\varphi(\boldsymbol{b}) = \boldsymbol{0}$ gilt. Wir prüfen das nach:

$$\varphi(\boldsymbol{b}) = \boldsymbol{A}\,\boldsymbol{b} = \begin{pmatrix}3&1&1&-1\\1&3&-1&1\\1&-1&3&1\\-1&1&1&3\end{pmatrix}\begin{pmatrix}1\\-1\\-1\\1\end{pmatrix} = \begin{pmatrix}0\\0\\0\\0\end{pmatrix} = \boldsymbol{0}.$$

Also liegt $\boldsymbol{b}$ im Kern von φ.

Die Abbildung φ ist nach dem Injektivitätskriterium auf Seite 427 nicht injektiv, da $\boldsymbol{b} \neq \boldsymbol{0}$ im Kern von φ liegt.

(b) Da $\varphi(\mathbb{R}^4) = \langle \boldsymbol{s}_1, \boldsymbol{s}_2, \boldsymbol{s}_3, \boldsymbol{s}_4 \rangle$ mit den Spaltenvektoren $\boldsymbol{s}_1, \boldsymbol{s}_2, \boldsymbol{s}_3, \boldsymbol{s}_4$ der Matrix $\boldsymbol{A}$ gilt, erhalten wir die Dimension des Bildes durch elementare Spaltenumformungen an $\boldsymbol{A}$:

$$\begin{pmatrix} 3 & 1 & 1 & -1 \\ 1 & 3 & -1 & 1 \\ 1 & -1 & 3 & 1 \\ -1 & 1 & 1 & 3 \end{pmatrix} \rightarrow \begin{pmatrix} 0 & 1 & 0 & 0 \\ -8 & 3 & 0 & 0 \\ 4 & -1 & 4 & 0 \\ -4 & 1 & 4 & 0 \end{pmatrix}$$

An dieser *Spaltenstufenform* erkennt man den Spaltenrang 3 der Matrix $\boldsymbol{A}$. Damit gilt $\dim \varphi(\mathbb{R}^4) = 3$. Mit der Dimensionsformel von Seite 427 folgt nun $\dim \varphi^{-1}(\{\boldsymbol{0}\}) = 1$.

Wir hätten natürlich auch umgekehrt zuerst die Dimension des Kerns durch elementare Zeilenumformungen bestimmen können.

Nach (a) liegt der Vektor $\boldsymbol{b}$ im Kern von φ. Nach (b) ist der Kern eindimensional, sodass $\varphi^{-1}(\{\boldsymbol{0}\})) = \langle \begin{pmatrix} 1 \\ -1 \\ -1 \\ 1 \end{pmatrix} \rangle$ gelten muss. Also ist $\{\boldsymbol{b}\}$ eine Basis des Kerns von φ.

Nach (b) ist das Bild von φ dreidimensional. Wir haben weiterhin in (b) gezeigt, dass die ersten drei Spalten der Matrix $\boldsymbol{A}$ linear unabhängig sind. Also bilden die ersten drei Spaltenvektoren $\boldsymbol{s}_1, \boldsymbol{s}_2, \boldsymbol{s}_3$ von $\boldsymbol{A}$ eine Basis des Bildes von φ: Die Menge $\left\{ \begin{pmatrix} 3 \\ 1 \\ 1 \\ -1 \end{pmatrix}, \begin{pmatrix} 1 \\ 3 \\ -1 \\ 1 \end{pmatrix}, \begin{pmatrix} 1 \\ -1 \\ 3 \\ 1 \end{pmatrix} \right\}$ ist eine Basis von $\varphi(\mathbb{R}^4)$.

(d) Es ist L die Lösungsmenge des inhomogenen linearen Gleichungssystems $(\boldsymbol{A} \,|\, \boldsymbol{c})$. Diese Lösungsmenge ist nach einem Ergebnis auf Seite 183 die Summe einer speziellen Lösung und der Lösungsmenge des zugehörigen homogenen Systems. Da $\boldsymbol{a}$ nach (a) eine spezielle Lösung des inhomogenen Systems und der Kern die Lösungsmenge des homogenen Systems ist, erhalten wir also: $L = \boldsymbol{a} + \varphi^{-1}(\{\boldsymbol{0}\})$.

Aufgabe 12.8 • (a) Wegen

$$\frac{\mathrm{d}}{\mathrm{d}X}(1) = 0 \; \frac{\mathrm{d}}{\mathrm{d}X}(X) = 1, \; \frac{\mathrm{d}}{\mathrm{d}X}(X^2) = 2\,X, \; \frac{\mathrm{d}}{\mathrm{d}X}(X^3) = 3\,X$$

erhalten wir sogleich:

$$_E\boldsymbol{M}(\frac{\mathrm{d}}{\mathrm{d}X})_E = \begin{pmatrix} 0 & 1 & 0 & 0 \\ 0 & 0 & 2 & 0 \\ 0 & 0 & 0 & 3 \\ 0 & 0 & 0 & 0 \end{pmatrix}$$

(b) Wegen

$$\frac{\mathrm{d}}{\mathrm{d}X}(X^3) = 3\,X^2 \; \frac{\mathrm{d}}{\mathrm{d}X}(3\,X^2) = 6\,X,$$
$$\frac{\mathrm{d}}{\mathrm{d}X}(6\,X) = 6, \; \frac{\mathrm{d}}{\mathrm{d}X}(6) = 0$$

erhalten wir hieraus:

$$_B\boldsymbol{M}(\frac{\mathrm{d}}{\mathrm{d}X})_B = \begin{pmatrix} 0 & 0 & 0 & 0 \\ 1 & 0 & 0 & 0 \\ 0 & 1 & 0 & 0 \\ 0 & 0 & 1 & 0 \end{pmatrix}$$

Aufgabe 12.9 •• Wir verwenden die Bezeichnungen $\boldsymbol{e}_1 = \begin{pmatrix} 1 \\ 0 \end{pmatrix}$ und $\boldsymbol{e}_2 = \begin{pmatrix} 0 \\ 1 \end{pmatrix}$ sowie $\boldsymbol{b}_1 = \begin{pmatrix} 1 \\ 1 \\ 1 \end{pmatrix}$, $\boldsymbol{b}_2 = \begin{pmatrix} 1 \\ 1 \\ 0 \end{pmatrix}$, $\boldsymbol{b}_3 = \begin{pmatrix} 1 \\ 0 \\ 0 \end{pmatrix}$.

Wir erhalten $_B\boldsymbol{M}(\varphi)_{E_2}$, indem wir die Koordinaten v_{1j}, v_{2j}, v_{3j} von $\varphi(\boldsymbol{e}_j)$ für $j = 1, 2$ bezüglich der Basis B in die Spalten einer Matrix schreiben. Wir erhalten v_{1j}, v_{2j}, v_{3j} durch Lösen der durch

$$v_{1j}\,\boldsymbol{b}_1 + v_{2j}\,\boldsymbol{b}_2 + v_{3j}\,\boldsymbol{b}_3 = \varphi(\boldsymbol{e}_j)$$

für $j = 1, 2$ gegebenen linearen Gleichungssysteme über $\mathbb{R}$ mit dem Gauß-Algorithmus. Man erhält:

$$_B\boldsymbol{M}(\varphi)_{E_2} = \begin{pmatrix} 2 & -1 \\ -2 & 1 \\ 1 & -1 \end{pmatrix}$$

Analog erhält man $_C\boldsymbol{M}(\psi)_B$, indem man die Koordinaten $v'_{1j}, v'_{2j}, v'_{3j}, v'_{4j}$ von $\psi(\boldsymbol{b}_j)$ für $j = 1, 2, 3$ bezüglich der Basis C in die Spalten einer Matrix schreibt. Dies liefert:

$$_C\boldsymbol{M}(\psi)_B = \begin{pmatrix} 5 & 2 & 2 \\ -3 & 0 & -1 \\ -2 & -1 & -1 \\ 3 & 0 & 1 \end{pmatrix}$$

Die Darstellungsmatrix $_C\boldsymbol{M}(\psi \circ \varphi)_{E_2}$ erhält man durch Matrixmultiplikation:

$$_C\boldsymbol{M}(\psi \circ \varphi)_{E_2} =_C \boldsymbol{M}(\psi)_B \, _B\boldsymbol{M}(\varphi)_{E_2} = \begin{pmatrix} 8 & -5 \\ -7 & 4 \\ -3 & 2 \\ 7 & -4 \end{pmatrix}$$

Aufgabe 12.10 •• (a) Wegen

$$\begin{pmatrix} 2 & 2 & 3 \\ 1 & 1 & 1 \\ 2 & 1 & 1 \end{pmatrix} \rightarrow \begin{pmatrix} 1 & 1 & 1 \\ 0 & 1 & 1 \\ 0 & 0 & 1 \end{pmatrix}$$

sind die drei Vektoren

$$\boldsymbol{b}_1 = \begin{pmatrix} 2 \\ 2 \\ 3 \end{pmatrix}, \; \boldsymbol{b}_2 = \begin{pmatrix} 1 \\ 1 \\ 1 \end{pmatrix} \text{ und } \boldsymbol{b}_3 = \begin{pmatrix} 2 \\ 1 \\ 1 \end{pmatrix}$$

linear unabhängig, also B eine geordnete Basis.

(b) Mit $\boldsymbol{A} = {}_{E_3}\boldsymbol{M}(\varphi)_{E_3}$ erhalten wir

$$\begin{aligned}\boldsymbol{A}\,\boldsymbol{b}_1 &= 1\,\boldsymbol{b}_1 + 0\,\boldsymbol{b}_2 + 0\,\boldsymbol{b}_3\,,\\ \boldsymbol{A}\,\boldsymbol{b}_2 &= 0\,\boldsymbol{b}_1 + 2\,\boldsymbol{b}_2 + 0\,\boldsymbol{b}_3\,,\\ \boldsymbol{A}\,\boldsymbol{b}_3 &= 0\,\boldsymbol{b}_1 + 0\,\boldsymbol{b}_2 + 3\,\boldsymbol{b}_3\,.\end{aligned}$$

Also gilt:

$${}_B\boldsymbol{M}(\varphi)_B = \begin{pmatrix}1 & 0 & 0\\ 0 & 2 & 0\\ 0 & 0 & 3\end{pmatrix}$$

Und als Transformationsmatrix erhalten wir die Matrix

$$\begin{aligned}\boldsymbol{S} &= {}_{E_3}\boldsymbol{M}(\mathrm{id}_{\mathbb{R}^3})_B = (\boldsymbol{b}_1,\ \boldsymbol{b}_2,\ \boldsymbol{b}_3)\\ &= \begin{pmatrix}2 & 1 & 2\\ 2 & 1 & 1\\ 3 & 1 & 1\end{pmatrix}\end{aligned}$$

Aufgabe 12.11 •• (a) Es gilt

$${}_B\boldsymbol{M}(\varphi)_B = {}_B\boldsymbol{M}(\mathrm{id}\circ\varphi\circ\mathrm{id})_B = {}_B\boldsymbol{M}(\mathrm{id})_A\,{}_A\boldsymbol{M}(\varphi)_A\,{}_A\boldsymbol{M}(\mathrm{id})_B\,.$$

Um also ${}_B\boldsymbol{M}(\varphi)_B$ zu ermitteln, ist das Produkt der drei Matrizen ${}_B\boldsymbol{M}(\mathrm{id})_A$, ${}_A\boldsymbol{M}(\varphi)_A$ und ${}_A\boldsymbol{M}(\mathrm{id})_B$ zu bilden. Die Matrix ${}_A\boldsymbol{M}(\varphi)_A$ ist gegeben, die anderen beiden Matrizen müssen wir noch bestimmen. Wegen ${}_B\boldsymbol{M}(\mathrm{id})_A\,{}_A\boldsymbol{M}(\mathrm{id})_B = {}_B\boldsymbol{M}(\mathrm{id})_B = \mathbf{E}_3$ ist ${}_A\boldsymbol{M}(\mathrm{id})_B$ das Inverse zu ${}_B\boldsymbol{M}(\mathrm{id})_A$.

Wir bezeichnen die Elemente der geordneten Basis der Reihe nach mit $\boldsymbol{a}_1,\ \boldsymbol{a}_2,\ \boldsymbol{a}_3$ und jene der Basis B mit $\boldsymbol{b}_1,\ \boldsymbol{b}_2,\ \boldsymbol{b}_3$ und ermitteln ${}_B\boldsymbol{M}(\mathrm{id})_A = ({}_B\boldsymbol{a}_1,\ {}_B\boldsymbol{a}_2,\ {}_B\boldsymbol{a}_3)$. Gesucht sind also $\lambda_1,\ \lambda_2,\ \lambda_3 \in \mathbb{R}$ mit

$$\lambda_1\,\boldsymbol{b}_1 + \lambda_2\,\boldsymbol{b}_2 + \lambda_3\,\boldsymbol{b}_3 = \boldsymbol{a}_1 \text{ bzw. } = \boldsymbol{a}_2 \text{ bzw. } = \boldsymbol{a}_3\,.$$

Dies sind drei lineare Gleichungssysteme, die wir simultan lösen:

$$\left(\begin{array}{ccc|ccc}1 & 3 & 2 & 8 & -16 & 9\\ -2 & -1 & 1 & -6 & 7 & -3\\ 1 & 2 & 2 & 7 & -13 & 7\end{array}\right) \to \cdots$$
$$\left(\begin{array}{ccc|ccc}1 & 0 & 0 & 3 & -3 & 1\\ 0 & 1 & 0 & 1 & -3 & 2\\ 0 & 0 & 1 & 1 & -2 & 1\end{array}\right)$$

Damit lautet die Basistransformationsmatrix

$${}_B\boldsymbol{M}(\mathrm{id})_A = \begin{pmatrix}3 & -3 & 1\\ 1 & -3 & 2\\ 1 & -2 & 1\end{pmatrix}$$

Die Matrix ${}_A\boldsymbol{M}(\mathrm{id})_B$ erhalten wir durch Invertieren der Matrix ${}_B\boldsymbol{M}(\mathrm{id})_A$. Es gilt

$${}_A\boldsymbol{M}(\mathrm{id})_B = \begin{pmatrix}1 & 1 & -3\\ 1 & 2 & -5\\ 1 & 3 & -6\end{pmatrix}$$

Wir berechnen schließlich das Produkt

$$\begin{aligned}{}_B\boldsymbol{M}(\varphi)_B &= {}_B\boldsymbol{M}(\mathrm{id})_A\,{}_A\boldsymbol{M}(\varphi)_A\,{}_A\boldsymbol{M}(\mathrm{id})_B\\ &= \begin{pmatrix}16 & 47 & -88\\ 18 & 44 & -92\\ 12 & 27 & -59\end{pmatrix}.\end{aligned}$$

(b) Wegen

$${}_A\boldsymbol{M}(\varphi)_B = {}_A\boldsymbol{M}(\varphi\circ\mathrm{id})_B = {}_A\boldsymbol{M}(\varphi)_A\,{}_A\boldsymbol{M}(\mathrm{id})_B$$

erhalten wir die Darstellungsmatrix ${}_A\boldsymbol{M}(\varphi)_B$ als Produkt der beiden Matrizen ${}_A\boldsymbol{M}(\varphi)_A$ und ${}_A\boldsymbol{M}(\mathrm{id})_B$. Es gilt:

$${}_A\boldsymbol{M}(\varphi)_B = {}_A\boldsymbol{M}(\varphi)_A\,{}_A\boldsymbol{M}(\mathrm{id})_B = \begin{pmatrix}-2 & 10 & -3\\ -8 & 0 & 23\\ -2 & 17 & -10\end{pmatrix}$$

Analog erhalten wir für

$${}_B\boldsymbol{M}(\varphi)_B = {}_B\boldsymbol{M}(\mathrm{id}\circ\varphi)_A = {}_B\boldsymbol{M}(\mathrm{id})_A\,{}_A\boldsymbol{M}(\varphi)_A$$

die Darstellungsmatrix

$${}_B\boldsymbol{M}(\varphi)_B = {}_B\boldsymbol{M}(\mathrm{id})_A\,{}_A\boldsymbol{M}(\varphi)_A = \begin{pmatrix}7 & -13 & 22\\ 6 & -2 & 14\\ 4 & 1 & 7\end{pmatrix}$$

Aufgabe 12.12 ••• (a) Wir kürzen $V = \mathbb{R}[X]_4$ ab. Dann gilt für $f,\ g \in V$:

$$\begin{aligned}\Delta(f+g) &= (f+g)(X+1) - (f+g)(X)\\ &= f(X+1) - f(X) + g(X+1) - g(X)\\ &= \Delta(f) + \Delta(g)\,,\end{aligned}$$

damit ist Δ additiv. Und für $f \in V$ und $\lambda \in \mathbb{R}$ gilt:

$$\begin{aligned}\Delta(\lambda\,f) &= (\lambda\,f)(X+1) - (\lambda\,f)(X)\\ &= \lambda\,f(X+1) - \lambda\,f(X)\\ &= \lambda\,(f(X+1) - f(X))\\ &= \lambda\,\Delta(f)\,,\end{aligned}$$

was besagt, dass Δ homogen ist.

Die Homogenität und die Additivität besagen, dass Δ eine lineare Abbildung ist.

Es gilt:

$$\begin{aligned}\Delta(1) &= 1 - 1 = 0,\\ \Delta(X) &= (X+1) - X = 1,\\ \Delta(X^2) &= (X+1)^2 - X^2 = 2\,X + 1,\\ \Delta(X^3) &= (X+1)^3 - X^3 = 3\,X^2 + 3\,X + 1,\\ \Delta(X^4) &= (X+1)^4 - X^4 = 4\,X^3 + 6\,X^2 + 4\,X + 1\,.\end{aligned}$$

Also ist

$$D_1 = {}_E M(\Delta)_E = \begin{pmatrix} 0 & 1 & 1 & 1 & 1 \\ 0 & 0 & 2 & 3 & 4 \\ 0 & 0 & 0 & 3 & 6 \\ 0 & 0 & 0 & 0 & 4 \\ 0 & 0 & 0 & 0 & 0 \end{pmatrix}$$

die Darstellungsmatrix von Δ bezüglich der Standardbasis $E = (1, X, X^2, X^3, X^4)$ von $\mathbb{R}[X]_4$.

Wir behaupten, dass die letzten 4 Spalten von D_1 linear unabhängig sind. Ist nämlich

$$\lambda_1 \begin{pmatrix} 1 \\ 0 \\ 0 \\ 0 \\ 0 \end{pmatrix} + \lambda_2 \begin{pmatrix} 1 \\ 2 \\ 0 \\ 0 \\ 0 \end{pmatrix} + \lambda_3 \begin{pmatrix} 1 \\ 3 \\ 3 \\ 0 \\ 0 \end{pmatrix} + \lambda_4 \begin{pmatrix} 1 \\ 4 \\ 6 \\ 4 \\ 0 \end{pmatrix} = \begin{pmatrix} 0 \\ 0 \\ 0 \\ 0 \\ 0 \end{pmatrix},$$

so folgt aus der vierten Zeile $4\lambda_4 = 0$, d. h. $\lambda_4 = 0$. Nach Streichen des vierten Vektors ergibt sich aus der dritten Zeile $3\lambda_3 = 0$, d. h., $\lambda_3 = 0$, usw., also insgesamt $\lambda_1 = \lambda_2 = \lambda_3 = \lambda_4 = 0$, wie behauptet.

Weil $f \in V$ genau dann im Kern von Δ liegt, wenn ${}_E M(\Delta)_E\, {}_E f = \mathbf{0}$ gilt und der Kern der Matrix nach obiger Rechnung die Dimension 1 hat, erhalten wir für die Dimension des Kerns von Δ:

$$\dim \varphi^{-1}(\{\mathbf{0}\}) = 1 .$$

Mit der Dimensionsformel folgt nun $\dim(\Delta(V)) = 4$.

(b) Wir bezeichnen die angegebenen Polynome der Reihe nach mit p_j für $j = 0, 1, 2, 3, 4$ und haben dann $B = (p_0, p_1, p_2, p_3, p_4)$. Die Matrix M, deren Spalten die Koordinatenvektoren ${}_E p_j$ sind, hat die Form

$$\begin{pmatrix} 1 & * & * & * & * \\ 0 & 1 & * & * & * \\ 0 & 0 & \frac{1}{2} & * & * \\ 0 & 0 & 0 & \frac{1}{6} & * \\ 0 & 0 & 0 & 0 & \frac{1}{24} \end{pmatrix}$$

Wegen der Dreiecksgestalt ist B linear unabhängig, weil die Koordinatenvektoren linear unabhängig sind, und folglich ist B eine geordnete Basis von V. Es gilt:

$$\begin{aligned}
\Delta(p_0) &= \Delta(1) = 0, \\
\Delta(p_1) &= \Delta(X) = 1 = p_0, \\
\Delta(p_2) &= \frac{(X+1)\,X}{2} - \frac{X\,(X-1)}{2} = \frac{X^2+X}{2} - \frac{X^2-X}{2} \\
&= X = p_1, \\
\Delta(p_3) &= \frac{(X+1)\,X\,(X-1)}{6} - \frac{X\,(X-1)\,(X-2)}{6} \\
&= \frac{X\,(X-1)}{6}\big(X+1-(X-2)\big) \\
&= \frac{X\,(X-1)}{2} = p_2, \\
\Delta(p_4) &= \frac{(X+1)\,X\,(X-1)(X-2)}{24} \\
&\quad - \frac{X\,(X-1)\,(X-2)\,(X-3)}{24} \\
&= \frac{X\,(X-1)\,(X-2)}{24}\big(X+1-(X-3)\big) \\
&= \frac{X\,(X-1)\,(X-2)}{6} = p_3.
\end{aligned}$$

Die Darstellungsmatrix von Δ bezüglich B ist demnach:

$$D_2 = {}_B M(\Delta)_B = \begin{pmatrix} 0 & 1 & 0 & 0 & 0 \\ 0 & 0 & 1 & 0 & 0 \\ 0 & 0 & 0 & 1 & 0 \\ 0 & 0 & 0 & 0 & 1 \\ 0 & 0 & 0 & 0 & 0 \end{pmatrix}$$

Bemerkung: Man nennt die Form der Matrix D_2 *Jordan-Normalform* – dies ist fast eine Diagonalform.

(c) Natürlich die Basis B, denn wegen $\Delta^k(p_j) = p_{j-k}$ (für $0 \le k \le j \le 4$) sind die Matrizen von $\Delta^2, \Delta^3, \Delta^4, \Delta^5$ der Reihe nach einfach

$$\begin{pmatrix} 0 & 0 & 1 & 0 & 0 \\ 0 & 0 & 0 & 1 & 0 \\ 0 & 0 & 0 & 0 & 1 \\ 0 & 0 & 0 & 0 & 0 \\ 0 & 0 & 0 & 0 & 0 \end{pmatrix}, \quad \begin{pmatrix} 0 & 0 & 0 & 1 & 0 \\ 0 & 0 & 0 & 0 & 1 \\ 0 & 0 & 0 & 0 & 0 \\ 0 & 0 & 0 & 0 & 0 \\ 0 & 0 & 0 & 0 & 0 \end{pmatrix},$$

$$\begin{pmatrix} 0 & 0 & 0 & 0 & 1 \\ 0 & 0 & 0 & 0 & 0 \\ 0 & 0 & 0 & 0 & 0 \\ 0 & 0 & 0 & 0 & 0 \\ 0 & 0 & 0 & 0 & 0 \end{pmatrix}, \quad \begin{pmatrix} 0 & 0 & 0 & 0 & 0 \\ 0 & 0 & 0 & 0 & 0 \\ 0 & 0 & 0 & 0 & 0 \\ 0 & 0 & 0 & 0 & 0 \\ 0 & 0 & 0 & 0 & 0 \end{pmatrix}.$$

(Dasselbe erhält man durch direktes Ausrechnen von D_2^2, D_2^3, D_2^4, D_2^5.)

Insbesondere ist $\Delta^5 = 0$ die Nullabbildung.

Beweisaufgaben

Aufgabe 12.13 •• Es seien $n = \dim(V)$, $k_1 = \dim(\varphi_1(V))$ und $k_2 = \dim(\varphi_2(V))$.

(a) Wegen $\varphi_1(\boldsymbol{v}) + \varphi_2(\boldsymbol{v}) = (\varphi_1 + \varphi_2)(\boldsymbol{v}) = \boldsymbol{v}$ für alle $\boldsymbol{v} \in V$ ist $V = (\varphi_1 + \varphi_2)(V) \subseteq \varphi_1(V) + \varphi_2(V)$. Nach der Dimensionsformel gilt:

$$\begin{aligned}\dim(\varphi_1(V) + \varphi_2(V)) &= \dim(\varphi_1(V)) + \dim(\varphi_2(V)) \\ &\quad - \dim(\varphi_1(V) \cap \varphi_2(V)),\end{aligned}$$

also $n \le k_1 + k_2$.

(b) Ist $n = k_1 + k_2$, so gilt $\dim(\varphi_1(V) \cap \varphi_2(V)) = 0$, also $\varphi_1(V) \cap \varphi_2(V) = \{\mathbf{0}\}$.

Nach Voraussetzung ist $\varphi_1(\boldsymbol{w}) + \varphi_2(\boldsymbol{w}) = \boldsymbol{w}$ für alle $\boldsymbol{w} \in V$, also auch für $\boldsymbol{w} = \varphi_1(\boldsymbol{v})$ oder für $\boldsymbol{w} = \varphi_2(\boldsymbol{v})$.

Für alle $v \in V$ gilt:

$$(i)\ \varphi_1(\varphi_1(v)) + \varphi_2(\varphi_1(v)) = \varphi_1(v)$$
$$\Rightarrow\ \varphi_1(v) - \varphi_1(\varphi_1(v)) = \varphi_2(\varphi_1(v)) \in \varphi_1(V) \cap \varphi_2(V) = \{0\}.$$

Also gilt $\varphi_1 \circ \varphi_1 = \varphi_1$ und $\varphi_2 \circ \varphi_1 = 0$.

$$(ii)\ \varphi_1(\varphi_2(v)) + \varphi_2(\varphi_2(v)) = \varphi_2(v)$$
$$\Rightarrow\ \varphi_2(v) - \varphi_2(\varphi_2(v)) = \varphi_1(\varphi_2(v)) \in \varphi_1(V) \cap \varphi_2(V) = \{0\}.$$

Also gilt $\varphi_2 \circ \varphi_2 = \varphi_2$ und $\varphi_1 \circ \varphi_2 = 0$.

Aufgabe 12.14 •• Da A eine unendliche Menge sein kann, trifft dies auch für A' zu. Wir prüfen die lineare Unabhängigkeit von A' nach, indem wir die lineare Unabhängigkeit für jede endliche Teilmenge $E \subseteq A'$ nachweisen.

Ist nun $E = \{\varphi(v_1), \ldots, \varphi(v_r)\} \subseteq A'$ mit $v_1, \ldots, v_r \in A$ eine solche endliche Teilmenge von A', so folgt aus

$$\lambda_1\, \varphi(v_1) + \cdots + \lambda_r\, \varphi(v_r) = 0$$

für $\lambda_1, \ldots, \lambda_r \in \mathbb{K}$ und der Linearität von φ sogleich

$$\varphi(\lambda_1\, v_1 + \cdots + \lambda_r\, v_r) = 0\,.$$

Nun ist φ aber als injektiv vorausgesetzt. Nach dem Injektivitätskriterium auf Seite 427 gilt deswegen:

$$\lambda_1\, v_1 + \cdots + \lambda_r\, v_r = 0\,.$$

Weil aber die Menge $\{v_1, \ldots, v_r\}$ als endliche Teilmenge von A linear unabhängig ist, folgt:

$$\lambda_1 = \cdots = \lambda_r = 0\,,$$

also die lineare Unabhängigkeit von E und damit schließlich jene von A'.

Aufgabe 12.15 ••• (a) Wegen $\varphi \neq -\mathrm{id}_{\mathbb{R}^2}$ existiert $v \in \mathbb{R}^2$ mit $\varphi(v) \neq -v$, also $b_1 := v + \varphi(v) \neq 0$. Wegen $\varphi \neq \mathrm{id}_{\mathbb{R}^2}$ existiert $v' \in \mathbb{R}^2$ mit $\varphi(v') \neq v'$, also $b_2 = v' - \varphi(v') \neq 0$. Es gilt:

$$\varphi(b_1) = \varphi\big(v + \varphi(v)\big) = \varphi(v) + \varphi^2(v) = \varphi(v) + v = b_1,$$
$$\varphi(b_2) = \varphi\big(v' - \varphi(v')\big) = \varphi(v') - \varphi^2(v') = \varphi(v') - v' = -b_2,$$

wie gewünscht.

Bemerkung: Anstelle von $\varphi \circ \varphi$ haben wir φ^2 geschrieben, wie es allgemein üblich ist.

Es bleibt zu zeigen, dass $\{b_1, b_2\}$ tatsächlich eine Basis des $\mathbb{R}^2$ ist. Sind $\alpha, \beta \in \mathbb{R}$ mit $\alpha\, b_1 + \beta\, b_2 = 0$ gegeben, so folgt durch Anwenden von φ auf diese Identität:

$$0 = \varphi(0) = \varphi(\alpha\, b_1 + \beta\, b_2) = \alpha\, \varphi(b_1) + \beta\, \varphi(b_2) = \alpha\, b_1 - \beta\, b_2\,.$$

Addition bzw. Subtraktion beider Identitäten ergibt $2\,\alpha\, b_1 = 2\,\beta\, b_2 = 0$, wegen $b_1, b_2 \neq 0$ also $\alpha = \beta = 0$. Damit ist $\{b_1, b_2\}$ linear unabhängig, aus Dimensionsgründen also eine Basis des $\mathbb{R}^2$.

(b) Es existieren $\lambda, \mu \in \mathbb{R}$ mit $a_1 = \lambda\, b_1 + \mu\, b_2$. Anwenden von φ ergibt:

$$a_1 = \varphi(a_1) = \lambda\, b_1 - \mu\, b_2.$$

Da die Darstellung von a_1 als Linearkombination der Basis $\{b_1, b_2\}$ eindeutig ist, muss $-\mu = \mu$, d. h. $\mu = 0$ sein. Also ist $a_1 = \lambda\, b_1$. Es gilt $\lambda \neq 0$, weil a_1 als Element der Basis $\{a_1, a_2\}$ natürlich nicht der Nullvektor ist. Damit haben wir ein λ mit den gewünschten Eigenschaften gefunden.

Die gleiche Prozedur für a_2 ergibt für $a_2 = \lambda\, b_1 + \mu\, b_2$ mit $\lambda, \mu \in \mathbb{R}$:

$$a_2 = -\varphi(a_2) = -\lambda\, b_1 + \mu\, b_2\,,$$

zusammen mit $a_2 = \lambda\, b_1 + \mu\, b_2$ also $\lambda = 0$ und $a_2 = \mu\, b_2$ mit $\mu \neq 0$.

Aufgabe 12.16 •• Wir zeigen zunächst den Hinweis: Die Abbildung π ist linear, denn für alle $a \in \mathbb{K}$ und $(x, y), (x', y') \in \mathbb{K}^{2n}$ gilt:

$$\begin{aligned}\pi(a \cdot (x, y) + (x', y')) &= \pi((a\, x + x', a\, y + y')) \\ &= a \cdot x + x' \\ &= a \cdot \pi((x, y)) + \pi((x', y')).\end{aligned}$$

Es ist ferner:

$$\begin{aligned}\operatorname{Bild} \pi &= \\ &= \{\pi((x, y)) \mid (x, y) \in T\} \\ &= \left\{\pi\left(\sum_{i=1}^{r} a_i u_i + \sum_{j=1}^{t} b_j w_j, \sum_{i=1}^{r} a_i u_i\right) \,\middle|\, a_1, \ldots, a_r, b_1, \ldots, b_t \in \mathbb{K}\right\} \\ &= \left\{\sum_{i=1}^{r} a_i u_i + \sum_{j=1}^{t} b_j w_j\} \mid a_1, \ldots, a_r, b_1, \ldots, b_t \in \mathbb{K}\right\} \\ &= \langle u_1, \ldots, u_r\rangle + \langle w_1, \ldots, w_t\rangle = U + W.\end{aligned}$$

Es sei $y \in U \cap W$. Dann existieren $a_1, \ldots, a_r, b_1, \ldots, b_t \in \mathbb{K}$ mit $y = \sum_{i=1}^{r} a_i u_i = \sum_{j=1}^{t} b_j w_j$. Also

$$(0, y) = (\sum_{i=1}^{r} a_i u_i - \sum_{j=1}^{t} b_j w_j, \sum_{i=1}^{r} a_i u_i) \in T,$$

also folgt $\{(0, y) \mid y \in U \cap W\} \subseteq \ker \pi$. Es sei nun umgekehrt $(x, y) \in \ker \pi$. Dann existieren $a_1, \ldots, a_r, b_1, \ldots, b_t \in \mathbb{K}$ mit $x = \sum_{i=1}^{r} a_i u_i + \sum_{j=1}^{t} b_j w_j$ und $y = \sum_{i=1}^{r} a_i u_i$, und es gilt $x = 0$, also $\sum_{i=1}^{r} a_i u_i = -\sum_{j=1}^{t} b_j w_j \in U \cap W$, also $y \in U \cap W$. Somit: $\ker \pi = \{(0, y) \mid y \in U \cap W\}$.

Jetzt zum Beweis der eigentlichen Behauptungen der Aufgabenstellung: Es gilt

$$\begin{aligned}\langle \boldsymbol{v}_1, \ldots, \boldsymbol{v}_l\rangle &= \big\langle \pi((\boldsymbol{v}_1, \star)), \ldots, \pi((\boldsymbol{v}_l, \star)),\\ &\qquad \pi((\mathbf{0}, \boldsymbol{y}_1)), \ldots, \pi((\mathbf{0}, \boldsymbol{y}_{m-l}))\big\rangle\\ &= \pi\big(\langle(\boldsymbol{v}_1, \star), \ldots, (\boldsymbol{v}_l, \star),\\ &\qquad (\mathbf{0}, \boldsymbol{y}_1), \ldots, (\mathbf{0}, \boldsymbol{y}_{m-l})\rangle\big)\\ &= \operatorname{Bild}\pi = U + W.\end{aligned}$$

Da $\{\boldsymbol{v}_1, \ldots, \boldsymbol{v}_l\}$ linear unabhängig ist, ist $\{\boldsymbol{v}_1, \ldots, \boldsymbol{v}_l\}$ also eine Basis von $U + W$. Aus der Form von A' und der linearen Unabhängigkeit von $\boldsymbol{v}_1, \ldots, \boldsymbol{v}_l$ folgt $\ker\pi = \langle(\mathbf{0}, \boldsymbol{y}_1), \ldots, (\mathbf{0}, \boldsymbol{y}_{m-l})\rangle$. Nach dem schon gezeigten Hinweis also $U \cap W = \langle \boldsymbol{y}_1, \ldots, \boldsymbol{y}_{m-l}\rangle$.

Gilt nun $\dim(U) = r$ und $\dim(W) = t$, so ist $m = r + t = \dim(U) + \dim(W) = \dim(U + W) + \dim(U \cap W) = l + \dim(U \cap W)$, also $\dim(U \cap W) = m - l$. Also ist in diesem Fall $\{\boldsymbol{y}_1, \ldots, \boldsymbol{y}_{m-l}\}$ eine Basis von $U \cap W$.

Aufgabe 12.17 • Wir benutzen den Algorithmus aus Aufgabe 12.16:

$$A = \left(\begin{array}{cccc|cccc} 0 & 1 & 0 & -1 & 0 & 1 & 0 & -1\\ 1 & 0 & 1 & -2 & 1 & 0 & 1 & -2\\ -1 & -2 & 0 & 1 & -1 & -2 & 0 & 1\\ \hline -1 & 0 & 1 & 0 & 0 & 0 & 0 & 0\\ 1 & 0 & -1 & -1 & 0 & 0 & 0 & 0\\ 2 & 0 & -1 & 0 & 0 & 0 & 0 & 0 \end{array}\right)$$

Jetzt bringt man A mittels elementarer Zeilenumformungen auf das Format wie in Aufgabe beschrieben, wobei man zunächst nur die unteren drei Zeilen zum „Ausräumen" benutzt, um Rechenarbeit in den rechten drei Spalten zu sparen. Man erhält:

$$\left(\begin{array}{cccc|cccc} 1 & 0 & 0 & 0 & \star & \star & \star & \star\\ 0 & 1 & 0 & 0 & \star & \star & \star & \star\\ 0 & 0 & 1 & 0 & \star & \star & \star & \star\\ 0 & 0 & 0 & 1 & \star & \star & \star & \star\\ \hline 0 & 0 & 0 & 0 & 1 & 0 & 1 & -2\\ 0 & 0 & 0 & 0 & 1 & 0 & 0 & 1 \end{array}\right)$$

Also ist $\{(1, 0, 1, -2)^\top, (1, 0, 0, 1)^\top\}$ eine Basis von $U \cap W$.

Aufgabe 12.18 ••• Wir benutzen die (reelle) geometrische Reihe, um das Inverse von $\frac{1}{1-ab}$ zu bestimmen. Es gilt:

$$\begin{aligned}\frac{1}{1-b\,a} &= \sum_{i=0}^{\infty}(b\,a)^i\\ &= 1 + b\,a + b\,a\,b\,a + \cdots\\ &= 1 + b\,(1 + a\,b + a\,b\,a\,b + \cdots)\,a\\ &= 1 + b\,\frac{1}{1-a\,b}\,a\\ &= 1 + b\,(1 - a\,b)^{-1}a\,.\end{aligned}$$

Damit haben wir einen Kandidaten für das Inverse zu $\mathbf{E}_n - \boldsymbol{B}\,\boldsymbol{A}$ gefunden, nämlich

$$\mathbf{E}_n + \boldsymbol{B}\,(\mathbf{E}_n - \boldsymbol{A}\,\boldsymbol{B})^{-1}\,\boldsymbol{A}\,.$$

Nun rechnen wir nur noch nach

$$\begin{aligned}&(\mathbf{E}_n + \boldsymbol{B}\,(\mathbf{E}_n - \boldsymbol{A}\,\boldsymbol{B})^{-1}\,\boldsymbol{A})\,(\mathbf{E}_n - \boldsymbol{B}\,\boldsymbol{A})\\ &= \mathbf{E}_n + \boldsymbol{B}\,(\mathbf{E}_n - \boldsymbol{A}\,\boldsymbol{B})^{-1}\,\boldsymbol{A} - \boldsymbol{B}\,\boldsymbol{A} - \boldsymbol{B}\,(\mathbf{E}_n - \boldsymbol{A}\,\boldsymbol{B})^{-1}\,\boldsymbol{A}\\ &= \mathbf{E}_n + \boldsymbol{B}\,((\mathbf{E}_n - \boldsymbol{A}\,\boldsymbol{B})^{-1}\,(\mathbf{E}_n - \boldsymbol{A}\,\boldsymbol{B}) - \mathbf{E}_n)\,\boldsymbol{A} = \mathbf{E}_n\,,\end{aligned}$$

d. h., dass $\mathbf{E}_n + \boldsymbol{B}\,(\mathbf{E}_n - \boldsymbol{A}\,\boldsymbol{B})^{-1}\,\boldsymbol{A}$ tatsächlich das Inverse zu $\mathbf{E}_n - \boldsymbol{B}\,\boldsymbol{A}$ ist, insbesondere ist $\mathbf{E}_n - \boldsymbol{B}\,\boldsymbol{A}$ invertierbar.

Aufgabe 12.19 ••• Wir ergänzen eine Basis $B = \{\boldsymbol{v}_1, \ldots, \boldsymbol{v}_s\}$ von $\ker \boldsymbol{A} \cap \operatorname{Bild} \boldsymbol{B}$ durch $C = \{\boldsymbol{b}_1, \ldots, \boldsymbol{b}_t\}$ zu einer Basis von Bild $\boldsymbol{B}$ und zeigen

$$D = \{\boldsymbol{A}\,\boldsymbol{b}_1, \ldots, \boldsymbol{A}\,\boldsymbol{b}_t\}$$

ist eine Basis von Bild $\boldsymbol{A}\,\boldsymbol{B}$.

Es sei $\boldsymbol{v} \in \operatorname{Bild} \boldsymbol{A}\,\boldsymbol{B}$. Dann existiert ein $\boldsymbol{b}$ mit $\boldsymbol{v} = \boldsymbol{A}\,\boldsymbol{B}\,\boldsymbol{b}$.

Nun ist $\boldsymbol{B}\,\boldsymbol{b} \in \operatorname{Bild} \boldsymbol{B}$, also gilt:

$$\boldsymbol{B}\,\boldsymbol{b} = \sum_{i=1}^{s}\lambda_i \boldsymbol{v}_i + \sum_{i=1}^{t}\mu_i\,\boldsymbol{b}_i$$

und damit

$$\boldsymbol{A}\,\boldsymbol{B}\boldsymbol{b} = \sum_{i=1}^{s}\lambda_i\,\boldsymbol{A}\,\boldsymbol{v}_i + \sum_{i=1}^{t}\mu_i\,\boldsymbol{A}\,\boldsymbol{b}_i = \sum_{i=1}^{t}\mu_i\,\boldsymbol{A}\,\boldsymbol{b}_i\,.$$

Somit ist D ein Erzeugendensystem von $\operatorname{Bild}\boldsymbol{A}\,\boldsymbol{B}$. Die Menge D ist auch linear unabhängig, denn

$$\mathbf{0} = \sum_{i=1}^{t}\mu_i\,\boldsymbol{A}\,\boldsymbol{b}_i = \boldsymbol{A}\sum_{i=1}^{t}\mu_i\boldsymbol{b}_i$$

impliziert $\sum_{i=1}^{t}\mu_i\boldsymbol{b}_i \in \ker \boldsymbol{A} \cap \operatorname{Bild} \boldsymbol{B}$. Somit existieren Skalare $\nu_1, \ldots, \nu_s \in \mathbb{K}$ mit

$$\sum_{i=1}^{t}\mu_i\boldsymbol{b}_i = \sum_{i=1}^{s}\nu_i\boldsymbol{v}_i\,.$$

Folglich gilt $\nu_i = \mu_i = 0$ für alle i, da $B \cup C$ linear unabhängig ist als Basis von Bild $\boldsymbol{B}$.

Aufgabe 12.20 •• Wir betrachten die Abbildungen $\varphi_{\boldsymbol{A}} : \mathbb{K}^n \to \mathbb{K}^n$, $\boldsymbol{v} \mapsto \boldsymbol{A}\,\boldsymbol{v}$ und $\varphi_{\boldsymbol{A}'} : \mathbb{K}^n \to \mathbb{K}^n$, $\boldsymbol{v} \mapsto \boldsymbol{A}'\,\boldsymbol{v}$ und erhalten

$$\varphi_{\boldsymbol{A}} \circ \varphi_{\boldsymbol{A}'}(\boldsymbol{v}) = \boldsymbol{A}\,\boldsymbol{A}'\,\boldsymbol{v} = \boldsymbol{v}\,.$$

Somit ist die lineare Abbildung $\varphi_{\boldsymbol{A}}$ nach dem Lemma auf Seite 48 surjektiv. Da ein surjektiver Endomorphismus des endlichdimensionalen $\mathbb{K}^n$ nach dem Kriterium für Bijektivität auf Seite 430 auch injektiv und damit bijektiv ist, ist $\varphi_{\boldsymbol{A}'}$ die zu $\varphi_{\boldsymbol{A}}$ inverse Abbildung. Wir erhalten: $\boldsymbol{A}' = \boldsymbol{A}^{-1}$, insbesondere gilt $\boldsymbol{A}'\boldsymbol{A} = \mathbf{E_n}$.

Kapitel 13

Aufgaben

Verständnisfragen

Aufgabe 13.1 • Begründen Sie: Sind $\boldsymbol{A}$ und $\boldsymbol{B}$ zwei reelle $n \times n$-Matrizen mit

$$\boldsymbol{A}\,\boldsymbol{B} = \boldsymbol{0}\,, \quad \text{aber } \boldsymbol{A} \neq \boldsymbol{0} \text{ und } \boldsymbol{B} \neq 0\,,$$

so gilt

$$\det(\boldsymbol{A}) = 0 = \det(\boldsymbol{B})\,.$$

Aufgabe 13.2 • Hat eine Matrix $\boldsymbol{A} \in \mathbb{R}^{n\times n}$ mit $n \in 2\mathbb{N}+1$ und $\boldsymbol{A} = -\boldsymbol{A}^\top$ die Determinante 0?

Aufgabe 13.3 • Folgt aus der Invertierbarkeit einer Matrix $\boldsymbol{A}$ stets die Invertierbarkeit der Matix $\boldsymbol{A}^\top$?

Rechenaufgaben

Aufgabe 13.4 •• Bestimmen Sie die Determinante der Matrix

$$\boldsymbol{A} = \begin{pmatrix} 0 & 0 & a & 0 \\ 0 & 0 & 0 & b \\ 0 & c & 0 & 0 \\ d & 0 & 0 & 0 \end{pmatrix} \in R^{4\times 4}$$

mittels der Leibniz'schen Formel.

Aufgabe 13.5 • Berechnen Sie die Determinanten der folgenden reellen Matrizen:

$$\boldsymbol{A} = \begin{pmatrix} 1 & 2 & 0 & 0 \\ 2 & 1 & 0 & 0 \\ 0 & 0 & 3 & 4 \\ 0 & 0 & 4 & 3 \end{pmatrix}, \quad \boldsymbol{B} = \begin{pmatrix} 2 & 0 & 0 & 0 & 2 \\ 0 & 2 & 0 & 2 & 0 \\ 0 & 0 & 2 & 0 & 0 \\ 0 & 2 & 0 & 2 & 0 \\ 2 & 0 & 0 & 0 & 2 \end{pmatrix}$$

Aufgabe 13.6 •• Berechnen Sie die Determinante des magischen Quadrats

16	3	2	13
5	10	11	8
9	6	7	12
4	15	14	1

aus Albrecht Dürers *Melancholia*.

Aufgabe 13.7 •• Bestimmen Sie die Determinante der folgenden *Tridiagonalmatrizen*

$$\begin{pmatrix} 1 & \mathrm{i} & 0 & \dots & 0 \\ \mathrm{i} & 1 & \mathrm{i} & \ddots & \vdots \\ 0 & \mathrm{i} & 1 & \ddots & 0 \\ \vdots & \ddots & \ddots & \ddots & \mathrm{i} \\ 0 & \dots & 0 & \mathrm{i} & 1 \end{pmatrix} \in \mathbb{C}^{n\times n}\,.$$

Zusatzfrage: Was haben Kaninchenpaare damit zu tun?

Aufgabe 13.8 •• Es seien V ein $\mathbb{K}$-Vektorraum und n eine natürliche Zahl. Welche der folgenden Abbildungen $\varphi\colon V^n \to \mathbb{K}$, $n > 1$, sind Multilinearformen? Begründen Sie Ihre Antworten.

(a) Es sei $V = \mathbb{K}$, $\varphi\colon V^n \to \mathbb{K}$, $(a_1, \dots, a_n)^\top \mapsto a_1 \cdots a_n$.
(b) Es sei $V = \mathbb{K}$, $\varphi\colon V^n \to \mathbb{K}$, $(a_1, \dots, a_n)^\top \mapsto a_1 + \dots + a_n$.
(c) Es sei $V = \mathbb{R}^{2\times 2}$, $\varphi\colon V^3 \to \mathbb{R}$, $(\boldsymbol{X}, \boldsymbol{Y}, \boldsymbol{Z}) \mapsto \mathrm{Sp}(\boldsymbol{XYZ})$. Dabei ist die **Spur** $\mathrm{Sp}(\boldsymbol{X})$ einer $n \times n$-Matrix $X = (a_{ij})$ die Summe der Diagonalelemente: $\mathrm{Sp}(X) = a_{11} + a_{22} + \dots + a_{nn}$.

Aufgabe 13.9 ••• Berechnen Sie die Determinante der reellen $n \times n$-Matrix

$$\boldsymbol{A} = \begin{pmatrix} 0 & \dots & 0 & d_1 \\ \vdots & \cdot^{\cdot^{\cdot}} & d_2 & * \\ 0 & \cdot^{\cdot^{\cdot}} & \cdot^{\cdot^{\cdot}} & \vdots \\ d_n & * & \dots & * \end{pmatrix}$$

Aufgabe 13.10 •• Es sei $V = \mathbb{R}^{2\times 2}$ sowie $\varphi\colon V \to V$ definiert durch $\boldsymbol{X} \mapsto (\boldsymbol{A}\,\boldsymbol{X} - 2\,\boldsymbol{X}^\top)$ mit $\boldsymbol{A} = \begin{pmatrix} 1 & -2 \\ 0 & -1 \end{pmatrix} \in \mathbb{R}^{2\times 2}$. Bestimmen Sie $\det(\varphi)$.

Beweisaufgaben

Aufgabe 13.11 •• Zeigen Sie, dass für invertierbare Matrizen $\boldsymbol{A}$, $\boldsymbol{B} \in \mathbb{K}^{n\times n}$ gilt:

$$\mathrm{ad}(\boldsymbol{A}\,\boldsymbol{B}) = \mathrm{ad}(\boldsymbol{B})\,\mathrm{ad}(\boldsymbol{A})\,.$$

Aufgabe 13.12 ••• Zu jeder Permutation $\sigma\colon \{1, \dots, n\} \to \{1, \dots, n\}$ wird durch $f_\sigma(\boldsymbol{e}_j) = \boldsymbol{e}_{\sigma(j)}$ für $1 \le j \le n$ ein Isomorphismus $f_\sigma\colon \mathbb{K}^n \to \mathbb{K}^n$ erklärt. Es sei $\boldsymbol{P}_\sigma \in \mathbb{K}^{n\times n}$ die Matrix mit $f_\sigma(\boldsymbol{x}) = \boldsymbol{P}_\sigma \boldsymbol{x}$. Zeigen Sie $\boldsymbol{P}_\sigma \boldsymbol{P}_\tau = \boldsymbol{P}_{\sigma\tau}$, $\boldsymbol{P}_\sigma^{-1} = \boldsymbol{P}_{\sigma^{-1}} = \boldsymbol{P}_\sigma^\top$ und $\boldsymbol{P}_\sigma^{-1}(a_{ij})\boldsymbol{P}_\sigma = (a_{\sigma(i)\sigma(j)})$. Welche Determinante kann $\boldsymbol{P}_\sigma$ nur haben?

Aufgabe 13.13 ••• Für Elemente $r_1, \dots, r_n$ eines beliebigen Körpers $\mathbb{K}$ sei die Abbildung $f\colon \mathbb{K} \to \mathbb{K}$, durch $f(x) = (r_1 - x)(r_2 - x)\cdots(r_n - x)$ erklärt. Zeigen Sie:

$$\begin{vmatrix} r_1 & a & a & \dots & a \\ b & r_2 & a & \dots & a \\ b & b & r_3 & \dots & a \\ & & \dots\dots & & \\ b & b & b & \dots & r_n \end{vmatrix} = \frac{af(b) - bf(a)}{a - b} \qquad \text{für } a \neq b.$$

Aufgabe 13.14 •• Zeigen Sie, dass jede Permutation $\sigma \in S_n$ ein Produkt von Transpositionen ist, d. h., es gibt Transpositionen $\tau_1, \ldots, \tau_k \in S_n$ mit

$$\sigma = \tau_1 \circ \cdots \circ \tau_k .$$

Aufgabe 13.15 ••• Es seien $\mathbb{K}$ ein Körper und $A \in \mathbb{K}^{m \times m}$, $B \in \mathbb{K}^{n \times n}$. Die Blockmatrix $A \otimes B = (a_{ij} B)_{i,j=1,\ldots,m} \in \mathbb{K}^{mn \times mn}$ heißt das **Tensorprodukt** von A und B. Zeigen Sie

$$\det A \otimes B = (\det A)^n (\det B)^m$$

(a) zunächst für den Fall, dass A eine obere Dreiecksmatrix, ist;
(b) für beliebiges A.

Aufgabe 13.16 •• Es sei x ein Element eines Körpers $\mathbb{K}$, und $A_n = ((x-1)\delta_{ij} + 1)_{i,j=1,\ldots,n} \in \mathbb{K}^{n \times n}$. Hierbei ist δ_{ij} das Kroneckersymbol: $\delta_{ij} = 0$ für $i \neq j$, und $\delta_{ii} = 1$. Zeigen Sie:

$$\det(A_n) = (x-1)^{n-1}(x+n-1).$$

Hinweise

Verständnisfragen

Aufgabe 13.1 • Nehmen Sie an, dass $\det(A) \neq 0$ ist und zeigen Sie, dass Sie dadurch einen Widerspruch erhalten; zu welchen Aussagen ist $\det(A) \neq 0$ äquivalent?

Aufgabe 13.2 • Man beachte die Regeln in der Übersicht auf Seite 482.

Aufgabe 13.3 • Man beachte die Übersicht auf Seite 482.

Rechenaufgaben

Aufgabe 13.4 •• Unter den $4! = 24$ Summanden ist nur einer von null verschieden. Daher ist auch nur eine Permutation zu berücksichtigen – welche?

Aufgabe 13.5 • Verwenden Sie die Regeln in der Übersicht auf Seite 482.

Aufgabe 13.6 •• Nutzen Sie aus, dass die Summen der Zeilen/Spalten gleich sind.

Aufgabe 13.7 •• Bestimmen Sie die Determinante der Tridiagonalmatrix durch Entwicklung nach der ersten Zeile und denken Sie an die Fibonacci-Zahlen.

Aufgabe 13.8 •• Beachten Sie die Determinantenregeln auf Seite 482.

Aufgabe 13.9 ••• Unterscheiden Sie nach den Fällen n gerade und n ungerade.

Aufgabe 13.10 •• Beachten Sie die Definition der Determinante eines Endomorphismus auf Seite 476.

Beweisaufgaben

Aufgabe 13.11 •• Man beachte die Formel auf Seite 485.

Aufgabe 13.12 ••• Die Identitäten weisen Sie direkt nach, für die Berechnung der Determinante ziehen Sie z. B. die Leibniz'sche Formel heran.

Aufgabe 13.13 ••• Wenn man in jeder der n^2 Positionen x addiert, so wird aus der Determinante eine lineare Funktion in der Variablen x, die deshalb durch ihre Werte an zwei verschiedenen Stellen bestimmt ist.

Aufgabe 13.14 •• Führen Sie einen Beweis mit vollständiger Induktion über die Anzahl der Elemente aus $\{1, \ldots, n\}$, die unter σ nicht fest bleiben.

Aufgabe 13.15 ••• Begründen Sie beim Teil (a), dass $A \otimes B$ eine obere Blockdreiecksmatrix ist und berechnen Sie dann die Determinante von $A \otimes B$. Benutzen Sie dann die Aussage (a) um (b) zu beweisen, indem Sie A durch elementare Zeilenumformungen auf eine obere Dreiecksmatrix transformieren.

Aufgabe 13.16 •• Geben Sie A_n explizit an und ziehen Sie jeweils die i-te Zeile von der $i+1$-ten Zeile ab.

Lösungen

Verständnisfragen

Aufgabe 13.1 • –

Aufgabe 13.2 • Ja.

Aufgabe 13.3 • Ja.

Rechenaufgaben

Aufgabe 13.4 •• $\det(A) = -a\,b\,c\,d$.

Aufgabe 13.5 • $\det A = 21$, $\det B = 0$.

Aufgabe 13.6 •• Die Determinante ist null.

Aufgabe 13.7 •• Die Determinante ist die Rekursionsformel für die Fibonacci-Zahlen.

Aufgabe 13.8 •• Bei (a) und (c) handelt es sich um Multilinearformen, bei (b) hingegen nicht.

Aufgabe 13.9 ••• $\det \boldsymbol{A} = (-1)^{\frac{n(n-1)}{2}} d_1 d_2 \dots d_n$.

Aufgabe 13.10 •• Es gilt $\det(\varphi) = -15$.

Beweisaufgaben

Aufgabe 13.11 •• –

Aufgabe 13.12 ••• Es gilt $\det \boldsymbol{P}_\sigma \in \{\pm 1\}$.

Aufgabe 13.13 ••• –

Aufgabe 13.14 •• –

Aufgabe 13.15 ••• –

Aufgabe 13.16 •• –

Lösungswege

Verständnisfragen

Aufgabe 13.1 • Angenommen, es gilt $\det(\boldsymbol{A}) \neq 0$. In diesem Fall ist die Matrix $\boldsymbol{A}$ invertierbar, und aus der Gleichung $\boldsymbol{A}\,\boldsymbol{B} = \boldsymbol{0}$ folgt durch Kürzen von $\boldsymbol{A}$ die Gleichung $\boldsymbol{B} = \boldsymbol{0}$ – ein Widerspruch. Also gilt $\det(\boldsymbol{A}) = 0$. Analog folgt $\det(\boldsymbol{B}) = 0$.

Aufgabe 13.2 • Ja, denn mit den Regeln auf Seite 482 gilt

$$\det \boldsymbol{A} = \det(-\boldsymbol{A}^\top) = (-1)^n \det \boldsymbol{A} = -\det \boldsymbol{A},$$

sodass also $\det \boldsymbol{A} = -\det \boldsymbol{A}$, d. h. $\det \boldsymbol{A} = 0$ gilt.

Aufgabe 13.3 • Weil $\boldsymbol{A}$ invertierbar ist, gilt $\det \boldsymbol{A} \neq 0$. Aus $\det \boldsymbol{A} = \det \boldsymbol{A}^\top$ folgt $\det \boldsymbol{A}^\top \neq 0$. Dies wiederum besagt, dass $\boldsymbol{A}^\top$ invertierbar ist, also ist die Aussage richtig.

Rechenaufgaben

Aufgabe 13.4 •• Es gilt

$$\det(\boldsymbol{A}) = \sum_{\sigma \in S_4} \operatorname{sgn}(\sigma) \prod_{i=1}^{n} a_{i\,\sigma(i)},$$

wobei $S_4 = \{\sigma\colon \{1, 2, 3, 4\} \to \{1, 2, 3, 4\} \mid \sigma \text{ ist bijektiv}\}$. Bei der Leibniz'schen Formel sind natürlich nur die Summanden $\prod_{i=1}^{n} a_{i\,\sigma(i)}$ zu berücksichtigen, bei denen die Faktoren $a_{1\,\sigma(1)}$, $a_{2\,\sigma(2)}$, $a_{3\,\sigma(3)}$, $a_{4\,\sigma(4)}$ von null verschieden sind.

Nun ist $a_{1\,\sigma(1)}$ höchstens dann von null verschieden, wenn $\sigma(1) = 3$ gilt, da dann $a_{1\,\sigma(1)} = a$ erfüllt ist. Analog erhält man $\sigma(2) = 4$, $\sigma(3) = 2$, $\sigma(4) = 1$.

Damit gilt

$$\det(\boldsymbol{A}) = \operatorname{sgn}(\sigma) \prod_{i=1}^{n} a_{i\,\sigma(i)},$$

wobei

$$\sigma\colon (1, 2, 3, 4) \mapsto (3, 4, 2, 1).$$

Diese Permutation σ hat offenbar 5 Fehlstände, somit gilt

$$\operatorname{sgn} \sigma = (-1)^5 = -1.$$

Damit erhalten wir

$$\det(\boldsymbol{A}) = -a\,b\,c\,d.$$

Aufgabe 13.5 • Da $\boldsymbol{A}$ eine Blockdreiecksmatrix (siehe Aufgabe 9) ist, ergibt sich

$$\det \boldsymbol{A} = \begin{vmatrix} 1 & 2 \\ 2 & 1 \end{vmatrix} \begin{vmatrix} 3 & 4 \\ 4 & 3 \end{vmatrix} = \\ = (1^2 - 2^2)(3^2 - 4^2) = (-3)(-7) = 21.$$

Da $\boldsymbol{B}$ zwei identische Zeilen (z. B. die erste und die letzte Zeile) hat, ist $\det \boldsymbol{B} = 0$.

Aufgabe 13.6 •• Ein magisches Quadrat der Ordnung n ist eine $n \times n$-Matrix, die jede der Zahlen $1, 2, \dots, n^2$ genau einmal als Eintrag enthält und deren Zeilen-, Spalten- und Diagonalsummen alle denselben Wert (in diesem Fall 34) haben.

Wir nützen zunächst aus, dass das magische Quadrat konstante Zeilensummen hat, und addieren alle übrigen Spalten zur ersten Spalte. Danach ist klar, wie's weitergeht.

$$\begin{vmatrix} 16 & 3 & 2 & 13 \\ 5 & 10 & 11 & 8 \\ 9 & 6 & 7 & 12 \\ 4 & 15 & 14 & 1 \end{vmatrix} = \begin{vmatrix} 34 & 3 & 2 & 13 \\ 34 & 10 & 11 & 8 \\ 34 & 6 & 7 & 12 \\ 34 & 15 & 14 & 1 \end{vmatrix} = \begin{vmatrix} 34 & 3 & 2 & 13 \\ 0 & 7 & 9 & -5 \\ 0 & 3 & 5 & -1 \\ 0 & 12 & 12 & -12 \end{vmatrix}$$

$$= 34 \cdot \begin{vmatrix} 7 & 9 & -5 \\ 3 & 5 & -1 \\ 12 & 12 & -12 \end{vmatrix}$$

$$= 34 \cdot \begin{vmatrix} -8 & -16 & 0 \\ 3 & 5 & -1 \\ -24 & -48 & 0 \end{vmatrix} = 0,$$

denn die 1. Zeile und die 3. Zeile der zuletzt produzierten Matrix sind offensichtlich linear abhängig.

Bemerkung: Die vorliegende Matrix $(a_{ij})_{1 \leq i,j \leq 4}$ ist ein sog. *reguläres magisches Quadrat*, d. h., es gilt $a_{ij} + a_{5-i,5-j} = 17$ (die Hälfte der magischen Zahl 34) für jede Position (i, j).

Reguläre magische Quadrate gerader Ordnung sind stets singulär; siehe R. Bruce Mattingly, *Even Order Regular Magic Squares Are Singular*, American Mathematical Monthly 107:777–782, 2000.

Aufgabe 13.7 •• Wir bezeichnen die Determinante der angegebenen $n \times n$-Matrix mit f_n. Durch Entwickeln nach der ersten Zeile ergibt sich

$$f_n = f_{n-1} - \mathrm{i} \begin{vmatrix} \mathrm{i} & \mathrm{i} & 0 & \dots & 0 \\ 0 & 1 & \mathrm{i} & \ddots & \vdots \\ 0 & \mathrm{i} & 1 & \ddots & 0 \\ \vdots & \ddots & \ddots & \ddots & \mathrm{i} \\ 0 & \dots & 0 & \mathrm{i} & 1 \end{vmatrix}$$
$$= f_{n-1} - \mathrm{i}^2 f_{n-2} = f_{n-1} + f_{n-2}$$

mit den Randbedingungen $f_0 = f_1 = 1$. Die Zahlen f_n sind die *Fibonacci-Zahlen* 1, 1, 2, 3, 5, 8, 13, 21, 34, 55, ..., die Leonardo Pisano, genannt *Fibonacci*, in seinem Rechenbuch (*Liber abbaci*, 1202) einführte als Anzahl der Kaninchenpaare nach n Monaten, wenn man mit einem Kaninchenpaar startet und annimmt, dass jedes Paar ab dem zweiten Lebensmonat jeden Monat ein neues Paar in die Welt setzt (und niemals stirbt).

Aufgabe 13.8 •• (a) Es seien $i \in \{1, \dots, n\}$ und $a_1, a_2, \dots, a_n \in \mathbb{K}$ sowie $\lambda, a_i' \in \mathbb{K}$. Dann gilt aufgrund des Distributivgesetzes und der Kommutativität der Multiplikation in $\mathbb{K}$:

$$\begin{aligned} &\varphi((a_1, \dots, \lambda a_i + a_i', \dots, a_n)^\top) \\ &= a_1 \cdots (\lambda a_i + a_i') \cdots a_n \\ &= \lambda a_1 \cdots a_n + a_1 \cdots a_i' \cdots a_n \\ &= \lambda \varphi(a_1, \dots, a_n) + \varphi(a_1, \dots, a_i', \dots, a_n), \end{aligned}$$

also ist φ eine Multilinearform.

(b) Wegen $\varphi((1, 0, \dots, 0)^\top) = 1 \neq 0$ ist φ nicht linear im zweiten Argument, also ist φ nicht multilinear.

(c) Eine kurze Rechnung zeigt, dass die Abbildung $\mathrm{Sp}\colon \mathbb{R}^{2\times 2} \to \mathbb{R}$ linear ist. Aus dem Distributivgesetz in dem Ring $\mathbb{R}^{2\times 2}$ zusammen mit der Linearität der Abbildung Sp folgt dann die Linearität von φ in jedem Argument (z.B. die Linearität von φ im zweiten Argument: Es seien $X, Y, Y', Z \in \mathbb{R}^{2\times 2}$ und $\lambda \in \mathbb{R}$, so gilt $\varphi(X, \lambda Y + Y', Z) = \mathrm{Sp}(X(\lambda Y + Y')Z) = \mathrm{Sp}(\lambda XYZ + XY'Z) = \lambda\, \mathrm{Sp}(XYZ) + \mathrm{Sp}(XY'Z) = \lambda\varphi(X, Y, Z) + \varphi(X, Y', Z)$).

Aufgabe 13.9 ••• Zunächst sei $n = 2m$ gerade. Durch die m Zeilenvertauschungen $1 \leftrightarrow n$, $2 \leftrightarrow n-1, \dots, m \leftrightarrow m+1$ entsteht aus

$$\begin{pmatrix} 0 & \dots & 0 & d_1 \\ \vdots & \cdot^{\cdot^{\cdot}} & d_2 & * \\ 0 & \cdot^{\cdot^{\cdot}} & \cdot^{\cdot^{\cdot}} & \vdots \\ d_n & * & \dots & * \end{pmatrix} \qquad (\star)$$

die Matrix

$$\begin{pmatrix} d_n & * & \dots & * \\ 0 & \ddots & \ddots & \vdots \\ \vdots & \ddots & d_2 & * \\ 0 & \dots & 0 & d_1 \end{pmatrix}, \qquad (\star\star)$$

deren Determinante $d_1\, d_2 \cdots d_n$ ist. Also gilt:

$$\begin{aligned} \begin{vmatrix} 0 & \dots & 0 & d_1 \\ \vdots & \cdot^{\cdot^{\cdot}} & d_2 & * \\ 0 & \cdot^{\cdot^{\cdot}} & \cdot^{\cdot^{\cdot}} & \vdots \\ d_n & * & \dots & * \end{vmatrix} &= (-1)^m\, d_1\, d_2 \dots d_n \\ &= (-1)^{m\,(2\,m-1)}\, d_1\, d_2 \dots d_n \\ &= (-1)^{\frac{n\,(n-1)}{2}}\, d_1\, d_2 \dots d_n \end{aligned}$$

Als Nächstes sei $n = 2\,m + 1$ ungerade. In diesem Fall ergibt sich die Matrix $(\star\star)$ aus $(\star)$ durch die m Zeilenvertauschungen $1 \leftrightarrow n$, $2 \leftrightarrow n - 1, \dots, m \leftrightarrow m + 2$, und es folgt genauso:

$$\begin{aligned} \begin{vmatrix} 0 & \dots & 0 & d_1 \\ \vdots & \cdot^{\cdot^{\cdot}} & d_2 & * \\ 0 & \cdot^{\cdot^{\cdot}} & \cdot^{\cdot^{\cdot}} & \vdots \\ d_n & * & \dots & * \end{vmatrix} &= (-1)^m\, d_1\, d_2 \dots d_n \\ &= (-1)^{m\,(2\,m+1)}\, d_1\, d_2 \dots d_n \\ &= (-1)^{\frac{(n-1)\,n}{2}}\, d_1\, d_2 \dots d_n \end{aligned}$$

Aufgabe 13.10 •• Es ist zuerst zu prüfen, ob die Abbildung $\varphi\colon V \to$ linear ist. Dazu wählen wir $\lambda \in \mathbb{R}$ und $X, Y \in \mathbb{R}^{2\times 2}$ und rechnen nach:

$$\begin{aligned} \varphi(\lambda\, X + Y) &= A\,(\lambda\, X + Y) - 2\,(\lambda\, X + Y) \\ &= \lambda\, \varphi(X) + \varphi(Y)\,. \end{aligned}$$

Damit ist bereits gezeigt, dass φ linear ist.

Nun wählen wir uns irgendeine geordnete Basis B von V und bestimmen die Darstellungsmatrix von φ bezüglich dieser Basis B. Wir wählen

$$B = \left(E_{11} = \begin{pmatrix} 1 & 0 \\ 0 & 0 \end{pmatrix},\ E_{12} = \begin{pmatrix} 0 & 1 \\ 0 & 0 \end{pmatrix},\ E_{21} = \begin{pmatrix} 0 & 0 \\ 1 & 0 \end{pmatrix},\ E_{22} = \begin{pmatrix} 0 & 0 \\ 0 & 1 \end{pmatrix} \right)$$

und erhalten wegen

$$\varphi(E_{11}) = -1E_{11}\,,\ \varphi(E_{12}) = 1E_{12} - 2E_{21}\,,$$
$$\varphi(E_{21}) = -2E_{11} - 2E_{12} - 1E_{21}\,,\ \varphi(E_{22}) = -2E_{12} - 3E_{22}$$

die Darstellungsmatrix

$$_B M(\varphi)_B = \begin{pmatrix} -1 & 0 & -2 & 0 \\ 0 & 1 & -2 & -2 \\ 0 & -2 & -1 & 0 \\ 0 & 0 & 0 & -3 \end{pmatrix}.$$

Von dieser Matrix ist es nun leicht die Determinante zu bestimmen, es gilt

$$\det(\varphi) = \det({}_B M(\varphi)_B) = (-1)\,(-5)\,(-3) = -15\,.$$

Beweisaufgaben

Aufgabe 13.11 •• Es gilt:

$$\begin{aligned}\mathrm{ad}(A\,B) &= (A\,B)^{-1}\,\det(A\,B)\\ &= B^{-1}\,A^{-1}\,\det A\,\det B\\ &= \det B\,B^{-1}\,\det A\,A^{-1}\\ &= \mathrm{ad}(B)\,\mathrm{ad}(A)\,.\end{aligned}$$

Das ist die Behauptung.

Aufgabe 13.12 ••• Die Abbildung $f_\sigma\colon \mathbb{K}^n \to \mathbb{K}^n$ entsteht durch lineare Fortsetzung aus der Bijektion $E_n \to E_n$, $\boldsymbol{e}_j \mapsto \boldsymbol{e}_{\sigma(j)}$. Wegen $f_\sigma(E_n) = E_n$ ist f_σ bijektiv, also ein Automorphismus von $\mathbb{K}^n$ (d. h. ein Isomorphismus von $\mathbb{K}^n$ auf sich selbst). Es sei $\boldsymbol{P}_\sigma = (p_{ij})$. Wegen $\boldsymbol{P}_\sigma \boldsymbol{e}_j = \boldsymbol{e}_{\sigma(j)}$ gilt

$$(*)\quad p_{ij} = \begin{cases} 1, & \text{falls } i = \sigma(j),\\ 0 & \text{sonst,}\end{cases}$$

d. h. die Matrix $\boldsymbol{P}_\sigma$ hat in jeder Zeile und Spalte genau eine Eins. Spezielle Permutationsmatrizen haben wir schon kennengelernt: Die Elementarmatrix $\boldsymbol{P}_{ij}$ gehört zur Permutation $\sigma\colon i \mapsto j,\ j \mapsto i,\ k \mapsto k$ für $k \in \{1, 2 \dots, n\} \setminus \{i, j\}$. Als weiteres Beispiel geben wir für $n = 4$ und die durch die Wertetabellen

j	1	2	3	4
$\sigma(j)$	2	1	4	3

bzw.

j	1	2	3	4
$\tau(j)$	2	3	4	1

erklärten Permutationen $\sigma, \tau\colon \{1, 2, 3, 4\} \to \{1, 2, 3, 4\}$ die zugehörigen Permutationsmatrizen an:

$$\boldsymbol{P}_\sigma = \begin{pmatrix} 0&1&0&0\\ 1&0&0&0\\ 0&0&0&1\\ 0&0&1&0\end{pmatrix} \quad \text{bzw.} \quad \begin{pmatrix} 0&0&0&1\\ 1&0&0&0\\ 0&1&0&0\\ 0&0&1&0\end{pmatrix}.$$

Nun zum Beweis der vier Identitäten: Es gilt

$$\boldsymbol{P}_\sigma \boldsymbol{P}_\tau \boldsymbol{e}_j = \boldsymbol{P}_\sigma \boldsymbol{e}_{\tau(j)} = \boldsymbol{e}_{\sigma(\tau(j))} = \boldsymbol{e}_{(\sigma\tau)(j)} = \boldsymbol{P}_{\sigma\tau} \boldsymbol{e}_j$$

für $j \in \{1, 2, \dots, n\}$, also

$$\boldsymbol{P}_\sigma \boldsymbol{P}_\tau = \boldsymbol{P}_{\sigma\tau}\,.$$

Zusammen mit $\boldsymbol{P}_{\mathrm{id}} = \mathbf{E}_n$ folgt daraus $\boldsymbol{P}_\sigma \boldsymbol{P}_{\sigma^{-1}} = \boldsymbol{P}_{\sigma\sigma^{-1}} = \boldsymbol{P}_{\mathrm{id}} = \mathbf{E}_n$, also

$$\boldsymbol{P}_\sigma^{-1} = \boldsymbol{P}_{\sigma^{-1}}\,.$$

Wegen

$$j = \sigma(i) \Leftrightarrow i = \sigma^{-1}(j)$$

entsteht aus $\boldsymbol{P}_\sigma$ durch Vertauschen von Zeilen und Spalten $\boldsymbol{P}_{\sigma^{-1}}$, d. h.

$$\boldsymbol{P}_{\sigma^{-1}} = \boldsymbol{P}_\sigma^\top\,.$$

Schließlich gilt

$$\begin{aligned}\boldsymbol{P}_\sigma^{-1}(a_{ij})\boldsymbol{P}_\sigma \boldsymbol{e}_j &= \boldsymbol{P}_\sigma^{-1}\,(a_{ij})\,\boldsymbol{e}_{\sigma(j)} = \boldsymbol{P}_\sigma^{-1}\left(\sum_{i=1}^n a_{i,\sigma(j)}\,\boldsymbol{e}_i\right)\\ &= \sum_{i=1}^n a_{i,\sigma(j)}\boldsymbol{e}_{\sigma^{-1}(i)} \overset{i=\sigma(k)}{=} \sum_{k=1}^n a_{\sigma(k),\sigma(j)}\boldsymbol{e}_k,\end{aligned}$$

d. h.

$$\boldsymbol{P}_\sigma^{-1}\,(a_{ij})\,\boldsymbol{P}_\sigma = (a_{\sigma(k),\sigma(j)})_{1\le k,j\le n}$$

wie behauptet. Aus der Form der Matrix $\boldsymbol{P}_\sigma$ (beachte $(*)$) folgt mit der Leibniz'schen Formel, dass $\det \boldsymbol{P}_\sigma = 1$, falls $\operatorname{sgn}\sigma = 1$ und $\det \boldsymbol{P}_\sigma = -1$, falls $\operatorname{sgn}\sigma = -1$.

Aufgabe 13.13 ••• Die zu beweisende Aussage gilt für jeden Körper $\mathbb{K}$. Für $x \in \mathbb{K}$ sei also

$$\delta(x) = \begin{vmatrix} r_1 + x & a + x & a + x & \dots & a + x\\ b + x & r_2 + x & a + x & \dots & a + x\\ b + x & b + x & r_3 + x & \dots & a + x\\ \dots & \dots & \dots & \dots & \dots\\ b + x & b + x & b + x & \dots & r_n + x\end{vmatrix}. \qquad (\star)$$

Durch Subtraktion der ersten Spalte von allen übrigen Spalten und anschließendes Entwickeln nach der ersten Spalte erkennt man, dass

$$\delta(x) = \begin{vmatrix} r_1 + x & a - r_1 & a - r_1 & \dots & a - r_1\\ b + x & r_2 - b & a - b & \dots & a - b\\ b + x & 0 & r_3 - b & \dots & a - b\\ \dots & \dots & \dots & \dots & \dots\\ b + x & 0 & 0 & \dots & r_n - b\end{vmatrix} = \alpha_0 + \alpha_1 x \qquad (\star\star)$$

mit $\alpha_0, \alpha_1 \in \mathbb{K}$. Einsetzen von $x = -a$ bzw. $x = -b$ in $(\star)$ führt auf eine untere bzw. obere Dreiecksmatrix, zeigt also

$$\begin{aligned}\alpha_0 - a\alpha_1 &= f(a)\\ \alpha_0 - b\alpha_1 &= f(b)\end{aligned}$$

Die Lösung dieses Gleichungssystems ist wegen $a \ne b$ eindeutig bestimmt:

$$\begin{pmatrix}\alpha_0\\ \alpha_1\end{pmatrix} = \begin{pmatrix}1 & -a\\ 1 & -b\end{pmatrix}^{-1}\begin{pmatrix}f(a)\\ f(b)\end{pmatrix} = \frac{1}{a-b}\begin{pmatrix}af(b) - bf(a)\\ f(b) - f(a)\end{pmatrix}$$

Demnach gilt

$$\begin{vmatrix} r_1 & a & a & \dots & a\\ b & r_2 & a & \dots & a\\ b & b & r_3 & \dots & a\\ \dots & \dots & \dots & \dots & \dots\\ b & b & b & \dots & r_n\end{vmatrix} = \delta(0) = \alpha_0 = \frac{af(b) - bf(a)}{a-b}$$

wie behauptet.

Kommentar: Im Fall $\mathbb{K} = \mathbb{R}$ gilt:

$$\begin{vmatrix} r_1 & a & a & \dots & a \\ a & r_2 & a & \dots & a \\ a & a & r_3 & \dots & a \\ \dots & & & & \\ a & a & a & \dots & r_n \end{vmatrix} = \lim_{b\to a} \frac{af(b) - bf(a)}{a-b}$$
$$= \lim_{b\to a} \left(f(b) + b \cdot \frac{f(b) - f(a)}{a-b} \right)$$
$$= f(a) - af'(a)$$
$$= \prod_{i=1}^{n} (r_i - a) + a \sum_{i=1}^{n} \prod_{j\neq i} (r_j - a).$$

Diese Formel kann man für einen beliebigen Körper $\mathbb{K}$ durch Entwickeln von (⋆⋆) nach der letzten Spalte/Zeile und Induktion nach n beweisen.

Aufgabe 13.14 •• Es sei n_σ die Anzahl der Elemente i aus $\{1, \dots, n\}$, die unter σ nicht fest bleiben, d. h., $\sigma(i) \neq i$. Wir zeigen die Behauptung durch vollständige Induktion. Im Fall $n_\sigma = 0$ ist σ die Identität, es gilt $\sigma = \tau \circ \tau$ für jede Transposition τ. Ist nun $n_\sigma > 0$, so sei $i \in \{1, \dots, n\}$ gewählt mit $\sigma(i) = j \neq i$. Betrachte die Permutation

$$\pi = \tau \circ \sigma \in S_n$$

mit der Transposition $\tau \in S_n$, die i und $j = \sigma(i)$ vertauscht. Dann hat π mehr Fixpunkte als σ, d. h. $n_\pi < n_\sigma$, denn $\pi(i) = i$, aber $\sigma(i) \neq i$ und jedenfalls $\sigma(j) \neq j$. Und für alle anderen $l \neq i, j$ gilt

$$\sigma(l) = l \Rightarrow \pi(l) = l.$$

Nach Induktionsvoraussetzung ist π ein Produkt von Transpositionen, also auch $\sigma = \tau \circ \pi$.

Aufgabe 13.15 ••• (a) Wenn A eine obere Dreiecksmatrix ist, so ist

$$A \otimes B = \begin{pmatrix} a_{11}B & * & \dots & * \\ & a_{22}B & \ddots & \vdots \\ & & \ddots & * \\ & & & a_{mm}B \end{pmatrix}$$

eine obere Blockdreiecksmatrix mit Blöcken $a_{11}B, \dots, a_{mm}B$. Also gilt

$$\begin{aligned} \det A \otimes B &= \det(a_{11}B) \cdot \ldots \cdot \det(a_{mm}B) \\ &= a_{11}^n \cdot \ldots \cdot a_{mm}^n \cdot \det(B) \cdot \ldots \cdot \det(B) \\ &= \det(A)^n \det(B)^m. \end{aligned}$$

(b) Man kann jede Matrix A nur mit elementaren Zeilenumformungen der Art *Addition eines Vielfachen einer Zeile zu einer anderen*, also Linksmultiplikation mit einer entsprechenden Elementarmatix der Form $T_{ij}(\lambda)$, auf obere Dreiecksform bringen. (Dabei realisiert $T_{ij}(1)T_{ji}(-1)T_{ij}(1)$ einen Tausch der Zeilen i und j, wobei dann noch Zeile j mit -1 multipliziert wird). In keinem Umformungsschritt ändert sich dabei die Determinante.

Die Idee ist nun, dass wir auf A den Gauß-Algorithmus anwenden, und auf $A \otimes B$ einen *Block*-Gauß-Algorithmus.

Führen wir an der Matrix A die Umformung $T_{ij}(\lambda)$ durch, addieren also das λ-Fache der j-ten Zeile von A zur i-ten Zeile von A, so erhalten wir also

$$A' = T_{ij}(\lambda)A.$$

Nun führen wir an $A \otimes B$ die Umformungen $T_{(i-1)m+k,(j-1)m+k}(\lambda)$ für $k = 1, \dots, m$ durch; dies entspricht der Addition des λ-Fachen der j-ten Blockzeile von $A \otimes B$ zur i-ten Blockzeile. Wir erhalten also

$$\begin{aligned} (A \otimes B)' = {} & T_{(i-1)m+1,(j-1)m+1}(\lambda) \cdot \ldots \\ & \cdot T_{(i-1)m+2,(j-1)m+2}(\lambda) T_{(i-1)m+m,(j-1)m+m}(\lambda) \\ & \cdot A \otimes B. \end{aligned}$$

Dann gilt $\det(A') = \det(A)$, $\det(A \otimes B)' = \det(A \otimes B)$ und $A' \otimes B = (A \otimes B)'$. Wir schreiben $A^{(1)} = A'$, und $A^{(k+1)} = (A^{(k)})'$ (und analog für $(A \otimes B)^{(k)}$). Durch Induktion folgt

$$(i)\ \det(A^{(k)}) = \det(A), \quad (ii)\ A^{(k)} \otimes B = (A \otimes B)^{(k)},$$
$$(iii)\ \det(A \otimes B)^{(k)} = \det(A \otimes B) \quad \text{für alle } k.$$

Im N-ten Schritt des Gauß-Algorithmus sei dann $A^{(N)}$ eine obere Dreicksmatrix. Wir erhalten

$$\begin{aligned} \det(A \otimes B) &\overset{(iii)}{=} \det(A \otimes B)^{(N)} \overset{(ii)}{=} \det(A^{(N)} \otimes B) \\ &\overset{(a)}{=} \det(A^{(N)})^n \det(B)^m \overset{(i)}{=} \det(A)^n \det(B)^m. \end{aligned}$$

Aufgabe 13.16 •• Es ist

$$A_n = \begin{pmatrix} x & 1 & \dots & 1 \\ 1 & x & \ddots & \vdots \\ \vdots & \ddots & \ddots & 1 \\ 1 & \dots & 1 & x \end{pmatrix}.$$

Wir ziehen für $i = n-1, \dots, 1$ jeweils die i-te Zeile von der $i+1$-ten Zeile ab und erhalten so

$$\det(A_n) = \det \begin{pmatrix} x & 1 & \dots & \dots & 1 \\ 1-x & x-1 & 0 & \dots & 0 \\ 0 & \ddots & \ddots & \ddots & \vdots \\ \vdots & \ddots & 1-x & x-1 & 0 \\ 0 & \dots & 0 & 1-x & x-1 \end{pmatrix}.$$

Wir entwickeln nach der ersten Zeile. Streicht man die erste Zeile und Spalte, so entsteht eine untere Dreiecksmatrix mit

$(n-1)$ Diagonaleinträgen $(x-1)$. Der Summand in der Entwicklungsformel ist also

$$x(x-1)^{n-1}.$$

Streicht man die erste Zeile und k-te Spalte $(k>1)$, so entsteht eine Blockdiagonalmatrix: Die obere $(k-1)\times(k-1)$ Blockmatrix ist eine obere Dreiecksmatrix mit $(k-1)$ Diagonaleinträgen $1-x$, und die untere $(n-k)\times(n-k)$ Blockmatrix ist eine untere Dreiecksmatrix mit $n-k$ Diagonaleinträgen $(x-1)$. Der Summand in der Entwicklungsformel lautet also

$$(-1)^{k+1}(1-x)^{k-1}(x-1)^{n-k} = (x-1)^{n-1},$$

für $k = 2, \ldots, n$.

Also ist

$$\begin{aligned}\det(\boldsymbol{A}_n) &= x(x-1)^{n-1} + (n-1)(x-1)^{n-1}\\ &= (x-1)^{n-1}(x+n-1).\end{aligned}$$

Kapitel 14

Aufgaben

Verständnisfragen

Aufgabe 14.1 • Gegeben ist ein Eigenvektor $\boldsymbol{v}$ zum Eigenwert λ einer Matrix $\boldsymbol{A}$.

(a) Ist $\boldsymbol{v}$ auch Eigenvektor von $\boldsymbol{A}^2$? Zu welchem Eigenwert?
(b) Wenn $\boldsymbol{A}$ zudem invertierbar ist, ist dann $\boldsymbol{v}$ auch ein Eigenvektor zu $\boldsymbol{A}^{-1}$? Zu welchem Eigenwert?

Aufgabe 14.2 •• Wieso hat jede Matrix $\boldsymbol{A} \in \mathbb{K}^{n\times n}$ mit $\boldsymbol{A}^2 = \mathbf{E}_n$ einen der Eigenwerte ± 1 und keine weiteren?

Aufgabe 14.3 •• Haben die quadratischen $n \times n$-Matrizen $\boldsymbol{A}$ und $\boldsymbol{A}^\top$ dieselben Eigenwerte? Haben diese gegebenenfalls auch dieselben algebraischen und geometrischen Vielfachheiten?

Aufgabe 14.4 • Gegeben ist eine Matrix $\boldsymbol{A} \in \mathbb{C}^{n\times n}$. Sind die Eigenwerte der quadratischen Matrix $\boldsymbol{A}^\top \boldsymbol{A}$ die Quadrate der Eigenwerte von $\boldsymbol{A}$?

Aufgabe 14.5 •• Der Satz von Cayley-Hamilton bietet eine Möglichkeit,

(a) das Inverse $\boldsymbol{A}^{-1}$ einer (invertierbaren) Matrix $\boldsymbol{A}$ zu bestimmen,
(b) eine Quadratwurzel $\sqrt{\boldsymbol{A}}$ einer komplexen Matrix $\boldsymbol{A} \in \mathbb{C}^{2\times 2}$ mit $\operatorname{Sp} \boldsymbol{A} + 2\sqrt{\det \boldsymbol{A}} \neq 0$ zu bestimmen (dabei heißt eine Matrix $\boldsymbol{B}$ eine Quadratwurzel aus $\boldsymbol{A}$, falls $\boldsymbol{B}^2 = \boldsymbol{A}$ gilt).

Wie funktioniert das? Berechnen Sie mit dieser Methode das Inverse von $\boldsymbol{A}$ und eine Quadratwurzel $\boldsymbol{B}$ von $\boldsymbol{A}'$, wobei

$$\boldsymbol{A} = \begin{pmatrix} 1 & 4 & -2 \\ 0 & 1 & 0 \\ 0 & 3 & 1 \end{pmatrix} \quad \text{und } \boldsymbol{A}' = \begin{pmatrix} -2 & 6 \\ -3 & 7 \end{pmatrix}$$

Rechenaufgaben

Aufgabe 14.6 • Geben Sie die Eigenwerte und Eigenvektoren der folgenden Matrizen an:

(a) $\boldsymbol{A} = \begin{pmatrix} 3 & -1 \\ 1 & 1 \end{pmatrix} \in \mathbb{R}^{2\times 2}$,

(b) $\boldsymbol{B} = \begin{pmatrix} 0 & 1 \\ 1 & 0 \end{pmatrix} \in \mathbb{C}^{2\times 2}$.

Aufgabe 14.7 •• Welche der folgenden Matrizen sind diagonalisierbar? Geben Sie gegebenenfalls eine invertierbare Matrix $\boldsymbol{S}$ an, sodass $\boldsymbol{D} = \boldsymbol{S}^{-1}\,\boldsymbol{A}\,\boldsymbol{S}$ Diagonalgestalt hat.

(a) $\boldsymbol{A} = \begin{pmatrix} 1 & \mathrm{i} \\ \mathrm{i} & -1 \end{pmatrix} \in \mathbb{C}^2$

(b) $\boldsymbol{B} = \begin{pmatrix} 3 & 0 & 7 \\ 0 & 1 & 0 \\ 7 & 0 & 3 \end{pmatrix} \in \mathbb{R}^3$

(c) $\boldsymbol{C} = \frac{1}{3}\begin{pmatrix} 1 & 2 & 2 \\ 2 & -2 & 1 \\ 2 & 1 & -2 \end{pmatrix} \in \mathbb{C}^2$

Aufgabe 14.8 •• Im Vektorraum $\mathbb{R}[X]_3$ der reellen Polynome vom Grad höchstens 3 ist für ein $a \in \mathbb{R}$ die Abbildung $\varphi\colon \mathbb{R}[X]_3 \to \mathbb{R}[X]_3$ durch

$$\varphi(\boldsymbol{p}) = \boldsymbol{p}(a) + \boldsymbol{p}'(a)(X - a)$$

erklärt.

(a) Begründen Sie, dass φ linear ist.
(b) Berechnen Sie die Darstellungsmatrix von φ bezüglich der Basis $E_3 = (1,\, X,\, X^2,\, X^3)$ von $\mathbb{R}[X]_3$.
(c) Bestimmen Sie eine geordnete Basis B von $\mathbb{R}[X]_3$, bezüglich der die Darstellungsmatrix von φ Diagonalgestalt hat.

Aufgabe 14.9 •• Gegeben sei die vom Parameter $a \in \mathbb{R}$ abhängige Matrix

$$\boldsymbol{A} = \begin{pmatrix} 5 & -1 & 3 \\ 2 & 2 & 3 \\ a-3 & 1 & a-1 \end{pmatrix} \in \mathbb{R}^{3\times 3}.$$

(a) Bestimmen Sie in Abhängigkeit von a die Jordan-Normalform $\boldsymbol{J}$ von $\boldsymbol{A}$.
(b) Berechnen Sie für $a = 1$ und $a = -1$ jeweils eine Jordan-Basis des $\mathbb{R}^3$ zu $\boldsymbol{A}$.

Beweisaufgaben

Aufgabe 14.10 ••• Beweisen Sie das folgende Kriterium für die Triangulierbarkeit einer Matrix:

Für eine Matrix $\boldsymbol{A} \in \mathbb{K}^{n\times n}$ sind äquivalent:

(i) $\boldsymbol{A}$ ist triangulierbar.

(ii) Das charakteristische Polynom $\chi_{\boldsymbol{A}}$ von $\boldsymbol{A}$ zerfällt in Linearfaktoren.

Aufgabe 14.11 •• Begründen Sie die Binomialformel für Matrizen: Für Matrizen $\boldsymbol{D},\ \boldsymbol{N} \in \mathbb{K}^{n\times n}$ mit $\boldsymbol{D}\,\boldsymbol{N} = \boldsymbol{N}\,\boldsymbol{D}$ und jede natürliche Zahl k gilt:

$$(\boldsymbol{D} + \boldsymbol{N})^k = \sum_{i=0}^{k} \binom{k}{i} \boldsymbol{D}^{k-i}\boldsymbol{N}^i\,.$$

Aufgabe 14.12 •• Gegeben ist eine nilpotente Matrix $\boldsymbol{A} \in \mathbb{C}^{n\times n}$ mit Nilpotenzindex $p \in \mathbb{N}$, d. h., es gilt:

$$\boldsymbol{A}^p = \mathbf{0} \text{ und } \boldsymbol{A}^{p-1} \neq \mathbf{0}.$$

Zeigen Sie:

(a) Die Matrix $\boldsymbol{A}$ ist nicht invertierbar.

(b) Die Matrix A hat einen Eigenwert der Vielfachheit n.

(c) Es gilt $p \leq n$.

Aufgabe 14.13 ●● Es sei φ ein diagonalisierbarer Endomorphismus eines n-dimensionalen $\mathbb{K}$-Vektorraumes V ($n \in \mathbb{N}$) mit der Eigenschaft: Sind v und w Eigenvektoren von φ, so ist $v + w$ ein Eigenvektor von φ oder $v + w = 0$.

Zeigen Sie, dass es ein $\lambda \in \mathbb{K}$ mit $\varphi = \lambda \cdot \mathrm{id}$ gibt.

Aufgabe 14.14 ●● Es seien $\mathbb{K}$ ein Körper und $n \in \mathbb{N}$; weiter seien $A, B \in \mathbb{K}^{n \times n}$. Zeigen Sie: AB und BA haben dieselben Eigenwerte.

Aufgabe 14.15 ●●● Begründen Sie die auf Seite 537 gemachte Behauptung zur Hauptraumzerlegung.

Aufgabe 14.16 ●●● Es sei V ein endlichdimensionaler $\mathbb{K}$-Vektorraum, und die linearen Abbildungen $\varphi, \psi : V \to V$ seien diagonalisierbar, d. h., es gibt jeweils eine Basis von V aus Eigenvektoren von φ bzw. ψ. Man zeige:

Es gibt genau dann eine Basis von V aus gemeinsamen Eigenvektoren von φ und ψ, wenn $\varphi \circ \psi = \psi \circ \varphi$ gilt.

Hinweise

Verständnisfragen

Aufgabe 14.1 ● Bilden Sie das Produkt von A^2 bzw. A^{-1} mit dem Eigenvektor.

Aufgabe 14.2 ●● Betrachten Sie $(A - \mathbf{E}_n)(A + \mathbf{E}_n)$.

Aufgabe 14.3 ●● Zeigen Sie, dass die charakteristischen Polynome der beiden Matrizen A und $A^\top$ gleich sind.

Aufgabe 14.4 ● Geben Sie ein Gegenbeispiel an.

Aufgabe 14.5 ●● Betrachten Sie für (a) das charakteristische Polynom von A:

$$\chi_{\mathbf{A}} = (-1)^n X^n + \cdots + a_1 X + a_0 .$$

Was gilt für a_0? Setzen Sie die Matrix A ein. Für den Teil (b) betrachte man das charakteristische Polynom von χ_B für eine Wurzel B von A und zeige $\mathrm{Sp}\, B^2 = (\mathrm{Sp}\, B)^2 - 2 \det B$.

Rechenaufgaben

Aufgabe 14.6 ● Bestimmen Sie das charakteristische Polynom, dessen Nullstellen und dann die Eigenräume zu den so ermittelten Eigenwerten.

Aufgabe 14.7 ●● Bestimmen Sie die Eigenwerte, Eigenräume und wenden Sie das Kriterium für Diagonalisierbarkeit auf Seite 512 an.

Aufgabe 14.8 ●● Diagonalisieren Sie die Darstellungsmatrix von φ bezüglich der Standardbasis.

Aufgabe 14.9 ●● Beachten Sie die Beispiele zur Bestimmung einer Jordan-Basis im Text und gehen Sie analog vor.

Beweisaufgaben

Aufgabe 14.10 ●●● Zeigen Sie die Behauptung duch vollständige Induktion.

Aufgabe 14.11 ●● Vollständige Induktion nach k.

Aufgabe 14.12 ●● Wenden Sie den Determinantenmultiplikationssatz an und zeigen Sie, dass es nur eine Möglichkeit für einen Eigenwert der Matrix geben kann. Der Fundamentalsatz der Algebra besagt dann, dass dieser Eigenwert auch tatsächlich existiert. Für die Aussage in (c) beachte man den Satz von Cayley-Hamilton auf Seite 518.

Aufgabe 14.13 ●● Benutzen Sie, dass jeder Vektor bezüglich einer Basis (aus Eigenvektoren) eindeutig darstellbar ist.

Aufgabe 14.14 ●● Unterscheiden Sie die Fälle, je nachdem, ob 0 ein Eigenwert von AB ist oder nicht.

Aufgabe 14.15 ●●● Es ist nur zu zeigen, dass $\mathbb{K}^n = \ker N^{r_1} + \cdots + \ker N^{r_s}$ gilt. Aus Dimensionsgründen folgt dann $\mathbb{K}^n = \ker N^{r_1} \oplus \cdots \oplus \ker N^{r_s}$. Führen Sie diesen Nachweis mit dem Satz von Cayley-Hamilton.

Aufgabe 14.16 ●●● Begründen Sie: Ist $v \in \mathrm{Eig}_\varphi(\lambda)$, so gilt $\psi(v) \in \mathrm{Eig}_\varphi(\lambda)$.

Lösungen

Verständnisfragen

Aufgabe 14.1 ● (a) Ja, zum Eigenwert λ^2. (b) Ja, zum Eigenwert λ^{-1}.

Aufgabe 14.2 ●● –

Aufgabe 14.3 ●● Die Matrizen A und $A^\top$ haben dieselben Eigenwerte und auch jeweils dieselben algebraischen und geometrischen Vielfachheiten.

Aufgabe 14.4 ● Nein.

Aufgabe 14.5 ●● $A^{-1} = \begin{pmatrix} 1 & -10 & 2 \\ 0 & 1 & 0 \\ 0 & -3 & 1 \end{pmatrix}$, $B = \begin{pmatrix} 0 & 2 \\ -1 & 3 \end{pmatrix}$.

Rechenaufgaben

Aufgabe 14.6 • (a) Es ist 2 der einzige Eigenwert von A, und jeder Vektor aus $\langle\begin{pmatrix}1\\1\end{pmatrix}\rangle \setminus \{\mathbf{0}\}$ ist ein Eigenvektor zum Eigenwert 2 von A.

(b) Es sind ± 1 die beiden Eigenwert von B, und jeder Vektor aus $\langle\begin{pmatrix}1\\1\end{pmatrix}\rangle \setminus \{\mathbf{0}\}$ ist ein Eigenvektor zum Eigenwert 1 von B, und jeder Vektor aus $\langle\begin{pmatrix}1\\-1\end{pmatrix}\rangle \setminus \{\mathbf{0}\}$ ist ein Eigenvektor zum Eigenwert -1 von B.

Aufgabe 14.7 •• (a) Die Matrix A ist nicht diagonalisierbar. (b) Die Matrix B ist diagonalisierbar. (c) Die Matrix C ist diagonalisierbar.

Aufgabe 14.8 •• (b)

$$_{E_3}\mathbf{M}(\varphi)_{E_3} = \begin{pmatrix} 1 & 0 & -a^2 & -2\,a^3 \\ 0 & 1 & 2\,a & 3\,a^2 \\ 0 & 0 & 0 & 0 \\ 0 & 0 & 0 & 0 \end{pmatrix}$$

(c) Es ist $B = (a^2 - 2\,a\,X + X^2,\; 2\,a^3 - 3\,a^2\,X + X^3,\; 1,\; X)$ eine geeignete geordnete Basis, es gilt:

$$_{B}\mathbf{M}(\varphi)_{B} = \begin{pmatrix} 0 & 0 & 0 & 0 \\ 0 & 0 & 0 & 0 \\ 0 & 0 & 1 & 0 \\ 0 & 0 & 0 & 1 \end{pmatrix}$$

Aufgabe 14.9 •• (a) Im Fall $a \in \mathbb{R} \setminus \{-1\}$ gilt $J = \begin{pmatrix} 1 & 0 & \\ 0 & 3 & 0 \\ 0 & 0 & a+2 \end{pmatrix}$, im Fall $a = -1$ gilt $J = \begin{pmatrix} 1 & 1 & 0 \\ 0 & 1 & 0 \\ 0 & 0 & 3 \end{pmatrix}$

(b) Im Fall $a = 1$ ist $B = \{(-1, -1, 1)^\top, (-3, 0, 2)^\top, (1, 2, 0)^\top\}$ eine Jordan-Basis. Im Fall $a = -1$ ist $B = \{(-1, 1, 1)^\top, (3, 3, -3)^\top, (0, 0, 1)^\top\}$ eine Jordan-Basis.

Beweisaufgaben

Aufgabe 14.10 ••• –

Aufgabe 14.11 •• –

Aufgabe 14.12 •• Die Matrix hat den n-fachen Eigenwert 0.

Aufgabe 14.13 •• –

Aufgabe 14.14 •• –

Aufgabe 14.15 ••• –

Aufgabe 14.16 ••• –

Lösungswege

Verständnisfragen

Aufgabe 14.1 • (a) Aus $A\,v = \lambda\,v$ folgt

$$A^2\,v = A(\lambda\,v) = \lambda^2\,v\,,$$

sodass also v ein Eigenvektor zum Eigenwert λ^2 von A^2 ist.

(b) Aus $A\,v = \lambda\,v$ folgt

$$v = A^{-1}\,(A\,v) = A^{-1}\,(\lambda\,v) = \lambda\,(A^{-1}v)\,,$$

sodass also v ein Eigenvektor zum Eigenwert λ^{-1} von A^{-1} ist (man beachte, dass $\lambda \neq 0$ gilt, da A invertierbar ist).

Aufgabe 14.2 •• Wenn die Matrix A einen Eigenwert λ hat, so existiert ein Vektor $v \neq \mathbf{0}$ mit

$$v = A^2\,v = A\,(\lambda\,v) = \lambda^2\,v\,,$$

sodass also $(\lambda^2 - 1)\,v = \mathbf{0}$ gilt. Weil $v \neq \mathbf{0}$ ist, folgt also $\lambda^2 - 1 = 0$, d. h. $\lambda = 1$ oder $\lambda = -1$. Damit ist gezeigt: Die Matrix A kann höchstens die Eigenwerte 1 oder -1 haben. Nun überlegen wir uns noch, dass A auch tatsächlich einen dieser Eigenwerte hat. Wegen

$$\mathbf{0} = A^2 - \mathbf{E}_n = (A - \mathbf{E}_n)\,(A + \mathbf{E}_n)$$

folgt mit dem Determinantenmultiplikationssatz

$$\det(A - \mathbf{E}_n) = 0 \text{ oder } \det(A + \mathbf{E}_n) = 0\,,$$

sodass also 1 oder -1 auch tatsächlich ein Eigenwert ist.

Aufgabe 14.3 •• Wegen $\chi_A = \det(A - X\,\mathbf{E}_n) = \det\left((A - X\,\mathbf{E}_n)^\top\right) = \det(A^\top - X\,\mathbf{E}_n) = \chi_{A^\top}$ haben A und $A^\top$ dieselben Eigenwerte mit jeweils denselben algebraischen Vielfachheiten. Auch die geometrischen Vielfachheiten stimmen überein: Ist nämlich λ ein Eigenwert von A, so gilt für die Dimension des Eigenraums zum Eigenwert λ

$$\begin{aligned} \dim \mathrm{Eig}_A(\lambda) &= \dim \ker(A - \lambda\,\mathbf{E}_n) \\ &= n - \mathrm{rg}(A - \lambda\,\mathbf{E}_n) \\ &= n - \mathrm{rg}(A^\top - \lambda\,\mathbf{E}_n) \\ &= \dim \ker(A^\top - \lambda\,\mathbf{E}_n) \\ &= \dim \mathrm{Eig}_{A^\top}(\lambda)\,. \end{aligned}$$

Aufgabe 14.4 • Die Aussage ist falsch. Als Beispiel betrachten wir

$$A = \begin{pmatrix} 1 & 1 \\ 0 & 1 \end{pmatrix}, \quad A^\top A = \begin{pmatrix} 1 & 1 \\ 1 & 2 \end{pmatrix}.$$

Die Eigenwerte von $A^\top A$ sind die Nullstellen von $X^2 - 3\,X + 1$, d. h. $\lambda_{1/2} = (3 \pm \sqrt{5})/2$, während A den zweifachen Eigenwert $\lambda = 1$ hat.

Aufgabe 14.5 •• (a) Es sei

$$\chi_{\mathbf{A}} = (-1)^n\, X^n + \cdots + a_1\, X + a_0$$

das charakteristische Polynom von $\boldsymbol{A}$. Da $\boldsymbol{A}$ invertierbar ist, ist 0 kein Eigenwert von $\boldsymbol{A}$, sodass $a_0 \neq 0$ gilt. Nun gilt nach dem Satz von Cayley-Hamilton

$$-a_0^{-1}\,((-1)^n\, \mathbf{A}^{n-1} + \cdots a_1\, \mathbf{E}_n)\, \mathbf{A} = \mathbf{E}_n\,,$$

sodass $\boldsymbol{A}^{-1} = -a_0^{-1}\,((-1)^n\, \boldsymbol{A}^{n-1} + \cdots a_1\, \mathbf{E}_n)$ gilt.

Die Matrix $\mathbf{A} = \begin{pmatrix} 1 & 4 & -2 \\ 0 & 1 & 0 \\ 0 & 3 & 1 \end{pmatrix}$ hat das charakteristische Polynom $\chi_{\mathbf{A}} = -X^3 + 3\,X^2 - 3\,X + 1$. Damit erhalten wir

$$\mathbf{A}^{-1} = (-1)\,(-\mathbf{A}^2 + 3\,\mathbf{A} - 3\,\mathbf{E}_3) = \begin{pmatrix} 1 & -10 & 2 \\ 0 & 1 & 0 \\ 0 & -3 & 1 \end{pmatrix}.$$

(b) Es sei $\boldsymbol{B}$ eine Wurzel von $\boldsymbol{A}$. Das charakteristische Polynom von $\boldsymbol{B}$ lautet

$$\chi_{\boldsymbol{B}} = X^2 - \operatorname{Sp} \boldsymbol{B}\, X + \det \boldsymbol{B}\,.$$

Nun setzen wir $\boldsymbol{B}$ ein und erhalten mit dem Satz von Cayley-Hamilton

$$\boldsymbol{A} - (\operatorname{Sp} \boldsymbol{B})\, \boldsymbol{B} + (\det \boldsymbol{B})\, \mathbf{E}_2 = \mathbf{0}\,.$$

Wir lösen diese Gleichung im Fall $\operatorname{Sp} \boldsymbol{B} \neq 0$ nach $\boldsymbol{B}$ auf:

$$\boldsymbol{B} = (\operatorname{Sp} \boldsymbol{B})^{-1}(\boldsymbol{A} + (\det \boldsymbol{B})\, \mathbf{E}_2)\,.$$

Um eine Wurzel

$$\boldsymbol{B} = \begin{pmatrix} a & b \\ c & d \end{pmatrix}$$

aus $\boldsymbol{A}$ zu erhalten, benötigen wir nur noch $\operatorname{Sp} \boldsymbol{B}$ und $\det \boldsymbol{B}$. Mit dem Determinantenmultiplikationssatz erhalten wir sofort, dass wir für $\det \boldsymbol{B}$ etwa $\sqrt{\det \boldsymbol{A}}$ wählen können. Und wegen

$$\begin{aligned} \operatorname{Sp} \boldsymbol{A} = \operatorname{Sp} \boldsymbol{B}^2 &= a^2 + 2\,b\,c + d^2 \\ &= a^2 + 2\,a\,d + d^2 - 2\,a\,d + 2\,b\,c \\ &= (\operatorname{Sp} \boldsymbol{B})^2 - 2\, \det \boldsymbol{B} \\ &= (\operatorname{Sp} \boldsymbol{B})^2 - 2\,\sqrt{\det \boldsymbol{A}} \end{aligned}$$

liefert

$$\operatorname{Sp} \boldsymbol{B} = \sqrt{\operatorname{Sp} \boldsymbol{A} + 2\,\sqrt{\det \boldsymbol{A}}}$$

nun eine mögliche Wurzel von $\boldsymbol{A}$,

$$\boldsymbol{B} = (\sqrt{\operatorname{Sp} \boldsymbol{A} + 2\,\sqrt{\det \boldsymbol{A}}})^{-1}(\boldsymbol{A} + \sqrt{\det \boldsymbol{A}}\, \mathbf{E}_2)\,.$$

In unserem Beispiel erhalten wir für $\boldsymbol{A}'$ wegen $\det \boldsymbol{A} = 4$ und $\operatorname{Sp} \boldsymbol{A} = 6$ die Quadratwurzel

$$\boldsymbol{B} = \begin{pmatrix} 0 & 2 \\ -1 & 3 \end{pmatrix}.$$

Rechenaufgaben

Aufgabe 14.6 • (a) Wir berechnen das charakteristische Polynom der Matrix A

$$\chi_A = \det \begin{pmatrix} 3 - X & -1 \\ 1 & 1 - X \end{pmatrix} = (2 - X)^2\,.$$

Die einzige Nullstelle von χ_A ist 2, also ist 2 der einzige Eigenwert von A mit der algebraischen Vielfachheit 2. Den Eigenraum $\operatorname{Eig}_A(2)$ zum Eigenwert 2 erhalten wir als Kern der Matrix $(\boldsymbol{A} - 2\,\mathbf{E}_2)$

$$\operatorname{Eig}_{\boldsymbol{A}}(2) = \ker \begin{pmatrix} 1 & -1 \\ 1 & -1 \end{pmatrix} = \langle \begin{pmatrix} 1 \\ 1 \end{pmatrix} \rangle\,.$$

Damit ist jeder Vektor aus $\langle \begin{pmatrix} 1 \\ 1 \end{pmatrix} \rangle \setminus \{\mathbf{0}\}$ ein Eigenvektor zum Eigenwert 2 von $\boldsymbol{A}$.

(b) Wir berechnen das charakteristische Polynom der Matrix $\boldsymbol{B}$

$$\chi_{\boldsymbol{B}} = \det \begin{pmatrix} -X & 1 \\ 1 & -X \end{pmatrix} = (-1 - X)\,(1 - X)\,.$$

Die beiden Nullstellen von $\chi_{\boldsymbol{B}}$ sind ± 1, also gibt es zwei Eigenwerte mit der jeweiligen algebraischen Vielfachheit 1. Die Eigenräume $\operatorname{Eig}_{\boldsymbol{B}}(1)$ und $\operatorname{Eig}_{\boldsymbol{B}}(-1)$ zu den beiden Eigenwerten 1 und -1 erhalten wir als Kerne der Matrizen $(\boldsymbol{B} - 1\,\mathbf{E}_2)$ und $(\boldsymbol{B} + 1\,\mathbf{E}_2)$:

$$\operatorname{Eig}_{\boldsymbol{B}}(1) = \ker \begin{pmatrix} -1 & 1 \\ 1 & -1 \end{pmatrix} = \langle \begin{pmatrix} 1 \\ 1 \end{pmatrix} \rangle$$

$$\operatorname{Eig}_{\boldsymbol{B}}(-1) = \ker \begin{pmatrix} 1 & 1 \\ 1 & 1 \end{pmatrix} = \langle \begin{pmatrix} 1 \\ -1 \end{pmatrix} \rangle$$

Damit ist jeder Vektor aus $\langle \begin{pmatrix} 1 \\ 1 \end{pmatrix} \rangle \setminus \{\mathbf{0}\}$ ein Eigenvektor zum Eigenwert 1 von $\boldsymbol{B}$ und jeder Vektor aus $\langle \begin{pmatrix} 1 \\ -1 \end{pmatrix} \rangle \setminus \{\mathbf{0}\}$ ein Eigenvektor zum Eigenwert -1 von $\boldsymbol{B}$.

Aufgabe 14.7 •• (a) Das charakteristische Polynom von $\boldsymbol{A}$ ist

$$\chi_A = \begin{vmatrix} 1 - X & \mathrm{i} \\ \mathrm{i} & -1 - X \end{vmatrix} = -(1 - X^2) + 1 = X^2\,,$$

sodass $\boldsymbol{A}$ den zweifachen Eigenwert 0 hat. Der Eigenraum zum Eigenwert 0 ist aber nicht zweidimensional, da $\boldsymbol{A}$ nicht die Nullmatrix ist. Nach dem Kriterium für Diagonalisierbarkeit von Seite 512 ist $\boldsymbol{A}$ nicht diagonalisierbar.

(b) Das charakteristische Polynom von $\boldsymbol{B}$ ist

$$\chi_{\boldsymbol{B}} = \begin{vmatrix} 3 - X & 0 & 7 \\ 0 & 1 - X & 0 \\ 7 & 0 & 3 - X \end{vmatrix} = (1-X)\,(10-X)\,(-4-X)\,,$$

sodass A die drei jeweils einfachen Eigenwerte 1, 10 und −4 hat. Damit ist nun schon klar, dass B diagonalisierbar ist, da die geometrische Vielfachheit für jeden Eigenwert mindestens 1 ist. (Eigentlich folgt die Diagonalisierbarkeit auch schon aus der Symmetrie der Matrix **M**.)

Wir bestimmen nun die Eigenräume zu den drei Eigenwerten:

$$\mathrm{Eig}_B(1) = \langle \begin{pmatrix} 0 \\ 1 \\ 0 \end{pmatrix} \rangle$$

$$\mathrm{Eig}_B(10) = \ker \begin{pmatrix} -7 & 0 & 7 \\ 0 & -9 & 0 \\ 7 & 0 & -7 \end{pmatrix} = \langle \begin{pmatrix} 1 \\ 0 \\ 1 \end{pmatrix} \rangle$$

$$\mathrm{Eig}_B(-4) = \ker \begin{pmatrix} 7 & 0 & 7 \\ 0 & 5 & 0 \\ 7 & 0 & 7 \end{pmatrix} = \langle \begin{pmatrix} 1 \\ 0 \\ -1 \end{pmatrix} \rangle$$

Wir setzen $\boldsymbol{b}_1 = \begin{pmatrix} 0 \\ 1 \\ 0 \end{pmatrix}$, $\boldsymbol{b}_2 = \begin{pmatrix} 1 \\ 0 \\ 1 \end{pmatrix}$, $\boldsymbol{b}_3 = \begin{pmatrix} 1 \\ 0 \\ -1 \end{pmatrix}$. Es gilt nun mit der Matrix $\boldsymbol{S} = (\boldsymbol{b}_1, \boldsymbol{b}_2, \boldsymbol{b}_3)$ die Gleichung

$$\begin{pmatrix} 1 & 0 & 0 \\ 0 & 10 & 0 \\ 0 & 0 & -4 \end{pmatrix} = \boldsymbol{S}^{-1} \boldsymbol{B} \boldsymbol{S}.$$

Kommentar: Die Matrix $\boldsymbol{B}$ ist symmetrisch. Also gibt es eine orthogonale Matrix, die $\boldsymbol{B}$ auf Diagonalgestalt transformiert. Die von uns bestimmte Matrix $\boldsymbol{S}$ transformiert zwar $\boldsymbol{B}$ auf Diagonalgestalt, ist aber nicht orthogonal. Man müsste aber nur noch die Spalten von $\boldsymbol{S}$ normieren.

(c) Das charakteristische Polynom von $\boldsymbol{C}$ ist

$$\begin{aligned}\chi_C &= \frac{1}{27} \begin{vmatrix} 1-3X & 2 & 2 \\ 2 & -2-3X & 1 \\ 2 & 1 & -2-3X \end{vmatrix} \\ &= \frac{1}{27}(-27X^3 - 27X^2 + 27X + 27) \\ &= (-1-X)^2(1-X),\end{aligned}$$

sodass $\boldsymbol{A}$ den zweifachen Eigenwert −1 und den einfachen Eigenwert 1 hat.

Wir bestimmen nun die Eigenräume zu den beiden Eigenwerten:

$$\mathrm{Eig}_B(-1) = \ker \begin{pmatrix} 4 & 2 & 2 \\ 2 & 1 & 1 \\ 2 & 1 & 1 \end{pmatrix} = \langle \begin{pmatrix} 0 \\ 1 \\ -1 \end{pmatrix}, \begin{pmatrix} 1 \\ 0 \\ -2 \end{pmatrix} \rangle$$

$$\mathrm{Eig}_B(1) = \ker \begin{pmatrix} -2 & 2 & 2 \\ 2 & -5 & 1 \\ 2 & 1 & -5 \end{pmatrix} = \langle \begin{pmatrix} 2 \\ 1 \\ 1 \end{pmatrix} \rangle$$

Wir setzen $\boldsymbol{b}_1 = \begin{pmatrix} 0 \\ 1 \\ -1 \end{pmatrix}$, $\boldsymbol{b}_2 = \begin{pmatrix} 1 \\ 0 \\ -2 \end{pmatrix}$, $\boldsymbol{b}_3 = \begin{pmatrix} 2 \\ 1 \\ 1 \end{pmatrix}$. Es gilt nun mit der Matrix $\boldsymbol{S} = (\boldsymbol{b}_1, \boldsymbol{b}_2, \boldsymbol{b}_3)$ die Gleichung

$$\begin{pmatrix} -1 & 0 & 0 \\ 0 & -1 & 0 \\ 0 & 0 & 1 \end{pmatrix} = \boldsymbol{S}^{-1} \boldsymbol{B} \boldsymbol{S}.$$

Aufgabe 14.8 •• (a) Es gilt für alle $\lambda \in \mathbb{R}$ und $\boldsymbol{p}, \boldsymbol{q} \in \mathbb{R}[X]_3$

$$\begin{aligned}\varphi(\lambda\,\boldsymbol{p} + \boldsymbol{q}) &= \lambda\,\boldsymbol{p}(a) + \boldsymbol{q}(a) + \lambda\,\boldsymbol{p}'(a)(X-a) \\ &\quad + \boldsymbol{q}'(a)(X-a) = \lambda\,\varphi(\boldsymbol{p}) + \varphi(\boldsymbol{q}),\end{aligned}$$

also ist φ eine lineare Abbildung.

(b) Es gilt

$$\begin{aligned}&\varphi(1) = 1, \quad \varphi(X) = X, \\ &\varphi(X^2) = -a^2 + 2\,a\,X, \quad \varphi(X^3) = -2\,a^3 + 3\,a^2\,X.\end{aligned}$$

Damit erhalten wir

$$_{E_3}\mathbf{M}(\varphi)_{E_3} = \begin{pmatrix} 1 & 0 & -a^2 & -2\,a^3 \\ 0 & 1 & 2\,a & 3\,a^2 \\ 0 & 0 & 0 & 0 \\ 0 & 0 & 0 & 0 \end{pmatrix} =: \boldsymbol{A}.$$

(c) Wegen $\mathrm{rg}(\boldsymbol{A}) = 2$ hat der Kern von φ die Dimension 2, und dabei haben die Koordinatenvektoren einer Basis des Kerns von φ die Form

$$\begin{pmatrix} a^2 \\ -2\,a \\ 1 \\ 0 \end{pmatrix}, \begin{pmatrix} 2\,a^3 \\ -3\,a^2 \\ 0 \\ 1 \end{pmatrix}.$$

Damit erhalten wir Basisvektoren des Kerns von φ, d. h. eine Basis des Eigenraumes zum Eigenwert 0 der Matrix $_{E_3}\mathbf{M}(\varphi)_{E_3}$

$$\ker(\varphi) = \langle \underbrace{a^2 - 2\,a\,X + X^2}_{=:\boldsymbol{b}_1}, \underbrace{2\,a^3 - 3\,a^2\,X + X^3}_{=:\boldsymbol{b}_2} \rangle.$$

In (b) haben wir bereits gezeigt, dass die Koordinatenvektoren von 1 und X Eigenvektoren zum Eigenwert 1 von $_{E_3}\mathbf{M}(\varphi)_{E_3}$ sind, weil

$$\varphi(1) = 1 =: \boldsymbol{b}_3 \text{ und } \varphi(X) = X =: \boldsymbol{b}_4$$

gilt. Weil die Darstellungsmatrix aber auch nicht mehr als vier linear unabhängige Eigenvektoren haben kann, bildet $B = (\boldsymbol{b}_1, \boldsymbol{b}_2, \boldsymbol{b}_3, \boldsymbol{b}_4)$ eine geordnete Basis von $\mathbb{R}[X]_3$ aus Eigenvektoren von φ. Die Darstellungsmatrix bezüglich der geordneten Basis B hat die Form

$$_B\mathbf{M}(\varphi)_B = \begin{pmatrix} 0 & 0 & 0 & 0 \\ 0 & 0 & 0 & 0 \\ 0 & 0 & 1 & 0 \\ 0 & 0 & 0 & 1 \end{pmatrix}.$$

Aufgabe 14.9 •• (a) Das charakteristische Polynom erhält man nach kurzer Rechnung als

$$\chi_A = (1 - X)(3 - X)\,((a+2) - X)\,.$$

Also hat A die Eigenwerte $\lambda_1 = 1$, $\lambda_2 = 3$, $\lambda_3 = a + 2$.

Wir unterscheiden folgende Fälle:

$a \neq 1 \wedge a \neq -1$: A hat drei verschiedene Eigenwerte und damit gibt es eine Basis des $\mathbb{R}^3$ aus Eigenvektoren von A, d. h. A ist diagonalisierbar und hat die Jordan-Normalform

$$J = \begin{pmatrix} 1 & & \\ & 3 & \\ & & a+2 \end{pmatrix}.$$

$a = 1$: A hat den einfachen Eigenwert 1 und den doppelten Eigenwert 3. Um die Dimension von $\mathrm{Eig}_A(3)$ zu ermitteln, betrachten wir

$$\mathrm{rg}(3\,\mathbf{E}_3 - A) = \mathrm{rg}\begin{pmatrix} -2 & 1 & -3 \\ -2 & 1 & -3 \\ 2 & -1 & 3 \end{pmatrix} = \mathrm{rg}\begin{pmatrix} -2 & 1 & -3 \\ 0 & 0 & 0 \\ 0 & 0 & 0 \end{pmatrix} = 1,$$

also $\dim \mathrm{Eig}_A(3) = \dim\ker(3\,\mathbf{E}_3 - A) = 3 - \mathrm{rg}(3\,\mathbf{E}_3 - A) = 2$. Es gibt also auch in diesem Fall eine Basis des $\mathbb{R}^3$ aus Eigenvektoren und damit lautet die Jordan-Normalform J von A

$$J = \begin{pmatrix} 1 & & \\ & 3 & \\ & & 3 \end{pmatrix}.$$

$a = -1$: A hat den einfachen Eigenwert 3 und den 2-fachen Eigenwert 1. Die Dimension von $\mathrm{Eig}_A(1)$ erhalten wir wieder durch Rangberechnung:

$$\mathrm{rg}(\mathbf{E}_3 - A) = \mathrm{rg}\begin{pmatrix} -4 & 1 & -3 \\ -2 & -1 & -3 \\ 4 & -1 & 3 \end{pmatrix} = \mathrm{rg}\begin{pmatrix} 2 & 1 & 3 \\ 0 & 3 & 3 \\ 0 & -3 & -3 \end{pmatrix} = \mathrm{rg}\begin{pmatrix} 2 & 1 & 3 \\ 0 & 1 & 1 \\ 0 & 0 & 0 \end{pmatrix} = 2.$$

Also $\dim \mathrm{Eig}_A(1) = 3 - 2 = 1$. Damit hat A die Jordan-Normalform

$$J = \begin{pmatrix} 1 & 1 & 0 \\ 0 & 1 & 0 \\ 0 & 0 & 3 \end{pmatrix}.$$

(b) $a = 1$: A ist diagonalisierbar, also berechnen wir eine Basis aus Eigenvektoren:

$$\mathrm{Eig}_A(1) = \ker\begin{pmatrix} -4 & 1 & -3 \\ -2 & -1 & -3 \\ 2 & -1 & 1 \end{pmatrix} = \ker\begin{pmatrix} 2 & -1 & 1 \\ 0 & -1 & -1 \\ 0 & -2 & -2 \end{pmatrix} = \ker\begin{pmatrix} 2 & -1 & 1 \\ 0 & 1 & 1 \end{pmatrix} = \mathbb{R}\begin{pmatrix} -1 \\ -1 \\ 1 \end{pmatrix}$$

$$\mathrm{Eig}_A(3) = \ker\begin{pmatrix} -2 & 1 & -3 \\ -2 & 1 & -3 \\ 2 & -1 & 3 \end{pmatrix} = \ker(-2, 1, -3) = \mathbb{R}\begin{pmatrix} -3 \\ 0 \\ 2 \end{pmatrix} + \mathbb{R}\begin{pmatrix} 1 \\ 2 \\ 0 \end{pmatrix}$$

Also ist $B := \left\{\begin{pmatrix} -1 \\ -1 \\ 1 \end{pmatrix}, \begin{pmatrix} -3 \\ 0 \\ 2 \end{pmatrix}, \begin{pmatrix} 1 \\ 2 \\ 0 \end{pmatrix}\right\}$ eine Basis der gesuchten Art.

$a = -1$: A ist nicht diagonalisierbar, aber die geometrische Vielfachheit aller Eigenwerte von A ist 1. Eine Jordan-Basis erhalten wir wie folgt:

$\ker(A - 1\mathbf{E}_3)^2 = \ker\begin{pmatrix} 2 & -2 & 0 \\ * & * & * \\ * & * & * \end{pmatrix}$ (dieser Kern muss ja zweidimensional sein, daher brauchen wir nur die erste Zeile zu kennen). Also gilt: $\ker(A - 1\mathbf{E}_3)^2 = \langle (1, 1, 0)^\top, (0, 0, 1)^\top \rangle$. Wir wählen $b_3 = (0, 0, 1)^\top$ und erhalten $b_2 = (A - 1\mathbf{E}_3)b_3 = (3, 3, -3)^\top \in \ker(A - 1\mathbf{E}_3)$. Und damit haben wir mit b_1 als einen beliebigen Eigenvektor zum Eigenwert 3 (etwa $(-1, 1, 1)^\top$) eine geordnete Jordan-Basis $B = (b_1, b_2, b_3)$.

Beweisaufgaben

Aufgabe 14.10 ••• (i) $\Rightarrow$ (ii): Da die Matrix A triangulierbar ist, ist A zu einer oberen Dreiecksmatrix D ähnlich,

$${}_B M(\varphi)_B = \begin{pmatrix} \lambda_1 & \cdots & * \\ & \ddots & \vdots \\ 0 & & \lambda_n \end{pmatrix}.$$

Nach dem Lemma auf Seite 507 gilt nun $\chi_A = \chi_D = (\lambda_1 - X) \cdots (\lambda_n - X)$, sodass χ_A in Linearfaktoren zerfällt.

(ii) $\Rightarrow$ (i): Es gelte $\chi_A = (\lambda_1 - X) \cdots (\lambda_n - X)$. Wir zeigen per Induktion nach der Zeilenzahl n von A, dass A triangulierbar ist, d. h. dass eine invertierbare Matrix $S \in \mathbb{K}^{n \times n}$ existiert, sodass $D = S^{-1} A\, S$ eine obere Dreiecksmatrix ist.

Induktionsbeginn: Im Fall $n = 1$ ist A bereits eine obere Dreiecksmatrix, man wähle $S = \mathbf{E}_1 = (1)$.

Induktionsbehauptung: Es sei $n \geq 2$. Zu jeder Matrix $B \in \mathbb{K}^{(n-1)\times(n-1)}$ mit in Linearfaktoren zerfallendem charakteristischen Polynom gebe es eine invertierbare Matrix $T \in \mathbb{K}^{(n-1)\times(n-1)}$ mit der Eigenschaft, dass $T^{-1} B\, T$ eine obere Dreiecksmatrix ist.

Induktionsschritt: Es sei $\boldsymbol{A} \in \mathbb{K}^{n\times n}$ eine Matrix mit einem in Linearfaktoren zerfallenden charkateristischen Polynom $\chi_A = (\lambda_1 - X) \cdots (\lambda_n - X)$. Wegen $n \geq 2$ existiert zum Eigenwert λ_1 von $\boldsymbol{A}$ ein Eigenvektor $\boldsymbol{b}_1 \in \mathbb{K}^n, \boldsymbol{b}_1 \neq \boldsymbol{0}$ von $\boldsymbol{A}$,

$$\boldsymbol{A}\,\boldsymbol{b}_1 = \lambda_1\,\boldsymbol{b}_1 .$$

Wir ergänzen $\{\boldsymbol{b}_1\}$ zu einer Basis $B = (\boldsymbol{b}_1, \ldots, \boldsymbol{b}_n)$ von $\mathbb{K}^n$. Mit der invertierbaren Matrix $\boldsymbol{U} = (\boldsymbol{b}_1, \ldots, \boldsymbol{b}_n)$ mit den Spaltenvektoren $\boldsymbol{b}_1, \ldots, \boldsymbol{b}_n$ gilt nun

$$\boldsymbol{B} = \boldsymbol{U}^{-1}\boldsymbol{A}\,\boldsymbol{U} = \left(\begin{array}{c|ccc} \lambda_1 & * & \cdots & * \\ \hline 0 & & & \\ \vdots & & \boldsymbol{B} & \\ 0 & & & \end{array}\right).$$

Wegen der Blockdreiecksgestalt der Matrix $\boldsymbol{B}$ und da ähnliche Matrizen dasselbe charakteristische Polynom haben, gilt

$$\chi_A = \chi_B = (\lambda_1 - X)\,\chi_C .$$

Folglich gilt $\chi_C = (\lambda_2 - X) \cdots (\lambda_n - X)$, sodass χ_C in Linearfaktoren zerfällt. Da $\boldsymbol{C}$ somit eine $(n-1)\times(n-1)$-Matrix über $\mathbb{K}$ mit einem in Linearfaktoren zerfallenden charakteristischen Polynom ist, können wir die Induktionsvoraussetzung anwenden: Die Matrix $\boldsymbol{C}$ ist triangulierbar, d. h., es gibt eine invertierbare Matrix $\boldsymbol{T} \in \mathbb{K}^{(n-1)\times(n-1)}$ mit

$$\boldsymbol{T}^{-1}\boldsymbol{C}\,\boldsymbol{T} = \begin{pmatrix} * & \cdots & * \\ & \ddots & \vdots \\ 0 & & * \end{pmatrix}.$$

Nun gilt mit der $n \times n$-Matrix

$$\boldsymbol{S} = \left(\begin{array}{c|ccc} 1 & 0 & \cdots & 0 \\ \hline 0 & & & \\ \vdots & & \boldsymbol{T} & \\ 0 & & & \end{array}\right) \boldsymbol{U} \in \mathbb{K}^{n\times n}$$

die Gleichung

$$\boldsymbol{S}^{-1}\boldsymbol{A}\,\boldsymbol{S} =$$

$$= \left(\begin{array}{c|ccc} 1 & 0 & \cdots & 0 \\ \hline 0 & & & \\ \vdots & & \boldsymbol{T} & \\ 0 & & & \end{array}\right) \boldsymbol{U}\,\boldsymbol{A}\,\boldsymbol{U}^{-1} \left(\begin{array}{c|ccc} 1 & 0 & \cdots & 0 \\ \hline 0 & & & \\ \vdots & & \boldsymbol{T}^{-1} & \\ 0 & & & \end{array}\right)$$

$$= \left(\begin{array}{c|ccc} 1 & 0 & \cdots & 0 \\ \hline 0 & & & \\ \vdots & & \boldsymbol{T} & \\ 0 & & & \end{array}\right) \left(\begin{array}{c|ccc} \lambda_1 & * & \cdots & * \\ \hline 0 & & & \\ \vdots & & \boldsymbol{B} & \\ 0 & & & \end{array}\right) \left(\begin{array}{c|ccc} 1 & 0 & \cdots & 0 \\ \hline 0 & & & \\ \vdots & & \boldsymbol{T}^{-1} & \\ 0 & & & \end{array}\right)$$

$$= \left(\begin{array}{c|ccc} \lambda_1 & * & \cdots & * \\ 0 & * & \cdots & * \\ \vdots & & \ddots & \vdots \\ 0 & & & * \end{array}\right).$$

Damit ist begründet, dass auch die Matrix $\boldsymbol{A}$ triangulierbar ist.

Man kann auch aus diesem Beweis ein Konstruktionsverfahren für eine Fahnenbasis gewinnen. Bei diesem Verfahren konstruiert man bei jedem Schritt eine Matrix. Die Fahnenbasis erhält man dann durch die Multiplikation dieser Matrizen. Wenn man die Rechnungen mit Bleistift und Papier durchführt, ist das Verfahren damit aufwändiger als das durch den ersten Beweis im Text nahegelegte Verfahren.

Aufgabe 14.11 •• Wir machen eine vollständige Induktion nach k: Im Fall $k = 1$ gilt

$$\sum_{i=0}^{1}\binom{1}{k}\boldsymbol{D}^i\boldsymbol{N}^{1-i} = \boldsymbol{D}^0\boldsymbol{N}^{1-0} + \boldsymbol{D}^1\boldsymbol{N}^{1-1} = \boldsymbol{N} + \boldsymbol{D}$$

Nun zum Induktionsschritt:

$$(\boldsymbol{D}+\boldsymbol{N})^{k+1} = (\boldsymbol{D}+\boldsymbol{N})^k(\boldsymbol{D}+\boldsymbol{N})$$

$$\overset{\text{Ind.vor.}}{=} \left(\sum_{i=0}^{k}\binom{k}{i}\boldsymbol{D}^i\boldsymbol{N}^{k-i}\right)(\boldsymbol{D}+\boldsymbol{N}) =$$

$$= \sum_{i=0}^{k}\binom{k}{i}\boldsymbol{D}^i\boldsymbol{N}^{k-i}\boldsymbol{D} + \sum_{i=0}^{k}\binom{k}{i}\boldsymbol{D}^i\boldsymbol{N}^{k-i+1} \overset{\boldsymbol{D}\,\boldsymbol{N}=\boldsymbol{N}\,\boldsymbol{D}}{=}$$

$$= \sum_{i=0}^{k}\binom{k}{i}\boldsymbol{D}^{i+1}\boldsymbol{N}^{k-i} + \sum_{i=0}^{k}\binom{k}{i}\boldsymbol{D}^i\boldsymbol{N}^{k-i+1} =$$

$$= \boldsymbol{D}^{k+1} + \sum_{i=0}^{k-1}\binom{k}{i}\boldsymbol{D}^{i+1}\boldsymbol{N}^{-i} + \sum_{i=1}^{k}\binom{k}{i}\boldsymbol{D}^i\boldsymbol{N}^{k-i+1}$$

$$+ \boldsymbol{N}^{k+1} =$$

$$= \boldsymbol{D}^{k+1} + \sum_{i=1}^{k}\binom{k}{i-1}\boldsymbol{D}^i\boldsymbol{N}^{k-i+1} + \sum_{i=1}^{k}\binom{k}{i}\boldsymbol{D}^i\boldsymbol{N}^{k-i+1}$$

$$+ \boldsymbol{N}^{k+1} =$$

$$= \boldsymbol{D}^{k+1} + \sum_{i=1}^{k}\left(\binom{k}{i-1} + \binom{k}{i}\right)\boldsymbol{D}^k\boldsymbol{N}^{k-i+1} + \boldsymbol{N}^{k+1} =$$

$$= \binom{k+1}{k+1}\boldsymbol{D}^{k+1}\boldsymbol{N}^0 + \sum_{i=1}^{k}\binom{k+1}{i}\boldsymbol{D}^i\boldsymbol{N}^{k-i+1}$$

$$+ \binom{k+1}{0}\boldsymbol{D}^0\boldsymbol{N}^{k+1} =$$

$$= \sum_{i=0}^{k+1}\binom{k+1}{i}\boldsymbol{D}^i\boldsymbol{N}^{k+1-i} .$$

Aufgabe 14.12 •• (a) Aus $\boldsymbol{A}^p = 0$ folgt $\det(\boldsymbol{A}) = 0$ wegen $0 = \det(\boldsymbol{A}^p) = \det(\boldsymbol{A})^p$. Damit ist $\boldsymbol{A}$ nicht invertierbar.

(b) Ist $\lambda \in \mathbb{C}$ ein Eigenwert von $\boldsymbol{A}$, so gibt es einen Eigenvektor $\boldsymbol{v} \in \mathbb{C}^n$ zum Eigenwert λ. Dann gilt mit $\boldsymbol{A}\,\boldsymbol{v} = \lambda\,\boldsymbol{v}$

$$\boldsymbol{0} = (\boldsymbol{A}^p)\,\boldsymbol{v} = \boldsymbol{A}^{p-1}\,(\boldsymbol{A}\,\boldsymbol{v}) = \lambda\,\boldsymbol{A}^{p-1}\,\boldsymbol{v} = \ldots = \lambda^p\,\boldsymbol{v} .$$

Wegen $\boldsymbol{v} \neq \boldsymbol{0}$ gilt $\lambda^p = 0$, also folgt $\lambda = 0$.

Somit kann höchstens 0 ein Eigenwert sein. Aufgrund des Fundamentalsatzes der Algebra ist aber 0 dann auch Eigenwert von $\boldsymbol{A}$, weil das charakteristische Polynom χ_A in Linearfaktoren zerfällt und es somit Eigenwerte gibt. Da χ_A keine weiteren Nullstellen haben kann, muss 0 eine n-fache Nullstelle sein; es gilt also $\chi_A = \pm X^n$.

(c) Mit dem Satz von Cayley-Hamilton folgt $\chi_A(\boldsymbol{A}) = \mathbf{0}$. Also $A^n = 0$, und damit ist $p \leq n$ bewiesen.

Aufgabe 14.13 •• Es gibt eine Basis $B = (\boldsymbol{b}_1, ..., \boldsymbol{b}_n)$ mit ${}_B\boldsymbol{M}(\varphi)_B = \operatorname{diag}(\lambda_1, ..., \lambda_n)$. (Für $i = 1, ..., n$ sei $\boldsymbol{b}_i$ ein Eigenvektor zum Eigenwert λ_i.)

Für $\boldsymbol{b}_i \neq \boldsymbol{b}_j$ gilt natürlich $\boldsymbol{b}_i + \boldsymbol{b}_j \neq \mathbf{0}$. Also muss es ein $\lambda \in \mathbb{K}$ geben mit

$$\varphi(\boldsymbol{b}_i + \boldsymbol{b}_j) = \lambda(\boldsymbol{b}_i + \boldsymbol{b}_j),$$

d.h.

$$\begin{aligned}\lambda_i \boldsymbol{b}_i + \lambda_j \boldsymbol{b}_j &= \varphi(\boldsymbol{b}_i) + \varphi(\boldsymbol{b}_j) = \varphi(\boldsymbol{b}_i + \boldsymbol{b}_j) = \lambda(\boldsymbol{b}_i + \boldsymbol{b}_j) \\ &= \lambda \boldsymbol{b}_i + \lambda \boldsymbol{b}_j .\end{aligned}$$

Da $\{\boldsymbol{b}_i, \boldsymbol{b}_j\}$ (mit $\boldsymbol{b}_i \neq \boldsymbol{b}_j$) linear unabhängig ist, ist die Darstellung eines jeden Vektors aus $\langle\{\boldsymbol{b}_i, \boldsymbol{b}_j\}\rangle$ eindeutig. Es folgt: $\lambda_i = \lambda = \lambda_j$ für alle $1 \leq i \neq j \leq n$. Also gilt: ${}_B\boldsymbol{M}(\varphi)_B = \operatorname{diag}(\lambda, ..., \lambda) = \lambda \cdot \mathbf{E}_n$. Also gilt $\varphi = \lambda \cdot \mathrm{id}$.

Aufgabe 14.14 •• Es ist 0 ein Eigenwert von $\boldsymbol{A}\,\boldsymbol{B}$ genau dann, wenn $\boldsymbol{A}\,\boldsymbol{B}$ nicht invertierbar ist. Dies ist genau dann der Fall, wenn $\boldsymbol{A}$ oder $\boldsymbol{B}$ nicht invertierbar ist. Und das gilt genau dann, wenn $\boldsymbol{B}\,\boldsymbol{A}$ nicht invertierbar ist, wobei dies wieder gleichwertig dazu ist, dass 0 ein Eigenwert von $\boldsymbol{B}\,\boldsymbol{A}$ ist.

Jetzt sei $\lambda \neq 0$ ein Eigenwert von $\boldsymbol{A}\,\boldsymbol{B}$ und $\boldsymbol{v}$ ein Eigenvektor von $\boldsymbol{A}\,\boldsymbol{B}$ zu λ. Dann gilt: $\boldsymbol{A}\,\boldsymbol{B}\,\boldsymbol{v} = \lambda \boldsymbol{v} \neq \mathbf{0}$, also $\boldsymbol{B}\,\boldsymbol{v} \neq \mathbf{0}$. Damit ist dann $\boldsymbol{B}\,\boldsymbol{A}\,(\boldsymbol{B}\,\boldsymbol{v}) = \boldsymbol{B}\,\lambda\,\boldsymbol{v} = \lambda\,(\boldsymbol{B}\,\boldsymbol{v})$.

Also gilt: Jeder Eigenwert von $\boldsymbol{A}\,\boldsymbol{B}$ ist auch Eigenwert von $\boldsymbol{B}\,\boldsymbol{A}$. Durch Vertauschen der Rollen von $\boldsymbol{A}\,\boldsymbol{B}$ und $\boldsymbol{B}\,\boldsymbol{A}$ erhält man dann die Behauptung.

Aufgabe 14.15 ••• Es sei

$$\chi_A = \prod_{i=1}^{r} (\lambda_i - X)^{m_a(\lambda_i)}$$

das charakteristische Polynom von $\boldsymbol{A}$. Wir setzen für jedes $j = 1, \ldots, r$

$$\chi_j = \prod_{\substack{i=1 \\ i \neq j}}^{r} (\lambda_i - X)^{m_a(\lambda_i)}$$

Dann sind die Polynome $\chi_1, \ldots, \chi_r$ teilerfremd, sodass Polynome $p_1, \ldots, p_r$ existieren mit

$$1 = \sum_{i=1}^{r} p_i\, \chi_i ,$$

wobei $1 = X^0$ das *Einspolynom* bezeichne. Wir setzen nun die Matrix $\boldsymbol{A}$ auf beiden Seiten ein und erhalten eine Gleichheit von Matrizen

$$\mathbf{E}_n = \sum_{i=1}^{r} p_i(\boldsymbol{A})\, \chi_i(\boldsymbol{A}) .$$

Nun wenden wir diese (gleichen) Matrizen auf einen Vektor $\boldsymbol{v} \in V$ an und erhalten

$$(*)\ \boldsymbol{v} = \mathbf{E}_n \boldsymbol{v} = p_1(\boldsymbol{A})\, \chi_1(\boldsymbol{A})\, \boldsymbol{v} + \cdots + p_r(\boldsymbol{A})\, \chi_r(\boldsymbol{A})\, \boldsymbol{v} .$$

Da $\chi_A = \chi_i\, (\lambda_i - X)^{m_a(\lambda_i)}$ für jedes $i = 1, \ldots, r$ gilt, erhalten wir somit wegen

$$\mathbf{0} = \chi_A(\boldsymbol{A}) = \chi_i(\boldsymbol{A})\, (\lambda_i\, \mathbf{E}_n - \boldsymbol{A})^{m_a(\lambda_i)}$$

(beachte den Satz von Cayley-Hamilton) für jeden Summanden der rechten Seite von (∗):

$$p_i(\boldsymbol{A})\, \chi_i(\boldsymbol{A})\, \boldsymbol{v} \in \ker(\lambda_i\, \mathbf{E}_n - \boldsymbol{A})^{m_a(\lambda_i)} ,$$

d. h. $\boldsymbol{v}$ ist eine Summe von Hauptvektoren.

Aufgabe 14.16 ••• $\Rightarrow$: Ist $B = (\boldsymbol{b}_1, ..., \boldsymbol{b}_n)$ eine Basis von V aus gemeinsamen Eigenvektoren von φ, ψ, dann ist die Matrix von φ bzw. ψ bezüglich B eine Diagonalmatrix $\boldsymbol{D}_\varphi \in \mathbb{K}^{n \times n}$ bzw. $\boldsymbol{D}_\psi \in \mathbb{K}^{n \times n}$. Für diese Matrizen gilt offenbar $\boldsymbol{D}_\varphi\, \boldsymbol{D}_\psi = \boldsymbol{D}_\psi\, \boldsymbol{D}_\varphi$, woraus sofort folgt $\varphi \circ \psi = \psi \circ \varphi$.

$\Leftarrow$: Da nach Voraussetzung φ und ψ diagonalisierbar sind, lässt sich V jeweils in eine direkte Summe von Eigenräumen zerlegen

$$\begin{aligned} V &= \operatorname{Eig}_\varphi(\lambda_1) \oplus ... \oplus \operatorname{Eig}\varphi(\lambda_r) && (1) \\ V &= \operatorname{Eig}_\psi(\mu_1) \oplus ... \oplus \operatorname{Eig}_\psi(\mu_s) && (2) \end{aligned}$$

wobei die λ_i bzw. μ_j die paarweise verschiedenen Eigenwerte von φ bzw. ψ sind.

Wir stellen zunächst fest, dass $\operatorname{Eig}_\psi(\mu_j)$ φ-invariant ist $\forall\, j \in \{1, ..., s\}$, denn für $\boldsymbol{v} \in \operatorname{Eig}_\psi(\mu_j)$ ist $\psi\,(\varphi(\boldsymbol{v})) = \varphi\,(\psi(\boldsymbol{v})) = \varphi\left(\mu_j \boldsymbol{v}\right) = \mu_j \varphi(\boldsymbol{v})$, also $\varphi(\boldsymbol{v}) \in \operatorname{Eig}_\psi(\mu_j)$.

Zu festem $k \in \{1, ..., r\}$ betrachten wir nun die Unterräume $W_{k,j} = \operatorname{Eig}_\varphi(\lambda_k) \cap \operatorname{Eig}_\psi(\mu_j)$, $j = 1, ..., s$, und behaupten

$$\operatorname{Eig}_\varphi(\lambda_k) = W_{k,1} \oplus ... \oplus W_{k,s} \qquad (*)$$

Die Summe auf der rechten Seite von (∗) ist direkt, da $\forall\, j \in \{1, ..., s\}$ gilt: Ist $\boldsymbol{v} \in W_{k,j} \cap \sum_{i=1, i \neq j}^{s} W_{k,i}$, so ist insbesondere $\boldsymbol{v} \in \operatorname{Eig}_\psi(\mu_j) \cap \sum_{i=1, i \neq j}^{s} \operatorname{Eig}_\psi(\mu_i) \overset{(2)}{=} \{0\}$. Es bleibt zu zeigen: $\operatorname{Eig}_\varphi(\lambda_k) = W_{k,1} + ... + W_{k,s}$: Es sei also $\boldsymbol{w} \in \operatorname{Eig}_\varphi(\lambda_k)$, dann gibt es wegen (2) $\boldsymbol{w}_j \in \operatorname{Eig}_\psi(\mu_j)$, $j = 1, ..., s$, mit $\boldsymbol{w} = \boldsymbol{w}_1 + ... + \boldsymbol{w}_s$. Nun gilt einerseits $\varphi(\boldsymbol{w}) = \varphi(\boldsymbol{w}_1) + \cdots + \varphi(\boldsymbol{w}_s)$ und andererseits $\varphi(\boldsymbol{w}) = \lambda_k \boldsymbol{w}_1 + \cdots + \lambda_k \boldsymbol{w}_s$. Da wegen der φ-Invarianz von $\operatorname{Eig}_\psi(\mu_j)$ für alle $j \in \{1, ..., s\}$ $\varphi(\boldsymbol{w}_j) \in \operatorname{Eig}_\psi(\mu_j)$ gilt und $\varphi(\boldsymbol{w})$ in eindeutiger Weise als Summe gemäß (2) geschrieben werden kann, folgt $\varphi(\boldsymbol{w}_j) = \lambda_k \boldsymbol{w}_j \quad \forall\, j \in \{1, ..., s\}$. Damit ist also $w_j \in W_{k,j} \quad \forall\, j \in \{1, ..., s\}$ und (∗) ist gezeigt. Da (∗) für beliebiges $k \in \{1, ..., r\}$ gilt, folgt mit (1)

$$V = W_{1,1} \oplus ... \oplus W_{1,s} \oplus W_{2,1} \oplus ... \oplus W_{2,s} \oplus ... \oplus W_{r,1} \oplus ... \oplus W_{r,s} .$$

Da die $W_{k,j}$ nach Definition außer dem Nullvektor höchstens gemeinsame Eigenvektoren von φ und ψ enthalten, gibt es daher eine Basis von V aus gemeinsamen Eigenvektoren von φ und ψ.

Kapitel 15

Aufgaben

Verständnisfragen

Aufgabe 15.1 • Zeigen Sie, dass eine differenzierbare Funktion $f\colon (a,b) \to \mathbb{R}$ affin-linear ist, wenn ihre Ableitung konstant ist.

Aufgabe 15.2 •• Untersuchen Sie die Funktionen $f_n\colon \mathbb{R} \to \mathbb{R}$ mit

$$f_n(x) = \begin{cases} x^n \cos\frac{1}{x}, & x \neq 0, \\ 0, & x = 0 \end{cases}$$

für $n = 1, 2, 3$ auf Stetigkeit, Differenzierbarkeit oder stetige Differenzierbarkeit.

Aufgabe 15.3 •• Zeigen Sie, dass die Funktion $f\colon \mathbb{R} \to \mathbb{R}$ mit $f(x) = x^4$ konvex ist,
(a) indem Sie nach Definition $f(\lambda x + (1-\lambda)y) \leq \lambda f(x) + (1-\lambda) f(y)$ für alle $\lambda \in [0,1]$ prüfen,
(b) mittels der Bedingung $f'(x)(y-x) \leq f(y) - f(x)$.

Aufgabe 15.4 •• Wie weit kann man bei optimalen Sichtverhältnissen von einem Turm der Höhe $h = 10$ m sehen, wenn die Erde als Kugel mit Radius $R \approx 6\,300$ km angenommen wird?

Aufgabe 15.5 • Beweisen Sie: Wenn $f\colon [0,1] \to \mathbb{R}$ stetig differenzierbar ist mit $f(0) = 0$ und $f(1)\,f'(1) < 0$, so gibt es eine Stelle $\hat{x} \in (0,1)$ mit der Eigenschaft $f'(\hat{x}) = 0$.

Rechenaufgaben

Aufgabe 15.6 • Berechnen Sie die Ableitungen der Funktionen $f\colon D \to \mathbb{R}$ mit

$$\begin{aligned} f_1(x) &= \left(x + \frac{1}{x}\right)^2, \quad x \neq 0 \\ f_2(x) &= \cos(x^2)\cos^2 x, \quad x \in \mathbb{R} \\ f_3(x) &= \ln\left(\frac{e^x - 1}{e^x}\right), \quad x \neq 0 \\ f_4(x) &= x^{x^x}, \quad x > 0 \end{aligned}$$

auf dem jeweiligen Definitionsbereich der Funktion.

Aufgabe 15.7 •• Zeigen Sie durch eine vollständige Induktion die Ableitungen

$$\frac{d^n}{dx^n}(e^x \sin x) = (\sqrt{2})^n e^x \sin\left(x + \frac{n\pi}{4}\right)$$

für $n = 0, 1, 2, \ldots$

Aufgabe 15.8 •• Wenden Sie das Newton-Verfahren an, um die Nullstelle $x = 0$ der beiden Funktionen

$$f(x) = \begin{cases} x^{4/3}, & x \geq 0, \\ -|x|^{4/3}, & x < 0 \end{cases}$$

und

$$g(x) = \begin{cases} \sqrt{x}, & x \geq 0, \\ -\sqrt{|x|}, & x < 0 \end{cases}$$

zu bestimmen. Falls das Verfahren konvergiert, geben Sie die Konvergenzordnung an und ein Intervall für mögliche Startwerte.

Aufgabe 15.9 • Zeigen Sie, dass die Abschätzungen

$$\frac{\pi}{4} \leq \arctan(x) + \frac{1-x}{1+x^2} \leq \frac{\pi}{2}$$

für alle $x \in \mathbb{R}_{\geq 0}$ gelten.

Aufgabe 15.10 •• Bestimmen Sie die Potenzreihe zu $f\colon \mathbb{R}_{>0} \to \mathbb{R}$ mit $f(x) = 1/x^2$ um den Entwicklungspunkt $x_0 = 1$ und ihren Konvergenzradius.

Aufgabe 15.11 • Bestimmen Sie zu

$$f(x) = x^3 \cosh\left(\frac{x^3}{6}\right)$$

die Werte der 8. und 9. Ableitung an der Stelle $x = 0$.

Aufgabe 15.12 • Bestimmen Sie die Taylorreihe zu $f\colon \mathbb{R} \to \mathbb{R}$ mit $f(x) = x\exp(x-1)$ zum einen direkt und andererseits mithilfe der Potenzreihe zur Exponentialfunktion. Untersuchen Sie weiterhin die Reihe auf Konvergenz.

Aufgabe 15.13 •• Zeigen Sie für $|x| < 1$ die Taylorformel

$$\begin{aligned} &\ln\frac{1-x}{1+x} \\ &= -2\left(x + \frac{x^3}{3} + \cdots + \frac{x^{2n-1}}{2n-1}\right) + r_{2n}(x;0) \end{aligned}$$

mit dem Restglied

$$r_{2n}(x;0) = \frac{-x^{2n+1}}{2n+1}\left(\frac{1}{(1+tx)^{2n+1}} + \frac{1}{(1-tx)^{2n+1}}\right)$$

für ein $t \in (0,1)$.

Approximieren Sie mithilfe des Taylorpolynoms vom Grad $n = 2$ den Wert $\ln(2/3)$ und zeigen Sie, dass der Fehler kleiner als $5 \cdot 10^{-4}$ ist.

Aufgabe 15.14 • Berechnen Sie die vier Grenzwerte

$$\lim_{x\to\infty} \frac{\ln(\ln x)}{\ln x}, \qquad \lim_{x\to 0} \frac{1}{e^x - 1} - \frac{1}{x},$$

$$\lim_{x\to 0} \cot(x)(\arcsin(x)), \qquad \lim_{x\to a} \frac{x^a - a^x}{a^x - a^a}, \quad a \in \mathbb{R}_{>0}\backslash\{1\}.$$

Aufgabe 15.15 • Bestimmen Sie eine Konstante $c \in \mathbb{R}$, sodass die Funktion $f\colon [-\pi/2, \pi/2] \to \mathbb{R}$

$$f(x) = \begin{cases} (\cos x)^{\frac{1}{x^2}}, & x \neq 0, \\ c, & x = 0 \end{cases}$$

stetig ist.

Beweisaufgaben

Aufgabe 15.16 • Beweisen Sie induktiv die Leibniz'sche Formel für die n-te Ableitung eines Produkts zweier n-mal differenzierbarer Funktionen f und g:

$$(fg)^{(n)} = \sum_{k=0}^{n} \binom{n}{k} f^{(k)} g^{(n-k)} \quad \text{für} \quad n \in \mathbb{N}_0 .$$

Aufgabe 15.17 •• Zeigen Sie, dass es genau eine Funktion $f\colon \mathbb{R}_{>0} \to \mathbb{R}$ gibt (den Logarithmus), mit den beiden Eigenschaften:

$$f(xy) = f(x) + f(y), \quad f(x) \leq x - 1,$$

indem Sie beweisen: f ist differenzierbar mit der Ableitung $f'(x) = \frac{1}{x}$.

Aufgabe 15.18 •• Zeigen Sie, dass der verallgemeinerte Mittelwert für $x \to 0$ gegen das geometrische Mittel positiver Zahlen $a_1, \ldots a_k \in \mathbb{R}_{>0}$ konvergiert, d. h., es gilt:

$$\lim_{x\to 0} \left(\frac{1}{n} \sum_{j=1}^{n} a_j^x \right)^{\frac{1}{x}} = \sqrt[n]{\prod_{j-1}^{n} a_j} .$$

Aufgabe 15.19 •• Gegeben sind Zahlen $x_j \in [a, b]$, $\lambda_j \in (0, 1)$ für $j = 1, \ldots, n$ und $\sum_{j=1}^{n} \lambda_j = 1$.

(a) Zeigen Sie, dass für eine konvexe Funktion $f\colon [a, b] \to \mathbb{R}$ die Ungleichung

$$f\left(\sum_{j=1}^{n} \lambda_j x_j \right) \leq \sum_{j=1}^{n} \lambda_j f(x_j)$$

gilt.

(b) Beweisen Sie für positive Zahlen $x_j \geq a > 0$ die Ungleichung zwischen gewichteten arithmetischen und geometrischen Mittelwerten:

$$\prod_{j=1}^{n} x_j^{\lambda_j} \leq \sum_{j=1}^{n} \lambda_j x_j .$$

Aufgabe 15.20 ••• Zeigen Sie, dass eine konvexe Funktion $f\colon [a, b] \to \mathbb{R}$ auf einem kompakten Intervall $[a, b]$

(a) nach oben beschränkt und

(b) in $x \in (a, b)$ stetig ist.

Aufgabe 15.21 •• Begründen Sie, dass eine $2n$-mal stetig differenzierbare Funktion $f\colon (a, b) \to \mathbb{R}$ mit der Eigenschaft

$$f'(\hat{x}) = \cdots = f^{(2n-1)}(\hat{x}) = 0$$

und

$$f^{(2n)}(\hat{x}) > 0$$

im Punkt $\hat{x} \in (a, b)$ ein Minimum hat.

Aufgabe 15.22 • Beweisen Sie zur Taylorformel die Restglieddarstellung von Schlömilch:

$$r_n(x; x_0) = \frac{(x - x_0)^{n+1}}{n!\, p} (1-\tau)^{n+1-p} f^{(n+1)}(x_0 + \tau(x - x_0))$$

mit $p \in \mathbb{N}$, indem sie den verallgemeinerten Mittelwertsatz anwenden auf die Funktion $F\colon \mathbb{R} \to \mathbb{R}$ aus dem Beweis zum Cauchy'schen Restglied und die Funktion $G\colon \mathbb{R} \to \mathbb{R}$ mit $G(y) = (x - y)^p$.

Aufgabe 15.23 ••• Neben dem Newton-Verfahren gibt es zahlreiche andere iterative Methoden zur Berechnung von Nullstellen von Funktionen. Das sogenannte *Halley-Verfahren* etwa besteht ausgehend von einem Startwert x_0 in der Iterationsvorschrift

$$x_{j+1} = x_j - \frac{f(x_j) f'(x_j)}{(f'(x_j))^2 - \frac{1}{2} f''(x_j) f(x_j)}, \quad j \in \mathbb{N} .$$

Beweisen Sie mithilfe der Taylorformeln erster und zweiter Ordnung, dass das Verfahren in einer kleinen Umgebung um eine Nullstelle $\hat{x}$ einer dreimal stetig differenzierbaren Funktion $f\colon D \to \mathbb{R}$ mit der Eigenschaft $f'(\hat{x}) \neq 0$ sogar kubisch konvergiert, d. h., es gilt in dieser Umgebung

$$|\hat{x} - x_{j+1}| \leq c |\hat{x} - x_j|^3$$

mit einer von j unabhängigen Konstanten $c > 0$.

Hinweise

Verständnisfragen

Aufgabe 15.1 • Man verwende die Taylorformel 1. Ordnung.

Aufgabe 15.2 •• Betrachten Sie zum einen die Grenzwerte der Funktionen und ihrer Ableitungsfunktionen in $x = 0$ und zum anderen die Grenzwerte der Differenzenquotienten.

Aufgabe 15.3 •• Mit den binomischen Formeln folgt allgemein $2ab \leq a^2 + b^2$ für $a, b \in \mathbb{R}$.

Aufgabe 15.4 •• Bestimmen Sie die Tangente an der Erdkugel, die den Horizont berührt und die Spitze des Turms trifft.

Aufgabe 15.5 • Machen Sie sich durch eine Skizze die beiden Bedingungen an f anschaulich klar. Daraus ergibt sich eine Beweisidee.

Rechenaufgaben

Aufgabe 15.6 • Wenden Sie passende Kombinationen von Produkt- und Kettenregel an.

Aufgabe 15.7 •• Verwenden Sie das Additionstheorem

$$\sin x + \cos x = \frac{\sin\left(x + \frac{\pi}{4}\right)}{\sin\frac{\pi}{4}}, \quad x \in \mathbb{R}.$$

Aufgabe 15.8 •• Mit der Iterationsvorschrift lässt sich die Differenz $|x_{k+1} - x_k|$ abschätzen.

Aufgabe 15.9 • Berechnen Sie kritische Punkte des eingeschachtelten Funktionsausdrucks, dessen Randwert bei $x = 0$ und das Verhalten für den Grenzfall $x \to \infty$.

Aufgabe 15.10 •• Betrachten Sie die Potenzreihe zum Ausdruck $1/x$ und die Ableitung.

Aufgabe 15.11 • Nutzen Sie, dass die Potenzreihe der Funktion die Taylorreihe zu f ist.

Aufgabe 15.12 • Mit einer Induktion lässt sich die n-te Ableitung zeigen.

Aufgabe 15.13 •• Nutzen Sie die Darstellung $f(x) = \ln(1 - x) - \ln(1 + x)$ und berechnen Sie die n-te Ableitung. Für die Fehlerabschätzung muss eine passende Stelle x in die Taylorformel eingesetzt werden.

Aufgabe 15.14 • In allen vier Beispielen lässt sich die L'Hospital'sche Regel gegebenenfalls nach Umformungen des Ausdrucks anwenden.

Aufgabe 15.15 • Stetigkeit bedeutet insbesondere, dass der Grenzwert für $x \to 0$ mit dem Funktionswert bei $x = 0$ übereinstimmt.

Beweisaufgaben

Aufgabe 15.16 • Es gilt $\binom{n}{k} + \binom{n}{k+1} = \binom{n+1}{k+1}$.

Aufgabe 15.17 •• Man betrachte den Differenzenquotienten zu f und nutze die Eigenschaft $f(1/x) = -f(x)$.

Aufgabe 15.18 •• Schreiben Sie die allgemeine Potenz mithilfe der Exponentialfunktion und dem natürlichen Logarithmus und überlegen Sie sich, dass der Grenzwert des Exponenten mit der L'Hospital'schen Regel gefunden werden kann.

Aufgabe 15.19 •• Beachten Sie für Teilaufgabe (a), dass etwa $\sum_{j=1}^{n-1} \lambda_j = 1 - t$ für $t = \lambda_n$ ist. Überlegen Sie sich für Teil (b) zunächst, dass $-\ln\colon \mathbb{R}_{>0} \to \mathbb{R}$ eine konvexe Funktion ist.

Aufgabe 15.20 ••• zu (a): Für eine Schranke zu $f(x)$ an einer Stelle $x \in [a, b]$ schreibe x als Konvexkombination von a und b.

zu (b): Versuchen Sie einen Widerspruch zur Beschränktheit zu konstruieren, wenn es eine Unstetigkeitsstelle gibt. Dazu ist die ε, δ-Definition der Stetigkeit zu negieren.

Aufgabe 15.21 •• Überlegen Sie sich, dass die Bedingungen strenge Monotonie der $(2n - 1)$-ten Ableitungsfunktion mit sich bringt und somit der Vorzeichenwechsel zeigt, dass die $(2n - 2)$-te Ableitung ein Minimum in $\hat{x}$ besitzt. Argumentieren Sie dann induktiv.

Aufgabe 15.22 • Wenden Sie den verallgemeinerten Mittelwertsatz auf den Quotienten $\frac{F(x_0+h)-F(x_0)}{G(x_0+h)-G(x_0)}$ an.

Aufgabe 15.23 ••• Einsetzen der Iterationsvorschrift bezüglich x_j, Ausklammern des Nenners und Verwenden der Taylorformel zweiter Ordnung mit der Lagrange'schen Restglieddarstellung sind erste wichtige Schritte für die gesuchte Abschätzung. Überlegen Sie sich auch, dass der Nenner in der Iterationsvorschrift in einer Umgebung um $\hat{x}$ nicht null wird.

Lösungen

Verständnisfragen

Aufgabe 15.1 • –

Aufgabe 15.2 •• Für $x \neq 0$ sind die Funktionen stetig differenzierbar. In $x = 0$ ist f_1 stetig aber nicht differenzierbar, f_2 differenzierbar, aber nicht stetig differenzierbar und f_3 stetig differenzierbar.

Aufgabe 15.3 •• –

Aufgabe 15.4 •• Die Entfernung beträgt

$$L = \sqrt{2Rh + h^2} \approx 11\,\text{km}.$$

Aufgabe 15.5 • –

Rechenaufgaben

Aufgabe 15.6 •

$$f_1'(x) = 2\left(x - \frac{1}{x^3}\right)$$
$$f_2'(x) = -2x\sin(x^2)\cos^2 x - 2\cos(x^2)\cos x\sin x$$
$$f_3'(x) = \frac{1}{e^x - 1}$$
$$f_4'(x) = x^{(x^x)}\left(x^{(x-1)} + x^x \ln x(\ln x + 1)\right)$$

Aufgabe 15.7 •• –

Aufgabe 15.8 •• Für die Funktion f ist das Newton-Verfahren linear-konvergent. Im zweiten Fall divergiert das Verfahren.

Aufgabe 15.9 • –

Aufgabe 15.10 •• Es gilt:

$$\frac{1}{x^2} = \sum_{n=0}^{\infty}(n+1)(-1)^n(x-1)^n$$

für $x \in (0, 2)$.

Aufgabe 15.11 • $f^{(8)}(0) = 0$ und $f^{(9)}(0) = 7!$.

Aufgabe 15.12 • Die Taylorreihe/Potenzreihe lautet:

$$f(x) = \sum_{n=0}^{\infty}\frac{n+1}{n!}(x-1)^n$$

für $x \in \mathbb{R}$, d. h., der Konvergenzradius ist unendlich.

Aufgabe 15.13 •• –

Aufgabe 15.14 •

$$\lim_{x\to\infty}\frac{\ln(\ln x)}{\ln x} = 0$$
$$\lim_{x\to a}\frac{x^a - a^x}{a^x - a^a} = \frac{1 - \ln a}{\ln a}$$
$$\lim_{x\to 0}\frac{1}{e^x - 1} - \frac{1}{x} = -\frac{1}{2}$$
$$\lim_{x\to 0}\cot(x)(\arcsin(x)) = 1$$

Aufgabe 15.15 • Mit $c = 1/\sqrt{e}$ ist f stetig auf $[-\pi/2, \pi/2]$.

Beweisaufgaben

Aufgabe 15.16 • –

Aufgabe 15.17 •• –

Aufgabe 15.18 •• –

Aufgabe 15.19 •• –

Aufgabe 15.20 ••• –

Aufgabe 15.21 •• –

Aufgabe 15.22 • –

Aufgabe 15.23 ••• –

Lösungswege

Verständnisfragen

Aufgabe 15.1 • Wir setzen voraus, dass $f\colon (a, b) \to \mathbb{R}$ differenzierbar ist mit konstanter Ableitung $f'(x) = c \in \mathbb{R}$ für alle $x \in (a, b)$. Dann ist f' differenzierbar und es gilt $f''(x) = 0$ für $x \in (a, b)$. Wählen wir irgendeinen Entwicklungspunkt $x_0 \in (a, b)$, so ergibt die Taylorformel mit der Lagrange-Darstellung des Restglieds

$$\begin{aligned} f(x) &= f(x_0) + f'(x_0)(x - x_0) + r_1(x; x_0) \\ &= f(x_0) + c(x - x_0) + \frac{1}{2}\underbrace{f''(\xi)}_{=0}(x - x_0)^2 \\ &= cx + \underbrace{(f(x_0) - c\,x_0)}_{\text{konstant}}. \end{aligned}$$

Die Darstellung zeigt, dass f affin-linear ist.

Aufgabe 15.2 •• Aufgrund der Differenziationsregeln ist f_n für $n = 1, 2, 3$ in jedem Punkt $x > 0$ differenzierbar mit:

$$f_1'(x) = \cos\frac{1}{x} + \frac{1}{x}\sin\frac{1}{x}$$
$$f_2'(x) = 2x\cos\frac{1}{x} + \sin\frac{1}{x}$$
$$f_3'(x) = 3x^2\cos\frac{1}{x} + x\sin\frac{1}{x}$$

Insbesondere ist f_n' in jedem Punkt $x \neq 0$ stetig differenzierbar.

Wir müssen noch die Stelle $x = 0$ untersuchen. Mit dem Grenzwert

$$\lim_{x\to 0}|f_1(x)| = \lim_{x\to 0}|x\cos\frac{1}{x}| \leq \lim_{x\to 0}|x| = 0$$

folgt, dass f_1 in $x = 0$ stetig ist. f_1 ist in $x = 0$ aber nicht differenzierbar; denn der Limes des Differenzenquotienten

$$\lim_{x\to 0}\frac{f_1(x) - f(0)}{x - 0} = \lim_{x\to 0}\cos\frac{1}{x}$$

existiert nicht. Um das zu sehen, wählen wir die beiden Nullfolgen $a_n = \frac{1}{2n\pi}$ und $b_n = \frac{1}{2n\pi+\pi}$, die eingesetzt in f_1 auf unterschiedliche Grenzwerte führen.

Für die zweite und dritte Funktion folgt Stetigkeit in $x = 0$ analog zum ersten Fall. Weiter erhalten wir für den Differenzenquotienten

$$\lim_{x\to 0} \frac{f_n(x) - f(0)}{x - 0} = \lim_{x\to 0} x^{n-1} \cos\frac{1}{x} = 0$$

für $n = 2, 3$. Also ist f_n in $x = 0$ differenzierbar.

f_2 ist in $x = 0$ aber nicht stetig differenzierbar, da

$$\lim_{x\to 0} f_2'(x) = \lim_{x\to 0} 2x\cos\frac{1}{x} + \sin\frac{1}{x}$$

nicht existiert, was wir diesmal mit den beiden Nullfolgen $a_n = \frac{1}{2n\pi}$ und $b_n = \frac{1}{2n\pi+\pi/2}$ sehen. Im Gegensatz zu f_2 ist f_3 in $x = 0$ stetig differenzierbar, denn der Grenzwert

$$\begin{aligned}\lim_{x\to 0} |f_3'(x)| &= \lim_{x\to 0} |3x^2\cos\frac{1}{x} + x\sin\frac{1}{x}| \\ &= \lim_{x\to 0} 3x^2 + |x| = 0\end{aligned}$$

existiert und ist identisch mit dem Grenzwert des Differenzenquotienten in $x = 0$.

Aufgabe 15.3 •• Wir setzen $z = \lambda x + (1-\lambda)y$ mit $\lambda \in (0,1)$ und $x, y \in \mathbb{R}$ in die Funktion ein und schätzen den Ausdruck zweimal mithilfe der allgemeinen Ungleichung $2ab \le a^2 + b^2$ ab. Dies führt auf die Konvexitätsbedingung:

$$\begin{aligned}f(\lambda x + (1-\lambda)y) &= (\lambda x + (1-\lambda)y)^4 \\ &= \left(\lambda^2x^2 + 2\lambda(1-\lambda)xy + (1-\lambda)^2y^2\right)^2 \\ &\le \left(\lambda^2x^2 + \lambda(1-\lambda)(x^2+y^2) + (1-\lambda)^2y^2\right)^2 \\ &= \Big(\underbrace{(\lambda^2 + \lambda(1-\lambda))}_{=\lambda}x^2 + \underbrace{(\lambda(1-\lambda) + (1-\lambda)^2)}_{=(1-\lambda)}y^2\Big)^2 \\ &= \left(\lambda x^2 + (1-\lambda)y^2\right)^2 \\ &= \lambda^2x^4 + 2\lambda(1-\lambda)x^2y^2 + (1-\lambda)^2y^4 \\ &\le \lambda^2x^4 + \lambda(1-\lambda)(x^4+y^4) + (1-\lambda)^2y^4 \\ &= (\lambda^2 + \lambda(1-\lambda))x^4 + ((1-\lambda)^2 + \lambda(1-\lambda))y^4 \\ &= \lambda f(x) + (1-\lambda)f(y)\end{aligned}$$

b) Mit $f(x) = x^4$ und $f'(x) = 4x^3$ erhalten wir

$$\begin{aligned}f'(x)(y-x) &= 4x^3(y-x) \\ &= (4xy - 4x^2)x^2 \\ &\le (2(x^2+y^2) - 4x^2)x^2 \\ &= (2y^2 - 2x^2)x^2 \\ &= 2y^2x^2 - 2x^4 \\ &\le x^4 + y^4 - 2x^4 = y^4 - x^4 = f(y) - f(x),\end{aligned}$$

wiederum mit der Abschätzung aus dem Hinweis.

Abschließend überlegen wir uns noch, wie aus der allgemeinen Bedingung

$$f'(x)(y-x) \le f(y) - f(x)$$

für alle $x, y \in D$ folgt, dass die Funktion konvex ist. Dazu betrachten wir für $\lambda \in [0,1]$ die Differenz

$$\begin{aligned}&\lambda f(x) + (1-\lambda)f(y) - f(\lambda x + (1-\lambda)y) \\ &\quad= \lambda\left(f(x) - f(\lambda x + (1-\lambda)y)\right) \\ &\qquad+ (1-\lambda)\left(f(y) - f(\lambda x + (1-\lambda)y)\right) \\ &\quad\ge \lambda f'(\lambda x + (1-\lambda)y)\,(\lambda x + (1-\lambda)y - x) \\ &\qquad+ (1-\lambda)f'(\lambda x + (1-\lambda)y)\,(\lambda x + (1-\lambda)y - y) \\ &\quad= \lambda(1-\lambda)f'(\lambda x + (1-\lambda)y)\,(y-x) \\ &\qquad+ (1-\lambda)\lambda f'(\lambda x + (1-\lambda)y)\,(x-y) = 0.\end{aligned}$$

Also folgt aus der Bedingung für die Ableitung Konvexität der Funktion f.

Aufgabe 15.4 •• Wir betrachten eine Schnittebene

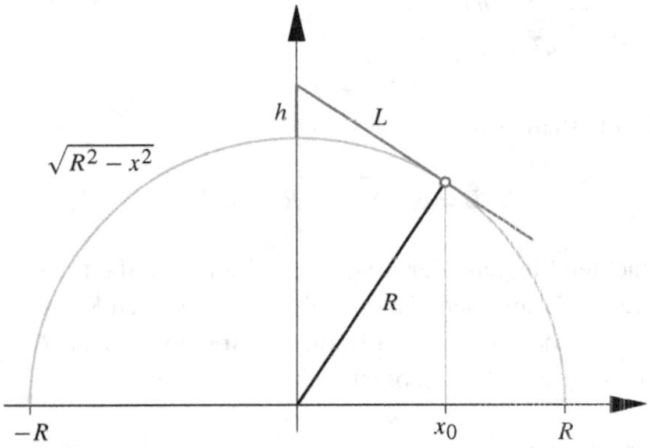

Abbildung 15.1 Sichtweite auf der Erdkugel von einem Turm aus.

(siehe Abbildung) und beschreiben die Erdoberfläche als Kreis um den Ursprung in dieser Ebene. Den Turm platzieren wir in den Punkt $(0, R)$ und den oberen Halbkreis fassen wir als den Graphen der Funktion

$$f\colon [-R, R] \to \mathbb{R} \quad \text{mit } f(x) = \sqrt{R^2 - x^2}$$

auf. Eine Tangente an diesen Graphen an einer Stelle $x_0 \in [-R, R]$ ist gegeben durch die Linearisierung

$$g(x) = f(x_0) + f'(x_0)(x - x_0).$$

Gesucht ist die Tangente mit der Eigenschaft $g(0) = R + h$. Also erhalten wir für x_0 die Bedingung

$$\begin{aligned}R + h &= f(x_0) + f'(x_0)(x - x_0) \\ &= \sqrt{R^2 - x_0^2} - \frac{x_0}{\sqrt{R^2 - x_0^2}}(-x_0) \\ &= \sqrt{R^2 - x_0^2} + \frac{x_0^2}{\sqrt{R^2 - x_0^2}}\end{aligned}$$

bzw.

$$(R+h)^2 = R^2 - x_0^2 + \frac{x_0^4}{R^2 - x_0^2}.$$

Wir formen die Gleichung weiter um zu

$$(R+h)^2(R^2 - x_0^2) = R^4 - x_0^4 + x_0^4 = R^4$$

und es folgt

$$x_0^2 = R^2 - \frac{R^4}{(R+h)^2} = R^2\left(1 - \frac{R^2}{(R+h)^2}\right).$$

Für den Funktionswert an dieser Stelle x_0 erhalten wir $y_0^2 = R^2 - x_0^2 = R^4/(R+h)^2$. Mit dem Satz des Pythagoras ergibt sich so die gesuchte Entfernung L aus

$$\begin{aligned} L^2 &= x_0^2 + (R+h-y_0)^2 \\ &= R^2\left(1 - \frac{R^2}{(R+h)^2}\right) + \left(R+h - \frac{R^2}{(R+h)}\right)^2 \\ &= (R+h)^2 - R^2 \\ &= h^2 + 2hR. \end{aligned}$$

Damit erhalten wir die Entfernung

$$L = \sqrt{h^2 + 2hR} \approx 11\,\text{km}.$$

Beachten Sie, dass der wesentliche Teil der Arbeit darin besteht, nachzuweisen, dass die Tangente an einen Kreis senkrecht auf dem Radius im Berührungspunkt ist. Der Rest ist dann eine elementargeometrische Überlegung.

Aufgabe 15.5 •

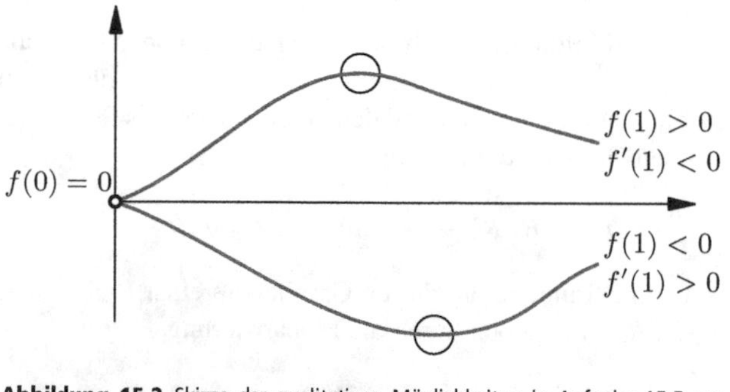

Abbildung 15.2 Skizze der qualitativen Möglichkeiten in Aufgabe 15.5 am rechten Intervallrand.

Wegen des Mittelwertsatzes gibt es eine Stelle $\xi \in (0, 1)$ mit

$$f(1) = f(1) - f(0) = f'(\xi)(1-0)$$

Also ist $f'(\xi)f'(1) = f(1)f'(1) < 0$, d.h. $f'(\xi)$ und $f'(1)$ haben unterschiedliche Vorzeichen. Da f' stetig ist, folgt mit dem Zwischenwertsatz, dass es eine Stelle $\hat{x} \in [\xi, 1]$ gibt mit $f'(\hat{x}) = 0$.

Rechenaufgaben

Aufgabe 15.6 • Wir fassen den Ausdruck zu f_1 als Verkettung von y^2 und $x + \frac{1}{x}$ auf und nutzen die Kettenregel. Somit folgt

$$\begin{aligned} f_1'(x) &= 2\left(x + \frac{1}{x}\right)\left(1 - \frac{1}{x^2}\right) \\ &= 2\left(x + \frac{1}{x} - \frac{1}{x} - \frac{1}{x^3}\right) \\ &= 2(x - \frac{1}{x^3}). \end{aligned}$$

In nächsten Beispiel muss die Produktregel angewandt werden und bei den Faktoren $\cos(x^2)$ und $\cos^2 x$ ist die Kettenregel angebracht. Insgesamt errechnen wir

$$\begin{aligned} f_2'(x) &= \left(\cos(x^2)\cos^2 x\right) \\ &= -2x\sin(x^2)\cos^2 x - 2\cos(x^2)\cos x\,\sin x. \end{aligned}$$

Den dritten Term schreiben wir um zu

$$f_3(x) = \ln\left(\frac{e^x - 1}{e^x}\right) = \ln(e^x - 1) - \ln(e^x) = \ln(e^x - 1) - x$$

und bilden die Ableitung unter Nutzung der Kettenregel:

$$f_3'(x) = \frac{1}{e^x - 1}e^x - 1 = \frac{1}{e^x - 1}.$$

Im letzten Beispiel schreiben wir

$$x^{x^x} = e^{\ln x\, e^{x \ln x}}$$

und bilden die Ableitung mithilfe der Kettenregel

$$\begin{aligned} f_4'(x) &= e^{\ln x\, e^{x\ln x}}\left(\frac{1}{x}e^{x\ln x} + \ln x e^{x\ln x}(\ln x + 1)\right) \\ &= x^{x^x}\left(x^{x-1} + x^x \ln x(\ln x + 1)\right). \end{aligned}$$

Aufgabe 15.7 •• Ein Induktionsanfang für $n = 0$ mit $\frac{d^0}{dx^0} f(x) = f(x)$ ist offensichtlich.

Beginnen wir also mit der Annahme, dass die angegebene Ableitungsformel bis zu $n \in \mathbb{N}$ gültig ist. Es folgt mit dem Additionstheorem

$$\sin x + \cos x = \frac{\sin\left(x + \frac{\pi}{4}\right)}{\sin\frac{\pi}{4}}, \quad x \in \mathbb{R}.$$

für die nächst höhere Ableitung

$$\begin{aligned} \frac{d^{n+1}}{dx^{n+1}}(e^x \sin x) &= \frac{d}{dx}\left(\frac{d^n}{dx^n}(e^x \sin x)\right) \\ &= \frac{d}{dx}\left(\sqrt{2}^n e^x \sin(x + \frac{n\pi}{4})\right) \\ &= \sqrt{2}^n\, e^x\left(\sin(x + \frac{n\pi}{4}) + \cos(x + \frac{n\pi}{4})\right) \\ &= \sqrt{2}^n e^x \underbrace{(\sin\frac{\pi}{4})^{-1}}_{=\sqrt{2}} \sin(x + \frac{n\pi}{4} + \frac{\pi}{4}) \\ &= \sqrt{2}^{n+1} e^x \sin(x + \frac{(n+1)\pi}{4}). \end{aligned}$$

Damit ist die Induktion abgeschlossen und wir haben gezeigt, dass die Formel für alle $n \in \mathbb{N}$ gilt.

Aufgabe 15.8 •• Für die Funktion f gilt

$$f'(x) = \begin{cases} \frac{4}{3}\sqrt[3]{x}, & x > 0 \\ \frac{4}{3}\sqrt[3]{-x}, & x < 0 \end{cases}$$

Für das Newton-Verfahren erhalten wir somit die Iterationsvorschrift

$$x_{k+1} = x_k - \frac{f(x_k)}{f'(x_k)} = \frac{1}{4}x_k,$$

für $x \neq 0$. Das Verfahren konvergiert in diesem Fall linear gegen null, denn es gilt

$$|x_{k+1} - x_k| \leq \frac{3}{4}|x_k|.$$

Aus $|x_{k+1}| \leq \left(\frac{3}{4}\right)^{k+1}|x_0| \to 0$ für $k \to \infty$ resultiert in diesem Fall Konvergenz. Das Resultat ist kein Widerspruch zur quadratischen Konvergenz der allgemeinen Theorie, da f in 0 nicht zweimal stetig differenzierbar ist.

b) Es gilt $f'(x) = \frac{1}{2\sqrt{|x|}}$ für $x \neq 0$. Damit folgt, wenn wir das Newton-Verfahren anwenden, für $x_k > 0$

$$x_{k+1} = x_k - 2\sqrt{x_k}\sqrt{x_k} = -x_k,$$

und für $x_k < 0$

$$x_{k+1} = x_k + 2\sqrt{-x_k}\sqrt{-x_k} = -x_k.$$

Die Folge springt mit $x_{2n} = x_0$ und $x_{2n+1} = -x_0$. Das Newton-Verfahren ist nicht konvergent.

Aufgabe 15.9 • Wir definieren die stetig differenzierbare Funktion $f\colon \mathbb{R}_{\geq 0} \to \mathbb{R}$ mit

$$f(x) = \arctan(x) + \frac{1-x}{1+x^2}$$

und berechnen die Ableitung dieser Funktion,

$$\begin{aligned} f'(x) &= \frac{1}{1+x^2} - \frac{1}{1+x^2} - \frac{2x(1-x)}{(1+x^2)^2} \\ &= \frac{2x(x-1)}{(1+x^2)^2}. \end{aligned}$$

Aus der Gleichung

$$f'(\hat{x}) = 0$$

ergeben sich die kritischen Stellen $\hat{x} = 0$ und $\hat{x} = 1$.

Man erhält den Funktionswert $f(1) = \pi/4$ und im Randpunkt gilt $f(0) = 1$. Für $x \to \infty$ folgt

$$\begin{aligned} \lim_{x\to\infty}\left(\arctan(x) + \frac{1-x}{1+x^2}\right) &= \frac{\pi}{2} + \lim_{x\to\infty}\frac{\frac{1}{x^2} - \frac{1}{x}}{\frac{1}{x^2} + 1} \\ &= \frac{\pi}{2}. \end{aligned}$$

Da die Funktion stetig ist, müssen alle Funktionswerte zwischen dem Minimum und dem Maximum dieser drei Werte liegen. Die Überlegung liefert uns die gesuchte Abschätzung

$$\frac{\pi}{4} \leq \arctan(x) + \frac{1-x}{1+x^2} \leq \frac{\pi}{2}$$

für alle $x \in \mathbb{R}_{\geq 0}$ (siehe Abbildung).

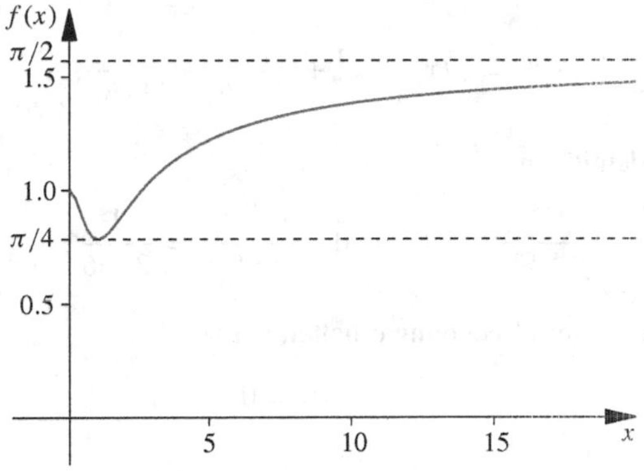

Aufgabe 15.10 •• Die Funktion $f\colon (0,2) \to \mathbb{R}$ mit $f(x) = 1/x$ lässt sich mit der geometrischen Reihe als Potenzreihe um $x_0 = 1$ darstellen,

$$f(x) = \frac{1}{1-(1-x)} = \sum_{n=0}^{\infty}(-1)^n(x-1)^n$$

mit dem Konvergenzradius $r = 1$. Damit ergibt sich für die Ableitung

$$\begin{aligned} f'(x) &= \sum_{n=1}^{\infty} n(-1)^n(x-1)^{n-1} \\ &= -\sum_{n=0}^{\infty}(n+1)\,(-1)^n(x-1)^n. \end{aligned}$$

Andererseits erhalten wir für $f(x) = x^{-1}$ die Ableitung

$$f'(x) = -x^{-2} = -\frac{1}{x^2}.$$

Aus der allgemeinen Aussage, dass die Potenzreihe differenzierbar ist und im Konvergenzintervall die Ableitung darstellt folgt die Potenzreihendarstellung

$$\frac{1}{x^2} = \sum_{n=0}^{\infty}(n+1)\,(-1)^n(x-1)^n$$

für $x \in (0,2)$.

Aufgabe 15.11 • Mit der für ganz $\mathbb{R}$ konvergierenden Potenzreihe des Kosinus hyperbolicus

$$\cosh(x) = \sum_{k=0}^{\infty}\frac{x^{2k}}{(2k)!}$$

können wir die Potenzreihe von f angeben:

$$f(x) = x^3 \cosh\left(\frac{x^3}{6}\right) = \sum_{k=0}^{\infty} \frac{x^{6k+3}}{36^k (2k)!}.$$

Der Konvergenzkreis dieser Potenzreihe umfasst ganz $\mathbb{R}$ bzw. $\mathbb{C}$ und sie ist auch die entsprechende Taylorreihe zu f. Vergleichen wir den 8. und 9. Koeffizienten der formalen Taylorreihe mit der bestimmten Potenzreihe, so folgen aus

$$\sum_{n=0}^{\infty} \frac{f^{(n)}}{n!} x^n = f(x) = x^3 + \frac{x^9}{2 \cdot 36} + \frac{x^{15}}{24 \cdot 36^2} + \ldots.$$

die Identitäten

$$\frac{f^{(8)}(0)}{8!} = 0 \quad \text{und} \quad \frac{f^{(9)}(0)}{9!} = \frac{1}{2 \cdot 36}.$$

Ohne weitere Rechnung erhalten wir

$$f^{(8)}(0) = 0$$

und

$$f^{(9)}(0) = \frac{9!}{2 \cdot 36} = 7!.$$

Aufgabe 15.12 • Erste Variante: Wir berechnen die Ableitungen der Funktion zu

$$\begin{aligned} f'(x) &= e^{x-1} + xe^{x-1} = (x+1)e^{x-1} \\ f''(x) &= e^{x-1} + (x+1)e^{x-1} = (x+2)e^{x-1} \\ &\vdots \end{aligned}$$

Daraus lässt sich vermuten, dass

$$f^{(n)}(x) = (x+n)e^{x-1}$$

ist. Eine vollständige Induktion mit dem Induktionsschritt

$$\begin{aligned} f^{(n+1)}(x) &= \left((x+n)e^{x-1}\right)' \\ &= e^{x-1} + (x+n)e^{x-1} = (x+n+1)e^{x-1} \end{aligned}$$

belegt die Vermutung.

Ausgewertet an der Stelle $x = 0$ erhalten wir die Taylorreihe

$$T(x) = \sum_{n=0}^{\infty} \frac{f^{(n)}(1)}{n!}(x-1)^n = \sum_{n=0}^{\infty} \frac{n+1}{n!}(x-1)^n.$$

Mit

$$\left| \frac{(n+2)\, n!(x-1)^{n+1}}{(n+1)\,(n+1)!(x-1)^n} \right| = \frac{(n+2)}{(n+1)^2}|x-1| \to 0,$$

für $n \to \infty$ liefert das Quotientenkriterium, dass die Reihe für alle $x \in \mathbb{R}$ konvergiert. Mit der Restglied-Abschätzung

$$|R_n(x,1)| = \frac{|f^{(n+1)}(\xi)|}{(n+1)!}|x-1|^{n+1} = \frac{1}{n!}|x-1|^{n+1} \to 0$$

für $n \to \infty$ sehen wir auch, dass die Taylorreihe eine Potenzreihe zu f um $x = 1$ liefert.

Zweite Variante: Nutzen wir die Potenzreihe zur Exponentialfunktion, so folgt mit der Zerlegung

$$f(x) = xe^{x-1} = (x-1)e^{x-1} + e^{x-1}$$

die Darstellung

$$\begin{aligned} f(x) &= (x-1)\sum_{n=0}^{\infty} \frac{1}{n!}(x-1)^n + \sum_{n=0}^{\infty} \frac{1}{n!}(x-1)^n \\ &= \sum_{n=1}^{\infty} \frac{1}{(n-1)!}(x-1)^n + \sum_{n=0}^{\infty} \frac{1}{n!}(x-1)^n \\ &= 1 + \sum_{n=1}^{\infty} \left(\frac{1}{(n-1)!} + \frac{1}{n!}\right)(x-1)^n \\ &= \sum_{n=0}^{\infty} \frac{n+1}{n!}(x-1)^n. \end{aligned}$$

Die Reihendarstellung konvergiert für alle $x \in \mathbb{R}$, da die Potenzreihe zur Exponentialfunktion auf ganz $\mathbb{R}$ konvergiert.

Aufgabe 15.13 •• Mit $f(x) = \ln(1-x) - \ln(1+x)$ ergibt sich durch Induktion

$$f^{(n)}(x) = (n-1)!\left(\frac{(-1)^n}{(1+x)^n} - \frac{1}{(1-x)^n}\right).$$

Also ist

$$f^{(n)}(0) = \begin{cases} 0, & \text{für } n \text{ gerade} \\ -2(n-1)!, & \text{für } n \text{ ungerade} \end{cases}$$

und

$$\begin{aligned} &f^{(2n+1)}(tx) \\ &= -(2n)!\left(\frac{1}{(1-tx)^{2n+1}} + \frac{1}{(1+tx)^{2n+1}}\right). \end{aligned}$$

Dies zeigt die gesuchte Taylorformel für $|x| < 1$.

Für die gesuchte Approximation setzen wir $x = 1/5$ in der Taylor-Formel ein. Dann folgt das Restglied

$$r_{2n}(x;0) = \frac{-1}{(2n+1)\,5^{2n+1}}\left(\frac{1}{(1-tx)^{2n+1}} + \frac{1}{(1+tx)^{2n+1}}\right)$$

für ein $t \in (0,1)$. Mit den Abschätzungen

$$1 + \frac{t}{5} > 1 \quad \text{und} \quad 1 - \frac{t}{5} > 4/5$$

ergibt sich

$$|r_{2n}(x;0)| < \frac{1}{2n+1}\left(\frac{1}{4^{2n+1}} + \frac{1}{5^{2n+1}}\right).$$

Für $n = 2$ ist

$$|r_4(x;0)| < \frac{1}{5}\left(\frac{1}{4^5} + \frac{1}{5^5}\right) < \frac{1}{5}\frac{2}{4^5} = \frac{1}{2\,560} < \frac{1}{2\,000},$$

und wir haben die gesuchte Abschätzung des Fehlers.

Aufgabe 15.14 •

- Direktes Anwenden der L'Hospital'schen Regel führt auf den Grenzwert

$$\lim_{x\to\infty} \frac{\ln(\ln x)}{\ln x} = \lim_{x\to\infty} \frac{\frac{1}{\ln x}\cdot\frac{1}{x}}{\frac{1}{x}} = \lim_{x\to\infty} \frac{1}{\ln x} = 0\,.$$

- Im Grenzfall $x = a$ ergibt sich ein unbestimmter Ausdruck von der Form „0/0". Wir können die L'Hospital'sche Regel anwenden und erhalten mit den Ableitungen $(a^x)' = xa^{x-1}$ und $(a^x)' = \ln(a)\, a^x$ den Grenzwert

$$\lim_{x\to a} \frac{x^a - a^x}{a^x - a^a} = \lim_{x\to a} \frac{ax^{a-1} - a^x \ln a}{a^x \ln a} = \frac{a^a - a^a \ln a}{a^a \ln a} = \frac{1-\ln a}{\ln a}\,.$$

- Im dritten Beispiel schreiben wir die Differenz als rationalen Ausdruck, der wiederum im Grenzfall auf einen unbestimmten Ausdruck der Form „0/0" führt. Wenden wir zweimal die L'Hospital'sche Regel an, so folgt

$$\lim_{x\to 0}\left(\frac{1}{e^x-1} - \frac{1}{x}\right) = \lim_{x\to 0} \frac{x - e^x + 1}{(e^x-1)x} = \lim_{x\to 0} \frac{1-e^x}{e^x - 1 + xe^x} = \lim_{x\to 0} \frac{-e^x}{2e^x + xe^x} = \frac{-1}{2}\,.$$

- Auch in diesem Fall hilft die L'Hospital'sche Regel, wenn wir schreiben

$$\lim_{x\to 0} (\cot(x)\arcsin(x)) = \lim_{x\to 0}(\cos x) \lim_{x\to 0} \frac{\arcsin x}{\sin x} = \lim_{x\to 0} \frac{\frac{1}{\sqrt{1-x^2}}}{\cos x} = \lim_{x\to 0} \frac{1}{\sqrt{1-x^2}} = 1.$$

Aufgabe 15.15 • Da die Funktion außerhalb der Stelle $x = 0$ als Verkettung stetiger Funktionen stetig ist, müssen wir nur die Stelle $x = 0$ untersuchen. Wir nutzen die Stetigkeit der Exponentialfunktion und die L'Hospital'sche Regel, um den Grenzwert

$$\begin{aligned}\lim_{x\to 0} (\cos x)^{\frac{1}{x^2}} &= \lim_{x\to 0} \exp\left(\frac{\ln(\cos x)}{x^2}\right)\\ &= \exp\left(\lim_{x\to 0} \frac{\ln(\cos x)}{x^2}\right)\\ &= \exp\left(\lim_{x\to 0} \frac{-\sin x}{2x\cos x}\right)\\ &= \exp\left(\lim_{x\to 0} \frac{-\sin x}{2x\cos x}\right)\\ &= \exp\frac{-1}{2}\left(\lim_{x\to 0}\frac{\sin x}{x}\right)\\ &= \exp\left(\frac{-1}{2}\right) = \frac{1}{\sqrt{e}}\end{aligned}$$

zu berechnen.

Beweisaufgaben

Aufgabe 15.16 • Für einen Induktionsanfang betrachten wir $n = 0$. Es ist $(fg)^{(0)} = fg$ und

$$\sum_{k=0}^{0} \binom{0}{k} f^{(k)} g^{(0-k)} = f^{(0)} g^{(0)} = fg\,.$$

Nun nehmen wir an, dass die Formel für ein $n \in \mathbb{N}$ gilt und führen den Induktionsschluss von n auf $n+1$. Sind f und g $(n+1)$-mal differenzierbar, so folgt mit der Induktionsannahme

$$(fg)^{(n+1)} = \left((fg)^{(n)}\right)' = \sum_{k=0}^{n} \binom{n}{k} \left(f^{(k)} g^{(n-k)}\right)'\,.$$

Wenden wir die Produktregel an und die im Hinweis angegebene Formel zum Binomialkoeffizienten, so ergibt sich die Leibniz'sche Formel aus

$$\begin{aligned}(fg)^{(n+1)} &= \sum_{k=0}^{n} \binom{n}{k}\left(f^{(k+1)} g^{(n-k)} + f^{(k)} g^{(n-k+1)}\right)\\ &= \sum_{k=1}^{n+1} \binom{n}{k-1} f^{(k)} g^{(n-(k-1))} + \sum_{k=0}^{n} \binom{n}{k} f^{(k)} g^{(n-k)}\\ &= \sum_{k=1}^{n} \underbrace{\left(\binom{n}{k-1} + \binom{n}{k}\right)}_{=\binom{n+1}{k}} f^{(k)} g^{(n+1-k)}\\ &\quad + \underbrace{\binom{n}{n}}_{=1=\binom{n+1}{n+1}} f^{(n+1)} g^{(n-(n+1-1))} + \underbrace{\binom{n}{0}}_{=\binom{n+1}{0}} f^{(0)} g^{(n+1)}\\ &= \sum_{k=0}^{n+1} \binom{n+1}{k} f^{(k)} g^{(n+1-k)}\,.\end{aligned}$$

Aufgabe 15.17 •• Aus $f(1) = f(1^2) = 2f(1)$ folgt $f(1) = 0$ und weiter ergibt sich

$$0 = f(1) = f(x\frac{1}{x}) = f(x) + f(\frac{1}{x}).$$

Also gilt $f(\frac{1}{x}) = -f(x)$ für alle $x > 0$.

Damit erhalten wir für $0 < h < x$ die Abschätzungen

$$\begin{aligned}\frac{f(x+h) - f(x)}{h} &= \frac{1}{h} f\left(\frac{x+h}{h}\right)\\ &\leq \frac{1}{h}(\frac{x+h}{x} - 1) = \frac{1}{x}\end{aligned}$$

und

$$\begin{aligned}\frac{f(x+h) - f(x)}{h} &= -\frac{1}{h} f\left(\frac{x}{x+h}\right)\\ &\geq -\frac{1}{h}(\frac{x}{x+h} - 1) = \frac{1}{x+h}\end{aligned}$$

Analog folgt für $h < 0$ mit $|h| < x$

$$\frac{1}{x} \leq \frac{f(x+h) - f(x)}{h} \leq \frac{1}{x+h}.$$

Aufgrund dieser Einschachtelungen exisitiert der Grenzwert des Differenzenquotienten für $h \to 0$, und wir erhalten, dass f differenzierbar ist mit

$$f'(x) = \frac{1}{x}$$

für $x > 0$.

Die Eindeutigkeit von f folgt nun, da sich zwei Funktionen mit gleicher Ableitung höchstens um eine Konstante unterscheiden (siehe Seite 574), und mit der Eigenschaft $f(1) = 0$ diese Konstante eindeutig festgelegt ist.

Aufgabe 15.18 •• Es gilt die Identität

$$\left(\frac{1}{n}\sum_{j=1}^{n} a_j^x\right)^{\frac{1}{x}} = \exp\left(\frac{1}{x}\ln\left(\frac{1}{n}\sum_{j=1}^{n} a_j^x\right)\right).$$

Da die Exponentialfunktion stetig ist, betrachten wir nur den Grenzwert des Exponenten der im Grenzfall $x \to 0$ auf den unbestimmten Ausdruck „$\frac{0}{0}$" führt, denn es ist

$$\begin{aligned}\lim_{x\to 0} \ln\left(\frac{1}{n}\sum_{j=1}^{n} a_j^x\right) &= \ln\left(\frac{1}{n}\sum_{j=1}^{n} \lim_{x\to 0} a_j^x\right)\\ &= \ln\left(\frac{1}{n}\sum_{j=1}^{n} 1\right) = \ln 1 = 0.\end{aligned}$$

Also folgt mit der L'Hospital'schen Regel

$$\begin{aligned}\lim_{x\to 0}\frac{\ln\left(\frac{1}{n}\sum_{j=1}^{n} a_j^x\right)}{x} &= \lim_{x\to 0}\frac{\frac{1}{n}\sum_{j=1}^{n} a_j^x \ln a_j}{1\left(\frac{1}{n}\sum_{j=1}^{n} a_j^x\right)}\\ &= \frac{\sum_{j=1}^{n}\ln a_j}{\sum_{j=1}^{n} 1} = \frac{1}{n}\sum_{j=1}^{n}\ln a_j.\end{aligned}$$

Setzen wir den Grenzwert ein, so folgt die gesuchte Aussage

$$\begin{aligned}\lim_{x\to 0}\left(\frac{1}{n}\sum_{j=1}^{n} a_j^x\right)^{\frac{1}{x}} &= \exp\left(\frac{1}{n}\sum_{j=1}^{n}\ln a_j\right)\\ &= \left(\exp\sum_{j=1}^{n}\ln a_j\right)^{\frac{1}{n}}\\ &= \left(\prod_{j=1}^{n} a_j\right)^{\frac{1}{n}}.\end{aligned}$$

Aufgabe 15.19 •• (a) Im Fall $n = 1$ ist $\lambda_1 = 1$. Die Ungleichung ist offensichtlich erfüllt. Im Fall $n = 2$ ist $\lambda_1 x_1 + \lambda_2 x_2 = (1-t)x_1 + t x_2$ mit $t = \lambda_2$ und die Ungleichung entspricht der Forderung, dass f konvex ist.

Weiter können wir induktiv argumentieren. Sei die Behauptung richtig für ein $n \in \mathbb{N}$. Wir betrachten $n+1$ Zahlen, setzen $t = \lambda_{n+1}$ und somit $(1-t) = \sum_{j=1}^{n}\lambda_j$. Dann ist

$$\sum_{j=1}^{n+1}\lambda_j x_j = (1-t)\left(\sum_{j=1}^{n}\frac{\lambda_j}{(1-t)}x_j\right) + t x_{n+1}$$

eine Konvexkombination. Mit

$$\sum_{j=1}^{n}\frac{\lambda_j}{(1-t)} = 1$$

gilt weiterhin

$$a = \sum_{j=1}^{n}\frac{\lambda_j}{(1-t)}a \leq \sum_{j=1}^{n}\frac{\lambda_j}{(1-t)}x_j \leq \sum_{j=1}^{n}\frac{\lambda_j}{(1-t)}b = b.$$

Somit folgt aus der Konvexität von f auf $[a, b]$ die Ungleichung

$$f\left(\sum_{j=1}^{n+1}\lambda_j x_j\right) \leq (1-t)f\left(\sum_{j=1}^{n}\frac{\lambda_j}{(1-t)}x_j\right) + t f(x_{n+1}).$$

Nach Induktionsvoraussetzung ist

$$f\left(\sum_{j=1}^{n}\frac{\lambda_j}{(1-t)}x_j\right) \leq \sum_{j=1}^{n}\frac{\lambda_j}{(1-t)}f(x_j).$$

Einsetzen in die obige Abschätzung schließt die Induktion ab.

(b) Wir betrachten die Funktion $-\ln\colon \mathbb{R}_{>0} \to \mathbb{R}$. Mit $f'(x) = -\frac{1}{x}$ und $f''(x) = \frac{1}{2x^2}$ ist die zweite Ableitung positiv. Die Funktion ist somit konvex. Also ist nach Teil (a)

$$-\ln\left(\sum_{j=1}^{n}\lambda_j x_j\right) \leq -\sum_{j=1}^{n}\lambda_j \ln(x_j)$$

Nach Multiplikation mit -1 ergibt sich aus der Monotonie der Exponentialfunktion die Behauptung

$$\prod_{j=1}^{n} x_j^{\lambda_j} = \mathrm{e}^{\sum_{j=1}^{n}\lambda_j \ln x_j} \leq \sum_{j=1}^{n}\lambda_j x_j.$$

Aufgabe 15.20 ••• zu (a): Mit der Zerlegung

$$x = \frac{b-x}{b-a}a + \frac{x-a}{b-a}b$$

erhalten wir eine Konvexkombination zu $x \in (a, b)$ mit $t = \frac{b-x}{b-a} \in (0, 1)$ und $1 - t = \frac{x-a}{b-a}$. Also ergibt sich die obere Schranke aus

$$f(x) \leq tf(a) + (1-t)f(b) \leq \max\{f(a), f(b)\}.$$

zu (b): Wir nehmen an, dass f an einer Stelle $x_0 \in (a, b)$ nicht stetig ist. Dann gibt es $\varepsilon > 0$, sodass zu jedem $\delta > 0$ ein $x \in (x_0 - \delta, x_0 + \delta)$ existiert mit $|f(x) - f(x_0)| > \varepsilon$.

Betrachten wir drei Stellen x_0, y und $x = ty + (1-t)x_0$ in $[a, b]$ mit

$$f(x) \leq t\,f(y) + (1-t)f(x_0),$$

da f konvex ist. Lösen wir die Ungleichung auf, so folgt

$$\begin{aligned} f(y) &\geq \frac{1}{t}f(x) - \left(\frac{1}{t} - 1\right)f(x_0) \\ &= f(x_0) + \frac{1}{t}\Big(f(x) - f(x_0)\Big). \qquad (*) \end{aligned}$$

1. Fall $f(x) - f(x_0) > 0$: Mit der Abschätzung aus obiger Ungleichung wird deutlich, wie ein Widerspruch konstruiert werden kann. Wir versuchen x und t so zu wählen, dass die rechte Seite der Ungleichung größer als

$$m = \sup\{f(x) \colon x \in [a, b]\}$$

ist, aber $y \in [a, b]$ gilt.

Dazu wähle man $t \in (0, 1)$ mit

$$\frac{1}{t} > 1 + \frac{1}{\varepsilon}(m - f(x_0)).$$

Nun betrachten wir $\delta = t \min x_0 - a, b - x_0$ und ein $x \in (x_0 - \delta, x_0 + \delta)$ mit $|f(x) - f(x_0)| > \varepsilon$, das wegen der Unstetigkeit existiert.

Definieren wir

$$y = x_0 + \frac{1}{t}(x - x_0).$$

Es gilt $|y - x_0| = \frac{1}{t}|x - x_0| \leq \frac{\delta}{t}$. Nach Wahl von δ folgt $y \in [a, b]$. Mit der Ungleichung $(*)$ ergibt sich

$$f(y) \geq f(x_0) + \frac{\varepsilon}{t} > m + \varepsilon$$

im Widerspruch dazu, dass m das Supremum über $[a, b]$ von f ist.

Es bleibt der zweite Fall zu zeigen, d.h. $f(x) - f(x_0) < -\varepsilon$: Für diesen Fall vertauschen wir die Richtung, in der wir y suchen, d.h. wir betrachten x_0, x und $y = x + \frac{1}{t}(x_0 - x)$ und erhalten aus der Konvexität von f mit $x_0 = ty + (1-t)x$

$$f(x_0) \leq t\,f(y) + (1-t)f(x),$$

da f konvex ist. Lösen wir wiederum die Ungleichung auf, so folgt

$$f(y) \geq \frac{1}{t}f(x_0) - \Big(\frac{1}{t} - 1\Big)f(x) = f(x) + \frac{1}{t}\big(f(x_0) - f(x)\big)$$

Analog zum ersten Fall ergibt sich mit derselben Wahl von t und δ der Widerspruch $y \in [a, b]$ und $f(y) > m$.

Kommentar: Beachten Sie, dass im Randpunkt $x_0 = a$ die Funktion unstetig sein kann, etwa $f\colon [0, 1] \to \mathbb{R}$ mit $f(x) = x^2$ für $x > 0$ und $f(0) = 1$. Der Beweis scheitert in Randpunkten, da im zweiten Fall x_0 als Konvexkombination von $x, y \in [a, b]$ geschrieben werden muss und deswegen $y < x_0$ gelten muss.

Aufgabe 15.21 •• Mit den Voraussetzungen der Aufgabe ist $f^{(2n)}$ stetig und es gibt eine Umgebung $I \subseteq (a, b)$ um $\hat{x} \in I$, mit

$$f^{(2n)}(x) > 0 \quad \text{für } x \in I,$$

also ist die Funktion $f^{(2n-1)}$ streng monoton wachsend auf I, d. h. wechselt von negativen zu positiven Werten bei der Nullstelle $\hat{x}$. Nach dem Vorzeichenkriterium hat die Ableitungsfunktion $f^{(2n-2)}$ in der kritischen Stelle $\hat{x}$ ein Minimum mit Funktionswert $f^{(2n-2)}(\hat{x}) = 0$ und aufgrund der strengen Monotonie der Ableitung $f^{(2n-1)}$ ist nach dem Mittelwertsatz $f^{(2n-2)}(x) > 0$ für $x \in I\backslash\{\hat{x}\}$.

Nun müssen wir das obige Argument noch verschärfen. Wir zeigen folgende Aussage: Ist $g\colon I \to \mathbb{R}$ zweimal stetig differenzierbar, $g(\hat{x}) = g'(\hat{x}) = g''(\hat{x}) = 0$ und $g''(x) > 0$ für $x \in I\backslash\{\hat{x}\}$. Dann hat g in $\hat{x}$ eine Minimalstelle und es ist $g(x) > 0$ für $x \in I\backslash\{\hat{x}\}$.

Dies beweisen wir analog zu oben. Denn da $g''(x) \geq 0$ auf I gilt, ist g' monoton wachsend. Da weiter $g''(x) > 0$ auf $(\hat{x} - \varepsilon, \hat{x})$ streng monoton ist, können wir abschätzen

$$g'(\hat{x} - \varepsilon) < g'(\hat{x} - \varepsilon/2) \leq g'(\hat{x}).$$

Genauso gilt dies für Stellen rechts von $\hat{x}$. Also ist g' sogar streng monoton wachsend. Nun können wir wie oben folgern, dass $\hat{x}$ Minimalstelle von g ist. Außerdem ist der Minimalwert $g(\hat{x}) = 0$ und g' streng monoton. Dies bedeutet $g(x) > 0$ für $x \neq \hat{x}$. Damit erfüllt g wieder dieselben Bedingungen wie g''.

Induktiv folgern wir somit aus der Eigenschaft für $f^{(2n-2)}$, dass f'' ein Minimum in $\hat{x}$ hat und $f''(x) > 0$ gilt für $x \in I\backslash\{\hat{x}\}$. Da dies entsprechend einen Vorzeichenwechsel von $f'(\hat{x})$ impliziert, haben wir gezeigt, dass $\hat{x}$ lokale Minimalstelle von f ist.

Aufgabe 15.22 • Zu $x = x_0 + h \in (a, b)$ definieren wir, wie im Beweis der Cauchy'schen Restglieddarstellung,

$$F(y) = f(x) - \sum_{j=0}^{n} \frac{f^{(j)}(y)}{j!}(x - y)^j.$$

für $y \in (a, b)$ und weiterhin $G\colon \mathbb{R} \to \mathbb{R}$ durch $G(y) = (x - y)^p$. Dann ist wie bereits berechnet

$$F'(y) = -\frac{f^{n+1}(y)}{n!}(x - y)^n .$$

Mit $G'(y) = -p(x - y)^p$ erhalten wir mit dem verallgemeinerten Mittelwertsatz, dass es ein $\tau \in (0, 1)$ gibt mit

$$\begin{aligned}\frac{F(x_0 + h) - F(x_0)}{G(x_0 + h) - G(x_0)} &= \frac{F'(x_0 + \tau h)}{G'(x_0 + \tau h)}\\ &= \frac{-f^{(n+1)}(x_0 + \tau h)(x_0 + h - (x_0 + \tau h))^n}{-n!\, p\,(x_0 + h - (x_0 + \tau h))^{p-1}}\\ &= \frac{f^{(n+1)}(x_0 + \tau h)(1 - \tau)^{n+1-p}\, h^{n+1-p}}{n!\, p} .\end{aligned}$$

Mit den Funktionswerten $F(x_0 + h) = F(x) = 0$, $F(x_0) = r_n(x; x_0)$, $G(x_0 + h) = 0$ und $G(x_0) = h^p$ folgt aus dieser Identität die Behauptung.

Bemerkung: Beachten Sie, dass sich für $p = 1$ die Cauchy'sche Darstellung und für $p = n+1$ die Lagrange'sche Darstellung des Restglieds ergibt.

Aufgabe 15.23 ••• Zunächst beachten wir, dass es wegen der Stetigkeit von f' ein Intervall um die Stelle $\hat{x}$ gibt, auf dem $f'(x)$ nicht null ist. Formal können wir dies so beschreiben: es gibt eine Konstante $c > 0$ und ein Intervall I mit $\hat{x} \in I$ und $|f'(x)| \geq c > 0$. Weiter können wir davon ausgehen, dass I kompakt ist, ansonsten verkleinern wir I entsprechend. Auf kompakten Intervallen nehmen stetige Funktionen ein Maximum an. Es gibt insbesondere eine Konstante $\alpha > 0$, sodass $|f^{(n)}(x)| \leq \alpha$ für alle $x \in I$ und für $n \in \{0, 1, 2, 3\}$.

Da $f(\hat{x}) = 0$ und f stetig ist, bleibt f auch in einer Umgebung um $\hat{x}$ klein. Es gibt deswegen ein Intervall $J \subseteq I$ mit $\hat{x} \in J$ und $\alpha|f(x)| \leq c^2$. Innerhalb dieses Intervalls ist $|f'(x))^2 - \frac{1}{2}f''(x)f(x)| \geq c^2/2 := \beta > 0$. Damit wird deutlich, dass, solange die Iterationen $x_j \in J$ sind, ein Iterationsschritt erlaubt ist. Der Nenner verschwindet nicht. Diese Beschränkungen nutzen wir zusammen mit der Taylorformel zweiter Ordnung, d. h.

$$\begin{aligned}0 = f(\hat{x}) &= f(x_j) + f'(x_j)(\hat{x} - x_j))\\ &\quad + \frac{1}{2}f''(x_j)(\hat{x} - x_j)^2 + \frac{1}{6}f''(\xi)(\hat{x} - x_j)^3\end{aligned}$$

mit einer Zwischenstelle ξ, für die Abschätzung

$$\begin{aligned}|\hat{x} - x_{j+1}| &= \left|\hat{x} - x_j + \frac{f(x_j)f'(x_j)}{(f'(x_j))^2 - \frac{1}{2}f''(x_j)f(x_j)}\right|\\ &\leq \frac{1}{\beta}\left|(f'(x_j))^2 - \frac{1}{2}f''(x_j)f(x_j))(\hat{x} - x_j) + f(x_j)f'(x_j)\right|\\ &= \frac{1}{\beta}\Big|\left(f(x_j) + f'(x_j)(\hat{x} - x_j)\right) f'(x_j)\\ &\qquad - \frac{1}{2}f''(x_j)f(x_j))(\hat{x} - x_j)\Big|\\ &= \frac{1}{\beta}\Big|\left(-\frac{1}{2}f''(x_j)(\hat{x} - x_j)^2 + \frac{1}{6}f'''(\xi)(\hat{x} - x_j)^3\right) f'(x_j)\\ &\qquad - \frac{1}{2}f''(x_j)f(x_j)(\hat{x} - x_j)\Big|\\ &= \frac{1}{\beta}\Big|-\frac{1}{2}f''(x_j)(f(x_j) + f'(x_j)(\hat{x} - x_j))(\hat{x} - x_j)\\ &\qquad + \frac{1}{6}f'''(\xi)f'(x_j)(\hat{x} - x_j)^3\Big|\end{aligned}$$

Mit der Dreiecksungleichung und der Taylorformel erster Ordnung,

$$0 = f(\hat{x}) = f(x_j) + f'(x_j)(\hat{x} - x_j)) + \frac{1}{2}f''(\chi)(\hat{x} - x_j)^2 ,$$

für eine weitere Zwischenstelle χ zwischen $\hat{x}$ und x_j, ergibt sich die gesuchte Abschätzung

$$\begin{aligned}|\hat{x} - x_{j+1}| &\leq \frac{\alpha}{2\beta}\left|(f(x_j) + f'(x_j)(\hat{x} - x_j))(\hat{x} - x_j)\right|\\ &\quad + \frac{\alpha^2}{6\beta}|\hat{x} - x_j|^3\\ &= \frac{\alpha}{4\beta}\left|f''(\chi)(\hat{x} - x_j)^3\right| + \frac{\alpha^2}{6\beta}|\hat{x} - x_j|^3\\ &\leq \underbrace{\frac{5\alpha^2}{12\beta}}_{=:c}|\hat{x} - x_j|^3 .\end{aligned}$$

Bemerkung: Das Verfahren wird Halley-Verfahren genannt, da die Methode für Polynome schon vor der Entwicklung der Differenzialrechnung durch Newton und Leibniz bekannt war und zum Beispiel vom Astronom Halley verwendet wurde, um Nullstellen von Polynomen höheren Grads mit hoher Genauigkeit zu berechnen.

Kapitel 16

Aufgaben

Verständnisfragen

Aufgabe 16.1 ••• Ähnlich zur Cantormenge (siehe Seite 610) entfernen wir aus dem Intervall [0, 1] das offene Mittelintervall der Länge $\frac{1}{4}$, also $(\frac{3}{8}, \frac{5}{8})$. Es bleiben die Intervalle

$$C_1 = \left[0, \frac{3}{8}\right] \cup \left[\frac{5}{8}, 1\right]$$

übrig, aus denen jeweils das offene Mittelintervall der Länge $\frac{1}{4^2}$ entfernt wird. Dies liefert die vier Intervalle

$$I_{21} = \left[0, \tfrac{5}{32}\right], \quad I_{22} = \left[\tfrac{7}{32} \, \tfrac{12}{32}\right],$$
$$I_{23} = \left[\tfrac{20}{32} \, \tfrac{25}{32}\right], \quad I_{24} = \left[\tfrac{27}{32}, 1\right].$$

Wir definieren $C_2 = \bigcup_{j=1}^4 I_{2j}$. Analoges Fortfahren liefert im n-ten Schritt eine Menge C_n bestehend aus 2^n Intervallen. Zeigen Sie, dass

$$M = \bigcap_{n=1}^{\infty} C_n$$

keine Nullmenge ist.

Aufgabe 16.2 • Wir betrachten eine stetige Funktion $f\colon [a, b] \to \mathbb{R}$. Zeigen Sie: Aus

$$\int_a^b f(x)\, g(x)\, \mathrm{d}x = 0$$

für alle stetigen Funktionen $g \in C([a, b])$ mit $g(a) = g(b) = 0$ folgt, dass f identisch null ist.

Aufgabe 16.3 • Zeigen Sie, dass für eine stetig differenzierbare, umkehrbare Funktion $f\colon [a, b] \to \mathbb{R}$ gilt:

$$\int_a^b f(x)\, \mathrm{d}x + \int_{f(a)}^{f(b)} f^{-1}(x)\, \mathrm{d}x = b\, f(b) - a\, f(a),$$

und veranschaulichen Sie sich die Aussage durch eine Skizze.

Aufgabe 16.4 • Die folgenden Aussagen zu Integralen über unbeschränkte Integranden oder unbeschränkte Intervalle sind falsch. Geben Sie jeweils ein Gegenbeispiel an.

1. Wenn $\int_a^b \{f(x) + g(x)\}\, \mathrm{d}x$ existiert, dann existieren auch $\int_a^b f(x)\, \mathrm{d}x$ und $\int_a^b g(x)\, \mathrm{d}x$.
2. Wenn $\int_a^b f(x)\, \mathrm{d}x$ und $\int_a^b g(x)\, \mathrm{d}x$ existieren, dann existiert auch $\int_a^b f(x)\, g(x)\, \mathrm{d}x$.
3. Wenn $\int_a^b f(x)\, g(x)\, \mathrm{d}x$ existiert, dann existieren auch $\int_a^b f(x)\, \mathrm{d}x$ und $\int_a^b g(x)\, \mathrm{d}x$.

Aufgabe 16.5 •• Warum gilt der zweite Hauptsatz nicht für die stetige Fortsetzung $F\colon [0, 1] \to \mathbb{R}$ von $F(x) = x \cos\left(\frac{1}{x}\right)$, $x \neq 0$?

Rechenaufgaben

Aufgabe 16.6 •• Die *Fresnel'schen Integrale* C und S sind auf $\mathbb{R}$ gegeben durch

$$C(x) = \int_0^x \cos(t^2)\, \mathrm{d}t,$$
$$S(x) = \int_0^x \sin(t^2)\, \mathrm{d}t.$$

Bestimmen und klassifizieren Sie alle Extrema dieser Funktionen.

Aufgabe 16.7 • Man berechne die Integrale

$$I_1 = \int_0^\pi t^2 \sin(2t)\, \mathrm{d}t, \quad I_2 = \int_0^1 \frac{\mathrm{e}^x}{(1 + \mathrm{e}^x)^2}\, \mathrm{d}x,$$
$$I_3 = \int_0^1 r^2 \sqrt{1 - r}\, \mathrm{d}r, \quad I_4 = \int_{\frac{1}{2}}^2 \frac{1}{x} \arctan((\ln(x))^3)\, \mathrm{d}x.$$

Aufgabe 16.8 •• Bestimmen Sie in Abhängigkeit der Parameter $a, b > 0$ Stammfunktionen zu folgenden Funktionen $f\colon D \to \mathbb{R}$ mit Hilfe passender Integrationsregeln.

(a) $f(x) = \dfrac{\cos(\ln(ax))}{x}$ mit $D = \mathbb{R}_{>0}$

(b) $f(x) = \sin(ax)\, \sin(bx)$ mit $D = \mathbb{R}$

(c) $f(x) = \dfrac{x}{\sqrt{(x + a)^2 - b^2}}$ mit $D = \mathbb{R}_{>b-a}$

Aufgabe 16.9 • Bestimmen Sie auf Intervallen $I \subseteq \mathbb{R}\setminus\{-1\}$ eine Stammfunktion zum Ausdruck

$$\frac{1}{x^4 + 2x^3 + 2x^2 + 2x + 1}, \quad x \notin \{-1, \mathrm{i}, -\mathrm{i}\}.$$

Aufgabe 16.10 • Bestimmen Sie auf möglichst großen Intervallen $D_{f,g} \subseteq \mathbb{R}$ Stammfunktionen zu $f\colon D_f \to \mathbb{R}$ und $g\colon D_g \to \mathbb{R}$ mit

$$f(x) = \frac{\mathrm{e}^{4x} + 1}{\mathrm{e}^{2x} + 1},$$
$$g(x) = \frac{2}{\tan(\frac{x}{2}) + \cos(x) - \sin(x)}.$$

Aufgabe 16.11 •• Sind die folgenden Funktionen auf dem angegebenen Intervall integrierbar:

$$f(x) = \frac{1}{x^2 + \sqrt{x}} \quad \text{auf } [0, \infty),$$
$$g(x) = \frac{1}{\sin x} \quad \text{auf } \left[0, \frac{\pi}{2}\right],$$
$$h(x) = x^\alpha \sin\left(\frac{1}{x}\right) \quad \text{auf } [0, 1] \text{ mit } \alpha \in \mathbb{R}.$$

Aufgabe 16.12 • Durch das Parameterintegral

$$\Gamma(t) = \int_0^\infty x^{t-1}\,\mathrm{e}^{-x}\,\mathrm{d}x, \quad t > 0$$

ist die Gammafunktion definiert.

(a) Begründen Sie, dass das Integral für alle $t > 0$ existiert.
(b) Beweisen Sie

$$\Gamma(t+1) = t\,\Gamma(t)$$

und für $n \in \mathbb{N}$ die Identität

$$\Gamma(n+1) = n!$$

(c) Berechnen Sie den Wert $\Gamma(\frac{1}{2}) = \sqrt{\pi}$.
(d) Zeigen Sie $\Gamma \in C(\mathbb{R}_{>0})$.

Aufgabe 16.13 •• Berechnen Sie das Parameterintegral

$$J(t) = \int\limits_0^1 \arcsin(tx)\,\mathrm{d}x, \quad 0 \le t < 1,$$

indem Sie dessen Ableitung $J'(t)$ im offenen Intervall $0 < t < 1$ bestimmen und auf $J(t)$, $0 \le t < 1$ zurückschließen. Ist $J(t)$ nach $t = 1$ stetig fortsetzbar?

Aufgabe 16.14 • Untersuchen Sie folgende Reihen auf Konvergenz:

$$\left(\sum_{k=0}^\infty k\mathrm{e}^{-k}\right) \quad \text{und} \quad \left(\sum_{k=0}^\infty k^k\mathrm{e}^{-k}\right).$$

Beweisaufgaben

Aufgabe 16.15 • Zeigen Sie, dass eine stetige Funktion $f\colon \mathbb{R} \to \mathbb{R}$, die der Funktionalgleichung $f(x+y) = f(x) + f(y)$ für $x, y \in \mathbb{R}$ genügt, differenzierbar ist mit konstanter Ableitung $f'(x) = c \in \mathbb{R}$.

Aufgabe 16.16 • Zeigen Sie in einer Umgebung um einen Entwicklungspunkt x_0 die Integraldarstellung

$$\begin{aligned} r_n(x, x_0) &= f(x) - \sum_{k=0}^n \frac{f^{(n)}(x_0)}{k!}(x - x_0)^k \\ &= \frac{1}{n!}\int_{x_0}^x (x-t)^n f^{(n+1)}(t)\,\mathrm{d}t \end{aligned}$$

des Restglieds zur Taylorentwicklung einer $(n+1)$-mal stetig differenzierbaren Funktion f.

Aufgabe 16.17 ••• Zeigen Sie, dass zu Polynomen p, q mit reellen Koeffizienten und $\deg(p) < \deg(q)$ durch Partialbruchzerlegung

$$\frac{p(x)}{q(x)} = \sum_{j=1}^m \sum_{k=1}^{\mu_j} \frac{a_{jk}}{(x - z_j)^k}$$

stets eine reelle Stammfunktion zu $p/q\colon I \to \mathbb{R}$ auf offenen Intervallen $I \subseteq \mathbb{R}$, die keine Nullstelle von q enthalten, angegeben werden kann.

Aufgabe 16.18 •• Zeigen Sie: Ist $f \in C([a,b])$ und $g \in L(a,b)$ dann gibt es in Verallgemeinerung des Mittelwertsatzes ein $z \in [a,b]$ mit

$$\int_a^b f(x)g(x)\,\mathrm{d}x = f(z)\int_a^b g(x)\,\mathrm{d}x\,.$$

Aufgabe 16.19 •• (a) Beweisen Sie das Lemma von Fatou:

Ist (f_n) eine Folge nicht negativer, integrierbarer Funktionen, die fast überall punktweise gegen eine Funktion $f\colon (a,b) \to \mathbb{R}$ konvergiert und deren Integrale

$$\int_a^b f_n(x)\,\mathrm{d}x \le c$$

für alle $n \in \mathbb{N}$ durch $c > 0$ beschränkt sind, so ist f integrierbar.

(b) Belegen Sie den wesentlichen Unterschied zum Lebesgue'schen Konvergenzsatz, indem Sie die Funktionenfolge (f_n) mit $f_n\colon [0,1] \to \mathbb{R}$ und

$$f_n(x) = \begin{cases} n, & x \in [0, \frac{1}{n}), \\ 0, & x \in [1/n, 1] \end{cases}$$

untersuchen.

Aufgabe 16.20 ••• Zeigen Sie folgende Verallgemeinerung der Substitutionsregel: Sind $f \in L(\alpha, \beta)$ und $u \in C([a,b])$ auf (a,b) monotone, stetig differenzierbare Funktionen mit $u(a) = \alpha$ und $u(b) = \beta$, dann ist $f(u(.))u'(.)$ integrierbar auf (a,b), und es gilt:

$$\int_a^b f(u(x))\,u'(x)\,\mathrm{d}x = \int_{u(a)}^{u(b)} f(u)\,\mathrm{d}u.$$

Aufgabe 16.21 •• (a) Zeigen Sie: Ist f Regelfunktion auf $[a,b]$, so gilt

$$\left|\int_a^b f(x)\,\mathrm{d}x\right| \le \|f\|_\infty |b-a|,$$

wobei nur vom Integralbegriff für Regelfunktionen auszugehen ist.

(b) Begründen Sie: Zu zwei Regelfunktionen f und g ist auch das Produkt fg eine Regelfunktion.

(c) Finden Sie ein Gegenbeispiel, um zu belegen, dass die Aussage aus Teil (b) im Allgemeinen für lebesgue-integrierbare Funktionen nicht gilt.

Hinweise

Verständnisfragen

Aufgabe 16.1 ••• Um zu zeigen, dass es sich nicht um eine Nullmenge handelt, berechne man die Länge L_n aller bis zum n-ten Schritt entfernten Intervalle.

Aufgabe 16.2 • Führen Sie einen Beweis durch Widerspruch, indem Sie annehmen, dass f an einer Stelle $x_0 \in [a, b]$ ungleich null ist.

Aufgabe 16.3 • Eine partielle Integration und die Identität $f^{-1}(f(x)) = x$ führen auf die zu beweisende Identität.

Aufgabe 16.4 •

1. Die Nullfunktion ist auf jedem Intervall integrierbar. Können Sie die Nullfunktion als Summe zweier Funktionen darstellen, die jeweils nicht integrierbar sind?
2. Betrachten Sie die Funktionen f und g mit $f(x) = g(x) = x^{-\alpha}$ mit geeignetem α auf $[0, 1]$.
3. Betrachten Sie die Funktionen f und g mit $f(x) = g(x) = x^{-\alpha}$ mit geeignetem α auf $[1, \infty)$.

Aufgabe 16.5 •• Ist die Ableitung von F integrierbar?

Rechenaufgaben

Aufgabe 16.6 •• Nutzen Sie den ersten Hauptsatz der Differenzial- und Integralrechnung, der auf Seite 618 dargestellt wurde. Für die Klassifizierung der Extrema sind Fallunterscheidungen notwendig.

Aufgabe 16.7 • Verwenden Sie partielle Integration oder eine passende Substitution.

Aufgabe 16.8 •• Im ersten Beispiel bietet sich eine Substitution an und im zweiten partielle Integration. Für das dritte Beispiel lässt sich die Stammfunktion zu $\frac{1}{\sqrt{v^2-1}}$ aus der Übersicht auf Seite 621 nutzen.

Aufgabe 16.9 • Partialbruchzerlegung!

Aufgabe 16.10 • In beiden Fällen führt eine Substitution auf rationale Ausdrücke.

Aufgabe 16.11 •• Man suche Abschätzungen zum Vergleichen mit bekannten Integralen.

Aufgabe 16.12 • Das Konvergenzkriterium für Integrale zeigt die Existenz. Partielle Integration und eine vollständige Induktion helfen im zweiten Teil weiter.

Aufgabe 16.13 •• Differenziation und Integration dürfen hier vertauscht werden. Integration von $J'(t)$ bezüglich t liefert bis auf eine Konstante $J(t)$. Die Konstante kann aus $J(0) = 0$ bestimmt werden.

Aufgabe 16.14 • Man nutze das Integralkriterium für Reihen.

Beweisaufgaben

Aufgabe 16.15 • Man integriere über beliebige Intervalle und verwende den ersten Hauptsatz.

Aufgabe 16.16 • Vollständige Induktion bezüglich n

Aufgabe 16.17 ••• Man unterscheide die beiden Fälle einer Nullstelle $z_l \in \mathbb{R}$ und den Fall $\operatorname{Im} z_l \neq 0$, bei dem Paare $z_l, \overline{z_l}$ von konjugiert komplexen Nullstellen auftreten.

Aufgabe 16.18 •• Mit dem Satz von B. Levi zeige man zunächst die Existenz des Integrals auf der linken Seite. Dann kann analog zum Mittelwertsatz argumentiert werden.

Aufgabe 16.19 •• Betrachten Sie den Beweis des Lebesgue'schen Konvergenzsatzes unter den hier gegebenen Voraussetzungen nochmal.

Aufgabe 16.20 ••• Man betrachte $f \in L^{\uparrow}(a, b)$ und wende den Satz von Beppo Levi an.

Aufgabe 16.21 •• Normeigenschaften der Supremumsnorm $\|.\|_\infty$ liefern elegant die Aussagen (a) und (b). Mit unbeschränkten aber integrierbaren Integranden lässt sich leicht ein Gegenbeispiel zu (c) finden.

Lösungen

Verständnisfragen

Aufgabe 16.1 ••• –

Aufgabe 16.2 • –

Aufgabe 16.3 • –

Aufgabe 16.4 • –

Aufgabe 16.5 •• –

Rechenaufgaben

Aufgabe 16.6 •• C hat lokale Minima an $x = -\sqrt{\frac{4k+1}{2}\pi}$ und $x = +\sqrt{\frac{4k+3}{2}\pi}$, lokale Maxima an $x = +\sqrt{\frac{4k+1}{2}\pi}$ und $x = -\sqrt{\frac{4k+3}{2}\pi}$. S hat lokale Minima an $x = \sqrt{2k\pi}$ und $x = -\sqrt{(2k+1)\pi}$, lokale Maxima an $x = -\sqrt{2k\pi}$ und $x = \sqrt{(2k+1)\pi}$, jeweils mit $k \in \mathbb{N}$.

Aufgabe 16.7 •

$$I_1 = -\frac{\pi^2}{2}, \quad I_2 = \frac{1}{2} - \frac{1}{1+\mathrm{e}}, \quad I_3 = \frac{16}{105}, \quad I_4 = 0.$$

Aufgabe 16.8 ••

(a) $F(x) = \sin(\ln(ax))$

(b) $F(x) = \frac{1}{2}\left(\frac{\sin(a-b)x}{a-b} - \frac{\sin(a+b)x}{a+b}\right)$

(c) $F(x) = x + a - a \operatorname{arcosh}\left(\frac{x+a}{b}\right)$

Aufgabe 16.9 •

$$F(x) = \frac{1}{2}\ln(|x+1|) - \frac{1}{2}\frac{1}{x+1} - \frac{1}{4}\ln(x^2+1), \quad x \neq -1.$$

Aufgabe 16.10 •

$$F(x) = x + \frac{e^{2x}}{2} - 2\ln\left(e^{2x}+1\right)$$

auf $D_f = \mathbb{R}$ und

$$G(x) = \ln\left|\frac{\tan(\frac{x}{2})+1}{1-\tan(\frac{x}{2})}\right| - \frac{2}{\tan(\frac{x}{2})-1}$$

etwa auf $D_g = (-\frac{\pi}{2}, \frac{\pi}{2})$.

Aufgabe 16.11 •• ja; nein; nur für $\alpha > -1$

Aufgabe 16.12 • –

Aufgabe 16.13 •• $J(t) = -\frac{1}{t} + \frac{\sqrt{1-t^2}}{t} + \arcsin t$, die stetige Fortsetzung nach $t = 1$ liefert $\lim\limits_{t\to 1} J(t) = -1 + \frac{\pi}{2}$.

Aufgabe 16.14 • Die erste Reihe ist konvergent, die zweite divergiert.

Beweisaufgaben

Aufgabe 16.15 • –

Aufgabe 16.16 • –

Aufgabe 16.17 ••• –

Aufgabe 16.18 •• –

Aufgabe 16.19 •• –

Aufgabe 16.20 ••• –

Aufgabe 16.21 •• –

Lösungswege

Verständnisfragen

Aufgabe 16.1 ••• Bezeichnen wir mit L_n die Länge aller bis zum n-ten Schritt entfernten Intervalle, so gilt

$$L_1 = \frac{1}{4}$$
$$L_2 = \frac{1}{4} + 2\cdot\frac{1}{4^2} = \frac{1}{4} + \frac{1}{8}$$
$$L_3 = L_2 + 4\cdot\frac{1}{4^3} = \frac{1}{4} + \frac{1}{8} + \frac{1}{16}.$$

Dies deutet auf eine geometrische Reihe hin. Allgemein werden im n-ten Schritt 2^{n-1} Intervalle der Länge $\frac{1}{4^n}$ entfernt. Wir erhalten induktiv

$$\begin{aligned} L_n &= \sum_{k=1}^{n} \frac{2^{n-1}}{4^n} = \frac{1}{2}\sum_{k=1}^{n}\left(\frac{1}{2}\right)^k \\ &= \frac{1}{4}\sum_{k=0}^{n-1}\left(\frac{1}{2}\right)^k \\ &= \frac{1}{4}\cdot\frac{1-\left(\frac{1}{2}\right)^n}{1-\frac{1}{2}} \\ &= \frac{1-\left(\frac{1}{2}\right)^n}{2} \to \frac{1}{2}, \quad n\to\infty. \end{aligned}$$

Ist nun durch J_k, $k \in \mathbb{N}$, eine abzählbare Überdeckung von C gegeben, so gibt es ein $N \in \mathbb{N}$ mit $C_n \subseteq \bigcup_{k=1}^{\infty} J_k$ für $n \geq N$. Für die Summe der Intervalllängen der Überdeckung folgt

$$\sum_{j=1}^{\infty} |J_k| + L_n \geq 1$$

für alle $n \geq N$. Also ist

$$\sum_{j=1}^{\infty} |J_k| \geq 1 - L_n \to \frac{1}{2} \quad n\to\infty.$$

Insbesondere gibt es keine Überdeckung von C mit $\sum_{k=1}^{\infty} |J_k| < \varepsilon = \frac{1}{4}$. Die Menge C kann keine Nullmenge sein.

Aufgabe 16.2 • Wir nehmen an, f sei nicht die Nullfunktion. Dann muss es eine Stelle $x_0 \in [a, b]$ geben, an der $f(x_0) \neq 0$ ist. Ohne Beschränkung der Allgemeinheit ist f dort positiv. Wegen der Stetigkeit von f gibt es eine Umgebung (c, d) von x_0, in der f ebenfalls positiv ist.

Nun können wir eine stetige Funktion g finden, die in (c, d) positiv ist und in $[a, b] \setminus (c, d)$ verschwindet, etwa

$$g(x) = \begin{cases} (x-c)(d-x) & \text{für } x \in (c, d) \\ 0 & \text{für } x \in [a, b] \setminus (c, d) \end{cases}$$

Mit dieser Funktion folgt

$$\int_a^b f(x)\,g(x)\,\mathrm{d}x = \int_c^d f(x)\,g(x)\,\mathrm{d}x > 0,$$

im Widerspruch zur Voraussetzung. Die Annahme, f sei nicht die Nullfunktion, kann nicht gelten.

Aufgabe 16.3 • Eine partielle Integration führt auf

$$\int_a^b 1 \cdot f(x)\,\mathrm{d}x = x\,f(x)\Big|_a^b - \int_a^b x f'(x)\,\mathrm{d}x.$$

Mit $f^{-1}(f(x)) = x$ und der Substitutionsregel sehen wir weiter

$$\int_a^b x f'(x)\,\mathrm{d}x = \int_a^b f^{(-1)}(f(x)) f'(x)\,\mathrm{d}x = \int_{f(a)}^{f(b)} f^{-1}(y)\,\mathrm{d}y.$$

Einsetzen diese Identität in die erste Gleichung liefert die Behauptung.

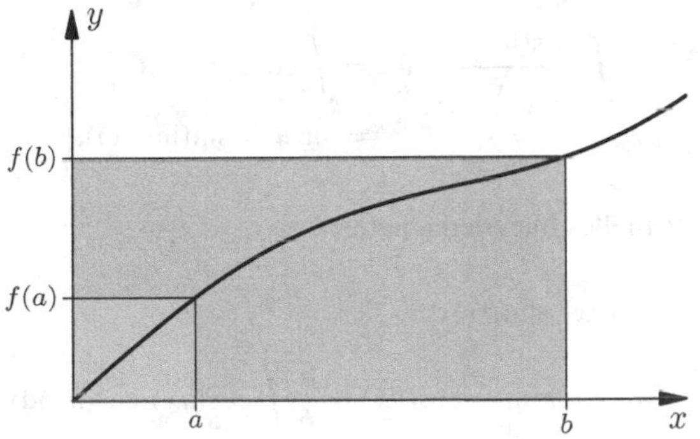

Abbildung 16.1 Eine Skizze veranschaulicht das Resultat.

Aufgabe 16.4 •

1. Die beiden Funktionen f und g mit $f(x) = \frac{1}{x}$ und $g(x) = -\frac{1}{x}$ sind auf $\mathbb{R}_{\geq 0}$ nicht integrierbar. Für die Summe der beiden Funktionen gilt $f(x) + g(x) \equiv 0$, und die Nullfunktion ist auf $\mathbb{R}_{\geq 0}$ selbstverständlich integrierbar.
2. Wir betrachten die Funktionen f und g mit $f(x) = g(x) = x^{-1/2}$ auf $[0, 1]$. Jede der beiden ist integrierbar, ihr Produkt $h = f\,g$ mit $h(x) = \frac{1}{x}$ jedoch nicht.
3. Wir untersuchen die beiden Funktionen f und g mit $f(x) = g(x) = \frac{1}{x}$ auf $[1, \infty)$. Ihre Produktfunktion h mit $h(x) = \frac{1}{x^2}$ ist auf diesem Intervall integrierbar, das gilt jedoch weder für f noch für g für sich.

Aufgabe 16.5 •• Die Ableitung von F für $x \neq 0$ ist gegeben durch

$$F'(x) = \cos(\frac{1}{x}) + \frac{1}{x}\sin(\frac{1}{x}).$$

Die Funktion ist aber nicht im eigentlichen Sinn lebesgue-integrierbar. Dies sehen wir mit der Substitution $x = \frac{1}{u}$, d.h.

$$\int_t^1 \frac{1}{x}\sin(\frac{1}{x})\,\mathrm{d}x = \int_1^{\frac{1}{t}} \frac{\sin u}{u}\,\mathrm{d}u,$$

und dem Ergebnis, dass der Sinus Cardinalis über $(1, \infty)$ nicht lebesgue-integrierbar ist (siehe Seite 639).

Man beachte, dass im uneigentlichen Sinn

$$\lim_{t\to 0}\int_t^1 F'(x)\,\mathrm{d}x = F(1) - F(0) = \cos(1)$$

gilt.

Rechenaufgaben

Aufgabe 16.6 •• Wir erhalten für die Ableitungen

$$\begin{aligned} C'(x) &= \cos(x^2) \\ C''(x) &= -2x\,\sin(x^2) \\ S'(x) &= \sin(x^2) \\ S''(x) &= 2x\,\cos(x^2). \end{aligned}$$

Die erste Ableitung C' verschwindet für $x^2 = \frac{2n+1}{2}\pi$ mit $n \in \mathbb{N}_0$, also an den Stellen

$$x = \pm\sqrt{\frac{2n+1}{2}\pi}, \qquad n \in \mathbb{N}_0.$$

Für die zweite Ableitung an diesen Stellen erhalten wir

$$\begin{aligned} C''\left(\pm\sqrt{\frac{2n+1}{2}\pi}\right) &= \mp 2\sqrt{\frac{2n+1}{2}\pi}\,\sin\left(\frac{2n+1}{2}\pi\right) \\ &= \mp 2\,(-1)^n\sqrt{\frac{2n+1}{2}\pi}. \end{aligned}$$

Dieser Ausdruck ist positiv für gerade n und $x < 0$ bzw. ungerade n und $x > 0$, in den anderen Fällen negativ. Es liegen demnach lokale Minima an den Stellen

$$\begin{aligned} x &= -\sqrt{\frac{4k+1}{2}\pi}, & k \in \mathbb{N}_0 \\ x &= +\sqrt{\frac{4k+3}{2}\pi}, & k \in \mathbb{N}_0, \end{aligned}$$

lokale Maxima an den Stellen

$$\begin{aligned} x &= +\sqrt{\frac{4k+1}{2}\pi}, & k \in \mathbb{N}_0 \\ x &= -\sqrt{\frac{4k+3}{2}\pi}, & k \in \mathbb{N}_0. \end{aligned}$$

Die Rechnung für S erfolgt analog: S' verschwindet für $x^2 = n\,\pi$ mit $n \in \mathbb{N}$, also an

$$x = \pm\sqrt{n\,\pi}, \qquad n \in \mathbb{N}.$$

Die zweite Ableitung liefert

$$\begin{aligned} S''\left(\pm\sqrt{n\pi}\right) &= \pm 2\sqrt{n\,\pi}\,\cos(n\,\pi) \\ &= \pm 2\,(-1)^n\sqrt{n\,\pi}. \end{aligned}$$

Das ist positiv an den Stellen mit geradem n und $x > 0$ bzw. ungeradem n und $x < 0$, negativ für gerades n und $x < 0$ bzw. ungerades n und $x > 0$. Es liegen demnach lokale Minima an

$$x = \sqrt{2k\pi}, \qquad k \in \mathbb{N}$$
$$x = -\sqrt{(2k+1)\pi}, \qquad k \in \mathbb{N},$$

lokale Maxima an

$$x = -\sqrt{2k\pi}, \qquad k \in \mathbb{N}$$
$$x = \sqrt{(2k+1)\pi}, \qquad k \in \mathbb{N}.$$

Im Fall $x = n = 0$ handelt es sich um einen Sattelpunkt; denn es gilt $S(x) < 0$ für $x \in (\frac{-\pi}{2}, 0)$ und $S(x) > 0$ für $x \in (0, \frac{\pi}{2})$.

Aufgabe 16.7 • Mit zweimaliger partieller Integration ergibt sich

$$\begin{aligned} I_1 &= \int_0^\pi t^2 \sin(2t)\,\mathrm{d}t \\ &= -\frac{1}{2}t^2\cos(2t)|_0^\pi + \int_0^\pi t\cos(2t)\,\mathrm{d}t \\ &= -\frac{\pi^2}{2} + \frac{1}{2}t\sin(2t)\Big|_0^\pi - \frac{1}{2}\int_0^\pi \sin(2t)\,\mathrm{d}t \\ &= -\frac{\pi^2}{2} + \frac{1}{4}\cos(2t)\Big|_0^\pi = -\frac{\pi^2}{2}. \end{aligned}$$

Mit der Substitution $u = \mathrm{e}^x$ und $\mathrm{d}u/\mathrm{d}x = \mathrm{e}^x$ erhalten wir

$$\begin{aligned} I_2 &= \int_0^1 \frac{\mathrm{e}^x}{(1+\mathrm{e}^x)^2}\,\mathrm{d}x \\ &= \int_1^{\mathrm{e}} \frac{1}{(1+u)^2}\mathrm{d}u \\ &= -(1+u)^{-1}\Big|_1^{\mathrm{e}} \\ &= \frac{1}{2} - \frac{1}{1+\mathrm{e}}. \end{aligned}$$

Beim dritten Integral führen wir zwei partielle Integrationen durch. Zunächst beginnen wir mit $u(r) = r^2$ und $v'(r) = (1-r)^{\frac{1}{2}}$. Es folgt

$$\begin{aligned} I_3 &= \int_0^1 r^2\sqrt{1-r}\,\mathrm{d}r \\ &= \underbrace{-\frac{2}{3}r^2(1-r)^{\frac{3}{2}}\Big|_0^1}_{=0} + \frac{4}{3}\int_0^1 r(1-r)^{\frac{3}{2}}\,\mathrm{d}r \\ &= \frac{4}{3}\left[\underbrace{\frac{-2r}{5}(1-r)^{\frac{5}{2}}\Big|_0^1}_{=0} + \frac{2}{5}\int_0^1 (1-r)^{\frac{5}{2}}\,\mathrm{d}r\right] \\ &= -\frac{4}{3}\frac{2}{5}\frac{2}{7}(1-r)^{\frac{7}{2}}\Big|_0^1 = \frac{16}{105}. \end{aligned}$$

Im letzten Integral substituieren wir $u = \ln x$ und erhalten

$$\begin{aligned} I_4 &= \int_{\frac{1}{2}}^2 \frac{1}{x}\arctan((\ln(x))^3)\,\mathrm{d}x \\ &= \int_{-\ln 2}^{\ln 2} \arctan(u^3)\,\mathrm{d}u. \end{aligned}$$

Berücksichtigen wir nun noch, dass der Integrand *ungerade* ist, d.h. $f(-u) = -f(u)$, so folgt mit der Substitution $\tilde{u} = -u$

$$\begin{aligned} I_4 &= \int_{-\ln 2}^0 \arctan(u^3)\,\mathrm{d}u + \int_0^{\ln 2} \arctan(u^3)\,\mathrm{d}u \\ &= -\int_0^{\ln 2} \arctan(\tilde{u}^3)\,\mathrm{d}\tilde{u} + \int_0^{\ln 2} \arctan(u^3)\,\mathrm{d}u = 0. \end{aligned}$$

Aufgabe 16.8 •• (a) Mit der Substitution $u = \ln(ax)$ und $\frac{\mathrm{d}u}{\mathrm{d}x} = \frac{1}{x}$ folgt

$$\begin{aligned} \int \frac{\cos(\ln(ax))}{x}\,\mathrm{d}x &= \int \cos u\,\mathrm{d}u \\ &= \sin u = \sin(\ln(ax)). \end{aligned}$$

(b) Partielles Integrieren liefert

$$\begin{aligned} &\int \sin(ax)\,\sin(bx)\,\mathrm{d}x \\ &= \frac{-1}{b}\sin(ax)\,\cos(bx) + \frac{a}{b}\int \cos(ax)\,\cos(bx)\mathrm{d}x. \end{aligned}$$

Also gilt für $a = b$

$$(1+\frac{a}{b})\int \sin^2(ax)\,\mathrm{d}x = \frac{-1}{a}\sin(ax)\,\cos(ax) + \int 1\mathrm{d}x$$

bzw.

$$\int \sin^2(ax)\,\mathrm{d}x = \frac{1}{2}x - \frac{1}{2a}\cos(ax)\,\sin(ax).$$

Im Fall $a \neq b$ integrieren wir ein weiteres Mal partiell und erhalten

$$\begin{aligned} &\int \sin ax \sin bx\,\mathrm{d}x \\ &= \frac{-1}{b}\sin ax\cos bx \\ &\quad + \frac{a}{b}\left(\frac{1}{b}\cos(ax)\sin(bx) - \frac{a}{b}\int \sin(ax)\sin(bx)\,\mathrm{d}x\right) \end{aligned}$$

oder mit Additionstheoremen

$$\begin{aligned} &\int \sin ax \sin bx\,\mathrm{d}x \\ &= \frac{1}{b^2-a^2}\Big(a\cos(ax)\sin(bx) - b\sin(ax)\cos(bx)\Big) \\ &= \frac{1}{2}\left(\frac{\sin(b-a)x}{b-a} - \frac{\sin(a+b)x}{a+b}\right). \end{aligned}$$

(c) Es gilt

$$\begin{aligned}&\int \frac{x}{\sqrt{(x+a)^2-b^2}}\,\mathrm{d}x\\&=\int \frac{\frac{x+a}{b}}{\sqrt{\left(\frac{x+a}{b}\right)^2-1}}\,\mathrm{d}x-\frac{a}{b}\int \frac{1}{\sqrt{\frac{(x+a)^2}{b^2}-1}}\,\mathrm{d}x\end{aligned}$$

Eine Substitution $u=(x+a)^2/b^2-1>0$ im ersten Integral und eine Substitution $v=(x+a)/b>1$ im zweiten führt auf

$$\begin{aligned}&\int \frac{x}{\sqrt{(x+a)^2-b^2}}\,\mathrm{d}x\\&=\frac{b}{2}\int\frac{1}{\sqrt{u}}\,\mathrm{d}u-a\int\frac{1}{\sqrt{v^2-1}}\,\mathrm{d}v\\&=b\sqrt{u}-a\int\frac{1}{\sqrt{v^2-1}}\,\mathrm{d}v\\&=x+a-a\operatorname{arcosh}\left(\frac{x+a}{b}\right).\end{aligned}$$

Aufgabe 16.9 • Um eine Partialbruchzerlegung durchzuführen, faktorisieren wir zunächst den Nenner. Mit den angegebenen vermutlichen Nullstellen erhalten wir etwa mit einer Polynomdivision

$$\begin{aligned}x^4+2x^3+2x^2+2x+1&=(x+1)(x^3+x^2+x+1)\\&=(x+1)^2(x^2+1)\end{aligned}$$

Wegen der Faktorisierung des Nenners mit den Nullstellen $\{-1,\mathrm{i},-\mathrm{i}\}$ gibt es Zahlen $a,b,c,d\in\mathbb{C}$ mit

$$\begin{aligned}&\frac{1}{(x+1)^2(x^2+1)}=\frac{a}{x+1}+\frac{b}{(x+1)^2}+\frac{c}{x+\mathrm{i}}+\frac{d}{x-\mathrm{i}}\\&=\frac{1}{(x+1)^2(x^2+1)}\Big[(a+c+d)x^3\\&\quad+(a+b+2c+2d+\mathrm{i}(c-d))x^2\\&\quad+(a+c+d+\mathrm{i}(2c-2d))x+(a+b+\mathrm{i}(c-d))\Big]\end{aligned}$$

Die beiden Ausdrücke können nur gleich sein, wenn die Zählerpolynome links und rechts übereinstimmen. Somit liefert ein Koeffizientenvergleich das Gleichungssystem

$$\begin{array}{lllllllll}a&+&b&&&&&+&\mathrm{i}(c-d)&=&1\\a&&&+&c&+&d&+&2\mathrm{i}(c-d)&=&0\\a&+&b&+&2c&+&2d&+&\mathrm{i}(c-d)&=&0\\a&&&+&c&+&d&&&=&0\end{array}$$

Wir lösen das lineare Gleichungssystem und erhalten die Partialbruchzerlegung

$$\begin{aligned}\frac{1}{(x+1)^2(x^2+1)}&=\frac{1}{2(x+1)}+\frac{1}{2(x+1)^2}\\&\quad-\frac{1}{4(x+\mathrm{i})}-\frac{1}{4(x-\mathrm{i})}.\end{aligned}$$

Fassen wir die beiden letzten Brüche zusammen, so folgt die reelle Darstellung

$$\frac{1}{(x+1)^2(x^2+1)}=\frac{1}{2(x+1)}+\frac{1}{2(x+1)^2}-\frac{1}{2}\frac{x}{x^2+1}.$$

Somit ergibt sich mit Substitution $x^2=u$ eine Stammfunktion zu

$$\begin{aligned}&\int\frac{1}{(x+1)^2(x^2+1)}\,\mathrm{d}x\\&=\int\frac{1}{2(x+1)}\,\mathrm{d}x+\int\frac{1}{2(x+1)^2}\,\mathrm{d}x-\frac{1}{2}\int\frac{x}{x^2+1}\,\mathrm{d}x\\&=\frac{1}{2}\ln(|x+1|)-\frac{1}{2}\frac{1}{x+1}-\frac{1}{4}\ln(x^2+1)\end{aligned}$$

auf Intervallen $I\subseteq\mathbb{R}$ mit $-1\notin I$.

Aufgabe 16.10 • Mit der Substitution $t=\exp(2x)$ und einer einfachen Partialbruchzerlegung ergibt sich

$$\begin{aligned}\int\frac{e^{4x}+1}{e^{2x}+1}\,\mathrm{d}x&=\frac{1}{2}\int\frac{t^2+1}{t(t+1)}\,\mathrm{d}t\\&=\frac{1}{2}\int 1+\frac{-t+1}{t(t+1)}\,\mathrm{d}t\\&=\frac{1}{2}\int 1+\frac{1}{t}-\frac{2}{t+1}\,\mathrm{d}t\\&=\frac{1}{2}\left(t+\ln|t|-2\ln|t+1|\right)\\&=x+\frac{e^{2x}}{2}-2\ln\left(e^{2x}+1\right).\end{aligned}$$

Im zweiten Beispiel nutzen wir die Standardsubstitution $t=\tan\frac{x}{2}$ für $x\in(-\pi,\pi)$ und erhalten mit $\sin(x)=\frac{2t}{1+t^2}$, $\cos(x)=\frac{1-t^2}{1+t^2}$ und der Ableitung $\mathrm{d}t=\frac{1}{2}(1+t^2)\,\mathrm{d}x$ das Integral

$$\begin{aligned}\int\frac{2}{\tan(\frac{x}{2})+\cos(x)-\sin(x)}\,\mathrm{d}x&=\int\frac{2}{t+\frac{1-t^2}{1+t^2}-\frac{2t}{1+t^2}}\\&\quad\cdot\frac{2}{1+t^2}\,\mathrm{d}t\\&=\int\frac{4}{t^3-t^2-t+1}\,\mathrm{d}t\end{aligned}$$

Für eine Partialbruchzerlegung faktorisieren wir den Nenner. Mit der Nullstelle $t=1$ und Polynomdivision finden wir

$$t^3-t^2-t+1=(t-1)^2\,(t+1).$$

Damit ergibt sich folgender Ansatz für die Partialbruchzerlegung

$$\begin{aligned}\frac{4}{t^3-t^2-t+1}&=\frac{a}{t-1}+\frac{b}{(t-1)^2}+\frac{c}{t+1}\\&=\frac{(a+c)t^2+(b-2c)t+(-a+b+c)}{(t-1)^2(t+1)}\end{aligned}$$

Ein Koeffizientenvergleich liefert das lineare Gleichungssystem

$$\begin{aligned} a \quad\quad + c &= 0 \\ b - 2c &= 0 \\ -a + b + c &= 4 \end{aligned}$$

und wir berechnen mit Gauß-Elimination die Lösung $a = -1$, $b = 2$, $c = 1$, d.h. es gilt

$$\int \frac{4}{t^3 - t^2 - t + 1} \mathrm{d}t = \int \frac{1}{1-t} \,\mathrm{d}t + \int \frac{2}{(t-1)^2} \,\mathrm{d}t + \int \frac{1}{t+1} \,\mathrm{d}t.$$

Stammfunktionen zu diesen Termen kennen wir, sodass nach Rücksubstitution folgt

$$\int \frac{2}{\tan(\frac{x}{2}) + \cos(x) - \sin(x)} \,\mathrm{d}x = \ln\left|\frac{\tan(\frac{x}{2}) + 1}{1 - \tan(\frac{x}{2})}\right| - \frac{2}{\tan(\frac{x}{2}) - 1} + C.$$

Bedingungen für zulässige Definitionsbereiche, lassen sich für t ablesen. Es ergeben sich drei Möglichkeiten: $t < -1$, $t \in (-1, 1)$ oder $t > 1$. Damit erhalten wir für $D_g = (-\frac{\pi}{2}, \frac{\pi}{2})$. Alternativ sind auch $D_g = (-\pi, -\frac{\pi}{2})$ oder $D_g = (\frac{\pi}{2}, \pi))$ möglich und Verschiebungen dieser Intervalle um ganzzahlige Vielfache von 2π.

Aufgabe 16.11 •• Im ersten Beispiel teilen wir das Integrationsintervall auf. Da $x > 0$ ist, ist auch $f(x) > 0$ und wir können abschätzen

$$\begin{aligned} \int_\alpha^\beta \frac{1}{x^2 + \sqrt{x}} \,\mathrm{d}x &= \int_\alpha^1 \frac{1}{x^2 + \sqrt{x}} \,\mathrm{d}x + \int_1^\beta \frac{1}{x^2 + \sqrt{x}} \,\mathrm{d}x \\ &\leq \int_\alpha^1 \frac{1}{\sqrt{x}} \,\mathrm{d}x + \int_1^\beta \frac{1}{x^2} \,\mathrm{d}x \\ &= 2\sqrt{x}\Big|_\alpha^1 - x^{-1}\Big|_1^\beta \\ &= 2 - 2\sqrt{\alpha} + 1 - \frac{1}{\beta}. \end{aligned}$$

Die beiden Vergleichsintegrale existieren im Grenzfall $\alpha \to 0$ bzw. $\beta \to \infty$. Somit existiert auch das Integral über f auf $[0, \infty)$.

Für alle $x \in [0, \frac{\pi}{2}]$ gilt die Ungleichung $\sin x \leq x$. Das sieht man anhand einer Kurvendiskussion der Funktion f mit $v(x) = x - \sin x$; denn die Ableitung ist stets nicht negativ, d.h. v ist monoton steigend, und $v(0) = 0$.

In $(0, \frac{\pi}{2}]$ gilt damit

$$\frac{1}{x} \leq \frac{1}{\sin x},$$

und Divergenz des Integrals folgt aus der Divergenz des Integrals $\int_0^{\pi/2} \frac{\mathrm{d}x}{x}$.

Eine Substitution $u = 1/x$ führt beim letzten Integral für $\varepsilon > 0$ auf

$$\begin{aligned} \int_\varepsilon^1 h(x) \,\mathrm{d}x &= \int_\varepsilon^1 x^\alpha \sin(\frac{1}{x}) \,\mathrm{d}x \\ &= \int_1^{\frac{1}{\varepsilon}} u^{-(\alpha+2)} \sin u \,\mathrm{d}u. \end{aligned}$$

Mit der Abschätzung $|\sin u| < 1$ finden wir die integrierbare Majorante $u^{-(\alpha+2)}$ auf $[1, \infty)$, wenn $\alpha + 2 > 1$, d.h. $\alpha > -1$ gilt. Für $\alpha = -1$ erhalten wir den Sinus Cardinalis, also keine Lebesgue integrierbare Funktion auf $[1, \infty)$. Da dieser Integrand auch Minorante im Fall $\alpha < -1$ ist, haben wir gezeigt, dass das Integral für $\alpha > -1$ existiert und für $\alpha \leq -1$ nicht. Man beachte aber, dass im Fall $\alpha = -1$ das uneigentliche Integral existiert.

Aufgabe 16.12 • (a) Wir zerlegen das Intervall und betrachten zunächst

$$\left(\int_0^1 x^{t-1} \mathrm{e}^{-x} \,\mathrm{d}x\right), \quad t > 0.$$

Da der Integrand positiv und auf $[\frac{1}{n}, 1]$ stetig ist, können wir das Konvergenzkriterium für Integrale (siehe Seite 633) direkt nutzen. Es gilt für $j \in \mathbb{N}$

$$\int_{\frac{1}{j}}^1 x^{t-1} \mathrm{e}^{-x} x^{t-1} \,\mathrm{d}x = \frac{1}{t} - \frac{\mathrm{e}^{\frac{1}{j}}}{t} \leq \frac{1}{t}$$

Also ist die Folge der Integrale beschränkt. Das Integral existiert für $t > 0$ und es gilt

$$\int_0^1 x^{t-1} \mathrm{e}^{-x} \,\mathrm{d}x = \lim_{j \to \infty} \frac{1}{t} - \frac{\mathrm{e}^{\frac{1}{j}}}{t} = \frac{1}{t}.$$

Mit der Potenzreihe zur Exponentialfunktion sehen wir die Ungleichung $\mathrm{e}^x \geq \frac{x^n}{n!}$ für $x > 0$ und $n \in \mathbb{N}$. Also ist $\mathrm{e}^{-x} \leq \frac{n!}{x^n}$ und wir können auf Intervallen $I_j = [1, j]$ abschätzen

$$\int_1^j x^{t-1} \mathrm{e}^{-x} \,\mathrm{d}x \leq n! \int_1^j x^{t-1-n} \,\mathrm{d}x$$

Wählen wir $n \geq t + 1$, so folgt

$$\int_1^j x^{t-1} \mathrm{e}^{-x} \,\mathrm{d}x \leq n! \int_1^j x^{-2} \,\mathrm{d}x = n!(1 - \frac{1}{j}) \leq n!$$

für alle $j \in \mathbb{N}$. Wieder können wir das Integrabilitätskriterium nutzen. Insgesamt haben wir gezeigt, dass das Integral zur Gammafunktion für jeden Parameterwert $t > 0$ existiert.

(b) Mit partielle Integration folgt

$$\begin{aligned} \Gamma(t+1) &= \int_0^\infty x^t \mathrm{e}^{-x} \,\mathrm{d}x \\ &= -\underbrace{x^t \mathrm{e}^{-x}\Big|_0^\infty}_{=0} + t \int_0^\infty x^{t-1} \mathrm{e}^{-x} \,\mathrm{d}x \\ &= t\Gamma(t). \end{aligned}$$

Berechnen wir

$$\Gamma(1) = \int_0^\infty e^{-x}\, dx = 1,$$

so ergibt sich induktiv mit

$$\Gamma(n+1) = n\,\Gamma(n) = n(n-1)! = n!$$

die Behauptung. Die Gammafunktion verallgemeinert somit die Fakultät auf $\mathbb{R}_{>0}$.

(c) Mit der Substitution $x = s^2$ folgt

$$\Gamma(\tfrac{1}{2}) = \int_0^\infty \frac{1}{\sqrt{x}} e^{-x}\, dx = 2\int_0^\infty e^{-s^2}\, ds = \sqrt{\pi}\,,$$

mit dem im Beispiel auf Seite 644 berechneten Wert des Gauß-Integrals.

(d) Ist $t \in (0,\infty)$ gegeben, so findet sich ein Intervall $[a,b] \subseteq (0,\infty)$ mit $t \in [a,b]$. Auf diesem Intervall ist durch $g\colon \mathbb{R}_{>0} \to \mathbb{R}$ mit

$$g(x) = \begin{cases} x^{a-1}e^{-x} & 0 < x < 1 \\ x^{b-1}e^{-x} & 1 \le x < \infty \end{cases}$$

eine integrierbare Funktion mit $x^{t-1}\, e^{-x} \le g(x)$ für alle $t \in [a,b]$ gegeben. Also ist mit dem Satz zur Stetigkeit von Parameterintegralen (Seite 641) Γ lokal auf $[a,b]$ stetig. Da dies für jedes $t \in \mathbb{R}_{>0}$ gilt, ist $\Gamma \in C(\mathbb{R}_{>0})$.

Aufgabe 16.13 •• Mit

$$\frac{x}{\sqrt{1-t^2x^2}} \le \frac{1}{\sqrt{1-x^2}} = g(x)$$

für $t \in [0,1]$ und $x \in (0,1)$ gibt es eine integrierbare Majorante für die Ableitung $\frac{\partial}{\partial t}\arcsin(tx) = \frac{x}{\sqrt{1-t^2x^2}}$. Also ist mit dem allgemeinen Satz von Seite 637 das Parameterintegral bezüglich t differenzierbar mit der Ableitung

$$\begin{aligned} J'(t) &= \int\limits_0^1 \frac{x}{\sqrt{1-t^2x^2}}\, dx = \left[-\frac{1}{t^2}\sqrt{1-t^2x^2}\right]_0^1 \\ &= -\frac{\sqrt{1-t^2}}{t^2} + \frac{1}{t^2}. \end{aligned}$$

Zu diesem Ausdruck können wir nun eine Stammfunktion bestimmen, um $J(t)$ zu erhalten:

$$\begin{aligned} \int J'(t)\, dt &= \int \frac{dt}{t^2} - \int \frac{\sqrt{1-t^2}}{t^2}\, dt \\ &= -\frac{1}{t} + \frac{1}{t}\sqrt{1-t^2} + \int \frac{2t}{2t\sqrt{1-t^2}}\, dt \\ &= -\frac{1}{t} + \frac{\sqrt{1-t^2}}{t} + \arcsin t + C \end{aligned}$$

Damit ist

$$J(t) = -\frac{1}{t} + \frac{\sqrt{1-t^2}}{t} + \arcsin t + C, \quad 0 < t < 1.$$

Da sowohl die Darstellung von J durch das Parameterintegral als auch dieser Ausdruck stetig ist für $t = 0$, folgt aus $J(0) = 0$ die Konstante $C = 0$. Im Intervall $0 \le t < 1$ gilt

$$\begin{aligned} J(t) &= \frac{(\sqrt{1-t^2}-1)(\sqrt{1-t^2}+1)}{t(\sqrt{1-t^2}+1)} + \arcsin t \\ &= -\frac{t}{1+\sqrt{1-t^2}} + \arcsin t. \end{aligned}$$

Eine stetige Fortsetzung in $t = 1$ liefert

$$\lim_{t\to 1} J(t) = -1 + \frac{\pi}{2}.$$

Aufgabe 16.14 • Wir betrachten die zugehörigen Integrale und wenden das Integralkriterium an. Da der Integrand positiv ist, folgt aus

$$\begin{aligned} \int_0^r x\, e^{-x}\, dx &= -x\, e^{-x}|_0^r + \int_0^r e^{-x} \\ &= 1 - e^{-r} - r\, e^{-r} \to 1 \end{aligned}$$

für $r \to \infty$ die Existenz des Integrals $\int\limits_0^\infty x\, e^{-x}\, dx$. Also konvergiert die erste Summe nach dem Integralkriterium für die Reihe.

Entsprechend folgt aus

$$\begin{aligned} \int_e^r x^x\, e^{-x}\, dx &= \int_e^r e^{x(\ln x - 1)}\, dx \\ &\ge \int_e^r e^x\, dx \\ &= e^r - e^e \to \infty, \quad r \to \infty, \end{aligned}$$

dass das Integral $\left(\int\limits_0^\infty x^x\, e^{-x}\, dx\right)$ nicht existiert und somit die zweite Reihe divergiert.

Beweisaufgaben

Aufgabe 16.15 • Mit der Substitution $t = x + \tau$ erhalten wir

$$\begin{aligned} \int_a^x f(t)\, dt &= \int_0^{x-a} f(x+\tau)\, d\tau \\ &= \int_0^{x-a} f(x) + f(\tau)\, d\tau \\ &= f(x)(x-a) + \int_0^{x-a} f(\tau)\, d\tau. \end{aligned}$$

Also gilt für $x \ne a$

$$f(x) = \frac{1}{x-a}\left(\int_a^x f(t)\, dt - \int_0^{x-a} f(t)\, dt\right).$$

Nach dem ersten Hauptsatz ist die rechte Seite differenzierbar, da f stetig ist. Somit ist f differenzierbar und mit $f(a+x) = f(a) + f(x)$ folgt

$$f'(a+x) = f'(x)$$

für alle $a, x \in \mathbb{R}$, d.h. f' ist konstant. Insbesondere folgt, dass f die Darstellung $f(x) = cx$ mit einer Konstanten $c = f'(x)$ besitzt.

Aufgabe 16.16 • Im Fall $n = 0$ liefert der erste Hauptsatz einen Induktionsanfang

$$f(x) = f(x_0) + \int_{x_0}^{x} f'(t)\,\mathrm{d}t.$$

Nehmen wir nun an, das die Restgliedddarstellung für $n \in \mathbb{N}$ gilt und f eine $n+2$-mal stetig differenzierbare Funktion ist, so folgt mit partielle Integration der Induktionsschritt

$$\begin{aligned} f(x) &= \sum_{k=0}^{n} \frac{f^{(k)}(x_0)}{k!}(x-x_0)^k + \frac{1}{n!}\int_{x_0}^{x}(x-t)^n f^{(n+1)}(t)\,\mathrm{d}t \\ &= \sum_{k=0}^{n} \frac{f^{(n)}(x_0)}{k!}(x-x_0)^k \\ &\quad + \frac{1}{n!(n+1)}\Bigg[-(x-t)^{n+1} f^{(n+1)}(t)\Big|_{t=x_0}^{t=x} \\ &\quad + \int_{x_0}^{x}(x-t)^{n+1} f^{(n+2)}(t)\,\mathrm{d}t \Bigg] \\ &= \sum_{k=0}^{n+1} \frac{f^{(k)}(x_0)}{k!}(x-x_0)^k \\ &\quad + \underbrace{\frac{1}{(n+1)!}\int_{x_0}^{x}(x-t)^{n+1} f^{(n+2)}(t)\,\mathrm{d}t}_{=r_{n+1}(x,x_0)}. \end{aligned}$$

Aufgabe 16.17 ••• **1. Fall:** Ist eine Nullstelle $z_l \in \mathbb{R}$ reell, so folgt $a_{lk} \in \mathbb{R}$ für $k = 1, \ldots, \mu_l$. Denn mit dem Lemma gilt

$$\frac{p(x)}{q(x)} = \frac{p(x)}{(x-z_l)^{\mu_l}\tilde{q}(x)} = \frac{a_{l\mu_l}}{(x-z_l)^{\mu_l}} + \frac{r(x)}{(x-z_l)^{\mu_l-1}\tilde{q}(x)},$$

wobei $\tilde{q}$ Polynom mit reellen Koeffizienten ist. Außerdem ist $\tilde{q}(z_l) \neq 0$. Setzen wir $x = z_l$ nach Multiplikation mit $(x-z_l)^{\mu_l}$ in die Gleichung ein, folgt

$$a_{l\mu_l} = \frac{p(z_l)}{\tilde{q}(z_l)} \in \mathbb{R}.$$

Aus der Differenz

$$\frac{p(x)}{(x-z_l)^{\mu_l}\tilde{q}(x)} - \frac{a_{l\mu_l}}{(x-z_l)^{\mu_l}} = \frac{r(x)}{(x-z_l)^{\mu_l-1}\tilde{q}(x)}$$

ist ersichtlich, dass auch r reelle Koeffizienten hat. Betrachten wir sukzessive diese Differenzen, so folgt analog $a_{lk} \in \mathbb{R}$ für $k = 1, \ldots \mu_l - 1$.

Für diese Summanden in der Partialbruchzerlegung ergeben sich die Stammfunktionen

$$\int \frac{a_{lk}}{(x-z_l)^{-\lambda}}\,\mathrm{d}x = \begin{cases} a_{lk}\ln|x-z_l|, & \text{für } \lambda = 1 \\ \frac{a_{lk}}{1-\lambda}(x-z_l)^{1-\lambda}, & \text{für } \lambda \in \mathbb{N}_{\geq 2}. \end{cases}$$

2. Fall: Ist $\operatorname{Im} z_l \neq 0$, so ist auch $\overline{z_l}$ Nullstelle von q (siehe Seite 626) und in der Partialbruchzerlegung tauchen Paare der Form

$$\frac{a}{(x-z_l)^k} + \frac{b}{(x-\overline{z_l})^k}$$

mit $a, b \in \mathbb{C}$ und $k = 1, \ldots, \mu_l$ auf. Wir zeigen zunächst, dass für all diese Summanden $b = \overline{a}$ gilt.

Durch Anwenden des Lemmas gilt für $x \in \mathbb{R}$

$$\begin{aligned} \frac{p(x)}{|x-z_l|^{2\mu_l}\tilde{q}(x)} &= \frac{a}{(x-z_l)^{\mu_l}} + \frac{b}{(x-\overline{z_l})^{\mu_l}} \\ &\quad + \frac{r(x)}{|x-z_l|^{2(\mu_l-1)}\tilde{q}(x)} \end{aligned}$$

mit Konstanten $a, b \in \mathbb{C}$ und Polynomen r und $\tilde{q}$. Dabei ist $\tilde{q}(z_l) \neq 0$, $\tilde{q}(\overline{z_l}) \neq 0$ und $\tilde{q}$ besitzt reelle Koeffizienten. Multiplizieren der Identität mit $|x-z_l|^{2\mu_l}$ und Einsetzen von $x = z_l$ bzw. $x = \overline{z_l}$ liefert

$$\frac{p(z_l)}{\tilde{q}(z_l)} = a(z_l - \overline{z_l})^{\mu_l} = a(2\mathrm{i}\operatorname{Im}(z_l))^{\mu_l}$$

und

$$\overline{\frac{p(z_l)}{\tilde{q}(z_l)}} = \frac{p(\overline{z_l})}{\tilde{q}(\overline{z_l})} = b(\overline{z_l} - z_l)^{\mu_l} = b(-2\mathrm{i}\operatorname{Im}(z_l))^{\mu_l}.$$

Also ist $b = \overline{a}$.

Mit diesem Ergebnis und der Differenz

$$\begin{aligned} &\frac{p(x)}{|x-z_l|^{2\mu_l}q(\tilde{x})} - \frac{a}{(x-z_l)^{\mu_l}} - \frac{\overline{a}}{(x-\overline{z_l})^{\mu_l}} \\ &= \frac{r(x)}{|x-z_l|^{2(\mu_l-1)}\tilde{q}(x)} \end{aligned}$$

folgt weiterhin, dass auch r reelle Koeffizienten besitzt. Induktiv, jeweils auf die Differenz angewendet, erhalten wir die Aussage für alle Potenzen $|x-z_l|^k$, $k = 1, \ldots, \mu_l$.

Für $k \geq 2$ ergeben sich für diese Ausdrücke Stammfunktionen der Form

$$\begin{aligned} &\int \frac{a}{(x-z_l)^k}\,\mathrm{d}x + \int \frac{\overline{a}}{(x-\overline{z_l})^k}\,\mathrm{d}x \\ &= \frac{1}{1-k}\left(a(x-z_l)^{1-k} + \overline{a}(x-\overline{z_l})^{1-k}\right) \\ &= \frac{2}{1-k}\operatorname{Re}\left(a(x-\overline{z_l})^{1-k}\right). \end{aligned}$$

Wenn $k = 1$ ist, ergibt sich

$$\frac{a}{x-z_l} + \frac{\overline{a}}{x-\overline{z_l}} = \frac{2\operatorname{Re}(a)x - 2\operatorname{Re}(a\overline{z_l})}{|x-z_l|^2}.$$

Es ist also noch eine Stammfunktion zu reellen Ausdrücken der Form

$$\frac{Ax+B}{x^2+Cx+D}$$

mit $A, B, C, D \in \mathbb{R}$ und einem quadratischen Polynom ohne reelle Nullstellen, d.h. $4D - C^2 > 0$, erforderlich.

Mit quadratischer Ergänzung und den Substitutionen $u = (x + \frac{C}{2})^2$ und $v = \frac{x+\frac{C}{2}}{\sqrt{D-\frac{C^2}{4}}}$ erhalten wir

$$\begin{aligned}
&\int \frac{Ax + B}{x^2 + Cx + D}\,\mathrm{d}x \\
&= \int \frac{Ax + B}{(x + \frac{C}{2})^2 + D - \frac{C^2}{4}}\,\mathrm{d}x \\
&= A \int \frac{x + \frac{C}{2}}{\left(x+\frac{C}{2}\right)^2 + D - \frac{C^2}{4}}\,\mathrm{d}x + \int \frac{B - \frac{AC}{2}}{\left(x+\frac{C}{2}\right)^2 + D - \frac{C^2}{4}}\,\mathrm{d}x \\
&= \frac{A}{2} \int \frac{1}{u + D - \frac{C^2}{4}}\,\mathrm{d}u + \frac{2(B - \frac{AC}{2})}{\sqrt{4D - C^2}} \int \frac{1}{v^2 + 1}\,\mathrm{d}v \\
&= \frac{A}{2} \ln|x^2 + Cx + D| + \frac{2(B - \frac{AC}{2})}{\sqrt{4D - C^2}} \arctan\left(\frac{2x + C}{\sqrt{4D - C^2}}\right).
\end{aligned}$$

Eine Kombination aller Terme liefert die Stammfunktion zur rationalen Funktion.

Aufgabe 16.18 •• Die wesentliche Schwierigkeit ist die Integrierbarkeit von fg. Ausgehend vom Lebesgue-Integral lässt sich der Satz von Beppo Levi dazu nutzen. Bei Regelfunktionen oder Riemann-integrierbaren Funktionen muss anders argumentiert werden .

Wir beginnen mit $g \in L^{\uparrow}(a, b)$ und einer Folge (φ_n) von monoton fast überall gegen g konvergierender Treppenfunktionen. Ohne Einschränkung können wir $f \geq 0$ annehmen. Ansonsten betrachte man $f - \min_{x \in [a,b]}\{f(x)\}$. Dann konvergiert die Folge $f\varphi_n \to fg$ monoton fast überall. Nach dem Satz von B. Levi ist deswegen $fg \in L(a, b)$.

Für den allgemeinen Fall $g \in L(a, b)$ gilt dies entsprechend, da sich für eine Zerlegung $g = g_1 - g_2$ die beiden Anteile $g_1, g_2 \in L^{\uparrow}(a, b)$ separat betrachten lassen.

Nun können wir für den erweiterten Mittelwertsatz genauso vorgehen wie beim Mittelwertsatz der Integralrechnung: Da f stetig ist, gibt es $m = \min_{x \in [a,b]} f(x)$ und $M = \max_{x \in [a,b]} f(x)$ und es gilt die Abschätzung

$$m \int_a^b g(x)\,\mathrm{d}x \leq \int_a^b f(x)g(x)\,\mathrm{d}x \leq M \int_a^b g(x)\,\mathrm{d}x$$

Mit dem Zwischenwertsatz für stetige Funktionen gibt es somit eine Stelle $z \in [a, b]$, sodass

$$f(z) \int_a^b g(x)\,\mathrm{d}x = \int_a^b f(x)g(x)\,\mathrm{d}x$$

ist.

Aufgabe 16.19 •• (a) Man konstruiert wie im Beweis zum Lebesgue'schen Konvergenzsatz die f.ü. monoton steigende Folge (g_n) integrierbarer Funktionen mit $g_n(x) \to f(x)$ f.ü. Aus

$$\int_I g_n(x)\,\mathrm{d}x \leq \int_I f_n(x)\,\mathrm{d}x \leq c$$

folgt, dass die Folge der Integrale beschränkt ist. Nach dem Satz von B. Levi ist die Grenzfunktion integrierbar.

(b) Im Gegensatz zum Konvergenzsatz, gilt ohne die Beschränkung durch eine integrierbare Majorante nicht notwendig die Konvergenz der Integrale $(\int_I f_n(x)\,\mathrm{d}x)$ gegen $\int_I f(x)\,\mathrm{d}x$. Die angegebene Folge liefert ein Gegenbeispiel; denn es gilt

$$\int_0^1 f_n(x)\,\mathrm{d}x = 1$$

für alle $n \in \mathbb{N}$, aber für den integrierbaren Grenzwert $f(x) = 0$ f.ü. ist $\int_0^1 f(x)\,\mathrm{d}x = 0$.

Aufgabe 16.20 ••• Wir betrachten zunächst $f \in L^{\uparrow}(\alpha, \beta)$. Dann gibt es eine monoton wachsende Folge von Treppenfunktionen (φ_n), die punktweise fast überall gegen f konvergiert. Für eine solche Treppenfunktion können wir auf den endlich vielen Teilintervallen, auf denen φ_n konstant, also insbesondere stetig, ist, die ursprüngliche Substitutionsregel aus dem Text (s. Seite 625) anwenden und erhalten

$$\int_a^b \varphi_n(u(x))\,u'(x)\,\mathrm{d}x = \int_\alpha^\beta \varphi_n(u)\,\mathrm{d}u \to \int_\alpha^\beta f(u)\,\mathrm{d}u.$$

Insbesondere ist die Folge der Integrale auf der linken Seite beschränkt. Die Idee zum Beweis ist es, den Satz von B. Levi auf die Folge $\varphi_n(u(x))\,u'(x)$ anzuwenden. Wegen $u'(x) \geq 0$ für $x \in (a, b)$ ist offensichtlich die Folge $(\varphi_n(u(x))\,u'(x))_{n \in \mathbb{N}}$ monoton wachsend und es gilt

$$\varphi_n(u(x))u'(x) \to f(u(x))\,u'(x) \quad \text{für } x \in [a, b]\backslash M,$$

wobei $M = \{x \in (a, b) \mid u(x) \in N \text{ und } u'(x) > 0\}$ ist mit der Nullmenge N, auf der $(\varphi_n(y))_{n \in \mathbb{N}}$ nicht gegen $f(y)$ konvergiert

Es bleibt zu zeigen, dass M eine Nullmenge ist. Dies ist der schwierige Teil der Aufgabe. Da N eine Nullmenge ist, gibt es zu $n \in \mathbb{N}$ Intervalle I_j^n mit $N \subseteq \bigcup_{j=1}^\infty$ und $\sum\limits_{j=1}^\infty |I_j^n| \leq \frac{1}{2^n}$. Nach Konstruktion gilt mit der geometrischen Reihe weiterhin

$$\sum_{n=1}^\infty \sum_{j=1}^\infty |I_j^n| = \sum_{n=1}^\infty \frac{1}{2^n} = 1.$$

Betrachten wir nun die charakteristischen Funktionen zu diesen Intervallen, d.h. wir definieren

$$\chi_j^n(x) = \begin{cases} 1, & x \in I_j^n \\ 0, & x \in [a, b]\backslash I_j^n, \end{cases}$$

dann ist mit

$$\Phi_n(x) = \sum_{m=1}^n \sum_{j=1}^\infty \chi_j^m(x)$$

eine monoton wachsende Folge von Treppenfunktionen auf $[a, b]$ gegeben. Da es zu $x \in M$ zu jedem $n \in \mathbb{N}$ ein $j \in \mathbb{N}$ gibt mit $g(x) \in I_j^n$ folgt

$$\Phi_n(g(x))g'(x) \to \infty \quad \text{für } x \in M.$$

Andererseits ergibt sich

$$\begin{aligned}\int_a^b \Phi_n(g(x))g'(x)\,\mathrm{d}x &= \int_a^b \Phi_n(u)\,du \\ &= \sum_{m=1}^{n} \int_a^b \sum_{j=1}^{\infty} \chi_j^m(u)\,du \le 1\end{aligned}$$

für $n \in \mathbb{N}$.

Der Satz von B. Levi liefert, dass $(\Phi_n(x))_{n\in\mathbb{N}}$ fast überall punktweise konvergiert. Also ist M Teilmenge einer Nullmenge, da die Folge auf M divergiert.

Ist nun allgemein $f \in L(a,b)$ so lässt sich der obige Beweis auf Anteile $f_1, f_2 \in L^{\uparrow}(a,b)$ mit $f = f_1 - f_2$ anwenden und wir erhalten die allgemeine Aussage.

Aufgabe 16.21 •• (a) Es muss zunächst gezeigt werden, dass ähnlich zu den Lebesgue-integrierbaren Funktionen mit f auch $|f|$ eine Regelfunktion ist und somit das Integral über $|f|$ im Sinne der Regelfunktionen existiert.

Dies folgt aus folgender Überlegung: Ist f Regelfunktion, so gibt es eine gleichmäßig gegen f konvergierende Folge (φ_n) von Treppenfunktionen und mit der Dreiecksungleichung folgt

$$|f| - |\varphi_n| = |f - \varphi_n + \varphi_n| - |\varphi_n| \le |f - \varphi_n|$$

und

$$|\varphi_n| - |f| = |\varphi_n - f + f| - |f| \le |f - \varphi_n|.$$

Also ist wegen $|\,|f| - |\varphi_n|\,| \le |f - \varphi_n|$ durch $(|\varphi_n|)_{n\in\mathbb{N}}$ eine gleichmäßig gegen $|f|$ konvergierende Folge von Treppenfunktionen gegeben, d.h. $|f|$ ist auch Regelfunktion. Somit können wir abschätzen

$$\left|\int_a^b f(x)\,\mathrm{d}x\right| \le \int_a^b |f(x)|\,\mathrm{d}x \le \|f\|_\infty |b-a|.$$

(b) Sind (φ_n) und (ψ_n) Folgen von Treppenfunktionen, die gleichmäßig gegen f bzw. g konvergieren, so gibt es eine Konstante $C > 0$ mit $\|\varphi_n\|_\infty < C$ für alle $n \in \mathbb{N}$ und es folgt weiterhin

$$\begin{aligned}\|fg - \varphi_n\psi_n\|_\infty &\le \|fg - \varphi_n g\|_\infty + \|\varphi_n g - \varphi_n\psi_n\|_\infty \\ &\le \|f - \varphi_n\|_\infty \|g\|_\infty + \|\varphi_n\|_\infty \|\psi_n - g\|_\infty \\ &\to 0, \quad \text{für } n \to \infty.\end{aligned}$$

Also ist mit $(\varphi_n\psi_n)$ eine Folge von Treppenfunktionen gegeben, die gleichmäßig gegen fg konvergiert. Das Produkt fg ist Regelfunktion.

Bemerkung: Die Aussage trifft auch für Riemann-integrierbare Funktionen zu, wie sich leicht mit dem Lebesgue'schen Integralkriterium zeigen lässt.

(c) Diese algebraische Eigenschaft gilt aber nicht mehr im Raum der Lebesgue-integrierbaren Funktionen. So ist etwa $f\colon (0,1) \to \mathbb{R}$ mit $f(x) = \frac{1}{\sqrt{x}}$ Lebesgue-integrierbar, aber das Produkt $f^2(x)$ ist keine integrierbare Funktion auf $(0,1)$.

Kapitel 17

Aufgaben

Verständnisfragen

Aufgabe 17.1 • Sind die folgenden Produkte Skalarprodukte?

$$\cdot : \begin{cases} \mathbb{R}^2 \times \mathbb{R}^2 & \to \quad \mathbb{R}, \\ \left(\begin{pmatrix} v_1 \\ v_2 \end{pmatrix}, \begin{pmatrix} w_1 \\ w_2 \end{pmatrix} \right) & \mapsto v_1 - w_1. \end{cases}$$

$$\cdot : \begin{cases} \mathbb{R}^2 \times \mathbb{R}^2 & \to \quad \mathbb{R}, \\ \left(\begin{pmatrix} v_1 \\ v_2 \end{pmatrix}, \begin{pmatrix} w_1 \\ w_2 \end{pmatrix} \right) & \mapsto 3\, v_1 w_1 + v_1 w_2 + v_2 w_1 + v_2 w_2. \end{cases}$$

Aufgabe 17.2 • Sind $\cdot$ und $\circ$ zwei Skalarprodukte des $\mathbb{R}^n$, so ist jede Orthogonalbasis bezüglich $\cdot$ auch eine Orthogonalbasis bezüglich $\circ$ – stimmt das?

Aufgabe 17.3 • Wieso ist für jede beliebige Matrix $A \in \mathbb{C}^{n \times n}$ die Matrix $B = A\,\overline{A}^{\top}$ hermitesch?

Aufgabe 17.4 •• Für welche $a,\ b \in \mathbb{C}$ ist

$$\cdot : \begin{cases} \mathbb{C}^2 \times \mathbb{C}^2 & \to \quad \mathbb{C}, \\ \left(\begin{pmatrix} v_1 \\ v_2 \end{pmatrix}, \begin{pmatrix} w_1 \\ w_2 \end{pmatrix} \right) & \mapsto \begin{matrix} \overline{v}_1\, w_1 + a\, \overline{v}_1\, w_2 \\ -2\overline{v}_2\, w_1 + b\, \overline{v}_2\, w_2 \end{matrix} \end{cases}$$

hermitesch?

Für welche $a,\ b \in \mathbb{C}$ ist f außerdem positiv definit?

Rechenaufgaben

Aufgabe 17.5 •• Gegeben ist die reelle, symmetrische Matrix

$$A = \begin{pmatrix} 10 & 8 & 8 \\ 8 & 10 & 8 \\ 8 & 8 & 10 \end{pmatrix}$$

Bestimmen Sie eine orthogonale Matrix $S \in \mathbb{R}^{3\times 3}$, sodass $D = S^{-1}\, A\, S$ eine Diagonalmatrix ist.

Aufgabe 17.6 •• Auf dem $\mathbb{R}$-Vektorraum $V = \{f \in \mathbb{R}[X] \mid \deg(f) \le 3\} \subseteq \mathbb{R}[X]$ der Polynome vom Grad kleiner oder gleich 3 ist das Skalarprodukt $\cdot$ durch

$$\langle f, g \rangle = \int_{-1}^{1} f(t)\, g(t)\, \mathrm{d}t$$

für $f,\ g \in V$ gegeben.

(a) Bestimmen Sie eine Orthonormalbasis von V bezüglich $\langle\ ,\ \rangle$.
(b) Man berechne in V den Abstand von $f = X + 1$ zu $g = X^2 - 1$.

Aufgabe 17.7 •• Bestimmen Sie alle normierten Vektoren des $\mathbb{C}^3$, die zu $v_1 = \begin{pmatrix} 1 \\ \mathrm{i} \\ 0 \end{pmatrix}$ und $v_2 = \begin{pmatrix} 0 \\ \mathrm{i} \\ -\mathrm{i} \end{pmatrix}$ bezüglich des kanonischen Skalarprodukts senkrecht stehen.

Aufgabe 17.8 • Berechnen Sie den minimalen Abstand des Punktes $v = \begin{pmatrix} 3 \\ 1 \\ -1 \end{pmatrix}$ zu der Ebene $\left\langle \begin{pmatrix} 1 \\ 1 \\ 1 \end{pmatrix}, \begin{pmatrix} -1 \\ -1 \\ 1 \end{pmatrix} \right\rangle$.

Aufgabe 17.9 •• Im Laufe von zehn Stunden wurde alle zwei Stunden, also zu den Zeiten $t_1 = 0, t_2 = 2, t_3 = 4, t_4 = 6, t_5 = 8$ und $t_6 = 10$ in Stunden, die Höhe $h_1, \ldots, h_6$ des Wasserstandes der Nordsee in Metern ermittelt. Damit haben wir sechs Paare $(t_i,\ h_i)$ für den Wasserstand der Nordsee zu bestimmten Zeiten vorliegen:

$$(0,\ 1.0),\ (2,\ 1.5),\ (4,\ 1.3),\ (6,\ 0.6),\ (8,\ 0.4),\ (10,\ 0.8)\,.$$

Man ermittle eine Funktion, welche diese Messwerte möglichst gut approximiert.

Aufgabe 17.10 • Laut Merkbox auf Seite 691 ist eine (reelle) Drehmatrix D_α für $\alpha \in]0, 2\pi[\setminus\{\pi\}$ nicht diagonalisierbar. Nun kann man jede solche (orthogonale) Matrix $D_\alpha \in \mathbb{R}^{2\times 2}$ auch als unitäre Matrix $D_\alpha \in \mathbb{C}^{2\times 2}$ auffassen. Ist sie dann diagonalisierbar?

Aufgabe 17.11 •• Gegeben ist eine elastische Membran im $\mathbb{R}^2$, die von der Einheitskreislinie $x_1^2 + x_2^2 = 1$ berandet wird. Bei ihrer (als lineare Abbildung angenommenen) Verformung gehe der Punkt $\begin{pmatrix} v_1 \\ v_2 \end{pmatrix}$ in den Punkt $\begin{pmatrix} 5\, v_1 + 3\, v_2 \\ 3\, v_1 + 5\, v_2 \end{pmatrix}$ über.

(a) Welche Form und Lage hat die ausgedehnte Membran?
(b) Welche Geraden durch den Ursprung werden auf sich abgebildet?

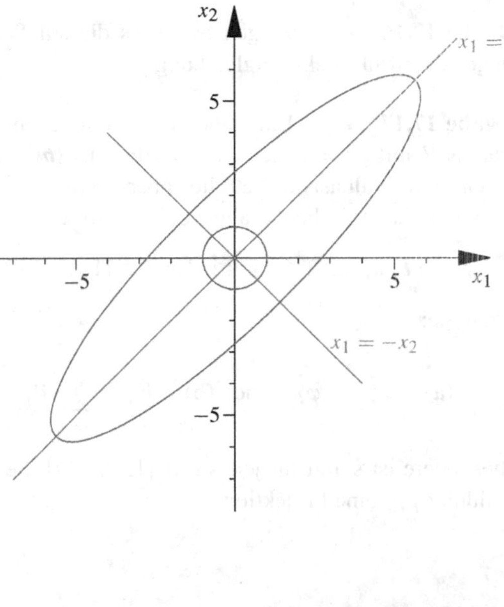

Aufgabe 17.12 •• Es sei der euklidische Vektorraum $\mathbb{R}^3$ mit dem Standardskalarprodukt gegeben, weiter seien

$$A = \begin{pmatrix} 0 & -1 & 0 \\ 0 & 0 & -1 \\ -1 & 0 & 0 \end{pmatrix}$$

und $\varphi = \varphi_A \colon \mathbb{R}^3 \to \mathbb{R}^3$, $\boldsymbol{v} \mapsto A\boldsymbol{v}$, die zugehörige lineare Abbildung.

(a) Ist φ eine Drehung?
(b) Stellen Sie φ als Produkt einer minimalen Anzahl von Spiegelungen dar.

Aufgabe 17.13 •• Gegeben sei der euklidische Vektorraum $\mathbb{R}[X]_3$ mit dem euklidischen Skalarprodukt

$$\langle p, q \rangle = \int_{-1}^{1} p(t)\, q(t)\, \mathrm{d}t \,.$$

(a) Zeigen Sie, dass durch

$$L(p) = (1 - X^2)p'' - 2\,X\, p'$$

eine lineare Abbildung $L \colon \mathbb{R}[X]_3 \to \mathbb{R}[X]_3$ definiert wird.
(b) Berechnen Sie die Darstellungsmatrix A von L bezüglich der Basis $(1, X, X^2, X^3)$ von $\mathbb{R}[X]_3$.
(c) Bestimmen Sie eine Basis B von $\mathbb{R}[X]_3$ aus Eigenvektoren von L.
(d) Bestimmen Sie jeweils eine Basis von $\ker(L)$ und $L(\mathbb{R}[X]_3)$.
(e) Zeigen Sie: $\langle L(p), q\rangle = \langle p, L(q)\rangle$ für alle $p, q \in \mathbb{R}[X]_3$, d. h., L ist selbstadjungiert).

Beweisaufgaben

Aufgabe 17.14 • Beweisen Sie das Lemma auf Seite 665.

Aufgabe 17.15 •• Beweisen Sie die auf Seite 686 formulierte Cauchy-Schwarz'sche Ungleichung im unitären Fall.

Aufgabe 17.16 •• Zeigen Sie, dass die auf Seite 669 angegebene Minkowski-Ungleichung gilt.

Aufgabe 17.17 • Ein Endomorphismus φ eines Vektorraums V mit $\varphi^2 = \varphi$ heißt **Projektion**. Ist $\{\boldsymbol{b}_1, \dots, \boldsymbol{b}_n\}$ eine Orthonormalbasis des euklidischen Vektorraums $V = \mathbb{R}^n$ mit dem kanonischen Skalarprodukt $\cdot$, so setzen wir

$$\boldsymbol{P}_i = \boldsymbol{b}_i\, \boldsymbol{b}_i^\top \in \mathbb{R}^{n\times n} \quad \text{für jedes } i \in \{1, \dots, n\}\,.$$

Zeigen Sie:

$$\text{(a)}\quad \varphi_{\boldsymbol{P}_i}^2 = \varphi_{\boldsymbol{P}_i} \quad \text{und} \quad \text{(b)}\quad \mathbf{E}_n = \sum_{i=1}^{n} \boldsymbol{P}_i\,.$$

Insbesondere ist somit für jedes $i \in \{1, \dots, n\}$ die lineare Abbildung $\varphi_{\boldsymbol{P}_i}$ eine Projektion.

Aufgabe 17.18 •• Zeigen Sie, dass eine hermitesche Matrix $A \in \mathbb{C}^{n\times n}$ genau dann indefinit ist, wenn sie sowohl einen positiven als auch einen negativen Eigenwert hat (Seite 698).

Aufgabe 17.19 •• Eine Matrix $A \in \mathbb{K}^{n\times n}$, $\mathbb{K}$ ein Körper, nennt man **idempotent**, falls $A^2 = A$ gilt. Zeigen Sie: Für jede idempotente Matrix $A \in \mathbb{K}^{n\times n}$ gilt:

$$\mathbb{K}^n = \ker A \oplus \operatorname{Bild} A\,.$$

Aufgabe 17.20 •• Zeigen Sie, dass die $Q\,R$-Zerlegung $A = \boldsymbol{Q}\,\boldsymbol{R}$ für eine invertierbare Matrix $\boldsymbol{A}$ eindeutig ist, wenn man fordert, dass die Diagonaleinträge von $\boldsymbol{R}$ positiv sind.

Aufgabe 17.21 • Es sei U ein Untervektorraum eines euklidisches Vektorraums V. Zeigen Sie, dass im Fall $U = \mathbb{R}\,\boldsymbol{u}$ mit $\|\boldsymbol{u}\| = 1$ die orthogonale Projektion π durch $\pi(\boldsymbol{v}) = (\boldsymbol{v}\cdot\boldsymbol{u})\,\boldsymbol{u}$, $\boldsymbol{v} \in V$, gegeben ist (Seite 679).

Aufgabe 17.22 • Zeigen Sie: Die Matrix $\mathrm{e}^{\mathrm{i}A}$ ist unitär, falls $A \in \mathbb{C}^{n\times n}$ hermitesch ist.

Aufgabe 17.23 • Zeigen Sie, dass man den Spektralsatz für einen selbstadjungierten Endomorphismen φ eines endlichdimensionalen $\mathbb{R}$- bzw. $\mathbb{C}$-Vektorraums V auch wie folgt formulieren kann: Es ist φ eine Linearkombination der orthogonalen Projektionen auf die verschiedenen Eigenräume, wobei die Koeffizienten die Eigenwerte sind.

Hinweise

Verständnisfragen

Aufgabe 17.1 • Man beachte die Definition eines euklidischen Skalarprodukts auf Seite 661.

Aufgabe 17.2 • Man suche ein Gegenbeispiel.

Aufgabe 17.3 • Transponieren und konjugieren Sie die Matrix $\boldsymbol{B}$.

Aufgabe 17.4 •• Man beachte das Kriterium von Seite 698.

Rechenaufgaben

Aufgabe 17.5 •• Bestimmen Sie die Eigenwerte von $\boldsymbol{A}$, dann eine Basis des $\mathbb{R}^3$ aus Eigenvektoren von $\boldsymbol{A}$ und orthonormieren Sie schließlich diese Basis. Wählen Sie schließlich die Matrix $\boldsymbol{S}$, deren Spalten die orthonormierten Basisvektoren sind.

Aufgabe 17.6 •• Verwenden Sie das Orthonormierungsverfahren von Gram und Schmidt (Seite 674).

Aufgabe 17.7 •• Bestimmen Sie alle Vektoren $\boldsymbol{v} = (v_i)$, welche die Bedingungen $\boldsymbol{v} \perp \boldsymbol{v}_1$ und $\boldsymbol{v} \perp \boldsymbol{v}_2$ und $\|\boldsymbol{v}\| = 1$ erfüllen.

Aufgabe 17.8 • Man beachte den Projektionssatz auf Seite 679 und die anschließenden Ausführungen.

Aufgabe 17.9 •• Man beachte die Methode der kleinsten Quadrate auf Seite 681. Als Basisfunktionen wähle man Funktionen, welche die 12-Stunden-Periodizität des Wasserstandes berücksichtigen.

Aufgabe 17.10 • Diagonalisieren Sie die Matrix.

Aufgabe 17.11 •• Ermitteln Sie die Darstellungsmatrix $\boldsymbol{A}$ der zugehörigen linearen Abbildung bezüglich der Standardbasis und bestimmen Sie die Form der Menge $\{\boldsymbol{A}\,\boldsymbol{v} \in \mathbb{R}^2 \mid \|\boldsymbol{v}\| = 1\}$. Ermitteln Sie letztlich die Eigenwerte und Eigenvektoren von $\boldsymbol{A}$.

Aufgabe 17.12 •• Beachten Sie das Beispiel auf Seite 694.

Aufgabe 17.13 •• $L(p) = \left((1 - x^2)p'\right)'$ und partielle Integration.

Beweisaufgaben

Aufgabe 17.14 • Wiederholen Sie den Beweis des entsprechenden Lemmas auf Seite 455.

Aufgabe 17.15 •• Gehen Sie wie im euklidischen Fall auf Seite 667 vor.

Aufgabe 17.16 •• Benutzen Sie die Cauchy-Schwarz'sche Ungleichung auf Seite 667.

Aufgabe 17.17 • Für (a) ist nur $\boldsymbol{P}_i^2 = \boldsymbol{P}_i$ nachzuweisen. Für (b) begründen Sie $\sum_{i=1}^n \varphi_{\boldsymbol{P}_i} = \mathrm{id}_V$.

Aufgabe 17.18 •• Beachten Sie den Beweis zum Kriterium der positiven Definitheit auf Seite 698.

Aufgabe 17.19 •• Schreiben Sie einen Vektor $\boldsymbol{v} \in \mathbb{K}^n$ in der Form $\boldsymbol{v} = \boldsymbol{v} - \boldsymbol{A}\,\boldsymbol{v} + \boldsymbol{A}\,\boldsymbol{v}$.

Aufgabe 17.20 •• Zeigen Sie, dass aus dem Ansatz $\boldsymbol{Q}\,\boldsymbol{R} = \boldsymbol{Q}'\,\boldsymbol{R}'$ folgt $\boldsymbol{R} = \boldsymbol{R}'$ und $\boldsymbol{Q} = \boldsymbol{Q}'$. Beachten Sie hierzu, dass das Produkt und das Inverse oberer Dreiecksmatrizen wieder eine obere Dreiecksmatrix ist.

Aufgabe 17.21 • Zeigen Sie, dass die Abbildung $\pi : V \to V$ mit $\pi(\boldsymbol{v}) = (\boldsymbol{v} \cdot \boldsymbol{u})\,\boldsymbol{u}$, $\boldsymbol{v} \in V$, für jedes $\boldsymbol{v}$ aus V das gleiche Bild der orthogonalen Projektion hat.

Aufgabe 17.22 • Begründen Sie die Gleichung $\overline{(\mathrm{e}^{\mathrm{i}A})}^\top \mathrm{e}^{\mathrm{i}A} = \mathbf{E}_n$.

Aufgabe 17.23 • Beachten Sie, dass sich ein selbstadjungierter Endomorphismus φ orthogonal diagonalisieren lässt, und wählen Sie eine Orthonormalbasis aus Eigenvektoren von φ.

Lösungen

Verständnisfragen

Aufgabe 17.1 • Das erste Produkt ist kein Skalarprodukt, das zweite schon.

Aufgabe 17.2 • Nein.

Aufgabe 17.3 • –

Aufgabe 17.4 •• Das Produkt ist für $a = -2$ und $b \in \mathbb{R}$ hermitesch und für $a = -2$ und $b > 0$ positiv definit.

Rechenaufgaben

Aufgabe 17.5 •• Es ist $\boldsymbol{S} = \frac{1}{\sqrt{6}} \begin{pmatrix} -\sqrt{3} & -1 & \sqrt{2} \\ \sqrt{3} & -1 & \sqrt{2} \\ 0 & 2 & \sqrt{2} \end{pmatrix}$

Aufgabe 17.6 •• (a) Es ist $\{\frac{1}{\sqrt{2}}, \sqrt{\frac{3}{2}}X, \sqrt{\frac{45}{8}}(X^2 - \frac{1}{3}), \sqrt{\frac{175}{8}}(X^3 - \frac{3}{5}X)\}$ eine Orthonormalbasis von V.

(b) Der Abstand beträgt $\sqrt{\frac{32}{5}}$.

Aufgabe 17.7 •• $\left\{\frac{\mathrm{e}^{\mathrm{i}\varphi}}{\sqrt{3}} \begin{pmatrix} \mathrm{i} \\ 1 \\ 1 \end{pmatrix} \mid \varphi \in [0, 2\pi[\right\}$.

Aufgabe 17.8 • Der minimale Abstand ist $\sqrt{2}$.

Aufgabe 17.9 •• Die Näherungsfunktion f lautet

$$f = 0.93 + 0.23 \cos\left(\frac{2\pi t}{12}\right) + 0.46 \sin\left(\frac{2\pi t}{12}\right).$$

Aufgabe 17.10 • Ja, sie ist ähnlich zu

$$\begin{pmatrix} \mathrm{e}^{\mathrm{i}\alpha} & 0 \\ 0 & \mathrm{e}^{-\mathrm{i}\alpha} \end{pmatrix} = \overline{\boldsymbol{S}}^\top \boldsymbol{D}_\alpha\, \boldsymbol{S}.$$

Aufgabe 17.11 •• (a) Die Einheitskreislinie wird auf eine Ellipse mit den Halbachsen 2 und 8 abgebildet. (b) Die zwei Geraden $\langle\begin{pmatrix} 1 \\ 1 \end{pmatrix}\rangle$ und $\langle\begin{pmatrix} 1 \\ -1 \end{pmatrix}\rangle$ werden auf sich abgebildet.

Aufgabe 17.12 •• Es gilt $\varphi = \sigma_a \circ \sigma_b \circ \sigma_c$, mit

$$a = \begin{pmatrix} 1 \\ 0 \\ 1 \end{pmatrix}, \quad b = \begin{pmatrix} 0 \\ 1 \\ -1 \end{pmatrix} \quad c = \begin{pmatrix} 0 \\ 0 \\ 1 \end{pmatrix}.$$

Aufgabe 17.13 •• (b) Es gilt

$$A = \begin{pmatrix} 0 & 0 & 2 & 0 \\ 0 & -2 & 0 & 6 \\ 0 & 0 & -6 & 0 \\ 0 & 0 & 0 & -12 \end{pmatrix}.$$

(c) $(1, X, 1 - 3X^2, 3X - 5X^3)$.

(d) $\{1\}$ ist eine Basis von $\ker L$. $\{X, 1 - 3X^2, 3X - 5X^3\}$ ist eine Basis von $L(\mathbb{R}[X]_3)$.

Beweisaufgaben

Aufgabe 17.14 • –

Aufgabe 17.15 •• –

Aufgabe 17.16 •• –

Aufgabe 17.17 • –

Aufgabe 17.18 •• –

Aufgabe 17.19 •• –

Aufgabe 17.20 •• –

Aufgabe 17.21 • –

Aufgabe 17.22 • –

Aufgabe 17.23 • –

Lösungswege

Verständnisfragen

Aufgabe 17.1 • Das erste Produkt ist kein Skalarprodukt, denn es ist nicht linear im ersten Argument, wie das folgende Beispiel zeigt:

$$\left(\begin{pmatrix} 1 \\ 0 \end{pmatrix} + \begin{pmatrix} 1 \\ 0 \end{pmatrix}\right) \cdot \begin{pmatrix} 1 \\ 1 \end{pmatrix} = 1 \neq 0 = \begin{pmatrix} 1 \\ 0 \end{pmatrix} \cdot \begin{pmatrix} 1 \\ 1 \end{pmatrix} + \begin{pmatrix} 1 \\ 0 \end{pmatrix} \cdot \begin{pmatrix} 1 \\ 1 \end{pmatrix}.$$

Das zweite Produkt ist ein Skalarprodukt. Offenbar können wir das Skalarprodukt auch mittels der Matrix $A = \begin{pmatrix} 3 & 1 \\ 1 & 1 \end{pmatrix}$ durch

$$v \cdot w = v^\top A\, w$$

ausdrücken. Weil die Matrix A symmetrisch und nach dem Kriterium von Seite 698 sogar positiv definit ist, ist $\cdot$ ein Skalarprodukt.

Aufgabe 17.2 • Die Aussage ist falsch. Wähle etwa im $\mathbb{R}^2$ für $\cdot$ das kanonische Skalarprodukt und für $\circ$ jenes, das durch die Matrix $A = \begin{pmatrix} 1 & 1 \\ 1 & 2 \end{pmatrix}$, also durch $v \circ w = v^\top A\, w$, gegeben ist. Dann steht e_1 bezüglich $\cdot$ senkrecht auf e_2 nicht aber bezüglich $\circ$, da $e_1 \circ e_2 \neq 0$ gilt.

Aufgabe 17.3 • Das gilt wegen $\overline{B}^\top = \left(\overline{A\,\overline{A}^\top}\right)^\top = (\overline{A}\,A^\top)^\top = A\,\overline{A}^\top = B$.

Aufgabe 17.4 •• Wir können das gegebene Produkt mittels der Matrix $A = \begin{pmatrix} 1 & a \\ -2 & b \end{pmatrix}$ durch

$$v \cdot w = \overline{v}^\top A\, w$$

beschreiben. Nun überprüfen wir, für welche komplexen Zahlen a und b die Matrix hermitesch bzw. positiv definit ist, denn es ist in diesem Fall das Produkt $\cdot$ hermitesch bzw. positiv definit.

Die Matrix A ist hermitesch, wenn $\overline{A}^\top = A$ gilt, also genau dann, wenn $a = -2$ und $b \in \mathbb{R}$ ist.

Und A ist genau dann positiv definit, wenn $\det(A) > 0$ gilt, d. h. $b > 4$ (man beachte das Kriterium von Seite 700).

Rechenaufgaben

Aufgabe 17.5 •• Als charakteristisches Polynom erhalten wir

$$\chi_A = -X^3 + 30\,X^2 - 108\,X + 104 = -(X-2)^2\,(X-26).$$

Also sind 2 ein Eigenwert der algebraischen Vielfachheit 2 und 26 ein solcher der algebraischen Vielfachheit 1.

Wir bestimmen die Eigenräume

$$\mathrm{Eig}_A(2) = \ker(A - 2\,\mathbf{E}_3) = \ker \begin{pmatrix} 8 & 8 & 8 \\ 8 & 8 & 8 \\ 8 & 8 & 8 \end{pmatrix} = \ker \begin{pmatrix} 1 & 1 & 1 \\ 0 & 0 & 0 \\ 0 & 0 & 0 \end{pmatrix} = \langle \begin{pmatrix} -1 \\ 1 \\ 0 \end{pmatrix}, \begin{pmatrix} -1 \\ 0 \\ 1 \end{pmatrix} \rangle$$

und

$$\mathrm{Eig}_A(26) = \ker(A - 26\,\mathbf{E}_3) = \ker \begin{pmatrix} -16 & 8 & 8 \\ 8 & -16 & 8 \\ 8 & 8 & -16 \end{pmatrix} = \ker \begin{pmatrix} 2 & -1 & -1 \\ 1 & -2 & 1 \\ 1 & 1 & -2 \end{pmatrix} = \ker \begin{pmatrix} 1 & 1 & -2 \\ 0 & 1 & -1 \\ 0 & 0 & 0 \end{pmatrix} = \langle \begin{pmatrix} 1 \\ 1 \\ 1 \end{pmatrix} \rangle.$$

Wir konstruieren nun aus der Basis $\left\{ \boldsymbol{b}_1 = \begin{pmatrix} -1 \\ 1 \\ 0 \end{pmatrix}, \boldsymbol{b}_2 = \begin{pmatrix} -1 \\ 0 \\ 1 \end{pmatrix} \right\}$ des Eigenraums zum Eigenwert 2 eine Orthonormalbasis. Der Vektor

$$\boldsymbol{c}_1 = \frac{1}{\sqrt{2}} \begin{pmatrix} -1 \\ 1 \\ 0 \end{pmatrix}$$

hat die Länge 1, und der Vektor

$$\boldsymbol{b}' = \boldsymbol{b}_2 - (\boldsymbol{b}_2 \cdot \boldsymbol{b}_1)\, \boldsymbol{b}_1 = \begin{pmatrix} -1/2 \\ -1/2 \\ 1 \end{pmatrix}$$

steht senkrecht auf $\boldsymbol{c}_1$ und ist eine Linearkombination von $\boldsymbol{b}_1$ und $\boldsymbol{b}_2$, sodass also $\{\boldsymbol{c}_1, \boldsymbol{b}'\}$ auch eine Basis aus Eigenvektoren des Eigenraums zum Eigenwert 2 ist. Wir normieren den Vektor $\boldsymbol{b}'$ und erhalten damit eine Orthonormalbasis; mit

$$\boldsymbol{c}_2 = \frac{1}{\sqrt{6}} \begin{pmatrix} -1 \\ -1 \\ 2 \end{pmatrix}$$

gilt:

$$B_1 = (\boldsymbol{c}_1, \boldsymbol{c}_2)$$

ist eine geordnete Orthonormalbasis des Eigenraums $\mathrm{Eig}_A(2)$. Weil der den Eigenraum zum Eigenwert 26 erzeugende Vektor senkrecht auf den Vektoren $\boldsymbol{c}_1$ und $\boldsymbol{c}_2$ steht, ist damit die folgende Basis eine Orthonormalbasis des $\mathbb{R}^3$, die aus Eigenvektoren der Matrix $\boldsymbol{A}$ besteht:

$$B = \left(\frac{1}{\sqrt{2}} \begin{pmatrix} -1 \\ 1 \\ 0 \end{pmatrix}, \frac{1}{\sqrt{6}} \begin{pmatrix} -1 \\ -1 \\ 2 \end{pmatrix}, \frac{1}{\sqrt{3}} \begin{pmatrix} 1 \\ 1 \\ 1 \end{pmatrix} \right).$$

Kommentar: Wir hätten den Eigenraum von Eigenwert 26 gar nicht explizit bestimmen müssen. Ein Vektor, der diesen (eindimensionalen) Eigenraum aufspannt, muss ja zwangsläufig senkrecht auf den beiden Vektoren $\boldsymbol{c}_1$ und $\boldsymbol{c}_2$ stehen. Also hätten wir irgendeinen solchen Vektor wählen können und diesen dann nach Normieren als Element einer Orthonormalbasis wählen können. Eine einfache Methode, einen zu zwei Vektoren des $\mathbb{R}^3$ senkrechten Vektor des $\mathbb{R}^3$ zu bestimmen, liefert das Vektorprodukt (siehe Kapitel 7).

Mit der Matrix

$$\boldsymbol{S} = (\boldsymbol{c}_1, \boldsymbol{c}_2, \boldsymbol{c}_3) = \frac{1}{\sqrt{6}} \begin{pmatrix} -\sqrt{3} & -1 & \sqrt{2} \\ \sqrt{3} & -1 & \sqrt{2} \\ 0 & 2 & \sqrt{2} \end{pmatrix}$$

gilt nun die Gleichung

$$\begin{pmatrix} 2 & 0 & 0 \\ 0 & 2 & 0 \\ 0 & 0 & 26 \end{pmatrix} = \boldsymbol{S}^{-1} \boldsymbol{A}\, \boldsymbol{S}.$$

Aufgabe 17.6 •• (a) Wir verwenden das Orthonormalisierungsverfahren von Gram und Schmidt.

Setze $\boldsymbol{c}_1 = 1$. Wegen $\|\boldsymbol{c}_1\| = \sqrt{2}$ erhalten wir als ersten Basisvektor einer Orthonormalbasis $\boldsymbol{b}_1 = \frac{1}{\sqrt{2}}$.

Wegen $\langle X, 1 \rangle = 0$ ist $\boldsymbol{c}_2 = X$ bereits orthogonal zu $\boldsymbol{b}_1$. Mit $\|\boldsymbol{c}_2\| = \sqrt{\frac{2}{3}}$ erhalten wir $\boldsymbol{b}_2 = \sqrt{\frac{3}{2}}\, X$ als zweiten Basisvektor einer Orthonormalbasis.

Für $\boldsymbol{c}_3$ wählen wir

$$\boldsymbol{c}_3 = X^2 - \frac{1}{\sqrt{2}} \langle \frac{1}{\sqrt{2}}, X^2 \rangle - \sqrt{\frac{3}{2}}\, X \langle \sqrt{\frac{3}{2}} X, X^2 \rangle = X^2 - \frac{1}{3}.$$

Wegen $\|\boldsymbol{c}_3\| = \sqrt{\frac{8}{45}}$ erhalten wir $\boldsymbol{b}_3 = \sqrt{\frac{45}{8}} (X^2 - \frac{1}{3})$ als dritten Vektor einer Orthonormalbasis.

Für $\boldsymbol{c}_4$ wählen wir

$$\begin{aligned} \boldsymbol{c}_4 &= X^3 - \frac{1}{\sqrt{2}} \langle \frac{1}{\sqrt{2}}, X^3 \rangle - \sqrt{\frac{3}{2}}\, X \langle \sqrt{\frac{3}{2}} X, X^3 \rangle \\ &\quad - \sqrt{\frac{45}{8}} (X^2 - \frac{1}{3}) \langle \sqrt{\frac{45}{8}} (X^2 - \frac{1}{3}), X^3 \rangle \\ &= X^3 - \frac{3}{5} X. \end{aligned}$$

Wegen $\|\boldsymbol{c}_4\| = \sqrt{\frac{8}{175}}$ erhalten wir mit $\boldsymbol{b}_4 = \sqrt{\frac{175}{8}} (X^3 - \frac{3}{5} X)$ einen vierten und letzten Vektor einer Orthonormalbasis.

Es ist also $B = \{\boldsymbol{b}_1, \boldsymbol{b}_2, \boldsymbol{b}_3, \boldsymbol{b}_4\}$ eine Orthonormalbasis von V.

(b) Es gilt $d(f, g) = \|f - g\| = \sqrt{\langle (f-g), (f-g) \rangle} = (\int\limits_{-1}^{1} (t^2 - t - 2)^2\, dt)^{\frac{1}{2}} = \sqrt{\frac{32}{5}}$.

Aufgabe 17.7 •• Die Bedingungen $\boldsymbol{v} \perp \boldsymbol{v}_1$, $\boldsymbol{v} \perp \boldsymbol{v}_2$ besagen für einen Vektor $\boldsymbol{v} = (v_i) \in \mathbb{C}^3$:

$$v_1 - \mathrm{i}\, v_2 = 0, \quad -\mathrm{i}\, v_2 + \mathrm{i}\, v_3 = 0.$$

Setzt man $v_2 = \lambda \in \mathbb{C}$, so erhält man aus diesen Bedingungen:

$$v_1 = \mathrm{i}\, \lambda, \; v_3 = \lambda, \; \text{also } \boldsymbol{v} = \lambda \begin{pmatrix} \mathrm{i} \\ 1 \\ 1 \end{pmatrix} \text{ mit } \lambda \in \mathbb{C}.$$

Nun benutzen wir noch die Forderung der Normierung, d. h., $\|\boldsymbol{v}\| = 1$, um λ genauer zu bestimmen:

$$1 = \|\boldsymbol{v}\| = \sqrt{\overline{(\lambda\, \boldsymbol{v})}^\top (\lambda\, \boldsymbol{v})} = \sqrt{\overline{\lambda}\lambda}\, \sqrt{\overline{\boldsymbol{v}}^\top\, \boldsymbol{v}} = |\lambda|\, \sqrt{3}.$$

Diese Bedingung besagt $\lambda = \frac{\mathrm{e}^{\mathrm{i}\varphi}}{\sqrt{3}}$.

Damit haben wir die gesuchten Vektoren bestimmt. Es sind dies die Elemente der Menge

$$\left\{ \frac{\mathrm{e}^{\mathrm{i}\varphi}}{\sqrt{3}} \begin{pmatrix} \mathrm{i} \\ 1 \\ 1 \end{pmatrix} \mid \varphi \in [0, 2\pi[\right\}.$$

Aufgabe 17.8 • Wir gehen vor wie in dem Beispiel nach dem Projektionssatz auf Seite 679.

Wir bilden die Matrix $\boldsymbol{A}$, deren Spalten die Basisvektoren $\boldsymbol{b}_1$, $\boldsymbol{b}_2$ von U sind, und erhalten dann den Koordinatenvektor von $\boldsymbol{u}$ bezüglich der Basis $B = (\boldsymbol{b}_1, \boldsymbol{b}_2)$ durch Lösen des Gleichungssystems

$$\boldsymbol{A}^\top \boldsymbol{A}\,\boldsymbol{x} = \boldsymbol{A}^\top \boldsymbol{v}\,.$$

Das Gleichungssystem lautet

$$\begin{pmatrix} 3 & -1 \\ -1 & 3 \end{pmatrix} \boldsymbol{x} = \begin{pmatrix} 3 \\ -5 \end{pmatrix}.$$

Die eindeutig bestimmte Lösung $\begin{pmatrix} 1/2 \\ -3/2 \end{pmatrix}$ besagt, dass die senkrechte Projektion von $\boldsymbol{v}$ auf U der Vektor $\boldsymbol{u} = 1/2\,\boldsymbol{b}_1 - 3/2\,\boldsymbol{b}_2 = \begin{pmatrix} 2 \\ 2 \\ -1 \end{pmatrix}$ ist. Damit erhalten wir für den minimalen Abstand den Abstand von $\boldsymbol{v}$ zu U:

$$\|\boldsymbol{v} - \boldsymbol{u}\| = \left\| \begin{pmatrix} 3 \\ 1 \\ -1 \end{pmatrix} - \begin{pmatrix} 2 \\ 2 \\ -1 \end{pmatrix} \right\| = \sqrt{2}\,.$$

Aufgabe 17.9 •• Um die Periodizität des Wasserstandes zu berücksichtigen, wählen wir $f_1 = 1$, $f_2 = \cos(\frac{2\pi t}{12})$, $f_3 = \sin(\frac{2\pi t}{12})$ als Basisfunktionen. Gesucht sind nun $\lambda_1, \lambda_2, \lambda_3 \in \mathbb{R}$, sodass die Funktion

$$f = \lambda_1 f_1 + \lambda_2 f_3 + \lambda_3 f_3$$

die Größe

$$(f(t_1) - h_1)^2 + \cdots + (f(t_6) - h_6)^2$$

minimiert.

Wir ermitteln nun die Matrix $\boldsymbol{A}$ und den Vektor $\boldsymbol{p}$ (Seite 681), um die Normalgleichung aufstellen zu können.

Für die Matrix $\boldsymbol{A}$ erhalten wir

$$\boldsymbol{A} = \begin{pmatrix} 1 & 1 & 0 \\ 1 & 1/2 & \sqrt{3}/2 \\ 1 & -1/2 & \sqrt{3}/2 \\ 1 & -1 & 0 \\ 1 & -1/2 & -\sqrt{3}/2 \\ 1 & 1/2 & -\sqrt{3}/2 \end{pmatrix}$$

und für den Vektor $\boldsymbol{p}$ gilt

$$\boldsymbol{p} = \begin{pmatrix} 1.0 \\ 1.5 \\ 1.3 \\ 0.6 \\ 0.4 \\ 0.8 \end{pmatrix}.$$

Damit können wir nun die Normalgleichung $\boldsymbol{A}^\top \boldsymbol{A}\,\boldsymbol{v} = \boldsymbol{A}^\top \boldsymbol{p}$ aufstellen. Sie lautet mit unseren Zahlen

$$\begin{pmatrix} 6 & 0 & 0 \\ 0 & 3 & 0 \\ 0 & 0 & 3 \end{pmatrix} \boldsymbol{x} = \begin{pmatrix} 5.6 \\ 0.7 \\ 0.8 \cdot \sqrt{3} \end{pmatrix}.$$

Dieses Gleichungssystem ist eindeutig lösbar, die eindeutig bestimmte Lösung ist

$$\lambda_1 = 0.93,\ \lambda_2 = 0.23,\ \lambda_3 = 0.46\,,$$

wobei wir auf zwei Dezimalstellen gerundet haben.

Damit haben wir die Näherungsfunktion f ermittelt:

$$f = 0.93 + 0.23\,\cos\left(\frac{2\pi t}{12}\right) + 0.46\,\sin\left(\frac{2\pi t}{12}\right)$$

(Abb. 17.1).

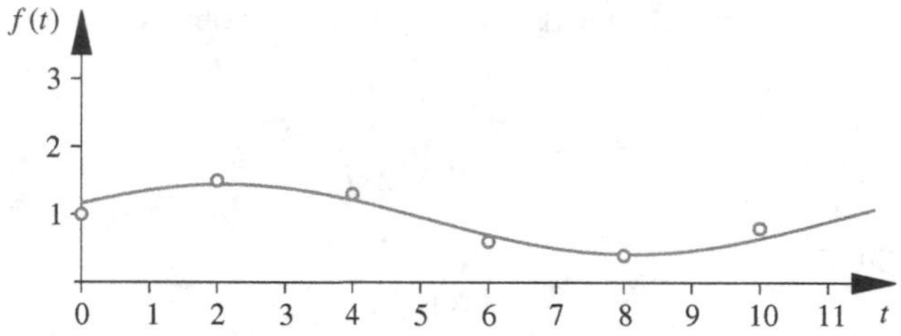

Abbildung 17.1 Die Ausgleichsfunktion und die vorgegebenen Stützstellen.

Aufgabe 17.10 • Wir betrachten die Drehung, die durch die Drehmatrix

$$\boldsymbol{D}_\alpha = \begin{pmatrix} \cos\alpha & -\sin\alpha \\ \sin\alpha & \cos\alpha \end{pmatrix}$$

mit $0,\ \pi \neq \alpha \in [0,\ 2\pi[$ gegeben ist

Um die Eigenwerte der Matrix $\boldsymbol{D}_\alpha$ zu erhalten, berechnen wir das charakteristische Polynom $\chi_{\boldsymbol{D}_\alpha}$:

$$\chi_{\boldsymbol{D}_\alpha} = \begin{vmatrix} \cos\alpha - X & -\sin\alpha \\ \sin\alpha & \cos\alpha - X \end{vmatrix} = X^2 - 2\,\cos\alpha\,X + 1\,.$$

Damit sind

$$\lambda_{1/2} = \cos\alpha \pm \sqrt{\cos^2\alpha - 1} = \cos\alpha \pm \mathrm{i}\,\sin\alpha = \mathrm{e}^{\pm \mathrm{i}\alpha}$$

die beiden verschiedenen (konjugiert komplexen) Eigenwerte – man beachte, dass wir $\alpha \neq 0,\ \pi$ voraussetzen (Abb. 17.2).

Folglich ist die Matrix $\boldsymbol{D}_\alpha$ über $\mathbb{C}$ diagonalisierbar. Wir bestimmen die Eigenräume zu den Eigenwerten $\mathrm{e}^{\pm \mathrm{i}\alpha}$:

$$\begin{aligned} \mathrm{Eig}_{\mathbf{D}_\alpha}(\mathrm{e}^{\mathrm{i}\alpha}) &= \ker \begin{pmatrix} \cos\alpha - \mathrm{e}^{\mathrm{i}\alpha} & -\sin\alpha \\ \sin\alpha & \cos\alpha - \mathrm{e}^{\mathrm{i}\alpha} \end{pmatrix} \\ &= \langle \begin{pmatrix} \sin\alpha \\ \cos\alpha - \mathrm{e}^{\mathrm{i}\alpha} \end{pmatrix} \rangle = \langle \begin{pmatrix} \sin\alpha \\ -\mathrm{i}\sin\alpha \end{pmatrix} \rangle = \langle \begin{pmatrix} 1 \\ -\mathrm{i} \end{pmatrix} \rangle\,. \end{aligned}$$

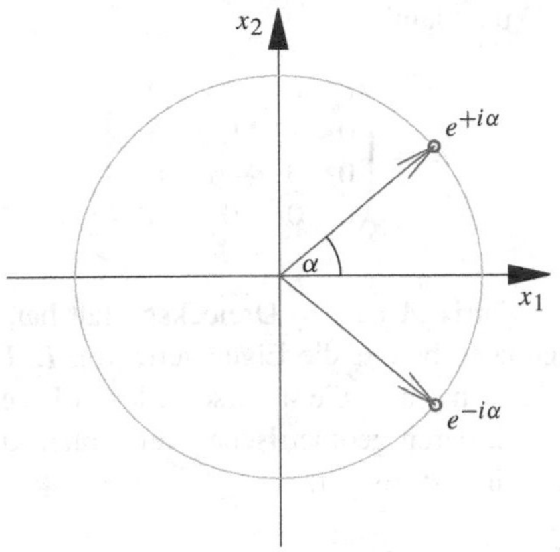

Abbildung 17.2 In den Eigenwerten steckt der Drehwinkel drin.

Und damit (beachte das Lemma auf Seite 509)

$$\mathrm{Eig}_{D_\alpha}(\mathrm{e}^{-\mathrm{i}\alpha}) = \langle \begin{pmatrix} \sin\alpha \\ \cos\alpha - \mathrm{e}^{-\mathrm{i}\alpha} \end{pmatrix} \rangle = \langle \begin{pmatrix} 1 \\ \mathrm{i} \end{pmatrix} \rangle .$$

Nach Normieren dieser beiden angegebenen Eigenvektoren erhalten wir eine geordnete Orthonormalbasis $B = (b_1, b_2)$ aus Eigenvektoren der Matrix D_α. Mit der Matrix $S = (b_1, b_2)$ gilt also (wenn b_1 ein Eigenvektor zu $\mathrm{e}^{\mathrm{i}\alpha}$ und b_2 ein solcher zu $\mathrm{e}^{-\mathrm{i}\alpha}$ ist) wegen $S^\top = S^{-1}$:

$$\begin{pmatrix} \mathrm{e}^{\mathrm{i}\alpha} & 0 \\ 0 & \mathrm{e}^{-\mathrm{i}\alpha} \end{pmatrix} = \overline{S}^\top D_\alpha S .$$

Aufgabe 17.11 •• (a) Die Darstellungsmatrix des Endomorphismus $\begin{pmatrix} v_1 \\ v_2 \end{pmatrix}$ in den Punkt $\begin{pmatrix} 5\,v_1 + 3\,v_2 \\ 3\,v_1 + 5\,v_2 \end{pmatrix}$ des $\mathbb{R}^2$ lautet bezüglich der Standardbasis des $\mathbb{R}^2$

$$A = \begin{pmatrix} 5 & 3 \\ 3 & 5 \end{pmatrix}$$

Die Punkte der Einheitskreislinie $E = \{v = (v_i) \in \mathbb{R}^2 \mid v_1^2 + v_2^2 = 1\}$ lassen sich charakterisieren als jene Punkte, deren Skalarprodukt mit sich 1 ergibt,

$$v \in E \Leftrightarrow v \cdot v = v^\top v = 1 .$$

Gesucht ist die Form der Membran, eine Beschreibung erhalten wir etwa durch eine Gleichung, welche diese Membran nach dem Abbilden aller Punkte des Einheitskreises beschreibt. Die Membran, also das Bild der linearen Abbildung, ist gegeben durch die Menge $M = \{A\,v \mid \|v\| = 1\}$. Wir beschreiben diese Menge nun durch eine Gleichung, dazu formen wir erst einmal um:

$$\begin{aligned} w \in M &\Leftrightarrow w = A\,v \text{ mit } \|v\| = 1 \\ &\Leftrightarrow v = A^{-1}\,w \text{ mit } \|v\| = 1 \end{aligned}$$

Also erhalten wir $M = \{w \mid \|A^{-1}\,w\| = 1\}$. Damit haben wir die Elemente $w \in M$ durch eine Gleichung ausgedrückt:

$$w \in M \Leftrightarrow \|A^{-1}w\| = 1 \Leftrightarrow w^\top (A^{-1})^\top A^{-1} w = 1 .$$

Diese Gleichung lässt sich mit $B = (A^{-1})^\top A^{-1} = (A^2)^{-1}$ einfacher schreiben:

$$w \in M \Leftrightarrow w^\top B\,w = 1 .$$

Wir bestimmen die Eigenwerte und Eigenvektoren von B. Mit Aufgabe 14.1 können wir die Eigenwerte und Eigenvektoren von B aus jenen von A folgern. Das charakteristische Polynom von A lautet

$$\chi_A = (5 - X)^2 - 9 = X^2 - 10\,X + 16 = (2 - X)\,(8 - X) ,$$

d. h., dass die Matrix die beiden Eigenwerte 2 und 8 hat. Offenbar ist $v_1 = \begin{pmatrix} 1 \\ 1 \end{pmatrix}$ ein Eigenvektor zum Eigenwert 8. Weil die Matrix A symmetrisch ist, muss ein zu v_1 senkrechter Vektor ein Eigenvektor zum Eigenwert 2 sein. Wir wählen $v_2 = \begin{pmatrix} 1 \\ -1 \end{pmatrix}$. Mit Aufgabe 14.1 folgt, dass die Matrix B die Eigenwerte $\frac{1}{64}$ und $\frac{1}{4}$ mit den zugehörigen Eigenvektoren v_1 und v_2 besitzt. Mit der orthogonalen Matrix $S = (\frac{1}{\sqrt{2}}\,v_1, \frac{1}{\sqrt{2}}\,v_2)$ gilt:

$$D = \begin{pmatrix} \frac{1}{64} & 0 \\ 0 & \frac{1}{4} \end{pmatrix} = S^\top B\,S ,$$

und wegen $\|S\,w\| = \|w\|$ durchläuft mit w auch $S\,w$ die Menge M, d. h., dass die Elemente w der Menge M auch durch

$$w \in M \Leftrightarrow w^\top D\,w = 1$$

charakterisiert werden können. Die Gleichung $w^\top D\,w = 1$ hat aber eine einfache Form, wir setzen $w = (w_i)$:

$$w^\top D\,w = 1 \Leftrightarrow \frac{1}{64}\,w_1^2 + \frac{1}{4}\,w_2^2 = 1 .$$

Diese letzte Gleichung beschreibt eine Ellipse mit den Halbachsenlängen 2 und 8, wie man sich durch Einsetzen weniger Werte überzeugt.

Aufgabe 17.12 •• (a) Wegen $A^\top A = E_3$ ist A orthogonal, aber wegen $\det A = \det \begin{pmatrix} -1 & 0 & 0 \\ 0 & -1 & 0 \\ 0 & 0 & -1 \end{pmatrix} = -1$ ist A nicht Darstellungsmatrix einer Drehung.

(b) Nach dem Teil (a) und dem Ergebnis von Seite 694 ist A Darstellungsmatrix einer Spiegelung oder eines Produkts von drei Spiegelungen. Wir berechnen $\varphi(e_1)$:

$$\varphi(e_1) = A\,e_1 = \begin{pmatrix} 0 \\ 0 \\ -1 \end{pmatrix} =: b_1 .$$

Wegen $\|e_1\| = \|b_1\|$ gibt es genau eine Spiegelung, die ebenfalls e_1 auf b_1 abbildet, nämlich die Spiegelung σ_a an der Ebene $(\mathbb{R}a)^\perp$ mit

$$a = e_1 - b_1 = \begin{pmatrix} 1 \\ 0 \\ 1 \end{pmatrix} .$$

Die zugehörige Matrix A_1 ist

$$A_1 = \mathbf{E}_3 - \frac{2}{a^2} a a^\top = \begin{pmatrix} 1 & 0 & 0 \\ 0 & 1 & 0 \\ 0 & 0 & 1 \end{pmatrix} - \begin{pmatrix} 1 & 0 & 1 \\ 0 & 0 & 0 \\ 1 & 0 & 1 \end{pmatrix}$$
$$= \begin{pmatrix} 0 & 0 & -1 \\ 0 & 1 & 0 \\ -1 & 0 & 0 \end{pmatrix}$$

Da $A_1 \neq A$ ist, kann φ keine Spiegelung sein und muss daher Produkt von drei Spiegelungen sein. Definiere nun

$$R = A_1 A = \begin{pmatrix} 1 & 0 & 0 \\ 0 & 0 & -1 \\ 0 & 1 & 0 \end{pmatrix}$$

Wir suchen einen Vektor, der von φ_R nicht auf sich selbst abgebildet wird, z. B. e_2 :

$$\varphi_R(e_2) = R e_2 = \begin{pmatrix} 0 \\ 0 \\ 1 \end{pmatrix} =: b_2 .$$

Es gibt wegen $\|e_2\| = \|b_2\|$ wieder eine Spiegelung, die ebenfalls e_2 auf b_2 abbildet, nämlich die Spiegelung σ_b an der Ebene $(\mathbb{R}b)^\perp$ mit

$$b = e_2 - b_2 = \begin{pmatrix} 0 \\ 1 \\ -1 \end{pmatrix} .$$

Die zu σ_{b_2} gehörige Matrix A_2 ist

$$A_2 = \mathbf{E}_3 - \frac{2}{b^2} b b^\top = \begin{pmatrix} 1 & 0 & 0 \\ 0 & 1 & 0 \\ 0 & 0 & 1 \end{pmatrix} - \begin{pmatrix} 0 & 0 & 0 \\ 0 & 1 & -1 \\ 0 & -1 & 1 \end{pmatrix}$$
$$= \begin{pmatrix} 1 & 0 & 0 \\ 0 & 0 & 1 \\ 0 & 1 & 0 \end{pmatrix}$$

Definiere nun

$$A_3 = A_2 R = \begin{pmatrix} 1 & 0 & 0 \\ 0 & 0 & 1 \\ 0 & 1 & 0 \end{pmatrix} \begin{pmatrix} 1 & 0 & 0 \\ 0 & 0 & -1 \\ 0 & 1 & 0 \end{pmatrix} = \begin{pmatrix} 1 & 0 & 0 \\ 0 & 1 & 0 \\ 0 & 0 & -1 \end{pmatrix}$$

Man sieht sofort, dass A_3 die zu der Spiegelung σ_c mit $c = (0, 0, 1)^\top$ gehörige Matrix ist. Damit gilt nun $A_3 = A_2 R = A_2 A_1 A$ und schließlich $A = A_1 A_2 A_3$ bzw. $\varphi = \sigma_a \circ \sigma_b \circ \sigma_c$.

Aufgabe 17.13 •• (a) Es sei $p \in \mathbb{R}[X]_3$. Aus $\deg p \leq 3$ folgt $\deg p'' \leq 1$, also $\deg(1 - X^2)p'' \leq 3$. Analog ergibt sich $\deg(2X \cdot p') \leq 3$. Beides zusammen zeigt $(1 - X^2)p'' - 2Xp' \in \mathbb{R}[X]_3$. Die Abbildung L ist also wohldefiniert.

Da $p \mapsto p'$ und die Multiplikation mit Polynomen stets lineare Abbildungen sind, ist auch L eine lineare Abbildung.

(b) Es gilt $L(1) = 0$, $L(X) = -2X$, $L(X^2) = (1 - X^2) \cdot 2 - 2X \cdot 2X = 2 - 6X^2$, $L(X^3) = (1 - X^2) \cdot 6X - 2X \cdot 3X^2 = 6X - 12X^3$ und damit

$$A = \begin{pmatrix} 0 & 0 & 2 & 0 \\ 0 & -2 & 0 & 6 \\ 0 & 0 & -6 & 0 \\ 0 & 0 & 0 & -12 \end{pmatrix}$$

(c) Da die Matrix A aus (b) Dreiecksgestalt hat, stehen in ihrer Diagonalen bereits die Eigenwerte von L. Der Endomorphismus L hat also die 4 verschiedenen Eigenwerte 0, -2, -6, -12, deren geometrische Vielfachheit dann automatisch gleich 1 ist. Es gilt:

$$\begin{aligned} \mathrm{Eig}_A(0) &= \mathbb{R}\, e_1, \\ \mathrm{Eig}_A(-2) &= \mathbb{R}\, e_2, \\ \mathrm{Eig}_A(-6) &= \ker \begin{pmatrix} 6 & 0 & 2 & 0 \\ 0 & 4 & 0 & 6 \\ 0 & 0 & 0 & 0 \\ 0 & 0 & 0 & -6 \end{pmatrix} = \mathbb{R} \begin{pmatrix} 1 \\ 0 \\ -3 \\ 0 \end{pmatrix}, \\ \mathrm{Eig}_A(-12) &= \ker \begin{pmatrix} 12 & 0 & 2 & 0 \\ 0 & 10 & 0 & 6 \\ 0 & 0 & 6 & 0 \\ 0 & 0 & 0 & 0 \end{pmatrix} = \mathbb{R} \begin{pmatrix} 0 \\ 3 \\ 0 \\ -5 \end{pmatrix}. \end{aligned}$$

Eine geordnete Basis von $\mathbb{R}[X]_3$ aus Eigenvektoren von L ist daher etwa $(1, X, 1 - 3X^2, 3X - 5X^3)$.

(d) Die Menge $\{1\}$ ist eine Basis von $\ker L = \mathrm{Eig}_L(0)$.

Der Vektorraum $L(\mathbb{R}[X]_3)$ wird von $\{L(1) = 0, L(X) = -2X, L(1 - 3X^2) = -6(1 - 3X^2), L(3X - 5X^3) = -12(3X - 5X^3)\}$ erzeugt. Eine Basis von $L(\mathbb{R}[X]_3)$ ist daher $\{X, 1 - 3X^2, 3X - 5X^3\}$.

Eine alternative Lösung ist: An der Dreiecksgestalt von A sieht man, dass die zweite, dritte und vierte Spalte von A linear unabhängig sind. Eine Basis von $L(\mathbb{R}[X]_3)$ ist folglich $\{L(X), L(X^2), L(X^3)\} = \{-2X, 2 - 6X^2, 6X - 12X^3\}$. Wegen $\dim(\ker L) = 4 - \dim(L(\mathbb{R}[X]_3)) = 1$ und $1 \in \ker L$ ist $\{1\}$ eine Basis von $\ker L$.

(e) Mit partieller Integration erhält man:

$$\begin{aligned} \langle L(p), q \rangle &= \int_{-1}^{1} \left((1 - t^2)p'(t)\right)' q(t)\,\mathrm{d}t \\ &= \left[(1 - t^2)p'(t)q(t)\right]_{-1}^{1} \\ &\quad - \int_{-1}^{1} (1 - t^2)p'(t)q'(t)\,\mathrm{d}t \\ &= - \int_{-1}^{1} (1 - t^2)p'(t)q'(t)\,\mathrm{d}t. \end{aligned}$$

Daraus folgt:

$$\begin{aligned} \langle p, L(q) \rangle = \langle L(q), p \rangle &= - \int_{-1}^{1} (1 - t^2)q'(t)p'(t)\,\mathrm{d}t \\ &= \langle L(p), q \rangle . \end{aligned}$$

Beweisaufgaben

Aufgabe 17.14 • *Reflexivität:* Für jedes $A \in \mathbb{K}^{n\times n}$ gilt:

$$\mathbf{E}_n^\top A\,\mathbf{E}_n = A\,,$$

d. h., dass A zu sich selbst kongruent ist, $A \sim A$.

Symmetrie: Ist A zu B kongruent, $A \sim B$, so existiert eine invertierbare Matrix $S \in \mathbb{K}^{n\times n}$ mit $A = S^\top B\,S$. Es folgt wegen $(S^\top)^{-1} = (S^{-1})^\top$:

$$B = (S^\top)^{-1} A S^{-1} = (S^{-1})^\top A S^{-1} = T^\top A\,T$$

mit der invertierbaren Matrix $T = S^{-1}$, d. h., dass auch B zu A kongruent ist, $B \sim A$.

Transitivität: Es sei A zu B kongruent, $A = S^\top B\,S$, und B zu C, $B = T^\top C\,T$. Dann folgt:

$$A = S^\top T^\top C\,T\,S = (T\,S)^\top C\,(T\,S)\,,$$

sodass wegen der Invertierbarkeit von $T\,S$ die Matrix A zu C kongruent ist, $A \sim C$.

Damit ist die Kongruenz eine Äquivalenzrelation.

Aufgabe 17.15 •• Im Fall $w = 0$ stimmen alle Behauptungen. Darum setzen wir von nun an $w \neq 0$ voraus.

Für alle $\lambda,\ \mu \in \mathbb{C}$ gilt die Ungleichung:

$$0 \le (\lambda\,v + \mu\,w)\cdot(\lambda\,v + \mu\,w)\,.$$

Wir wählen nun das reelle $\lambda = w\cdot w\ (> 0)$ und $\mu = -v\cdot w$ und erhalten so:

$$\begin{aligned}0 &\le (\lambda\,v + \mu\,w)\cdot(\lambda\,v + \mu\,w)\\ &= \lambda\,\overline{\lambda}\,(v\cdot v) + \lambda\,\overline{\mu}\,(v\cdot w) + \mu\,\overline{\lambda}\,(w\cdot v) + \mu\,\overline{\mu}\,(w\cdot w)\\ &= \lambda\,(\lambda\,(v\cdot v) + \overline{\mu}\,(v\cdot w) + \mu\,(w\cdot v) + \mu\,\overline{\mu})\\ &= \lambda\,((w\cdot w)\,(v\cdot v) - \mu\,\overline{\mu} - \mu\,\overline{\mu} + \mu\,\overline{\mu})\\ &= \lambda\,(\|w\|\,\|v\| - (v\cdot w)\,(\overline{v\cdot w}))\,.\end{aligned}$$

Wir können die positive Zahl λ in dieser Ungleichung kürzen und erhalten

$$\|w\|^2\,\|v\|^2 \ge |v\cdot w|^2\,.$$

Da die Wurzelfunktion monoton steigt, gilt die Cauchy-Schwarz'sche Ungleichung

$$|v\cdot w| \le \|v\|\,\|w\|\,.$$

Weiterhin folgt aus der Gleichheit

$$|v\cdot w| = \|v\|\,\|w\|$$

mit obiger Wahl für λ und μ sogleich:

$$(\lambda\,v + \mu\,w)\cdot(\lambda\,v + \mu\,w) = 0\,,$$

wegen der positiven Definitheit des Skalarprodukts also $\lambda\,v + \mu\,w = 0$. Weil $\lambda \neq 0$ gilt, bedeutet dies, dass v und w linear abhängig sind.

Ist andererseits vorausgesetzt, dass v und w linear abhängig sind, so existiert ein $\nu \in \mathbb{K}$ mit $v = \nu\,w$. Wir erhalten

$$|v\cdot w| = |u|\,\|w\|\,\|w\| = \|\nu\,w\|\,\|w\| = \|v\|\,\|w\|\,.$$

Damit ist alles begründet.

Aufgabe 17.16 •• Wir setzen

$$a = \sum_{i=1}^n |v_i|^2\,,\ b = \sum_{i=1}^n |w_i|^2\,,\ c = \sum_{i=1}^n v_i\,\overline{w}_i\,.$$

Die Cauchy-Schwarz'sche Ungleichung besagt $|d| \le \sqrt{a\,b}$. Mit dieser Ungleichung und $c+\overline{c} = 2\,\mathrm{Re}\,(c) \le 2\,|c|$ erhalten wir:

$$\begin{aligned}\sum_{i=1}^n |v_i + w_i|^2 &= \sum_{i=1}^n (v_i + w_i)\,(\overline{v}_i + \overline{w}_i)\\ &= a + c + \overline{c} + b\\ &\le a + 2\,|c| + b \le a + 2\,\sqrt{a\,b} + b\\ &= (\sqrt{a} + \sqrt{b})^2\,.\end{aligned}$$

Ziehen der Wurzeln auf beiden Seiten liefert die gewünschte Ungleichung.

Aufgabe 17.17 • Für jedes $v \in V$ und $i \in \{1, \ldots, n\}$ gilt:

$$\begin{aligned}\varphi^2_{P_i}(v) &= P_i\,P_i\,v = (b_i\,b_i^\top)\,(b_i\,b_i^\top)\,v\\ &= b_i\,b_i^\top\,v = P_i\,v\\ &= \varphi_{P_i}(v)\,.\end{aligned}$$

Nach dem Satz zu den Koordinatenvektoren bezüglich einer Orthonormalbasis auf Seite 670 können wir jedes $v \in V$ schreiben als

$$v = (v\cdot b_1)\,b_1 + \cdots + (v\cdot b_n)\,b_n\,.$$

Wir wenden nun die Abbildung

$$\psi = \sum_{i=1}^n \varphi_{P_i} = \varphi_{\sum_{i=1}^n P_i}$$

auf v an und erhalten

$$\begin{aligned}\psi(v) &= \varphi_{\sum_{i=1}^n P_i}(v)\\ &= P_1\,v + \cdots + P_n\,v\\ &= b_1\,b_1^\top\,v + \cdots + b_n\,b_n^\top\,v\\ &= (v\cdot b_1)\,b_1 + \cdots + (v\cdot b_n)\,b_n = v\,.\end{aligned}$$

Somit gilt $\psi = \mathrm{id}_V$, d. h. $\sum_{i=1}^n P_i = \mathbf{E}_n$.

Aufgabe 17.18 •• Hat die Matrix A einen positiven Eigenwert λ, so gilt für einen Eigenvektor v zum Eigenwert λ wegen $A\,v = \lambda\,v$:

$$\overline{v}^\top A\,v = \lambda\,\overline{v}^\top v\,.$$

Da $v^\top v$ positiv ist, ist auch $\overline{v}^\top A\,v$ positiv. Somit gibt es einen Vektor, nämlich v, mit $\overline{v}^\top A\,v > 0$. Ist nun λ ein negativer Eigenwert von A, so zeigt die gleiche Überlegung, dass $\overline{v}^\top A\,v$ negativ ist. Also gibt es auch einen Vektor v mit $\overline{v}^\top A\,v < 0$.

Nun gebe es Vektoren v und w mit $\overline{v}^\top A\,v > 0$ und $\overline{w}^\top A\,w < 0$. Da A hermitesch ist, hat A nicht notwendig verschiedene reelle Eigenwerte $\lambda_1, \ldots, \lambda_n$. Wären alle Eigenwerte positiv bzw. negativ, so wäre $\boldsymbol{A}$ positiv bzw. negativ definit nach dem Kriterium auf Seite 698, ein Widerspruch. Somit muss $\boldsymbol{A}$ sowohl einen positiven als auch einen negativen Eigenwert haben.

Aufgabe 17.19 •• Wegen

$$\boldsymbol{A}\,(\boldsymbol{v} - \boldsymbol{A}\,\boldsymbol{v}) = \boldsymbol{A}\,\boldsymbol{v} - \boldsymbol{A}^2\boldsymbol{v} = \boldsymbol{0}$$

ist $\boldsymbol{v} - \boldsymbol{A}\,\boldsymbol{v}$ ein Element des Kerns von $\boldsymbol{A}$. Für jedes $\boldsymbol{v} \in \mathbb{K}^n$ gilt daher:

$$\boldsymbol{v} = \underbrace{\boldsymbol{v} - \boldsymbol{A}\,\boldsymbol{v}}_{\in \ker \boldsymbol{A}} + \underbrace{\boldsymbol{A}\,\boldsymbol{v}}_{\in \operatorname{Bild} \boldsymbol{A}} ,$$

d. h., dass $\mathbb{K}^n = \ker \boldsymbol{A} + \operatorname{Bild} \boldsymbol{A}$.

Nun sei $\boldsymbol{v} \in \ker \boldsymbol{A} \cap \operatorname{Bild} \boldsymbol{A}$. Da $\boldsymbol{v} \in \operatorname{Bild} \boldsymbol{A}$, existiert ein $\boldsymbol{w} \in \mathbb{K}^n$ mit $\boldsymbol{v} = \boldsymbol{A}\,\boldsymbol{w}$. Da $\boldsymbol{v} \in \ker \boldsymbol{A}$, gilt $\boldsymbol{A}\,\boldsymbol{v} = \boldsymbol{0}$. Somit erhalten wir:

$$\boldsymbol{0} = \boldsymbol{A}\,\boldsymbol{v} = \boldsymbol{A}^2\boldsymbol{v} = \boldsymbol{A}\,\boldsymbol{w} = \boldsymbol{v} .$$

Damit folgt die Behauptung.

Aufgabe 17.20 •• Gilt $\boldsymbol{Q}\,\boldsymbol{R} = \boldsymbol{Q}'\,\boldsymbol{R}'$ mit zwei orthogonalen Matrizen $\boldsymbol{Q}, \boldsymbol{Q}'$ und oberen Dreiecksmatrizen $\boldsymbol{R}, \boldsymbol{R}'$, deren Diagonaleinträge positiv sind, so erhalten wir wegen $\det \boldsymbol{Q}$, $\det \boldsymbol{R}' \neq 0$:

$$\boldsymbol{R}\,\boldsymbol{R}'^{-1} = \boldsymbol{Q}^{-1}\,\boldsymbol{Q}' .$$

Da zum einen $\boldsymbol{Q}^{-1}\,\boldsymbol{Q}'$ wieder eine orthogonale Matrix ist ($(\boldsymbol{Q}^{-1}\,\boldsymbol{Q}')^\top(\boldsymbol{Q}^{-1}\,\boldsymbol{Q}') = \mathbf{E}_n$) und zum anderen $\boldsymbol{R}\,\boldsymbol{R}'^{-1}$ wieder eine obere Dreiecksmatrix ist (das Inverse einer oberen Dreiecksmatrix und das Produkt oberer Dreiecksmatrizen ist wieder eine obere Dreiecksmatrix), ist somit $\boldsymbol{S} = \boldsymbol{R}\,\boldsymbol{R}'^{-1}$ eine orthogonale, obere Dreiecksmatrix. Es gilt somit $\boldsymbol{S}^{-1} = \boldsymbol{S}^\top$. Da $\boldsymbol{S}^\top$ eine untere Dreiecksmatrix ist, ist $\boldsymbol{S}$ eine Diagonalmatrix. Die Diagonaleinträge von $\boldsymbol{S}$ sind die Eigenwerte von $\boldsymbol{S}$. Da eine orthogonale Matrix höchstens Eigenwerte vom Betrag 1 hat und die Diagonaleinträge von $\boldsymbol{S}$ alle positiv sind, da es jene von $\boldsymbol{R}$ und $\boldsymbol{R}'^{-1}$ sind, ist $\boldsymbol{S}$ somit die Einheitsmatrix $\boldsymbol{S} = \mathbf{E}_n$, d. h.,

$$\boldsymbol{R} = \boldsymbol{R}' \quad \text{und} \quad \boldsymbol{Q} = \boldsymbol{Q}' .$$

Aufgabe 17.21 • Wegen

$$(\boldsymbol{v} - \pi(\boldsymbol{v})) \cdot \boldsymbol{u} = \boldsymbol{v} \cdot \boldsymbol{u} - (\boldsymbol{v} \cdot \boldsymbol{u})\,(\boldsymbol{u} \cdot \boldsymbol{u}) = 0$$

für alle $\boldsymbol{v} \in V$ (man beachte $\boldsymbol{u} \cdot \boldsymbol{u} = 1$) steht $\boldsymbol{v} - \pi(\boldsymbol{v})$ senkrecht auf U. Damit ist π die orthogonale Projektion.

Aufgabe 17.22 • Die Matrix $\boldsymbol{A} \in \mathbb{C}^{n\times n}$ sei hermitesch, d. h., $\overline{\boldsymbol{A}}^\top = \boldsymbol{A}$. Die Matrix $\mathrm{i}\,\boldsymbol{A}$ erfüllt dann $\overline{\mathrm{i}\,\boldsymbol{A}}^\top = -\mathrm{i}\,\boldsymbol{A}$. Damit erhalten wir für jede natürliche Zahl N die Gleichheit

$$\overline{\sum_{k=0}^{N} \frac{1}{k!}(\mathrm{i}\,\boldsymbol{A})^k}^{\top} = \sum_{k=0}^{N} \frac{1}{k!}(-\mathrm{i}\,\boldsymbol{A})^k .$$

Für $N \to \infty$ strebt die linke Seite gegen $\overline{(\mathrm{e}^{\mathrm{i}\boldsymbol{A}})}^\top$ und die rechte Seite gegen $\mathrm{e}^{-\mathrm{i}\boldsymbol{A}}$, woraus wir durch einen Vergleich der Komponenten wegen der Stetigkeit des Konjugierens

$$\overline{(\mathrm{e}^{\mathrm{i}\boldsymbol{A}})}^\top = \mathrm{e}^{-\mathrm{i}\boldsymbol{A}}$$

folgern können. Damit erhalten wir

$$\overline{(\mathrm{e}^{\mathrm{i}\boldsymbol{A}})}^\top \mathrm{e}^{\mathrm{i}\boldsymbol{A}} = \mathrm{e}^{-\mathrm{i}\boldsymbol{A}}\,\mathrm{e}^{\mathrm{i}\boldsymbol{A}} = \mathrm{e}^{\boldsymbol{0}} = \mathbf{E}_n ,$$

da offenbar $(-\mathrm{i}\boldsymbol{A})\,(\mathrm{i}\,\boldsymbol{A}) = (\mathrm{i}\boldsymbol{A})\,(-\mathrm{i}\,\boldsymbol{A})$ gilt. Die Gleichheit $\overline{(\mathrm{e}^{\mathrm{i}\boldsymbol{A}})}^\top \mathrm{e}^{\mathrm{i}\boldsymbol{A}} = \mathbf{E}_n$ besagt, dass $\mathrm{e}^{\mathrm{i}\boldsymbol{A}}$ unitär ist.

Aufgabe 17.23 • Sind $\lambda_1, \ldots, \lambda_r$ die verschiedenen (reellen) Eigenwerte von φ, so wähle zu jedem λ_i eine Orthonormalbasis $(\boldsymbol{b}_1^{(i)}, \ldots, \boldsymbol{b}_s^{(i)})$ aus Eigenvektoren zum Eigenwert λ_i. Dann ist

$$\varphi = \lambda_1\,\pi_1 + \cdots \lambda_r\,\pi_r ,$$

wobei für jedes $i = 1, \ldots, r$

$$\pi_i : V \to \langle \boldsymbol{b}_1^{(i)}, \ldots, \boldsymbol{b}_s^{(i)} \rangle$$

die Projektion auf den Eigenraum zum Eigenwert λ_i ist.

Kapitel 18

Aufgaben

Verständnisfragen

Aufgabe 18.1 • Welche der nachstehend genannten Polynome stellen quadratischen Formen, welche quadratische Funktionen dar:

a) $f(\boldsymbol{x}) = x_1^2 - 7x_2^2 + x_3^2 + 4x_1x_2x_3$
b) $f(\boldsymbol{x}) = x_1^2 - 6x_2^2 + x_1 - 5x_2 + 4$
c) $f(\boldsymbol{x}) = x_1x_2 + x_3x_4 - 20x_5$
d) $f(\boldsymbol{x}) = x_1^2 - x_3^2 + x_1x_4$

Aufgabe 18.2 • Welche der nachstehend genannten Abbildungen sind symmetrische Bilinearformen, welche hermitesche Sesquilinearformen?

a) $\sigma\colon \mathbb{C}^2 \times \mathbb{C}^2 \to \mathbb{C}$ $\quad \sigma(\boldsymbol{x}, \boldsymbol{y}) = x_1\overline{y}_1$
b) $\sigma\colon \mathbb{C}^2 \times \mathbb{C}^2 \to \mathbb{C}$ $\quad \sigma(\boldsymbol{x}, \boldsymbol{y}) = x_1\overline{y}_1 + \overline{x}_2 y_2$
c) $\sigma\colon \mathbb{C} \times \mathbb{C} \to \mathbb{C}$ $\quad \sigma(x, y) = \overline{x\,y}$
d) $\sigma\colon \mathbb{C} \times \mathbb{C} \to \mathbb{C}$ $\quad \sigma(x, y) = \overline{x}\,y + \overline{y}\,y$
e) $\sigma\colon \mathbb{C}^3 \times \mathbb{C}^3 \to \mathbb{C}$ $\quad \sigma(\boldsymbol{x}, \boldsymbol{y}) = x_1y_2 - x_2y_1 + x_3y_3$

Aufgabe 18.3 • Bestimmen Sie die Polarform der folgenden quadratischen Formen:

a) $\rho\colon \mathbb{R}^3 \to \mathbb{R}, \rho(\boldsymbol{x}) = 4x_1x_2 + x_2^2 + 2x_2x_3$
b) $\rho\colon \mathbb{R}^3 \to \mathbb{R}, \rho(\boldsymbol{x}) = x_1^2 - x_1x_2 + 6x_1x_3 - 2x_3^2$

Aufgabe 18.4 • Welche der folgenden Quadriken $Q(\psi)$ des $\mathcal{A}(\mathbb{R}^3)$ ist parabolisch?

a) $\psi(\boldsymbol{x}) = x_2^2 + x_3^2 + 2x_1x_2 + 2x_3$
b) $\psi(\boldsymbol{x}) = 4x_1^2 + 2x_1x_2 - 2x_1x_3 - x_2x_3 + x_1 + x_2$

Rechenaufgaben

Aufgabe 18.5 •• Bringen Sie die folgenden quadratischen Formen auf eine Normalform laut Seite 727. Wie lauten die Signaturen, wie die zugehörigen diagonalisierenden Basen?

a) $\rho\colon \mathbb{R}^3 \to \mathbb{R}$; $\quad \rho(\boldsymbol{x}) = 4x_1^2 - 4x_1x_2 + 4x_1x_3 + x_3^2$
b) $\rho\colon \mathbb{R}^3 \to \mathbb{R}$; $\quad \rho(\boldsymbol{x}) = x_1x_2 + x_1x_3 + x_2x_3$

Aufgabe 18.6 •• Bringen Sie die folgende hermitesche Sesquilinearform auf Diagonalform und bestimmen Sie die Signatur:

$$\rho\colon \mathbb{C}^3 \to \mathbb{C}, \quad \rho(\boldsymbol{x}) = 2x_1\overline{y}_1 + 2i\,x_1\overline{y}_2 - 2i\,x_2\overline{y}_1.$$

Aufgabe 18.7 • Bestimmen Sie Rang und Signatur der quadratischen Form

$$\rho\colon \mathbb{R}^6 \to \mathbb{R}, \quad \rho(\boldsymbol{x}) = x_1x_2 - x_3x_4 + x_5x_6.$$

Aufgabe 18.8 •• Bringen Sie die folgenden quadratischen Formen durch Wechsel zu einer anderen orthonormierten Basis auf ihre Diagonalform:

a) $\rho\colon \mathbb{R}^3 \to \mathbb{R}, \quad \rho(\boldsymbol{x}) = x_1^2 + 6x_1x_2 + 12x_1x_3 + x_2^2 + 4x_2x_3 + 4x_3^2$
b) $\rho\colon \mathbb{R}^3 \to \mathbb{R}, \quad \rho(\boldsymbol{x}) = 5x_1^2 - 2x_1x_2 + 2x_1x_3 + 2x_2^2 - 4x_2x_3 + 2x_3^2$
c) $\rho\colon \mathbb{R}^3 \to \mathbb{R}, \quad \rho(\boldsymbol{x}) = 4x_1^2 + 4x_1x_2 + 4x_1x_3 + 4x_2^2 + 4x_2x_3 + 4x_3^2$

Aufgabe 18.9 •• Transformieren Sie die folgenden Kegelschnitte $Q(\psi)$ auf deren Normalform und geben Sie Ursprung und Richtungsvektoren der Hauptachsen an:

a) $\psi(\boldsymbol{x}) = x_1^2 + x_1x_2 - 2$
b) $\psi(\boldsymbol{x}) = 5x_1^2 - 4x_1x_2 + 8x_2^2 + 4\sqrt{5}\,x_1 - 16\sqrt{5}\,x_2 + 4$
c) $\psi(\boldsymbol{x}) = 9x_1^2 - 24x_1x_2 + 16x_2^2 - 10x_1 + 180x_2 + 325$

Aufgabe 18.10 •• Bestimmen Sie den Typ und im nicht parabolischen Fall einen Mittelpunkt der folgenden Quadriken $Q(\psi)$ des $\mathcal{A}(\mathbb{R}^3)$:

a) $\psi(\boldsymbol{x}) = 8x_1^2 + 4x_1x_2 - 4x_1x_3 - 2x_2x_3 + 2x_1 - x_3$
b) $\psi(\boldsymbol{x}) = x_1^2 - 6x_2^2 + x_1 - 5x_2.$
c) $\psi(\boldsymbol{x}) = 4x_1^2 - 4x_1x_2 - 4x_1x_3 + 4x_2^2 - 4x_2x_3 + 4x_3^2 - 5x_1 + 7x_2 + 7x_3 + 1$

Aufgabe 18.11 •• Bestimmen Sie in Abhängigkeit vom Parameter $c \in \mathbb{R}$ den Typ der folgenden Quadrik $Q(\psi)$ des $\mathcal{A}(\mathbb{R}^3)$:

$$\psi(\boldsymbol{x}) = 2x_1x_2 + c\,x_3^2 + 2(c-1)x_3$$

Aufgabe 18.12 ••• Transformieren Sie die folgenden Quadriken $Q(\psi)$ des $\mathcal{A}(\mathbb{R}^3)$ auf deren Hauptachsen und finden Sie damit heraus, um welche Quadrik es sich handelt:

a) $\psi(\boldsymbol{x}) = x_1^2 - 4x_1x_2 + 2\sqrt{3}\,x_2x_3 - 2\sqrt{3}\,x_1 + \sqrt{3}\,x_2 + x_3$
b) $\psi(\boldsymbol{x}) = 4x_1^2 + 8x_1x_2 + 4x_2x_3 - x_3^2 + 4x_3$
c) $\psi(\boldsymbol{x}) = 3x_1^2 + 4x_1x_2 - 4x_1x_3 - 2x_2x_3 - 30$
d) $\psi(\boldsymbol{x}) = 13x_1^2 - 10x_1x_2 + 13x_2^2 + 18x_3^2 - 72$

Aufgabe 18.13 • Bestimmen Sie den Typ der Quadriken $Q(\psi_0)$ und $Q(\psi_1)$ mit

$$\psi_0(\boldsymbol{x}) = \rho(\boldsymbol{x}) \text{ und } \psi_1(\boldsymbol{x}) = \rho(\boldsymbol{x}) + 1,$$

wobei

$$\rho\colon \mathbb{R}^6 \to \mathbb{R}, \ \rho(\boldsymbol{x}) = x_1x_2 - x_3x_4 + x_5x_6.$$

Aufgabe 18.14 •• Berechnen Sie die Singulärwerte der linearen Abbildung

$$\varphi\colon \mathbb{R}^3 \to \mathbb{R}^4, \quad \begin{pmatrix} x_1' \\ \vdots \\ x_4' \end{pmatrix} = \begin{pmatrix} 2 & 0 & -10 \\ -11 & 0 & 5 \\ 0 & 3 & 0 \\ 0 & -4 & 0 \end{pmatrix} \begin{pmatrix} x_1 \\ x_2 \\ x_3 \end{pmatrix}.$$

Aufgabe 18.15 ••• Berechnen Sie die Singulärwertzerlegung der linearen Abbildung

$$\varphi\colon \mathbb{R}^3 \to \mathbb{R}^3, \quad \begin{pmatrix} x_1' \\ x_2' \\ x_3' \end{pmatrix} = \begin{pmatrix} -2 & 4 & -4 \\ 6 & 6 & 3 \\ -2 & 4 & -4 \end{pmatrix} \begin{pmatrix} x_1 \\ x_2 \\ x_3 \end{pmatrix}.$$

Aufgabe 18.16 ••• Berechnen Sie die Moore-Penrose Pseudoinverse φ^+ zur linearen Abbildung

$$\varphi\colon \mathbb{R}^3 \to \mathbb{R}^3, \quad \begin{pmatrix} x_1' \\ x_2' \\ x_3' \end{pmatrix} = \begin{pmatrix} 1 & 0 & 0 \\ 1 & 0 & 0 \\ 1 & 2 & 1 \end{pmatrix} \begin{pmatrix} x_1 \\ x_2 \\ x_3 \end{pmatrix}.$$

Überprüfen Sie die Gleichungen $\varphi \circ \varphi^+ \circ \varphi = \varphi$ und $\varphi^+ \circ \varphi \circ \varphi^+ = \varphi^+$.

Aufgabe 18.17 •• Berechnen Sie eine Näherungslösung des überbestimmten linearen Gleichungssystems

$$\begin{aligned} 2x_1 + 3x_2 &= 23.8 \\ x_1 + x_2 &= 9.6 \\ x_2 &= 4.1 \end{aligned}$$

In der Absolutspalte stehen Messdaten von vergleichbarer Genauigkeit.

Aufgabe 18.18 •• Berechnen Sie in $\mathcal{A}(\mathbb{R}^2)$ die *Ausgleichsgerade* der gegebenen Punkte

$$\boldsymbol{p}_1 = \begin{pmatrix} 1 \\ -1 \end{pmatrix}, \ \boldsymbol{p}_2 = \begin{pmatrix} 3 \\ 0 \end{pmatrix}, \ \boldsymbol{p}_3 = \begin{pmatrix} 4 \\ 1 \end{pmatrix}, \ \boldsymbol{p}_4 = \begin{pmatrix} 4 \\ 2 \end{pmatrix},$$

also diejenige Gerade G, für welche die Quadratsumme der Normalabstände aller $\boldsymbol{p}_i$ minimal ist.

Aufgabe 18.19 •• Die *Ausgleichsparabel* P einer gegebenen Punktmenge in der x_1x_2-Ebene ist diejenige Parabel mit zur x_2-Achse paralleler Parabelachse, welche die Punktmenge nach der Methode der kleinsten Quadrate bestmöglich approximiert. Berechnen Sie die Ausgleichsparabel der gegebenen Punkte

$$\boldsymbol{p}_1 = \begin{pmatrix} 0 \\ 5 \end{pmatrix}, \ \boldsymbol{p}_2 = \begin{pmatrix} 2 \\ 4 \end{pmatrix}, \ \boldsymbol{p}_3 = \begin{pmatrix} 3 \\ 4 \end{pmatrix}, \ \boldsymbol{p}_4 = \begin{pmatrix} 5 \\ 8 \end{pmatrix}.$$

Beweisaufgaben

Aufgabe 18.20 • Beweisen Sie den folgenden Satz: Ist die Matrix $\boldsymbol{A} \in \mathbb{R}^{n\times n}$ darstellbar als eine Linearkombination der dyadischen Quadrate orthonormierter Vektoren $(\boldsymbol{h}_1, \ldots, \boldsymbol{h}_r)$, also

$$\boldsymbol{A} = \sum_{i=1}^{r} \lambda_i \, (\boldsymbol{h}_i \, \boldsymbol{h}_i^\top) \quad \text{bei} \quad \boldsymbol{h}_i \cdot \boldsymbol{h}_j = \delta_{ij},$$

so sind die $\boldsymbol{h}_i$ Eigenvektoren von $\boldsymbol{A}$ und die λ_i die zugehörigen Eigenwerte.

Aufgabe 18.21 •• Beweisen Sie den folgenden Satz: Zu jeder symmetrischen Matrix $\boldsymbol{A} \in \mathbb{R}^{n\times n}$ gibt es eine orthonormierte Basis $(\boldsymbol{h}_1, \ldots, \boldsymbol{h}_n)$ derart, dass $\boldsymbol{A}$ darstellbar ist als eine Linearkombination der dyadischen Quadrate $\boldsymbol{A} = \sum_{i=1}^{n} \lambda_i \, (\boldsymbol{h}_i \, \boldsymbol{h}_i^\top)$.

Aufgabe 18.22 •• Beweisen Sie den folgenden Satz: Es sei φ ein selbstadjungierter Endomorphismus des euklidischen Vektorraums V. Andererseits seien $p_1, \ldots, p_s$ die Orthogonalprojektionen von V auf sämtliche Eigenräume $\mathrm{Eig}_\varphi \lambda_1, \ldots, \mathrm{Eig}_\varphi \lambda_s$ von φ. Dann ist

$$\varphi = \sum_{i=1}^{s} \lambda_i \, p_i \, .$$

Hinweise

Verständnisfragen

Aufgabe 18.1 • Beachten Sie die Definitionen auf den Seiten 720 und 732.

Aufgabe 18.2 • Beachten Sie die jeweiligen Definitionen auf den Seiten 718 und 728.

Aufgabe 18.3 • Beachten Sie Seite 720.

Aufgabe 18.4 • Beachten Sie das Kriterium auf Seite 737 für den parabolischen Typ sowie die Definition des Mittelpunkts auf Seite 735.

Rechenaufgaben

Aufgabe 18.5 •• Verwenden Sie den ab Seite 723 erklärten Algorithmus und reduzieren Sie die Einheitsmatrix bei den Spaltenoperationen mit.

Aufgabe 18.6 •• Hier ist der Algorithmus von Seite 723 mit den Zeilenoperationen und den jeweils gleichartigen, allerdings konjugiert komplexen Spaltenoperationen zu verwenden.

Aufgabe 18.7 • Suchen Sie zunächst einen Basiswechsel, welcher die auf $\mathbb{R}^2$ definierte quadratische Form $\rho(\boldsymbol{x}) = x_1 x_2$ diagonalisiert.

Aufgabe 18.8 •• Nach der Zusammenfassung auf Seite 731 besteht die gesuchte orthonormierte Basis H aus Eigenvektoren der Darstellungsmatrix von ρ.

Aufgabe 18.9 •• Folgen Sie den Schritten 1 und 2 von Seite 735.

Aufgabe 18.10 •• Die Bestimmung des Typs gemäß Seite 740 ist auch ohne Hauptachsentransformation möglich. Achtung, im Fall b) ist $\psi(\boldsymbol{x})$ als Funktion auf dem $\mathcal{A}(\mathbb{R}^3)$ aufzufassen.

Aufgabe 18.11 •• Beachten Sie das Kriterium auf Seite 737.

Aufgabe 18.12 ••• Folgen Sie den Schritten 1 und 2 von Seite 735.

Aufgabe 18.13 • Beachten Sie die Aufgabe 18.7.

Aufgabe 18.14 •• Nach der Merkregel von Seite 746 sind die Singulärwerte die Wurzeln aus den von null verschiedenen Eigenwerten der symmetrischen Matrix $\boldsymbol{A}^\top \boldsymbol{A}$.

Aufgabe 18.15 ••• Folgen Sie der auf Seite 746 beschriebenen Vorgangsweise.

Aufgabe 18.16 ••• Wählen Sie $\boldsymbol{b}_3 \in \ker(\varphi)$ (siehe Abbildung 18.22 im Hauptwerk) und ergänzen Sie zu einer Basis B mit $\boldsymbol{b}_1, \boldsymbol{b}_2 \in \ker(\varphi)^\perp$. Ebenso ergänzen Sie im Zielraum $\varphi(\boldsymbol{b}_1)$, $\varphi(\boldsymbol{b}_2) \in \operatorname{Im}(\varphi)$ durch einen dazu orthogonalen Vektor $\boldsymbol{b}'_3 \in \ker(\varphi^*)$ zu einer Basis B'. Dann ist φ^+ durch $\varphi(\boldsymbol{b}_i) \mapsto \boldsymbol{b}_i$, $i = 1, 2$, und $\boldsymbol{b}'_3 \mapsto \boldsymbol{0}$ festgelegt.

Aufgabe 18.17 •• Lösen Sie die Normalgleichungen.

Aufgabe 18.18 •• G ist die Lösungsmenge einer linearen Gleichung $l(\boldsymbol{x}) = u_0 + u_1 x_1 + u_2 x_2$ mit drei zunächst unbekannten Koeffizienten u_0, u_1, u_2. Die gegebenen Punkte führen auf vier lineare homogene Gleichungen für diese Unbekannten. Dabei ist der Wert $l(\boldsymbol{p}_i)$ proportional zum Normalabstand des Punkts $\boldsymbol{p}_i$ von der Geraden G (beachten Sie die Hesse'sche Normalform auf Seite 250).

Aufgabe 18.19 •• P ist die Nullstellenmenge einer quadratischen Funktion $x_2 = ax_1^2 + bx_1 + c$. Jeder der gegebenen Punkte führt auf eine lineare Gleichung für die unbekannten Koeffizienten.

Beweisaufgaben

Aufgabe 18.20 • Beachten Sie die Assoziativität der Matrizenmultiplikation.

Aufgabe 18.21 •• Beachten Sie Aufgabe 18.20.

Aufgabe 18.22 •• Untersuchen Sie die Wirkung der Endomorphismen auf eine Basis von Eigenvektoren.

Lösungen

Verständnisfragen

Aufgabe 18.1 • d) ist eine quadratische Form; b), c) und d) sind quadratische Funktionen.

Aufgabe 18.2 • a) ist hermitesch. Es kommt hier keine symmetrische Bilinearform vor.

Aufgabe 18.3 • a) $\sigma(\boldsymbol{x}, \boldsymbol{y}) = 2x_1y_2 + 2x_2y_1 + x_2y_2 + x_2y_3 + x_3y_2$

b) $\sigma(\boldsymbol{x}, \boldsymbol{y}) = x_1y_1 - \frac{1}{2}x_1y_2 - \frac{1}{2}x_2y_1 + 3x_1y_3 + 3x_3y_1 - 2x_3y_3$.

Aufgabe 18.4 • b) ist parabolisch.

Rechenaufgaben

Aufgabe 18.5 •• Die Darstellungsmatrix $\boldsymbol{M}_{B'}(\rho)$ und je eine mögliche Umrechnungsmatrix ${}_B\boldsymbol{T}_{B'}$ von der gegebenen kanonischen Darstellung zur diagonalisierten Darstellung lauten:

a) $\boldsymbol{M}_{B'}(\rho) = \begin{pmatrix} 1 & 0 & 0 \\ 0 & 1 & 0 \\ 0 & 0 & -1 \end{pmatrix}$, ${}_B\boldsymbol{T}_{B'} = \begin{pmatrix} \frac{1}{2} & 0 & \frac{1}{2} \\ 0 & 1 & 1 \\ 0 & 1 & 0 \end{pmatrix}$

b) $\boldsymbol{M}_{B'}(\rho) = \begin{pmatrix} 1 & 0 & 0 \\ 0 & -1 & 0 \\ 0 & 0 & -1 \end{pmatrix}$, ${}_B\boldsymbol{T}_{B'} = \begin{pmatrix} 1 & -1 & -1 \\ 1 & 1 & -1 \\ 0 & 0 & 1 \end{pmatrix}$

Die Signatur $(p,\ r-p,\ n-r)$ lautet in a) $(2, 1, 0)$, in b) $(1, 2, 0)$.

Aufgabe 18.6 •• Die diagonalisierte Darstellungsmatrix und eine zugehörige Transformationsmatrix lauten:

$$\boldsymbol{M}_{B'}(\rho) = \begin{pmatrix} 1 & 0 & 0 \\ 0 & -1 & 0 \\ 0 & 0 & 0 \end{pmatrix}, \quad {}_B\boldsymbol{T}_{B'} = \begin{pmatrix} 1/\sqrt{2} & -i/\sqrt{2} & 0 \\ 0 & 1/\sqrt{2} & 0 \\ 0 & 0 & 1 \end{pmatrix}$$

Die Signatur von ρ ist $(p,\ r-p,\ n-r) = (1, 1, 1)$.

Aufgabe 18.7 • Der Rang ist 6, die Signatur $(3, 3, 0)$.

Aufgabe 18.8 •• a) $\rho(\boldsymbol{x}) = 10x_3'^2 - 4x_2'^2$, $(p,\ r-p,\ n-r) = (1, 1, 1)$,

b) $\rho(\boldsymbol{x}) = 3x_1'^2 + 6x_3'^2$, $(p,\ r-p,\ n-r) = (2, 0, 1)$,

c) $\rho(\boldsymbol{x}) = 2x_1'^2 + 2x_2'^2 + 8x_3'^2$, $(p,\ r-p,\ n-r) = (3, 0, 0)$.

Aufgabe 18.9 •• a) $\psi(\boldsymbol{x}) = \dfrac{1+\sqrt{2}}{4}x_1'^2 + \dfrac{1-\sqrt{2}}{4}x_2'^2 - 1$.

Mittelpunkt ist $\boldsymbol{0}$, die Achsen der Hyperbel haben die Richtung der Vektoren $(1 \pm \sqrt{2},\ 1)^\top$.

b) $\psi(\boldsymbol{x}) = \frac{1}{4}x_1'^2 + \frac{1}{9}x_2'^2 - 1$. Mittelpunkt $(0,\ \sqrt{5})^\top$, Hauptachsen in Richtung von $(2,\ 1)^\top$ und $(-1,\ 2)^\top$.

c) $\psi(\boldsymbol{x}) = \frac{1}{2}x_1'^2 - 2x_2$ mit dem Ursprung $\boldsymbol{p} = (-9,\ -3)^\top$ und den Achsenrichtungen $(-3, -4)^\top$ und $(-4, -3)^\top$.

Aufgabe 18.10 •• a) $Q(\psi)$ ist kegelig (Typ 1) mit Mittelpunkt beliebig auf der Geraden $G = (t, -\frac{1}{2} - 2t, 2t)^\top$, $t \in \mathbb{R}$. Wegen $\psi(\boldsymbol{x}) = (2x_1 - x_3)(4x_1 + 2x_2 + 1)$ besteht $Q(\psi)$ aus zwei Ebenen durch G.

b) $Q(\psi)$ ist eine Quadrik vom Typ 2 mit Mittelpunkt auf der Geraden $(-\frac{1}{2}, -\frac{5}{12}, t)^\top, t \in \mathbb{R}$, und zwar ein hyperbolischer Zylinder mit Erzeugenden parallel zur x_3-Achse.

c) $Q(\psi)$ ist parabolisch (Typ 3), und zwar wegen der Signatur (2, 0, 1) der quadratischen Form ein elliptisches Paraboloid.

Aufgabe 18.11 •• $Q(\psi)$ ist bei $c = 1$ ein quadratischer Kegel, bei $c = 0$ ein hyperbolisches Paraboloid und sonst ein einschaliges Hyperboloid.

Aufgabe 18.12 ••• a) $3x_1'^2 + (\sqrt{2}-1)x_2'^2 - (\sqrt{2}+1)x_3'^2 - \frac{11}{6} = 0$. $Q(\psi)$ ist ein einschaliges Hyperboloid.

b) $\frac{\sqrt{6}(3+\sqrt{105})\,x_1'^2}{8} - \frac{\sqrt{6}(\sqrt{105}-3)\,x_2'^2}{8} + 2x_3 = 0$. $Q(\psi)$ ist ein hyperbolisches Paraboloid.

c) $5x_1'^2 - x_2'^2 - x_3'^2 - 30 = 0$. $Q(\psi)$ ist ein zweischaliges Drehhyperboloid.

d) $\frac{x_1'^2}{9} + \frac{x_2'^2}{4} + \frac{x_3'^2}{4} - 1 = 0$. $Q(\psi)$ ist ein linsenförmiges Drehellipsoid.

Aufgabe 18.13 • $Q(\psi_0)$ ist von Typ 1, $Q(\psi_1)$ von Typ 2 mit $n{=}r{=}6$, $p = 3$.

Aufgabe 18.14 •• Die Singulärwerte sind $10\sqrt{2}$, $5\sqrt{2}$ und 5.

Aufgabe 18.15 •••

$$A = \begin{pmatrix} -2 & 4 & -4 \\ 6 & 6 & 3 \\ -2 & 4 & -4 \end{pmatrix} = U \begin{pmatrix} 6\sqrt{2} & 0 & 0 \\ 0 & 9 & 0 \\ 0 & 0 & 0 \end{pmatrix} V^\top$$

$$U = \frac{1}{\sqrt{2}} \begin{pmatrix} -1 & 0 & 1 \\ 0 & \sqrt{2} & 0 \\ -1 & 0 & -1 \end{pmatrix}, \quad V^\top = \frac{1}{3} \begin{pmatrix} 1 & -2 & 2 \\ 2 & 2 & 1 \\ -2 & 1 & 2 \end{pmatrix}$$

Aufgabe 18.16 •••

$$\varphi^+ \colon \begin{pmatrix} y_1 \\ y_2 \\ y_3 \end{pmatrix} = \frac{1}{10} \begin{pmatrix} 5 & 5 & 0 \\ -2 & -2 & 4 \\ -1 & -1 & 2 \end{pmatrix} \begin{pmatrix} y_1' \\ y_2' \\ y_3' \end{pmatrix}.$$

Aufgabe 18.17 •• $x_1 = 5.583$, $x_2 = 4.183$.

Aufgabe 18.18 •• $G\colon\ -0.34017\,x_1 + 0.33778\,x_2 + 0.87761 = 0$.

Aufgabe 18.19 •• $P\colon x_2 = \frac{5}{12}x_1^2 - \frac{235}{156}x_1 + \frac{263}{52}$.

Beweisaufgaben

Aufgabe 18.20 • –

Aufgabe 18.21 •• –

Aufgabe 18.22 •• –

Lösungswege

Verständnisfragen

Aufgabe 18.1 • Der letzte Summand in a) ist vom Grad 3. Also ist dies keine quadratische Funktion. In d) kommen nur Summanden vom Grad 2 in $(x_1, \ldots, x_4)$ vor. Also ist dies eine quadratische Form $\mathbb{R}^n \to \mathbb{R}$ mit $n \geq 4$ und damit zugleich eine quadratische Funktion. In b) und c) reichen die Grade der Summanden von 0 bis 2.

Aufgabe 18.2 • a) erfüllt die Definition von Seite 728. b), c) und d) hingegen verletzen diese Definition. e) zeigt eine Bilinearform, jedoch ist diese nicht symmetrisch wegen des Minuszeichens vor $x_2 y_1$.

Aufgabe 18.3 • Die Quadrate kx_i^2 werden zu $kx_i y_i$ aufgespaltet, die gemischten Terme $2kx_i x_j$ aufgespaltet in $kx_i y_j + kx_j y_i$.

Aufgabe 18.4 • Wir untersuchen die Lösbarkeit des Gleichungssystems $A\boldsymbol{x} = -\boldsymbol{a}$. In a) gibt es die eindeutige Lösung $(0, 0, -1)^\top$ für den Mittelpunkt, denn $\operatorname{rg} A = 3$. In b) ist $\operatorname{rg} A = 2$, eine notwendige Bedingung für Typ 3. Zudem ist $\operatorname{rg}(A \mid \boldsymbol{a}) = 3$, das System also unlösbar. Also ist $Q(\psi)$ parabolisch.

Rechenaufgaben

Aufgabe 18.5 •• a) Wir geben hier nur die Zwischenergebnisse nach jedem Paar gleichartiger Zeilen- und Spaltenoperationen wieder:

$$\left(\begin{array}{ccc} 4 & -2 & 2 \\ -2 & 0 & 0 \\ 2 & 0 & 1 \\ \hline 1 & 0 & 0 \\ 0 & 1 & 0 \\ 0 & 0 & 1 \end{array}\right) \xrightarrow[\frac{1}{2}s_1]{\frac{1}{2}z_1} \left(\begin{array}{ccc} 1 & -1 & 1 \\ -1 & 0 & 0 \\ 1 & 0 & 1 \\ \hline \frac{1}{2} & 0 & 0 \\ 0 & 1 & 0 \\ 0 & 0 & 1 \end{array}\right) \xrightarrow[\ldots]{\substack{z_2+z_1 \\ z_3-z_1}} \left(\begin{array}{ccc} 1 & 0 & 0 \\ 0 & -1 & 1 \\ 0 & 1 & 0 \\ \hline \frac{1}{2} & \frac{1}{2} & -\frac{1}{2} \\ 0 & 1 & 0 \\ 0 & 0 & 1 \end{array}\right)$$

$$\xrightarrow[s_3+s_2]{z_3+z_2} \left(\begin{array}{ccc} 1 & 0 & 0 \\ 0 & -1 & 0 \\ 0 & 0 & 1 \\ \hline 1/2 & 1/2 & 0 \\ 0 & 1 & 1 \\ 0 & 0 & 1 \end{array}\right) \xrightarrow[s_3\leftrightarrow s_2]{z_3\leftrightarrow z_2} \left(\begin{array}{ccc} 1 & 0 & 0 \\ 0 & 1 & 0 \\ 0 & 0 & -1 \\ \hline 1/2 & 0 & 1/2 \\ 0 & 1 & 1 \\ 0 & 1 & 0 \end{array}\right)$$

Die Matrix unter dem Strich ist eine zur Normalform führende Transformationsmatrix ${}_B\boldsymbol{T}_{B'}$.

b) Wieder schreiben wir nur die Ergebnisse nach einem Paar gleichartiger Zeilen- und Spaltenoperationen an:

$$\left(\begin{array}{ccc} 0 & 1/2 & 1/2 \\ 1/2 & 0 & 1/2 \\ 1/2 & 1/2 & 0 \\ \hline 1 & 0 & 0 \\ 0 & 1 & 0 \\ 0 & 0 & 1 \end{array}\right) \xrightarrow[s_1+s_2]{z_1+z_2} \left(\begin{array}{ccc} 1 & 1/2 & 1 \\ 1/2 & 0 & 1/2 \\ 1 & 1/2 & 0 \\ \hline 1 & 0 & 0 \\ 1 & 1 & 0 \\ 0 & 0 & 1 \end{array}\right) \xrightarrow[\cdots]{z_2-\frac{1}{2}z_1,\; z_3-z_1}$$

$$\left(\begin{array}{ccc} 1 & 0 & 0 \\ 0 & -1/4 & 0 \\ 0 & 0 & -1 \\ \hline 1 & -1/2 & -1 \\ 1 & 1/2 & -1 \\ 0 & 0 & 1 \end{array}\right) \xrightarrow[\cdots]{2z_2,\; 2s_2} \left(\begin{array}{ccc} 1 & 0 & 0 \\ 0 & -1 & 0 \\ 0 & 0 & -1 \\ \hline 1 & -1 & -1 \\ 1 & 1 & -1 \\ 0 & 0 & 1 \end{array}\right)$$

Wieder lesen wir unter dem Strich ${}_B\boldsymbol{T}_{B'}$ ab.

Aufgabe 18.6 •• Aus Platzgründen schreiben wir wiederum nur die Zwischenergebnisse nach jedem Paar gekoppelter Umformungen auf:

$$\left(\begin{array}{ccc} 2 & 2i & 0 \\ -2i & 0 & 0 \\ 0 & 0 & 0 \\ \hline 1 & 0 & 0 \\ 0 & 1 & 0 \\ 0 & 0 & 1 \end{array}\right) \xrightarrow[s_2-is_1]{z_2+iz_1} \left(\begin{array}{ccc} 2 & 0 & 0 \\ 0 & -2 & 0 \\ 0 & 0 & 0 \\ \hline 1 & -i & 0 \\ 0 & 1 & 0 \\ 0 & 0 & 1 \end{array}\right)$$

$$\xrightarrow[\cdots]{1/\sqrt{2}\,z_1,\; 1/\sqrt{2}\,z_2} \left(\begin{array}{ccc} 1 & 0 & 0 \\ 0 & -1 & 0 \\ 0 & 0 & 0 \\ \hline 1/\sqrt{2} & -i/\sqrt{2} & 0 \\ 0 & 1/\sqrt{2} & 0 \\ 0 & 0 & 1 \end{array}\right)$$

Wieder steht oben die Darstellungsmatrix $\boldsymbol{M}_{B'}(\rho)$ in Normalform und darunter die Transformationsmatrix ${}_B\boldsymbol{T}_{B'}$.

Aufgabe 18.7 • Ein Basiswechsel von B zu B' mit $x_1 = x_1' + x_2'$, $x_2 = x_1' - x_2'$ usw. führt zu

$$\rho(\boldsymbol{x}) = x_1'^2 - x_2'^2 - x_3'^2 + x_4'^2 + x_5'^2 - x_6'^2.$$

Damit ist $\boldsymbol{M}_{B'}(\rho) = \operatorname{diag}(1, -1, -1, 1, 1, -1)$.

Aufgabe 18.8 •• a) Das charakteristische Polynom der Darstellungsmatrix

$$\boldsymbol{A} = \begin{pmatrix} 1 & 3 & 6 \\ 3 & 1 & 2 \\ 6 & 2 & 4 \end{pmatrix}$$

von ρ lautet

$$\det(\boldsymbol{A} - \lambda \mathbf{E}_3) = -\lambda^3 + 6\lambda^2 + 40\lambda = -\lambda(\lambda + 4)(\lambda - 10).$$

Mögliche Eigenvektoren zu den Eigenwerten 0, −4, 10 sind

$$\boldsymbol{b}_1' = \begin{pmatrix} 0 \\ -2 \\ 1 \end{pmatrix}, \ \boldsymbol{b}_2' = \begin{pmatrix} -3 \\ 1 \\ 2 \end{pmatrix}, \ \boldsymbol{b}_3' = \begin{pmatrix} 5 \\ 3 \\ 6 \end{pmatrix}.$$

Bezüglich der durch Normierung entstehenden Basis H mit

$$\boldsymbol{h}_1 = \frac{1}{\sqrt{5}} \begin{pmatrix} 0 \\ -2 \\ 1 \end{pmatrix}, \ \boldsymbol{h}_2 = \frac{1}{\sqrt{14}} \begin{pmatrix} -3 \\ 1 \\ 2 \end{pmatrix}, \ \boldsymbol{h}_3 = \frac{1}{\sqrt{70}} \begin{pmatrix} 5 \\ 3 \\ 6 \end{pmatrix}$$

bekommt die quadratische Form die Diagonalform

$$\rho(\boldsymbol{x}) = -4x_2'^2 + 10x_3'^2.$$

b) Die gegebene Darstellungsmatrix

$$\boldsymbol{A} = \begin{pmatrix} 5 & -1 & 1 \\ -1 & 2 & -2 \\ 1 & -2 & 2 \end{pmatrix}$$

hat das charakteristische Polynom

$$\det(\boldsymbol{A} - \lambda \mathbf{E}_3) = -\lambda^3 + 9\lambda^2 - 18\lambda = -\lambda(\lambda - 3)(\lambda - 6).$$

Eine mögliche Basis aus Eigenvektoren zu den Eigenwerten 0, 3, 6 lautet

$$\boldsymbol{b}_1' = \begin{pmatrix} 0 \\ 1 \\ 1 \end{pmatrix}, \ \boldsymbol{b}_2' = \begin{pmatrix} 1 \\ 1 \\ -1 \end{pmatrix}, \ \boldsymbol{b}_3' = \begin{pmatrix} 2 \\ -1 \\ 1 \end{pmatrix}.$$

Bezüglich der durch Normierung entstehenden Basis H mit

$$\boldsymbol{h}_1 = \frac{1}{\sqrt{2}} \begin{pmatrix} 0 \\ 1 \\ 1 \end{pmatrix}, \ \boldsymbol{h}_2 = \frac{1}{\sqrt{3}} \begin{pmatrix} 1 \\ 1 \\ -1 \end{pmatrix}, \ \boldsymbol{h}_3 = \frac{1}{\sqrt{6}} \begin{pmatrix} 2 \\ -1 \\ 1 \end{pmatrix}$$

nimmt die quadratische Form Diagonalform an:

$$\rho(\boldsymbol{x}) = 3x_2'^2 + 6x_3'^2$$

c) Als charakteristisches Polynom der Darstellungsmatrix

$$\boldsymbol{A} = \begin{pmatrix} 4 & 2 & 2 \\ 2 & 4 & 2 \\ 2 & 2 & 4 \end{pmatrix}$$

von ρ folgt

$$\det(\boldsymbol{A} - \lambda \mathbf{E}_3) = -\lambda^3 + 12\lambda^2 - 36\lambda + 32 = -(\lambda - 2)^2(\lambda - 8).$$

Eine mögliche Basis aus Eigenvektoren ist

$$\boldsymbol{b}_1' = \begin{pmatrix} -1 \\ 1 \\ 0 \end{pmatrix}, \ \boldsymbol{b}_2' = \begin{pmatrix} -1 \\ 0 \\ 1 \end{pmatrix}, \ \boldsymbol{b}_3' = \begin{pmatrix} 1 \\ 1 \\ 1 \end{pmatrix}.$$

Die ersten beiden aus dem Eigenraum zu 2 sind allerdings noch nicht orthogonal. Wir ersetzen daher $\boldsymbol{b}_2'$ durch

$$\boldsymbol{b}_2'' = \boldsymbol{b}_2' - \frac{\boldsymbol{b}_2' \cdot \boldsymbol{b}_1'}{\boldsymbol{b}_1' \cdot \boldsymbol{b}_1'} \boldsymbol{b}_1' = \frac{1}{2} \begin{pmatrix} -1 \\ -1 \\ 2 \end{pmatrix}$$

und normieren noch alle drei Vektoren. Dies ergibt

$$\boldsymbol{h}_1 = \frac{1}{\sqrt{2}} \begin{pmatrix} -1 \\ 1 \\ 0 \end{pmatrix}, \ \boldsymbol{h}_2 = \frac{1}{\sqrt{6}} \begin{pmatrix} -1 \\ -1 \\ 2 \end{pmatrix}, \ \boldsymbol{h}_3 = \frac{1}{\sqrt{3}} \begin{pmatrix} 1 \\ 1 \\ 1 \end{pmatrix}$$

und die vereinfachte Form

$$\rho(\boldsymbol{x}) = 2x_1'^2 + 2x_2'^2 + 8x_3'^2.$$

Aufgabe 18.9 •• a) Zunächst diagonalisieren wir die enthaltene quadratische Form mit der Darstellungsmatrix

$$A = \begin{pmatrix} 1 & \frac{1}{2} \\ \frac{1}{2} & 0 \end{pmatrix}.$$

Wir erhalten das charakteristische Polynom $\lambda^2 - \lambda - \frac{1}{4}$ mit den Eigenwerten $(1 \pm \sqrt{2})/2$ und den Eigenvektoren

$$\boldsymbol{b}_1' = \begin{pmatrix} 1+\sqrt{2} \\ 1 \end{pmatrix}, \; \boldsymbol{b}_2' = \begin{pmatrix} 1-\sqrt{2} \\ 1 \end{pmatrix}.$$

Nachdem in der quadratischen Funktion die linearen Glieder fehlen, fällt der Mittelpunkt in den Ursprung $\mathbf{0}$. In dem Koordinatensystem $(\mathbf{0}; \boldsymbol{h}_1, \boldsymbol{h}_2)$ mit $\boldsymbol{h}_i = \boldsymbol{b}_i'/\|\boldsymbol{b}_i'\|$ entsteht die Kegelschnittsgleichung

$$\frac{1+\sqrt{2}}{2} x_1'^2 + \frac{1-\sqrt{2}}{2} x_2'^2 - 2 = 0.$$

Nach Division durch 2 erhalten wir die Normalform. Es liegt eine Ellipse vor mit den Achsenlängen $4/(1 \pm \sqrt{2})$.

b) Das charakterische Polynom $\lambda^2 - 13\lambda + 36$ der enthaltenen quadratischen Form führt auf die Eigenwerte 4 und 9 mit den Eigenvektoren

$$\boldsymbol{b}_1' = \begin{pmatrix} 2 \\ 1 \end{pmatrix}, \; \boldsymbol{b}_2' = \begin{pmatrix} -1 \\ 2 \end{pmatrix}.$$

Das lineare Gleichungssystem für den Mittelpunkt

$$A\boldsymbol{x} = -\boldsymbol{a}, \text{ also } \begin{pmatrix} 5 & -2 \\ -2 & 8 \end{pmatrix} \begin{pmatrix} x_1 \\ x_2 \end{pmatrix} = \begin{pmatrix} -2\sqrt{5} \\ 8\sqrt{5} \end{pmatrix}$$

ergibt die (eindeutige Lösung) $\boldsymbol{m} = \begin{pmatrix} 0 \\ \sqrt{5} \end{pmatrix}$. Wir rechnen auf $\boldsymbol{m}$ als neuen Ursprung und die normierte Eigenvektoren als neue kartesische Basis um, setzen also

$$\begin{pmatrix} x_1 \\ x_2 \end{pmatrix} = \begin{pmatrix} 0 \\ \sqrt{5} \end{pmatrix} + \frac{1}{\sqrt{5}} \begin{pmatrix} 2 & -1 \\ 1 & 2 \end{pmatrix} \begin{pmatrix} x_1' \\ x_2' \end{pmatrix}$$

in $\psi(\boldsymbol{x})$ ein und erhalten als Konstante nach (18.10) den Wert $\psi(\boldsymbol{m}) = -36$. Nach Division durch 36 folgt

$$\frac{x_1'^2}{9} + \frac{x_2'^2}{4} - 1 = 0.$$

Es liegt eine Ellipse mit den Achsenlängen 3 und 2 vor.

c) Das charakteristische Polynom der enthaltenen quadratischen Form lautet

$$\det(A - \lambda \mathbf{E}_2) = \det \begin{pmatrix} 9-\lambda & -12 \\ -12 & 16-\lambda \end{pmatrix} = \lambda^2 - 25\lambda.$$

Zu den Eigenwerten 25 und 0 gehören die Eigenvektoren

$$\boldsymbol{b}_1' = \begin{pmatrix} 3 \\ -4 \end{pmatrix} \text{ und } \boldsymbol{b}_2' = \begin{pmatrix} 4 \\ 3 \end{pmatrix}.$$

Das Gleichungssystem

$$A\boldsymbol{x} = -\boldsymbol{a}, \text{ also } \begin{pmatrix} 9 & -12 \\ -12 & 16 \end{pmatrix} \begin{pmatrix} x_1 \\ x_2 \end{pmatrix} = \begin{pmatrix} -5 \\ 90 \end{pmatrix}$$

ist unlösbar. Wir zerlegen daher die Absolutspalte $\boldsymbol{a}$ in zwei orthogonale Komponenten $\boldsymbol{a}_0 + \boldsymbol{a}_1$. Dabei liegt $\boldsymbol{a}_0$ in dem von $\boldsymbol{b}_2'$ aufgespannten Kern $\ker(A)$ und $\boldsymbol{a}_1$ in dem dazu orthogonalen Bildraum A, der von den Spaltenvektoren von A aufgespannt wird:

$$\boldsymbol{a}_0 = \frac{\boldsymbol{a} \cdot \boldsymbol{b}_2'}{\boldsymbol{b}_2' \cdot \boldsymbol{b}_2'} \boldsymbol{b}_2' = \begin{pmatrix} 40 \\ 30 \end{pmatrix}, \; \boldsymbol{a}_1 = \boldsymbol{a} - \boldsymbol{a}_0 = \begin{pmatrix} -45 \\ 60 \end{pmatrix}.$$

Als Lösung von $A\boldsymbol{x} = -\boldsymbol{a}_1$ folgt $\boldsymbol{p}(t) = (5+4t, \, 3t)^\top$, $t \in \mathbb{R}$. Der Koordinatenwechsel

$$\begin{pmatrix} x_1 \\ x_2 \end{pmatrix} = \begin{pmatrix} 5+4t \\ 3t \end{pmatrix} + \frac{1}{5} \begin{pmatrix} 3 & 4 \\ -4 & 3 \end{pmatrix} \begin{pmatrix} x_1' \\ x_2' \end{pmatrix}$$

ergibt

$$\psi(\boldsymbol{x}) = 25x_1'^2 + 100x_2' + 500t + 500.$$

Die Wahl $t = -1$ beseitigt die Konstante. Es handelt sich um eine Parabel mit dem Scheitel $\boldsymbol{p}(-1) = (-9, -3)^\top$.

Die Division der Gleichung durch 50 ergibt den Koeffizienten 2 von x_2'. Eine Umkehr beider Koordinatenachsen schließlich ergibt ein Rechtskoordinatensystem mit dem in der Normalform auf Seite 737 vorgeschriebenen Koeffizienten -2, also die Kegelschnittsgleichung $\frac{1}{2} x_2''^2 - 2x_2'' = 0$. Die Parabel hat den Parameter $1/2$.

Aufgabe 18.10 •• a) Für die Koeffizientenmatrix A, die erweiterte Koeffizientenmatrix A^* und für den Vektor $\boldsymbol{a}$ gilt

$$A = \begin{pmatrix} 8 & 2 & -2 \\ 2 & 0 & -1 \\ -2 & -1 & 0 \end{pmatrix}, \quad \boldsymbol{a} = \begin{pmatrix} 1 \\ 0 \\ -\frac{1}{2} \end{pmatrix},$$

$$A^* = \begin{pmatrix} 0 & 1 & 0 & -\frac{1}{2} \\ 1 & 8 & 2 & -2 \\ 0 & 2 & 0 & -1 \\ -\frac{1}{2} & -2 & -1 & 0 \end{pmatrix},$$

daher

$$\operatorname{rg}(A) = \operatorname{rg}(A \mid \boldsymbol{a}) = \operatorname{rg}(A^*) = 2.$$

Das Gleichungssystem $A\boldsymbol{x} = -\boldsymbol{a}$ für den Mittelpunkt ist lösbar. Also liegt der kegelige Typ 1 vor.

b) Es ist $\operatorname{rg}(A) = \operatorname{rg}(A \mid \boldsymbol{a}) = 2$ und $\operatorname{rg}(A^*) = 3$. Das System $A\boldsymbol{x} = -\boldsymbol{a}$ für den Mittelpunkt hat eine einparametrige Lösung. Die in $\psi(\boldsymbol{x})$ enthaltene quadratische Form liegt bereits in Diagonaldarstellung vor. Also ist deren Signatur $(1, 1, 1)$.

c) Es ist $\operatorname{rg}(A) = 2$ und $\operatorname{rg}(A \mid \boldsymbol{a}) = 3$. Also gibt es keinen Mittelpunkt. Es liegt ein parabolischer Typ vor. Nach Zeilen- und Spaltenumformungen erkennt man die Signatur $(p, r-p, n-r) = (2, 0, 1)$ der enthaltenen quadratischen Form.

Aufgabe 18.11 •• Die enthaltene quadratische Form ist bei $c = 0$ vom Rang 2, ansonsten vom Rang 3 und durch

$$\begin{pmatrix} x_1 \\ x_2 \\ x_3 \end{pmatrix} = \begin{pmatrix} \frac{1}{\sqrt{2}} & -\frac{1}{\sqrt{2}} & 0 \\ \frac{1}{\sqrt{2}} & \frac{1}{\sqrt{2}} & 0 \\ 0 & 0 & 1 \end{pmatrix} \begin{pmatrix} x_1' \\ x_2' \\ x_3' \end{pmatrix}$$

diagonalisierbar. Bei $c = 0$ entsteht unmittelbar die Gleichung

$$x_1'^2 - x_2'^2 - 3x_3' = 0$$

eines hyperbolischen Paraboloids. Bei $c \neq 0$ gibt es einen eindeutigen Mittelpunkt $\boldsymbol{m} = (0,\ 0,\ \frac{1-c}{c})^\top$. Wird er als Koordinatenursprung gewählt, so erhalten wir die Gleichung

$$x_1'^2 - x_2'^2 + cx_3'^2 - \frac{(1-c)^2}{c} = 0.$$

Bei $c = 1$ stellt diese einen quadratischen Kegel dar, ansonsten unabhängig vom Vorzeichen von c ein einschaliges Hyperboloid, nachdem bei negativem c sowohl der Koeffizient von $x_3'^2$, als auch das Absolutglied das Vorzeichen wechseln.

Aufgabe 18.12 ••• a) Das charakteristische Polynom $-\lambda^3 + \lambda^2 + 7\lambda - 3$ hat die Nullstellen 3 sowie $-1 \pm \sqrt{2}$. Die Vektoren

$$\boldsymbol{b}_1' = \begin{pmatrix} -\sqrt{3} \\ \sqrt{3} \\ 1 \end{pmatrix},\ \boldsymbol{b}_{2,3}' = \begin{pmatrix} \pm\sqrt{2} \\ \pm\sqrt{2} - 1 \\ \sqrt{3} \end{pmatrix}$$

bilden eine Basis aus Eigenvektoren, aus welchen durch Normierung die Hauptachsen folgen. Der Mittelpunkt als Lösung von $\boldsymbol{A}\boldsymbol{x} = -\boldsymbol{a}$ fällt nach $\boldsymbol{m} = (2/\sqrt{3},\ -1/2\sqrt{3},\ 5/6)^\top$. Wegen $\psi(\boldsymbol{m}) = -11/6$ wird die Quadrikengleichung zu

$$3x_1'^2 + (\sqrt{2} - 1)x_2'^2 - (\sqrt{2} + 1)x_3'^2 - \frac{11}{6} = 0.$$

Dadurch wird ein einschaliges Hyperboloid dargestellt.

b) Das charakteristische Polynom $-\lambda^3 + 3\lambda^2 + 24$ führt zu den Eigenwerten $\frac{1}{2}(3 \pm \sqrt{105})$ und 0 und zu Eigenvektoren

$$\boldsymbol{b}_{1,2}' = \begin{pmatrix} 13 \pm \sqrt{105} \\ 5 \pm \sqrt{105} \\ 4 \end{pmatrix},\ \boldsymbol{b}_3' = \begin{pmatrix} -1 \\ 1 \\ 2 \end{pmatrix}.$$

Das Gleichungssystem $\boldsymbol{A}\boldsymbol{x} = -\boldsymbol{a}$ ist unlösbar; also liegt ein Paraboloid vor. Wir zerlegen $\boldsymbol{a}$ in zwei zueinander orthogonale Komponenten $\boldsymbol{a} = \boldsymbol{a}_0 + \boldsymbol{a}_1$ mit $\boldsymbol{a}_0 \in \ker(\boldsymbol{A})$ und $\boldsymbol{a}_1 \in \operatorname{Im}(\boldsymbol{A})$. Dies ergibt

$$\boldsymbol{a}_0 = \frac{1}{3}\begin{pmatrix} -2 \\ 2 \\ 4 \end{pmatrix},\ \boldsymbol{a}_1 = \frac{1}{3}\begin{pmatrix} 2 \\ -2 \\ 2 \end{pmatrix}.$$

Das System $\boldsymbol{A}\boldsymbol{x} = -\boldsymbol{a}_1$ hat als Lösung $\boldsymbol{p} = \frac{1}{6}(1 - t,\ -2 + t,\ 2t)^\top$. Bei $t = 1/4$ fällt nach Substitution die Konstante in der Quadrikengleichung weg und es bleibt nach geeigneter Multiplikation die Normalform

$$\frac{\sqrt{6}(3 + \sqrt{105})x_1'^2}{8} - \frac{\sqrt{6}(\sqrt{105} - 3)x_2'^2}{8} + 2x_3 = 0.$$

Es handelt sich um ein hyperbolisches Paraboloid mit dem Scheitel $\frac{1}{24}(3, -7, 2)^\top$.

c) Das charakteristische Polynom $-\lambda^3 + 3\lambda^2 + 9\lambda + 5$ der enthaltenen quadratischen Form hat als Nullstellen die Eigenwerte 5 und zweifach -1. Zugehörige linear unabhängige Eigenvektoren sind

$$\boldsymbol{b}_1' = \begin{pmatrix} 2 \\ 1 \\ -1 \end{pmatrix},\ \boldsymbol{b}_2' = \begin{pmatrix} 0 \\ 1 \\ 1 \end{pmatrix},\ \boldsymbol{b}_3' = \begin{pmatrix} 1 \\ 0 \\ 2 \end{pmatrix}.$$

Wir ersetzen $\boldsymbol{b}_3'$ durch einen zu $\boldsymbol{b}_2'$ orthogonalen Vektor aus dem Eigenraum zu -1, nämlich durch

$$\boldsymbol{b}_3'' = \boldsymbol{b}_3' - \frac{\boldsymbol{b}_3' \cdot \boldsymbol{b}_2'}{\boldsymbol{b}_2' \cdot \boldsymbol{b}_2'}\,\boldsymbol{b}_2' = \begin{pmatrix} 1 \\ -1 \\ 1 \end{pmatrix},$$

und normieren diese Basis zu

$$\boldsymbol{h}_1 = \frac{1}{\sqrt{6}}\begin{pmatrix} 2 \\ 1 \\ -1 \end{pmatrix},\ \boldsymbol{h}_2 = \frac{1}{\sqrt{2}}\begin{pmatrix} 0 \\ 1 \\ 1 \end{pmatrix},\ \boldsymbol{h}_3 = \frac{1}{\sqrt{3}}\begin{pmatrix} 1 \\ -1 \\ 1 \end{pmatrix}.$$

Wegen des Fehlens der linearen Glieder in $\psi(\boldsymbol{x})$ liegt der Mittelpunkt in $\boldsymbol{0}$, und die Normalform lautet

$$\phi(\boldsymbol{x}) = 5x_1'^2 - x_2'^2 - x_3'^2 - 30.$$

Nach Division durch 30 zeigt sich die Normalform eines zweischaligen Drehhyperboloids.

d) Das charakteristische Polynom

$$-\lambda^3 + 44\lambda^2 - 612\lambda + 2592$$

hat als Nullstellen die Eigenwerte 8 und zweifach 18. Der Koordinatenursprung $\boldsymbol{0}$ ist bereits der Mittelpunkt. Die Normalform der Quadrikengleichung

$$\frac{x_1'^2}{9} + \frac{x_2'^2}{4} + \frac{x_3'^2}{4} - 1 = 0$$

weist $Q(\psi)$ als ein verlängertes Drehellipsoid aus mit den Achsenlängen 3 und zweimal 2. Eine mögliche Basis für die Hauptachsen ist

$$\boldsymbol{h}_1 = \frac{1}{\sqrt{2}}\begin{pmatrix} 1 \\ 1 \\ 0 \end{pmatrix},\ \boldsymbol{h}_2 = \frac{1}{\sqrt{2}}\begin{pmatrix} -1 \\ 1 \\ 0 \end{pmatrix},\ \boldsymbol{h}_3 = \begin{pmatrix} 0 \\ 0 \\ 1 \end{pmatrix}.$$

Aufgabe 18.13 • Der Basiswechsel von B zu B' mit $x_1 = x_1' + x_2'$, $x_2 = x_1' - x_2'$ usw. führt zu:

$$\begin{aligned} \psi_0(\boldsymbol{x}) &= x_1'^2 - x_2'^2 - x_3'^2 + x_4'^2 + x_5'^2 - x_6'^2 \\ \psi_1(\boldsymbol{x}) &= x_1'^2 - x_2'^2 - x_3'^2 + x_4'^2 + x_5'^2 - x_6'^2 - 1 \end{aligned}$$

Damit ist $Q(\psi_0)$ ein kegeliger Typ und $Q(\psi_1)$ eine im Ursprung $\boldsymbol{0}$ zentrierte Mittelpunktsquadrik mit den charakteristischen Zahlen (siehe Seite 737) $(n, r, p) = (6, 6, 3)$.

Aufgabe 18.14 •• Wir erhalten als Matrizenprodukt

$$A^\top A = \begin{pmatrix} 125 & 0 & -75 \\ 0 & 25 & 0 \\ -75 & 0 & 125 \end{pmatrix}.$$

Aus dem charakteristischen Polynom $-\lambda^3 + 275\lambda^2 - 16250\lambda + 250000$ folgen die Eigenwerte 200, 50 und 25. Also lauten die Singulärwerte von A: $10\sqrt{2}$, $5\sqrt{2}$ und 5.

Aufgabe 18.15 ••• Wir bestimmen Eigenwerte und -vektoren der symmetrischen Matrix

$$A^\top A = \begin{pmatrix} 44 & 20 & 34 \\ 20 & 68 & -14 \\ 34 & -14 & 41 \end{pmatrix}.$$

Zu den Eigenwerten 72, 81 und 0 gehört die orthonormierte Basis

$$h_1 = \frac{1}{3}\begin{pmatrix} 1 \\ -2 \\ 2 \end{pmatrix},\ h_2 = \frac{1}{3}\begin{pmatrix} 2 \\ 2 \\ 1 \end{pmatrix},\ h_3 = \frac{1}{3}\begin{pmatrix} -2 \\ 1 \\ 2 \end{pmatrix}.$$

Der letzte liegt im Kern $\ker(A)$. Die Bilder Ah_1 und Ah_2 sind zueinander orthogonal und bestimmen die ersten zwei Vektoren h_1', h_2' im Bildraum mit

$$h_1' = \frac{1}{\sqrt{2}}\begin{pmatrix} -1 \\ 0 \\ -1 \end{pmatrix},\ h_2' = \begin{pmatrix} 0 \\ 1 \\ 0 \end{pmatrix}.$$

Wir ergänzen durch das Vektorprodukt $h_3' = h_1' \times h_2'$ zu einer orthonormierten Basis im Bildraum. Dann bilden die h_i als Spaltenvektoren die orthogonale Matrix

$$V = {}_BT_H = \frac{1}{3}\begin{pmatrix} 1 & 2 & -2 \\ -2 & 2 & 1 \\ 2 & 1 & 2 \end{pmatrix}$$

und die h_i' die orthogonale Matrix

$$U = {}_{B'}T_{H'} = \frac{1}{\sqrt{2}}\begin{pmatrix} -1 & 0 & 1 \\ 0 & \sqrt{2} & 0 \\ -1 & 0 & -1 \end{pmatrix}.$$

Wegen

$$A = {}_C BB'\varphi = {}_{B'}T_{H'}\,{}_C HH'\varphi\,{}_HT_B$$

ist

$$A = U \operatorname{diag}(\sqrt{72},\ 9,\ 0)\, V^\top.$$

In der Diagonalmatrix stehen die Wurzeln aus den Eigenwerten von $A^\top A$, also die Singulärwerte von A, zusammen mit 0.

Aufgabe 18.16 ••• $b_3 = (0, 1, -2)^\top$ spannt den Kern $\ker(\varphi)$ auf. In dem zugehörigen Orthogonalraum $\ker(\varphi)^\perp$, dem Bildraum der adjungierten Abbildung φ^*, wählen wir die Vektoren $b_1 = (1, 0, 0)^\top$ und $b_2 = (1, 2, 1)^\top$ als zwei linear unabhängige Zeilenvektoren aus der gegebenen Darstellungsmatrix. Deren Bildvektoren $b_1' = \varphi(b_1) = (1, 1, 1)^\top$ und $b_2' = \varphi(b_1) = (1, 1, 6)^\top$ liegen im Bildraum $\operatorname{Im}(\varphi)$. Wir ergänzen zu einer Basis B' durch einen orthogonalen Vektor $b_3' \in \operatorname{Im}(\varphi)^\perp$, der damit im Kern von φ^* liegt, etwa $b_3' = (1, -1, 0)^\top$. Nun ist

$${}_C B'B\varphi^+ = \begin{pmatrix} 1 & 0 & 0 \\ 0 & 1 & 0 \\ 0 & 0 & 0 \end{pmatrix}.$$

Mithilfe der Transformationsmatrizen ${}_ET_B = (b_1, b_2, b_3)$ und ${}_{E'}T_{B'} = (b_1', b_2', b_3')$ rechnen wir auf die Standardbasen E und E' im Urbildraum und im Zielraum um und erhalten schließlich

$${}_C E'E\varphi^+ = \frac{1}{10}\begin{pmatrix} 5 & 5 & 0 \\ -2 & -2 & 4 \\ -1 & -1 & 2 \end{pmatrix}.$$

Zum Nachprüfen der obigen Gleichungen genügt es, die Basisvektoren b_i oder b_j' zu verfolgen.

Aufgabe 18.17 •• Wir multiplizieren das unlösbare Gleichungssystem $Ax = b$ von links mit $A^\top$ und erhalten die Normalgleichungen

$$\begin{aligned} 5x_1 + 7x_2 &= 57.2 \\ 7x_1 + 22x_2 &= 85.1 \end{aligned}$$

Daraus folgt als Lösung, etwa nach der Cramer'schen Regel, $x_1 = 5.583$ und $x_2 = 4.183$.

Aufgabe 18.18 •• Durch Einsetzen der gegebenen Punkte in $l(x)$ entstehen vier lineare homogene Gleichungen für u_0, u_1 und u_2 der Form

$$\begin{pmatrix} 1 & 1 & -1 \\ 1 & 3 & 0 \\ 1 & 4 & 1 \\ 1 & 4 & 2 \end{pmatrix}\begin{pmatrix} u_0 \\ u_1 \\ u_2 \end{pmatrix} = \begin{pmatrix} 0 \\ 0 \\ 0 \\ 0 \end{pmatrix}.$$

Wir multiplizieren die Koeffizientenmatrix A von links mit $A^\top$ und erhalten die symmetrische Matrix

$$A^\top A = \begin{pmatrix} 4 & 12 & 2 \\ 12 & 42 & 11 \\ 2 & 11 & 6 \end{pmatrix}.$$

Deren charakteristisches Polynom

$$\det(A^\top A - \lambda E_3) = -\lambda^3 + 52\lambda^2 - 175\lambda + 20$$

hat die numerisch berechenbaren Nullstellen

$$\lambda_1 = 0.11844,\ \lambda_2 = 3.48929,\ \lambda_3 = 48.39226.$$

Ein zum kleinsten Eigenwert λ_1 berechneter Eigenvektor mit Norm 1 lautet $(0.87761,\ -0.34017,\ 0.33778)^\top$. Das ergibt die Hesse'sche Normalform der Ausgleichsgeraden

$$G\colon\ -0.34017\,x_1 + 0.33778\,x_2 + 0.87761 = 0.$$

Setzt man hingegen die Gleichung von G in der Form $x_2 = kx_1 + d$ an mit nur zwei unbekannten Koeffizienten k und d, so führen die gegebenen Punkte auf ein überbestimmtes inhomogenes lineares Gleichungssystem. Mit Hilfe der Normalgleichungen

$$\begin{pmatrix} 42 & 12 \\ 12 & 4 \end{pmatrix}\begin{pmatrix} k \\ d \end{pmatrix} = \begin{pmatrix} 11 \\ 2 \end{pmatrix}$$

kommt man zur eindeutigen Lösung $k = 5/6$ und $d = -2$, also zur Gleichung

$$5x_1 - 6x_2 - 12 = 0$$

einer Geraden $\widetilde{G}$. Für diese haben allerdings die in Richtung der x_2-Achse gemessenen Abstände $x_2 - kx_1 - d$ der $\boldsymbol{p}_i$ eine minimale Quadratsumme und nicht, wie gefordert, die Normalabstände.

Aufgabe 18.19 •• Das lineare Gleichungssystem für die unbestimmten Koeffizienten a, b, c lautet

$$A\begin{pmatrix} a \\ b \\ c \end{pmatrix} = \begin{pmatrix} 0 & 0 & 1 \\ 4 & 2 & 1 \\ 9 & 3 & 1 \\ 25 & 5 & 1 \end{pmatrix}\begin{pmatrix} a \\ b \\ c \end{pmatrix} = \begin{pmatrix} 5 \\ 4 \\ 4 \\ 8 \end{pmatrix}.$$

Durch Multiplikation von links mit $A^\top$ leiten wir die Normalgleichungen

$$\begin{pmatrix} 722 & 160 & 38 \\ 160 & 38 & 10 \\ 38 & 10 & 4 \end{pmatrix}\begin{pmatrix} a \\ b \\ c \end{pmatrix} = \begin{pmatrix} 252 \\ 60 \\ 21 \end{pmatrix}$$

her. Wir erhalten als Koeffizienten der optimalen Parabelgleichung $(a, b, c) = (5/12,\ -235/156,\ 263/52)$, also ungefähr $(0.416,\ -1.506,\ 5.058)$.

Beweisaufgaben

Aufgabe 18.20 • Es ist

$$\begin{aligned} A\,\boldsymbol{h}_j &= \textstyle\sum_{i=1}^r \lambda_i\,(\boldsymbol{h}_i\,\boldsymbol{h}_i^\top)\boldsymbol{h}_j = \sum_{i=1}^r \lambda_i\,\boldsymbol{h}_i(\boldsymbol{h}_i^\top\boldsymbol{h}_j) \\ &= \textstyle\sum_{i=1}^r \lambda_i\,(\boldsymbol{h}_i\cdot\boldsymbol{h}_j)\,\boldsymbol{h}_i = \sum_{i=1}^r \lambda_i\,\delta_{ij}\boldsymbol{h}_i = \lambda_j\,\boldsymbol{h}_j\,. \end{aligned}$$

Aufgabe 18.21 •• Wir wissen von der Hauptachsentransformation (Seite 731), dass die symmetrische Matrix A und damit die symmetrische Bilinearform σ mit der kanonischen Darstellungsmatrix $M_E(\sigma) = A$ eine orthonormierte Basis $H = (\boldsymbol{h}_1, \dots, \boldsymbol{h}_n)$ aus Eigenvektoren $\boldsymbol{h}_i \in \mathbb{R}^n$ besitzt. Es gibt somit eine Transformationsmatrix ${}_H\boldsymbol{T}_E$ mit

$$M_H(\sigma) = \operatorname{diag}(\lambda_1, \dots, \lambda_n) = ({}_E\boldsymbol{T}_H)^\top A\ {}_E\boldsymbol{T}_H.$$

Umgekehrt ist wegen ${}_H\boldsymbol{T}_E = ({}_E\boldsymbol{T}_H)^{-1} = ({}_E\boldsymbol{T}_H)^\top$

$$A = ({}_H\boldsymbol{T}_E)^\top \operatorname{diag}(\lambda_1, \dots, \lambda_n)\ {}_H\boldsymbol{T}_E.$$

Nun stehen in den Spalten von ${}_E\boldsymbol{T}_H$ und damit auch in den Zeilen von ${}_H\boldsymbol{T}_E$ die kanonischen Koordinaten der Eigenvektoren $\boldsymbol{h}_i$. Also ist

$$\begin{aligned} A &= (\boldsymbol{h}_1, \dots, \boldsymbol{h}_n)\operatorname{diag}(\lambda_1, \dots, \lambda_n)\begin{pmatrix} \boldsymbol{h}_1^\top \\ \vdots \\ \boldsymbol{h}_n^\top \end{pmatrix} \\ &= (\lambda_1\boldsymbol{h}_1, \dots, \lambda_n\boldsymbol{h}_n)\begin{pmatrix} \boldsymbol{h}_1^\top \\ \vdots \\ \boldsymbol{h}_n^\top \end{pmatrix} = \sum_{i=1}^n \lambda_i\,(\boldsymbol{h}_i\,\boldsymbol{h}_i^\top). \end{aligned}$$

Eine zweite Beweismöglichkeit ist wie folgt: Wir zeigen die Gleichheit von A und der Linearkombination der dyadischen Quadrate durch den Nachweis, dass beide Matrizen die Vektoren der Basis H auf dieselbe Weise abbilden. Einerseits ist $A\,\boldsymbol{h}_j = \lambda_j\,\boldsymbol{h}_j$. Andererseits ist

$$\sum_{i=1}^n \lambda_i\,(\boldsymbol{h}_i\,\boldsymbol{h}_i^\top)\,\boldsymbol{h}_j = \sum_{i=1}^n \lambda_i(\boldsymbol{h}_i\cdot\boldsymbol{h}_j)\,\boldsymbol{h}_i = \lambda_j\,\boldsymbol{h}_j\,.$$

Aufgabe 18.22 •• Es gibt eine Basis $H = (\boldsymbol{h}_1, \dots, \boldsymbol{h}_n)$ von Eigenvektoren von φ. Dabei sind bei normalen Endomorphismen, also insbesondere bei selbstadjungierten Endomorphismen zwei zu verschiedenen Eigenwerten gehörige Eigenvektoren stets zueinander orthogonal. Daher liegt der Eigenvektor $\boldsymbol{h}_j \in \mathrm{Eig}_\varphi\lambda_j$ bei $j \neq i$ im Kern der Orthogonalprojektion p_i auf $\mathrm{Eig}_\varphi\lambda_i$, während er bei $j = i$ im Bildraum der Projektion liegt und daher bei p_i unverändert bleibt. Also ist

$$p_i(\boldsymbol{h}_j) = \delta_{ij}\,\boldsymbol{h}_j$$

und daher

$$\left(\sum_{i=1}^s \lambda_i\,p_i\right)(\boldsymbol{h}_j) = \sum_{i=1}^s \lambda_i\,p_i(\boldsymbol{h}_j) = \lambda_j\,\boldsymbol{h}_j = \varphi(\boldsymbol{h}_j).$$

Es stimmen somit die Bilder der Vektoren $\boldsymbol{h}_j$ einer Basis bezüglich φ überein mit jenen bezüglich der Linearkombination der Projektionen. Also sind die beiden Endomorphismen identisch.

Alternativ dazu kann man die Gleichheit der Abbildungen auf die Gleichheit der Darstellungmatrizen zurückführen und das Resultat von Aufgabe 18.21 verwenden: Die Darstellungsmatrix $A = {}_B\boldsymbol{B}\varphi$ ist symmetrisch. Ist dann $(\boldsymbol{h}_p, \dots, \boldsymbol{h}_q)$ eine Basis des Eigenraumes $\mathrm{Eig}_\varphi\lambda_j$, so ist die Orthogonalprojektion p_j analog zum dreidimensionalen Fall in (7.14) (Seite 256) durch die Summe der dyadischen Quadrate von $\boldsymbol{h}_p$ bis $\boldsymbol{h}_q$ darstellbar. Wir brauchen daher in

$$A = \sum_{i=1}^n \lambda_i\,(\boldsymbol{h}_i\,\boldsymbol{h}_i^\top)$$

nur jeweils die zu demselben Eigenwert λ_j gehörigen Summanden zusammenzufassen und in der erhaltenen Teilsumme dyadischer Quadrate die Darstellungsmatrix $\lambda_j\,{}_B\boldsymbol{B}p_j$ zu erkennen.

Kapitel 19

Aufgaben

Verständnisfragen

Aufgabe 19.1 • Zeigen Sie, dass die im Beispiel auf Seite 765 definierte diskrete Metrik tatsächlich eine Metrik ist.

Aufgabe 19.2 • Seien $X := \mathbb{R} \setminus \{0\}$ und $d(x, y) := \left|\frac{1}{x} - \frac{1}{y}\right|$ für $x, y \in X$. Warum ist d eine Metrik auf X?

Aufgabe 19.3 • Sei $X = \mathbb{C}$ (topologisch identifiziert mit $\mathbb{R}^2$) und $p_0 \in X$ ein fester Punkt. Man zeige, dass durch

$$d(z, w) := \begin{cases} |z - w|, & \text{falls } z \text{ und } w \text{ auf einer Geraden} \\ & \text{durch } p_0 \text{ liegen,} \\ |z - p_0| + |w - p_0| & \text{sonst} \end{cases}$$

eine Metrik auf X definiert wird.

Diese Metrik nennt man häufig die *Metrik des französischen Eisenbahnsystems* oder *SNCF-Metrik*. Warum wohl?

Aufgabe 19.4 •• Handelt es sich bei den folgenden Vektorräumen V über $\mathbb{C}$ mit den angegebenen Abbildungen $\|\cdot\| : V \to \mathbb{R}_{\geq 0}$ um normierte Räume?

(a) $V = \{f \in C(\mathbb{R}) \mid \lim\limits_{x\to\pm\infty} f(x) = 0\}$
mit $\|f\| = \max\limits_{x\in\mathbb{R}} |f(x)|$,

(b) $V = \{(a_n) \text{ aus } \mathbb{C} \mid (a_n) \text{ konvergiert}\}$
mit $\|(a_n)\| = |\lim\limits_{n\to\infty} a_n|$,

(c) $V = \{(a_n) \text{ aus } \mathbb{C} \mid (a_n) \text{ ist Nullfolge}\}$
mit $\|(a_n)\| = \max\limits_{n\in\mathbb{N}} |a_n|$.

Aufgabe 19.5 •• Handelt es sich bei den unten stehenden Folgen um Cauchy-Folgen?

(a) (a_n) aus $\mathbb{R}$ mit

$$a_0 = 1, \qquad a_n = \sqrt{2\,a_{n-1}}, \qquad n \in \mathbb{N},$$

(b) (f_k) mit

$$f_k(x) = \begin{cases} x - k + 1, & k - 1 \leq x < k, \\ k + 1 - x, & k \leq x \leq k + 1, \\ 0, & \text{sonst,} \end{cases}$$

für $x \in \mathbb{R}$, $k \in \mathbb{N}$, aus dem Raum der beschränkten stetigen Funktionen mit der Maximumsnorm,

(c) (x^k) aus $C([0, 1])$ mit der Maximumsnorm,

(d) (x^k) aus $L^2(0, 1)$ mit der L^2-Norm.

Aufgabe 19.6 • Skizzieren Sie die abgeschlossenen Kugeln mit Mittelpunkt $(0, 0)$ und Radius 1 bezüglich der drei Metriken auf dem $\mathbb{R}^2$

$$\delta_p(\boldsymbol{x}, \boldsymbol{y}) = \|\boldsymbol{x} - \boldsymbol{y}\|_p, \quad \boldsymbol{x}, \boldsymbol{y} \in \mathbb{R}^2, \quad p \in \{1, 2, \infty\}.$$

Aufgabe 19.7 • Bestimmen Sie in einem diskreten metrischen Raum X die offenen und abgeschlossenen Kugeln und die Sphären mit dem Mittelpunkt $x_0 \in X$.

Aufgabe 19.8 ••• Sei $f : \mathbb{R} \to \mathbb{R}$ die Abbildung $x \mapsto \arctan x$. Zeigen Sie:

(a) Durch

$$d_f(x, y) := |f(x) - f(y)|\,, \quad x, y \in \mathbb{R},$$

ist eine Metrik auf $\mathbb{R}$ definiert, für die $d_f(x, y) < \pi$ für alle $x, y \in \mathbb{R}$ gilt.

(b) Die durch $d(x, y) := |x - y|$ definierte Standardmetrik und die Metrik d_f erzeugen dieselben offenen Mengen auf $\mathbb{R}$. Man sagt, die Metriken sind topologisch Äquivalent.

(c) Die Folge (n) der natürlichen Zahlen ist bezüglich d_f eine Cauchy-Folge, der Raum $(\mathbb{R}, d_f)$ ist aber nicht vollständig. Widerspricht dies der topologischen Äquivalenz von d und d_f?

Rechenaufgaben

Aufgabe 19.9 • Sei (X, d) ein metrischer Raum. Zeigen Sie: Durch $\delta(x, y) = \min\{1, d(x, y)\}$ wird eine Metrik auf X definiert, für die gilt $\delta(x, y) \leq 1$ für alle $x, y \in X$.

Aufgabe 19.10 • Bestimmen Sie die komplexen Fourierkoeffizienten der Funktion f, die durch

$$f(x) = \begin{cases} 0, & -\pi < x \leq 0, \\ e^{ix}, & 0 < x \leq \pi \end{cases}$$

gegeben ist.

Aufgabe 19.11 •• Man betrachte den $\mathbb{R}$-Vektorraum $V = C\big([0, 1]\big)$ der stetigen Funktionen auf $[0, 1]$ und die für $f, g \in V$ folgendermaßen definierten Metriken d und e:

$$d(f, g) = \int_0^1 |f(x) - g(x)|\,dx,$$
$$e(f, g) = \sup_{x\in[0,1]} \{f(x) - g(x)\}.$$

(a) Für $f, g \in V$ mit

$$f(x) = 2 \quad \text{und}$$
$$g(x) = \begin{cases} -\frac{4x}{r} + 4, & \text{falls } 0 \leq x \leq \frac{r}{2}, \\ 2, & \text{falls } \frac{r}{2} \leq x \leq 1, \end{cases}$$

mit $r > 0$ zeige man, dass g bezüglich der Metrik d in der offenen Kugel um f mit Radius r liegt, nicht jedoch bezüglich der Metrik e.

(b) Folgern Sie, dass d und e nicht dieselben offenen Mengen erzeugen, also nicht topologisch äquivalent sind.

Beweisaufgaben

Aufgabe 19.12 • Zeigen Sie, dass stets $\overline{U_r(x)} \subseteq \overline{U}_r(x)$ gilt, aber im Allgemeinen keine Gleichheit erwartet werden kann.

Aufgabe 19.13 •• Für $x = (x_1, \ldots, x_n)^\top \in \mathbb{K}^n$ ($\mathbb{K}=\mathbb{R}$ oder $\mathbb{K} = \mathbb{C}$) und die Normen

$$\|x\|_1 := \sum_{j=1}^n |x_j|,$$
$$\|x\|_2 := \sqrt{\sum_{j=1}^n |x_j|^2},$$
$$\|x\|_\infty := \max\{|x_1|, \ldots, |x_n|\}$$

zeige man die Ungleichungen

$$\|x\|_\infty \leq \|x\|_2 \leq \sqrt{n} \cdot \|x\|_\infty \text{ und}$$
$$\frac{1}{\sqrt{n}}\|x\|_1 \leq \|x\|_2 \leq \|x\|_1 .$$

Aufgabe 19.14 •• Beweisen Sie: Sind (X, d) ein metrischer Raum und $K_1, K_2 \subset X$ kompakte Teilräume, dann ist auch

$$K_1 \cap K_2 \quad \text{und} \quad K_1 \cup K_2$$

kompakt.

Aufgabe 19.15 •• Zeigen Sie:

(a) Sind X ein metrischer Raum und (X_j), $1 \leq j \leq n$ ein System zusammenhängender Teilmengen von X mit $X_j \cap X_{j+1} = \emptyset$ für $j \in \{1, \ldots, n-1\}$, dann ist auch die Vereinigung $\bigcup_{j=1}^n X_j$ zusammenhängend.

(b) Sind X ein metrischer Raum, $A \subseteq X$ eine zusammenhängende Teilmenge und $B \subseteq X$ eine Teilmenge mit $A \subseteq B \subseteq \bar{A}$, dann ist auch B zusammenhängend. Insbesondere ist der Abschluss $\bar{A}$ zusammenhängend.

Kommentar: Speziell impliziert die Eigenschaft $\bigcap_{j=1}^n X_j \neq \emptyset$, dass die Vereinigung $\bigcup_{j=1}^n X_j$ zusammenhängend ist.

Aufgabe 19.16 • Zeigen Sie, dass ein vollständiger metrischer Raum (X, d) auch bezüglich der Metrik $e(x, y) = \min\{1, d(x, y)\}$ vollständig ist.

Aufgabe 19.17 ••• Beweisen Sie, dass auf dem Raum der auf dem Intervall $[a, b] \subseteq \mathbb{R}$ beliebig oft stetig differenzierbaren Funktionen $C^\infty([a, b])$ durch

$$d(f, g) = \sum_{j=0}^\infty \frac{1}{2^j} \frac{\|f^{(j)} - g^{(j)}\|_\infty}{1 + \|f^{(j)} - g^{(j)}\|_\infty}$$

eine Metrik gegeben ist, bezüglich der $C^\infty([a, b])$ vollständig ist, dass diese Metrik aber nicht von einer Norm abgeleitet werden kann.

Aufgabe 19.18 •• Es seien $p, q \geq 1$ und $\frac{1}{p} + \frac{1}{q} = 1$. Ferner sei I ein kompaktes Intervall.

(a) Zeigen Sie die Hölder-Ungleichung: Für $f, g \in C(I)$ gilt:

$$\int_I |f(x)\, g(x)|\, dx \leq \left(\int_I |f(x)|^p\, dx\right)^{1/p} \left(\int_I |g(x)|^q\, dx\right)^{1/q} .$$

(b) Zeigen Sie die Minkowski'sche Ungleichung: Für $f, g \in C(I)$ gilt:

$$\left(\int_I |f(x) + g(x)|^p\, dx\right)^{1/p} \leq \left(\int_I |f(x)|^p\, dx\right)^{1/p} + \left(\int_I |g(x)|^p\, dx\right)^{1/p} .$$

Aufgabe 19.19 •• Es sei $f \in L^2(-\pi, \pi)$ und p_n das zugehörige Fourierpolynom vom Grad n mit Fourierkoeffizienten c_k, $\|k\| \leq n$.

(a) Zeigen Sie aus den Eigenschaften der Orthogonalprojektion die **Bessel'sche Ungleichung:**

$$\sum_{k=-n}^n |c_k|^2 \leq \frac{1}{2\pi} \int_{-\pi}^{\pi} |f(x)|^2\, dx .$$

(b) Zeigen Sie mithilfe von (a), dass die Folge der Fourierpolynome eine Cauchy-Folge in T ist.

Aufgabe 19.20 ••• Sind $f, g\colon \mathbb{R} \to \mathbb{C}$ 2π-periodische Funktionen mit f und $g \in L^2(-\pi, \pi)$, so ist auch h definiert durch

$$h(x) = \int_{-\pi}^{\pi} f(x - t)\, g(t)\, dt, \qquad x \in (-\pi, \pi),$$

eine Funktion aus $L^2(-\pi, \pi)$. Man nennt h die **Faltung** von f mit g.

Wir bezeichnen mit (f_k), (g_k) bzw. (h_k) die Fourierkoeffizienten der entsprechenden Funktion. Zeigen Sie den *Faltungssatz:*

$$h_k = 2\pi\, f_k g_k, \qquad k \in \mathbb{Z}.$$

Hinweise

Verständnisfragen

Aufgabe 19.1 • Man muss die Eigenschaften (M_1), (M_2) und (M_3) nachprüfen.

Aufgabe 19.2 • Hinweis: Man muss wieder die Axiome (M_1), (M_2) und (M_3) zeigen.

Aufgabe 19.3 • Beim Nachweis der Dreiecksungleichung sind die beiden Fälle, dass x und z auf einer Geraden durch p_0 liegen oder nicht, getrennt zu behandeln.

Aufgabe 19.4 •• Überprüfen Sie, ob die angegebenen Abbildungen alle Eigenschaften einer Norm erfüllen.

Aufgabe 19.5 •• Für (a) können Sie zeigen, dass es eine Konstante $q \in (0,1)$ gibt mit $|a_{n+1} - a_n| \leq q\,|a_n - a_{n-1}|$. Für jede Folge mit einer solchen Eigenschaft kann man mit der geometrische Reihe allgemein nachweisen, dass es sich um eine Cauchy-Folge handelt.

Bei den anderen Teilaufgaben kann man die Eigenschaft direkt ausrechnen oder widerlegen.

Aufgabe 19.6 • –

Aufgabe 19.7 • Man erinnere sich an die Definition der diskreten Metrik und der Definition von Kugeln und Sphären.

Aufgabe 19.8 ••• f ist eine streng monoton wachsende Funktion mit $f(x) = 0 \Leftrightarrow x = 0$ und $f(x) \in \left(-\frac{\pi}{2}, \frac{\pi}{2}\right)$. Durch Kombination der Eigenschaften von arctan und des Betrags erhält man die Axiome (M_1), (M_2) und (M_3).

Rechenaufgaben

Aufgabe 19.9 • Man muss die Axiome (M_1), (M_2) und (M_3) überprüfen.

Aufgabe 19.10 • Verwenden Sie die Formel für die Fourierkoeffizienten und berechnen Sie das Integral.

Aufgabe 19.11 •• Skizzieren Sie die Graphen.

Beweisaufgaben

Aufgabe 19.12 • Verwenden Sie die Charakterisierung der abgeschlossenen Hülle. Ein Gegenbeispiel zur Gleichheit liefert die diskrete Metrik.

Aufgabe 19.13 •• Man benutze die elementaren Abschätzungen und die gewöhnliche Cauchy-Schwarz'sche Ungleichung im $\mathbb{K}^n$.

Aufgabe 19.14 •• Benutzen Sie die Überdeckungseigenschaft.

Aufgabe 19.15 •• Verwenden Sie die Charakterisierung zusammenhängender Mengen.

Aufgabe 19.16 • Zeigen Sie, dass jede Cauchy-Folge bezüglich e auch eine Cauchy-Folge bezüglich d ist.

Aufgabe 19.17 ••• Verwenden Sie das Beispiel auf Seite 765. Für den Nachweis der Vollständigkeit müssen Sie die Vollständigkeit aller Räume $C^n([a,b])$ mit der Norm $\sum_{j=0}^n \|f^{(j)}\|_\infty$ verwenden.

Aufgabe 19.18 •• Gehen Sie analog zu den ersten Schritten in dem Beispiel auf Seite 766 vor.

Aufgabe 19.19 •• (a) Kann sich die Norm durch eine Orthogonalprojektion vergrößern? (b) Versuchen Sie, $\|p_n - p_m\|^2$ durch eine Reihe abzuschätzen, deren Konvergenz durch die Bessel'sche Ungleichung gesichert ist.

Aufgabe 19.20 ••• Schreiben Sie einen Ausdruck zur Berechnung von h_k hin und vertauschen Sie die Reihenfolge der Integrale. Nutzen Sie dann die Periodizität von f bzw. von g.

Lösungen

Verständnisfragen

Aufgabe 19.1 • –

Aufgabe 19.2 • –

Aufgabe 19.3 • –

Aufgabe 19.4 •• (a) ja, (b) nein, (c) ja.

Aufgabe 19.5 •• (a) ja, (b) nein, (c) nein, (d) ja.

Aufgabe 19.6 •

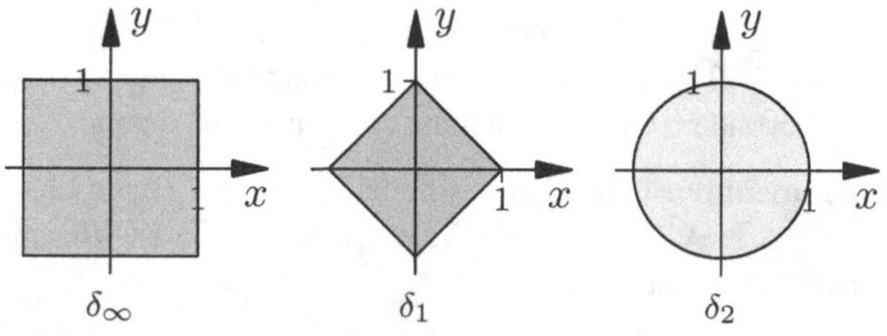

Aufgabe 19.7 • Es gilt:

$$U_1(x_0) = \begin{cases} \{x_0\}, & \text{falls } r \leq 1, \\ X, & \text{falls } r > 1, \end{cases}$$

$$\overline{U_1}(x_0) = \begin{cases} \{x_0\}, & \text{falls } r < 1, \\ X, & \text{falls } r \geq 1, \end{cases}$$

$$S_r(x_0) = \begin{cases} \emptyset, & \text{falls } 0 < r \leq 1, \\ X \setminus \{x\}, & \text{falls } r = 1, \\ \emptyset, & \text{falls } r > 1. \end{cases}$$

Aufgabe 19.8 ••• –

Rechenaufgaben

Aufgabe 19.9 • –

Aufgabe 19.10 • $c_1 = 1/2$, $c_k = 0$ für k ungerade, $k \neq 1$ und $c_k = \mathrm{i}/(\pi\,(1-k))$, k gerade.

Aufgabe 19.11 •• –

Beweisaufgaben

Aufgabe 19.12 • –

Aufgabe 19.13 •• –

Aufgabe 19.14 •• –

Aufgabe 19.15 •• –

Aufgabe 19.16 • –

Aufgabe 19.17 ••• –

Aufgabe 19.18 •• –

Aufgabe 19.19 •• –

Aufgabe 19.20 ••• Siehe ausführlichen Lösungsweg.

Lösungswege

Verständnisfragen

Aufgabe 19.1 • Die Eigenschaften (M_1) und (M_2) sind offensichtlich erfüllt. Es ist noch die Dreiecksungleichung nachzuweisen: Für alle $x, y, z \in X$ gilt:

$$\delta(x,z) \leq \delta(x,y) + \delta(y,z).$$

Der nicht-triviale Fall ist, dass x, y und z alle paarweise verschieden sind. Dann ist aber

$$\delta(x,z) = 1 \leq 1 + 1 = \delta(x,y) + \delta(y,z)$$

Aufgabe 19.2 • (M_2) ist evident. Ferner gilt: $x = y \Leftrightarrow \frac{1}{x} = \frac{1}{y} \Leftrightarrow \left|\frac{1}{x} - \frac{1}{y}\right| = 0$, also ($M_1$).

Für $x, y, z \in X$ gilt außerdem

$$\left|\frac{1}{x} - \frac{1}{z}\right| = \left|\frac{1}{x} - \frac{1}{y} + \frac{1}{y} - \frac{1}{z}\right| \leq \left|\frac{1}{x} - \frac{1}{y}\right| + \left|\frac{1}{y} - \frac{1}{z}\right|.$$

Also gilt auch (M_3).

Aufgabe 19.3 • Die Eigenschaften (M_1) und (M_2) folgen unmittelbar aus den Eigenschaften des Betrages in $\mathbb{C}$. Für den Nachweis von (M_3) braucht man im Wesentlichen nur zu beachten, dass $|x - y| \leq d(x, y)$ für alle $x, y \in \mathbb{C}$ gilt. Liegen die Punkte x und z auf einer Geraden durch p_0, so erhält man

$$d(x,z) = |x - z| \leq |x - y| + |y - z| \leq d(x,y) + d(y,z),$$

und im anderen Fall:

$$\begin{aligned} d(x,z) &= |x - p_0| + |z - p_0| \\ &\leq |x - y| + |y - p_0| + |z - y| + |y - p_0| \\ &= d(x,y) + d(y,z). \end{aligned}$$

In jedem Fall folgt also die Dreiecksungleichung und es ist gezeigt, dass d eine Metrik ist.

Zur Namensgebung: Man stelle sich eine geographische Karte von Frankreich vor, auf der der Punkt p_0 Paris markiert.

Aufgabe 19.4 •• (a) Da die Funktionen aus V im Unendlichen gegen null gehen und stetig sind, existiert das Maximum. Die Abbildung ist wohldefiniert.

Für f, g aus V und $\lambda \in \mathbb{C}$ gilt

$$\begin{aligned} \|\lambda f\| &= \max_{x\in\mathbb{R}} |\lambda\, f(x)| = \max_{x\in\mathbb{R}} (|\lambda|\,|f(x)|) \\ &= |\lambda| \max_{x\in\mathbb{R}} |f(x)| = |\lambda|\,\|f\|_\infty \\ \|f + g\| &= \max_{x\in\mathbb{R}} |f(x) + g(x)| \leq \max_{x\in\mathbb{R}} (|f(x)| + |g(x)|) \\ &\leq \max_{x\in\mathbb{R}} |f(x)| + \max_{x\in\mathbb{R}} |g(x)| = \|f\| + \|g\|. \end{aligned}$$

Damit sind Homogenität und Dreiecksungleichung gezeigt. Die positive Definitheit ist trivial: Ist $\|f\| = 0$, so ist f die Nullfunktion und umgekehrt. Damit ist V mit dieser Abbildung ein normierter Raum.

(b) Es handelt sich nicht um einen normierten Raum, denn die Abbildung ist nicht positiv definit. Für jede Nullfolge (a_n) ist $\|(a_n)\| = 0$, obwohl es sich nicht um die konstante Nullfolge handelt.

(c) In diesem Fall liegt ein normierter Raum vor. Für (a_n), (b_n) aus V und $\lambda \in \mathbb{C}$ gilt

$$\begin{aligned} \|\lambda(a_n)\| &= \max_{n\in\mathbb{N}} |\lambda\, a_n| = \max_{n\in\mathbb{N}} (|\lambda|\,|a_n|) \\ &= |\lambda| \max_{n\in\mathbb{N}} |a_n| = |\lambda|\,\|(a_n)\|_\infty \\ \|(a_n) + (b_n)\| &= \max_{n\in\mathbb{N}} |(a_n) + (b_n)| \leq \max_{n\in\mathbb{N}} (|a_n| + |b_n|) \\ &\leq \max_{n\in\mathbb{N}} |a_n| + \max_{n\in\mathbb{N}} |b_n| = \|(a_n)\| + \|(b_n)\|. \end{aligned}$$

Die positive Definitheit ist wieder trivial: Ist $\|(a_n)\| = 0$, so ist (a_n) die konstante Nullfolge und umgekehrt. Damit ist V mit dieser Abbildung ein normierter Raum.

Aufgabe 19.5 •• (a) Das einfachste Argument ist: In Kapitel 6 hatten wir gezeigt, dass diese Folge konvergiert. Daher ist sie auch eine Cauchy-Folge.

Natürlich kann man die Cauchy-Folgen-Eigenschaft auch direkt zeigen. Dazu zeigen wir zunächst Schranken für die Folgenglieder. Ist $1 \leq a_n \leq 2$, so folgt

$$1 \leq \sqrt{2} \leq \sqrt{2a_n} = a_{n+1} \leq \sqrt{2 \cdot 2} = 2.$$

Da $a_0 = 1$ vorgegeben ist, erhalten wir mit vollständiger Induktion $1 \leq a_n \leq 2$ für alle $n \in \mathbb{N}_0$. Diese Schranken verwenden wir nun weiter.

Für jedes $n \in \mathbb{N}$ gilt

$$\begin{aligned} |a_{n+1} - a_n| &= |\sqrt{2a_n} - \sqrt{2a_{n-1}}| = \frac{|2a_n - 2a_{n-1}|}{\sqrt{2a_n} + \sqrt{2a_{n-1}}} \\ &= \sqrt{2}\,\frac{|a_n - a_{n-1}|}{2a_n + \sqrt{a_{n-1}}} \leq \frac{\sqrt{2}}{2}\,|a_n - a_{n-1}|. \end{aligned}$$

Damit schätzen wir weiter ab

$$\begin{aligned} |a_{n+1} - a_n| &\leq \frac{\sqrt{2}}{2}\,|a_n - a_{n-1}| \\ &\leq \left(\frac{\sqrt{2}}{2}\right)^2 |a_{n-1} - a_{n-2}| \\ &\leq \cdots \leq \left(\frac{\sqrt{2}}{2}\right)^n |a_1 - a_0|. \end{aligned}$$

Somit erhalten wir für $m > n$

$$\begin{aligned} |a_m - a_n| &\leq \sum_{k=n}^{m-1} |a_{k+1} - a_k| \\ &\leq \sum_{k=n}^{m-1} \left(\frac{\sqrt{2}}{2}\right)^k |a_1 - a_0| \\ &= \left(\frac{\sqrt{2}}{2}\right)^n |a_1 - a_0| \sum_{k=0}^{m-n-1} \left(\frac{\sqrt{2}}{2}\right)^k. \end{aligned}$$

Die Summe auf der rechten Seite ist eine Partialsumme der geometrischen Reihe und daher beschränkt. Gehen m, n gegen unendlich, so geht der erste Faktor gegen null. Daher handelt es sich bei (a_n) um eine Cauchy-Folge.

(b) Für $k, l \in \mathbb{N}$, mit $k \neq l$ gilt

$$f_k(k) = 1, \qquad f_l(k) = 0.$$

Daher ist

$$\max_{x \in \mathbb{R}} |f_k(x) - f_l(x)| \geq |1 - 0| = 1.$$

Die Folge ist keine Cauchy-Folge.

(c) Wir betrachten $n \in \mathbb{N}$ und wählen $\hat{x} \in (0, 1)$ mit $\hat{x}^n > 1/2$. Ein solches $\hat{x}$ finden wir, da $x^n \to 1$ für $x \to 1$. Nun gilt aber, da $\hat{x} < 1$ ist,

$$\hat{x}^k \to 0 \qquad (k \to \infty).$$

Somit können wir $m > n$ wählen mit $\hat{x}^m < 1/4$. Somit gilt

$$\|x^m - x^n\|_\infty \geq |\hat{x}^m - \hat{x}^n| > 1/4.$$

Zu jedem $n \in \mathbb{N}$ können wir ein $m \in \mathbb{N}$ finden, sodass diese Ungleichung gilt. Daher ist (x^k) keine Cauchy-Folge bezüglich der Maximumsnorm auf $[0, 1]$.

(d) Wir berechnen für $n, m \in \mathbb{N}$ mit $n, m > N$ das Integral

$$\begin{aligned} \int_0^1 |x^n - x^m|^2 \,\mathrm{d}x &\leq \int_0^1 \left(x^{2n} + x^{2m}\right) \mathrm{d}x \\ &= \left[\frac{1}{2n+1}\,x^{2n+1} + \frac{1}{2m+1}\,x^{2m+1}\right]_0^1 \\ &\leq \frac{1}{n} + \frac{1}{m} \leq \frac{2}{N}. \end{aligned}$$

Da die rechte Seite für $N \to \infty$ gegen null geht, folgt, dass (x^k) eine Cauchy-Folge in $L^2(0, 1)$ ist.

Aufgabe 19.6 • –

Aufgabe 19.7 • –

Aufgabe 19.8 ••• (a) f ist streng monoton wachsend, also injektiv. Hieraus ergibt sich (M_1). Die Symmetrie ist offensichtlich. Zu zeigen ist noch die Dreiecksungleichung, dass also für $x, y, z \in X$ stets $d_f(x, z) \leq d_f(x, y) + d_f(y, z)$ gilt. Das folgt aus

$$\begin{aligned} d_f(x, z) &= |\arctan x - \arctan z| \\ &= |\arctan x - \arctan y + \arctan y - \arctan z| \\ &\leq |\arctan x - \arctan y| + |\arctan y - \arctan z| \\ &= d_f(x, y) + d_f(y, z). \end{aligned}$$

Wegen $|\arctan x| < \frac{\pi}{2}$ ist $d_f(x, y) < \frac{\pi}{2} + \frac{\pi}{2} = \pi$.

(b) Aus der Definition von d_f und der Bijektivität von $f : \mathbb{R} \to (-\pi/2, \pi/2)$ erhalten wir, dass $U \subseteq \mathbb{R}$ genau dann offen bezüglich d_f ist, falls $f(U)$ offen in $(-\pi/2, \pi/2)$ bezüglich der von d induzierten Metrik ist. Wegen der Stetigkeit von

$$\arctan\colon \mathbb{R} \to \left(-\frac{\pi}{2}, \frac{\pi}{2}\right)$$

und der Stetigkeit der Umkehrfunktion

$$\tan\colon \left(-\frac{\pi}{2}, \frac{\pi}{2}\right) \to \mathbb{R},$$

jeweils versehen mit d bzw. der durch d induzierten Metrik, sind $(\mathbb{R}, d)$ und $((-\pi/2, \pi/2), d)$ homöomorph.

(c) Für $n, m \in \mathbb{N}$ gilt

$$\begin{aligned} d_f(n, m) &= |\arctan(n) - \arctan(m)| \\ &= \left|\int_m^n \frac{1}{1+x^2}\,\mathrm{d}x\right| \leq \int_{\min\{n,m\}}^\infty \frac{1}{1+x^2}\,\mathrm{d}x. \end{aligned}$$

Wir schätzen das Integral ab durch eine Obersumme mit Gitterweite 1:

$$d_f(n, m) \leq \sum_{l=\min\{n,m\}}^\infty \frac{1}{1+l^2}.$$

Die Reihe konvergiert und ihr Wert geht gegen null für $n, m \to \infty$. Somit ist (n) eine Cauchy-Folge in $(\mathbb{R}, d_f)$.

Vollständigkeit ist eine zusätzliche Eigenschaft eines metrischen Raums. Aus der Gleichheit aller offenen Mengen ergibt sich keine Aussage über die Existenz von Grenzwerten.

Rechenaufgaben

Aufgabe 19.9 • a) Zu (M_1):

$$\tilde{\delta}(x, y) = 0 \Leftrightarrow \min\{1, d(x, y)\} = 0$$
$$\Leftrightarrow d(x, y) = 0 \Leftrightarrow x = y$$

Die Eigenschaft (M_2) ist evident.

Zur Dreiecksungleichung (M_3) bemerkt man zunächst, dass $\delta(x, z) \leq 1$ für alle $x, z \in X$ gilt. Es folgt

- Ist $\delta(x, y) = 1$ oder $\delta(y, z) = 1$, dann ist die Dreiecksungleichung erfüllt.
- Ist $\delta(x, y) < 1$ und $\delta(y, z) < 1$, dann gilt $\delta(x, y) = d(x, y)$ und $\delta(y, z) = d(y, z)$, damit gilt auch

$$\delta(x, z) \leq d(x, z) \leq d(x, y) + d(y, z) = \delta(x, y) + \delta(y, z).$$

Aufgabe 19.10 • Es ist

$$c_k = \frac{1}{2\pi} \int_{-\pi}^{\pi} f(x)\, e^{-ikx}\, dx$$
$$= \frac{1}{2\pi} \int_0^{\pi} e^{i(1-k)x}\, dx.$$

Für $k = 1$ ist $c_1 = 1/2$. Für $k \neq 1$ erhalten wir

$$c_k = \frac{1}{2\pi} \left[\frac{e^{i(1-k)x}}{i(1-k)} \right]_0^{\pi}$$
$$= \frac{1}{2\pi} \frac{e^{i(1-k)\pi} - 1}{i(1-k)}$$
$$= -\frac{i}{2\pi} \frac{(-1)^{k-1} - 1}{1-k}.$$

Damit ist $c_k = 0$ für k ungerade, $k \neq 1$ und

$$c_k = \frac{i}{\pi\,(1-k)}, \qquad k \text{ gerade}.$$

Die Fourierreihe ist durch

$$\left(\frac{1}{2} e^{ix} + \sum_{k=-\infty}^{\infty} \frac{i}{\pi\,(1-2k)} e^{2ikx} \right)$$

gegeben.

Aufgabe 19.11 •• Wir kennzeichnen offene Kugeln bezüglich d bzw. e durch einen oberen Index.

(a) Die Grafik veranschaulicht die beiden Graphen.

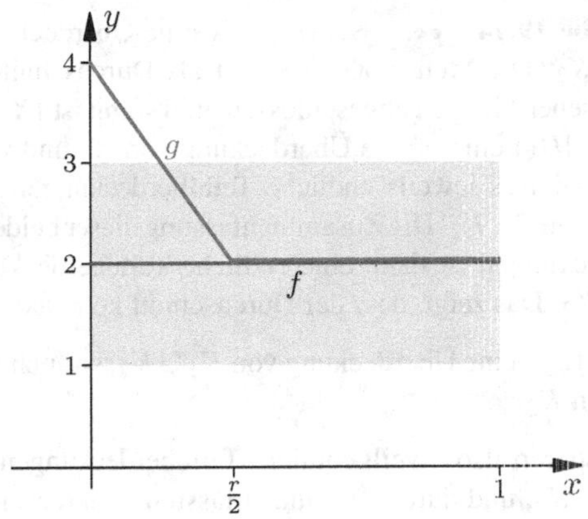

Es ist

$$d(f, g) = \int_0^1 |2 - g(x)|\, dx = \int_0^{\frac{1}{2}r} \left| 2 + \frac{4x}{r} - 4 \right| dx$$
$$= \frac{r}{2} < r.$$

Es folgt $g \in U_r^d(f)$.

(b) Wegen $e(f, g) = 2$ gilt $g \notin U_1^e(f)$ für alle $r > 0$. Die offene Kugel $U_1^e(f)$ enthält keine offene Kugel $U_r^d(f)$, die Metriken d und e sind daher nicht topologisch äquivalent.

Beweisaufgaben

Aufgabe 19.12 • Da $\overline{U_r(x)}$ die kleinste abgeschlossene Menge ist, die $U_r(x)$ enthält und $\overline{U}_r(x)$ abgeschlossen ist, gilt $\overline{U}_r(x) \subseteq \overline{U_r}(x)$.

Im Allgemeinen gilt keine Gleichheit, denn für die diskrete Metrik gilt $U_1(X) = \{x\}$ und damit $\overline{U}_1(x) = X$.

Aufgabe 19.13 •• Für $x = (x_1, \ldots, x_n)^\top \in \mathbb{K}^n$ sei

$$|x_k| := \max\{|x_1|, \ldots, |x_n|\}.$$

Dann ist

$$\|x\|_\infty^2 = |x_k|^2 \leq |x_1|^2 + \ldots + |x_k|^2 + \ldots + |x_n|^2 = \|x\|_2^2$$
$$\leq n \cdot |x_k|^2 = n \cdot \|x\|_\infty^2.$$

Daraus folgt die erste Gleichung. Mit der allgemeinen binomischen Formel ergibt sich

$$\sum_{j=1}^{n} |x_j|^2 \leq \left(\sum_{j=1}^{n} |x_j| \right)^2,$$

und es folgt $\|x\|_2 \leq \|x\|_1$.

Nach der Cauchy-Schwarz'schen Ungleichung im $\mathbb{K}^n$ ist aber andererseits

$$\|x\|_1 = \sum_{j=1}^{n} |x_j| = \sum_{j=1}^{n} 1 \cdot |x_j|$$
$$\leq \left(\sum_{j=1}^{n} 1^2 \right)^{\frac{1}{2}} \left(\sum_{j=1}^{n} |x_j|^2 \right)^{\frac{1}{2}} = \sqrt{n} \cdot \|x\|_2.$$

Aufgabe 19.14 •• Sei $\{U_\lambda\}_{\lambda\in\Lambda}$ eine Überdeckung von $K_1 \cap K_2$. Die Menge $K_1 \cap K_2$ ist als Durchschnitt abgeschlossener Mengen abgeschlossen, und somit ist $\{X \setminus (K_1 \cap K_2)\} \cup \{U_\lambda\}$ eine offene Überdeckung von K_1 und von K_2. Davon gibt es jeweils endliche Teilüberdeckungen für K_1 ebenso wie für K_2. Die Zusammenfassung dieser beiden Teilüberdeckungen ist dann eine endliche Teilüberdeckung für $K_1 \cap K_2$. Das zeigt, dass der Durchschnitt kompakt ist.

Ist $\{U_\lambda\}_{\lambda\in\Lambda}$ eine Überdeckung von $K_1 \cup K_2$, so auch von K_1 und von K_2.

Es existieren also jeweils endliche Teilüberdeckungen für K_1 und für K_2, und durch Zusammenfassung von diesen erhält man eine endliche Teilüberdeckung für $K_1 \cup K_2$.

Aufgabe 19.15 •• (a) Wir betrachten eine Funktion $f\colon \bigcup_{j=1}^n X_j \to \mathbb{C}$, die lokal konstant ist. Da jedes X_j zusammenhängend ist, gilt $f|_{X_j} = c_j$ für Konstanten c_j, $j = 1, \ldots, n$. Ferner ist wegen $X_j \cap X_{j+1} \neq \emptyset$ auch $c_j = c_{j+1}$. Somit ist f konstant auf $\bigcup_{j=1}^n X_j$. Nach der Charakterisierung zusammenhängender Mengen auf Seite 798 ist diese Menge zusammenhängend.

(b) Wir betrachten wieder eine lokal konstante Funktion $f\colon B \to \mathbb{C}$. Da A zusammenhängend ist, gilt $f|_A = c$ für eine Konstante c. Sei nun $x \in B \setminus A$. Dann ist $x \in \overline{A}$. Jede Umgebung U von x in X enthält also einen Punkt $z \in A$. Dann ist $z \in U \cap B$ und da f auf $U \cap B$ konstant ist, gilt $f(x) = f(z) = c$. Somit ist f auf ganz B konstant. Dies impliziert, dass B zusammenhängend ist.

Aufgabe 19.16 • Sei (x_k) eine Cauchy-Folge bezüglich der Metrik e. Dann gibt es zu jedem $\varepsilon > 0$ ein $N \in \mathbb{N}$, so dass für alle $m, n \geq N$ gilt: $e(x_m, x_n) < \varepsilon$.

Nun ist $e(x_m, x_n) = \min\{1, d(x_m, x_n)\}$. Wählt man speziell $\varepsilon < 1$, dann gibt es $m, n \geq N$ mit $\min\{1, d(x_m, x_n)\} < \varepsilon < 1$ und damit $d(x_m, x_n) < \varepsilon$. Also ist (x_k) eine Cauchy-Folge bezüglich der Metrik d, konvergiert also gegen ein Element $x \in X$. Für alle $\varepsilon > 0$ existiert daher ein N, so dass für alle $k \geq N$ gilt: $d(x_k, x) < \varepsilon$. Wegen $e(x_k, x) \leq d(x_k, x) < \varepsilon$ für alle $k \geq N$ konvergiert (x_k) auch bezüglich der Metrik e gegen x.

Aufgabe 19.17 ••• Nach dem Beispiel auf Seite 765 gelten die Eigenschaften einer Metrik für d. Ferner gilt für alle $f, g \in C^\infty([a,b])$ die Abschätzung

$$d(f,g) \leq \sum_{j=0}^\infty \frac{1}{2^j} = 2.$$

Wäre d aber von einer Norm ableitbar, so dürfte d nicht beschränkt sein.

Es bleibt noch zu zeigen, dass $\big(C^\infty([a,b]), d\big)$ vollständig ist. Dazu erinnern wir zunächst daran, dass $C^n([a,b])$ mit der Norm

$$\|f\|_{n,\infty} = \sum_{j=0}^n \|f^{(j)}\|_\infty$$

ein Banach-Raum ist. Ferner definieren wir

$$d^{(n)}(f,g) = \sum_{j=0}^n \frac{1}{2^j} \frac{\|f^{(j)} - g^{(j)}\|_\infty}{1 + \|f^{(j)} - g^{(j)}\|_\infty}, \quad f, g \in C^n([a,b]).$$

Sei nun (f_k) eine Cauchy-Folge in $\big(C^\infty([a,b]), d\big)$. Wir zeigen zunächst, dass (f_k) in jedem $\big(C^n([a,b]), \|\cdot\|_{n,\infty}\big)$ konvergiert. Sei dazu $\varepsilon > 0$ und $n \in \mathbb{N}_0$. Wir wählen $N \in \mathbb{N}$ mit

$$d(f_k, f_l) < \frac{1}{2^n} \frac{\varepsilon}{n+1+\varepsilon} \quad \text{für alle } k, l \geq N.$$

Dann ist auch

$$d^{(n)}(f_k, f_l) < \frac{1}{2^n} \frac{\varepsilon}{n+1+\varepsilon} \quad \text{für alle } k, l \geq N,$$

und insbesondere für $j = 0, \ldots, n$,

$$\frac{\|f_k^{(j)} - f_l^{(j)}\|_\infty}{1 + \|f_k^{(j)} - f_l^{(j)}\|_\infty} < \frac{\varepsilon}{n+1+\varepsilon} \quad \text{für alle } k, l \geq N.$$

Hieraus ergibt sich sofort

$$\|f_k^{(j)} - f_l^{(j)}\|_\infty < \frac{\varepsilon}{n+1}$$

für $k, l \geq N$ und $j = 0, \ldots, n$, und somit

$$\|f_k - f_l\|_{n,\infty} < \varepsilon \quad \text{für alle } k, l \geq N.$$

Damit ist (f_k) Cauchy-Folge in $\big(C^n([a,b]), \|\cdot\|_{n,\infty}\big)$ für alle $n \in \mathbb{N}_0$ und konvergiert somit in jedem $C^n([a,b])$. Für den Grenzwert f gilt somit

$$f \in \bigcap_{n=0}^\infty C^n([a,b]) = C^\infty([a,b]).$$

Wir müssen nun noch zeigen, dass (f_k) auch bezüglich d gegen f konvergiert. Zu $\varepsilon > 0$ wählen wir zunächst n so groß, dass gilt

$$\sum_{j=n+1}^\infty \frac{1}{2^j} < \frac{\varepsilon}{2}.$$

Anschließend wählen wir $K \in \mathbb{N}$ so groß, dass $\|f - f_k\|_{n,\infty} < \varepsilon/2$ ist für alle $k \geq K$. Dann folgt für alle $k \geq K$

$$\begin{aligned} d(f, f_k) &= d^{(n)}(f, f_k) + \sum_{j=n+1}^\infty \frac{1}{2^j} \frac{\|f^{(j)} - f_k^{(j)}\|_\infty}{1 + \|f^{(j)} - f_k^{(j)}\|_\infty} \\ &\leq \|f - f_k\|_{n,\infty} + \sum_{j=n+1}^\infty \frac{1}{2^j} \\ &< \frac{\varepsilon}{2} + \frac{\varepsilon}{2} = \varepsilon. \end{aligned}$$

Somit ist $\lim_{k\to\infty} f_k = f$ in $C^\infty([a,b])$.

Aufgabe 19.18 •• (a) Im Beispiel auf Seite 766 wird für $x, y \in \mathbb{R}_{\geq 0}$ die Abschätzung

$$xy \leq \frac{x^p}{p} + \frac{y^q}{q}$$

gezeigt. Setzt man für $f, g \in C(I)$ zur Abkürzung

$$X = \left(\int_I |f(x)|^p \,dx\right)^{1/p}, \qquad Y = \left(\int_I |g(x)|^q \,dx\right)^{1/q},$$

so folgt

$$\begin{aligned}\frac{\int_I |f(x)\,g(x)|\,dx}{X\,Y} &= \int_I \frac{|f(x)|}{X}\,\frac{|g(x)|}{Y}\,dx \\ &\le \int_I \left[\frac{|f(x)|^p}{p\,X^p} + \frac{|g(x)|^q}{q\,Y^q}\right] dx \\ &= \frac{1}{p} + \frac{1}{q} = 1 .\end{aligned}$$

Dies ist schon die Hölder'sche Ungleichung.

(b) Wir schätzen mit der Dreiecksungleichung für den Betrag und der Hölder'schen Ungleichung ab:

$$\begin{aligned}&\int_I |f(x)+g(x)|^p \,dx \\ &\le \int_I \Big[|f(x)|\,|f(x)+g(x)|^{p-1} \\ &\qquad + |g(x)|\,|f(x)+g(x)|^{p-1}\Big] dx \\ &\le \left[\left(\int_I |f(x)|^p \,dx\right)^{1/p} + \left(\int_I |g(x)|^p \,dx\right)^{1/p}\right] \\ &\qquad \cdot \left(\int_I |f(x)+g(x)|^{q(p-1)} \,dx\right)^{1/q} .\end{aligned}$$

Beachtet man nun $q(p-1) = 1$, so kann man mit $\left(\int_I |f(x)+g(x)|\,dx\right)^{-1/q}$ durchmultiplizieren und erhält so die Minkowski'sche Ungleichung.

Aufgabe 19.19 •• (a) Es ist p_n die Orthogonalprojektion von f auf den Raum T_n der trigonometrischen Polynome vom Grad höchstens n. Somit gilt

$$\|p_n\|^2_{L^2(-\pi,\pi)} \le \|f\|^2_{L^2(-\pi,\pi)} .$$

Aufgrund der Orthogonalität der trigonometrischen Monome in $L^2(-\pi,\pi)$ ist

$$\begin{aligned}\|p_n\|^2_{L^2(-\pi,\pi)} &= \sum_{k=-n}^{n} |c_k|^2 \,\|e^{ikx}\|^2_{L^2(-\pi,\pi)} \\ &= 2\pi \sum_{k=-n}^{n} |c_k|^2 .\end{aligned}$$

(b) Seien $n, m \in \mathbb{N}$ mit $m \le n$. Dann ist

$$\|p_n - p_m\|^2_{L^2(-\pi,\pi)} = 2\pi \sum_{m<|k|\le n} |c_k|^2 \le 2\pi \sum_{m<|k|]} |c_k|^2 .$$

Dabei ist zu beachten, dass aufgrund der Bessel'schen Ungleichung die Konvergenz der Reihe $\left(\sum_{k\in\mathbb{Z}} |c_k|^2\right)$ gesichert ist. Ist $\varepsilon > 0$ vorgegeben, so ist insbesondere für m hinreichend großes m die Abschätzung

$$\sum_{m<|k|} |c_k|^2 < \frac{\varepsilon^2}{2\pi}$$

erfüllt. Hieraus ergibt sich sofort die Cauchy-Folgen-Eigenschaft von (p_n).

Aufgabe 19.20 ••• Wir bestimmen die Fourierkoeffizienten (h_k) durch

$$\begin{aligned}h_k &= \frac{1}{2\pi}\int_{-\pi}^{\pi} h(x)\,e^{-ikx}\,dx \\ &= \frac{1}{2\pi}\int_{-\pi}^{\pi}\int_{-\pi}^{\pi} f(x-t)\,g(t)\,dt\,e^{-ikx}\,dx .\end{aligned}$$

Da $f, g \in L^2(-\pi,\pi)$ und $e^{-ikx} \in C^\infty([-\pi,\pi])$, ist der gesamte Integrand auf dem Quadrat $(-\pi,\pi) \times (-\pi,\pi)$ integrierbar. Nach dem Satz von Fubini darf die Integrationsreihenfolge vertauscht werden. Es folgt

$$h_k = \frac{1}{2\pi}\int_{-\pi}^{\pi} g(t) \int_{-\pi}^{\pi} f(x-t)\,e^{-ikx}\,dx\,dt .$$

Nun substituieren wir im inneren Integral $x = t + s$ und erhalten

$$\begin{aligned}h_k &= \frac{1}{2\pi}\int_{-\pi}^{\pi} g(t) \int_{-\pi-t}^{\pi-t} f(s)e^{-ik(t+s)}\,ds\,dt \\ &= \frac{1}{2\pi}\int_{-\pi}^{\pi} g(t)\,e^{-ikt} \int_{-\pi-t}^{\pi-t} f(s)e^{-iks}\,ds\,dt .\end{aligned}$$

Jetzt nutzen wir, dass f 2π-periodisch ist und wir den Integrationsbereich des inneren Integrals wieder auf das Intervall $(-\pi,\pi)$ verschieben können. Dadurch separieren die Integrale, und wir folgern

$$\begin{aligned}h_k &= \frac{1}{2\pi}\int_{-\pi}^{\pi} g(t)\,e^{-ikt} \int_{-\pi}^{\pi} f(s)e^{-iks}\,ds\,dt \\ &= \frac{1}{2\pi}\int_{-\pi}^{\pi} g(t)\,e^{-ikt}\,dt \int_{-\pi}^{\pi} f(s)e^{-iks}\,ds \\ &= 2\pi\, g_k\, f_k .\end{aligned}$$

Damit ist der Faltungssatz bewiesen.

Kapitel 20

Aufgaben

Verständnisfragen

Aufgabe 20.1 • Gegeben ist die Differenzialgleichung

$$y'(x) = -2\,x\,(y(x))^2\,, \quad x \in \mathbb{R}\,.$$

(a) Skizzieren Sie das Richtungsfeld dieser Gleichung.
(b) Bestimmen Sie eine Lösung durch den Punkt $P_1 = (1, 1/2)^\top$.
(c) Gibt es eine Lösung durch den Punkt $P_2 = (1, 0)^\top$?

Aufgabe 20.2 •• Eine Differenzialgleichung der Form

$$u'(x) = h(u(x))\,,$$

in der also die rechte Seite nicht explizit von x abhängt, nennt man autonom. Zeigen Sie, dass jede Lösung einer autonomen Differenzialgleichung translationsinvariant ist, d. h., mit u ist auch $v(x) = u(x + a)$, $x \in \mathbb{R}$, eine Lösung. Lösen Sie die Differenzialgleichung für den Fall $h(u) = u(u - 1)$.

Aufgabe 20.3 •• Das Anfangswertproblem

$$y'(x) = 1 - x + y(x)\,, \quad y(x_0) = y_0$$

soll mit dem Euler-Verfahren numerisch gelöst werden. Ziel ist es zu zeigen, dass die numerische Lösung für $h \to 0$ in jedem Gitterpunkt gegen die exakte Lösung konvergiert.

(a) Bestimmen Sie die exakte Lösung y des Anfangswertproblems.
(b) Mit y_k bezeichnen wir die Approximation des Euler-Verfahrens am Punkt $x_k = x_0 + kh$. Zeigen Sie, dass

$$y_k = (1 + h)^k (y_0 - x_0) + x_k\,.$$

(c) Wir wählen $\hat{x} > x_0$ beliebig und setzen die Schrittweite $h = (\hat{x} - x_0)/n$ für $n \in \mathbb{N}$. Die Approximation des Euler-Verfahrens am Punkt $x_n = \hat{x}$ ist dann y_n. Zeigen Sie

$$\lim_{n\to\infty} y_n = y(\hat{x})\,.$$

Aufgabe 20.4 •• Für $(x, y)^\top$ aus dem Rechteck

$$R = \{(x, y) \mid |x| < 10\,, \quad |y - 1| < b\}$$

ist die Funktion f definiert durch

$$f(x, y) = 1 + y^2\,.$$

(a) Geben Sie mit dem Satz von Picard-Lindelöf ein Intervall $[-\alpha, \alpha]$ an, auf dem das Anfangswertproblem

$$y'(x) = f(x, y(x))\,, \quad y(0) = 1\,,$$

genau eine Lösung auf $(-\alpha, \alpha)$ besitzt.
(b) Wie muss man die Zahl b wählen, damit die Intervalllänge 2α aus (a) größtmöglich wird?
(c) Berechnen Sie die Lösung des Anfangswertproblems. Auf welchem Intervall existiert die Lösung?

Rechenaufgaben

Aufgabe 20.5 • Berechnen Sie die allgemeinen Lösungen der folgenden Differenzialgleichungen:

(a) $y'(x) = x^2\,y(x)\,, \qquad x \in \mathbb{R}$
(b) $y'(x) + x\,(y(x))^2 = 0\,, \qquad x \in \mathbb{R}$
(c) $x\,y'(x) = \sqrt{1 - (y(x))^2}\,, \qquad x \in \mathbb{R}$

Aufgabe 20.6 •• Berechnen Sie die Lösungen der folgenden Anfangswertprobleme:

(a) $u'(x) = \dfrac{x}{3\sqrt{1+x^2}\,(u(x))^2}\,, \qquad x > 0$
$u(0) = 3$
(b) $u'(x) = -\dfrac{1}{2x}\,\dfrac{(u(x))^2 - 6u(x) + 5}{u(x) - 3}\,, \qquad x > 1$
$u(1) = 2$

Aufgabe 20.7 ••• Bestimmen Sie die Lösung des Anfangswertproblems aus dem Beispiel von Seite 836:

$$\sqrt{1 + (y'(x))^2} + c\,x\,y''(x) = 0\,, \quad x \in (A, 0)\,,$$
$$y(A) = y'(A) = 0$$

mit Konstanten $c > 0$ mit $c \neq 1$ und $A < 0$. Welchen qualitativen Unterschied gibt es in der Lösung für $c < 1$ bzw. für $c > 1$?

Aufgabe 20.8 • Bestimmen Sie die allgemeine Lösung der linearen Differenzialgleichung erster Ordnung:

$$u'(x) + \cos(x)\,u(x) = \frac{1}{2}\,\sin(2x)\,, \quad x \in (0, \pi)\,.$$

Aufgabe 20.9 •• Bestimmen Sie die allgemeine Lösung der Differenzialgleichung

$$u'(x) = \frac{1}{2x}\,u(x) - \frac{1}{2u(x)}\,, \quad x \in (0, 1)\,.$$

Welche Werte kommen für die Integrationskonstante in Betracht, wenn nur reellwertige Lösungen infrage kommen sollen?

Aufgabe 20.10 •• Bestimmen Sie die allgemeine Lösung der Differenzialgleichung

$$y'(x) = 1 + \frac{(y(x))^2}{x^2 + x\,y(x)}\,, \quad x > 0\,.$$

Aufgabe 20.11 • Berechnen Sie die ersten drei sukzessiven Iterationen zu dem Anfangswertproblem

$$u'(x) = x - (u(x))^2, \quad x \in \mathbb{R}, \quad u(0) = 1.$$

Beweisaufgaben

Aufgabe 20.12 •• Eine Differenzialgleichung der Form

$$y(x) = xy'(x) + f\left(y'(x)\right)$$

für x aus einem Intervall I und mit einer stetig differenzierbaren Funktion $f\colon \mathbb{R} \to \mathbb{R}$ wird **Clairaut'sche Differenzialgleichung** genannt.

(a) Differenzieren Sie die Differenzialgleichung und zeigen Sie so, dass es eine Schar von Geraden gibt, von denen jede die Differenzialgleichung löst.

(b) Es sei konkret

$$f(p) = \frac{1}{2}\ln(1+p^2) - p\arctan p, \quad p \in \mathbb{R}.$$

Bestimmen Sie eine weitere Lösung der Differenzialgleichung für $I = (-\pi/2, \pi/2)$.

(c) Zeigen Sie, dass für jedes $x_0 \in (-\pi/2, \pi/2)$ die Tangente der Lösung aus (b) eine der Geraden aus (a) ist. Man nennt die Lösung aus (b) auch die **Einhüllende** der Geraden aus (a).

(d) Wie viele verschiedene stetig differenzierbare Lösungen gibt es für eine Anfangswertvorgabe $y(x_0) = y_0$, $y_0 > 0$, mit $x_0 \in (-\pi/2, \pi/2)$?

Aufgabe 20.13 • Ist $I \subseteq \mathbb{R}$ ein Intervall und sind a, b, $c \in C(I)$, so nennt man die Differenzialgleichung

$$y'(x) = a(x)\,(y(x))^2 + b(x)\,y(x) + c(x), \quad x \in I,$$

eine **Riccati'sche Differenzialgleichung.** Zeigen Sie: Ist $y_p \in C^1(I)$ eine partikuläre Lösung dieser Gleichung, so ist jede Lösung y von der Form

$$y = y_p + z,$$

wobei z Lösung der Bernoulli'schen Differenzialgleichung

$$z'(x) = \left(2\,a(x)\,y_p(x) + b(x)\right) z(x) + a(x)\,(z(x))^2, \quad x \in I,$$

ist. Umgekehrt ist für jede Lösung z dieser Bernoulli'schen Differenzialgleichung die Summe $y_p + z$ Lösung der Riccati'schen Differenzialgleichung.

Aufgabe 20.14 • Zeigen Sie folgende Varianten zum Satz von Picard-Lindelöf:

(a) Ist $Q = I \times \mathbb{C}^n$, so existiert die Lösung auf ganz I.

(b) Erfüllt die Funktion F die Voraussetzungen des Satzes von Picard-Lindelöf für jedes a und $Q = [x_0 - a, x_0 + a] \times \mathbb{C}^n$, so existiert eine auf ganz $\mathbb{R}$ definierte eindeutige Lösung des Anfangswertproblems.

Aufgabe 20.15 •• Für das Intervall J aus dem Satz von Picard-Lindelöf kann auf $C(J, \mathbb{C}^n)$ die gewichtete Maximumsnorm

$$\|f - g\| = \max_{k=1,\dots,n} \max_{\xi \in J} \left| e^{-(n+1)\,L\,|\xi - x_0|}\,(f_k(\xi) - g_k(\xi)) \right|$$

eingeführt werden. Zeigen Sie:

(a) Die Menge M ist mit der durch diese Norm induzierten Metrik ein vollständiger metrischer Raum.

(b) Für die Abbildung $\mathcal{G}\colon M \to M$ und alle $f, g \in M$ gilt die Abschätzung

$$\|\mathcal{G}f - \mathcal{G}g\| \le \frac{n}{n+1}\left(1 - e^{-(n+1)L\alpha}\right)\|f - g\|.$$

(c) Der Satz von Picard-Lindelöf folgt so direkt aus dem Banach'schen Fixpunktsatz.

Aufgabe 20.16 •• Gegeben ist ein Intervall I und eine stetige Funktion $F\colon I \times \mathbb{R} \to \mathbb{R}$, die bezüglich ihres zweiten Arguments lipschitz-stetig ist mit Lipschitz-Konstante L. Zeigen Sie: Sind zwei Lösungen y_j, $j = 1, 2$ der Differenzialgleichung

$$y_j'(x) = F(x, y_j(x)), \quad x \in I,$$

gegeben, so gilt für alle $x, x_0 \in I$ die Abschätzung

$$|y_1(x) - y_2(x)| \le |y_1(x_0) - y_2(x_0)|\,e^{L\,|x - x_0|}.$$

Hinweise

Verständnisfragen

Aufgabe 20.1 • Die Differenzialgleichung kann durch Separation gelöst werden. Beachten Sie für Teil (c) die Skizze des Richtungsfelds aus Teil (a).

Aufgabe 20.2 •• $u(x) = 1/(1 - c\,e^x)$.

Aufgabe 20.3 •• (a) Es handelt sich um eine lineare Differenzialgleichung. (b) Man kann den Nachweis durch vollständige Induktion führen. (c) Verwenden Sie Teil (b) und die Darstellung der Exponentialfunktion über den Grenzwert $\exp(x) = \lim_{n\to\infty}(1 + x/n)^n$.

Aufgabe 20.4 •• Bestimmen Sie das Maximum von f auf R und verwenden Sie die Aussage des Satzes von Picard-Lindelöf. Die Differenzialgleichung kann durch Separation gelöst werden.

Rechenaufgaben

Aufgabe 20.5 • Die Differenzialgleichungen können durch Trennung der Veränderlichen gelöst werden.

Aufgabe 20.6 •• Beide Differenzialgleichungen können durch Separation gelöst werden. Im Fall (b) benötigen Sie eine Partialbruchzerlegung.

Aufgabe 20.7 ••• Die Lösung kann durch Separation bestimmt werden. Bestimmen Sie direkt nach jeder Integration die Integrationskonstante aus den Anfangsbedingungen. Beachten Sie, dass x und A negativ sind.

Aufgabe 20.8 • Berechnen Sie zuerst die allgemeine Lösung der homogenen linearen Differenzialgleichung durch Separation. Eine partikuläre Lösung der inhomogenen Differenzialgleichung können Sie anschließend durch Variation der Konstanten gewinnen. Beachten Sie $\sin(2x) = 2\sin(x)\cos(x)$.

Aufgabe 20.9 •• Es handelt sich um eine Bernoulli'sche Differenzialgleichung, die durch die Substitution $u(x) = (v(x))^{1/2}$ in eine lineare Differenzialgleichung transformiert werden kann.

Aufgabe 20.10 •• Es handelt sich um eine homogene Differenzialgleichung. Die Substitution $z(x) = y(x)/x$ führt zum Erfolg.

Aufgabe 20.11 • Formulieren Sie das Anfangswertproblem als Integralgleichung und leiten Sie daraus eine Fixpunktgleichung her.

Beweisaufgaben

Aufgabe 20.12 •• Durch Differenzieren der Gleichung erhalten Sie zwei verschiedene Bedingungen für eine Lösung. Die eine Bedingung liefert die Geraden aus (a), die zweite die Einhüllende aus (b). Stellen Sie die Gleichung einer Tangente an die Lösung aus (b) auf und versuchen Sie, diese auf die Gestalt aus (a) zu bringen.

Aufgabe 20.13 • Verwenden Sie $y^2 - y_p^2 = z\,(z + 2y_p)$.

Aufgabe 20.14 • Spielen Sie mit den Parametern a und b aus dem Satz von Picard-Lindelöf.

Aufgabe 20.15 •• (a) Schätzen Sie die Maximumsnorm durch die gewichtete Maximumsnorm ab. (b) Modifizieren Sie die Abschätzung aus Schritt (iii) des Satzes von Picard-Lindelöf.

Aufgabe 20.16 •• Betrachten Sie $v(x) = \ln|y_1(x) - y_2(x)|$, $x \in I$. Welche Schranke können Sie für $v'(x)$ herleiten?

Lösungen

Verständnisfragen

Aufgabe 20.1 • (a) siehe ausführlichen Lösungsweg, (b) $y(x) = 1/(1 + x^2)$, (c) $y(x) = 0$.

Aufgabe 20.2 •• Die Lösung kann durch Separation bestimmt werden. Zur Integration von $1/h(u)$ können Sie eine Partialbruchzerlegung durchführen.

Aufgabe 20.3 •• Die Lösung zu (a) ist $y(x) = x + (y_0 - x_0)\exp(x - x_0)$ für $x \in \mathbb{R}$. Zu (b) und (c) siehe den ausführlichen Lösungsweg.

Aufgabe 20.4 •• (a) $\alpha = b/(1 + (1 + b)^2)$, (b) Maximum für $b = \sqrt{2}$, (c) $y(x) = \tan(x + \pi/4)$ für $x \in (-3\pi/4, \pi/4)$.

Rechenaufgaben

Aufgabe 20.5 • (a) $y(x) = C\,\mathrm{e}^{x^3/3}$ für $x \in \mathbb{R}$, (b) $y(x) = \frac{2}{x^2+C}$ oder $y = 0$, (c) $y(x) = \sinh(x + C)$, $x \in \mathbb{R}$.

Aufgabe 20.6 •• (a) $u(x) = (\sqrt{1 + x^2} + 26)^{1/3}$, (b) $u(x) = 3 - \sqrt{4 - 3/x}$.

Aufgabe 20.7 ••• Die Lösung lautet:

$$y(x) = \frac{c\,|A|^{\frac{-1}{c}}\,|x|^{\frac{c+1}{c}}}{2(c+1)} - \frac{c\,|A|^{\frac{1}{c}}\,|x|^{\frac{c-1}{c}}}{2(c-1)} + \frac{c\,|A|}{c^2 - 1}$$

für $x \in (0, A)$. Für $c < 1$ ist sie unbeschränkt, für $c > 1$ beschränkt.

Aufgabe 20.8 • $u(x) = \sin(x) - 1 + C\,\mathrm{e}^{-\sin x}$.

Aufgabe 20.9 •• $u(x) = \sqrt{x(C - \ln x)}$, $x \in (0, 1)$. Damit u reellwertig ist, muss $C \geq 0$ sein.

Aufgabe 20.10 •• $y(x) = x\left(-1 \pm \sqrt{2\ln x + C}\right)$, $x > 0$.

Aufgabe 20.11 • Die Iterierten sind:

$$\begin{aligned}
u_1(x) &= 1 - x + \frac{x^2}{2},\\
u_2(x) &= 1 - x + \frac{3}{2}x^2 - \frac{2}{3}x^3 + \frac{1}{4}x^4 - \frac{1}{20}x^5,\\
u_3(x) &= 1 - x + \frac{3}{2}x^2 - \frac{4}{3}x^3 + \frac{13}{12}x^4 - \frac{49}{60}x^5\\
&\quad + \frac{13}{30}x^6 - \frac{233}{1260}x^7 + \frac{29}{480}x^8 - \frac{31}{2160}x^9\\
&\quad + \frac{1}{400}x^{10} - \frac{1}{4400}x^{11}.
\end{aligned}$$

Beweisaufgaben

Aufgabe 20.12 •• (a) Für jedes $a \in \mathbb{R}$ ist $y(x) = ax + f(a)$ eine Lösung. (b) $y(x) = -\ln(\cos(x))$ für $x \in (-\pi/2, \pi/2)$. (c) Siehe ausführlichen Lösungsweg. (d) 4.

Aufgabe 20.13 • –

Aufgabe 20.14 • –

Aufgabe 20.15 •• –

Aufgabe 20.16 •• –

Lösungswege

Verständnisfragen

Aufgabe 20.1 • (a) Das Richtungsfeld ist in Abbildung 20.1 dargestellt. Mit $f(x, y) = -2xy^2$ gilt $f(x, y) = -f(-x, y)$. Daher ist das Richtungsfeld symmetrisch zur y-Achse, und die Lösungen sind gerade Funktionen.

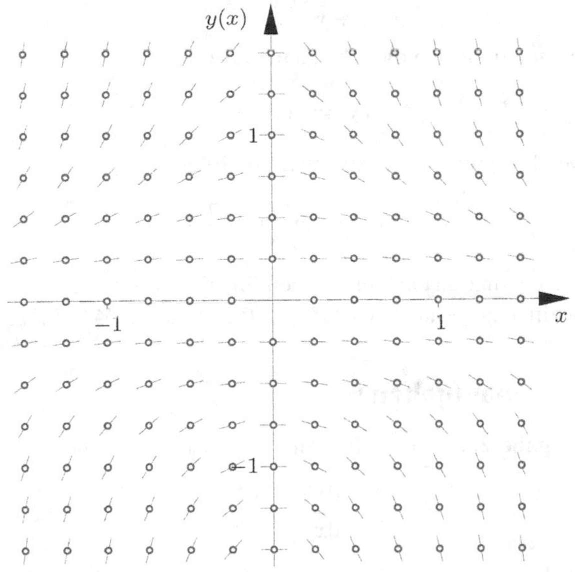

Abbildung 20.1 Das Richtungsfeld der Differenzialgleichung $y'(x) = -2x\,(y(x))^2$.

(b) Wir lösen die Differenzialgleichung durch Separation. Es folgt

$$\frac{y'(x)}{y(x)^2} = -2x,$$

und daher

$$-\frac{1}{y} = \int \frac{1}{y^2}\,\mathrm{d}y = -\int 2x\,\mathrm{d}x = -x^2 - C$$

mit eine Konstante $C \in \mathbb{R}$. Somit erhalten wir die Lösung

$$y(x) = \frac{1}{x^2 + C}, \qquad x \in \mathbb{R}.$$

Der Anfangswert $y(1) = 1/2$ liefert $C = 1$.

(c) Die allgemeine Lösung aus (b) lässt diesen Anfangswert nicht zu. Am Richtungsfeld kann man aber die Lösung $y(x) = 0$ ablesen. In der Tat haben wir in der Rechnung von (b) implizit die Annahme $y(x) \neq 0$ gemacht.

Aufgabe 20.2 •• Die Kettenregel liefert

$$v'(x) = u'(x + a)$$

und daher ist

$$v'(x) = u'(x + a) = h(u(x + a)) = h(v(x)).$$

Somit ist v eine Lösung der Differenzialgleichung.

Mit Trennung der Veränderlichen erhalten wir

$$\int \frac{\mathrm{d}u}{h(u)} = \int \mathrm{d}x.$$

Durch Partialbruchzerlegung ergibt sich

$$\frac{1}{h(u)} = \frac{1}{u\,(u-1)} = \frac{1}{u-1} - \frac{1}{u},$$

und daher ist eine Stammfunktion

$$\int \frac{\mathrm{d}u}{h(u)} = \ln|u - 1| - \ln|u| = \ln\left|\frac{u-1}{u}\right|.$$

Somit folgt

$$\ln\left|\frac{u(x) - 1}{u(x)}\right| = x + \tilde{c},$$

oder

$$\frac{u(x) - 1}{u(x)} = c\,\mathrm{e}^x,$$

jeweils mit Konstanten $\tilde{c}$, $c \in \mathbb{R}$. Daher ist

$$u(x) = \frac{1}{1 - c\,\mathrm{e}^x}$$

mit $x \in \mathbb{R}$ bzw. $x \in \mathbb{R} \setminus \{\ln c\}$.

Aufgabe 20.3 •• (a) Es handelt sich um eine lineare Differenzialgleichung. Die allgemeine Lösung der homogenen Gleichung ist $y_h(x) = A\exp(x)$, $x \in \mathbb{R}$, mit einer Integrationskonstante $A \in \mathbb{R}$. Als Lösung für die inhomogene DGL probieren wir Variation der Konstanten,

$$y_p(x) = A(x)\,\exp(x).$$

Dann ist

$$\begin{aligned} y'(x) &= A(x)\mathrm{e}^x + A'(x)\,\mathrm{e}^x \\ &\overset{!}{=} 1 - x + y(x) \\ &= 1 - x + A(x)\,\mathrm{e}^x. \end{aligned}$$

Also gilt

$$A'(x)\,\mathrm{e}^x = 1 - x,$$

was auf $A(x) = x\exp(-x) + C$ führt. Dann ist die allgemeine Lösung der inhomogenen Differenzialgleichung

$$y(x) = x + C\,\mathrm{e}^{x}, \qquad x \in \mathbb{R},$$

mit einer Integrationskonstante $C \in \mathbb{R}$. Aus der Anfangswertvorgabe $y(x_0) = y_0$ folgt

$$y(x) = x + (y_0 - x_0)\,\mathrm{e}^{x-x_0}, \qquad x \in \mathbb{R}.$$

(b) Für die gegebene Differenzialgleichung lautet die Approximation y_k des Euler-Verfahrens an den Punkten $x_k = x_0 + kh$:

$$\begin{aligned} y_0 &= y_0, \\ y_{k+1} &= y_k + (1 - x_k + y_k)h \\ &= (1+h)\,y_k - hx_k + h, \qquad k \in \mathbb{N}_0 \end{aligned}$$

Wir schreiben y_1 um,

$$y_1 = y_0 + (1 - x_0 + y_0)\,h = (1+h)(y_0 - x_0) + x_1.$$

Dies ist der Induktionsanfang zum Nachweis der angegebenen Formel

$$y_k = (1+h)^k(y_0 - x_0) + x_k, \qquad k \in \mathbb{N}$$

durch vollständige Induktion. Zum Induktionsschritt nehmen wir an, dass die Formel für ein $k \in \mathbb{N}$ gilt. Dann folgt:

$$\begin{aligned} y_{k+1} &= (1+h)y_k + h - hx_k \\ &\overset{I.V.}{=} (1+h)((1+h)^k(y_0 - x_0) + x_k) + h - hx_k \\ &= (1+h)^{(k+1)}(y_0 - x_0) + (1+h)x_k - hx_k + h \\ &= (1+h)^{(k+1)}(y_0 - x_0) + x_{k+1} \end{aligned}$$

(c) Die Approximation y_n am Punkt $x_n = \hat{x}$ haben wir in (b) schon ausgerechnet: Wir setzen noch die Schrittweite h ein und erhalten

$$\begin{aligned} y_n &= (1+h)^n(y_0 - x_0) + x_n \\ &= \left(1 + \frac{x - x_0}{n}\right)^n (y_0 - x_0) + x. \end{aligned}$$

Da

$$\lim_{n\to\infty}\left(1 + \frac{x - x_0}{n}\right)^n = \mathrm{e}^{x-x_0},$$

ist

$$\lim_{n\to\infty} y_n = (y_0 - x_0)\exp(\hat{x} - x_0) + \hat{x}.$$

Das ist aber gerade der Funktionswert der exakten Lösung y an $\hat{x}$.

Aufgabe 20.4 •• (a) Da für $(x, y)^\top \in R$ gilt $y \in (1-b, 1+b)$ mit $b > 0$, so folgt

$$|f(x, y)| = 1 + y^2 \le 1 + (1+b)^2.$$

Damit ist die Konstante M aus dem Satz von Picard-Lindelöf gleich $1 + (1+b)^2$. Mit $a = 10$ folgt damit

$$\begin{aligned} \alpha &= \min\{10, \frac{b}{M}\} = \min\{10, \frac{b}{1+(1+b)^2}\} \\ &= \frac{b}{1+(1+b)^2}, \end{aligned}$$

denn $1 + (1+b)^2 > b$.

(b) Wir bestimmen das Maximum von α als Funktion von b.

$$\alpha'(b) = \frac{b^2 + 2b + 2 - b(2b+2)}{(b^2+2b+2)^2} = \frac{2 - b^2}{(b^2+2b+2)^2}.$$

Daher nimmt α für $b = \sqrt{2}$ ein Extremum an. Es ist

$$\alpha(\sqrt{2}) = \frac{\sqrt{2}}{4 + 2\sqrt{2}} > 0.$$

Da $\alpha(0) = 0$ und $\lim_{b\to\infty} \alpha(b) = 0$, handelt es sich um ein Maximum.

(c) Durch Separation erhalten wir aus der Differenzialgleichung

$$\int \frac{1}{1+y^2}\,\mathrm{d}y = x + C.$$

Damit ergibt sich die allgemeine Lösung

$$y(x) = \tan(x + C).$$

Durch Einsetzen der Anfangswerte folgt

$$y(x) = \tan\left(x + \frac{\pi}{4}\right).$$

Diese Funktion existiert auf dem Intervall $(-3\pi/4, \pi/4)$. In Dezimaldarstellung ist $\alpha(\sqrt{2}) \approx 0.2071$ und $\pi/4 \approx 0.7854$.

Rechenaufgaben

Aufgabe 20.5 • (a) Mit

$$\frac{\mathrm{d}y}{\mathrm{d}x} = x^2\,y$$

folgt

$$\ln|y| = \int \frac{\mathrm{d}y}{y} = \int x^2\,\mathrm{d}x = \frac{x^3}{3} + \tilde{C},$$

mit einer Konstanten $\tilde{C} \in \mathbb{R}$. Die Anwendung der Exponentialfunktion auf beiden Seiten und das Auflösen des Betrags ergeben

$$y(x) = C\,\mathrm{e}^{x^3/3}, \qquad x \in \mathbb{R},$$

mit einer weiteren Konstanten $C \in \mathbb{R}$.

(b) Wegen

$$\frac{y'(x)}{(y(x))^2} = -x$$

folgt

$$-\frac{1}{y(x)} = -\frac{x^2}{2} + C$$

oder

$$y = \frac{2}{x^2 + C}$$

oder $y = 0$

(c) Aus

$$\frac{\mathrm{d}y}{\mathrm{d}x} = \sqrt{1 - y^2}$$

erhalten wir

$$\int \frac{1}{\sqrt{1+y^2}}\,\mathrm{d}y) = \int 1\,\mathrm{d}x,$$
$$\operatorname{arsinh} y(x) = x + C,$$

mit einer Integrationskonstante $C \in \mathbb{R}$.

Damit erhalten wir

$$y(x) = \sinh(x + C), \qquad x \in \mathbb{R}.$$

Aufgabe 20.6 •• (a) Die Trennung der Variablen liefert

$$\int u^2\,\mathrm{d}u = \frac{x}{3\sqrt{1+x^2}}\,\mathrm{d}x.$$

Mit den Stammfunktionen

$$\int u^2\,\mathrm{d}u = \frac{1}{3}u^3$$
$$\int \frac{x}{3\sqrt{1+x^2}}\,\mathrm{d}x = \frac{1}{3}\sqrt{1+x^2}$$

erhält man die allgemeine Lösung

$$u(x) = \left(\sqrt{1+x^2} + 3c\right)^{1/3}, \qquad x > 0,$$

mit einer Integrationskonstante $c \in \mathbb{R}$.

Die Integrationskonstante bestimmt man dann aus $u(0) = 3$, d. h.

$$27 = u^3(0) = 1 + 3c, \quad \text{und daher} \quad 3c = 26.$$

Auflösen nach u liefert das Ergebnis

$$u(x) = (\sqrt{1+x^2} + 26)^{1/3}, \qquad x > 0.$$

(b) Wir führen eine Separation durch,

$$\frac{2\,(u-3)\,\mathrm{d}u}{(u-5)(u-1)} = -\frac{\mathrm{d}x}{x}.$$

Eine Partialbruchzerlegung liefert

$$\frac{u-3}{(u-5)(u-1)} = \frac{1}{2\,(u-5)} + \frac{1}{2\,(u-1)}.$$

Damit folgt

$$\ln\frac{1}{|x|} + \tilde{c} = \ln|u-5| + \ln|u-1| = \ln|u^2 - 6u + 5|.$$

Nach Anwendung der Exponentialfunktion und Auflösen des Betrags folgt mit einer neuen Integrationskonstante c die Gleichung

$$\frac{c}{x} = u^2(x) - 6u(x) + 5.$$

Der Anfangswert $u(1) = 2$ liefert $c = -3$. Mit quadratischer Ergänzung

$$4 - \frac{3}{x} = u^2(x) - 6u(x) + 9 = (u(x) - 3)^2$$

erhalten wir die Lösung

$$u(x) = 3 - \sqrt{4 - \frac{3}{x}}, \qquad x > 1.$$

Vor der Wurzel muss das negative Vorzeichen stehen, da ansonsten die Anfangsbedingung $u(1) = 2$ verletzt ist.

Aufgabe 20.7 ••• Es handelte sich um eine separable Differenzialgleichung für y'. Durch Trennung der Veränderlichen erhalten wir

$$\frac{y''(x)}{\sqrt{1 + (y'(x))^2}} = -\frac{1}{cx}.$$

Integration auf beiden Seiten liefert die Gleichung

$$\operatorname{arsinh} y'(x) + c_1 = -\frac{1}{c}\ln|x|.$$

Mit der Anfangsbedingung $y'(A) = 0$ folgt

$$c_1 = -\frac{1}{c}\ln|A|.$$

Damit haben wir die Gleichung

$$\operatorname{arsinh} y'(x) = \ln\left[\left(\frac{|A|}{|x|}\right)^{1/c}\right].$$

Durch Anwendung des Sinus hyperbolicus ergibt sich

$$y'(x) = \frac{1}{2}\left[\left(\frac{|A|}{|x|}\right)^{1/c} - \left(\frac{|A|}{|x|}\right)^{-1/c}\right].$$

Da $x \in (0, A)$ ist, gilt insbesondere $x < 0$ und daher können wir dies auch als

$$y'(x) = \frac{1}{2}\left[\left(-\frac{|A|}{x}\right)^{1/c} - \left(-\frac{|A|}{x}\right)^{-1/c}\right]$$

schreiben. In dieser Form können wir erneut integrieren, wobei wir $c \neq 1$ nutzen, und erhalten

$$y(x) = \frac{|A|^{-1/c}}{2}\,\frac{c}{c+1}\,(-x)^{(c+1)/c}$$
$$- \frac{|A|^{1/c}}{2}\,\frac{c}{c-1}\,(-x)^{(c-1)/c} + c_2.$$

Die Integrationskonstante c_2 bestimmen wir mit der Anfangsvorgabe

$$\begin{aligned}0 &= y(A)\\ &= \frac{|A|^{-1/c}}{2}\,\frac{c}{c+1}\,|A|^{(c+1)/c}\\ &\quad - \frac{|A|^{1/c}}{2}\,\frac{c}{c-1}\,|A|^{(c-1)/c} + c_2\\ &= -\frac{c\,|A|}{c^2-1} + c_2.\end{aligned}$$

Damit erhalten wir

$$\begin{aligned}y(x) &= \frac{|A|^{-1/c}}{2}\,\frac{c}{c+1}\,|x|^{(c+1)/c}\\ &\quad - \frac{|A|^{1/c}}{2}\,\frac{c}{c-1}\,|x|^{(c-1)/c} + \frac{c\,|A|}{c^2-1}\end{aligned}$$

für $x \in (0, A)$.

Für $c < 1$ ist der zweite Summand für $x \to 0$ unbeschränkt. Für $c > 1$ erhalten wir für $x \to 0$ einen endlichen Wert.

Aufgabe 20.8 • Die allgemeine Lösung der homogenen Differenzialgleichung u_h ergibt sich durch Trennung der Veränderlichen,

$$\int \frac{\mathrm{d}u_\text{h}}{u_\text{h}} = -\int \cos(x)\,\mathrm{d}x.$$

Es folgt

$$\ln|u_\text{h}(x)| = \tilde{C} - \sin x$$

mit $\tilde{C} \in \mathbb{R}$ und daher

$$u_\text{h}(x) = C\,\mathrm{e}^{-\sin x}, \qquad x \in \mathbb{R},$$

mit $C \in \mathbb{R}$.

Für die partikuläre Lösung der inhomogenen Differenzialgleichung machen wir den Ansatz $u_\text{p}(x) = C(x)\,\exp(-\sin(x))$. Ableiten liefert

$$u_\text{p}'(x) = C'(x)\,\mathrm{e}^{-\sin(x)} - C(x)\,\cos(x)\,\mathrm{e}^{-\sin(x)}.$$

Dies setzen wir in die Differenzialgleichung ein und erhalten

$$\begin{aligned}\frac{1}{2}\sin(2x) &= C'(x)\,\mathrm{e}^{-\sin(x)} - C(x)\,\cos(x)\,\mathrm{e}^{-\sin(x)}\\ &\quad + \cos(x)\,C(x)\,\mathrm{e}^{-\sin(x)}\\ &= C'(x)\,\mathrm{e}^{-\sin(x)}.\end{aligned}$$

Wie erwartet heben sich die Terme mit $C(x)$ weg. Es folgt nun

$$C(x) = \frac{1}{2}\int \sin(2x)\,\mathrm{e}^{\sin(x)}\,\mathrm{d}x.$$

Mit der Substitution $y = \sin(x)$ mit $\mathrm{d}y = \cos(x)\,\mathrm{d}x$ und unter Beachtung von $\sin(2x) = 2\sin(x)\cos(x)$ folgt nun

$$C(x) = \int y\,\mathrm{e}^y\,\mathrm{d}y = \mathrm{e}^y\,(y-1) = \mathrm{e}^{\sin(x)}\,(\sin(x) - 1).$$

Damit ergibt sich die partikuläre Lösung

$$u_\text{p}(x) = \sin(x) - 1, \qquad x \in \mathbb{R},$$

und die allgemeine Lösung

$$u(x) = u_\text{p}(x) + u_\text{h}(x) = \sin(x) - 1 + C\,\mathrm{e}^{-\sin x}$$

für $x \in \mathbb{R}$.

Aufgabe 20.9 •• Es handelt sich um eine Bernoulli'sche Differenzialgleichung mit Exponenten $\alpha = -1$. Wir müssen also die Substitution $u(x) = (v(x))^\lambda$ mit

$$\lambda = \frac{1}{1-\alpha} = \frac{1}{1-(-1)} = \frac{1}{2}$$

durchführen. Mit

$$u'(x) = \frac{1}{2}\,(v(x))^{-1/2}\,v'(x)$$

folgt durch Einsetzen in die Differenzialgleichung

$$\frac{1}{2}\,(v(x))^{-1/2}\,v'(x) = \frac{1}{2x}\,(v(x))^{1/2} - \frac{1}{2}\,(v(x))^{-1/2}.$$

Nach Multiplikation der Gleichung mit $2\,(v(x))^{1/2}$ erhalten wir die lineare Differenzialgleichung

$$v'(x) = \frac{1}{x}\,v(x) - 1, \qquad x \in (0, 1).$$

Durch Separation ergibt sich die Lösung der homogenen linearen Differenzialgleichung als

$$v_\text{h}(x) = C\,x, x \in (0, 1),$$

mit $C \in \mathbb{R}$. Die Lösung der inhomogenen Differenzialgleichung ermitteln wir durch Variation der Konstanten,

$$v_\text{p}(x) = C(x)\,x, \qquad v_\text{p}'(x) = C(x) + C'(x)\,x.$$

Durch Einsetzen erhalten wir

$$C(x) + C'(x)\,x = C(x) - 1, \qquad \text{also} \quad C'(x) = -\frac{1}{x}.$$

Dies liefert die Funktion $C(x) = -\ln x$ und die partikuläre Lösung

$$v_\text{p}(x) = -x\,\ln x, \qquad x \in (0, 1).$$

Die allgemeine Lösung der linearen Differenzialgleichung ist demnach

$$v(x) = x\,(C - \ln x), \qquad x \in (0, 1).$$

Die Rücksubstitution ergibt

$$u(x) = (x\,(C - \ln x))^{1/2}, \qquad x \in (0, 1).$$

Damit u reellwertig ist, muss $x\,(C - \ln x)$ für alle $x \in (0, 1)$ größer oder gleich null sein. Dies ist für $C \geq 0$ der Fall.

Aufgabe 20.10 •• Indem wir die rechte Seite umschreiben zu

$$1 + \frac{1}{\left(\frac{x}{y(x)}\right)^2 + \frac{x}{y(x)}},$$

identifizieren wir die Differenzialgleichung als eine homogene Differenzialgleichung. Mit der Substitution $z(x) = y(x)/x$ und dementsprechend

$$y'(x) = z(x) + x\,z'(x)$$

erhalten wir

$$z(x) + x\,z'(x) = 1 + \frac{x^2\,(z(x))^2}{x^2(1+z(x)} = 1 + \frac{(z(x))^2}{1+z(x)}.$$

Es folgt

$$z'(x) = \frac{1}{x\,(1+z(x))}.$$

Durch Separation ergibt sich

$$z(x) + \frac{1}{2}(z(x))^2 + \frac{1}{2} = \ln x + \frac{C}{2}.$$

Der Summand $1/2$ auf der linken Seite ist einfach eine geschickt gewählte Integrationskonstante, denn es folgt nun

$$z(x) = -1 \pm \sqrt{2\ln x + C}, \qquad x > 0.$$

Damit ist

$$y(x) = x\left(-1 \pm \sqrt{2\ln x + C}\right), \qquad x > 0.$$

Aufgabe 20.11 • Durch Integration erhalten wir aus der Differenzialgleichung die Integralgleichung

$$u(x) = 1 + \int_0^x \left[\xi - (u(\xi))^2\right] d\xi.$$

Wir starten mit der konstanten Funktion $u_0(x) = 1$. Damit ergibt sich

$$\begin{aligned}
u_1(x) &= 1 + \int_0^x (\xi - 1)\,d\xi \\
&= 1 - x + \frac{x^2}{2}, \\
u_2(x) &= 1 + \int_0^x \left[\xi - \left(1 - \xi + \frac{\xi^2}{2}\right)^2\right] d\xi \\
&= 1 - x + \frac{3}{2}x^2 - \frac{2}{3}x^3 + \frac{1}{4}x^4 - -\frac{1}{20}x^5, \\
u_3(x) &= 1 + \int_0^x \left(\xi - (u_2(\xi))^2\right) d\xi \\
&= 1 - x + \frac{3}{2}x^2 - \frac{4}{3}x^3 + \frac{13}{12}x^4 - -\frac{49}{60}x^5 \\
&\quad + \frac{13}{30}x^6 - \frac{233}{1260}x^7 + \frac{29}{480}x^8 - \frac{31}{2160}x^9 \\
&\quad + \frac{1}{400}x^{10} - \frac{1}{4400}x^{11}.
\end{aligned}$$

Beweisaufgaben

Aufgabe 20.12 •• (a) Das Differenzieren der Differenzialgleichung ergibt

$$y'(x) = y(x) + xy''(x) + f'\left(y'(x)\right)y''(x),$$

oder

$$y''(x)\left(x + f'((y'(x))\right) = 0.$$

Nimmt man $y''(x) = 0$ für alle $x \in I$ an, so folgt

$$y(x) = ax + f(a), \qquad x \in I,$$

mit beliebiger Steigung $a \in \mathbb{R}$.

(b) Die Ableitung von f ist

$$\begin{aligned}
f'(p) &= \frac{1}{2}\frac{2p}{1+p^2} - p\frac{1}{1+p^2} - \arctan p \\
&= -\arctan p, \qquad p \in \mathbb{R}.
\end{aligned}$$

Nimmt man $x + f'\left(y'(x)\right) = 0$ für alle $x \in (-\pi/2, \pi/2)$ an, so folgt

$$x = \arctan y'(x),$$

oder

$$y(x) = c - \ln(\cos(x)), \qquad x \in \left(-\frac{\pi}{2}, \frac{\pi}{2}\right).$$

mit einer Integrationskonstante $c \in \mathbb{R}$. Setzt man dies in die Differenzialgleichung ein, folgt $c = 0$.

(c) In $x_0 \in (-\pi/2, \pi/2)$ ist die Tangente an $y(x) = -\ln(\cos(x))$ durch

$$t(x) = -\ln(\cos(x_0)) + \tan(x_0)(x - x_0), \qquad x \in \mathbb{R},$$

gegeben.

Setzt man $a = \tan x_0$, so folgt $x_0 = \arctan a$ und daher

$$t(x) = -\ln(\cos(x_0)) + ax - a\arctan a.$$

Beachtet man

$$\frac{1}{\cos^2 x_0} = 1 + \tan^2 x_0 = 1 + a^2,$$

so folgt

$$\begin{aligned}
t(x) &= \frac{1}{2}\ln(1+a^2) + ax - a\arctan a \\
&= ax + f(a), \qquad x \in \mathbb{R},
\end{aligned}$$

also genau eine der Geraden aus (a). Die Einhüllende und ihre Tangenten sind in der Abbildung 20.2 dargestellt.

(d) Es können 4 verschiedene stetig differenzierbare Lösungen angegeben werden, nämlich

$$\left.\begin{aligned}
y_1(x) &= -\ln(\cos(x)), \\
y_2(x) &= x\tan(x_0) + f(\tan(x_0)),
\end{aligned}\right. \qquad x \in \left(-\frac{\pi}{2}, \frac{\pi}{2}\right),$$

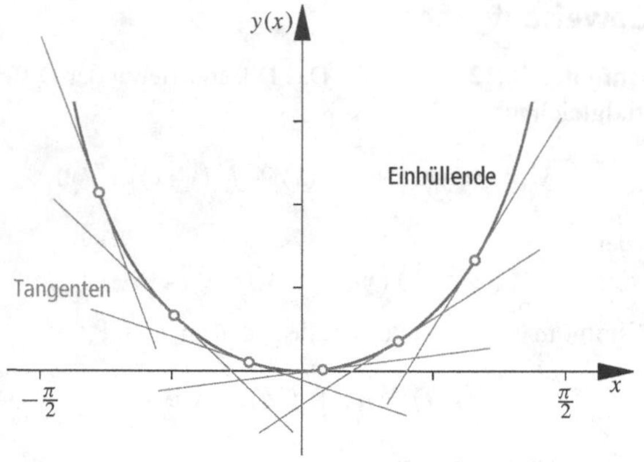

Abbildung 20.2 Die beiden Lösungstypen der Clairaut'schen Differenzialgleichung: die Einhüllende und ihre Tangenten.

sowie

$$y_3(x) = \begin{cases} y_1(x), & x \in \left[x_0, \frac{\pi}{2}\right) \\ y_2(x), & x \in \left(-\frac{\pi}{2}, x_0\right) \end{cases},$$

$$y_4(x) = \begin{cases} y_2(x), & x \in \left[x_0, \frac{\pi}{2}\right) \\ y_1(x), & x \in \left(-\frac{\pi}{2}, x_0\right) \end{cases}.$$

Aufgabe 20.13 • Wir wählen eine Lösung y der Riccati'schen Differenzialgleichung und setzen $z = y - y_p$. Dann ist für alle $x \in I$

$$\begin{aligned} z'(x) &= y'(x) - y_p'(x) \\ &= a(x)\left[(y(x))^2 - (y_p(x))^2\right] + b(x)\,(y(x) - y_p(x)) \\ &= a(x)\,z(x)\,\left[z(x) + 2\,y_p(x)\right] + b(x)\,z(x) \\ &= \left(2\,a(x)\,y_p(x) + b(x)\right) z(x) + a(x)\,(z(x))^2. \end{aligned}$$

Nun wählen wir umgekehrt ein Lösung z der Bernoulli'schen Differenzialgleichung aus und setzen $y = y_p + z$. Dann ist

$$\begin{aligned} y'(x) &= y_p'(x) + z'(x) \\ &= a(x)\,(y_p(x))^2 + b(x)\,y_p(x) + c(x) \\ &\quad + \left(2\,a(x)\,y_p(x) + b(x)\right) z(x) + a(x)\,(z(x))^2 \\ &= a(x)\left[(y_p(x))^2 + 2\,y_p(x)\,z(x) + (z(x))^2\right] \\ &\quad + b(x)\left[y_p(x) + z(x)\right] + c(x) \\ &= a(x)\,(y(x))^2 + b(x)\,y(x) + c(x). \end{aligned}$$

Dies war zu zeigen.

Aufgabe 20.14 • (a) Der Satz von Picard-Lindelöf kann mit jedem $b > 0$ angewandt werden, insbesondere mit $b = aR$. Dann ist $\alpha = a$.

(b) Nach Teil (a) existiert eine Lösung des Anfangswertproblems auf jedem Intervall der Form $[x_0 - a, x_0 + a]$, $a > 0$. Da die Lösung jeweils eindeutig bestimmt ist, handelt es sich um Restriktionen ein- und derselben stetig-differenzierbaren Funktion $\boldsymbol{y}\colon \mathbb{R} \to \mathbb{C}^n$ auf die Intervalle $[x_0 - a, x_0 + a]$. Damit ist $\boldsymbol{y}$ Lösung des Anfangswertproblems auf ganz $\mathbb{R}$.

Kommentar: Ein Spezialfall für diese Varianten ist der Fall einer linearen Differenzialgleichung erster Ordnung mit

$$F(x, y) = f(x) - \frac{b(x)}{a(x)}\,y.$$

Für die Definitionen von a, b und f siehe Seite 843. Teil (a) kann hier stets angewandt werden, solange $a(x) = 0$ ausgeschlossen bleibt. Die Lösungen einer linearen Differenzialgleichung existieren also auf allen Intervallen, in denen a keine Nullstellen besitzt. Sind a, b und f auf ganz $\mathbb{R}$ definiert und stetig und ist a überall von null verschieden, so existieren die Lösungen auf ganz $\mathbb{R}$.

Achtung: Es kann nicht einfach der Satz von Picard-Lindelöf für $\boldsymbol{F}\colon \mathbb{R}\times\mathbb{C}^n \to \mathbb{C}^n$ angewandt werden, da $\boldsymbol{F}$ nicht auf diesem ganzen Definitionsbereich bezüglich des zweiten Arguments mit ein- und derselben Lipschitz-Konstante lipschitz-stetig zu sein braucht.

Aufgabe 20.15 •• (a) Für $\boldsymbol{f}, \boldsymbol{g} \in M$ gilt die Abschätzung

$$\|\boldsymbol{f} - \boldsymbol{g}\|_\infty \leq \mathrm{e}^{(n+1)\,L\,\alpha}\,\|\boldsymbol{f} - \boldsymbol{g}\|.$$

Eine Cauchy-Folge aus M bezüglich der gewichteten Maximumsnorm ist also immer auch eine Cauchy-Folge bezüglich der ursprünglichen Maximumsnorm. Da $C(J, \mathbb{C}^n)$ mit der Maximumsnorm vollständig ist, ist eine solche Folge konvergent. Im Beweis des Satzes von Picard-Lindelöf wurde gezeigt, dass der Grenzwert in M liegt. Somit ist M auch mit der durch die gewichtete Maximumsnorm induzierten Metrik ein vollständiger metrischer Raum.

(b) Wir modifizieren die Abschätzung aus dem Schritt (iii) des Beweises des Satzes von Picard-Lindelöf.

Für $x \geq x_0$ und $j \in \{1, \ldots, n\}$ erhalten wir

$$\begin{aligned} &|(\mathcal{G}\boldsymbol{f})_j(x) - (\mathcal{G}\boldsymbol{g})_j(x)| \\ &= \left|\int_{x_0}^x F_j(\xi, \boldsymbol{f}(\xi))\,\mathrm{d}\xi - \int_{x_0}^x F_j(\xi, \boldsymbol{g}(\xi))\,\mathrm{d}\xi\right| \\ &\leq \int_{x_0}^x \left|F_j(\xi, \boldsymbol{f}(\xi)) - F_j(\xi, \boldsymbol{g}(\xi))\right|\mathrm{d}\xi \\ &\leq L\sum_{k=1}^n \int_{x_0}^x \left|\mathrm{e}^{-(n+1)\,L\,(\xi - x_0)}\,(f_k(\xi) - g_k(\xi))\right| \\ &\qquad\qquad \mathrm{e}^{(n+1)\,L\,(\xi - x_0)}\,\mathrm{d}\xi \\ &\leq L\,n\,\|\boldsymbol{f} - \boldsymbol{g}\| \int_{x_0}^x \mathrm{e}^{(n+1)\,L\,(\xi - x_0)}\,\mathrm{d}\xi \\ &= \frac{n}{n+1}\left(\mathrm{e}^{(n+1)\,L\,(x - x_0)} - 1\right)\|\boldsymbol{f} - \boldsymbol{g}\|. \end{aligned}$$

Multipliziert man mit $\exp(-(n+1)\,L\,(x-x_0))$ durch und geht auf beiden Seiten zum Maximum über, so erhält man

$$\begin{aligned}
&\max_{j=1,\dots,n}\ \max_{x_0\le x\le\alpha} \left| e^{-(n+1)\,L\,(x-x_0)} \left((\mathcal{G}f)_j(x) - (\mathcal{G}g)_j(x)\right)\right| \\
&\le \frac{n}{n+1} \max_{x_0\le x\le\alpha} \left(1 - e^{(n+1)\,L\,(x-x_0)}\right) \|f-g\| \\
&\le \frac{n}{n+1}\left(1 - e^{(n+1)\,L\,\alpha}\right) \|f-g\|
\end{aligned}$$

Ganz analog erhalten wir diese Abschätzung auch für $x < x_0$, woraus die Behauptung folgt.

(c) Die Abbildung $\mathcal{G}$ ist bezüglich der neuen Metrik eine Kontraktion auf J, denn

$$\frac{n}{n+1}\left(1 - e^{-(n+1)L\alpha}\right) \le \frac{n}{n+1} < 1.$$

Damit erhält man die Existenz und Eindeutigkeit des Fixpunkts aus dem Banach'schen Fixpunktsatz, ohne die zusätzlichen Überlegungen des Schritts (iv) aus dem Beweis.

Aufgabe 20.16 •• Wir setzen $u = y_1 - y_2$. Dann gilt für alle $x \in I$

$$\begin{aligned}
|u'(x)| &= |y_1'(x) - y_2'(x)| = |F(x, y_1(x)) - F(x, y_2(x))| \\
&\le L\,|y_1(x) - y_2(x)| = L\,|u(x)|.
\end{aligned}$$

Wir nehmen zunächst an, dass in I keine Nullstelle von u liegt und setzen $v(x) = \ln|u(x)|$, $x \in I$. Dann ist

$$|v'(x)| = \left|\frac{u'(x)}{u(x)}\right| \le L$$

für $x \in I$. Nach dem Mittelwertsatz gilt andererseits für x, $x_0 \in I$:

$$v(x) = v(x_0) + v'(t)\,(x - x_0)$$

mit t zwischen x und x_0. Somit ist

$$\begin{aligned}
|u(x)| &= \exp(v(x)) = |u(x_0)| \exp\left(v'(t)\,(x-x_0)\right) \\
&\le |u(x_0)| \exp\left(L\,|x - x_0|\right).
\end{aligned}$$

Dies war zu zeigen.

Es bleibt noch der Fall zu untersuchen, dass eine Nullstelle $\hat{x} \in I$ von u gibt. Nach dem Satz von Picard-Lindelöf hat das Anfangswertproblem

$$y'(x) = F(x, y(x)), \quad x \in I, \quad y(\hat{x}) = y_1(\hat{x}),$$

auf ganz I eine eindeutig bestimmte Lösung. Es sind aber y_1 und y_2 beides Lösungen dieses Anfangswertproblems und somit gilt $y_1 = y_2$ auf I. Damit ist die Abschätzung offensichtlich erfüllt.

Kapitel 21

Aufgaben

Verständnisfragen

Aufgabe 21.1 • Sei $D \subseteq \mathbb{R}^n$ offen (und $\neq \emptyset$) und $f\colon D \to \mathbb{R}$ in $\boldsymbol{a}$ total differenzierbar.

(a) Warum existieren dann alle Richtungsableitungen $\partial_v f(\boldsymbol{a})$?
(b) Welcher Zusammenhang besteht zwischen $\partial_v f(\boldsymbol{a})$ und $\mathbf{grad}\, f(\boldsymbol{a})$?
(c) Falls $\mathbf{grad}\, f(\boldsymbol{a}) \neq \mathbf{0}$ gilt, warum ist dann

$$\|\mathbf{grad}\, f(\boldsymbol{a})\|_2 = \max\{\, \partial_v f(\boldsymbol{a}) \mid \|\boldsymbol{v}\|_2 = 1 \,\}\,.$$

(d) Ist f in allen Punkten $\boldsymbol{x} \in D$ total differenzierbar und

$$\boldsymbol{\alpha}\colon M \to D\,,\ t \mapsto (\alpha_1(t), \ldots, \alpha_n(t))^\top$$

($M \subseteq \mathbb{R}$ ein Intervall), und gibt es ein $c \in \mathbb{R}$ mit $f(\boldsymbol{\alpha}(t)) = c$, warum gilt dann $\mathbf{grad}\, f(\boldsymbol{\alpha}(t))$ und $\dot{\boldsymbol{\alpha}}(t) = (\dot\alpha_1(t), \ldots \dot\alpha_n(t))^\top$ orthogonal?

Aufgabe 21.2 •• Sei $f\colon \mathbb{R}^2 \to \mathbb{R}$ definiert durch

$$f(x, y) = \begin{cases} xy\frac{x^2-y^2}{x^2+y^2} & \text{für } (x, y)^\top \neq (0, 0)^\top\,, \\ 0 & \text{für } (x, y)^\top = (0, 0)^\top\,. \end{cases}$$

Zeigen Sie: (a) f ist in $\mathbb{R}^2$ stetig partiell differenzierbar.

(b) f ist in $\mathbb{R}^2 \setminus \{\mathbf{0}\}$ beliebig oft stetig partiell differenzierbar.
(c) f ist in $(0, 0)^\top$ zweimal partiell differenzierbar, aber es gilt $\partial_2\partial_1 f(0, 0) \neq \partial_1\partial_2 f(0, 0)$.
(d) Ist dies ein Widerspruch zum Vertauschungssatz von Schwarz?

Aufgabe 21.3 •• Sei $f\colon \mathbb{R}^2 \to \mathbb{R}$ definiert durch

$$f(x, y) = \begin{cases} \frac{x^2 y}{x^4+y^2} & \text{für } (x, y)^\top \neq (0, 0)^\top\,, \\ 0 & \text{für } (x, y)^\top = (0, 0)^\top\,. \end{cases}$$

Zeigen Sie:

(a) f ist in $\mathbb{R}^2 \setminus \{\mathbf{0}\}$ beliebig oft stetig partiell differenzierbar.
(b) f ist unstetig in $(0, 0)^\top$.
(c) Alle Richtungsableitungen in $(0, 0)^\top$ existieren.

Aufgabe 21.4 •• Zeigen Sie, dass die Determinante der Jacobi-Matrix von

$$\boldsymbol{f}\colon \mathbb{R}^2 \to \mathbb{R}^2,\ (x, y)^\top \mapsto (x^2 - y^2, 2xy)^\top$$

für $(x, y)^\top \neq (0, 0)^\top$ stets positiv ist und damit $\boldsymbol{f}$ lokal umkehrbar ist. $\boldsymbol{f}$ ist jedoch nicht global umkehrbar. Können Sie die letzte Aussage begründen? Berechnen Sie anschließend für $U = \{(x, y)^\top \in \mathbb{R}^2 \mid x > 0\}$ das Bild $\boldsymbol{f}(U)$.

Aufgabe 21.5 • Sei

$$f\colon \mathbb{R}^2 \to \mathbb{R} \quad \text{mit} \quad f(x, y) = 2x^2 - 3xy^2 + y^4\,.$$

Zeigen Sie: f hat auf allen Geraden durch $(0, 0)^\top$ ein Minimum im Punkt $(0, 0)^\top$, aber $(0, 0)^\top$ ist kein lokales Minimum von f.

Aufgabe 21.6 • Was ist der Unterschied zwischen dem Differenzial und der Jacobi-Matrix einer in einem Punkt $\boldsymbol{a} \in D$ ($D \subseteq \mathbb{R}^n$ offen) (total) differenzierbaren Abbildung $\boldsymbol{f}\colon D \to \mathbb{R}^n$?

Aufgabe 21.7 • Was besagt die Kettenregel?

Rechenaufgaben

Aufgabe 21.8 • Bestimmen Sie – ohne den Satz von Schwarz zu benutzen – alle partiellen Ableitungen erster und zweiter Ordnung der Funktionen (a) $f\colon \mathbb{R}^2 \to \mathbb{R}$ mit $f(x, y) = x^4 + y^4 - 4x^2y^2$,
(b) $g\colon \mathbb{R}^2 \to \mathbb{R}$ mit $g(s, t) = \sin(s^2 + t)\exp(st)$.

Aufgabe 21.9 • Für $f\colon \mathbb{R}^2 \setminus \{\mathbf{0}\} \to \mathbb{R}$ mit

$$f(x, y) = \log\sqrt{x^2 + y^2}$$

zeige man durch direktes Nachrechnen

$$\partial_1^2 f + \partial_2^2 f = 0\,.$$

Aufgabe 21.10 ••• Wir definieren $\boldsymbol{p}\colon \mathbb{R}_{>0} \times \mathbb{R} \to \mathbb{R}^2$ durch

$$(r, \varphi)^\top \mapsto (r\cos\varphi, r\sin\varphi)^\top\,.$$

Zeigen Sie: Ist $u\colon D \to \mathbb{R}$ eine auf der nichtleeren offenen Menge $D \subseteq \mathbb{R}^2$ zweimal stetig partiell differenzierbare Funktion, dann gilt auf der Menge $p^{-1}(D)$ die Gleichung:

$$(\Delta u) \circ \boldsymbol{p} = \frac{\partial^2(u \circ \boldsymbol{p})}{\partial r^2} + \frac{1}{r}\frac{\partial(u \circ \boldsymbol{p})}{\partial r} + \frac{1}{r^2}\frac{\partial^2(u \circ \boldsymbol{p})}{\partial\varphi^2}\,.$$

Als Anwendung bestimme man diejenigen harmonischen Funktionen $u\colon \mathbb{R}^2 \setminus \{\mathbf{0}\} \to \mathbb{R}$ (d. h., $\Delta u = 0$), die nur von $r = r(x, y) = \sqrt{x^2 + y^2}$ abhängen.

Aufgabe 21.11 •• Für die Abbildung $\boldsymbol{P}\colon \mathbb{R}^3 \to \mathbb{R}^3$ mit

$$(r, \vartheta, \varphi)^\top \mapsto (r\sin\vartheta\cos\varphi, r\sin\vartheta\sin\varphi, r\cos\vartheta)^\top$$

bestimme man die Jacobi-Matrix und deren Determinante.

Aufgabe 21.12 • Zeigen Sie, dass die Funktionen

$$u\colon \mathbb{R}^2 \to \mathbb{R},\ (x, y)^\top \mapsto \cos x \cosh y \quad \text{und}$$
$$v\colon \mathbb{R}^2 \to \mathbb{R},\ (x, y)^\top \mapsto -\sin x \sinh y$$

die Cauchy-Riemann'schen Differenzialgleichungen erfüllen. Welche wohlbekannte analytische Funktion ist durch $f = u + \mathrm{i}v\colon \mathbb{C} \to \mathbb{C}$ gegeben?

Aufgabe 21.13 •• Definiert man für $f = u + \mathrm{i}v$ und $a \in D$

$$\partial_1 f(a) = \partial_1 u(a) + \mathrm{i}\partial_1 v(a) \quad \text{bzw.}$$
$$\partial_2 f(a) = \partial_2 u(a) + \mathrm{i}\partial_2 v(a)\,,$$

so ist das System der Cauchy-Riemann'schen Differenzialgleichungen

$$\partial_1 u(a) = \partial_2 v(a)$$
$$\partial_2 u(a) = -\partial_1 v(a)$$

äquivalent mit der Gleichung

$$\partial_1 f(a) + \mathrm{i}\partial_2 f(a) = 0 \quad \text{bzw.} \quad \partial_1 f(a) = -\mathrm{i}\partial_2 f(a)\,.$$

Häufig definiert man noch die Wirtinger-Operatoren

$$\partial f(a) = \frac{1}{2}(\partial_1 f(a) - \mathrm{i}\partial_2 f(a)) \quad \text{und}$$
$$\bar\partial f(a) = \frac{1}{2}(\partial_1 f(a) + \mathrm{i}\partial_2 f(a))\,.$$

$f\colon D \to \mathbb{C}$ ist genau dann analytisch (holomorph), wenn f (total) reell differenzierbar in D ist, und für alle $a \in D$ gilt $\bar\partial f(a) = 0$. Zeigen Sie: Analytisch sind genau die Funktionen $f\colon D \to \mathbb{C}$, die (total) reell differenzierbar sind und die im Kern des Wirtinger-Operators $\bar\partial$ liegen.

Aufgabe 21.14 •• Weisen Sie für die durch

$$f\colon \mathbb{R}^2 \to \mathbb{R}^3,\ (x_1, x_2)^\top \mapsto (x_1^2 + x_2^2, x_1, x_2)^\top$$

gegebene Funktion f nach, dass durch das folgende Differenzial $\mathrm{d}\boldsymbol{f}(\boldsymbol{x})$ die Bedingung (∗) aus der Definition der Differenzierbarkeit (vgl. Seite 868) erfüllt ist.

$$\mathrm{d}\boldsymbol{f}(\boldsymbol{x})\boldsymbol{h} = \begin{pmatrix} 2x_1 & 2x_2 \\ 1 & 0 \\ 0 & 1 \end{pmatrix} \boldsymbol{h}\,.$$

Aufgabe 21.15 • Zeigen Sie: Für $g\colon \mathbb{R}^* \times \mathbb{R} \to \mathbb{R}$,

$$g(x, y) = \arctan \frac{y}{x}$$

gilt $\partial_1^2 g(x, y) + \partial_2^2 g(x, y) = 0$.

Aufgabe 21.16 •• Für $h\colon \mathbb{R}^3 \setminus \{\mathbf{0}\} \to \mathbb{R}$ mit

$$h(x, y, z) = \frac{1}{\sqrt{x^2 + y^2 + z^2}}$$

gilt $\partial_1^2 h(x, y, z) + \partial_2^2 h(x, y, z) + \partial_3^2 h(x, y, z) = 0$.

Aufgabe 21.17 •• (a) Zeigen Sie, dass die Abbildung $\boldsymbol{f}\colon \mathbb{R}^3 \to \mathbb{R}^2$ mit $\boldsymbol{f}(x, y, z) = (x + y^2, xy^2z)^\top$ in jedem Punkt $(x, y, z)^\top \in \mathbb{R}^3$ differenzierbar ist und berechnen Sie die Jacobi-Matrix in $(x, y, z)^\top$.

(b) Zeigen Sie für die Abbildung $\boldsymbol{g}\colon \mathbb{R}^2 \to \mathbb{R}^3$ mit

$$\boldsymbol{g}(u, v) = (u^2 + v, uv, \exp(v))^\top$$

die Differenzierbarkeit in jedem Punkt $(u, v)^\top \in \mathbb{R}^2$ und berechnen Sie die Jacobi-Matrix von $\boldsymbol{g}$ in $(u, v)^\top$.

(c) Berechnen Sie die Jacobi-Matrix von $\boldsymbol{g} \circ \boldsymbol{f}$ im Punkt $(x, y, z)^\top \in \mathbb{R}^3$ einmal direkt (d. h. mit Berechnung von $(\boldsymbol{g} \circ \boldsymbol{f})(x, y, z))$ und einmal mithilfe der Kettenregel.

Aufgabe 21.18 •• Zeigen Sie: Sind $a_{ij}\colon \mathbb{R} \to \mathbb{R}$ $(1 \le i, j \le n)$ differenzierbare Funktionen, und ist

$$f(t) = \det\big(a_{ij}(t)\big) \qquad (t \in \mathbb{R})\,,$$

dann ist $f\colon \mathbb{R} \to \mathbb{R}$ differenzierbar mit

$$f'(t) = \sum_{j=1}^{n} \det \begin{pmatrix} a_{11}(t) & \cdots & a'_{1j}(t) & \cdots & a_{1n}(t) \\ \vdots & \ddots & \vdots & \ddots & \vdots \\ a_{i1}(t) & \cdots & a'_{ij}(t) & \cdots & a_{in}(t) \\ \vdots & \ddots & \vdots & \ddots & \vdots \\ a_{n1}(t) & \cdots & a'_{nj}(t) & \cdots & a_{nn}(t) \end{pmatrix}$$

Aufgabe 21.19 •• Für $x \in \mathbb{R}_{>0}$ und $y \in \mathbb{R}$ sei

$$f(x, y) = x^y = \exp(y \log x)\,.$$

Man zeige:

$$\partial_1 f(x, y) = y x^{y-1}\,,$$
$$\partial_2 f(x, y) = x^y \log x\,,$$
$$\partial_1^2 f(x, y) = \partial_1 (\partial_1 f(x, y)) = y(y-1)x^{y-2}\,,$$
$$\partial_2\partial_1 f(x, y) = x^{y-1}(1 + y \log x)\,,$$
$$\partial_1\partial_2 f(x, y) = x^{y-1}(1 + y \log x)\,,$$
$$\partial_2^2 f(x, y) = \partial_2 (\partial_2 f(x, y)) = x^y (\log x)^2\,.$$

Ist die Gleichheit der gemischten Ableitungen ein Zufall?

Aufgabe 21.20 •• Welche der Richtungsableitungen der Funktion $f\colon \mathbb{R}^2 \to \mathbb{R}$ mit

$$f(x, y) = x \cos(xy)$$

hat im Punkt $\boldsymbol{a} = (1, \frac{\pi}{2})^\top$ den größten bzw. den kleinsten Wert?

Geben Sie die Werte und die zugehörigen Richtungen an.

Aufgabe 21.21 ••• Wir betrachten die Funktion $\psi\colon \mathbb{R}^n \times \mathbb{R}_{>0} \to \mathbb{R}$ mit

$$\psi(\boldsymbol{x}, t) = t^{-n/2} \exp\left(-\frac{\|\boldsymbol{x}\|^2}{4kt}\right),\ (\boldsymbol{x}, t) \in \mathbb{R}^n \times \mathbb{R}_{>0},\ k > 0\,,$$

hierbei ist $\|\boldsymbol{x}\| = \sqrt{\boldsymbol{x}^\top \boldsymbol{x}}$. Wir bezeichnen die partiellen Ableitungen nach den Komponenten der „Raumvariablen"

$\boldsymbol{x} = (x_1, x_2, \ldots, x_n)^\top$ mit ∂_j, $1 \le j \le n$, und die partielle Ableitung nach der „Zeitvariablen" t mit ∂_t. Zeigen Sie:

$$\Delta\psi(\boldsymbol{x}, t) = \sum_{j=1}^{n} \partial_j^2 \psi(\boldsymbol{x}, t) = \frac{1}{k}\partial_t \psi(\boldsymbol{x}, t).$$

Man sagt: ψ ist Lösung der Wärmeleitungsgleichung.

Aufgabe 21.22 • Für die drei Funktionen

$$f\colon \mathbb{R}^2 \to \mathbb{R} \quad \text{mit} \quad f(x, y) = x^4 + y^4,$$
$$g\colon \mathbb{R}^2 \to \mathbb{R} \quad \text{mit} \quad g(x, y) = -(x^4 + y^4),$$
$$h\colon \mathbb{R}^2 \to \mathbb{R} \quad \text{mit} \quad h(x, y) = x^4 - y^4$$

zeige man, dass $\boldsymbol{a} = (0, 0)^\top$ ein kritischer Punkt ist. In $\boldsymbol{a}$ hat f ein lokales Minimum, g ein lokales Maximum und h einen Sattelpunkt.

Aufgabe 21.23 • Die Funktion $f\colon \mathbb{R}^2 \to \mathbb{R}$ mit

$$f(x, y) = x^3 + y^3 - 3xy$$

erfüllt in einer Umgebung von $(\sqrt[3]{2}, \sqrt[3]{4})^\top$ die Voraussetzungen des Satzes über implizite Funktionen. Man bestimme die Extrema der Auflösungsfunktion $\varphi(x)$.

Beweisaufgaben

Aufgabe 21.24 ••• (a) Zeigen Sie: Seien a, b, c, d reelle Zahlen. Dann ist die Abbildung

$$f\colon \mathbb{R}^3 \to \mathbb{R}, \ \boldsymbol{x} = (x, y, z)^\top \mapsto ax + by + cz + d$$

(total) differenzierbar, und für ihr Differenzial $\mathrm{d}f(\boldsymbol{x})$ gilt für $\boldsymbol{h} = (u, v, w)^\top$:

$$\mathrm{d}f(\boldsymbol{x})\boldsymbol{h} = au + bv + cw.$$

Das Differenzial ist also unabhängig von $\boldsymbol{x}$. Hierzu vergleiche man auch ein Beispiel auf Seite 869.

(b) Ist umgekehrt $f\colon \mathbb{R}^3 \to \mathbb{R}$ eine differenzierbare Funktion, die in jedem Punkt $\boldsymbol{x} = (x, y, z)^\top \in \mathbb{R}^3$ das durch

$$\mathrm{d}f(\boldsymbol{x})\boldsymbol{h} = au + bv + cw$$

definierte Differenzial hat ($\boldsymbol{h} = (u, v, w)^\top$), so bestimme man f.

(c) Man folgere: Eine differenzierbare Abbildung $f\colon \mathbb{R}^3 \to \mathbb{R}$ ist genau dann affin-linear, wenn ihr Differenzial $\mathrm{d}f(\boldsymbol{x})$ unabhängig vom Punkt $\boldsymbol{x}$ ist.

Aufgabe 21.25 • Sei $D \subseteq \mathbb{R}^n$ offen und nichtleer. Die Funktionen $f, g\colon D \to \mathbb{R}$ seien in $\boldsymbol{a} \in D$ differenzierbar, dann sind auch $f+g$, αf ($\alpha \in \mathbb{R}$) und fg und, falls $g(\boldsymbol{a}) \neq 0$ ist, auch $\frac{f}{g}$ in $\boldsymbol{a}$ differenzierbar. Zeigen Sie, dass die folgenden Rechenregeln gelten:

$$\mathbf{grad}\ (f+g)(\boldsymbol{a}) = \mathbf{grad}\ f(\boldsymbol{a}) + \mathbf{grad}\ g(\boldsymbol{a}),$$
$$\mathbf{grad}\ (\alpha f)(\boldsymbol{a}) = \alpha\mathbf{grad}\ f(\boldsymbol{a}),$$
$$\mathbf{grad}\ (fg)(\boldsymbol{a}) = g(\boldsymbol{a})\mathbf{grad}\ f(\boldsymbol{a}) + f(\boldsymbol{a})\mathbf{grad}\ g(\boldsymbol{a}),$$
$$\mathbf{grad}\ \left(\frac{f}{g}\right)(\boldsymbol{a}) = \frac{g(\boldsymbol{a})\mathbf{grad}\ f(\boldsymbol{a}) - f(\boldsymbol{a})\mathbf{grad}\ g(\boldsymbol{a})}{(g(\boldsymbol{a}))^2}.$$

Aufgabe 21.26 ••• Wir betrachten die Menge der $n \times n$-Matrizen mit reellen Einträgen, also $\mathbb{R}^{n\times n}$ ($\cong \mathbb{R}^{n^2}$), und die Abbildung

$$f\colon \mathbb{R}^{n\times n} \to \mathbb{R}^{n\times n}, \quad \boldsymbol{X} \mapsto \boldsymbol{X}^2.$$

Zeigen Sie, dass f differenzierbar ist und für das Differenzial $\mathrm{d}f(\boldsymbol{X})$ gilt ($\boldsymbol{H} \in \mathbb{R}^{n\times n}$):

$$\mathrm{d}f(\boldsymbol{X})\boldsymbol{H} = \boldsymbol{X}\boldsymbol{H} + \boldsymbol{H}\boldsymbol{X}.$$

Aufgabe 21.27 ••• Zeigen Sie, dass für eine Abbildung $L\colon \mathbb{C} \to \mathbb{C}$ folgende Aussagen äquivalent sind:

- L ist $\mathbb{R}$-linear.
- Es gibt Konstanten $l, m \in \mathbb{C}$ mit der Eigenschaft $L(z) = lz + m\bar{z}$ für alle $z \in \mathbb{C}$. Dabei ist $l = \frac{1}{2}(L(1) - \mathrm{i}L(\mathrm{i}))$ und $m = \frac{1}{2}(L(1) + \mathrm{i}L(\mathrm{i}))$.

Zeigen Sie ferner: Eine $\mathbb{R}$-lineare Abbildung $L\colon \mathbb{C} \to \mathbb{C}$ ist genau dann $\mathbb{C}$-linear, wenn $L(\mathrm{i}) = \mathrm{i}L(1)$ gilt. Im Fall einer $\mathbb{C}$-linearen Abbildung L gilt dann $m = 0$ und somit $L(z) = lz$ mit $l = L(1)$ und die Darstellungsmatrix von L zur $\mathbb{R}$-Basis $(1, \mathrm{i})$ von $\mathbb{C}$ hat die spezielle Gestalt

$$\begin{pmatrix} \alpha & -\beta \\ \beta & \alpha \end{pmatrix}$$

wobei $l = \alpha + \mathrm{i}\beta$, $\alpha, \beta \in \mathbb{R}$ gilt.

Aufgabe 21.28 •• Wir betrachten die Determinante als Abbildung

$$\det\colon \mathbb{R}^{n\times n} = (\mathbb{R}^n)^n \to \mathbb{R}, \ (\boldsymbol{a}_1, \ldots, \boldsymbol{a}_n) \mapsto \det(\boldsymbol{a}_1, \ldots, \boldsymbol{a}_n).$$

Zeigen Sie: Für das Differenzial gilt

$$\mathrm{d}\,(\det(\boldsymbol{a}_1, \ldots, \boldsymbol{a}_n))\,(\boldsymbol{h}_1, \ldots, \boldsymbol{h}_n) = \sum_{j=1}^{n} \det(\boldsymbol{a}_1, \ldots, \boldsymbol{a}_{j-1}, \boldsymbol{h}_j, \boldsymbol{a}_{j+1}, \ldots, \boldsymbol{a}_n).$$

Aufgabe 21.29 ••• Sind $D \subseteq \mathbb{R}^2$ offen und $f\colon D \to \mathbb{R}$ zweimal stetig differenzierbar und $(a, b)^\top \in D$ mit $f(a, b) = 0$ und $\partial_2 f(a, b) \neq 0$ und $y = \varphi(x)$ die nach dem Satz über implizite Funktionen in einer Umgebung von $(a, b)^\top$ existierende Auflösung der Gleichung $f(a, b) = 0$. Zeigen Sie, dass φ sogar zweimal (stetig) differenzierbar ist und bestimmen Sie $\varphi''(x)$.

Aufgabe 21.30 • Sei $f\colon \mathbb{R}^n \to \mathbb{R}$ stetig differenzierbar, und ist $\boldsymbol{c} \in \mathbb{R}^n$ ein Punkt mit $f(\boldsymbol{c}) = 0$ und

$$\mathbf{grad}\ f(\boldsymbol{c}) = (\partial_1 f(\boldsymbol{c}), \ldots, \partial_n f(\boldsymbol{c}))^\top \neq \boldsymbol{0},$$

dann ist die Gleichung $f(x_1, \ldots, x_n) = 0$ in einer Umgebung von $\boldsymbol{c}$ nach jeder der n Variablen x_j auflösbar. Zeigen

Sie, dass für die Auflösungen in $\boldsymbol{c}$ gilt:

$$\frac{\partial x_1}{\partial x_2} \cdot \frac{\partial x_2}{\partial x_3} \cdot \ldots \cdot \frac{\partial x_n}{\partial x_1} = (-1)^n.$$

Aufgabe 21.31 • Es seien im $\mathbb{R}^n$ Punkte $\boldsymbol{a}_1, \ldots, \boldsymbol{a}_r$ gegeben. Wir betrachten die Funktion

$$f\colon \mathbb{R}^n \to \mathbb{R}, \quad \boldsymbol{x} \mapsto \sum_{j=1}^{r} \|\boldsymbol{x} - \boldsymbol{a}_j\|^2.$$

Gesucht ist ein Punkt $\widetilde{\boldsymbol{x}} \in \mathbb{R}^n$, für den $f(\widetilde{\boldsymbol{x}}) \leq f(\boldsymbol{x})$ für alle $\boldsymbol{x} \in \mathbb{R}^n$ gilt, also ein absolutes Minimum von f.

Hinweise

Verständnisfragen

Aufgabe 21.1 • –

Aufgabe 21.2 •• –

Aufgabe 21.3 •• Für $(x, y)^\top \neq (0, 0)^\top$ ist f als rationale Funktion beliebig oft stetig differenzierbar.

Aufgabe 21.4 •• Wegen

$$z^2 = (x - \mathrm{i}y)^2 = x^2 - y^2 + 2xy\mathrm{i} \quad (x, y \in \mathbb{R})$$

entspricht die betrachtete Abbildung von $\mathbb{R}^2 \to \mathbb{R}^2$ der Abbildung $\mathbb{C} \to \mathbb{C}$, $z \mapsto z^2$. Für $z \neq 0$ ist $f'(z) = 2z \neq 0$. Wegen $f(-z) = f(z)$ ist f nicht injektiv. Schränkt man jedoch f auf die rechte Halbebene U ($\operatorname{Re} z > 0$) ein, dann ist f injektiv. Die Bildmenge ist die längs der negativen reellen Achse geschlitzte Ebene

$$\mathbb{C}_- = \mathbb{C} \setminus \{z \in \mathbb{C} \mid \operatorname{Re} z \leq 0\,,\ \operatorname{Im} z = 0\}\,.$$

Aufgabe 21.5 • Wie lautet eine Geradengleichung im $\mathbb{R}^2$?

Aufgabe 21.6 • –

Aufgabe 21.7 • –

Rechenaufgaben

Aufgabe 21.8 • Man benutze Differenziationsregeln in einer Variablen.

Aufgabe 21.9 • Man benutze die Differenziationsregeln in einer Variablen.

Aufgabe 21.10 ••• –

Aufgabe 21.11 •• –

Aufgabe 21.12 • Es gilt:

$$\cos x \cosh y - \mathrm{i} \sin x \sinh y = \cos z \quad (\text{mit } z = x + \mathrm{i}y).$$

Aufgabe 21.13 •• –

Aufgabe 21.14 •• Definiere $\boldsymbol{a} = (a_1, a_2)^\top$, $\boldsymbol{h} = (h_1, h_2)^\top \in \mathbb{R}^2$ und

$$\boldsymbol{A} = \begin{pmatrix} 2a_1 & 2a_2 \\ 1 & 0 \\ 0 & 1 \end{pmatrix}$$

sowie $r(\boldsymbol{h}) = \boldsymbol{f}(\boldsymbol{a} + \boldsymbol{h}) - \boldsymbol{f}(\boldsymbol{a}) - \boldsymbol{A}\boldsymbol{h}$.

Aufgabe 21.15 • Man benutze Differenziationsregeln in einer Variablen.

Aufgabe 21.16 •• Differenziationsregeln in einer Variablen benutzen.

Aufgabe 21.17 •• Die Differenzierbarkeit von f bzw. $\boldsymbol{g}$ ergibt sich aus der stetigen partiellen Differenzierbarkeit der Komponentenfunktionen. Die beiden Methoden bei (c) müssen das gleiche Resultat liefern.

Aufgabe 21.18 •• Man benutze den Entwicklungssatz für Determinanten nach der j-ten Spalte.

Aufgabe 21.19 •• –

Aufgabe 21.20 •• f ist beliebig oft stetig partiell differenzierbar und damit total differenzierbar in $\mathbb{R}^2$.

Aufgabe 21.21 ••• Man beachte, dass der Laplace-Operator Δ nur auf die Raumvariablen wirkt. Man verwende die Produktregel und die Kettenregel.

Aufgabe 21.22 • –

Aufgabe 21.23 • Man betrachte den Gradienten von f und die Beziehung

$$\varphi'(x) = -\frac{\partial_1 f(x, \varphi(x))}{\partial_2 f(x, \varphi(x))}.$$

Beweisaufgaben

Aufgabe 21.24 ••• (a) Sind $(x, y, z)^\top$ und $(u, v, w)^\top$ Elemente des $\mathbb{R}^3$, dann gilt:

$$f(x + u, y + v, z + w) - f(x, y, z) = au + bv + cw\,.$$

(b) Da f differenzierbar ist, existieren die partiellen Ableitungen in jedem Punkt $(x, y, z)^\top \in \mathbb{R}^3$, und es gilt

$$\partial_1 f(x, y, z) = a,\ \partial_2 f(x, y, z) = b,\ \partial_3 f(x, y, z) = c.$$

Aufgabe 21.25 • Man benutzt die Differenzierbarkeit von f bzw. g in $\boldsymbol{a}$.

Aufgabe 21.26 ••• Man berechne $f(\boldsymbol{X}+\boldsymbol{H})$.

Aufgabe 21.27 ••• Man muss $\mathbb{R}$-Linearität und $\mathbb{C}$-Linearität unterscheiden, da $\mathbb{C}=\mathbb{R}^2$ sowohl ein $\mathbb{R}$-Vektorraum als auch ein $\mathbb{C}$-Vektorraum ist.

Aufgabe 21.28 •• Man benutze, dass die Determinante insbesondere eine n-fache Linearform ist.

Aufgabe 21.29 ••• Man differenziere die Gleichung $f(x,\varphi(x))=0$ nach der Kettenregel (vergleiche auch den Zusatz zum Satz über implizite Funktionen).

Aufgabe 21.30 • –

Aufgabe 21.31 • Es ist zu vermuten, dass ein solcher Punkt existiert und irgendwo „zwischen" den Punkten $\boldsymbol{a}_1,\ldots,\boldsymbol{a}_r$ liegt.

Lösungen

Verständnisfragen

Aufgabe 21.1 • Die Antworten von (a), (b) und (c) stehen im Text. Nur (d) ist zu zeigen: Aus der Kettenregel folgt aber wegen $f(\boldsymbol{\alpha}(t))=c$ dass

$$\mathbf{grad}\, f(\boldsymbol{\alpha}(t))\cdot\dot{\boldsymbol{\alpha}}(t)=0.$$

Aufgabe 21.2 •• –

Aufgabe 21.3 •• –

Aufgabe 21.4 •• –

Aufgabe 21.5 • Siehe ausführliche Lösung.

Aufgabe 21.6 • –

Aufgabe 21.7 • –

Rechenaufgaben

Aufgabe 21.8 • (a)

$$\begin{aligned}\partial_1 f(x,y)&=4x^3-8xy^2\,,\ \partial_2 f(x,y)=4y^3-8x^2y,\\ \partial_1^2 f(x,y)&=12x^2-8y^2\,,\ \partial_2^2 f(x,y)=12y^2-8x^2,\\ \partial_2\partial_1 f(x,y)&=-16xy=\partial_1\partial_2 f(x,y).\end{aligned}$$

(b)

$$\begin{aligned}\partial_1 g(s,t)&=t\sin(s^2+t)\exp(st)+2s\cos(s^2+t)\exp(st),\\ \partial_2 g(s,t)&=s\sin(s^2+t)\exp(st)+\cos(s^2+t)\exp(st),\\ \partial_1^2 g(s,t)&=2\cos(s^2+t)\exp(st)-4s^2\sin(s^2+t)\exp(st)\\ &\quad+2ts\cos(s^2+t)\exp(st)+2st\cos(s^2+t)\exp(st)\\ &\quad+t^2\sin(s^2+t)\exp(st),\\ \partial_2^2(g(s,t)&=-\sin(s^2+t)\exp(st)+2s\cos(s^2+t)\exp(st)\\ &\quad+s^2\sin(s^2+t)\exp(st),\\ \partial_2\partial_1 g(s,t)&=-2s\sin(s^2+t)\exp(st)+t\cos(s^2+t)\exp(st)\\ &\quad+\sin(s^2+t)\exp(st)+2s^2\cos(s^2+t)\exp(st)\\ &\quad+st\sin(s^2+t)\exp(st)\\ &=\partial_1\partial_2 g(s,t).\end{aligned}$$

Aufgabe 21.9 • f ist eine harmonische Funktion in $\mathbb{R}^2\setminus\{\mathbf{0}\}$).

Aufgabe 21.10 ••• –

Aufgabe 21.11 ••

$$\begin{aligned}&\mathcal{J}(\boldsymbol{P};(r,\vartheta,\varphi)^\top)\\ &=\begin{pmatrix}\sin\vartheta\cos\varphi & r\cos\vartheta\cos\varphi & -r\sin\vartheta\sin\varphi\\ \sin\vartheta\sin\varphi & r\cos\vartheta\sin\varphi & r\sin\vartheta\cos\varphi\\ \cos\vartheta & -r\sin\vartheta & 0\end{pmatrix}\end{aligned}$$

und für die Determinante gilt:

$$\det\mathcal{J}(\boldsymbol{P};(r,\vartheta,\varphi)^\top)=r^2\sin\vartheta.$$

Aufgabe 21.12 • –

Aufgabe 21.13 •• –

Aufgabe 21.14 •• Der Rest $r(\boldsymbol{h})$ ist $r(\boldsymbol{h})=(h_1^2+h_2^2,\ 0,0)^\top$.

Aufgabe 21.15 • g ist harmonisch in $\mathbb{R}^*\times\mathbb{R}$.

Aufgabe 21.16 •• h ist harmonisch in $\mathbb{R}^3\setminus\{\mathbf{0}\}$.

Aufgabe 21.17 ••

$$\begin{aligned}&\mathcal{J}\left(g\circ f;(x,y,z)^\top\right)\\ &=\begin{pmatrix}2(x+y^2)+y^2z & 4y(x+y^2)+2xyz & xy^2\\ xy^2z+y^2z(x+y^2) & 2xyz(x+y^2)+2xy^3z & xy^2(x+y^2)\\ y^2ze^{xy^2z} & 2xyze^{xy^2z} & xy^2e^{xy^2}z\end{pmatrix}.\end{aligned}$$

Aufgabe 21.18 ••

$$f'(t)=\sum_{j=1}^{n}\det\begin{pmatrix}a_{11}(t) & \cdots & a'_{1j}(t) & \cdots & a_{1n}(t)\\ \vdots & \ddots & \vdots & \ddots & \vdots\\ a_{i1}(t) & \cdots & a'_{ij}(t) & \cdots & a_{in}(t)\\ \vdots & \ddots & \vdots & \ddots & \vdots\\ a_{n1}(t) & \cdots & a'_{nj}(t) & \cdots & a_{nn}(t)\end{pmatrix}$$

Aufgabe 21.19 •• Die Gleichheit der gemischten Ableitungen ist nach dem Vertauschungssatz von Schwarz kein Zufall.

Aufgabe 21.20 •• –

Aufgabe 21.21 ••• Man erhält zunächst:

$$\partial_j \psi(x,t) = -\frac{x_j}{2kt}\psi(x,t)\,,\ 1 \le j \le n.$$

Aufgabe 21.22 • –

Aufgabe 21.23 • –

Beweisaufgaben

Aufgabe 21.24 ••• (a) Die Abbildung

$$L\colon \mathbb{R}^3 \to \mathbb{R},\ (u,v,w)^\top \mapsto au + bv + cw$$

ist $\mathbb{R}$-linear.

(b) Die erste Relation aus den Hinweisen ergibt $f(x,y,z) = ax + \varphi(y,z)$, wobei φ eine differenzierbare Funktion $\varphi\colon \mathbb{R}^2 \to \mathbb{R}$ ist.

Aufgabe 21.25 • –

Aufgabe 21.26 ••• $\mathrm{d}f(X)H = XH + HX$.

Aufgabe 21.27 ••• –

Aufgabe 21.28 •• –

Aufgabe 21.29 ••• Aus

$$\partial_1 f(x,\varphi(x)) + \partial_2 f(x,\varphi(x))\varphi'(x) = 0$$

erhält man durch nochmalige Differenziation nach der Produkt- und Quotientenregel:

$$\begin{aligned} 0 &= \partial_1^2 f(x,\varphi(x)) + 2\partial_1\partial_2 f(x,\varphi(x))\varphi'(x) \\ &\quad + \partial_2^2 f(x,\varphi(x))\varphi'(x)^2 + \partial_2 f(x,\varphi(x))\varphi''(x). \end{aligned}$$

Diese Gleichung kann man unter der Voraussetzung $\partial_2 f(x,\varphi(x) \neq 0$ nach $\varphi''(x)$ auflösen und $\varphi'(x)$ aus der ersten Gleichung einsetzen und erkennt dann, dass auch φ'' wieder stetig ist, denn es ist

$$\varphi''(x) = \frac{2\partial_1 f\cdot\partial_2 f\cdot\partial_1\partial_2 f - (\partial_2 f)^2\partial_1^2 f - (\partial_1 f)^2(\partial_2^2 f)}{(\partial_2 f)^3}(x,\varphi(x))$$

(bei den Funktionen auf der rechten Seite ist jeweils das Argument $(x,\varphi(x))$ einzusetzen).

Aufgabe 21.30 • Der Satz über implizite Funktionen liefert die Auflösbarkeit nach jeder der Variablen. Durch implizites Differenzieren erhält man:

$$\frac{\partial x_i}{\partial x_j} = -\frac{\partial_i f}{\partial_j f}\ \text{für } i \neq j.$$

Aufgabe 21.31 • Der gesuchte Punkt $\widetilde{x}$ ist das arithmetische Mittel der Punkte $a_1,\ldots,a_r$:

$$\widetilde{x} = \frac{1}{r}\sum_{j=1}^{r} a_j.$$

Lösungswege

Verständnisfragen

Aufgabe 21.1 • –

Aufgabe 21.2 •• (a) Für $(x,y)^\top \neq (0,0)^\top$ ergibt die Quotientenregel

$$\partial_1 f(x,y) = \frac{x^4y + 4x^2y^3 - y^5}{(x^2+y^2)^2} \quad \text{bzw.}$$

$$\partial_2 f(x,y) = \frac{x^5 - 4x^3y^2 - xy^4}{(x^2+y^2)^2},$$

speziell ist also $\partial_1(f(0,y) = -y$ für alle y und $\partial_2 f(x,0) = x$ für alle x. Ferner ist f an der Stelle $(0,0)^\top$ partiell differenzierbar mit

$$\partial_1 f(0,0) = \lim_{h\to 0}\frac{1}{h}f(h,0) = 0 \quad \text{und}$$

$$\partial_2 f(0,0) = \lim_{h\to 0}\frac{1}{h}f(0,h) = 0.$$

(b) Jede rationale Funktion ist auf ihrem Definitionsbereich beliebig oft partiell differenzierbar.

(c) Aus $\partial_1 f(0,y) = -y$ folgt $\partial_2\partial_1 f(0,0) = -1$ und aus $\partial_2 f(x,0) = x$ folgt $\partial_1\partial_2(f(0,0) = 1$, also

$$\partial_2\partial_1 f(0,0) \neq \partial_1\partial_2(f(0,0).$$

(d) Dies ist kein Widerspruch zum Satz von Schwarz, weil die partiellen Ableitungen an der Stelle $\mathbf{0}$ nicht stetig sind.

Aufgabe 21.3 •• (a) Jede rationale Funktion ist auf ihrem Definitionsbereich beliebig oft partiell differenzierbar. (b),(c) Wir schreiben einen Einheitsvektor $v = (c,s)^\top$ in der Gestalt $c = \cos\varphi$, $s = \sin\varphi$, $\varphi \in \mathbb{R}$. Auf der Geraden $(x,y)^\top = t\cdot(c,s)^\top$, $t \in \mathbb{R}$, hat f die Werte

$$f(tc,ts) = \frac{t^3c^2s}{t^4c^4 + t^2s^2} = \frac{tc^2s}{t^2c^4 + s^2}.$$

Die Richtungsableitung im Punkt $(0,0)^\top$ in Richtung $\boldsymbol{v}$ existiert daher und für $s \neq 0$ hat sie den Wert

$$\begin{aligned}\partial_v f(0,0) &= \lim_{t\to 0} \frac{f(tc,ts)-f(0,0)}{t}\\ &= \lim_{t\to 0}\frac{c^2 s}{t^2c^4+s^2} = \frac{c^2}{s}.\end{aligned}$$

Die Einschränkung von f auf $\mathbb{R}\times\{0\}$ bzw. $\{0\}\times\mathbb{R}$ ist jeweils die Nullfunktion. Daher ist f in $(0,0)^\top$ partiell differenzierbar, und es gilt

$$\partial_1 f(0,0) = \partial_2 f(0,0) = 0.$$

Wäre f in $(0,0)^\top$ differenzierbar, müsste

$$\partial_v f(0,0) = \mathbf{grad}\, f(0,0)\cdot \boldsymbol{v}$$

gelten. Wegen $\mathbf{grad}\, f(0,0) = (0,0)^\top$ und $\partial_v f(0,0) \neq 0$ ist diese zweite Bedingung aber nicht erfüllt. Dass f in $(0,0)^\top$ nicht stetig ist, kann man so einsehen: Setzt man $y = x^2$, so ist $f(x,x^2) = \frac{1}{2}$. Daher gibt es in jeder Umgebung von $(0,0)^\top$ sowohl Punkte $(x,y)^\top$ mit $f(x,y)=0$, als auch solche mit $f(x,y)=\frac{1}{2}$.

Aufgabe 21.4 •• Es ist

$$\det \mathcal{J}(f;(x,y)^\top) = \varphi(x^2+y^2) > 0$$

für $(x,y)^\top \neq (0,0)^\top$. Man schreibe $z\in\mathbb{C}$ mit $\operatorname{Re} z > 0$ in Polarkoordinaten, $z = rE(\varphi)$, $-\frac{\pi}{2} < \varphi < \frac{\pi}{2}$. Dann ist $z^2 = r^2E(2\varphi) \in \mathbb{C}_-$.

Aufgabe 21.5 • Ist $(a,b)^\top \in \mathbb{R}^2\setminus\{\mathbf{0}\}$, dann betrachten wir f auf der Geraden $\{t(a,b)^\top \mid t\in\mathbb{R}\}$. Dort hat f die Funktionswerte

$$\varphi(t) = f(at,bt) = 2a^2t^2 - 3ab^2t^3 + b^4t^4.$$

Es gilt

$$\begin{aligned}\varphi'(t) &= 4a^2t - 9ab^2t^2 + 4b^2t^3 \quad\text{und}\\ \varphi''(t) &= 4a^2 - 18ab^2t + 12b^4t^2.\end{aligned}$$

Es ist also $\varphi(0)=\varphi'(0)=0$ und $\varphi''(0) = 4a^2 > 0$, falls $a\neq 0$ gilt. Ist aber $a=0$, dann ist $b\neq 0$ und es ist $\varphi(t) = b^4t^4 \geq 0$ für alle t. Daher hat φ in 0 ein relatives Minimum und damit auch die Einschränkung von f auf jede Gerade. f hat aber in $(0,0)^\top$ kein Minimum, denn es ist $f(0,0)=0$ und die Faktorisierung

$$f(x,y) = (y^2-x)(y^2-2x)$$

zeigt, dass in jeder Umgebung von $(0,0)$ sowohl Punkte mit positiven wie mit negativen Funktionswerten liegen.

Aufgabe 21.6 • Die Jacobi-Matrix ist die Matrixdarstellung des Differenzials $\mathrm{d}\boldsymbol{f}(\boldsymbol{a})$ bezüglich der Standardbasen im $\mathbb{R}^n$ bzw. $\mathbb{R}^m$.

Aufgabe 21.7 • Siehe Haupttext Seite 883.

Rechenaufgaben

Aufgabe 21.8 • Siehe Resultat.

Aufgabe 21.9 • Für jeden Punkt $(x,y)^\top \in \mathbb{R}^2\setminus\{\mathbf{0}\}$ gilt

$$\partial_1 f(x,y) = \frac{x}{x^2+y^2}\,,\quad \partial_2 f(x,y) = \frac{y}{x^2+y^2}$$
$$\partial_1^2 f(x,y) = \frac{y^2-x^2}{(x^2+y^2)^2}\,,\quad \partial_2^2 f(x,y) = \frac{x^2-y^2}{(x^2+y^2)^2}$$

und damit

$$\Delta f(x,y) = \partial_1^2 f(x,y) + \partial_2^2 f(x,y) = 0.$$

$f\colon \mathbb{R}^2\setminus\{\mathbf{0}\}\to\mathbb{R}$ ist also eine harmonische Funktion.

Aufgabe 21.10 ••• Wir bezeichnen die Standardkoordinaten auf dem $\mathbb{R}^2$ mit $(x,y)^\top$ und schreiben $\boldsymbol{p}(r,\varphi) = (x,y)^\top$. Da die Abbildungen u und $\boldsymbol{p}$ auf ihren jeweiligen offenen Definitionsbereichen zweimal stetig partiell differenzierbar sind, können wir im Folgenden die Kettenregel benutzen. Es gilt

$$\begin{aligned}\frac{\partial(u\circ\boldsymbol{p})}{\partial r} &= \left(\frac{\partial u}{\partial x}\circ\boldsymbol{p}\right)\cdot\frac{\partial x}{\partial r} + \left(\frac{\partial u}{\partial y}\circ\boldsymbol{p}\right)\cdot\frac{\partial y}{\partial r}\\ &= \left(\frac{\partial u}{\partial x}\circ\boldsymbol{p}\right)\cdot\cos\varphi + \left(\frac{\partial u}{\partial y}\circ\boldsymbol{p}\right)\cdot\sin\varphi,\end{aligned}$$

$$\begin{aligned}\frac{\partial(u\circ\boldsymbol{p})}{\partial r^2} &= \frac{\partial}{\partial r}\left(\frac{\partial u}{\partial x}\circ\boldsymbol{p}\right)\cdot\cos\varphi + \frac{\partial}{\partial r}\left(\frac{\partial u}{\partial y}\circ\boldsymbol{p}\right)\cdot\sin\varphi\\ &= \left(\frac{\partial^2 u}{\partial x^2}\circ\boldsymbol{p}\right)\cdot\cos^2\varphi + \left(\frac{\partial^2 u}{\partial x\partial y}\circ\boldsymbol{p}\right)\cdot 2\sin\varphi\cos\varphi\\ &\quad + \left(\frac{\partial^2 u}{\partial y^2}\circ\boldsymbol{p}\right)\cdot\sin^2\varphi,\end{aligned}$$

$$\begin{aligned}\frac{\partial(u\circ\boldsymbol{p})}{\partial\varphi} &= \left(\frac{\partial u}{\partial x}\circ\boldsymbol{p}\right)\cdot\frac{\partial x}{\partial\varphi} + \left(\frac{\partial u}{\partial y}\circ\boldsymbol{p}\right)\cdot\frac{\partial y}{\partial\varphi}\\ &= \left(\frac{\partial u}{\partial x}\circ\boldsymbol{p}\right)\cdot(-r\sin\varphi) + \left(\frac{\partial u}{\partial y}\circ\boldsymbol{p}\right)\cdot(r\cos\varphi)\end{aligned}$$

und

$$\begin{aligned}&\frac{\partial^2(u\circ\boldsymbol{p})}{\partial\varphi^2}\\ &= \left(\frac{\partial}{\partial\varphi}\left(\frac{\partial u}{\partial x}\circ\boldsymbol{p}\right)\right)\cdot(-r\sin\varphi) + \left(\frac{\partial u}{\partial x}\circ\boldsymbol{p}\right)\cdot(-r\cos\varphi)\\ &\quad + \left(\frac{\partial}{\partial\varphi}\left(\frac{\partial u}{\partial y}\circ\boldsymbol{p}\right)\right)\cdot(r\cos\varphi) + \left(\frac{\partial u}{\partial y}\circ\boldsymbol{p}\right)\cdot(-r\sin\varphi)\\ &= \left(\frac{\partial^2 u}{\partial x^2}\circ\boldsymbol{p}\right)\cdot(r^2\sin\varphi) + \left(\frac{\partial^2 u}{\partial x\partial y}\circ\boldsymbol{p}\right)\cdot(-r^2\sin\varphi\cos\varphi)\\ &\quad + \left(\frac{\partial u}{\partial x}\circ\boldsymbol{p}\right)\cdot(-r\cos\varphi) + \left(\frac{\partial^2 u}{\partial x\partial y}\circ\boldsymbol{p}\right)\cdot(-r^2\sin\varphi\cos\varphi)\\ &\quad + \left(\frac{\partial^2 u}{\partial y^2}\circ\boldsymbol{p}\right)\cdot(r^2\cos^2\varphi) + \left(\frac{\partial u}{\partial y}\circ\boldsymbol{p}\right)\cdot(-r\sin\varphi).\end{aligned}$$

Setzt man die entsprechenden Terme zusammen, erhält man wie gewünscht

$$\frac{\partial^2(u\circ \boldsymbol{p})}{\partial r^2}+\frac{1}{r}\frac{\partial(u\circ \boldsymbol{p})}{\partial r}+\frac{1}{r^2}\frac{\partial^2(u\circ \boldsymbol{p})}{\partial\varphi^2}$$
$$=\left(\frac{\partial^2 u}{\partial x^2}+\frac{\partial^2 u}{\partial y^2}\right)\circ \boldsymbol{p}=(\Delta u)\circ \boldsymbol{p}.$$

Nun sollen die radialsymmetrischen harmonischen Funktionen auf $\mathbb{R}^2\setminus\{\mathbf{0}\}$ bestimmt werden. Solche Funktionen erfüllen genau die Bedingungen

$$\frac{\partial(u\circ \boldsymbol{p})}{\partial\varphi}=0 \quad\text{und}\quad \Delta u=0.$$

Die zweite Bedingung ist äquivalent zu $(\Delta u)\circ \boldsymbol{p}=0$, da die Abbildung $\boldsymbol{p}$ surjektiv auf $\mathbb{R}^2\setminus\{\mathbf{0}\}$ ist. Damit ist die obige Zeile äquivalent zu

$$\frac{\partial(u\circ \boldsymbol{p})}{\partial\varphi}=0 \quad\text{und}\quad \frac{\partial^2(u\circ \boldsymbol{p})}{\partial r^2}+\frac{1}{r}\frac{\partial(u\circ \boldsymbol{p})}{\partial r}=0. \qquad (*)$$

Mit $v=\frac{\partial(u\circ\boldsymbol{p})}{\partial r}\colon \mathbb{R}_{>0}\to\mathbb{R}$ gilt dann notwendigerweise

$$v'+\frac{v}{r}=0 \Leftrightarrow rv'+v=0 \Leftrightarrow (vr)'=0.$$

Daher hat v die Gestalt $v(r)=C_1/r$ mit einer Konstanten C_1. Daraus folgt

$$(u\circ \boldsymbol{p})(r,\varphi)=C_1\log r+C_2.$$

Umgekehrt prüft man mit (*), dass die Funktionen dieser Gestalt tatsächlich radialsymmetrisch und harmonisch sind.

Aufgabe 21.11 ••

$$\mathcal{J}(\boldsymbol{P};(r,\vartheta,\varphi)^\top)$$
$$=\begin{pmatrix}\partial_1(r\sin\vartheta\cos\varphi) & \partial_2(r\sin\vartheta\cos\varphi) & \partial_3(r\sin\vartheta\cos\varphi)\\ \partial_1(r\sin\vartheta\sin\varphi) & \partial_2(r\sin\vartheta\sin\varphi) & \partial_3(r\sin\vartheta\sin\varphi)\\ \partial_1(r\cos\vartheta) & \partial_2(r\cos\vartheta) & \partial_3(r\cos\vartheta)\end{pmatrix}$$
$$=\begin{pmatrix}\sin\vartheta\cos\varphi & r\cos\vartheta\cos\varphi & -r\sin\vartheta\sin\varphi\\ \sin\vartheta\sin\varphi & r\cos\vartheta\sin\varphi & r\sin\vartheta\cos\varphi\\ \cos\vartheta & -r\sin\vartheta & 0\end{pmatrix}.$$

Die Determinante berechnet sich zu

$$\det\mathcal{J}(\boldsymbol{P};(r,\vartheta,\varphi)^\top)$$
$$=r\cos\vartheta\cos\varphi r\sin\vartheta\cos\varphi\cos\vartheta$$
$$+r\sin\vartheta\sin\varphi\sin\vartheta\sin\varphi r\sin\vartheta$$
$$+r\sin\vartheta\sin\varphi r\cos\vartheta\sin\varphi\cos\vartheta$$
$$+r\sin\vartheta\cos\varphi r\sin\vartheta\sin\vartheta\cos\varphi$$
$$=r^2\cos^2\vartheta\sin\vartheta\cos^2\varphi+r^2\sin^3\vartheta\sin^2\varphi$$
$$+r^2\sin\vartheta\sin^2\varphi\cos^2\vartheta+r^2\sin^3\vartheta\cos^2\varphi$$
$$=r^2(\sin^3\vartheta)(\sin^2\varphi+\cos^2\varphi)+\sin\vartheta\cos^2\vartheta(\sin^2\varphi+\cos^2\varphi)$$
$$=r^2\sin\vartheta(\sin^2\vartheta+\cos^2\vartheta)=r^2\sin\vartheta.$$

Aufgabe 21.12 • Es ist $u(x,y)=\cos x\cosh y$ und $v(x,y)=-\sin x\sinh y$. Daher folgt

$$\partial_1 u(x,y)=-\sin x\cosh y,$$
$$\partial_2 v(x,y)=-\sin x\cosh y,\ \text{also}$$
$$\partial_1 u(x,y)=\partial_2 v(x,y).$$
$$\partial_2 u(x,y)=\cos x\sinh y\,,$$
$$\partial_1 v(x,y)=-\cos x\sinh y,\ \text{also}$$
$$\partial_2 u(x,y)=\partial_1 v(x,y).$$

Wie aus dem Hinweis offensichtlich ist

$$f=u+\mathrm{i}v=\cos.$$

Aufgabe 21.13 •• Elementares Nachrechnen.

Kommentar: Ist $f\colon\mathbb{C}\to\mathbb{C}$ definiert durch $f(z)=\overline{z}$, dann ist $\bar\partial f(z)=1$ für alle $z\in\mathbb{C}$. f ist also in keinem Punkt komplex differenzierbar (was sie natürlich schon lange wissen). Für $g(z)=z\overline{z}$ ist $\bar\partial g(z)=z$, also

$$\bar\partial g(z)=0 \Leftrightarrow z=0,$$

also ist g nur in $z=0$ komplex differenzierbar. Mit dem Wirtinger-Kalkül kann man also Rechnungen wesentlich vereinfachen.

Aufgabe 21.14 •• Einsetzen der Argumente liefert unter Berücksichtigung von

$$\boldsymbol{A}\boldsymbol{h}=\begin{pmatrix}2a_1 & 2a_2\\ 1 & 0\\ 0 & 1\end{pmatrix}\begin{pmatrix}h_1\\ h_2\end{pmatrix}=\begin{pmatrix}2a_1h_1+2a_2h_2\\ h_1\\ h_2\end{pmatrix}$$

zunächst

$$r(\boldsymbol{h})=(h_1^2+h_2^2,0,0)^\top=(\|\boldsymbol{h}\|^2,0,0)^\top$$

und damit die gewünschte Eigenschaft $(*)$:

$$\lim_{h\to 0}\frac{r(\boldsymbol{h})}{\|\boldsymbol{h}\|}=0.$$

Aufgabe 21.15 • In jedem Punkt $(x,y)^\top\in\mathbb{R}^2\times\mathbb{R}$ gilt

$$\partial_1 g(x,y)=\frac{-y}{x^2+y^2}\quad,\ \partial_2 f(x,y)=\frac{x}{x^2+y^2}$$
$$\partial_1^2 f(x,y)=\frac{2xy}{(x^2+y^2)^2}\quad,\ \partial_2^2 f(x,y)=\frac{-2xy}{(x^2+y^2)^2}$$

und damit

$$\Delta g(x,y)=\partial_1^2 g(x,y)+\partial_2^2 g(x,y)=0.$$

Aufgabe 21.16 •• Für $(x, y, z)^\top \in \mathbb{R}^3 \setminus \{\mathbf{0}\}$ gilt

$$\partial_1 h(x,y,z) = \frac{-x}{(x^2+y^2+z^2)^{3/2}},$$

$$\partial_2 h(x,y,z) = \frac{-y}{(x^2+y^2+z^2)^{3/2}},$$

$$\partial_3 h(x,y,z) = \frac{-z}{(x^2+y^2+z^2)^{3/2}} \quad \text{und weiter}$$

$$\partial_1^2 h(x,y,z) = \frac{2x^2-y^2-z^2}{(x^2+y^2+z^2)^{5/2}},$$

$$\partial_2^2 h(x,y,z) = \frac{2y^2-x^2-z^2}{(x^2+y^2+z^2)^{5/2}},$$

$$\partial_3^2 h(x,y,z) = \frac{2z^2-x^2-y^2}{(x^2+y^2+z^2)^{5/2}} \quad \text{und damit}$$

$$\Delta h(x,y,z) = \partial_1^2 h(x,y,z) + \partial_2^2 h(x,y,z) + \partial_3^2 h(x,y,z) = 0.$$

Aufgabe 21.17 •• Es ist

$$\mathcal{J}\left(\boldsymbol{f};(x,y,z)^\top\right) = \begin{pmatrix} 1 & 2y & 0 \\ y^2 z & 2xyz & xy^2 \end{pmatrix}$$

bzw.

$$\mathcal{J}\left(\boldsymbol{g};(u,v)^\top\right) = \begin{pmatrix} 2u & 1 \\ v & u \\ 0 & e^v \end{pmatrix}$$

und

$$(\boldsymbol{g}\circ\boldsymbol{f})(x,y,z) = \left((x+y^2)^2 + xy^2 z,\, xy^2 z(x+y^2),\, e^{xy^2 z}\right)$$

und daher

$$\mathcal{J}\left(\boldsymbol{g}\circ\boldsymbol{f};(x,y,z)^\top\right) = \begin{pmatrix} 2(x+y^2)+y^2z & 4y(x+y^2)+2xyz & xy^2 \\ xy^2z + y^2z(x+y^2) & 2xyz(x+y^2)+2xy^3z & xy^2(x+y^2) \\ y^2ze^{xy^2z} & 2xyze^{xy^2z} & xy^2e^{xy^2}z \end{pmatrix}.$$

Nach der Kettenregel ist andererseits

$$\mathcal{J}\left(\boldsymbol{g}\circ\boldsymbol{f};(x,y,z)^\top\right) = \mathcal{J}\left(\boldsymbol{g};\boldsymbol{f}(x,y,z)\right)\cdot\mathcal{J}\left(\boldsymbol{f};(x,y,z)^\top\right) = \begin{pmatrix} 2xy & 1 \\ xy^2z & x^2+y^2 \\ 0 & e^{xy^2z} \end{pmatrix}\begin{pmatrix} 1 & 2y & 0 \\ y^2z & 2xyz & xy^2 \end{pmatrix}.$$

Berechnet man das Matrixprodukt, so erhält man dieselbe Matrix wie oben.

Aufgabe 21.18 •• Nach dem Entwicklungssatz nach der j-ten Spalte ist

$$\Delta = \det\left(a_{ij}(t)\right) = \sum_{i=1}^n (-1)^{i+j} a_{ij}(t) \det \boldsymbol{A}_{ij},$$

wobei $\boldsymbol{A}_{ij}$ die $(n-1)\times(n-1)$-Matrix ist, die aus $\boldsymbol{A}\ \left(=\left(a_{ij}(t)\right)\right)$ durch Streichen der i-ten Zeile und j-ten Spalte entsteht. In $\boldsymbol{A}_{1j},\ldots,\boldsymbol{A}_{nj}$ kommen die Elemente $a_{ij}(t)$ nicht vor. Deshalb ist mit $a_{ij} = a_{ij}(t)$

$$\frac{\partial\Delta}{\partial a_{ij}} = \frac{\partial \det\left(a_{ij}\right)}{\partial a_{ij}} = (-1)^{i+j}\det \boldsymbol{A}_{ij}.$$

Nach der Kettenregel folgt dann:

$$f'(t) = \sum_{j=1}^n\sum_{i=1}^n \frac{\partial\Delta}{\partial a_{ij}}\frac{\mathrm{d}a_{ij}}{\mathrm{d}t} = \sum_{j=1}^n\sum_{i=1}^n (-1)^{i+j}\det \boldsymbol{A}_{ij}\, a'_{ij}(t).$$

Die innere Summe stellt eine Entwicklung einer Determinante dar, die sich von der gegebenen Determinante nur dadurch unterscheidet, dass die Elemente ihrer j-ten Spalte durch deren Ableitungen nach t ersetzt werden. Man kann also schreiben

$$f'(t) = \sum_{j=1}^n \det\begin{pmatrix} a_{11}(t) & \cdots & a'_{1j}(t) & \cdots & a_{1n}(t) \\ \vdots & \ddots & \vdots & \ddots & \vdots \\ a_{i1}(t) & \cdots & a'_{ij}(t) & \cdots & a_{in}(t) \\ \vdots & \ddots & \vdots & \ddots & \vdots \\ a_{n1}(t) & \cdots & a'_{nj}(t) & \cdots & a_{nn}(t) \end{pmatrix}.$$

Aufgabe 21.19 •• Man bestätigt die angegebenen Formeln durch elementares Nachrechnen unter Verwendung bekannter Rechenregeln (Ketten- und Produktregel).

Aufgabe 21.20 ••

$$\textbf{grad}\, f(x,y) = \left(\cos(xy) - xy\sin(xy),\, -x^2\sin(xy)\right)^\top.$$

Im Punkt $\boldsymbol{a} = (1, \frac{\pi}{2})^\top$ gilt $\textbf{grad}\, f(\boldsymbol{a}) = (-\frac{\pi}{2}, -1)^\top$. Wir betrachten alle Vektoren $\boldsymbol{v} \in \mathbb{R}^2$ mit $\|\boldsymbol{v}\|_2 = 1$. Dann liefert der Vektor

$$\boldsymbol{v}_{max} = \frac{1}{\|\textbf{grad}\, f(\boldsymbol{a})\|_2}\cdot\textbf{grad}\, f(\boldsymbol{a}) = \frac{1}{\sqrt{\frac{\pi}{4}+1}}(-\pi/2, 1)^\top$$

unter allen Vektoren $\boldsymbol{v} \in \mathbb{R}^2$ mit $\|\boldsymbol{v}\|_2 = 1$ die maximale Richtungsableitung

$$\textbf{grad}\, f(\boldsymbol{a})\cdot\boldsymbol{v}_{max} = \|\textbf{grad}\, f(\boldsymbol{a})\|_2 = \sqrt{\frac{\pi}{4}+1} > 0.$$

Der Vektor $\boldsymbol{v}_{min} = -\boldsymbol{v}_{max}$ liefert nun die minimale Richtungsableitung

$$-\textbf{grad}\, f(\boldsymbol{a})\cdot\boldsymbol{v}_{min} = -\sqrt{\frac{\pi}{4}+1} < 0.$$

Aufgabe 21.21 ••• Es ist

$$\partial_j \psi(\boldsymbol{x}, t) = \partial_j \left(t^{-n/2} \exp\left(-\frac{x_1^2 + \cdots + x_j^2 + \cdots + x_n^2}{4kt}\right)\right)$$
$$= t^{-n/2} \left(-\frac{2x_j}{4kt} \exp\left(-\frac{\|\boldsymbol{x}\|^2}{4kt}\right)\right)$$
$$= -\frac{x_j}{2kt} \psi(\boldsymbol{x}, t) \; 1 \le j \le n.$$

Mit der Produktregel folgt

$$\partial_j^2 \psi(\boldsymbol{x}, t) = \left(-\frac{x_j}{2kt}\right)^2 \psi(\boldsymbol{x}, t) - \frac{1}{2kt} \psi(\boldsymbol{x}, t)$$
$$= \left(\frac{x_j^2}{4k^2t^2} - \frac{1}{2kt}\right) \psi(\boldsymbol{x}, t).$$

Summation über j ergibt

$$\Delta \psi(\boldsymbol{x}, t) = \sum_{j=1}^{n} \left(\frac{x_j^2}{4k^2t^2} - \frac{1}{2kt}\right) \psi(\boldsymbol{x}, t)$$
$$= \left(\frac{\|\boldsymbol{x}\|^2}{4k^2t^2} - \frac{n}{2kt}\right) \psi(\boldsymbol{x}, t).$$

Andererseits ist – wieder nach der Produktregel –

$$\partial_t \psi(\boldsymbol{x}, t) = \left(\frac{\|\boldsymbol{x}\|^2}{4kt^2} - \frac{n}{2t}\right) \psi(\boldsymbol{x}, t)$$
$$= k \left(\frac{\|\boldsymbol{x}\|^2}{4k^2t^2} - \frac{n}{2kt}\right) \psi(\boldsymbol{x}, t)$$
$$= k \Delta \psi(\boldsymbol{x}, t).$$

Aufgabe 21.22 • Für alle drei Funktionen ist der Gradient im Punkt $\boldsymbol{a} = (0, 0)^\top$ der Nullvektor. Wegen $f(0, 0) = 0$ und $f(x, y) > 0$ für alle $(x, y)^\top \neq (0, 0)^\top$ hat f in $(0, 0)^\top$ ein globales Minimum. Analog hat g in $(0, 0)^\top$ ein globales Minimum. Bei h gibt es in jeder Umgebung von $(0, 0)^\top$ Punkte mit positiven Funktionswerten als auch solche mit negativen.

Aufgabe 21.23 • Notwendig für das Vorliegen eines Extremums für φ ist $\varphi'(x) = 0$, das bedeutet aber $\partial_1 f(x, \varphi(x)) = 0$. Lösungen dieses Gleichungssystems sind $(x, y)^\top = \boldsymbol{0}$ und $(x, y)^\top = (\sqrt[3]{2}, \sqrt[3]{4})^\top$. In einer Umgebung von $\boldsymbol{0}$ lässt sich die Gleichung $f(x, y) = 0$ nicht nach y auflösen, aber in einer Umgebung von $(\sqrt[3]{2}, \sqrt[3]{4})^\top$. Es ist

$$\partial_2 f(\sqrt[3]{2}, \sqrt[3]{4})^\top = 3\sqrt[3]{2} > 0.$$

Mit der Formel für $\varphi''(x)$ aus Aufgabe erhält man

$$\varphi'(x) = -\frac{\partial_1^2 f(x, \varphi(x))}{\partial_2 f(x, \varphi(x))}.$$

Für $x = \sqrt[3]{2}$ ist $\partial_1^2 f(x, \varphi(x)) = 6x > 0$ und damit $\varphi''(x) > 0$, d. h. an der Stelle $\sqrt[3]{2}$ liegt ein Minimum von φ vor.

Beweisaufgaben

Aufgabe 21.24 ••• (a) Für das Differenzial $\mathrm{d}f(x)$ gilt somit

$$\mathrm{d}f(\boldsymbol{x})\boldsymbol{h} = au + bv + cw$$

für beliebiges $\boldsymbol{h} = (u, v, w)^\top$. Das Differenzial ist also unabhängig von der betrachteten Stelle $\boldsymbol{x}$.

Aufgabe 21.25 • Wir beschränken uns auf den Beweis der Produktregel

$$\mathbf{grad}\ (fg)(\boldsymbol{a}) = g(\boldsymbol{a})\mathbf{grad}\ f(\boldsymbol{a}) + f(\boldsymbol{a})\mathbf{grad}\ g(\boldsymbol{a}).$$

Nach Voraussetzung gilt für alle $\boldsymbol{h} \neq \boldsymbol{0}$ mit hinreichend kleiner Norm

$$f(\boldsymbol{a} + \boldsymbol{h}) = f(\boldsymbol{a}) + \mathbf{grad}\, f(\boldsymbol{a}) \cdot \boldsymbol{h} + r_1(\boldsymbol{h})$$

bzw.

$$g(\boldsymbol{a} + \boldsymbol{h}) = g(\boldsymbol{a}) + \mathbf{grad}\, g(\boldsymbol{a}) \cdot \boldsymbol{h} + r_2(\boldsymbol{h})$$

mit

$$\lim_{\boldsymbol{h}\to\boldsymbol{0}} \frac{r_1(\boldsymbol{h})}{\|\boldsymbol{h}\|} = \lim_{\boldsymbol{h}\to\boldsymbol{0}} \frac{r_2(\boldsymbol{h})}{\|\boldsymbol{h}\|} = 0.$$

Hieraus ergibt sich

$$(fg)(\boldsymbol{a} + \boldsymbol{h}) - (fg)(\boldsymbol{a}) = f(\boldsymbol{a} + \boldsymbol{h})g(\boldsymbol{a} + \boldsymbol{h}) - f(\boldsymbol{a})g(\boldsymbol{a})$$
$$= (f(\boldsymbol{a}) + \mathbf{grad}\, f(\boldsymbol{a}) \cdot \boldsymbol{h} + r_1(\boldsymbol{h})) \cdot$$
$$(g(\boldsymbol{a}) + \mathbf{grad}\, g(\boldsymbol{a}) \cdot \boldsymbol{h} + r_2(\boldsymbol{h})) - f(\boldsymbol{a})g(\boldsymbol{a})$$
$$= (f(\boldsymbol{a})\mathbf{grad}\, g(\boldsymbol{a}) + g(\boldsymbol{a})\mathbf{grad}\, f(\boldsymbol{a}))\, \boldsymbol{h} + r(\boldsymbol{h})$$

mit

$$r(\boldsymbol{h}) = (f(\boldsymbol{a}) + \mathbf{grad}\, f(\boldsymbol{a}) \cdot \boldsymbol{h})\, r_2(\boldsymbol{h})$$
$$+ (g(\boldsymbol{a}) + \mathbf{grad}\, g(\boldsymbol{a}) \cdot \boldsymbol{h})\, r_1(\boldsymbol{h})$$
$$+ r_1(\boldsymbol{h})r_2(\boldsymbol{h}) + (\mathbf{grad}\, f(\boldsymbol{a}) \cdot \boldsymbol{h})\, (\mathbf{grad}\, g(\boldsymbol{a}) \cdot \boldsymbol{h}).$$

Jeder Summand auf der rechten Seite hat nach Division durch $\|\boldsymbol{h}\|$ ($\boldsymbol{h} \neq \boldsymbol{0}$) den Grenzwert null. Beim dritten Summanden ergibt sich diese Eigenschaft aus

$$\frac{(\mathbf{grad}\, f(\boldsymbol{a}) \cdot \boldsymbol{h})\, (\mathbf{grad}\, g(\boldsymbol{a}) \cdot \boldsymbol{h})}{\|\boldsymbol{h}\|}$$
$$= \mathbf{grad}\, g(\boldsymbol{a}) \left((\mathbf{grad}\, f(\boldsymbol{a})\boldsymbol{h}) \cdot \frac{\boldsymbol{h}}{\|\boldsymbol{h}\|}\right).$$

Daher gilt auch $\lim_{\boldsymbol{h}\to\boldsymbol{0}} \frac{r(\boldsymbol{h})}{\|\boldsymbol{h}\|} = 0.$

Aufgabe 21.26 ••• Für alle $\boldsymbol{H} \in \mathbb{R}^{n\times n}$ gilt

$$f(\boldsymbol{X} + \boldsymbol{H}) = (\boldsymbol{X} + \boldsymbol{H})^2 = f(\boldsymbol{X}) + \boldsymbol{X}\boldsymbol{H} + \boldsymbol{H}\boldsymbol{X} + \boldsymbol{H}^2.$$

$\boldsymbol{H} \mapsto \boldsymbol{X}\boldsymbol{H} + \boldsymbol{H}\boldsymbol{X}$ ist eine lineare Abbildung von $\mathbb{R}^{n\times n} \to \mathbb{R}^{n\times n}$ und $\boldsymbol{r}(\boldsymbol{H}) = \boldsymbol{H}^2$ erfüllt

$$\lim_{\boldsymbol{H}\to\boldsymbol{0}} \frac{\boldsymbol{r}(\boldsymbol{H})}{\|\boldsymbol{H}\|} = \boldsymbol{0}.$$

Aufgabe 21.27 ••• $\mathbb{R}$-Linearität bedeutet, dass für $z = x + yi, x, y \in \mathbb{R}$, gilt

$$L(z) = L(x + yi) = L(x) + L(yi) = xL(1) + yL(i).$$

Nun gilt aber $x = \frac{1}{2}(z + \overline{z})$ und $y = \frac{1}{2i}(z - \overline{z})$, so folgt

$$L(z) = lz + m\overline{z},$$

mit

$$l = \frac{1}{2}(L(1) - iL(i)) \quad \text{und}$$
$$m = \frac{1}{2}(L(1) + iL(i)).$$

Ist die $\mathbb{R}$-lineare Abbildung L $\mathbb{C}$-linear, so gilt speziell $L(i) = iL(1)$ und damit

$$L(z) = xL(1) + yL(i) = xL(1) + yL(1)i$$
$$= L(1)(x + yi) = lz \quad (l = L(1)).$$

Hierbei ist also $l = L(1)$ und $m = \frac{1}{2}(L(1) - L(1)) = 0$. Umgekehrt ist eine Abbildung der Gestalt

$$L: \mathbb{C} \to \mathbb{C} \quad z \mapsto lz \quad (l \in \mathbb{C})$$

auch $\mathbb{R}$-linear.

Betrachtet man $\mathbb{C} = \mathbb{R}^2$ als Spaltenraum:

$$z = x + yi \longleftrightarrow \begin{pmatrix} x \\ y \end{pmatrix},$$

so induziert

$$\begin{pmatrix} \alpha & \gamma \\ \beta & \delta \end{pmatrix} \in \mathbb{R}^{2\times 2}$$

eine $\mathbb{R}$-lineare Abbildung $L: \mathbb{C} = \mathbb{R}^2 \to \mathbb{C} = \mathbb{R}^2$, mit

$$\begin{pmatrix} x \\ y \end{pmatrix} \mapsto \begin{pmatrix} \alpha & \gamma \\ \beta & \delta \end{pmatrix}\begin{pmatrix} x \\ y \end{pmatrix} = \begin{pmatrix} \alpha x + \gamma y \\ \beta x + \delta y \end{pmatrix}.$$

Speziell ist $L(1) = \alpha + i\beta$ und $L(i) = \gamma + i\delta$, und wegen

$$L(i) = iL(1) = -\beta + \alpha i$$

folgt $\alpha = \delta$ und $\beta = -\gamma$

Aufgabe 21.28 •• Setzt man

$$\boldsymbol{a}_j = (x_{1j}, x_{2j}, \ldots, x_{nj})^\top \quad \text{und}$$
$$\boldsymbol{X} = (\boldsymbol{a}_1, \ldots, \boldsymbol{a}_n)$$

und betrachtet $\det \boldsymbol{X}$ als Funktion der Variablen $x_{11}, \ldots, x_{nn}$,

$$\det \boldsymbol{X} = f(x_{ij}), \ 1 \le i, j \le n,$$

dann ist nach dem Entwicklungssatz nach der j-ten Spalte

$$\det \boldsymbol{X} = \sum_{i=1}^{n} (-1)^{i+j} x_{ij} \det \boldsymbol{X}_{ij},$$

wobei $\boldsymbol{X}_{ij}$ aus $\boldsymbol{X}$ durch Streichen der i-ten Zeile und j-ten Spalte entsteht. Weil das Element x_{ij} in $\boldsymbol{X}_{ij}$ nicht vorkommt, ist

$$\frac{\partial \det \boldsymbol{X}}{\partial x_{ij}} = \frac{\partial f(x_{ij})}{\partial x_{ij}} = (-1)^{i+j} \det \boldsymbol{X}_{ij}.$$

Die partiellen Ableitungen sind also stetige differenzierbare Funktionen und die Jacobi-Matrix (aufgefasst als Element von $\mathbb{R}^{n\times n} = (\mathbb{R}^n)^n$) repräsentiert die Ableitung.

Die aufgegebene Formel resultiert aus der Multilinearität von $\det \boldsymbol{X}$ in den Spalten von $\boldsymbol{X}$. Für $(\boldsymbol{h}_1, \ldots, \boldsymbol{h}_n) \in (\mathbb{R}^n)^n$ ist nämlich

$$\det(\boldsymbol{a}_1 + \boldsymbol{h}_1, \boldsymbol{a}_2 + \boldsymbol{h}_2, \ldots, \boldsymbol{a}_n + \boldsymbol{h}_n)$$
$$= \det(\boldsymbol{a}_1, \boldsymbol{a}_2, \ldots, \boldsymbol{a}_n)$$
$$+ \sum_{j=1}^{n} \det(\boldsymbol{a}_1, \boldsymbol{a}_2, \ldots, \boldsymbol{h}_j, \boldsymbol{a}_{j+1}, \ldots, \boldsymbol{a}_n)$$
$$+ \det(\boldsymbol{h}_1, \ldots, \boldsymbol{h}_n).$$

Dass das Restglied $\det(\boldsymbol{h}_1, \ldots, \boldsymbol{h}_n)$ die geforderte Verschwindungsordnung hat, folgt aus der Tatsache, dass wir schon wissen, dass det differenzierbar ist. Man kann dies aber auch durch Einführung einer geeigneten Norm auf $(\mathbb{R}^n)^n$ beweisen.

Aufgabe 21.29 ••• Siehe Resultat.

Aufgabe 21.30 • Der Satz über implizite Funktionen liefert die Auflösbarkeit nach jeder der Variablen. Durch implizites Differenzieren erhält man:

$$\frac{\partial x_i}{\partial x_j} = -\frac{\partial_i f}{\partial_j f} \text{ für } i \neq j.$$

Durch Multiplikation dieser Gleichungen erhält man die zu beweisende Gleichung.

Beispiel für eine technisch relevante Anwendung: Nach dem *Boyle-Mariott'schen Gesetz* gilt für ein Ideales Gas zwischen Druck P, Volumen V und Temperatur T die Gleichung $PV = kT$ mit einer Konstanten $k > 0$. Diese Gleichung kann man nach V, T oder P auflösen:

$$V = \frac{kT}{P} = \varphi_1(P, T),$$
$$T = \frac{1}{k}PV = \varphi_2(P, V),$$
$$P = \frac{kT}{V} = \varphi_3(V, T).$$

Es gilt dann

$$\frac{\partial \varphi_1(P, T)}{\partial T} = \frac{k}{P}, \quad \frac{\partial \varphi_2(P, V)}{\partial P} = \frac{V}{k} \quad \text{und}$$
$$\frac{\partial \varphi_3(V, T)}{\partial V} = -\frac{kT}{V^2},$$

und damit

$$\frac{\partial \varphi_1(P,T)}{\partial T} \cdot \frac{\partial \varphi_2(P,V)}{\partial P} \cdot \frac{\partial \varphi_3(V,T)}{\partial V} = \frac{k}{P} \cdot \frac{V}{k} \cdot \frac{-kT}{V^2} = \frac{-kT}{PV} = \frac{-kT}{kT} = -1.$$

Aufgabe 21.31 • Durch Übergang zu den Koordinaten der Punkte $\boldsymbol{x}$ und $\boldsymbol{a}_j$ erhält man

$$\textbf{grad}\, f(\boldsymbol{x}) = 2\sum_{j=1}^{r}(\boldsymbol{x} - \boldsymbol{a}_j),$$

also

$$\textbf{grad}\, f(\boldsymbol{x}) = \boldsymbol{0} \Leftrightarrow r\boldsymbol{x} = \sum_{j=1}^{r} \boldsymbol{a}_j$$

oder

$$\boldsymbol{x} = \frac{1}{r}\sum_{j=1}^{r} \boldsymbol{a}_j.$$

$\widetilde{\boldsymbol{x}} = \frac{1}{r}\sum_{j=1}^{r} \boldsymbol{a}_j$ ist aber der einzige Kandidat für eine eventuelle Extremalstelle. Wegen $\lim_{\|\boldsymbol{x}\|\to\infty} f(\boldsymbol{x}) = \infty$ hat f an der Stelle $\widetilde{\boldsymbol{x}}$ ein globales Minimum.

Kapitel 22

Aufgaben

Verständnisfragen

Aufgabe 22.1 • Mit $W \subseteq \mathbb{R}^3$ bezeichnen wir das Gebiet, das von den Ebenen $x_1 = 0$, $x_2 = 0$, $x_3 = 2$ und der Fläche $x_3 = x_1^2 + x_2^2$, $x_1 \geq 0$, $x_2 \geq 0$ begrenzt wird. Schreiben Sie das Integral

$$\int_W \sqrt{x_3 - x_2^2}\,\mathrm{d}\boldsymbol{x}$$

auf sechs verschiedene Arten als iteriertes Integral in kartesischen Koordinaten. Berechnen Sie den Wert mit der Ihnen am geeignetsten erscheinenden Integrationsreihenfolge.

Aufgabe 22.2 ••• Begründen Sie folgende Aussagen:

(a) Seien $Q_1, \ldots, Q_m \subseteq \mathbb{R}^n$ Quader, so existieren paarweise disjunkte Quader $W_1, \ldots, W_l \subseteq \mathbb{R}^n$ mit folgender Eigenschaft: Zu jedem $j \in \{1, \ldots, m\}$ existiert eine Indexmenge $K(j)$ mit

$$\overline{Q_j} = \bigcup_{k \in K(j)} \overline{W_k}\,.$$

Machen Sie sich hiermit klar: Die Summe, das Maximum und das Minimum zweier Treppenfunktionen ist jeweils wieder eine Treppenfunktion.

(b) Sind $I \subseteq \mathbb{R}^p$ und $J \subseteq \mathbb{R}^q$ offene Quader, und ist $Q = I \times J$, so gilt für jede Treppenfunktion $\varphi\colon Q \to \mathbb{R}$ die Identität

$$\int_Q \varphi(\boldsymbol{x}, \boldsymbol{y})\,\mathrm{d}(\boldsymbol{x}, \boldsymbol{y}) = \int_I \int_J \varphi(\boldsymbol{x}, \boldsymbol{y})\,\mathrm{d}\boldsymbol{y}\,\mathrm{d}\boldsymbol{x}\,.$$

Verwenden Sie nur die Definition des Gebietsintegrals für Treppenfunktionen.

Aufgabe 22.3 •• Gesucht ist das Gebietsintegral

$$\int_{x=0}^{2} \int_{y=0}^{x^2} \frac{x}{y+5}\,\mathrm{d}y\,\mathrm{d}x + \int_{x=2}^{\sqrt{20}} \int_{y=0}^{\sqrt{20-x^2}} \frac{x}{y+5}\,\mathrm{d}y\,\mathrm{d}x\,.$$

Erstellen Sie eine Skizze des Integrationsbereichs. Vertauschen Sie die Integrationsreihenfolge und berechnen Sie so das Integral.

Aufgabe 22.4 • Gegeben ist das Gebiet $D \subseteq \mathbb{R}^3$, das als Schnitt der Einheitskugel mit der Menge $\{\boldsymbol{x} \in \mathbb{R}^3 \mid x_1, x_2, x_3 > 0\}$ entsteht. Beschreiben Sie dieses Gebiet in kartesischen Koordinaten, Zylinderkoordinaten und Kugelkoordinaten.

Aufgabe 22.5 • Bestimmen Sie für die folgenden Gebiete D je eine Transformation $\psi\colon B \to D$, bei der B ein Quader ist:

(a) $D = \left\{\boldsymbol{x} \in \mathbb{R}^2_{>0} \mid 0 < x_1^2 + x_2^2 < 4,\ 0 < \dfrac{x_2}{x_1} < 1\right\}$

(b) $D = \left\{\boldsymbol{x} \in \mathbb{R}^3 \mid x_1, x_2 > 0,\ x_1^2 + x_2^2 + x_3^2 < 1\right\}$

(c) $D = \left\{\boldsymbol{x} \in \mathbb{R}^2 \mid 0 < x_2 < 1,\ x_2 < x_1 < 2 + x_2\right\}$

(d) $D = \left\{\boldsymbol{x} \in \mathbb{R}^3 \mid 0 < x_3 < 1,\ x_2 > 0,\ x_1^2 < 9 - x_2^2\right\}$

Aufgabe 22.6 •• Die Menge all derjenigen Punkte $\boldsymbol{x} \in \mathbb{R}^3$, die Lösungen einer Gleichung der Form

$$a\,x_1^2 + b\,x_2^2 + c\,x_3^2 = r^2$$

bei gegebenem a, b, c und $r > 0$ sind, nennt man ein **Ellipsoid.** Für $a = b = c$ erhält man den Spezialfall einer Kugel.

Bei Kugelkoordinaten erhält man für konstantes r und variable Winkelkoordinaten eine Kugelschale. Modifizieren Sie die Kugelkoordinaten so, dass bei konstantem r ein Ellipsoid entsteht. Wie lautet die Funktionaldeterminante der zugehörigen Transformation?

Rechenaufgaben

Aufgabe 22.7 • Berechnen Sie die folgenden Gebietsintegrale:

(a) $$J = \int_D \frac{\sin(x_1 + x_3)}{x_2 + 2}\,\mathrm{d}\boldsymbol{x} \quad \text{mit}$$
$$D = \left[-\frac{\pi}{4}, 0\right] \times [0, 2] \times \left[0, \frac{\pi}{2}\right]$$

(b) $$J = \int_D \frac{2x_1x_3}{(x_1^2 + x_2^2)^2}\,\mathrm{d}\boldsymbol{x} \quad \text{mit}$$
$$D = \left[\frac{1}{\sqrt{3}}, 1\right] \times [0, 1] \times [0, 1]$$

Aufgabe 22.8 •• Berechnen Sie die folgenden Integrale für beide möglichen Integrationsreihenfolgen:

(a) $\int_B (x^2 - y^2)\,\mathrm{d}(x, y)$ mit dem Gebiet $B \subseteq \mathbb{R}^2$ zwischen den Graphen der Funktionen mit $y = x^2$ und $y = x^3$ für $x \in (0, 1)$

(b) $\int_B \dfrac{\sin(y)}{y}\,\mathrm{d}(x, y)$ mit $B \subseteq \mathbb{R}^2$ definiert durch

$$B = \left\{(x, y)^\top \in \mathbb{R}^2 \colon 0 \leq x \leq y \leq \frac{\pi}{2}\right\}$$

Welche Integrationsreihenfolge ist jeweils die günstigere?

Aufgabe 22.9 •• Das Dreieck D ist durch seine Eckpunkte $(0, 0)^\top$, $(\pi/2, \pi/2)^\top$ und $(\pi, 0)^\top$ definiert. Berechnen Sie das Gebietsintegral

$$\int_D \sqrt{\sin x_1 \sin x_2}\,\cos x_2\,\mathrm{d}\boldsymbol{x}\,.$$

Aufgabe 22.10 ••• Das Gebiet M ist definiert durch

$$M = \left\{ \boldsymbol{x} \in \mathbb{R}^2 \mid 0 < \frac{x_2}{x_1^2 + x_2^2} < 1 - \frac{x_1}{x_1^2 + x_2^2} < \frac{1}{2} \right\}.$$

Bestimmen Sie das Integral

$$\int_M \frac{4(x_1 + x_2)}{(x_1^2 + x_2^2)^3} \, \mathrm{d}\boldsymbol{x}$$

mithilfe der Transformation

$$x_1 = \frac{u_1}{u_1^2 + u_2^2}, \quad x_2 = \frac{u_2}{u_1^2 + u_2^2}.$$

Aufgabe 22.11 •• Gegeben ist $D = \{x \in \mathbb{R}^2 \mid x_1^2 + x_2^2 < 1\}$. Berechnen Sie

$$\int_D (x_1^2 + x_1 x_2 + x_2^2) \, \mathrm{e}^{-(x_1^2 + x_2^2)} \, \mathrm{d}\boldsymbol{x}$$

durch Transformation auf Polarkoordinaten.

Aufgabe 22.12 • Gegeben ist die Kugelschale D um den Nullpunkt mit äußerem Radius R und innerem Radius r $(r < R)$. Berechnen Sie den Wert des Integrals

$$\int_D \sqrt{x^2 + y^2 + z^2} \, \mathrm{d}(x, y, z).$$

Beweisaufgaben

Aufgabe 22.13 • Der Schwerpunkt einer beschränkten messbaren Menge $M \subseteq \mathbb{R}^n$ lässt sich durch das Integral

$$\boldsymbol{x}_S = \frac{1}{\mu(M)} \int_M \boldsymbol{x} \, \mathrm{d}\boldsymbol{x}$$

berechnen. Gegeben ist ein Dreieck $D \subseteq \mathbb{R}^2$ mit den Eckpunkten $\boldsymbol{a}$, $\boldsymbol{b}$ und $\boldsymbol{c}$. Zeigen Sie, dass für den Schwerpunkt des Dreiecks die Formel

$$\boldsymbol{x}_S = \frac{1}{3} (\boldsymbol{a} + \boldsymbol{b} + \boldsymbol{c})$$

gilt.

Aufgabe 22.14 •• Gegeben sind Quader $I \subseteq \mathbb{R}^p$ und $J \subseteq \mathbb{R}^q$ sowie $Q = I \times J \subseteq \mathbb{R}^{p+q}$. Zeigen Sie: Sind $f \in L(I)$, $g \in L(J)$ und ist h definiert durch $h(\boldsymbol{x}, \boldsymbol{y}) = f(\boldsymbol{x})\, g(\boldsymbol{y})$, $\boldsymbol{x} \in I$, $\boldsymbol{y} \in J$, so ist $h \in L(Q)$ mit

$$\int_Q h(\boldsymbol{x}, \boldsymbol{y}) \, \mathrm{d}(\boldsymbol{x}, \boldsymbol{y}) = \int_I f(\boldsymbol{x}) \, \mathrm{d}\boldsymbol{x} \int_J g(\boldsymbol{y}) \, \mathrm{d}\boldsymbol{y}.$$

Aufgabe 22.15 •• Es sei $f\colon (a, b) \to \mathbb{R}$ eine fast überall positive Funktion mit $f, \frac{1}{f} \in L(a, b)$. Zeigen Sie, dass die folgende Abschätzung gilt:

$$\int_a^b f(x) \mathrm{d}x \int_a^b \frac{1}{f(x)} \, \mathrm{d}x \geq (b - a)^2.$$

Aufgabe 22.16 • Zeigen Sie: Jede beschränkte Menge $M \subseteq \mathbb{R}^n$, deren Rand eine Nullmenge ist, ist messbar.

Aufgabe 22.17 •• Gegeben seien eine messbare Menge $D \subseteq \mathbb{R}^n$ und $f \in L(\mathbb{R}^n)$. Zeigen Sie $f|_D \in L(D)$.

Hinweise

Verständnisfragen

Aufgabe 22.1 • Wählen Sie eine Integrationsreihenfolge, bei der die Wurzel durch die innerste Integration verschwindet.

Aufgabe 22.2 ••• (a) Schreiben Sie die einzelnen Quader als kartesisches Produkt von Intervallen und machen Sie sich klar, welche Fälle auftreten können, wenn sich die Quader überdecken. Es reicht aus, sich die Aussage im $\mathbb{R}^2$ plausibel zu machen. (b) Verwenden Sie die Aussage von (a) jeweils für I und J.

Aufgabe 22.3 •• Durch das Vertauschen der Integrationsreihenfolge können beide Integrale zu einem zusammengefasst werden.

Aufgabe 22.4 • Am einfachsten sind die Kugelkoordinaten.

Aufgabe 22.5 • Formen Sie die Bedingungen aus den Definitionen der Mengen so um, dass Intervalle entstehen. Gibt es Ausdrücke, die auf bekannte Transformationen hinweisen?

Aufgabe 22.6 •• Substituieren Sie in den Gleichung so, dass die Gleichung einer Kugel entsteht.

Rechenaufgaben

Aufgabe 22.7 • Verwenden Sie den Satz von Fubini, um die Gebietsintegrale als iterierte Integrale zu schreiben.

Aufgabe 22.8 •• Schreiben Sie die Integrale für beide möglichen Integrationsreihenfolgen als iteriertes Integral. Lassen sich auf beiden Wegen die Integrale berechnen?

Aufgabe 22.9 •• Schreiben Sie das Integral als iteriertes Integral, bei dem im inneren Integral die Integration über x_2 durchgeführt wird.

Aufgabe 22.10 ••• Bestimmen Sie die Funktionaldeterminante der Transformation und wenden Sie die Transformationsformel an. Dazu müssen Sie den Integranden durch u_1 und u_2 ausdrücken. Was ist $x_1^2 + x_2^2$?

Aufgabe 22.11 •• Substituieren Sie $u = r^2$ für das Integral über r.

Aufgabe 22.12 • Verwenden Sie Kugelkoordinaten.

Beweisaufgaben

Aufgabe 22.13 • Verwenden Sie die Vektoren $\boldsymbol{b} - \boldsymbol{a}$ und $\boldsymbol{c} - \boldsymbol{a}$ als Basis für ein Koordinatensystem im $\mathbb{R}^2$. Die Fläche des Dreiecks ist $|\det((\boldsymbol{b} - \boldsymbol{a}, \boldsymbol{c} - \boldsymbol{a}))|/2$.

Aufgabe 22.14 •• Betrachten Sie zunächst $f \in L^\uparrow(I)$, $g \in L^\uparrow(J)$ und approximieren Sie durch monoton wachsende Folgen von Treppenfunktionen.

Aufgabe 22.15 •• Verwenden Sie die Aussage von Aufgabe einmal für $f(x)/f(y)$ und einmal für $f(y)/f(x)$.

Aufgabe 22.16 • Stellen Sie die Menge M als Differenzmenge von Mengen dar, von denen bekannt ist, dass Sie messbar sind und wenden Sie den Satz von Seite 925 an.

Aufgabe 22.17 •• Betrachten Sie ein $f \geq 0$ und das Produkt $f\mathbf{1}_D$. Wenden Sie den Lebesgue'schen Konvergenzsatz auf eine geeignete approximierende Folge an.

Lösungen

Verständnisfragen

Aufgabe 22.1 • Der Wert ist $\frac{16}{15}\sqrt{2}$.

Aufgabe 22.2 ••• –

Aufgabe 22.3 •• Der Wert des Integrals ist 4.

Aufgabe 22.4 • Die Darstellungen des Gebiets lauten:

$$\begin{aligned} D &= \{\boldsymbol{x} \in \mathbb{R}^3 \mid 0 < x_1 < 1, \\ &\qquad 0 < x_2 < \sqrt{1 - x_1^2},\ x_1^2 + x_2^2 + x_3^2 = 1\} \\ &= \{(\rho\cos\varphi, \rho\sin\varphi, z)^\top \in \mathbb{R}^3 \mid \\ &\qquad 0 < \varphi < \pi/2,\ 0 < \rho < 1,\ z^2 + \rho^2 = 1\} \\ &= \{(\cos\varphi\sin\vartheta, \sin\varphi\sin\vartheta, \cos\vartheta)^\top \in \mathbb{R}^3 \mid \\ &\qquad 0 < \varphi < \pi/2,\ 0 < \vartheta < \pi/2\}. \end{aligned}$$

Aufgabe 22.5 • (a) Polarkoordinaten: $B = (0, 2) \times (0, \pi/4)$, (b) Kugelkoordinaten: $B = (0, 1) \times (0, \pi/4) \times (0, \pi)$, (c) $B = (0, 1) \times (0, 2)$ und $\psi(u_1, u_2) = (u_1 + u_2, u_1)^\top$, (d) Zylinderkoordinaten: $B = (0, 3) \times (0, \pi) \times (0, 1)$.

Aufgabe 22.6 •• Die Transformation ist

$$\begin{aligned} x_1 &= \frac{r}{\sqrt{a}}\cos\varphi\sin\vartheta, \\ x_2 &= \frac{r}{\sqrt{b}}\sin\varphi\sin\vartheta, \\ x_3 &= \frac{r}{\sqrt{c}}\cos\vartheta \end{aligned}$$

mit der Funktionaldeterminante $r^2 \sin\vartheta/\sqrt{abc}$.

Rechenaufgaben

Aufgabe 22.7 • (a) $J = \ln 2\,(\sqrt{2} - 1)$, (b) $(\pi/2)\,(1/\sqrt{3} - 1/4)$.

Aufgabe 22.8 •• (a) $\int_B (x^2 - y^2)\,\mathrm{d}(x, y) = 2/105$, (b) $\int_B \sin(y)/y\,\mathrm{d}(x, y) = 1$.

Aufgabe 22.9 •• $\int_D \sqrt{\sin x_1 \sin x_2}\cos x_2\,\mathrm{d}\boldsymbol{x} = \pi/3$.

Aufgabe 22.10 ••• Der Wert des Integrals ist $5/12$.

Aufgabe 22.11 •• $\pi\,(1 - 2/\mathrm{e})$.

Aufgabe 22.12 • $\int_D \sqrt{x^2 + y^2 + z^2}\,\mathrm{d}(x, y, z) = \pi(R^4 - r^4)$.

Beweisaufgaben

Aufgabe 22.13 • –

Aufgabe 22.14 •• –

Aufgabe 22.15 •• –

Aufgabe 22.16 • –

Aufgabe 22.17 •• –

Lösungswege

Verständnisfragen

Aufgabe 22.1 • Es gibt sechs verschiedene Permutationen, also Reihenfolgen, der drei Koordinaten des Raums. Dementsprechend können wir auch das Integral auf 6 verschiedene Arten berechnen. Es ist:

$$\begin{aligned} &\int_W \sqrt{x_3 - x_2^2}\,\mathrm{d}\boldsymbol{x} \\ &= \int_{x_1=0}^{\sqrt{2}} \int_{x_2=0}^{\sqrt{2-x^2}} \int_{x_3=x^2+y^2}^{2} \sqrt{x_3 - x_2^2}\,\mathrm{d}x_3\,\mathrm{d}x_2\,\mathrm{d}x_1 \\ &= \int_{x_1=0}^{\sqrt{2}} \int_{x_3=x^2}^{2} \int_{x_2=0}^{\sqrt{x_3-x_1^2}} \sqrt{x_3 - x_2^2}\,\mathrm{d}x_2\,\mathrm{d}x_3\,\mathrm{d}x_1 \\ &= \int_{x_2=0}^{\sqrt{2}} \int_{x_1=0}^{\sqrt{2-x_2^2}} \int_{x_3=x_1^2+x_2^2}^{2} \sqrt{x_3 - x_2^2}\,\mathrm{d}x_3\,\mathrm{d}x_1\,\mathrm{d}x_2 \\ &= \int_{x_2=0}^{\sqrt{2}} \int_{x_3=x_2^2}^{2} \int_{x_1=0}^{\sqrt{x_3-x_2^2}} \sqrt{x_3 - x_2^2}\,\mathrm{d}x_1\,\mathrm{d}x_3\,\mathrm{d}x_2 \\ &= \int_{x_3=0}^{2} \int_{x_1=0}^{\sqrt{x_3}} \int_{x_2=0}^{\sqrt{x_3-x_1^2}} \sqrt{x_3 - x_2^2}\,\mathrm{d}x_2\,\mathrm{d}x_1\,\mathrm{d}x_3 \\ &= \int_{x_3=0}^{2} \int_{x_2=0}^{\sqrt{x_3}} \int_{x_1=0}^{\sqrt{x_3-x_2^2}} \sqrt{x_3 - x_2^2}\,\mathrm{d}x_1\,\mathrm{d}x_2\,\mathrm{d}x_3 \end{aligned}$$

Im 4-ten oder 6-ten Fall hebt sich durch die Integration über x_1 im innersten Integral die Wurzel weg. Wir erhalten zum Beispiel im 4-ten Fall

$$\begin{aligned}\int_W \sqrt{x_3 - x_2^2}\,\mathrm{d}\boldsymbol{x} &= \int_{x_2=0}^{\sqrt{2}} \int_{x_3=x_2^2}^{2} \int_{x_1=0}^{\sqrt{x_3-x_2^2}} \sqrt{x_3 - x_2^2}\,\mathrm{d}x_1\,\mathrm{d}x_3\,\mathrm{d}x_2 \\ &= \int_{x_2=0}^{\sqrt{2}} \int_{x_3=x_2^2}^{2} \left(x_3 - x_2^2\right) \mathrm{d}x_3\,\mathrm{d}x_2 \\ &= \int_{x_2=0}^{\sqrt{2}} \left(2 - 2x_2^2 + \frac{1}{2}x_2^4\right) \mathrm{d}x_2 \\ &= \left[2x_2 - \frac{2}{3}x_2^3 + \frac{1}{10}x_2^5\right]_0^{\sqrt{2}} \\ &= \frac{16}{15}\sqrt{2}.\end{aligned}$$

Aufgabe 22.2 ••• (a) Sind die Q_j bereits paarweise disjunkt, so muss nichts mehr gezeigt werden. Wir nehmen also an, dass $Q_j \cap Q_k \neq \emptyset$ für $j, k \leq n$ mit $j \neq k$ ist. Wir schreiben

$$\begin{aligned}Q_j &= (a_{j1}, b_{j1}) \times (a_{j2}, b_{j2}) \times \cdots \times (a_{jn}, b_{jn}), \\ Q_k &= (a_{k1}, b_{k1}) \times (a_{k2}, b_{k2}) \times \cdots \times (a_{kn}, b_{kn}).\end{aligned}$$

Da der Schnitt beider Quader nicht leer ist, folgt

$$(a_{jm}, b_{jm}) \cap (a_{km}, b_{km}) \neq \emptyset, \qquad m = 1, \ldots, n.$$

Mit entsprechenden Fallunterscheidungen erhält man: Es existieren drei disjunkte Intervalle I_{m1}, I_{m2}, I_{m3} mit

$$\overline{I_{m1} \cup I_{m2} \cup I_{m3}} = \overline{(a_{jm}, b_{jm}) \cup (a_{km}, b_{km})}.$$

Durch Bildung der kartesischen Produkte entstehen paarweise disjunkte Quader im $\mathbb{R}^n$. Jeder davon ist entweder Teilmenge von Q_j oder Q_k oder zu beiden disjunkt. Wählt man nur die Teilmengen aus, so stimmt der Abschluss ihrer Vereinigung gerade mit dem Abschluss der Vereinigung von Q_j und Q_k überein.

Man führt dieses Verfahren fort, bis man alle Q_j disjunkt überdeckt hat. Das Ergebnis sind die disjunkten Quader $W_1, \ldots, W_l \subseteq \mathbb{R}^n$ aus der Aufgabenstellung. Es sind nun genau diejenigen Indizes k in $K(j)$ enthalten, für die $W_k \subseteq Q_j$ ist.

Es seien φ und ψ zwei Treppenfunktionen. Wir bezeichnen mit $Q_1, \ldots, Q_r$ die Quader, auf denen φ konstant und von null verschieden ist, mit $Q_{r+1}, \ldots, Q_n$ diejenigen, auf denen dies für ψ der Fall ist. Dann existieren paarweise disjunkte Quader $W_1, \ldots, W_l$ wie oben gezeigt. Auf jedem W_k sind sowohl φ als auch ψ konstant. Somit sind auch $\varphi + \psi$, $\max(\varphi, \psi)$, $\min(\varphi, \psi)$ auf jedem W_k konstant. Ferner sind beide Treppenfunktionen außerhalb der Vereinigung aller W_k fast überall null. Auch dies gilt somit für $\varphi + \psi$, $\max(\varphi, \psi)$, $\min(\varphi, \psi)$. Daher sind dies Treppenfunktionen.

(b) Wir bezeichnen mit $Q_1, \ldots, Q_n$ die Quader, auf denen φ konstant und von null verschieden ist, und schreiben jeden als $Q_j = \tilde{I}_j \times \tilde{J}_j$ mit Quadern $\tilde{I}_j \subseteq \mathbb{R}^p$, $\tilde{J}_j \subseteq \mathbb{R}^q$. Dann ist φ auf jedem kartesischen Produkt $\tilde{I}_j \times \tilde{J}_k$, $j, k = 1, \ldots, n$, konstant und auf $Q \setminus \overline{\bigcup_{j,k=1}^n I_j \times J_k}$ gleich null.

Gemäß der Überlegung aus Teil (a) zerlegen wir sowohl das System der $\tilde{I}_j$ disjunkt in $I_1, \ldots, I_l$ als auch das System der $\tilde{J}_j$ disjunkt in $J_1, \ldots, J_k$. Mit $c_{a,b}$ bezeichnen wir den Wert von φ auf $I_a \times J_b$.

Damit ist

$$\begin{aligned}\int_Q \varphi(\boldsymbol{x}, \boldsymbol{y})\,\mathrm{d}(\boldsymbol{x}, \boldsymbol{y}) &= \sum_{a=1}^{l} \sum_{b=1}^{k} \int_{I_a \times J_b} \varphi(\boldsymbol{x}, \boldsymbol{y})\,\mathrm{d}(\boldsymbol{x}, \boldsymbol{y}) \\ &= \sum_{a=1}^{l} \sum_{b=1}^{k} c_{a,b}\,\mu(I_a \times J_b) \\ &= \sum_{a=1}^{l} \mu(I_a) \sum_{b=1}^{k} c_{a,b}\,\mu(J_b) \\ &= \int_I \int_J \varphi(\boldsymbol{x}, \boldsymbol{y})\,\mathrm{d}\boldsymbol{y}\,\mathrm{d}\boldsymbol{x}.\end{aligned}$$

Aufgabe 22.3 •• In der Abbildung 22.1 ist der Integrationsbereich dargestellt.

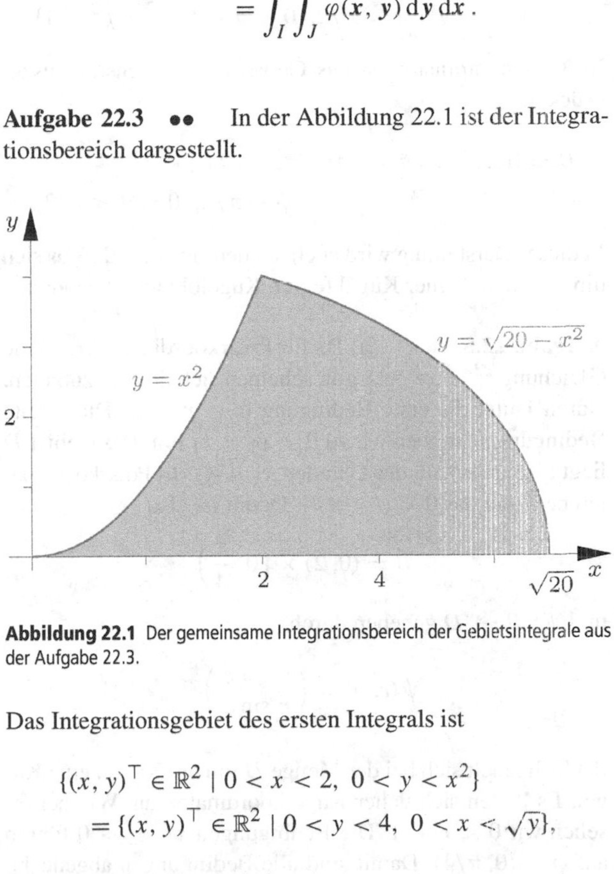

Abbildung 22.1 Der gemeinsame Integrationsbereich der Gebietsintegrale aus der Aufgabe 22.3.

Das Integrationsgebiet des ersten Integrals ist

$$\begin{aligned}&\{(x, y)^\top \in \mathbb{R}^2 \mid 0 < x < 2,\ 0 < y < x^2\} \\ &\quad = \{(x, y)^\top \in \mathbb{R}^2 \mid 0 < y < 4,\ 0 < x < \sqrt{y}\},\end{aligned}$$

das des zweiten Integrals ist

$$\begin{aligned}&\{(x, y)^\top \in \mathbb{R}^2 \mid 2 < x < \sqrt{20},\ 0 < y < \sqrt{20 - x^2}\} \\ &\quad = \{(x, y)^\top \in \mathbb{R}^2 \mid 0 < y < 4,\ 2 < x < \sqrt{20 - y^2}\}.\end{aligned}$$

Dreht man die Integrationsreihenfolge in den Integralen um, können beide zusammengefasst werden. Dann haben wir zu berechnen

$$\begin{aligned}\int_{y=0}^{4}\int_{x=\sqrt{y}}^{\sqrt{20-y^2}} \frac{x}{y+5}\,dx\,dy &= \int_{y=0}^{4} \frac{1}{2(y+5)}\,(20-y^2-y)\,dy\\ &= \int_{y=0}^{4} \frac{1}{2(y+5)}\,(y+5)\,(4-y)\,dy\\ &= \int_{y=0}^{4} \frac{4-y}{2}\,dy = 4.\end{aligned}$$

Aufgabe 22.4 • In kartesischen Koordinaten kann man das Gebiet zum Beispiel schreiben als

$$\begin{aligned}D = \{\boldsymbol{x} \in \mathbb{R}^3 \mid\ & 0 < x_1 < 1,\\ & 0 < x_2 < \sqrt{1-x_1^2},\ x_1^2 + x_2^2 + x_3^2 = 1\}.\end{aligned}$$

In zylindrischen Koordinaten erhalten wir etwa

$$\begin{aligned}D = \{(\rho\cos\varphi, \rho\sin\varphi, z)^\top \in \mathbb{R}^3 \mid\ & \\ 0 < \varphi < \pi/2,\ 0 < \rho < 1,\ & z^2 + \rho^2 = 1\}.\end{aligned}$$

In Kugelkoordinaten ist das Gebiet am einfachsten auszudrücken,

$$\begin{aligned}D = \{(\cos\varphi\sin\vartheta, \sin\varphi\sin\vartheta, \cos\vartheta)^\top \in \mathbb{R}^3 \mid\ & \\ 0 < \varphi < \pi/2,\ 0 < \vartheta < \pi/2\}.\end{aligned}$$

In dieser Darstellung wird auch am deutlichsten, dass es sich um ein Achtel einer Kugel (einen Kugeloktanten) handelt.

Aufgabe 22.5 • (a) Da für Polarkoordinaten (r, φ) die Gleichung $r^2 = x_1^2 + x_2^2$ gilt, scheinen sich diese anzubieten. Damit lautet die erste Bedingung $0 < r < 2$. Die zweite Bedingung schreiben wir zu $0 < x_2 < x_1$ um. Das Gebiet D liegt also unterhalb der Geraden $x_1 = x_2$. In Polarkoordinaten bedeutet das $0 < \varphi < \pi/4$. Damit ist also

$$B = (0, 2) \times \left(0, \frac{\pi}{4}\right)$$

und $\psi\colon B \to D$ gegeben durch

$$\psi(r, \varphi) = \begin{pmatrix} r\cos\varphi \\ r\sin\varphi \end{pmatrix}.$$

(b) Es handelt sich bei der Menge D um ein Viertel eine Kugel. Es bieten sich daher Kugelkoordinaten an. Wie bei (a) sehen wir $0 < r < 1$. Die Bedingungen $x_1, x_2 > 0$ führen auf $\varphi \in (0, \pi/4)$. Damit sind alle Bedingungen abgedeckt, für die ϑ-Koordinate gibt es keine zusätzlichen Einschränkungen. Wir haben also

$$B = (0, 1) \times \left(0, \frac{\pi}{4}\right) \times (0, \pi)$$

und $\psi\colon B \to D$ mit

$$\psi(r, \varphi, \vartheta) = \begin{pmatrix} r\cos\varphi\sin\vartheta \\ r\sin\varphi\sin\vartheta \\ r\cos\vartheta \end{pmatrix}.$$

(c) Die erste Bedingung hat schon die Form eines Intervalls. Wir subtrahieren x_2 in der zweiten Bedingung und erhalten

$$0 < x_1 - x_2 < 2.$$

Mit $u_1 = x_2$ und $u_2 = x_1 - x_2$ folgt $x_1 = u_1 + u_2$. Damit setzen wir

$$B = (0, 1) \times (0, 2)$$

und wählen $\psi\colon B \to D$ als

$$\psi(u_1, u_2) = \begin{pmatrix} u_1 + u_2 \\ u_1 \end{pmatrix}.$$

(d) Die dritte Bedingung lautet umgeschrieben $x_1^2 + x_2^2 < 9$. Dies deutet auf Zylinderkoordinaten $(\rho, \varphi, z)^\top$ hin. Die Bedingung $x_2 > 0$ übersetzt sich dann zu $0 < \varphi < \pi$. Damit erhalten wir

$$B = (0, 3) \times (0, \pi) \times (0, 1)$$

und $\psi\colon B \to D$ mit

$$\psi(\rho, \varphi, z) = \begin{pmatrix} \rho\cos\varphi \\ \rho\sin\varphi \\ z \end{pmatrix}.$$

Aufgabe 22.6 •• Ist $\boldsymbol{x}$ ein Punkt auf einem Ellipsoid, so substituieren wir

$$y_1 = \sqrt{a}\,x_1, \quad y_2 = \sqrt{b}\,x_2, \quad y_3 = \sqrt{c}\,x_3.$$

Dann gilt für $\boldsymbol{y} = (y_1, y_2, y_3)^\top$ die Gleichung

$$y_1^2 + y_2^2 + y_3^2 = r^2.$$

Also liegt $\boldsymbol{y}$ auf einer Kugelschale um den Ursprung mit Radius r.

Indem wir die Menge aller $\boldsymbol{y}$, die auf dieser Kugelschale liegen, durch Kugelkoordinaten mit konstantem r darstellen, erhalten wir für $\boldsymbol{x}$ die Gleichungen

$$\begin{aligned} x_1 &= \frac{r}{\sqrt{a}}\cos\varphi\sin\vartheta,\\ x_2 &= \frac{r}{\sqrt{b}}\sin\varphi\sin\vartheta,\\ x_3 &= \frac{r}{\sqrt{c}}\cos\vartheta. \end{aligned}$$

Allgemeiner spricht man bei Transformation der Form

$$\begin{aligned} x_1 &= \alpha\, r\cos\varphi\sin\vartheta,\\ x_2 &= \beta\, r\sin\varphi\sin\vartheta,\\ x_3 &= \gamma\, r\cos\vartheta \end{aligned}$$

mit $r > 0$, $\varphi \in (-\pi, \pi)$, $\vartheta \in (0, \pi)$ und gegebenen Konstanten $\alpha, \beta, \gamma > 0$ von **elliptischen Koordinaten.** Jedes so gegebene $x \in \mathbb{R}^3$ erfüllt die Gleichung

$$\frac{x_1^2}{\alpha^2} + \frac{x_2^2}{\beta^2} + \frac{x_3^2}{\gamma^2} = r^2.$$

Berechnet man die Funktionalmatrix der zugehörigen Transformation, so unterscheidet sich diese von derjenigen zu den Kugelkoordinaten gerade dadurch, dass in der ersten Zeile jeweils ein Faktor α, in der zweiten jeweils ein Faktor β, und in der dritten jeweils ein Faktor γ steht. Wegen der Linearität der Determinante bezüglich jeder Zeile folgt, dass die Funktionaldeterminante durch

$$\alpha\beta\gamma\, r^2 \sin\vartheta$$

gegeben ist. In den ursprünglichen Bezeichnungen erhalten wir

$$\frac{r^2 \sin\vartheta}{\sqrt{abc}}.$$

Rechenaufgaben

Aufgabe 22.7 • (a) Das Integrationsgebiet ist ein Quader. Der Integrand ist stetig und lässt sich auf den Rand des Quaders stetig fortsetzen. Er ist also integrierbar. Daher können wir den Satz von Fubini anwenden.

$$\begin{aligned}
J &= \int_{x_3=0}^{\pi/2}\int_{x_1=-\pi/4}^{0}\int_{x_2=0}^{2} \frac{\sin(x_1+x_3)}{x_2+2}\,\mathrm{d}x_2\,\mathrm{d}x_1\,\mathrm{d}x_3 \\
&= [\ln(x_2+2)]_0^2 \int_{x_3=0}^{\pi/2}\int_{x_1=-\pi/4}^{0} \sin(x_1+x_3)\,\mathrm{d}x_1\,\mathrm{d}x_3 \\
&= \ln 2 \int_{x_3=0}^{\pi/2}\int_{x_1=-\pi/4}^{0} \sin(x_1+x_3)\,\mathrm{d}x_1\,\mathrm{d}x_3 \\
&= \ln 2 \int_0^{\pi/2} \left(\cos\left(x_3 - \frac{\pi}{4}\right) - \cos x_3\right)\mathrm{d}x_3 \\
&= \ln 2\,(\sqrt{2}-1).
\end{aligned}$$

(b) Wie bei Teil (a) sehen wir, dass der Satz von Fubini angewandt werden kann. Es ergibt sich

$$\begin{aligned}
J &= \int_{x_3=0}^{1}\int_{x_1=1/\sqrt{3}}^{1}\int_{x_2=0}^{1} \frac{2x_1x_3}{(x_1^2+x_2^2)^2}\,\mathrm{d}x_3\,\mathrm{d}x_1\,\mathrm{d}x_2 \\
&= \int_{x_3=0}^{1}\int_{x_1=1/\sqrt{3}}^{1} \frac{x_1}{(x_1^2+x_2^2)^2}\,\mathrm{d}x_1\,\mathrm{d}x_2 \\
&= \frac{1}{2}\int_0^1 \left(\frac{1}{1/3+x_2^2} - \frac{1}{1+x_2^2}\right)\mathrm{d}x_2 \\
&= \frac{1}{2}\left(\sqrt{3}\arctan\sqrt{3} - \arctan 1\right) \\
&= \frac{\pi}{2}\left(\frac{1}{\sqrt{3}} - \frac{1}{4}\right).
\end{aligned}$$

Aufgabe 22.8 •• (a) Zunächst integrieren wir im inneren Integral bezüglich x:

$$\begin{aligned}
&\int_B (x^2-y^2)\,\mathrm{d}(x,y) \\
&= \int_0^1 \int_{\sqrt{y}}^{\sqrt[3]{y}} (x^2-y^2)\,\mathrm{d}x\,\mathrm{d}y \\
&= \int_0^1 \left[\frac{1}{3}x^3 - xy^2\right]_{\sqrt{y}}^{\sqrt[3]{y}} \mathrm{d}y \\
&= \int_0^1 \left(\frac{1}{3}y - y^{7/3} - \frac{1}{3}y^{3/2} + y^{5/2}\right)\mathrm{d}y \\
&= \left[\frac{1}{6}y^2 - \frac{3}{10}y^{10/3} - \frac{2}{15}y^{5/2} + \frac{2}{7}y^{7/2}\right]_0^1 \\
&= \frac{2}{105}
\end{aligned}$$

Einfacher ist es zuerst bezüglich y zu integrieren:

$$\begin{aligned}
&\int_B (x^2-y^2)\,\mathrm{d}(x,y) \\
&= \int_0^1 \int_{x^3}^{x^2} (x^2-y^2)\,\mathrm{d}y\,\mathrm{d}x \\
&= \int_0^1 \left(x^4 - \frac{1}{3}x^6 - x^5 + \frac{1}{3}x^9\right)\mathrm{d}x \\
&= \frac{2}{105}
\end{aligned}$$

(b) Der Versuch, im inneren Integral bezüglich y zu integrieren, scheitert hier: Eine Stammfunktion von $\sin(y)/y$ kann nicht explizit angegeben werden. Daher bleibt nur die Möglichkeit zunächst bezüglich x zu integrieren:

$$\begin{aligned}
&\int_B \frac{\sin(y)}{y}\,\mathrm{d}(x,y) \\
&= \int_0^{\pi/2}\int_0^y \frac{\sin(y)}{y}\,\mathrm{d}x\,\mathrm{d}y \\
&= \int_0^{\pi/2} \frac{\sin(y)}{y}\, y\,\mathrm{d}y \\
&= [-\cos(y)]_0^{\pi/2} = 1
\end{aligned}$$

Aufgabe 22.9 •• Wir geben zunächst das Dreieck D durch

$$D = \left\{x \in \mathbb{R}^2 \mid 0 \le x_1 \le \pi,\ 0 \le x_2 \le q(x_1)\right\}$$

an, wobei q durch

$$q(t) = \begin{cases} t & 0 \le t \le \pi/2, \\ \pi - t & \pi/2 < t \le \pi \end{cases}$$

gegeben ist.

Da alle auftretenden Funktionen stetig auf den Rand von D fortgesetzt werden können, können wir den Satz von Fubini anwenden, um das Gebietsintegral als iteriertes Integral zu schreiben. Zunächst führen wir die Integration bezüglich x_2 durch. Eine Stammfunktion kann mit der Substitution $u = \sin x_2$ gefunden werden:

$$\begin{aligned}\int \sqrt{\sin x_1 \sin x_2} \cos x_2 \, dx_2 &= \int \sqrt{u \, \sin x_1} \, du \\ &= \frac{2}{3} \sqrt{\sin x_1} \, u^{3/2} \\ &= \frac{2}{3} \sqrt{\sin x_1 \, \sin^3 x_2}\end{aligned}$$

Es ist also

$$\begin{aligned}\int_0^{q} (x_1) \int \sqrt{\sin x_1 \sin x_2} \cos x_2 \, dx_2 &= \begin{cases} \frac{2}{3} \sin^2 x_1, & 0 < x_1 < \pi/2, \\ \frac{2}{3} \sqrt{\sin x_1 \, \sin^3(\pi - x_1)}, & \pi/2 < x_1 \le \pi, \end{cases} \\ &= \frac{2}{3} \sin^2 x_1.\end{aligned}$$

Damit folgt für das Gebietsintegral

$$\begin{aligned}\int_D \sqrt{\sin x_1 \sin x_2} \cos x_2 \, d\boldsymbol{x} &= \frac{2}{3} \int_0^{\pi} \sin^2 x_1 \, dx - 1 \\ &= \frac{1}{3} \left[x_1 - \sin(x_1) \cos(x_1)\right]_0^{\pi} \\ &= \frac{\pi}{3}.\end{aligned}$$

Aufgabe 22.10 ••• Die Bedingungen aus der Definition der Menge M kann man umschreiben zu

$$0 < u_2 < \frac{1}{2} \quad \text{und} \quad \frac{1}{2} < u_1 < 1 - u_2.$$

Alle $\boldsymbol{u} \in \mathbb{R}^2$, die diesen Bedingungen genügen, fassen wir in der Menge B zusammen.

Zur Transformation gehört die Abbildung ψ, deren Funktionalmatrix sich als

$$\psi'(\boldsymbol{u}) = \begin{pmatrix} \frac{u_2^2 - u_1^2}{(u_1^2+u_2^2)^2} & \frac{-2u_1u_2}{(u_1^2+u_2^2)^2} \\ \frac{-2u_1u_2}{(u_1^2+u_2^2)^2} & \frac{u_1^2-u_2^2}{(u_1^2+u_2^2)^2} \end{pmatrix}$$

ergibt. Die Determinante ist

$$\begin{aligned}\det \psi'(\boldsymbol{u}) &= -\frac{(u_1^2 - u_2^2)^2}{(u_1^2 + u_2^2)^4} - \frac{4u_1^2u_2^2}{(u_1^2 + u_2^2)^4} \\ &= -\frac{u_1^4 + 2u_1^2u_2^2 + u_2^4}{(u_1^2 + u_2^2)^4} \\ &= -\frac{1}{(u_1^2 + u_2^2)^2}.\end{aligned}$$

Um den Integranden umzuschreiben, beachten wir den Zusammenhang

$$x_1^2 + x_2^2 = \frac{u_1^2 + u_2^2}{(u_1^2 + u_2^2)^2} = \frac{1}{u_1^2 + u_2^2}.$$

Damit folgt

$$\frac{4\,(x_1 + x_2)}{(x_1^2 + x_2^2)^3} = 4\,(u_1 + u_2)\,(u_1^2 + u_2^2)^2.$$

Mit der Transformationsformel erhalten wir nun

$$\begin{aligned}\int_M \frac{4(x_1 + x_2)}{(x_1^2 + x_2^2)^3} \, d\boldsymbol{x} &= \int_B 4\,(u_1 + u_2) \, d\boldsymbol{u} \\ &= \int_{u_2=0}^{1/2} \int_{u_1=1/2}^{1-u_2} 4\,(u_1 + u_2) \, du_1 \, du_2 \\ &= \int_0^{1/2} \left(\frac{3}{2} - 2u_2 - 2u_2^2\right) du_2 \\ &= \frac{5}{12}.\end{aligned}$$

Aufgabe 22.11 •• Wir setzen $B = (0, 1) \times (0, 2\pi]$. Mit der Transformation auf Polarkoordinaten gilt

$$\begin{aligned}\int_D (x_1^2 + x_1x_2 + x_2^2) \, e^{-(x_1^2+x_2^2)} \, d\boldsymbol{x} &= \int_B (1 + \cos\varphi \, \sin\varphi) \, r^3 \, e^{-r^2} \, d(r, \varphi) \\ &= \int_0^1 \int_0^{2\pi} (1 + \cos\varphi \, \sin\varphi) \, r^3 \, e^{-r^2} \, d\varphi \, dr.\end{aligned}$$

Für die Integration bezüglich r verwendet man die Substitution $u = r^2$ und integriert anschließend partiell:

$$\begin{aligned}I &= \int_0^{2\pi} (1 + \cos\varphi \, \sin\varphi) \, d\varphi \cdot \frac{1}{2} \int_0^1 u \, e^{-u} \, du \\ &= \frac{1}{2} \int_0^{2\pi} \left(1 + \frac{1}{2} \sin(2\varphi)\right) d\varphi \\ &\quad \cdot \left(\left[-u \, e^{-u}\right]_0^1 + \int_0^1 e^{-u} \, du\right) \\ &= \frac{1}{2} \left[\varphi - \frac{1}{4} \cos(2\varphi)\right]_0^{2\pi} \cdot \left(-\frac{1}{e} - \left[e^{-u}\right]_0^1\right) \\ &= \pi \left(1 - \frac{2}{e}\right)\end{aligned}$$

Aufgabe 22.12 • Wir benutzen Kugelkoordinaten,

$$x = \rho \, \sin\vartheta \, \cos\varphi, \quad y = \rho \, \sin\vartheta \, \sin\varphi, \quad z = \rho \, \cos\vartheta$$

mit $r \le \rho \le R$, $0 \le \vartheta \le \pi$, $0 \le \varphi \le 2\pi$. Es ist dann

$$\sqrt{x^2 + y^2 + z^2} = \rho,$$

und es folgt

$$\begin{aligned}
&\int_D \sqrt{x^2+y^2+z^2}\,\mathrm{d}(x,y,z)\\
&= \int_r^R \int_0^\pi \int_0^{2\pi} \rho^3 \sin\vartheta \,\mathrm{d}\varphi\,\mathrm{d}\vartheta\,\mathrm{d}\rho\\
&= \int_r^R \int_0^\pi 2\pi\rho^3 \sin\vartheta\,\mathrm{d}\vartheta\,\mathrm{d}\rho\\
&= \int_r^R 2\pi\,\rho^3\,[-\cos\vartheta]_0^\pi\,\mathrm{d}\rho\\
&= 4\pi \int_r^R \rho^3\,\mathrm{d}\rho\\
&= 4\pi\left[\frac{\rho^4}{4}\right]_r^R = \pi\left[R^4 - r^4\right].
\end{aligned}$$

Beweisaufgaben

Aufgabe 22.13 • Wir setzen $\boldsymbol{p} = \boldsymbol{b} - \boldsymbol{a}$ und $\boldsymbol{q} = \boldsymbol{c} - \boldsymbol{a}$. Dadurch könne wir jeden Punkt $\boldsymbol{x} \in D$ eindeutig als

$$\boldsymbol{x} = \boldsymbol{a} + s_1\,\boldsymbol{p} + s_2\,\boldsymbol{q}$$

darstellen, wobei $s_1, s_2 \in (0,1)$ und $s_1 + s_2 < 1$ gilt. Somit folgt für den Schwerpunkt

$$\begin{aligned}
\boldsymbol{x}_S &= \frac{1}{\mu(D)} \int_D \boldsymbol{x}\,\mathrm{d}\boldsymbol{x}\\
&= \frac{1}{\mu(D)} \int_0^1 \int_0^{1-s_1} (\boldsymbol{a} + s_1\,\boldsymbol{p} + s_2\,\boldsymbol{q})\\
&\qquad \cdot |\det((\boldsymbol{p},\boldsymbol{q}))|\,\mathrm{d}s_2\,\mathrm{d}s_1\\
&= 2\int_0^1 \left[s_2\,(\boldsymbol{a} + s_1\,\boldsymbol{p}) + \frac{1}{2}s_2^2\,\boldsymbol{q}\right]_{s_2=0}^{1-s_1} \mathrm{d}s_1\\
&= 2\int_0^1 \left((1-s_1)\,\boldsymbol{a} + s_1\,(1-s_1)\,\boldsymbol{p} + \frac{1}{2}(1-s_1)^2\,\boldsymbol{q}\right)\mathrm{d}s_1\\
&= 2\left[\left(s_1 - \frac{1}{2}s_1^2\right) + \left(\frac{1}{2}s_1 - \frac{1}{3}s_1^3\right)\boldsymbol{p} - \frac{1}{6}(1-s_1)^3\,\boldsymbol{q}\right]_0^1\\
&= \boldsymbol{a} + \frac{1}{3}\,\boldsymbol{p} + \frac{1}{3}\,\boldsymbol{q} = \frac{1}{3}\,(\boldsymbol{a} + \boldsymbol{b} + \boldsymbol{c}).
\end{aligned}$$

Aufgabe 22.14 •• Betrachte zunächst den Fall $f \in L^\uparrow(I)$, $g \in L^\uparrow(J)$. Dann existieren monoton wachsende Folgen von Treppenfunktionen (φ_n) auf I bzw. (ψ_n) auf J, die fast überall gegen f bzw. g konvergieren und die entsprechenden Integralfolgen konvergieren ebenfalls.

Es ist dann auch durch

$$\xi_n(\boldsymbol{x},\boldsymbol{y}) = \varphi_n(\boldsymbol{x})\,\psi_n(\boldsymbol{y}), \qquad \boldsymbol{x} \in I,\ \boldsymbol{y} \in J,\quad n \in \mathbb{N},$$

eine monoton wachsende Folge von Treppenfunktionen auf Q definiert mit

$$\lim_{n\to\infty} \xi_n(\boldsymbol{x},\boldsymbol{y}) = h(\boldsymbol{x},\boldsymbol{y}) \quad \text{für fast alle } (\boldsymbol{x},\boldsymbol{y}) \in Q.$$

Ferner gilt (mit dem Satz von Fubini oder durch elementare Rechnung)

$$\begin{aligned}
&\int_Q \xi_n(\boldsymbol{x},\boldsymbol{y})\,\mathrm{d}(\boldsymbol{x},\boldsymbol{y})\\
&\quad= \int_I\int_J \xi_n(\boldsymbol{x},\boldsymbol{y})\,\mathrm{d}\boldsymbol{y}\,\mathrm{d}\boldsymbol{x}\\
&\quad= \int_I \varphi_n(\boldsymbol{x})\,\mathrm{d}\boldsymbol{x} \int_J \psi_n(\boldsymbol{y})\,\mathrm{d}\boldsymbol{y}\\
&\quad\longrightarrow \int_I f(\boldsymbol{x})\,\mathrm{d}\boldsymbol{x} \int_J g(\boldsymbol{y})\,\mathrm{d}\boldsymbol{y} \qquad (n\to\infty).
\end{aligned}$$

Somit ist $h \in L^\uparrow(Q)$ und

$$\begin{aligned}
\int_Q h(\boldsymbol{x},\boldsymbol{y})\,\mathrm{d}(\boldsymbol{x},\boldsymbol{y}) &= \lim_{n\to\infty}\int_Q \xi_n(\boldsymbol{x},\boldsymbol{y})\,\mathrm{d}(\boldsymbol{x},\boldsymbol{y})\\
&= \int_I f(\boldsymbol{x})\,\mathrm{d}\boldsymbol{x}\int_J g(\boldsymbol{y})\,\mathrm{d}\boldsymbol{y}.
\end{aligned}$$

Für $f \in L(I)$, $g \in L(J)$ beliebig stellt man beide Funktionen als Differenzen von Funktionen aus $L^\uparrow(I)$ bzw. $L^\uparrow(J)$ dar und wendet das eben gefundene Resultat auf alle vier Summanden an.

Aufgabe 22.15 •• Setze $Q = (a,b)\times(a,b)$. Nach der Aussage von Aufgabe gilt

$$\begin{aligned}
\int_a^b f(x)\mathrm{d}x \int_a^b \frac{1}{f(x)}\,\mathrm{d}x &= \int_Q \frac{f(x)}{f(y)}\,\mathrm{d}(x,y)\\
&= \int_Q \frac{f(y)}{f(x)}\,\mathrm{d}(x,y).
\end{aligned}$$

Also gilt auch

$$\int_a^b f(x)\mathrm{d}x \int_a^b \frac{1}{f(x)}\,\mathrm{d}x = \frac{1}{2}\int_Q \left[\frac{f(x)}{f(y)} + \frac{f(y)}{f(x)}\right]\mathrm{d}(x,y).$$

Aus $(f(x) - f(y))^2 \geq 0$ ergibt sich

$$\frac{f(x)}{f(y)} + \frac{f(y)}{f(x)} = \frac{(f(x))^2 + (f(y))^2}{f(x)\,f(y)} \geq 2.$$

Somit ist

$$\int_a^b f(x)\mathrm{d}x \int_a^b \frac{1}{f(x)}\,\mathrm{d}x \geq \mu(Q) = (b-a)^2.$$

Aufgabe 22.16 • Wir wählen eine offene Kugel B um null, die den Abschluss $\overline{M}$ enthält. Dann ist

$$B = (B\setminus\overline{M}) \cup (\partial M\setminus M) \cup M$$

und diese Vereinigung ist disjunkt. Somit können wir M schreiben als

$$M = B\setminus(B\setminus\overline{M})\setminus(\partial M\setminus M)$$

B und $B\setminus\overline{M}$ sind messbar, da es offene Mengen sind. $\partial M\setminus M$ ist eine Nullmenge, da die Obermenge ∂M bereits eine

Nullmenge ist. Also ist auch M nach dem Satz von Seite 925 messbar.

Aufgabe 22.17 •• Ein beliebiges $f \in L(\mathbb{R}^n)$ zerlegt man durch

$$f = \max(f, 0) - \max(-f, 0)$$

in eine Differenz zweier nicht-negativer, über $\mathbb{R}^n$ integrierbarer Funktionen. Es reicht also, die Aussage für nicht-negatives f zu beweisen.

Da D messbar ist, gibt es eine Folge (φ_n) von Treppenfunktionen, die fast überall auf $\mathbb{R}^n$ gegen $\mathbf{1}_D$ konvergiert. Wir können ohne Einschränkung annehmen, dass $0 \leq \varphi_n(\boldsymbol{x}) \leq 1$ für alle $\boldsymbol{x} \in \mathbb{R}^n$ gilt. Es folgt

$$|\varphi_n(\boldsymbol{x})\, f(\boldsymbol{x})| \leq |f(\boldsymbol{x})| \qquad \text{für fast alle } \boldsymbol{x} \in D\,.$$

Ferner konvergiert $(\varphi_n f)$ fast überall gegen $\mathbf{1}_D f$. Somit sind alle Voraussetzungen des Lebesgue'schen Konvergenzsatzes erfüllt. Es ist $\mathbf{1}_D f$ integrierbar über $\mathbb{R}^n$, und dies bedeutet $f|_D \in L(D)$.

Kapitel 23

Aufgaben

Verständnisfragen

Aufgabe 23.1 • Ordnen Sie zu: Welche der folgenden Kurven entspricht welcher Parameterdarstellung:

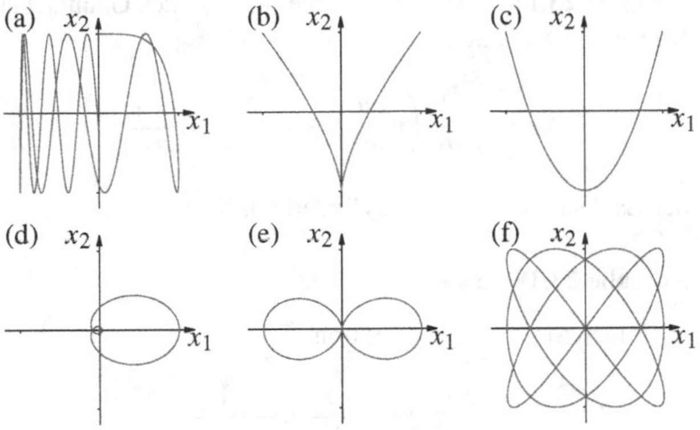

1. $\gamma_1 \colon \boldsymbol{x}(t) = \begin{pmatrix} \cos(3t) \\ \sin(4t) \end{pmatrix}$, $t \in [0, 2\pi]$
2. $\gamma_2 \colon \boldsymbol{x}(t) = \begin{pmatrix} t^3 \\ 2t^6 - 1 \end{pmatrix}$, $t \in [-1, 1]$
3. $\gamma_3 \colon \boldsymbol{x}(t) = \begin{pmatrix} \sin t \\ \cos(t^2) \end{pmatrix}$, $t \in [0, 2\pi]$
4. $\gamma_4 \colon \boldsymbol{x}(t) = \begin{pmatrix} t^3 \\ 2t^2 - 1 \end{pmatrix}$, $t \in [-1, 1]$
5. $\gamma_5 \colon r(\varphi) = \frac{1}{1+\varphi^2}$, $\varphi \in [-4\pi, 4\pi]$
6. $\gamma_6 \colon r(\varphi) = \cos^2 \varphi$, $\varphi \in [0, 2\pi]$

Aufgabe 23.2 •• Man beweise, dass ein Vektorfeld $\boldsymbol{F} \colon D \subseteq \mathbb{R}^n \to \mathbb{R}$ in einem Gebiet D genau dann wegunabhängig integrierbar ist, wenn für jede stückweise reguläre, geschlossene Kurve Γ mit Bild in D das orientierte Kurvenintegral verschwindet:

$$\int_\Gamma \boldsymbol{F} \cdot \mathbf{d}\boldsymbol{l} = 0 .$$

Aufgabe 23.3 • Überprüfen Sie die folgenden beiden Aussagen:

- Gradientenfelder sind „wirbelfrei".
- Wirbelfelder sind „quellenfrei".

Aufgabe 23.4 ••

- Zeigen Sie, dass ein Vektorfeld der Form $\boldsymbol{V}(\boldsymbol{x}) = f(\|\boldsymbol{x}\|)\frac{\boldsymbol{x}}{\|\boldsymbol{x}\|}$ auf $\mathbb{R}^n \setminus \{\mathbf{0}\}$ mit einer stetigen Funktion $f \colon \mathbb{R}_{\geq 0} \to \mathbb{R}$ ein Potenzial besitzt.
- Es sei eine C^2-Parametrisierung $\boldsymbol{\gamma} \colon (a, b) \to \mathbb{R}^n$ einer Kurve Γ gegeben mit $\ddot{\boldsymbol{\gamma}} = \nabla u$ und einem Potenzial $u \in C^1(\mathbb{R}^n)$. Beweisen Sie die *Energiebilanz*

$$\frac{1}{2}\left(\|\dot{\boldsymbol{\gamma}}(b)\|^2 - \|\dot{\boldsymbol{\gamma}}(a)\|^2\right) = u(\boldsymbol{\gamma}(b)) - u(\boldsymbol{\gamma}(a)) .$$

Aufgabe 23.5 •• Eine Funktion $f \colon \mathbb{R}^n \to \mathbb{R}$ heißt homogen vom Grad $p > 0$, wenn $f(t\boldsymbol{x}) = t^p f(\boldsymbol{x})$ gilt. Zeigen Sie:

$$\int_K \Delta f(\boldsymbol{x})\,\mathrm{d}\boldsymbol{x} = p \int_{\partial K} f(\boldsymbol{x})\,\mathrm{d}\mu$$

für eine homogene, zweimal stetig differenzierbare Funktion $f \colon \mathbb{R}^n \to \mathbb{R}$, wobei $K = \{\boldsymbol{x} \in \mathbb{R}^n \mid \|x\| < 1\}$ die Einheitskugel bezeichnet.

Rechenaufgaben

Aufgabe 23.6 •

- Finden Sie eine Parametrisierung der Kurve Γ im $\mathbb{R}^2$, die durch die Gleichung

$$(x^2 + y^2)^2 - 2xy = 0$$

beschrieben ist, eine **Lemniskate**.
- Berechnen Sie zu dieser Kurve das Kurvenintegral

$$\int_\Gamma \sqrt{x^2 + y^2}\,\mathrm{d}l.$$

Aufgabe 23.7 •• Gegeben ist die Kurve Γ durch die Parametrisierung $\boldsymbol{\gamma} \colon [-1, 1] \to \mathbb{R}^2$ mit

$$\boldsymbol{\gamma}(t) = \left(\frac{1 - t^2}{1 + t^2}, \frac{2t}{1 + t^2}\right)^\top, \qquad t \in [-1, 1] .$$

Bestimmen Sie eine Parametrisierung nach der Bogenlänge.

Aufgabe 23.8 • Bestimmen Sie die allgemeinen Lösungen der folgenden Differenzialgleichungen in impliziter Form:

- $y(x) + x - (y(x) - x)y'(x) = 0,$
- $2xe^{y(x)} - 1 + (x^2 e^{y(x)} + 1)y'(x) = 0.$

Aufgabe 23.9 •• Bestimmen Sie mithilfe eines integrierenden Faktors der Gestalt $\lambda(x, u) = h(xu)$ eine Lösung des Anfangswertproblems

$$2x^2\, u(x)\, \ln(u(x)) + (x^3 + x)\, u'(x) = 0, \quad u(0) = \frac{1}{e}.$$

Aufgabe 23.10 •

- Bestimmen Sie das Oberflächenintegral

$$\int_M x^2\,\mathrm{d}\mu$$

zum Flächenstück

$$M = \left\{\boldsymbol{x} \in \mathbb{R}^3 \colon x_1^2 + x_2^2 = (1 - x_3)^2,\ 0 \leq x_3 \leq 1\right\}.$$

- Berechnen Sie den Flächeninhalt des hyperbolischen Paraboloids $z = xy$ im $\mathbb{R}^3$ über dem Einheitskreis, $\{(x, y) \in \mathbb{R}^2 \colon x^2 + y^2 \leq 1\}$.

Aufgabe 23.11 •• Berechnen Sie in Abhängigkeit von $R > 0$ den Flächeninhalt des Teils der Sphäre:

$$K = \{(x, y, z)^T \in \mathbb{R}^3 \colon x^2 + y^2 + z^2 = R^2,\ z \geq 0\},$$

der in dem zur z-Achse parallelen Zylinder

$$\left(x - \frac{R}{2}\right)^2 + y^2 \leq \frac{R^2}{4}$$

liegt.

Aufgabe 23.12 • Gegeben ist die Halbkugelschale

$$M = \left\{\boldsymbol{x} \in \mathbb{R}^3 \colon R_1 \leq \|\boldsymbol{x}\| \leq R_2,\ x_3 > 0\right\}$$

für $R_2 > R_1 > 0$. Verifizieren Sie für M und das Vektorfeld $\boldsymbol{f} \colon \mathbb{R}^3 \to \mathbb{R}^3$ mit $\boldsymbol{f}(\boldsymbol{x}) = (x_2, -x_1, \|\boldsymbol{x}\|)^\top$ den Gauß'schen Satz:

$$\int_{\partial M} \boldsymbol{f} \cdot \mathrm{d}\boldsymbol{\mu} = \int_M \operatorname{div} \boldsymbol{f} \,\mathrm{d}\boldsymbol{x}.$$

Aufgabe 23.13 • Gegeben ist die Fläche

$$\Gamma = \left\{ r \begin{pmatrix} \cos\varphi \\ \sin\varphi \\ \varphi \end{pmatrix} \in \mathbb{R}^3 \colon r \in [0, 1],\ \varphi \in (-\pi, \pi) \right\}.$$

Berechnen Sie das Flächenintegral

$$\int_\Gamma \operatorname{rot} F \cdot \mathbf{d}\boldsymbol{\mu}$$

für $F(x) = (0, 0, |x_3|\sqrt{x_1^2 + x_2^2})^\top$, wobei die Orientierung der Fläche durch eine positive dritte Koordinate des Normalenfelds gegeben ist.

Beweisaufgaben

Aufgabe 23.14 •• Zeigen Sie, dass es genau zwei stetige Normalenfelder zu einer orientierbaren, regulären Hyperfläche Γ im $\mathbb{R}^n$ gibt.

Aufgabe 23.15 •• Lässt man den Graphen einer stetig differenzierbaren Funktion $f \colon [a, b] \to \mathbb{R}_{>0}$ um die x-Achse rotieren, so entsteht eine *Rotationsfläche* im $\mathbb{R}^3$, die durch $\boldsymbol{\gamma} \colon (a, b) \times (0, 2\pi) \to \mathbb{R}^3$ mit

$$\boldsymbol{\gamma}(t, \varphi) = \begin{pmatrix} t \\ f(t)\cos(\varphi) \\ f(t)\sin(\varphi) \end{pmatrix}$$

parametrisiert ist.

- Zeigen Sie, dass der Flächeninhalt der Rotationsfläche Γ durch das Integral

$$2\pi \int_a^b f(t)\sqrt{1 + (f'(t))^2}\,\mathrm{d}t$$

gegeben ist.
- Nutzen Sie dieses Ergebnis, um die Oberfläche eines Torus mit $R = 1$ und $r = \frac{1}{2}$ (Seite 985) zu berechnen.

Aufgabe 23.16 • Beweisen Sie für einmal bzw. zweimal stetig differenzierbare Vektorfelder $\boldsymbol{F}$ und $\boldsymbol{G}$ die Identitäten

- $\operatorname{div}(\boldsymbol{F} \times \boldsymbol{G}) = \boldsymbol{G} \cdot \operatorname{rot}\boldsymbol{F} - \boldsymbol{F} \cdot \operatorname{rot}\boldsymbol{G}$,
- $\operatorname{rot}(\operatorname{rot}\boldsymbol{F}) = \nabla(\operatorname{div}\boldsymbol{F}) - \Delta\boldsymbol{F}$,

wobei sich der Laplace-Operator in der letzten Gleichung auf jede Komponente des Vektors bezieht.

Aufgabe 23.17 ••• Zeigen Sie mithilfe des Gauß'schen Satzes die Darstellung

$$\Delta u = \frac{1}{r}\frac{\partial}{\partial r}\left(r\frac{\partial u}{\partial r}\right) + \frac{1}{r^2}\frac{\partial^2 u}{\partial \varphi^2} + \frac{\partial^2 u}{\partial z^2}$$

des Laplace-Operators in Zylinderkoordinaten.

Aufgabe 23.18 •••

- Zeigen Sie, dass die Funktion

$$\Phi(\boldsymbol{x}, \boldsymbol{y}) = \frac{1}{2\pi}\ln\frac{1}{\|\boldsymbol{x} - \boldsymbol{y}\|}$$

für $\boldsymbol{x} \in \mathbb{R}^2 \backslash \{\boldsymbol{y}\}$ harmonisch ist.
- Beweisen Sie den Darstellungssatz

$$u(\boldsymbol{x}) = \int_{\partial D} \left[\Phi(\boldsymbol{x}, \boldsymbol{y})\frac{\partial u(\boldsymbol{y})}{\partial \nu} - \frac{\partial \Phi(\boldsymbol{x}, \boldsymbol{y})}{\partial \nu_y} u(\boldsymbol{y})\right] \mathrm{d}\mu - \int_D \Phi(\boldsymbol{x}, \boldsymbol{y})\,\Delta u(\boldsymbol{y})\,\mathrm{d}\boldsymbol{y}$$

für $u \in C^2(D)$ in einem Gebiet $D \subseteq \mathbb{R}^2$.

Aufgabe 23.19 •• Zeigen Sie, dass das Randwertproblem, eine Funktion $v \in C^2(D) \cap C^1(\overline{D})$ zu bestimmen mit

$$\Delta v - v = 0 \quad \text{in } D$$

und $\frac{\partial v}{\partial \nu} = 0$ auf ∂D nur die Lösung $v(\boldsymbol{x}) = 0$ besitzt. Dabei sei $D \subseteq \mathbb{R}^n$ ein Gebiet, das eine Anwendung des Gauß'schen Satzes erlaubt.

Hinweise

Verständnisfragen

Aufgabe 23.1 • Schon Anfangs- und Endpunkt der Kurven sind aufschlussreich, um einige Möglichkeiten auszuschließen.

Aufgabe 23.2 •• Zwei Kurven mit denselben Endpunkten lassen sich zu einer geschlossenen Kurve vereinigen.

Aufgabe 23.3 • Betrachten Sie zu zweimal stetig differenzierbaren Funktionen $u \colon D \to \mathbb{R}$ und $\boldsymbol{A} \colon D \to \mathbb{R}^3$

auf einem Gebiet $D \subseteq \mathbb{R}^3$ die Ableitungen $\mathbf{rot}(\nabla u)$ und $\operatorname{div}(\mathbf{rot} A)$.

Aufgabe 23.4 •• Mit einer Stammfunktion zu f lässt sich ein Potenzial zu V angeben.

Für die zweite Teilaufgabe beachte man die Produktregel: $(\dot{\gamma} \cdot \dot{\gamma})' = 2\ddot{\gamma} \cdot \dot{\gamma}$.

Aufgabe 23.5 •• Man wende die erste Green'sche Formel mit $u = f$ und $v = 1$ an und berechne $\frac{\mathrm{d}}{\mathrm{d}t} f(tx)$.

Rechenaufgaben

Aufgabe 23.6 • Für eine Parametrisierung bieten sich Polarkoordinaten an, wobei der Winkel als Parameter genutzt wird. Versuchen Sie eine Skizze zu erstellen. Man beachte die beiden Teilstücke im ersten und dritten Quadranten.

Aufgabe 23.7 •• Die Umkehrfunktion zur Bogenlänge $s(t) = \int_{-1}^{t} \|\dot{\gamma}(\tau)\| \, \mathrm{d}\tau$ führt auf die gesuchte Parametrisierung.

Aufgabe 23.8 • Die Differenzialgleichungen sind exakt.

Aufgabe 23.9 •• Zunächst ergibt sich aus der Integrabilitätsbedingung eine Differenzialgleichung für den Multiplikator h. Diese ist zu lösen, und danach lässt sich durch Integration eine implizite Gleichung für u bestimmen.

Aufgabe 23.10 • In beiden Beispielen ist zunächst eine passende Parametrisierung gesucht. Die Integrale ergeben sich dann aus der Definition des Flächenintegrals.

Aufgabe 23.11 •• Man verwende Kugelkoordinaten, um die Sphäre zu parametrisieren und nutze die Bedingung an die Parameter, die sich durch den Zylinder ergeben. Auswerten des entsprechenden Oberflächenintegrals liefert den gesuchten Flächeninhalt.

Aufgabe 23.12 • Das iterierte Gebietsintegral und das orientierte Flächenintegral müssen separat berechnet werden.

Aufgabe 23.13 • Man nutze den Stokes'schen Satz.

Beweisaufgaben

Aufgabe 23.14 •• –

Aufgabe 23.15 •• Um das Integral $\int_\Gamma \mathrm{d}\mu$ auszuwerten, betrachte man das Normalenvektorfeld an der Rotationsfläche. Für das konkrete Beispiel ist ein passender Graph gesucht.

Aufgabe 23.16 • Mit der Definition der Operatoren in kartesischen Koordinaten sind die Identitäten einfach nachzurechnen.

Aufgabe 23.17 ••• Man übertrage das Beispiel auf Seite 998 auf Zylinderkoordinaten und den Laplace-Operator.

Aufgabe 23.18 ••• Die Schritte des Beweises des Darstellungssatzes auf Seite 1001 sind auf den Fall $n = 2$ zu übertragen.

Aufgabe 23.19 •• Man nutze die erste Green'sche Formel.

Lösungen

Verständnisfragen

Aufgabe 23.1 • 1f, 2c, 3a, 4b, 5d, 6e

Aufgabe 23.2 •• –

Aufgabe 23.3 • –

Aufgabe 23.4 •• –

Aufgabe 23.5 •• –

Rechenaufgaben

Aufgabe 23.6 • Eine Parametrisierung ist durch

$$\gamma(t) = \begin{pmatrix} \sqrt{\sin 2t} \, \cos t \\ \sqrt{\sin 2t} \, \sin t \end{pmatrix}$$

gegeben und das Integral ist

$$\int_\Gamma \sqrt{x^2 + y^2} \, \mathrm{d}l = \pi.$$

Aufgabe 23.7 •• Die Parametrisierung nach der Bogenlänge ist durch $\alpha\colon [0, \pi] \to \mathbb{R}^2$ mit

$$\alpha(s) = \left(\cos\left(s - \frac{\pi}{2}\right), \sin\left(s - \frac{\pi}{2}\right)\right)^\mathrm{T}$$

gegeben

Aufgabe 23.8 •

- $x^2 + 2xy(x) - y^2(x) = c$ mit $c \in \mathbb{R}$.
- $x^2 e^{y(x)} - x + y(x) = c$ mit $c \in \mathbb{R}$.

Aufgabe 23.9 ••

$$u(x) = e^{\frac{-1}{(x^2+1)}}.$$

Aufgabe 23.10 • Es gilt:

$$\int_M x^2 \, d\mu = \frac{1}{2\sqrt{2}}\pi$$

und

$$\int_\Gamma d\mu = \frac{2\pi}{3}\left(2\sqrt{2}-1\right),$$

wenn Γ die Fläche im zweiten Beispiel bezeichnet.

Aufgabe 23.11 ••

$$\int_M d\mu = R^2(\pi + 2)$$

Aufgabe 23.12 • –

Aufgabe 23.13 •

$$\int_\Gamma \mathbf{rot}\boldsymbol{F} \cdot \mathbf{d}\boldsymbol{\mu} = \frac{1}{3}\pi^2.$$

Beweisaufgaben

Aufgabe 23.14 •• –

Aufgabe 23.15 •• Der Flächeninhalt des Torusmantels ist $2\pi^2$.

Aufgabe 23.16 • –

Aufgabe 23.17 ••• –

Aufgabe 23.18 ••• –

Aufgabe 23.19 •• –

Lösungswege

Verständnisfragen

Aufgabe 23.1 • 1f, 2c, 3a, 4b, 5d, 6e

Aufgabe 23.2 •• „$\Rightarrow$“ Sei $\boldsymbol{\gamma}\colon (a,b) \to D$ Parametrisierung einer stückweise regulären, geschlossenen Kurve und $\boldsymbol{F}$ wegunabhängig integrierbar. Mit dem Satz auf Seite 970 gibt es ein Potenzial, d. h. $\boldsymbol{F} = \nabla u$ und wir erhalten

$$\int_\Gamma \boldsymbol{F} \cdot \mathbf{d}\boldsymbol{l} = \mathrm{u}(\boldsymbol{\gamma}(\mathrm{b})) - \mathrm{u}(\boldsymbol{\gamma}(\mathrm{a})) = \mathrm{u}(\boldsymbol{\gamma}(\mathrm{b})) - \mathrm{u}(\boldsymbol{\gamma}(\mathrm{b})) = 0.$$

„$\Leftarrow$“ Betrachten wir andererseits zwei reguläre Kurven Γ_1 und Γ_2 gegeben durch Parametrisierungen $\boldsymbol{\gamma}_1\colon (a,b) \to D$ und $\boldsymbol{\gamma}_2\colon (c,d) \to D$ mit $\boldsymbol{\gamma}_1(a) = \boldsymbol{\gamma}_2(c)$ und $\boldsymbol{\gamma}_1(b) = \boldsymbol{\gamma}_2(d)$. Durch zusammenkleben beider Kurven erhalten wir mit der Parametrisierung

$$\boldsymbol{\gamma}(t) = \begin{cases} \boldsymbol{\gamma}_1(t) & \text{für } t \in (a,b] \\ \boldsymbol{\gamma}_2(b+d-t) & \text{für } t \in (b, b+d-c) \end{cases}$$

eine stückweise reguläre, geschlossene Kurve Γ. Für das orientierte Integral längs des zweiten Teilstücks folgt

$$\int_b^{b+d-c} \boldsymbol{F}(\boldsymbol{\gamma}(t)) \cdot \dot{\boldsymbol{\gamma}}(t)\, dt = -\int_{\Gamma_2} \boldsymbol{F} \cdot \mathbf{d}\boldsymbol{l}.$$

Da das Integral über die gesamte geschlossene Kurve verschwindet, folgt

$$0 = \int_\Gamma \boldsymbol{F} \cdot \mathbf{d}\boldsymbol{l} = \int_{\Gamma_1} \boldsymbol{F} \cdot \mathbf{d}\boldsymbol{l} - \int_{\Gamma_2} \boldsymbol{F} \cdot \mathbf{d}\boldsymbol{l}.$$

Also ist

$$\int_{\Gamma_1} \boldsymbol{F} \cdot \mathbf{d}\boldsymbol{l} = \int_{\Gamma_2} \boldsymbol{F} \cdot \mathbf{d}\boldsymbol{l}.$$

Dies gilt für beliebige Kurven in D mit identischen Anfangs- und Endpunkten. Somit ist $\boldsymbol{F}$ wegunabhängig integrierbar.

Aufgabe 23.3 • Ist $\boldsymbol{F}$ Gradientenfeld, d. h., es gilt $\boldsymbol{F} = \nabla u$ in einem Gebiet $D \subseteq \mathbb{R}^3$ und ist $\boldsymbol{F}$ stetig differenzierbar, so folgt mit dem Satz von Schwarz

$$\begin{aligned} \mathrm{rot}\boldsymbol{F} &= \mathrm{rot}(\nabla u) \\ &= \begin{pmatrix} \frac{\partial}{\partial x_2}\frac{\partial u}{\partial x_3} - \frac{\partial}{\partial x_3}\frac{\partial u}{\partial x_2} \\ \frac{\partial}{\partial x_3}\frac{\partial u}{\partial x_1} - \frac{\partial}{\partial x_1}\frac{\partial u}{\partial x_3} \\ \frac{\partial}{\partial x_1}\frac{\partial u}{\partial x_2} - \frac{\partial}{\partial x_2}\frac{\partial u}{\partial x_1} \end{pmatrix} = \begin{pmatrix} 0 \\ 0 \\ 0 \end{pmatrix}. \end{aligned}$$

Aus $\boldsymbol{F} = \mathbf{rot}\, \boldsymbol{A}$ ergibt sich

$$\begin{aligned} \mathrm{div}\boldsymbol{F} &= \mathrm{div}\,(\mathrm{rot}\boldsymbol{A}) \\ &= \frac{\partial}{\partial x_1}\left(\frac{\partial A_3}{\partial x_2} - \frac{\partial A_2}{\partial x_3}\right) + \frac{\partial}{\partial x_2}\left(\frac{\partial A_1}{\partial x_3} - \frac{\partial A_3}{\partial x_1}\right) \\ &\quad + \frac{\partial}{\partial x_3}\left(\frac{\partial A_2}{\partial x_1} - \frac{\partial A_1}{\partial x_2}\right) = 0. \end{aligned}$$

Aufgabe 23.4 ••

- Da f stetig ist, gibt es eine Stammfunktion etwa $F(t) = \int_0^t f(\tau)\, d\tau$. Weiter gilt

$$\nabla(\|\boldsymbol{x}\|) = \frac{1}{\sqrt{x_1^2 + \cdots + x_n^2}} \begin{pmatrix} x_1 \\ \vdots \\ x_n \end{pmatrix} = \frac{\boldsymbol{x}}{\|\boldsymbol{x}\|}.$$

Setzen wir $u(\boldsymbol{x}) = F(\|\boldsymbol{x}\|)$ so folgt mit der Kettenregel

$$\nabla u(\boldsymbol{x}) = F'(\|\boldsymbol{x}\|)\frac{\boldsymbol{x}}{\|\boldsymbol{x}\|}.$$

- Mit der Produktregel $(\dot{\boldsymbol{\gamma}}\cdot\dot{\boldsymbol{\gamma}})' = 2\ddot{\boldsymbol{\gamma}}\cdot\dot{\boldsymbol{\gamma}}$ und den Hauptsätzen der Differenzial-und Integralrechnung folgt

$$\begin{aligned} u(\boldsymbol{\gamma}(b)) - u(\boldsymbol{\gamma}(a)) &= \int_a^b \frac{\mathrm{d}}{\mathrm{d}t}(u(\boldsymbol{\gamma}(t)))\,\mathrm{d}t \\ &= \int_a^b \nabla u \cdot \dot{\boldsymbol{\gamma}}(t)\,\mathrm{d}t \\ &= \int_a^b \ddot{\boldsymbol{\gamma}}(t)\cdot\dot{\boldsymbol{\gamma}}(t)\,\mathrm{d}t \\ &= \frac{1}{2}\int_a^b \frac{\mathrm{d}}{\mathrm{d}t}(\|\dot{\boldsymbol{\gamma}}(t)\|^2)\,\mathrm{d}t \\ &= \frac{1}{2}\left(\|\dot{\boldsymbol{\gamma}}(b)\|^2 - \|\dot{\boldsymbol{\gamma}}(a)\|^2\right). \end{aligned}$$

Aufgabe 23.5 •• Da f homogen und differenzierbar ist, folgt

$$\nabla f(t\boldsymbol{x})\cdot\boldsymbol{x} = \frac{\mathrm{d}}{\mathrm{d}t}(f(t\boldsymbol{x})) = p\,t^{p-1} f(\boldsymbol{x}).$$

Wir nutzen diese Identität im Fall $t = 1$. Da auf dem Rand von K für die nach Außen gerichtete Normale $\boldsymbol{\nu} = \boldsymbol{x}$ gilt, liefert Einsetzen von $u = f$ und $v = 1$ in die erste Green'sche Formel die Behauptung

$$\begin{aligned} \int_K \Delta f\,d\boldsymbol{x} &= \int_{\partial K} \frac{\partial f}{\partial \boldsymbol{\nu}}\,\mathrm{d}\mu \\ &= \int_{\partial K} \nabla f(\boldsymbol{x})\cdot\boldsymbol{x}\,\mathrm{d}\mu = p\int_{\partial K} f(\boldsymbol{x})\mathrm{d}\mu. \end{aligned}$$

Rechenaufgaben

Aufgabe 23.6 • Wir wählen Polarkoordinaten

$$x = r\cos\varphi \quad \text{und} \quad y = r\sin\varphi.$$

Mit den Additionstheoremen folgt

$$0 = (x^2+y^2)^2 - 2xy = r^2(r^2 - \sin(2\varphi)).$$

(x, y) liegt somit auf der Lemniskate, wenn entweder $r = 0$ oder $r^2 = \sin(2\varphi)$ gilt. Es gibt nur Punkte im ersten und dritten Quadranten (siehe Abbildung).

Setzen wir $t = \varphi \in [0, \frac{\pi}{2}]$, so ergibt sich für den Teil der Lemniskate im ersten Quadranten die Parametrisierung

$$\boldsymbol{\gamma}(t) = \begin{pmatrix} \sqrt{\sin 2t}\,\cos t \\ \sqrt{\sin 2t}\,\sin t \end{pmatrix}.$$

Es folgt

$$\dot{\boldsymbol{\gamma}}(t) = \begin{pmatrix} \dfrac{\cos 2t}{\sqrt{\sin 2t}}\cos t - \sqrt{\sin 2t}\sin t \\ \dfrac{\cos 2t}{\sqrt{\sin 2t}}\sin t + \sqrt{\sin 2t}\cos t \end{pmatrix}$$

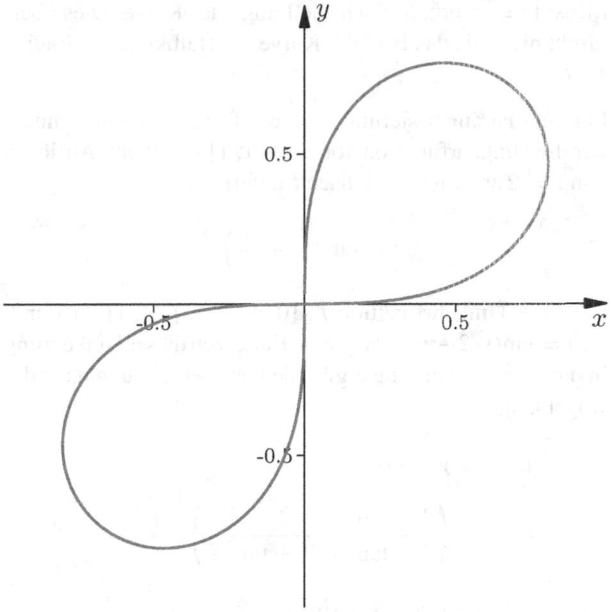

Abbildung 23.1 Die Lemniskate besitzt zwei symmetrische Teilstücke.

mit dem Betrag

$$\|\dot{\boldsymbol{\gamma}}(t)\| = \sqrt{\frac{\cos^2 2t}{\sin 2t} + \sin 2t} = \frac{1}{\sqrt{\sin 2t}}$$

für $t \in (0, \frac{\pi}{2})$. Entsprechend ergibt sich das zweite Teilstück im dritten Quadranten mit $t \in (\pi, \frac{3}{2}\pi)$.

Für das Linienintegral über das erste Teilstück folgt

$$\begin{aligned} \int_{\tilde{\Gamma}} \sqrt{x^2+y^2}\,\mathrm{d}l &= \int_0^{\frac{\pi}{2}} r(t)\frac{1}{\sqrt{\sin 2t}}\,dt \\ &= \int_0^{\frac{\pi}{2}} \mathrm{d}t = \frac{\pi}{2}. \end{aligned}$$

Die Symmetrie der gesamten Kurve impliziert

$$\int_\Gamma \sqrt{x^2+y^2}\,\mathrm{d}l = \pi.$$

Aufgabe 23.7 •• Mit dem Tangentialvektor

$$\begin{aligned} \dot{\boldsymbol{\gamma}}(t) &= -\frac{2t}{(1+t^2)^2}\begin{pmatrix} 1-t^2 \\ 2t \end{pmatrix} + \frac{1}{1+t^2}\begin{pmatrix} -2t \\ 2 \end{pmatrix} \\ &= \frac{1}{(1+t^2)^2}\begin{pmatrix} -4t \\ 2-2t^2 \end{pmatrix} \end{aligned}$$

folgt

$$\|\dot{x}(t)\| = \frac{2\sqrt{t^4+2t^2+1}}{(1+t^2)^2} = \frac{2}{1+t^2}.$$

Somit ergibt sich für die Bogenlänge

$$\begin{aligned} s(t) &= \int_{-1}^t \|\dot{\boldsymbol{\gamma}}(\tau)\|\,\mathrm{d}\tau \\ &= \int_{-1}^t \frac{2}{1+t^2}\,\mathrm{d}t = 2\arctan(t) + \frac{\pi}{2}. \end{aligned}$$

Mit $s(1) = \pi$ erhalten wir die Länge der Kurve. Dies überrascht nicht, da das Bild der Kurve ein Halbkreis mit Radius 1 ist.

Für eine Parametrisierung nach der Bogenlänge bestimmen wir die Umkehrfunktion von $s\colon [-1, 1] \to [0, \pi]$. Auflösen von $s = 2\arctan(t) + \frac{\pi}{2}$ nach t liefert

$$t = \tan\left(\frac{s}{2} - \frac{\pi}{4}\right),$$

d. h., die Umkehrfunktion $t\colon [0, \pi] \to [-1, 1]$ ist durch $t(s) = \tan(s/2 - \pi/4)$ gegeben. Einsetzen dieser Umkehrung in die Parametrisierung ergibt die Parametrisierung nach der Bogenlänge

$$\begin{aligned}
\alpha(s) &= \boldsymbol{\gamma}(t(s)) \\
&= \left(\frac{1 - \tan^2 \tilde{s}}{1 + \tan^2 \tilde{s}}, \frac{2\tan \tilde{s}}{1 + \tan^2 \tilde{s}}\right)^\top \\
&= \left(\frac{\cos^2 \tilde{s} - \sin^2 \tilde{s}}{\cos^2 \tilde{s} + \sin^2 \tilde{s}}, \frac{2\cos \tilde{s} \sin \tilde{s}}{\cos^2 \tilde{s} + \sin^2 \tilde{s}}\right)^\top \\
&= \left(\cos(2\tilde{s}), \sin(2\tilde{s})\right)^\top \\
&= \left(\cos\left(s - \frac{\pi}{2}\right), \sin\left(s - \frac{\pi}{2}\right)\right)^\top
\end{aligned}$$

für $s \in [0, \pi]$, wobei wir $\tilde{s} = s/2 - \pi/4$ abgekürzt haben.

Aufgabe 23.8 • Im ersten Beispiel setzen wir $p(x, y) = y + x$ und $q(x, y) = -(y - x)$. Es gilt $p_y = 1 = q_x$. Die Gleichung ist daher exakt. Gesucht ist eine Stammfunktion, also eine Funktion $F(x, y)$ mit

$$\frac{\partial F}{\partial x}(x, y) = p(x, y) = y + x$$

und

$$\frac{\partial F}{\partial y}(x, y) = q(x, y) = -(y - x).$$

Integrieren wir die erste Gleichung nach x, so ergibt sich

$$F(x, y) = xy + \frac{1}{2}x^2 + k(y).$$

Die Integrationskonstante ist eine eventuell von y abhängige Funktion $k(y)$. Einsetzen in die zweite Gleichung führt auf

$$F_y(x, y) = x + k'(y) = q(x, y) = x - y.$$

Somit ist $k'(y) = -y$, bzw. $k(y) = -\frac{1}{2}y^2$ und insgesamt $F(x, y) = \frac{1}{2}(x^2 + 2xy - y^2)$. Lösungen der Differenzialgleichung sind daher implizit durch

$$x^2 + 2xy - y^2 = c$$

mit $c \in \mathbb{R}$ gegeben

Im zweiten Beispiel setzen wir $p(x, y) = 2xe^y - 1$ und $q(x, y) = x^2e^y + 1$. Es gilt $\frac{\partial p}{\partial y}(x, y) = 2xe^y = \frac{\partial q}{\partial x}(x, y)$. Auch diese Gleichung ist somit exakt. Eine Stammfunktion ist $F(x, y) = x^2e^y - x + y$. Lösungen sind daher in impliziter Form gegeben durch

$$F(x, y) = x^2e^y - x + y = c$$

mit $c \in \mathbb{R}$.

Aufgabe 23.9 •• Zunächst berechnen wir einen integrierenden Faktor. Aus

$$\underbrace{2x^2u(x)h(xu(x))\,\ln u(x)}_{=p(x)} + \underbrace{h(x\,u(x))(x^3 + x)}_{=q(x)}u'(x) = 0$$

erhalten wir die Bedingung für Exaktheit

$$\begin{aligned}
\frac{\partial q}{\partial x} &= (x^3 + x)\,u\,h'(xu) + (3x^2 + 1)\,h(xu) \\
&= \frac{\partial p}{\partial u} = 2x^2 \ln u\, h(xu) + 2x^2 h(xu) + 2x^3 u \ln u\, h'(xu)
\end{aligned}$$

bzw.

$$(u\,(x^3 + x) - 2x^3 u \ln u)h'(xu) = (2x^2 \ln u - x^2 - 1)h(xu).$$

Mit $t = x\,u$ folgt die Differenzialgleichung

$$t\,h'(t) = -h(t).$$

Eine Separation führt auf

$$\frac{h'(t)}{h(t)} = -\frac{1}{t}.$$

Integration liefert $\ln h(t) = -\ln t + c$ und mit der Wahl $c = 0$ ergibt sich der integrierende Faktor $h(t) = \frac{1}{t}$, d. h. die Differenzialgleichung

$$2x \ln u(x) + \frac{x^2 + 1}{u(x)}u'(x) = 0$$

ist exakt.

Wir berechnen eine Stammfunktion

$$\int 2x \ln u\, dx = x^2 \ln u + c(u).$$

Da die Differenzialgleichung exakt ist, gilt

$$\frac{\partial}{\partial u}(x^2 \ln u + c(u)) = \frac{x^2}{u} + c'(u) = \frac{x^2 + 1}{u},$$

und es folgt $c'(u) = 1/u$ bzw. $c(u) = \ln u$. Insgesamt gilt für eine Lösung der Differenzialgleichung die implizite Darstellung

$$x^2 \ln u + \ln u = k$$

mit einer Konstanten $k \in \mathbb{R}$. Auflösen nach u liefert die explizite Form

$$u(x) = e^{\frac{k}{x^2+1}}.$$

Aus der Anfangsbedingung ergibt sich $k = -1$, sodass insgesamt die Lösung des Anfangswertproblems gegeben ist durch

$$u(x) = e^{\frac{-1}{x^2+1}}.$$

Aufgabe 23.10 • Man betrachte die Parametrisierung

$$\boldsymbol{\gamma}(r,\varphi)=\begin{pmatrix} r\cos\varphi \\ r\sin\varphi \\ 1-r \end{pmatrix}$$

für $r\in[0,1]$, $\varphi\in[0,2\pi)$. Mit den Ableitungen

$$\boldsymbol{\gamma}_r(r,\varphi)=\begin{pmatrix} \cos\varphi \\ \sin\varphi \\ -1 \end{pmatrix} \quad\text{und}\quad \boldsymbol{\gamma}_\varphi(r,\varphi)=\begin{pmatrix} -r\sin\varphi \\ r\cos\varphi \\ 0 \end{pmatrix}$$

folgt

$$\|\boldsymbol{\gamma}_r\times\boldsymbol{\gamma}_\varphi\|=\left\|\begin{pmatrix} r\cos\varphi \\ r\sin\varphi \\ r \end{pmatrix}\right\|=\sqrt{2}\,r.$$

Für das Integral ergibt sich:

$$\begin{aligned}\int_M x^2\,\mathrm{d}\mu &= \sqrt{2}\int_0^{2\pi}\int_0^1 r^3\cos^2\varphi\,\mathrm{d}r\,\mathrm{d}\varphi\\ &= \frac{1}{2\sqrt{2}}\int_0^{2\pi}\cos^2\varphi\,\mathrm{d}\varphi = \frac{1}{2\sqrt{2}}\pi.\end{aligned}$$

Für das zweite Beispiel parametrisieren wir die Fläche Γ durch

$$\boldsymbol{\gamma}(r,\varphi)=\begin{pmatrix} r\cos\varphi \\ r\sin\varphi \\ r^2\cos\varphi\sin\varphi \end{pmatrix}$$

mit $r\in[0,1]$ und $\varphi\in[0,2\pi)$. Aus

$$\boldsymbol{\gamma}_r(r,\varphi)=\begin{pmatrix} \cos\varphi \\ \sin\varphi \\ 2r\cos\varphi\sin\varphi \end{pmatrix}$$

und

$$\boldsymbol{\gamma}_\varphi(r,\varphi)=\begin{pmatrix} -r\sin\varphi \\ r\cos\varphi \\ r^2(\cos^2\varphi-\sin^2\varphi) \end{pmatrix}$$

folgt

$$\boldsymbol{\gamma}_r(r,\varphi)\times\boldsymbol{\gamma}_\varphi(r,\varphi)=\begin{pmatrix} -r^2\sin\varphi \\ -r^2\cos\varphi \\ r \end{pmatrix},$$

und wir erhalten die Norm $\|\boldsymbol{\gamma}_r\times\boldsymbol{\gamma}_\varphi\|=r\sqrt{r^2+1}$.

Mit der Substitution $u=r^2+1$ ergibt sich der Flächeninhalt

$$\begin{aligned}\int_\Gamma \mathrm{d}\mu &= \int_0^1\int_0^{2\pi} r\sqrt{r^2+1}\,\mathrm{d}\varphi\mathrm{d}r\\ &= \pi\int_1^2\sqrt{u}\,\mathrm{d}u = \frac{2\pi}{3}\left(2\sqrt{2}-1\right).\end{aligned}$$

Aufgabe 23.11 •• Wir parametrisieren die Kugeloberfläche durch Kugelkoordinaten

$$\boldsymbol{s}(\vartheta,\varphi)=\begin{pmatrix} R\sin\vartheta\cos\varphi \\ R\sin\vartheta\sin\varphi \\ R\cos\vartheta \end{pmatrix}.$$

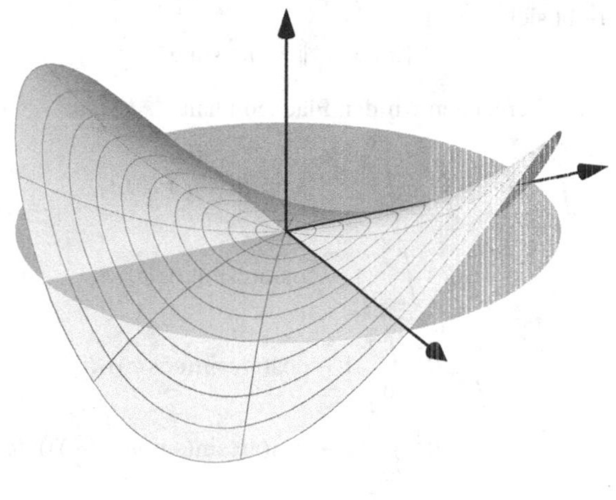

Abbildung 23.2 Die Fläche eines hyperbolischen Paraboloids.

Aus der Bedingung $z\geq 0$ ist ersichtlich, dass wir durch $\vartheta\in[0,\frac{\pi}{2}]$ und $\varphi\in[-\pi,\pi]$ die halbe Sphäre beschreiben. Für den angegebenen Zylinder gilt

$$\left(R\sin\vartheta\cos\varphi-\frac{R}{2}\right)^2+R^2\sin^2\vartheta\sin^2\varphi\leq\frac{R^2}{4}.$$

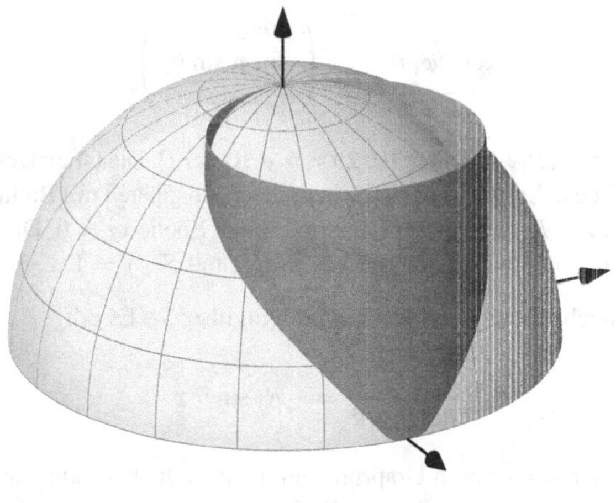

Abbildung 23.3 Durch den Zylinder wird ein Teil der Sphäre ausgeschnitten.

Daraus folgt für ϑ und φ die Bedingung $\sin\vartheta\leq\cos\varphi$. Da $\sin\vartheta\geq 0$ auf der Halbkugel ist, muss $\varphi\in\left[-\frac{\pi}{2},\frac{\pi}{2}\right]$ sein, und wir erhalten

$$\int_M \mathrm{d}\mu=\int_{-\frac{\pi}{2}}^{\frac{\pi}{2}}\int_0^{\arcsin(\cos\varphi)}\|\boldsymbol{s}_\vartheta\times\boldsymbol{s}_\varphi\|\,\mathrm{d}\vartheta\,\mathrm{d}\varphi,$$

wobei $M\subseteq\mathbb{R}^3$ die Fläche bezeichnet (s. Abbildung). Aus

$$\boldsymbol{s}_\vartheta(\vartheta,\varphi)=\begin{pmatrix} R\cos\vartheta\cos\varphi \\ R\cos\vartheta\sin\varphi \\ -R\sin\vartheta \end{pmatrix}$$

und

$$\boldsymbol{s}_\varphi(\vartheta,\varphi)=\begin{pmatrix} -R\sin\vartheta\sin\varphi \\ R\sin\vartheta\cos\varphi \\ 0 \end{pmatrix}$$

ergibt sich

$$\|s_\vartheta \times s_\varphi\| = R^2 \sin\vartheta.$$

Damit berechnen wir den Flächeninhalt

$$\begin{aligned}\int_M \mathrm{d}\mu &= \int_{-\frac{\pi}{2}}^{\frac{\pi}{2}} \int_0^{\arcsin(\cos\varphi)} R^2 \sin\vartheta \, d\vartheta d\varphi \\ &= R^2 \int_{-\frac{\pi}{2}}^{\frac{\pi}{2}} 1 - \cos(\arcsin(\cos\varphi))\, d\varphi \\ &= 2R^2 \int_0^{\frac{\pi}{2}} 1 - \cos(\arcsin(\cos\varphi))\, d\varphi \\ &= 2R^2 \int_0^{\frac{\pi}{2}} 1 - \cos(\arcsin(\sin(\varphi + \frac{\pi}{2})))\, d\varphi \\ &= 2R^2 \int_0^{\frac{\pi}{2}} (1 + \sin\varphi)\, d\varphi \\ &= R^2(\pi + 2)\end{aligned}$$

Beachte Sie, dass die Umkehrfunktion $\arcsin\colon [0,1] \to (\frac{\pi}{2} + n\pi, \frac{\pi}{2} + (n+1)\pi)$, $n \in \mathbb{Z}$ nur auf den passenden Intervallen definiert ist. Ausnutzen der Symmetrie beim Integrieren umgeht diese Schwierigkeit bei der Substitution.

Aufgabe 23.12 • Wir verwenden Kugelkoordinaten

$$\boldsymbol{x}(r, \varphi, \vartheta) = r \begin{pmatrix} \cos\varphi \sin\vartheta \\ \sin\varphi \sin\vartheta \\ \cos\vartheta \end{pmatrix}$$

mit $r \in (R_1, R_2), \varphi \in [0, 2\pi), \vartheta \in [0, \pi/2]$. Die Oberfläche ∂M besteht aus drei Teilflächen: den Halbsphären mit Radius R_1 bzw. R_2 und einem Kreisring in der Ebene $x_3 = 0$. Diese bezeichnen wir in dieser Reihenfolge mit S_j, $j = 1, 2, 3$.

Zunächst berechnen wir das Integral über S_1. Es gilt

$$\frac{\partial \boldsymbol{x}}{\partial \varphi} \times \frac{\partial \boldsymbol{x}}{\partial \vartheta} = -R_1 \sin\vartheta \, \boldsymbol{x}.$$

Da der Vektor zum Ursprung zeigt, ist es die korrekte Richtung für die innere Sphäre. Es folgt

$$\begin{aligned}&\int_{S_1} \boldsymbol{f}(\boldsymbol{x}) \cdot \mathrm{d}\boldsymbol{\mu} \\ &\int_0^{2\pi}\int_0^{\pi/2} \begin{pmatrix} R_1 \sin\varphi \sin\vartheta \\ -R_1 \cos\varphi \sin\vartheta \\ R_1 \end{pmatrix} \\ &\quad \cdot (-R_1) \sin\vartheta \begin{pmatrix} R_1 \cos\varphi \sin\vartheta \\ R_1 \sin\varphi \sin\vartheta \\ R_1 \cos\vartheta \end{pmatrix} \mathrm{d}\vartheta \, \mathrm{d}\varphi \\ &= \int_0^{2\pi}\int_0^{\pi/2} -R_1^3 \sin\vartheta \cos\vartheta \, \mathrm{d}\vartheta \, \mathrm{d}\varphi \\ &= -2\pi R_1^3 \left[\frac{1}{2}\sin^2\vartheta\right]_0^{\pi/2} = -\pi R_1^3.\end{aligned}$$

Das Integral über S_2 berechnet sich analog, nur mit geänderter Richtung der Normalen

$$\int_{S_2} \boldsymbol{f}(\boldsymbol{x}) \cdot \mathbf{d}\boldsymbol{\mu} = \pi \, \mathrm{R}_2^3.$$

Bei der Parametrisierung von S_3 in Kugelkoordinaten haben wir

$$\frac{\partial \boldsymbol{x}}{\partial \varphi} \times \frac{\partial \boldsymbol{x}}{\partial r} = \begin{pmatrix} 0 \\ 0 \\ -r \end{pmatrix}.$$

Auch dieser Vektor hat die richtige Orientierung. Es folgt:

$$\begin{aligned}\int_{S_3} \boldsymbol{f}(\boldsymbol{x}) \cdot \mathbf{d}\boldsymbol{\mu} &= -\int_0^{2\pi}\int_{R_1}^{R_2} r^2 \, \mathrm{d}r \, \mathrm{d}\varphi \\ &= -2\pi \left[\frac{1}{3} r^3\right]_{R_1}^{R_2} = \frac{2\pi}{3}\left(R_1^3 - R_2^3\right).\end{aligned}$$

Insgesamt folgt:

$$\int_{\partial M} \boldsymbol{f}(\boldsymbol{x}) \cdot \mathrm{d}\boldsymbol{\mu} = \frac{\pi}{3}\left(R_2^3 - R_1^3\right).$$

Nun berechnen wir das Gebietsintegral. Es gilt:

$$\operatorname{div} \boldsymbol{f}(\boldsymbol{x}) = \frac{x_3}{\|\boldsymbol{x}\|_2} = \frac{r\cos\vartheta}{r} = \cos\vartheta.$$

Durch Transformation auf Kugelkoordinaten bestätigen wir

$$\begin{aligned}\int_M \operatorname{div} \boldsymbol{f}(\boldsymbol{x}) \, \mathrm{d}\boldsymbol{x} &= \int_0^{2\pi}\int_0^{\pi/2}\int_{R_1}^{R_2} \cos\vartheta \, r^2 \sin\vartheta \, \mathrm{d}r \, \mathrm{d}\vartheta \, \mathrm{d}\varphi \\ &= 2\pi \int_{R_1}^{R_2} r^2 \, \mathrm{d}r \int_0^{\pi/2} \sin\vartheta \cos\vartheta \, \mathrm{d}\vartheta \\ &= \frac{\pi}{3}\left(R_2^3 - R_1^3\right) = \int_{\partial M} \boldsymbol{f}(\boldsymbol{x}) \cdot \mathbf{d}\boldsymbol{\mu}.\end{aligned}$$

Aufgabe 23.13 • Wir wenden den Stokes'schen Satzes an. Dazu parametrisieren wir zunächst die Randkurven. Es ergeben sich:

(i) mit $r = 1$ die Kurve

$$\gamma_1(\varphi) = \begin{pmatrix} \cos\varphi \\ \sin\varphi \\ \varphi \end{pmatrix} \quad \text{mit} \quad \dot{\gamma}_1(\varphi) = \begin{pmatrix} -\sin\varphi \\ \cos\varphi \\ 1 \end{pmatrix}$$

für $\varphi \in [-\pi, \pi]$.

(ii) mit $\varphi = -\pi$

$$\gamma_2(r) = \begin{pmatrix} -r \\ 0 \\ -\pi r \end{pmatrix} \quad \text{mit} \quad \dot{\gamma}_1(r) = \begin{pmatrix} -1 \\ 0 \\ -\pi \end{pmatrix}$$

für $r \in [0, 1]$ und

(iii) mit $\varphi = \pi$

$$\gamma_3(r) = \begin{pmatrix} -r \\ 0 \\ \pi r \end{pmatrix} \quad \text{mit} \quad \dot{\gamma}_1(r) = \begin{pmatrix} -1 \\ 0 \\ \pi \end{pmatrix}$$

für $r \in [0, 1]$.

Bemerkung: Bei $r = 0$ ergibt sich keine weitere Randkurve der Fläche.

Beachten wir noch die Orientierung der Kurven, so folgt mit dem Stokes'schen Satz

$$\begin{aligned}
\int_\Gamma \operatorname{rot} F \cdot \mathbf{d}\boldsymbol{\mu} &= \int_{\gamma_1} F \cdot \mathrm{d}l + \int_{\gamma_2} F \cdot \mathrm{d}l - \int_{\gamma_3} F \cdot \mathrm{d}l \\
&= \int_{-\pi}^{\pi} F(\gamma_1(\varphi)) \cdot \dot{\gamma}_1(\varphi)\,\mathrm{d}\varphi \\
&\quad + \int_0^1 F(\gamma_2(r)) \cdot \dot{\gamma}_2(r)\,\mathrm{d}r \\
&\quad - \int_0^1 F(\gamma_3(r)) \cdot \dot{\gamma}_3(r)\,\mathrm{d}r \\
&= \int_{-\pi}^{\pi} |\varphi|\,\mathrm{d}\varphi - \int_0^1 \pi^2 r^2\,\mathrm{d}r - \int_0^1 \pi^2 r^2\,\mathrm{d}r \\
&= \varphi^2\Big|_0^\pi - \frac{2\pi^2}{3} r^3\Big|_0^1 = \frac{1}{3}\pi^2.
\end{aligned}$$

Beweisaufgaben

Aufgabe 23.14 •• Ist $\boldsymbol{v}\colon \overline{\boldsymbol{\gamma}(D)} \to \mathbb{R}^n$ ein Normalenfeld an der Fläche Γ, die regulär parametrisiert ist durch $\boldsymbol{\gamma}\colon D \to \mathbb{R}^n$, so ist offensichtlich auch $-\boldsymbol{v}$ ein Normalenfeld.

Nehmen wir andererseits an, es gibt ein weiteres Normalenfeld $\widetilde{\boldsymbol{v}}\colon \overline{\boldsymbol{\gamma}(D)} \to \mathbb{R}^n$. Da $\widetilde{\boldsymbol{v}}(\boldsymbol{x})$ für $\boldsymbol{x} \in \boldsymbol{\gamma}(D)$ senkrecht zum $n-1$-dimensionalen Tangentialraum steht, definiert $g(\boldsymbol{v}) := \boldsymbol{v}(\boldsymbol{x})^\top \widetilde{\boldsymbol{v}}(\boldsymbol{x}) = \pm\|\widetilde{\boldsymbol{v}}(\boldsymbol{x})\| = \pm 1$ mit $\boldsymbol{x} = \boldsymbol{\gamma}(\boldsymbol{v})$ eine Funktion $g\colon D \to \mathbb{R}$. Nach Voraussetzung ist g stetig und D zusammenhängend, somit ist $g(\boldsymbol{v}) = 1$ für alle $\boldsymbol{v} \in D$ oder $g(\boldsymbol{v}) = -1$ für alle $\boldsymbol{v} \in D$. Es bleiben nur die beiden Möglichkeiten $\widetilde{\boldsymbol{v}} = \boldsymbol{v}$ oder $\widetilde{\boldsymbol{v}} = -\boldsymbol{v}$ auf der gesamten Fläche.

Aufgabe 23.15 ••

- Mit der angegebenen Parametrisierung der allgemeinen Rotationsfläche folgt

$$\partial_t \boldsymbol{\gamma}(t, \varphi) = \begin{pmatrix} 1 \\ f'(t)\cos\varphi \\ f'(t)\sin\varphi \end{pmatrix}$$

und

$$\partial_\varphi \boldsymbol{\gamma}(t, \varphi) = \begin{pmatrix} 0 \\ -f(t)\sin\varphi \\ f(t)\cos\varphi \end{pmatrix}.$$

Somit erhalten wir für den Betrag des Kreuzprodukts

$$\begin{aligned}
\|\partial_t \boldsymbol{\gamma}(t,\varphi) \times \partial_\varphi \boldsymbol{\gamma}(t,\varphi)\| &= \left\| \begin{pmatrix} f'(t)f(t) \\ -f(t)\cos\varphi \\ f(t)\sin\varphi \end{pmatrix} \right\| \\
&= f(t)\sqrt{(f'(t))^2 + 1}.
\end{aligned}$$

Mit dem Flächenintegral folgt

$$\begin{aligned}
\int_\Gamma \mathrm{d}\mu &= \int_a^b \int_0^{2\pi} \|\partial_t \boldsymbol{\gamma}(t,\varphi) \times \partial_\varphi \boldsymbol{\gamma}(t,\varphi)\|\,\mathrm{d}\varphi\,\mathrm{d}t \\
&= \int_a^b \int_0^{2\pi} f(t)\sqrt{(f'(t))^2 + 1}\,\mathrm{d}\varphi\,\mathrm{d}t \\
&= 2\pi \int_a^b f(t)\sqrt{(f'(t))^2 + 1}\,\mathrm{d}t.
\end{aligned}$$

- Für den Torus wählen wir die beiden Graphen von $f_1, f_2\colon (-\frac{1}{2}, \frac{1}{2}) \to \mathbb{R}$ mit

$$f_1(t) = 1 + \sqrt{\frac{1}{4} - t^2} \quad \text{und} \quad f_2(t) = 1 - \sqrt{\frac{1}{4} - t^2}.$$

Aufgrund des ersten Teils der Aufgabe berechnen wir mit der Substitution $2t = \sin u$ die beiden Integrale

$$\begin{aligned}
2\pi &\int_{-\frac{1}{2}}^{\frac{1}{2}} f_1(t)\sqrt{1 + (f_1'(t))^2}\,\mathrm{d}t \\
&= 2\pi \int_{-\frac{1}{2}}^{\frac{1}{2}} (1 + \sqrt{\frac{1}{4} - t^2})\sqrt{1 + \frac{t^2}{\frac{1}{4} - t^2}}\,\mathrm{d}t \\
&= \pi \int_{-\frac{1}{2}}^{\frac{1}{2}} \frac{1}{\sqrt{\frac{1}{4} - t^2}} + 1\,\mathrm{d}t \\
&= 4\pi \int_0^{\frac{1}{2}} \frac{1}{\sqrt{1 - (2t)^2}}\,\mathrm{d}t + \pi \\
&= 2\pi \int_0^{\frac{\pi}{2}} \frac{1}{\sqrt{1 - \sin^2 u}} \cos u\,\mathrm{d}u + \pi = \pi^2 + \pi
\end{aligned}$$

und

$$\begin{aligned}
2\pi &\int_{-\frac{1}{2}}^{\frac{1}{2}} f_2(t)\sqrt{1 + (f_2'(t))^2}\,\mathrm{d}t \\
&= 2\pi \int_{-\frac{1}{2}}^{\frac{1}{2}} (1 - \sqrt{\frac{1}{4} - t^2})\sqrt{1 + \frac{t^2}{\frac{1}{4} - t^2}}\,\mathrm{d}t \\
&= \pi \int_{-\frac{1}{2}}^{\frac{1}{2}} \frac{1}{\sqrt{\frac{1}{4} - t^2}} - 1\,\mathrm{d}t \\
&= 4\pi \int_0^{\frac{1}{2}} \frac{1}{\sqrt{1 - (2t)^2}}\,\mathrm{d}t - \pi = \pi^2 - \pi.
\end{aligned}$$

Somit ergibt sich insgesamt für den Flächeninhalt des Torus T

$$\begin{aligned}
\int_T \mathrm{d}\mu &= 2\pi \int_{-\frac{1}{2}}^{\frac{1}{2}} f_1(t)\sqrt{1 + (f_1'(t))^2}\,\mathrm{d}t \\
&\quad + 2\pi \int_{-\frac{1}{2}}^{\frac{1}{2}} f_2(t)\sqrt{1 + (f_2'(t))^2}\,\mathrm{d}t = 2\pi^2.
\end{aligned}$$

Aufgabe 23.16 • Es gilt

$$\begin{aligned}\operatorname{div}(\boldsymbol{F}\times\boldsymbol{G}) &= \operatorname{div}\begin{pmatrix}F_2G_3-F_3G_2\\F_3G_1-F_1G_3\\F_1G_2-F_2G_1\end{pmatrix}\\ &= F_1\left(\frac{\partial G_2}{\partial x_3}-\frac{\partial G_3}{\partial x_2}\right)+G_1\left(\frac{\partial F_3}{\partial x_2}-\frac{\partial F_2}{\partial x_3}\right)\\ &\quad+F_2\left(\frac{\partial G_3}{\partial x_1}-\frac{\partial G_1}{\partial x_3}\right)+G_2\left(\frac{\partial F_1}{\partial x_3}-\frac{\partial F_3}{\partial x_1}\right)\\ &\quad+F_3\left(\frac{\partial G_1}{\partial x_2}-\frac{\partial G_2}{\partial x_1}\right)+G_3\left(\frac{\partial F_2}{\partial x_1}-\frac{\partial F_1}{\partial x_2}\right)\\ &= \boldsymbol{G}\cdot\mathbf{rot}\boldsymbol{F}-\boldsymbol{F}\cdot\mathbf{rot}\boldsymbol{G}.\end{aligned}$$

Die zweite Identität ergibt sich aus

$$\begin{aligned}\operatorname{rot}(\operatorname{rot}\boldsymbol{F}) &= \operatorname{rot}\begin{pmatrix}\frac{\partial F_3}{\partial x_2}-\frac{\partial F_2}{\partial x_3}\\ \frac{\partial F_1}{\partial x_3}-\frac{\partial F_3}{\partial x_1}\\ \frac{\partial F_2}{\partial x_1}-\frac{\partial F_1}{\partial x_2}\end{pmatrix}\\ &= \begin{pmatrix}\frac{\partial^2F_2}{\partial x_1\partial x_2}-\frac{\partial^2F_1}{\partial x_2^2}-\frac{\partial^2F_1}{\partial x_3^2}+\frac{\partial^2F_3}{\partial x_1\partial x_3}\\ \frac{\partial^2F_3}{\partial x_2\partial x_3}-\frac{\partial^2F_2}{\partial x_3^2}-\frac{\partial^2F_2}{\partial x_1^2}+\frac{\partial^2F_1}{\partial x_1\partial x_2}\\ \frac{\partial^2F_1}{\partial x_1\partial x_3}-\frac{\partial^2F_3}{\partial x_1^2}-\frac{\partial^2F_3}{\partial x_2^2}+\frac{\partial^2F_2}{\partial x_2\partial x_3}\end{pmatrix}\\ &= \begin{pmatrix}\frac{\partial}{\partial x_1}\left(\frac{\partial F_1}{\partial x_1}+\frac{\partial F_2}{\partial x_2}+\frac{\partial F_3}{\partial x_3}\right)-\Delta F_1\\ \frac{\partial}{\partial x_2}\left(\frac{\partial F_1}{\partial x_1}+\frac{\partial F_2}{\partial x_2}+\frac{\partial F_3}{\partial x_3}\right)-\Delta F_2\\ \frac{\partial}{\partial x_3}\left(\frac{\partial F_1}{\partial x_1}+\frac{\partial F_2}{\partial x_2}+\frac{\partial F_3}{\partial x_3}\right)-\Delta F_3\end{pmatrix}\\ &= \nabla(\operatorname{div}\boldsymbol{F})-\Delta\boldsymbol{F}.\end{aligned}$$

Aufgabe 23.17 ••• Wir definieren Zylinderkoordinaten

$$\boldsymbol{x}(r,\varphi,z)=\begin{pmatrix}r\cos\varphi\\r\sin\varphi\\z\end{pmatrix}$$

und die orthonormalen Basisvektoren

$$\boldsymbol{e}_r=\frac{1}{g_r}\boldsymbol{\partial}_r\boldsymbol{x}=\begin{pmatrix}\cos\varphi\\\sin\varphi\\0\end{pmatrix},\quad \boldsymbol{e}_\varphi=\frac{1}{g_\varphi}\boldsymbol{\partial}_\varphi\boldsymbol{x}=\begin{pmatrix}-\sin\varphi\\\cos\varphi\\0\end{pmatrix},$$

und

$$\boldsymbol{e}_z=\frac{1}{g_z}\boldsymbol{\partial}_z\boldsymbol{x}=\begin{pmatrix}0\\0\\1\end{pmatrix}$$

mit $g_r=\|\boldsymbol{\partial}_r\boldsymbol{x}\|=1$, $g_\varphi=\|\boldsymbol{\partial}_\varphi\boldsymbol{x}\|=r$ und $g_z=\|\boldsymbol{\partial}_z\boldsymbol{x}\|=1$.

Mit der Funktionaldeterminante zur Koordinatentransformation $\sqrt{\det\boldsymbol{x}'^\top\boldsymbol{x}'}=g_rg_\varphi g_z=r$ und dem Gauß'schen Satz erhalten wir

$$\begin{aligned}&\int_{r_0}^{r_0+\alpha_r}\int_{\varphi_0}^{\varphi_0+\alpha_\varphi}\int_{z_0}^{z_0+\alpha_z}\Delta u\;g_rg_\varphi g_\theta\,\mathrm{d}z\,\mathrm{d}\varphi\,\mathrm{d}r\\ &=\int_{W_\alpha}\operatorname{div}(\nabla u)\,\mathrm{d}\boldsymbol{x}=\int_{\partial W_\alpha}\nabla u\cdot\boldsymbol{\nu}\,\mathrm{d}\mu\end{aligned}$$

im Gebiet $W_\alpha=\{\boldsymbol{x}(r,\varphi,z)\in\mathbb{R}^3 \mid (r,\varphi,z)\in(r_0,r_0+\alpha_r)\times(\varphi_0,\varphi_0+\alpha_\varphi)\times(z_0,z_0+\alpha_z)\}$. Einsetzen der Normalenvektoren an den regulären Randstücken von ∂W_α und Anwenden des Satzes von Fubini führt auf

$$\begin{aligned}&\int_{r_0}^{r_0+\alpha_r}\int_{\varphi_0}^{\varphi_0+\alpha_\varphi}\int_{z_0}^{z_0+\alpha_z}\Delta u\,g_rg_\varphi g_\theta\,\mathrm{d}z\,\mathrm{d}\varphi\,\mathrm{d}r\\ &=\int_{z_0}^{z_0+\alpha_z}\int_{\varphi_0}^{\varphi_0+\alpha_\varphi}\Big(\underbrace{\nabla u\cdot\boldsymbol{e}_r}_{=\frac{\partial u}{\partial r}}\,g_\varphi g_z\Big)\Big|_{r_0}^{r_0+\alpha_r}\mathrm{d}\varphi\,\mathrm{d}z\\ &\quad+\int_{r_0}^{r_0+\alpha_r}\int_{\varphi_0}^{\varphi_0+\alpha_\varphi}\Big(\underbrace{\nabla u\cdot\boldsymbol{e}_z}_{=\frac{\partial u}{\partial z}}\,g_rg_\varphi\Big)\Big|_{z_0}^{z_0+\alpha_z}\mathrm{d}\varphi\,\mathrm{d}r\\ &\quad+\int_{r_0}^{r_0+\alpha_r}\int_{z_0}^{z_0+\alpha_z}\Big(\underbrace{\nabla u\cdot\boldsymbol{e}_\varphi}_{=\frac{1}{r}\frac{\partial u}{\partial\varphi}}\,g_rg_z\Big)\Big|_{\varphi_0}^{\varphi_0+\alpha_\varphi}\mathrm{d}z\,\mathrm{d}r\\ &=\int_{r_0}^{r_0+\alpha_r}\int_{\varphi_0}^{\varphi_0+\alpha_\varphi}\int_{z_0}^{z_0+\alpha_z}\Big(\frac{\partial}{\partial r}(r\frac{\partial u}{\partial r})\\ &\qquad+r\frac{\partial^2u}{\partial z^2}+\frac{1}{r}\frac{\partial^2u}{\partial\varphi^2}\Big)\,\mathrm{d}z\,\mathrm{d}\varphi\,\mathrm{d}r.\end{aligned}$$

Da die Identität für alle $\alpha_r,\alpha_\varphi,\alpha_z>0$ mit $W_\alpha\subseteq D$ gilt, ergibt sich Gleichheit der Integranden, d. h.

$$\Delta u=\frac{1}{r}\frac{\partial}{\partial r}(r\frac{\partial u}{\partial r})+\frac{1}{r^2}\frac{\partial^2u}{\partial\varphi^2}+\frac{\partial^2u}{\partial z^2}.$$

Aufgabe 23.18 •••

- Wir berechnen die Ableitungen

$$\frac{\partial\Phi(\boldsymbol{x},\boldsymbol{y})}{\partial x_j}=-\frac{1}{2\pi}\frac{x_j-y_j}{(x_1-y_1)^2+(x_2-y_2)^2}$$

und

$$\frac{\partial^2\Phi(\boldsymbol{x},\boldsymbol{y})}{\partial x_j^2}=-\frac{1}{2\pi}\frac{1}{\|\boldsymbol{x}-\boldsymbol{y}\|^2}+\frac{1}{\pi}\frac{(x_j-y_j)^2}{\|\boldsymbol{x}-\boldsymbol{y}\|^4}$$

für $j=1,\dots,2$. Damit ergibt sich die Summe

$$\Delta\Phi(\boldsymbol{x},\boldsymbol{y})=0$$

für $\boldsymbol{x}\neq\boldsymbol{y}$.

- Halten wir $\boldsymbol{x}\in D$ fest und bezeichnen mit $K_\rho=\{\boldsymbol{y}\in\mathbb{R}^n\colon \|\boldsymbol{y}-\boldsymbol{x}\|<\rho\}$ die Kugel um $\boldsymbol{x}$ mit Radius ρ. Dann gilt auch im zweidimensionalen Fall mit dem zweiten Green'schen Satz (siehe Seite 1001) in dem Ringgebiet $D\setminus\overline{K_\rho}$

$$\begin{aligned}&\int_{\partial D\cup\partial K_\rho}\left[\Phi(\boldsymbol{x},\boldsymbol{y})\frac{\partial u(\boldsymbol{y})}{\partial\nu}-\frac{\partial\Phi(\boldsymbol{x},\boldsymbol{y})}{\partial\nu_y}u(\boldsymbol{y})\right]\mathrm{d}\sigma_y\\ &=\int_{D\setminus\overline{K_\rho}}\left[\Phi(\boldsymbol{x},\boldsymbol{y})\,\Delta u(\boldsymbol{y})-\Delta_y\Phi(\boldsymbol{x},\boldsymbol{y})\,u(\boldsymbol{y})\right]\mathrm{d}\boldsymbol{y}\\ &=\int_{D\setminus\overline{K_\rho}}\Phi(\boldsymbol{x},\boldsymbol{y})\,\Delta u(\boldsymbol{y})\mathrm{d}\boldsymbol{y}.\end{aligned}$$

Wir betrachten den Grenzwert $\rho \to 0$. Da Δu stetig und $\Phi(\boldsymbol{x}, .)$ integrierbar auf $\overline{D}$ sind, ergibt sich mit dem Lebesgue'schen Konvergenzsatz

$$\lim_{\rho \to 0} \int_{D \setminus \overline{K_\rho}} \Phi(\boldsymbol{x}, \boldsymbol{y})\, \Delta u(\boldsymbol{y})\, \mathrm{d}\boldsymbol{y} = \int_D \Phi(\boldsymbol{x}, \boldsymbol{y})\, \Delta u(\boldsymbol{y})\, \mathrm{d}\boldsymbol{y}.$$

Weiter müssen nur die Integrale über die Kreislinie mit $\|\boldsymbol{x} - \boldsymbol{y}\| = \rho$ betrachtet werden, da das äußere Randintegral von ρ unabhängig ist. Wir parametrisieren die Kreislinie ∂K_ρ durch $\boldsymbol{\psi}(t) = \boldsymbol{x} + \rho(\cos t, \sin t)^\top$. Damit ergibt sich für das erste Kurvenintegral

$$\begin{aligned} &\frac{1}{2\pi} \int_{\partial K_\rho} \ln\left(\frac{1}{\|\boldsymbol{x} - \boldsymbol{y}\|}\right) \frac{\partial u}{\partial \nu}(\boldsymbol{y})\, \mathrm{d}l_y \\ &= \frac{\rho \ln(\rho)}{2\pi} \int_0^{2\pi} \frac{\partial u}{\partial \rho}\left(\boldsymbol{x} + \rho(\cos t, \sin t)^\top\right) \mathrm{d}t \end{aligned}$$

Beachten Sie, dass die äußere Normale am Ringgebiet $D \setminus \overline{K_\rho}$ auf der Sphäre zum Mittelpunkt gerichtet ist, sodass $\partial u / \partial \nu = -\partial u / \partial \rho$ gilt. Da $u \in C^1(\overline{D})$ ist, ist die Ableitung $\partial u / \partial \rho$ beschränkt, und wir erhalten

$$\lim_{\rho \to 0} \int_{\partial K_\rho} \Phi(\boldsymbol{x}, \boldsymbol{y}) \frac{\partial u}{\partial \nu}(\boldsymbol{y})\, \mathrm{d}l_y = 0.$$

Für das zweite Integral betrachten wir

$$\nabla_y \ln\left(\frac{1}{\|\boldsymbol{x} - \boldsymbol{y}\|}\right) = -\frac{\boldsymbol{x} - \boldsymbol{y}}{\|\boldsymbol{x} - \boldsymbol{y}\|^2}.$$

Auf der Kreislinie ist

$$\frac{\partial \Phi}{\partial \nu}(\boldsymbol{x}, \boldsymbol{y}) = -\frac{1}{2\pi} \frac{\boldsymbol{x} - \boldsymbol{y}}{\|\boldsymbol{x} - \boldsymbol{y}\|^2} \cdot \frac{\boldsymbol{x} - \boldsymbol{y}}{\|\boldsymbol{x} - \boldsymbol{y}\|} = -\frac{1}{2\pi\, \rho},$$

und es gilt

$$\begin{aligned} &- \int_{\partial K_\rho} \frac{\partial \Phi(\boldsymbol{x}, \boldsymbol{y})}{\partial \nu_y} u(\boldsymbol{y})\, \mathrm{d}l \\ &= \frac{1}{2\pi} \int_0^{2\pi} u\left(\boldsymbol{x} + \rho(\cos t, \sin t)^\top\right) \mathrm{d}t \end{aligned}$$

Mit dem Mittelwertsatz der Integralrechnung folgt, da u stetig ist,

$$\begin{aligned} &- \lim_{\rho \to 0} \int_{\partial K_\rho} \frac{\partial \Phi(\boldsymbol{x}, \boldsymbol{y})}{\partial \nu_y} u(\boldsymbol{y})\, \mathrm{d}l \\ &= \lim_{\rho \to 0} u\left(\boldsymbol{x} + \rho(\cos \tau_\rho, \sin \tau_\rho)^\top\right) = u(\boldsymbol{x}) \end{aligned}$$

mit von ρ abhängenden Zwischenstellen τ_ρ. Alle Terme zusammen liefern bei Grenzübergang $\rho \to 0$ die Darstellungsformel für die Funktion u.

Aufgabe 23.19 •• Nehmen wir an, dass $v \in C^2(D) \cap C^1(\overline{D})$ Lösung zum Randwertproblem ist. Es folgt aus der Differenzialgleichung mit der ersten Green'schen Formel und der Randbedingung

$$\begin{aligned} 0 &= \int_D (\Delta v - v) v\, \mathrm{d}\boldsymbol{x} \\ &= \int_D -\nabla v \cdot \nabla v - v v\, \mathrm{d}\boldsymbol{x} + \int_{\partial D} v \frac{\partial v}{\partial \nu}\, \mathrm{d}\mu \\ &= -\int_D \|\nabla v\|^2 + |v|^2\, \mathrm{d}\boldsymbol{x}. \end{aligned}$$

Da beide Integranden nicht negativ sind, ist insbesondere $\int_D |v|^2\, \mathrm{d}\boldsymbol{x} = 0$ und somit $v = 0$ in D.

Kapitel 24

Aufgaben

Verständnisfragen

Aufgabe 24.1 • Beweisen Sie, dass eine Menge $M \subseteq \mathbb{R}^n$ genau dann konvex ist, wenn alle Konvexkombinationen in M sind, d. h.:

$$\sum_{k=1}^{K} \lambda_k \boldsymbol{x}_k \in M$$

für Elemente $\boldsymbol{x}_k \in M$ und $\lambda_k \in [0, 1], k = 1, \ldots, K, K \in \mathbb{N}$, mit $\sum_{k=1}^{K} \lambda_k = 1$.

Aufgabe 24.2 •• Es seien $m, n \in \mathbb{N}$, $\boldsymbol{A} \in \mathbb{R}^{m\times n}$, $\boldsymbol{b} \in \mathbb{R}^m$ und $\boldsymbol{c} \in \mathbb{R}^n$ gegeben. Weiter sind

$$\widehat{A} = \begin{pmatrix} \boldsymbol{A} & \boldsymbol{0} \\ \boldsymbol{c}^\top & 1 \end{pmatrix} \in \mathbb{R}^{(m+1)\times(n+1)}$$

und

$$\widehat{\boldsymbol{b}} = \begin{pmatrix} \boldsymbol{b} \\ 0 \end{pmatrix} \in \mathbb{R}^{m+1}.$$

Zeigen Sie: $\boldsymbol{z}$ ist eine Ecke der Menge

$$M = \left\{\boldsymbol{x} \in \mathbb{R}^n \mid \boldsymbol{A}\boldsymbol{x} = \boldsymbol{b},\ \boldsymbol{x} \geq \boldsymbol{0}\right\}$$

genau dann, wenn $\widehat{\boldsymbol{z}} = \begin{pmatrix} \boldsymbol{z} \\ -\boldsymbol{c}^\top \boldsymbol{z} \end{pmatrix}$ eine Ecke von

$$\widehat{M} = \left\{\widehat{\boldsymbol{x}} = \begin{pmatrix} \boldsymbol{x} \\ y \end{pmatrix} \in \mathbb{R}^{n+1} \mid \widehat{\boldsymbol{A}}\widehat{\boldsymbol{x}} = \widehat{\boldsymbol{b}},\ \boldsymbol{x} \geq \boldsymbol{0}\right\}$$

ist.

Aufgabe 24.3 • Betrachten Sie im Folgenden den durch die Ungleichungen

$$\begin{aligned} x_1 + x_2 &\leq 4, \\ x_1 - x_2 &\leq 2, \\ -x_1 + x_2 &\leq 2, \\ x_1,\ x_2 &\geq 0 \end{aligned}$$

gegebenen Polyeder.

(a) Bestimmen Sie grafisch die maximale Lösung $\widehat{\boldsymbol{x}}$ der Zielfunktion $f(\boldsymbol{x}) = \boldsymbol{c}^T \boldsymbol{x}$ mit dem Zielfunktionsvektor

- $\boldsymbol{c} = (1,\ 0)^T$,
- $\boldsymbol{c} = (0,\ 1)^T$.

(b) Wie muss der Zielfunktionsvektor $\boldsymbol{c} \in \mathbb{R}^2$ gewählt werden, damit alle Punkte der Kante

$$\left\{\lambda\,(3,\ 1)^T + \mu\,(1,\ 3)^T \mid \lambda,\ \mu \in [0,\ 1],\ \lambda + \mu = 1\right\}$$

des Polyeders zwischen den beiden Ecken $(3,\ 1)^T$ und $(1,\ 3)^T$ optimale Lösungen der Zielfunktion $f(\boldsymbol{x}) = \boldsymbol{c}^T \boldsymbol{x}$ sind?

Aufgabe 24.4 •• Betrachten Sie den durch die konvexe Hülle der achten Einheitswurzeln $\boldsymbol{p}_k = \left(\cos(k\frac{\pi}{4}),\ \sin(k\frac{\pi}{4})\right)$, $k \in \{0, \ldots, 7\}$ definierten Polyeder, d. h. die Menge

$$P = \left\{\sum_{k=0}^{7} \lambda_k\, \boldsymbol{p}_k \mid \lambda_0, \ldots, \lambda_7 \in [0,\ 1],\ \sum_{k=0}^{7} \lambda_k = 1\right\}.$$

(a) Zeichnen Sie den Polyeder.

(b) Durch die beiden Größen $r > 0$ und $\alpha \in \mathbb{R}$ wird ein Zielfunktionsvektor $\boldsymbol{c} = \boldsymbol{c}\,(r,\ \alpha) = (r\ \cos\alpha,\ r\ \sin\alpha)^T$ und die zugehörige Zielfunktion $f(\boldsymbol{x}) = \boldsymbol{c}^T \boldsymbol{x}$ definiert. Beschreiben Sie für jede Ecke $\boldsymbol{p}_k$, $k \in \{0, \ldots, 7\}$, bei welcher Wahl von r und α diese Ecke eine optimale Lösung des zugehörigen linearen Optimierungsproblems ist.

Aufgabe 24.5 • Geben Sie das duale Problem zum linearen Programm (P) mit

$$\text{Max}\, x_1 - 2x_2 + 3x_3$$

unter den Nebenbedingungen $x_i \in \mathbb{R}$, $x_1 - x_2 - x_3 = -2$, $x_1 + x_2 \leq 5$ und $x_3 \geq 0$ an. Welche Aussage lässt sich damit über das primale Problem machen?

Aufgabe 24.6 • Berechnen Sie eine Maximalstelle von $f : M \subseteq \mathbb{R}^2 \to \mathbb{R}$ mit

$$f(\boldsymbol{x}) = x_1 x_2$$

und

$$M = \{\boldsymbol{x} \mid x_1 + x_2 = 1\}.$$

Rechenaufgaben

Aufgabe 24.7 • Gesucht ist das Maximum von

$$x_2 + 3\,x_3$$

unter den Nebenbedingungen

$$\begin{aligned} x_1 + x_2 + x_3 &\leq 6, \\ x_1 - x_2 + 2x_3 &\leq 4,\ . \\ x_1,\ x_2,\ x_3 &\geq 0. \end{aligned}$$

Lösen Sie dieses Problem mit dem Simplex-Algorithmus.

Aufgabe 24.8 • Das Beispiel von Beale: Wenden Sie die Phase II des Simplex-Algorithmus auf das Optimierungsproblem

$$\text{Min}\ -\frac{3}{4}x_1 + 20x_2 - \frac{1}{2}x_3 + 6x_4$$

unter den Nebenbedingungen $x_1, x_2, x_3, x_4 \geq 0$,

$$\begin{aligned} \frac{1}{4}x_1 - 8x_2 - x_3 + 9x_4 &\leq 0, \\ \frac{1}{2}x_1 - 12x_2 - \frac{1}{2}x_3 + 3x_4 &\leq 0, \\ x_3 &\leq 1 \end{aligned}$$

an. Nutzen Sie dabei die folgende Pivotisierungsstrategie: Pivotspalte wird die Spalte mit dem kleinsten Kosteneintrag $c_j < 0$ und bei mehreren, diejenige mit kleinstem Index j. Die Pivotzeile ergibt sich aus dem kleinsten Quotienten b_i/a_{ij} und bei Gleichheit, der Zeile mit kleinstem Index i.

Aufgabe 24.9 ••• Betrachten Sie zu $n \in \mathbb{N}$ das folgende von V. Klee und G.J. Minty eingeführte lineare Optimierungsproblem:

$$\text{Min } -\sum_{k=1}^{n} 10^{n-k} x_k$$

unter den Nebenbedingungen

$$\begin{aligned} 2\textstyle\sum_{k=1}^{i-1} 10^{i-k} x_k + x_i &\leq 100^{i-1}, 1 \leq i \leq n, \\ x_1, \ldots, x_n &\geq 0. \end{aligned}$$

(a) Bestimmen Sie die optimale Lösung $\widehat{x}$ mithilfe des Simplex-Algorithmus im Fall $n = 3$. Wählen Sie dabei als Pivotspalte stets die Spalte mit dem kleinsten Zielfunktionskoeffizienten.

Kann man im ersten Simplex-Schritt eine Pivotspalte so wählen, dass der Algorithmus schon nach einem Schritt die optimale Ecke liefert?

(b) Lösen Sie das lineare Optimierungsproblem für jedes $n \in \mathbb{N}$.

Aufgabe 24.10 • Berechnen Sie eine Lösung des linearen Optimierungsproblems

$$\text{(P)} \qquad \text{Min } x_1 - x_2$$

unter den Nebenbedingungen $x_1 + x_2 \leq 3$, $x_1 + 2x_2 \geq 1$, $x_1 \geq 0, x_2 \in \mathbb{R}$.

Aufgabe 24.11 •• Bestimmen Sie in Abhängigkeit von $\beta \in \mathbb{R}$ eine Lösung des folgenden linearen Optimierungsproblems

$$\text{(P)} \qquad \text{Min } -2x_1 + \beta x_2 - x_3$$

unter den Nebenbedingungen

$$x_1 - x_2 + x_3 \leq 1, \quad -3x_1 + x_2 \leq \beta$$

und $x_i \geq 0$ für $i = 1, 2, 3$, wenn es eine Lösung gibt.

Aufgabe 24.12 • Gesucht sind der maximale und der minimale Wert der Koordinate x_1 von Punkten $\boldsymbol{x} \in D = A \cap B$, wobei A die Ebene

$$A = \{\boldsymbol{x} \in \mathbb{R}^3 \mid x_1 + x_2 + x_3 = 1\}$$

und B das Ellipsoid

$$B = \left\{\boldsymbol{x} \in \mathbb{R}^3 \mid \frac{1}{4}(x_1 - 1)^2 + x_2^2 + x_3^2 = 1\right\}$$

beschreiben.

Aufgabe 24.13 •• Bestimmen Sie alle Punkte der Menge

$$M = \left\{(x, y)^\top \in \mathbb{R}^2 \mid (2 - x)y^2 = (2 + x)x^2\right\},$$

die den geringsten Abstand zum Punkt $(6, 0)^\top$ besitzen, und geben Sie diesen Abstand an.

Aufgabe 24.14 •• Finden Sie die Seitenlängen des achsenparallelen Quaders Q mit maximalem Volumen unter der Bedingung, dass $Q \subseteq K$ in dem Kegel

$$K = \left\{\boldsymbol{x} \in \mathbb{R}^3 \mid \frac{x_1^2}{a^2} + \frac{x_2^2}{b^2} \leq (1 - x_3)^2, 0 \leq x_3 \leq 1\right\}$$

mit $a, b > 0$ liegt.

Beweisaufgaben

Aufgabe 24.15 ••• Beweisen Sie, dass ein nichtleeres Polyeder $M = \{\boldsymbol{x} \in \mathbb{R}^n \mid \boldsymbol{A}\boldsymbol{x} \leq \boldsymbol{b}\} \in \mathbb{R}^n$ mit $\boldsymbol{A} \in \mathbb{R}^{m\times n}$ und $\boldsymbol{b} \in \mathbb{R}^m$ genau dann keine Ecken besitzt, wenn es $\boldsymbol{x} \in M$ und $\boldsymbol{r} \in \mathbb{R}^n \setminus \{0\}$ gibt mit $\boldsymbol{x} + t\boldsymbol{r} \in M$ für alle $t \in \mathbb{R}$.

Aufgabe 24.16 •• **Das Farkas-Lemma**: Zeigen Sie, dass das lineare Gleichungssystem

$$\boldsymbol{A}\boldsymbol{x} = \boldsymbol{b}$$

mit $\boldsymbol{A} \in \mathbb{R}^{m\times n}$ und $\boldsymbol{b} \in \mathbb{R}^m$ genau dann keine Lösung $\boldsymbol{x} \geq 0$ besitzt, wenn das System

$$\boldsymbol{A}^\top \boldsymbol{y} \leq \boldsymbol{0}, \quad \boldsymbol{b}^\top \boldsymbol{y} > 0$$

eine Lösung $\boldsymbol{y} \in \mathbb{R}^m$ hat.

Aufgabe 24.17 •• Gegeben sind $m, n \in \mathbb{N}$, $\boldsymbol{A} \in \mathbb{R}^{m\times n}$ und $\boldsymbol{e} = (1, \ldots, 1)^\top \in \mathbb{R}^n$.

(a) Zeigen Sie, dass die folgenden beiden Aussagen äquivalent sind:
- Es gibt $\boldsymbol{x} \in \mathbb{R}^n_{\geq 0}$ mit $\boldsymbol{x} \neq 0$ und $\boldsymbol{A}\boldsymbol{x} = 0$.
- Es gibt $\boldsymbol{x} \in \mathbb{R}^n_{\geq 0}$ mit $\boldsymbol{A}\boldsymbol{x} = 0$ und $\boldsymbol{e}^\top \boldsymbol{x} = 1$.

(b) Beweisen Sie mit dem starken Dualitätssatz den **Transpositionssatz von Gordan**: Es gibt eine Lösung zu $\boldsymbol{A}\boldsymbol{x} = 0$ mit $\boldsymbol{x} \in \mathbb{R}^n_{\geq 0} \setminus \{0\}$ genau dann, wenn es kein $\boldsymbol{y} \in \mathbb{R}^m$ gibt mit $\boldsymbol{A}^\top \boldsymbol{y} < 0$.

Aufgabe 24.18 • Angenommen $(\hat{x}, \hat{y})^\top \in \mathbb{R}^2$ ist Minimalstelle einer differenzierbaren Funktion $f\colon \mathbb{R}^2 \to \mathbb{R}$ unter der Nebenbedingung $g(x, y,) = 0$ mit einer differenzierbaren Funktion $g\colon \mathbb{R}^2 \to \mathbb{R}$, und es gilt $\frac{\partial g}{\partial y}(\hat{x}, \hat{y}) \neq 0$. Leiten Sie für diese Stelle $(\hat{x}, \hat{y})$ die Lagrange'sche Multiplikatorenregel durch implizites Differenzieren her.

Aufgabe 24.19 • Ist $\boldsymbol{Q} \in \mathbb{R}^{n\times n}$ eine symmetrische, positiv definite Matrix und sind $\boldsymbol{a}, \boldsymbol{c} \in \mathbb{R}^n$ mit $\boldsymbol{a} \neq \boldsymbol{0}$, dann besitzt das Optimierungsproblem

$$\text{(P)} \qquad \min_{\boldsymbol{x}\in M} \boldsymbol{x}^\top \boldsymbol{Q}\boldsymbol{x} + \boldsymbol{c}^\top \boldsymbol{x}$$

auf

$$M = \{x \in \mathbb{R}^n \mid a^\top x = 0\}$$

genau eine Lösung. Zeigen Sie, dass der Minimalwert durch

$$\min(P) = -\frac{1}{4} c^\top Q^{-1} c + \frac{1}{4} \frac{(a^\top Q^{-1} c)^2}{a^\top Q^{-1} a}$$

gegeben ist.

Aufgabe 24.20 •• Die Funktion $f : Q \to \mathbb{R}$ mit $Q = \{x \in \mathbb{R}^n : x_i > 0, i = 1, \ldots, n\}$ ist definiert durch

$$f(x) = \sqrt[n]{x_1 \cdot x_2 \cdot \ldots \cdot x_n}.$$

- Bestimmen Sie die Extremalstellen von f unter der Nebenbedingung

$$g(x) = x_1 + x_2 + \ldots + x_n - 1 = 0.$$

- Folgern Sie aus dem ersten Teil für $y \in Q$ die Ungleichung zwischen dem arithmetischen und dem geometrischen Mittel

$$\sqrt[n]{y_1 \cdot y_2 \cdot \ldots \cdot y_n} \leq \frac{1}{n}(y_1 + y_2 + \ldots + y_n).$$

Hinweise

Verständnisfragen

Aufgabe 24.1 • Eine der beiden Implikationen ergibt sich direkt aus der Definition. Für die andere Richtung ist eine vollständige Induktion nötig.

Aufgabe 24.2 •• Unter der Annahme z ist Ecke zu M betrachte man eine Darstellung von $\widehat{z}$ als Konvexkombination in $\widehat{M}$ und umgekehrt.

Aufgabe 24.3 • Zu (b): Überlegen Sie sich, wie die Niveaulinien der Zielfunktion aussehen müssen.

Aufgabe 24.4 •• Gehen Sie zunächst anschaulich vor.

Aufgabe 24.5 • Schreiben Sie das Optimierungsproblem in Normalform und lesen Sie dann das duale Problem ab. Ist das duale Problem zulässig?

Aufgabe 24.6 • Man verwende die Lagrange'sche Multiplikatorenregel

Rechenaufgaben

Aufgabe 24.7 • Führen Sie Schlupfvariablen ein und bestimmen Sie das Optimum mithilfe der Phase II des Simplex-Algorithmus.

Aufgabe 24.8 • Man stelle das Simplex-Tableau auf. Bei konsequenter Anwendung der angegebenen Pivot-Strategie tritt ein Zyklus der Länge 6 auf.

Aufgabe 24.9 ••• Um Teil (b) zu lösen, versuchen Sie den Gedanken aus Teil (a) zu verallgemeinern.

Aufgabe 24.10 • Da die Einführung von Schlupfvariablen nicht direkt auf eine Basislösung führt, muss Phase I des Simplex-Verfahrens vorgeschaltet werden.

Aufgabe 24.11 •• Es müssen verschiedene Fälle unterschieden werden. Beginnen Sie mit $\beta \geq 0$ oder $\beta < 0$.

Aufgabe 24.12 • Mit der Zielfunktion $f(x) = x_1$ und den zwei Nebenbedingungen, die D beschreiben, lässt sich die Lagrange'sche Multiplikatorenregel anwenden.

Aufgabe 24.13 •• Man wende die Lagrange'sche Multiplikatorenregel an.

Aufgabe 24.14 •• Als Zielfunktion bietet sich das Volumen des Quaders mit Eckpunkt $x \in \mathbb{R}^3$ im ersten Oktanten an. Diese Funktion ist unter der Nebenbedingung $x \in K$ mit der Lagrange'schen Multiplikatorenregel zu maximieren.

Beweisaufgaben

Aufgabe 24.15 ••• Zeigen Sie zunächst, dass eine Gerade genau dann in M ist, wenn $Ar = 0$ gilt. Für eine der beiden Implikationen ist noch die Existenz einer Ecke zu zeigen. Dazu bietet sich ein ähnliches Argument wie auf Seite 1023 an, wobei man für die duale Situation hier die maximale Anzahl linear unabhängiger Zeilen a_{i*} mit $(Ax)_i = b_i$ betrachten kann.

Aufgabe 24.16 •• Nutzen Sie den starken Dualitätssatz mit dem Vektor $c = 0$ als Zielfunktion der primalen Aufgabe.

Aufgabe 24.17 •• Für den zweiten Teil betrachte man die Zielfunktion $0^\top x$ auf der im ersten Teil gegebenen Menge. Nutzen Sie dazu die zweite Formulierung.

Aufgabe 24.18 • Lösen Sie $g(x, y) = 0$ nach y auf (Satz über implizite Funktionen!) und betrachten Sie $h\colon D \subseteq \mathbb{R} \to \mathbb{R}$ mit $h(x) = f(x, y(x))$.

Aufgabe 24.19 • Man wende die Lagrange'sche Multiplikatorenregel an.

Aufgabe 24.20 •• Mit der Lagrange'schen Multiplikatorenregel lässt sich die Extremalstelle bestimmen. Betrachten Sie im zweiten Teil $x_i = y_i / \sum_{j=1}^n y_j$.

Lösungen

Verständnisfragen

Aufgabe 24.1 • –

Aufgabe 24.2 •• –

Aufgabe 24.3 • (a) $\widehat{x} = (3, 1)^T$ im Fall $c = (1, 0)^T$ und $\widehat{x} = (1, 3)^T$ im Fall $c = (0, 1)^T$.

(b) Die Kante ist für jeden der Zielfunktionsvektoren $c = c \cdot (1, 1)^T$ mit $c > 0$ optimal.

Aufgabe 24.4 •• (a) Der Polyeder ist ein reguläres Achteck mit Ecken auf dem Einheitskreis.

(b) Die Ecke $p_k = \left(\cos(k\frac{\pi}{4}), \sin(k\frac{\pi}{4})\right)^\top$ ist genau dann eine maximale Lösung des Problems zum Zielfunktionsvektor $c\,(r, \alpha)$, wenn $r > 0$ und $\alpha \in [k\frac{\pi}{4} - \frac{\pi}{8}, k\frac{\pi}{4} + \frac{\pi}{8}] + 2\pi\mathbb{Z}$ sind.

Aufgabe 24.5 • Das duale Problem lautet:

$$\operatorname*{Max}_{y\in N} 2y_1 + 5y_2$$

unter den Nebenbedingungen

$$N = \Big\{ y \in \mathbb{R}^2 \mid -y_1 + y_2 \leq -1,\ y_1 - y_2 \leq 1,\\ y_1 + y_2 \leq 2,\ -y_1 - y_2 \leq -2,\\ y_1 \leq -3,\ y_2 \leq 0 \Big\}.$$

Da das duale Problem nicht zulässig ist, ergibt sich für das primale Problem (P) nach dem starken Dualitätssatz:

$$\inf(P) = -\infty.$$

Aufgabe 24.6 • $\widehat{x} = \left(\frac{1}{2}, \frac{1}{2}\right)^\top$ mit dem Zielfunktionswert $f(\widehat{x}) = 1/4$.

Rechenaufgaben

Aufgabe 24.7 • Der Ausdruck $x_2 + 3x_3$ nimmt unter den Nebenbedingungen seinen maximalen Wert 38/3 im Punkt $\widehat{x} = (0, 8/3, 10/3)^T$ an.

Aufgabe 24.8 • –

Aufgabe 24.9 ••• (a) Es ist $\widehat{x} = (0, 0, 10000)^T$ mit dem Zielfunktionswert $f(\widehat{x}) = -10000$. Wählt man im ersten Simplex-Schritt die dritte Spalte als Pivotspalte, so erreicht man nach einem Schritt diese Ecke.

(b) Die optimale Lösung ist $\widehat{x} = (0, \ldots, 0, 10^{n-1})^T$ mit dem zugehörigen Zielfunktionswert $f(\widehat{x}) = -10^{n-1}$.

Aufgabe 24.10 • Die Lösung ist $\widehat{x} = (0, 3)^\top$ mit Minimalwert $f(\widehat{x}) = -3$.

Aufgabe 24.11 •• Im Fall $\beta \geq 2$ ist $x_1 = 1$ und $x_2 = x_3 = 0$ Lösung des Problems mit Minimalwert -2. In allen anderen Fällen ist das Problem zulässig, aber besitzt keine Lösung.

Aufgabe 24.12 • Die Koordinate x_1 von Punkten in D hat maximal den Wert $x_{\max} = 1 + \frac{2}{\sqrt{3}}$. Der kleinste mögliche Wert ist $x_{\min} = 1 - \frac{2}{\sqrt{3}}$.

Aufgabe 24.13 •• Die Punkte $(1, \sqrt{3})^\top$, $(1, -\sqrt{3})^\top \in M$ besitzen den kürzesten Abstand $d = \sqrt{(1-6)^2 + (\pm\sqrt{3})^2} = \sqrt{28}$ zum Punkt $(6, 0)^\top$.

Aufgabe 24.14 •• Das maximale Volumen wird erreicht, wenn eine Ecke des Quaders in den Punkt

$$x = \left(\frac{\sqrt{2}}{3}a, \frac{\sqrt{2}}{3}b, \frac{1}{3}\right)^\top$$

gelegt wird.

Beweisaufgaben

Aufgabe 24.15 ••• –

Aufgabe 24.16 •• –

Aufgabe 24.17 •• –

Aufgabe 24.18 • –

Aufgabe 24.19 • –

Aufgabe 24.20 •• Das Extremum liegt in

$$\hat{x} = \left(\frac{1}{n}, \frac{1}{n}, \ldots, \frac{1}{n}\right)^\top.$$

Lösungswege

Verständnisfragen

Aufgabe 24.1 • Es sei $\sum_{k=1}^K \lambda_k x_k \in M$ für alle $x_k \in M$ und $\lambda_k \in [0, 1]$, $k = 1, \ldots, K$, $K \in \mathbb{N}$, mit $\sum_{k=1}^K \lambda_k = 1$. Mit $K = 2$ folgt direkt die Definition einer konvexen Menge.

Es bleibt die Rückrichtung zu zeigen: Ist M konvex so folgt

$$\lambda x_1 + (1-\lambda) x_2 \in M$$

für alle $x_1, x_2 \in M$ und $\lambda \in [0, 1]$. Dies liefert den Induktionsanfang. Betrachten wir nun eine Konvexkombination

$$\sum_{k=1}^K \lambda_k x_k$$

aus $x_k \in M$ und $\lambda_k \in [0,1]$ mit $\sum_{k=1}^K \lambda_k = 1$. Ist $\lambda_K = 1$, so ist $\sum_{k=1}^K \lambda_k x_k = x_K \in M$. Nehmen wir hingegen an, dass $\lambda_K \neq 1$ ist, und setzen $\mu = 1 - \lambda_K \neq 0$, folgt

$$\sum_{k=1}^K \lambda_k x_k = \lambda_K x_K + \sum_{k=1}^{K-1} \lambda_k x_k$$
$$= (1-\mu) x_K + \mu \sum_{k=1}^{K-1} \frac{\lambda_k}{\mu} x_k .$$

Mit der Induktionsannahme ist $y = \sum_{k=1}^{K-1} \frac{\lambda_k}{\mu} x_k \in M$, da mit $\sum_{k=1}^{K-1} \frac{\lambda_k}{\mu} = \frac{1}{\mu}(1-\lambda_K) = 1$ dies eine Konvexkombination aus $K-1$ Elementen ist. Somit ist

$$\sum_{k=1}^K \lambda_k x_k = (1-\mu) x_K + \mu y \in M,$$

da M konvex ist und die Induktion ist abgeschlossen.

Aufgabe 24.2 •• „$\Longrightarrow$“: Ist z eine Ecke von M, dann liegt der Vektor

$$\widehat{z} = \begin{pmatrix} z \\ -c^\top z \end{pmatrix} \in \widehat{M},$$

da

$$\widehat{A}\widehat{z} = \begin{pmatrix} Az \\ c^\top z - c^\top z \end{pmatrix} = \begin{pmatrix} b \\ 0 \end{pmatrix}$$

ist und aus $z \in M$ folgt $z \geq 0$. Angenommen es ist

$$\widehat{z} = \lambda \begin{pmatrix} z_1 \\ y_1 \end{pmatrix} + (1-\lambda) \begin{pmatrix} z_2 \\ y_2 \end{pmatrix}$$

mit $\lambda \in (0,1)$ und $\begin{pmatrix} z_1 \\ y_1 \end{pmatrix}, \begin{pmatrix} z_2 \\ y_2 \end{pmatrix} \in \widehat{M}$. Mit

$$\widehat{A} \begin{pmatrix} z_1 \\ y_1 \end{pmatrix} = \begin{pmatrix} b \\ 0 \end{pmatrix} = \widehat{A} \begin{pmatrix} z_2 \\ y_2 \end{pmatrix}$$

gilt $y_1 = -c^\top z_1$, $y_2 = -c^\top z_2$ und $Az_1 = b = Az_2$. Außerdem sind $z_1, z_2 \geq 0$, also $z_1, z_2 \in M$.

Aus der Darstellung von $\widehat{z}$ folgt $z = \lambda z_1 + (1-\lambda) z_2$. Da z eine Ecke von M ist, gilt somit $z_1 = z = z_2$ und wir haben

$$\begin{pmatrix} z_1 \\ y_1 \end{pmatrix} = \begin{pmatrix} z_1 \\ -c^\top z_1 \end{pmatrix} = \begin{pmatrix} z \\ -c^\top z \end{pmatrix}$$
$$= \begin{pmatrix} z_2 \\ -c^\top z_2 \end{pmatrix} = \begin{pmatrix} z_2 \\ y_2 \end{pmatrix}.$$

Also ist $\begin{pmatrix} z \\ -c^\top z \end{pmatrix}$ eine Ecke von $\widehat{M}$.

„$\Longleftarrow$“: Es sei $\begin{pmatrix} z \\ -c^\top z \end{pmatrix}$ eine Ecke von $\widehat{M}$ und wir betrachten mit $\lambda \in (0,1)$ eine Konvexkombination

$$z = \lambda z_1 + (1-\lambda) z_2$$

mit $z_1, z_2 \in M$. Da $Az_1 = b = Az_2$ und $z_1, z_2 \geq 0$ ist, sind

$$\begin{pmatrix} z_1 \\ -c^\top z_1 \end{pmatrix}, \begin{pmatrix} z_2 \\ -c^\top z_2 \end{pmatrix} \in \widehat{M}.$$

Es gilt

$$\begin{pmatrix} z \\ -c^\top z \end{pmatrix} = \begin{pmatrix} \lambda z_1 \\ -c^\top \lambda z_1 \end{pmatrix} + \begin{pmatrix} (1-\lambda) z_2 \\ -c^\top (1-\lambda) z_2 \end{pmatrix}$$
$$= \lambda \begin{pmatrix} z_1 \\ -c^\top z_1 \end{pmatrix} + (1-\lambda) \begin{pmatrix} z_2 \\ -c^\top z_2 \end{pmatrix}.$$

Da $\begin{pmatrix} z \\ -c^\top z \end{pmatrix}$ eine Ecke von $\widehat{M}$ ist, folgt

$$\begin{pmatrix} z_1 \\ -c^\top z_1 \end{pmatrix} = \begin{pmatrix} z_2 \\ -c^\top z_2 \end{pmatrix} = \begin{pmatrix} z \\ -c^\top z \end{pmatrix}.$$

Insbesondere sind $z_1 = z_2 = z$ und mit $z = z_1 \in M$ ist gezeigt, dass z eine Ecke von M ist.

Aufgabe 24.3 • (a) Grafisch ergeben sich im Fall $c_1 = (1, 0)^T$ als optimale Lösung $x^* = (3, 1)^T$ und im Fall $c_2 = (0, 1)^T$ als optimale Lösung $x^* = (1, 3)^T$ (siehe Abbildung 24.1).

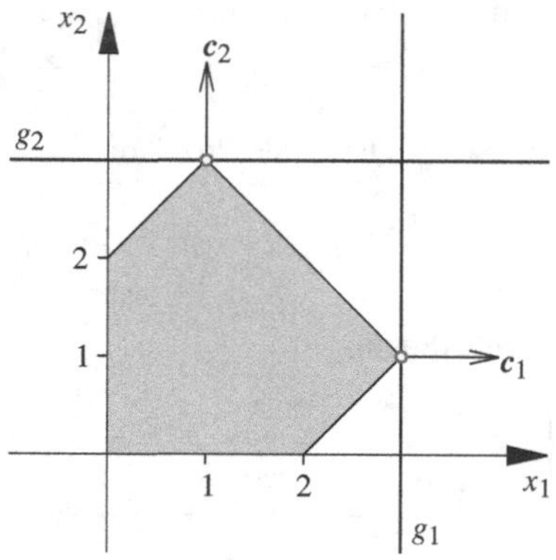

Abbildung 24.1 Die optimalen Lösungen sind $(3, 1)^T$ und $(1, 3)^T$.

(b) Damit alle Punkte der genannten Kante optimale Lösungen der Zielfunktion sein können, muss, wie in Abbildung 24.2 zu sehen, die Kante eine Niveaulinie der Zielfunktion sein. Insbesondere müssen also die beiden Punkte $(3, 1)^T$ und $(1, 3)^T$ auf dieser Niveaulinie liegen. Das ist aber genau dann der Fall, wenn $c = c \cdot (1, 1)^T$ mit einem $c \in \mathbb{R}\backslash\{0\}$ gewählt wird. Um Optimalität für die Kante zu erreichen muss zudem $c > 0$ gewählt werden.

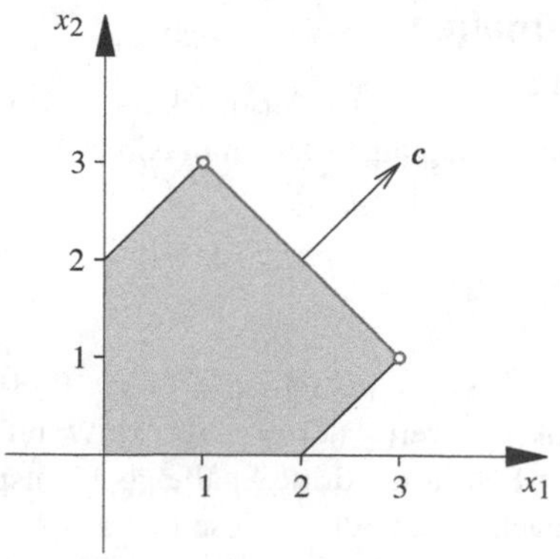

Abbildung 24.2 Die Punkte der Kante sind genau dann optimale Lösungen, wenn $c = c \cdot (1, 1)^T$ mit einem $c > 0$ gewählt wird.

Aufgabe 24.4 •• (a) Die konvexe Hülle der achten Einheitswurzeln $p_k = \left(\cos(k\frac{\pi}{4}),\, \sin(k\frac{\pi}{4})\right)$, $k \in \{0, \dots, 7\}$ ist ein reguläres Achteck mit Zentrum im Ursprung, wie es in Abbildung 24.3 zu sehen ist.

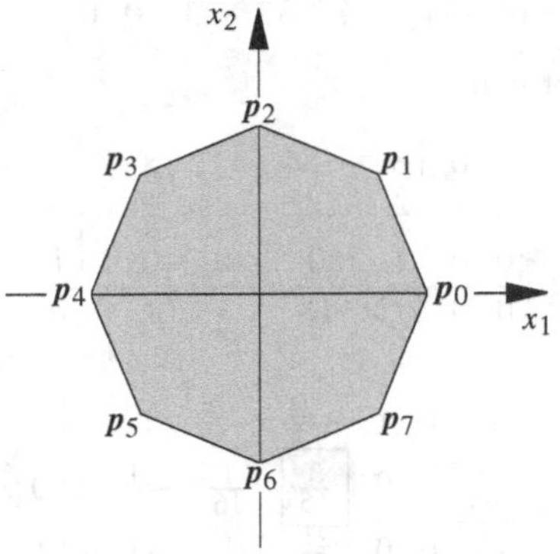

Abbildung 24.3 Die konvexe Hülle der achten Einheitswurzeln ist ein reguläres Achteck.

(b) Anschaulich findet man zu jeder Ecke einen Kegel, in der der Zielfunktionsvektor liegen muss, sodass die jeweilige Ecke eine optimale Lösung ist (siehe Abbildung 24.4).

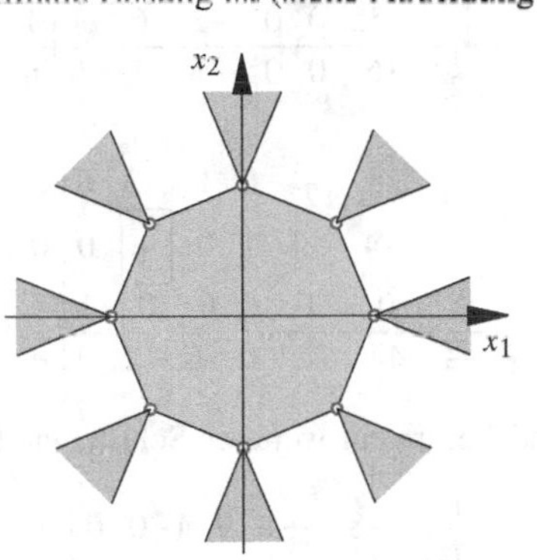

Abbildung 24.4 An jeder Ecke liegt ein Kegel von möglichen Zielfunktionsvektoren, für die diese eine optimale Lösung ist.

Wir zeigen nun die Vermutung. Dazu wählen wir ein $k \in \{0, \dots, 7\}$. Die Ecke p_k ist genau dann eine optimale Lösung, wenn die Zielfunktion in den beiden benachbarten Ecken keine größeren Werte annimmt, das heißt, wenn die beiden Ungleichungen

$$\begin{aligned}&\cos(k\tfrac{\pi}{4}) \cdot r\ \cos\alpha + \sin(k\tfrac{\pi}{4}) \cdot r\ \sin\alpha \\ &\geq \cos((k-1)\tfrac{\pi}{4}) \cdot r\ \cos\alpha + \sin((k-1)\tfrac{\pi}{4}) \cdot r\ \sin\alpha\end{aligned}$$

und

$$\begin{aligned}&\cos(k\tfrac{\pi}{4}) \cdot r\ \cos\alpha + \sin(k\tfrac{\pi}{4}) \cdot r\ \sin\alpha \\ &\geq \cos((k+1)\tfrac{\pi}{4}) \cdot r\ \cos\alpha + \sin((k+1)\tfrac{\pi}{4}) \cdot r\ \sin\alpha\end{aligned}$$

erfüllt sind. Durch Anwenden der Identität $\cos(x+y) = \cos x \cos y - \sin x \sin y$ erhält man die dazu äquivalenten Ungleichungen

$$\begin{aligned}\cos(k\tfrac{\pi}{4} - \alpha) &\geq \cos(k\tfrac{\pi}{4} - \alpha - \tfrac{\pi}{4}) \\ \cos(k\tfrac{\pi}{4} - \alpha) &\geq \cos(k\tfrac{\pi}{4} - \alpha + \tfrac{\pi}{4})\end{aligned}.$$

Die Ungleichungen

$$\begin{aligned}\cos x &\geq \cos(x - \tfrac{\pi}{4}) \\ \cos x &\geq \cos(x + \tfrac{\pi}{4})\end{aligned}$$

für $x \in \mathbb{R}$ sind genau dann erfüllt, wenn $x \in [-\frac{\pi}{8}, \frac{\pi}{8}] + 2\pi\mathbb{Z}$. Wendet man diese Aussage auf beiden Ungleichungen an, so folgt, dass die Optimalitätsbedingung genau dann erfüllt ist, wenn

$$\begin{aligned}&k\frac{\pi}{4} - \alpha \in \left[-\frac{\pi}{8}, \frac{\pi}{8}\right] + 2\pi\mathbb{Z} \\ \iff\ &\alpha \in \left[k\frac{\pi}{4} - \frac{\pi}{8},\, k\frac{\pi}{4} + \frac{\pi}{8}\right] + 2\pi\mathbb{Z},\end{aligned}$$

was sich mit der graphischen Überlegung deckt.

Aufgabe 24.5 • Um vorzeichenbeschränkte Variable zu erreichen führen wir $x_1^+ = \max\{0, x_1\}$, $x_1^- = \max\{0, -x_1\}$ und $x_2^+ = \max\{0, x_2\}$, $x_2^- = \max\{0, -x_2\}$ ein. Für die Ungleichung wird noch eine Schlupfvariable $x_4 > 0$ benötigt. Nach Umbenennen der Variablen erhalten wir das äquivalente Optimierungsproblem

$$\operatorname*{Min}_{x \in M} \boldsymbol{c}^\top \boldsymbol{x}$$

in $M = \{\boldsymbol{x} \in \mathbb{R}^6_{\geq 0} \mid \boldsymbol{A}\boldsymbol{x} = \boldsymbol{b}\}$ mit $\boldsymbol{c} = (-1, 1, 2, -2, -3, 0)^\top$, $\boldsymbol{b} = (2, 5)^\top$ und

$$\boldsymbol{A} = \begin{pmatrix} -1 & 1 & 1 & -1 & 1 & 0 \\ 1 & -1 & 1 & -1 & 0 & 1 \end{pmatrix}.$$

Damit lautet das zugehörige duale Problem

$$\operatorname*{Max}_{y \in N} 2y_1 + 5y_2$$

auf

$$N = \left\{ \boldsymbol{y} \in \mathbb{R}^2 \mid \begin{pmatrix} -1 & 1 \\ 1 & -1 \\ 1 & 1 \\ -1 & -1 \\ 1 & 0 \\ 0 & 1 \end{pmatrix} \boldsymbol{y} \leq \begin{pmatrix} -1 \\ 1 \\ 2 \\ -2 \\ -3 \\ 0 \end{pmatrix} \right\}.$$

Betrachten wir die Bedingungen $-y_1 + y_2 \leq -1$, $y_1 - y_2 \leq 1$, $y_1 + y_2 \leq 2$, $-y_1 - y_2 \leq -2$, $y_1 \leq -3$, $y_2 \leq 0$, so ergibt sich aus den ersten beiden Ungleichungen $y_1 - y_2 = 1$ und aus den weiteren beiden Ungleichungen $y_1 + y_2 = 2$ mit der einzigen Lösung $y_1 = 3/2$ und $y_2 = 1/2$. Diese erfüllt aber nicht die Ungleichung $y_2 \leq 0$. Somit ist das duale Problem nicht zulässig. Zusammen mit dem starken Dualitätssatz folgt, dass das ursprüngliche Optimierungsproblem keine Lösung besitzt,

$$\inf(\mathrm{P}) = -\infty.$$

Aufgabe 24.6 • Da $f(\boldsymbol{x}) < 0$ gilt für $x \in M$ mit $x_1 > 1$ und $x_2 < 0$ oder für $x_1 < 0$ und $x_2 > 1$, muss ein Maximum der Funktion auf dem kompakten Abschnitt $M \cap \mathbb{R}^2_{\geq 0}$ der Geraden liegen.

Wir definieren $g : \mathbb{R}^2 \to \mathbb{R}$ durch

$$g(\boldsymbol{x}) = x_1 + x_2 - 1$$

und stellen die Lagrange-Funktion

$$L(x_1, x_2, \lambda) = f(\boldsymbol{x}) + \lambda g(\boldsymbol{x})$$

auf.

Da $g'(\boldsymbol{x}) = (1, 1)^\top$ den Rang eins hat, ist die (CQ) Bedingung stets erfüllt und somit gibt es zu Extrema Lagrange-Multiplikatoren. Aus

$$\nabla L(x_1, x_2, \lambda) = \begin{pmatrix} x_2 + \lambda \\ x_1 + \lambda \\ x_1 + x_2 - 1 \end{pmatrix} = \mathbf{0}$$

folgt $x_1 = x_2$ und aus $x_1 + x_2 - 1 = 0$ schließlich $x_1 = x_2 = \frac{1}{2}$ für die Maximalstelle mit Zielfunktionswert $f(\widehat{\boldsymbol{x}}) = \frac{1}{4}$.

Rechenaufgaben

Aufgabe 24.7 • Wir führen zunächst die Schlupfvariablen x_4 und x_5 in den beiden Ungleichungen ein. Das liefert

$$\begin{array}{rcrcrcrcrl} x_1 & + & x_2 & + & x_3 & + & x_4 & & & = 6 \\ x_1 & - & x_2 & + & 2x_3 & & & + & x_5 & = 4\,. \\ & & & & \multicolumn{5}{r}{x_1,\ x_2,\ x_3,\ x_4,\ x_5} & \geq 0 \end{array}$$

Definieren wir noch die zu minimierende Zielfunktion $f(\boldsymbol{x}) = -x_2 - 3x_3$, so lautet das erste Simplex-Tableau

$$\begin{array}{ccccc|c} 1 & 1 & 1 & 1 & 0 & 6 \\ 1 & -1 & 2 & 0 & 1 & 4 \\ \hline 0 & -1 & -3 & 0 & 0 & \eta \end{array}\,.$$

Wir wählen die zweite Spalte aufgrund des negativen Zielfunktionskoeffizienten als Pivotspalte. Nur die erste Zeile ist eine mögliche Pivotzeile. Somit führt ein erster Simplex-Schritt durch die entsprechenden Zeilenumformungen auf

$$\begin{array}{ccccc|c} 1 & 1 & 1 & 1 & 0 & 6 \\ 2 & 0 & 3 & 1 & 1 & 10 \\ \hline 1 & 0 & -2 & 1 & 0 & \eta + 6 \end{array}\,.$$

Da noch ein negativer Koeffizient in der Kostenzeile auftaucht, müssen wir noch einen Simplex-Schritt ausführen. Da $10/3 < 6$ ist, ergibt sich das Element in der dritten Spalte und der zweiten Zeile als Pivotelement. Wir erhalten nach passenden Zeilenumformungen das Tableau

$$\begin{array}{ccccc|c} 1/3 & 1 & 0 & 2/3 & -1/3 & 8/3 \\ 2/3 & 0 & 1 & 1/3 & 1/3 & 10/3 \\ \hline 7/3 & 0 & 0 & 5/3 & 2/3 & \eta + 38/3 \end{array}\,.$$

Es gibt keinen negativen Eintrag mehr in der Kostenzeile - die Optimalitätsbedingung ist erfüllt und die zugehörige Ecke $\widehat{\boldsymbol{x}} = (0,\ 8/3,\ 10/3)^T$ ist optimal mit dem, dem Tableau entnommenen, zugehörigen Funktionswert $f(\hat{\boldsymbol{x}}) = \eta = -38/3$, der schließlich noch mit -1 multipliziert werden muss.

Aufgabe 24.8 • Wir beginnen mit dem Start-Tableau nach Einführung entsprechender Schlupfvariablen,

$$\begin{array}{ccccccc|c} \boxed{\frac{1}{4}} & -8 & -1 & 9 & 1 & 0 & 0 & 0 \\ \frac{1}{2} & -12 & -\frac{1}{2} & 3 & 0 & 1 & 0 & 0 \\ 0 & 0 & 1 & 0 & 0 & 0 & 1 & 1 \\ \hline -\frac{3}{4} & 20 & -\frac{1}{2} & 6 & 0 & 0 & 0 & \eta \end{array}$$

Der erste Schritt führt auf

$$\begin{array}{ccccccc|c} 1 & -32 & -4 & 36 & 4 & 0 & 0 & 0 \\ 0 & \boxed{4} & \frac{3}{2} & -15 & -2 & 1 & 0 & 0 \\ 0 & 0 & 1 & 0 & 0 & 0 & 1 & 1 \\ \hline 0 & -4 & -\frac{7}{2} & 33 & 3 & 0 & 0 & \eta \end{array}$$

Weiter ergibt sich

$$\begin{array}{ccccccc|c} 1 & 0 & \boxed{8} & -84 & -12 & 8 & 0 & 0 \\ 0 & 1 & \frac{3}{8} & -\frac{15}{4} & -\frac{1}{2} & \frac{1}{4} & 0 & 0 \\ 0 & 0 & 1 & 0 & 0 & 0 & 1 & 1 \\ \hline 0 & 0 & -2 & 18 & 1 & 1 & 0 & \eta \end{array}$$

und

$$\begin{array}{ccccccc|c} \frac{1}{8} & 0 & 1 & -\frac{21}{2} & -\frac{3}{2} & 1 & 0 & 0 \\ -\frac{3}{64} & 1 & 0 & \boxed{\frac{3}{16}} & \frac{1}{16} & -\frac{1}{8} & 0 & 0 \\ -\frac{1}{8} & 0 & 0 & \frac{21}{2} & \frac{3}{2} & -1 & 1 & 1 \\ \hline \frac{1}{4} & 0 & 0 & -3 & -2 & 3 & 0 & \eta \end{array}$$

Zwei weitere Schritte führen auf

$$\begin{array}{ccccccc|c} -\frac{5}{2} & 56 & 1 & 0 & \boxed{2} & -6 & 0 & 0 \\ -\frac{1}{4} & \frac{16}{3} & 0 & 1 & \frac{1}{3} & -\frac{2}{3} & 0 & 0 \\ \frac{5}{2} & -56 & 0 & 0 & -2 & 6 & 1 & 1 \\ \hline -\frac{1}{2} & 16 & 0 & 0 & -1 & 1 & 0 & \eta \end{array}$$

und

$$\begin{array}{ccccccc|c} -\frac{5}{4} & 28 & \frac{1}{2} & 0 & 1 & -3 & 0 & 0 \\ \frac{1}{6} & -4 & -\frac{1}{6} & 1 & 0 & \boxed{\frac{1}{3}} & 0 & 0 \\ 0 & 0 & 1 & 0 & 0 & 0 & 1 & 1 \\ \hline -\frac{7}{4} & 44 & \frac{1}{2} & 0 & 0 & -2 & 0 & \eta \end{array}$$

Abschließend liefert ein weiterer Schritt wieder das Start-Tableau

$$\begin{array}{ccccccc|c} \frac{1}{4} & -8 & -1 & 9 & 1 & 0 & 0 & 0 \\ \frac{1}{2} & -12 & -\frac{1}{2} & 3 & 0 & 1 & 0 & 0 \\ 0 & 0 & 1 & 0 & 0 & 0 & 1 & 1 \\ \hline -\frac{3}{4} & 20 & -\frac{1}{2} & 6 & 0 & 0 & 0 & \eta \end{array}$$

Aufgabe 24.9 ••• (a) Für $n = 3$ ist das Minimum der Zielfunktion

$$f(\boldsymbol{x}) = -100\,x_1 - 10\,x_2 - x_3$$

unter den Nebenbedingungen $x_1,\ x_2,\ x_3 \geq 0$ und

$$\begin{array}{rcrcrl} x_1 & & & & & \leq 1 \\ 20\,x_1 & + & x_2 & & & \leq 100 \\ 200\,x_1 & + & 20\,x_2 & + & x_3 & \leq 10000 \end{array}$$

gesucht. Wir stellen das zugehörige Simplex-Tableau auf und bestimmen die optimale Lösung mithilfe des Simplex-Algorithmus. Dabei wählen wir, wie in der Aufgabenstellung vorgegeben, die Spalte mit dem kleinsten Zielfunktionskoeffizienten als Pivotspalte. Die jeweiligen Pivotelemente sind fett markiert:

$$\begin{array}{cccccc|c} \mathbf{1} & 0 & 0 & 1 & 0 & 0 & 1 \\ 20 & 1 & 0 & 0 & 1 & 0 & 100 \\ 200 & 20 & 1 & 0 & 0 & 1 & 10000 \\ \hline -100 & -10 & -1 & 0 & 0 & 0 & \eta \end{array}$$

Die folgenden Simplex-Schritte sind,

$$\begin{array}{rrrrrr|r} 1 & 0 & 0 & 1 & 0 & 0 & 1 \\ 0 & \mathbf{1} & 0 & -20 & 1 & 0 & 80 \\ 0 & 20 & 1 & -200 & 0 & 1 & 9800 \\ \hline 0 & -10 & -1 & 100 & 0 & 0 & \eta + 100 \end{array}$$

und weiter

$$\begin{array}{rrrrrr|r} 1 & 0 & 0 & \mathbf{1} & 0 & 0 & 1 \\ 0 & 1 & 0 & -20 & 1 & 0 & 80 \\ 0 & 0 & 1 & 200 & -20 & 1 & 8200 \\ \hline 0 & 0 & -1 & -100 & 10 & 0 & \eta + 900 \end{array}$$

In den nächsten beiden Schritten folgt

$$\begin{array}{rrrrrr|r} 1 & 0 & 0 & 1 & 0 & 0 & 1 \\ 20 & 1 & 0 & 0 & 1 & 0 & 100 \\ -200 & 0 & \mathbf{1} & 0 & -20 & 1 & 8000 \\ \hline 100 & 0 & -1 & 0 & 10 & 0 & \eta + 1000 \end{array}$$

und

$$\begin{array}{rrrrrr|r} \mathbf{1} & 0 & 0 & 1 & 0 & 0 & 1 \\ 20 & 1 & 0 & 0 & 1 & 0 & 100 \\ -200 & 0 & 1 & 0 & -20 & 1 & 8000 \\ \hline -100 & 0 & 0 & 0 & -10 & 1 & \eta + 9000 \end{array}$$

Weiter ergibt sich

$$\begin{array}{rrrrrr|r} 1 & 0 & 0 & 1 & 0 & 0 & 1 \\ 0 & 1 & 0 & -20 & \mathbf{1} & 0 & 80 \\ 0 & 0 & 1 & 200 & -20 & 1 & 8200 \\ \hline 0 & 0 & 0 & 100 & -10 & 1 & \eta + 9100 \end{array}$$

und

$$\begin{array}{rrrrrr|r} 1 & 0 & 0 & \mathbf{1} & 0 & 0 & 1 \\ 0 & 1 & 0 & -20 & 1 & 0 & 80 \\ 0 & 20 & 1 & -200 & 0 & 1 & 9800 \\ \hline 0 & 10 & 0 & -100 & 0 & 1 & \eta + 9900 \end{array}$$

und schließlich

$$\begin{array}{rrrrrr|r} 1 & 0 & 0 & 1 & 0 & 0 & 1 \\ 20 & 1 & 0 & 0 & 1 & 0 & 100 \\ 200 & 20 & 1 & 0 & 0 & 1 & 10000 \\ \hline 100 & 10 & 0 & 0 & 0 & 1 & \eta + 10000. \end{array}$$

Die optimale Lösung ist $\widehat{x} = (0,\ 0,\ 10000)^T$, der zugehörige Zielfunktionswert $f(\widehat{x}) = -10000$.

Man beachte, dass alle acht Ecken des Polyeders im $\mathbb{R}^3$ durchlaufen werden. Dies gilt übrigens auch allgemein: Für $n \in \mathbb{N}$ werden bei der vorgeschlagenen Strategie der Pivotwahl stets alle 2^n Ecken durchlaufen.

Wählt man hingegen im ersten Schritt die dritte Spalte als Pivotspalte, so erreicht man nach einem Schritt diese Ecke:

$$\begin{array}{rrrrrr|r} 1 & 0 & 0 & 1 & 0 & 0 & 1 \\ 20 & 1 & 0 & 0 & 1 & 0 & 100 \\ 200 & 20 & \mathbf{1} & 0 & 0 & 1 & 10000 \\ \hline -100 & -10 & -1 & 0 & 0 & 0 & \eta \end{array}$$

und

$$\begin{array}{rrrrrr|r} 1 & 0 & 0 & 1 & 0 & 0 & 1 \\ 20 & 1 & 0 & 0 & 1 & 0 & 100 \\ 200 & 20 & 1 & 0 & 0 & 1 & 10000 \\ \hline 100 & 10 & 0 & 0 & 0 & 1 & \eta + 10000. \end{array}$$

(b) Für ein beliebiges $n \in \mathbb{N}$ erhält man als Simplex-Tableau

$$\begin{array}{cccccccc|c} 1 & 0 & \cdots & 0 & 1 & 0 & \cdots & 0 & 1 \\ 20 & 1 & \cdots & 0 & 0 & 1 & \cdots & 0 & 100 \\ \vdots & \vdots & \ddots & \vdots & \vdots & \vdots & \ddots & \vdots & \vdots \\ 2\cdot 10^{n-1} & 2\cdot 10^{n-2} & \cdots & \mathbf{1} & 0 & 0 & \cdots & 1 & 100^{n-1} \\ \hline -10^{n-1} & -10^{n-2} & \cdots & -1 & 0 & 0 & \cdots & 0 & \eta \end{array} .$$

Wählt man hier ganz wie zuvor im Fall $n = 3$ die n-te Spalte als Pivotspalte und führt einen Simplex-Schritt durch erhält man

$$\begin{array}{cccccccc|c} 1 & 0 & \cdots & 0 & 1 & 0 & \cdots & 0 & 1 \\ 20 & 1 & \cdots & 0 & 0 & 1 & \cdots & 0 & 100 \\ \vdots & \vdots & \ddots & \vdots & \vdots & \vdots & \ddots & \vdots & \vdots \\ 2\cdot 10^{n-1} & 2\cdot 10^{n-2} & \cdots & 1 & 0 & 0 & \cdots & 1 & 100^{n-1} \\ \hline 10^{n-1} & 10^{n-2} & \cdots & 0 & 0 & 0 & \cdots & 1 & \eta + 10^{n-1} \end{array}$$

als neues Tableau. Da hier kein Zielfunktionskoeffizient mehr negativ ist, haben wir die optimale Ecke $\widehat{x} = (0, \ldots, 0, 100^{n-1})^T$ erreicht, wobei $f(\widehat{x}) = -100^{n-1}$ der optimale Zielfunktionswert ist.

Das Beispiel macht deutlich, welchen Einfluss die Regel, nach der die Pivotelemente im Simplex-Algorithmus gewählt werden, auf die Anzahl der benötigten Simplex-Schritte haben kann. Ob es eine Strategie gibt, die stets nur mit einer bezüglich $n \in \mathbb{N}$ höchstens polynomial wachsenden Anzahl an Schritten auskommt, ist ein offenes Problem.

Aufgabe 24.10 • Zunächst wird $x_2^{\text{alt}} = x_2 - x_3$ durch zwei vorzeichenbeschränkte Variable ersetzt und zwei Schlupfvariable $x_4, x_5 \geq 0$ eingeführt. Dies führt auf die Normalform

$$\min_{x \in M} x_1 - x_2 + x_3$$

auf

$$M = \{x \in \mathbb{R}^5_{\geq 0} \mid Ax = b\}$$

mit

$$A = \begin{pmatrix} 1 & 1 & -1 & 1 & 0 \\ 1 & 2 & -2 & 0 & -1 \end{pmatrix} \quad \text{und} \quad b = \begin{pmatrix} 3 \\ 1 \end{pmatrix}.$$

Da keine Basislösung ablesbar ist, starten wir mit Phase I des Simplex-Verfahrens. Das zugehörige Tableau lautet

$$\begin{array}{rrrrrrr|r} 1 & 1 & -1 & 1 & 0 & 1 & 0 & 3 \\ \boxed{1} & 2 & -2 & 0 & -1 & 0 & 1 & 1 \\ \hline 1 & -1 & 1 & 0 & 0 & 0 & 0 & \eta \\ \hline -2 & -3 & 3 & -1 & 1 & 0 & 0 & \gamma - 4 \end{array}$$

Mit dem angegebenen Pivotelement folgt

$$\begin{array}{ccccccc|c} 0 & -1 & \boxed{1} & 1 & 1 & 1 & -1 & 2 \\ 1 & 2 & -2 & 0 & -1 & 0 & 1 & 1 \\ \hline 0 & -3 & 3 & 0 & 1 & 0 & -1 & \eta - 1 \\ \hline 0 & 1 & -1 & -1 & -1 & 0 & 2 & \gamma - 2 \end{array}$$

und weiter

$$\begin{array}{ccccccc|c} 0 & -1 & 1 & 1 & 1 & 1 & -1 & 2 \\ 1 & 0 & 0 & 2 & 1 & 2 & -1 & 5 \\ \hline 0 & 0 & 0 & -3 & -2 & -3 & 2 & \eta - 7 \\ \hline 0 & 0 & 0 & 0 & 0 & 1 & 1 & \gamma - 0 \end{array}$$

Damit ist die Phase I abgeschlossen. Mit dem Zielfunktionswert $\boldsymbol{e}^\top(\boldsymbol{b} - \boldsymbol{A}\hat{\boldsymbol{x}}) = 0$ des Hilfsproblems erhalten wir eine zulässige Basislösung zum ursprünglichen Optimierungsproblem und können mit Phase II beginnen. Mit dem Starttableau

$$\begin{array}{ccccc|c} 0 & -1 & 1 & \boxed{1} & 1 & 2 \\ 1 & 0 & 0 & 2 & 1 & 5 \\ \hline 0 & 0 & 0 & -3 & -2 & \eta - 7 \end{array}$$

und dem markierten Pivotelement erhalten wir

$$\begin{array}{ccccc|c} 0 & -1 & 1 & 1 & 1 & 2 \\ 1 & \boxed{2} & -2 & 0 & -1 & 1 \\ \hline 0 & -3 & 3 & 0 & 1 & \eta - 1 \end{array}$$

Zwei weitere Schritte führen auf

$$\begin{array}{ccccc|c} \frac{1}{2} & 0 & 0 & 1 & \boxed{\frac{1}{2}} & \frac{5}{2} \\ \frac{1}{2} & 1 & -1 & 0 & -\frac{1}{2} & \frac{1}{2} \\ \hline \frac{3}{2} & 0 & 0 & 0 & -\frac{1}{2} & \eta + \frac{1}{2} \end{array}$$

und

$$\begin{array}{ccccc|c} 1 & 0 & 0 & 2 & 1 & 5 \\ 1 & 1 & -1 & 1 & 0 & 3 \\ \hline 2 & 0 & 0 & 1 & 0 & \eta + 3. \end{array}$$

Da es keinen negativen Eintrag mehr in der Kostenzeile gibt, sind wir in der Lösung angekommen und lesen ab $\widehat{\boldsymbol{x}} = (0, 3)^\top$ mit dem Zielfunktionswert $f(\widehat{\boldsymbol{x}}) = -3$.

Aufgabe 24.11 •• Wir führen Schlupfvariablen $x_4, x_5 \geq 0$ ein und erhalten das äquivalente Problem:

$$\text{Min } -2x_1 + \beta x_2 - x_3$$

unter den Nebenbedingungen

$$\begin{aligned} x_1 - x_2 + x_3 + x_4 &= 1, \\ -3x_1 + x_2 + x_5 &= \beta \end{aligned}$$

mit $x_i \geq 0$ für $i = 1, \ldots, 5$.

Es müssen zwei Fälle unterschieden werden, $\beta \geq 0$ und $\beta < 0$.

Fall $\beta \geq 0$: Die rechte Seite der Nebenbedingungen ist nicht negativ, d. h., wir können direkt mit Phase II des Simplex-Algorithmus beginnen. Das erste Simplex-Tableau hat folgende Gestalt

$$\begin{array}{ccccc|c} \boxed{1} & -1 & 1 & 1 & 0 & 1 \\ -3 & 1 & 0 & 0 & 1 & \beta \\ \hline -2 & \beta & -1 & 0 & 0 & \eta \end{array}$$

und mit dem markierten Pivotelement folgt der erste Schritt

$$\begin{array}{ccccc|c} 1 & -1 & 1 & 1 & 0 & 1 \\ 0 & -2 & 3 & 3 & 1 & \beta + 3 \\ \hline 0 & \beta - 2 & 1 & 2 & 0 & \eta + 2 \end{array}$$

Ist $\beta \geq 2$, so ist der Kostenvektor nicht negativ, und wir erhalten als Lösung des Problems den Minimalwert -2 mit $x_1 = 1$ und $x_2 = x_3 = 0$.

Ist $\beta \in [0, 2)$, so ergibt sich aus dem letzten Simplex-Tableau, dass das Problem unbeschränkt ist, es also keine Lösung gibt.

Fall $\beta < 0$: Wir multiplizieren die zweite Gleichung in obiger Normalform mit -1 und erhalten als Tableau:

$$\begin{array}{ccccc|c} 1 & -1 & 1 & 1 & 0 & 1 \\ 3 & -1 & 0 & 0 & -1 & -\beta \\ \hline -2 & \beta & -1 & 0 & 0 & \eta \end{array}$$

Wir können noch keine Basislösung ablesen, da der zweite Einheitsvektor fehlt. Deshalb führen wir Phase I durch.

Um ein wenig unnötige Rechenarbeit zu sparen, genügt es die Phase I nur mit der zweiten Zeile durchzuführen, d. h. Min $-3x_1 + x_2 + x_5 - \beta$, da wir in der vierten Spalte bereits einen Teil einer Basislösung ablesen können. Wir erhalten das Tableau

$$\begin{array}{cccccc|c} 1 & -1 & 1 & 1 & 0 & 0 & 1 \\ 3 & -1 & 0 & 0 & -1 & 1 & -\beta \\ \hline -2 & \beta & -1 & 0 & 0 & 0 & \eta \\ \hline -3 & 1 & 0 & 0 & 1 & 0 & \gamma + \beta \end{array}$$

Wir unterscheiden die Fälle $\beta \in (-3, 0)$ und $\beta \leq -3$.

Fall $\beta \in (-3, 0)$: Der erste Eintrag der letzten Zeile ist Pivotelement. Das Simplex-Verfahren liefert das Tableau

$$\begin{array}{cccccc|c} 0 & -\frac{2}{3} & 1 & 1 & \frac{1}{3} & -\frac{1}{3} & 1 + \frac{1}{3}\beta \\ 1 & -\frac{1}{3} & 0 & 0 & -\frac{1}{3} & \frac{1}{3} & -\frac{1}{3}\beta \\ \hline 0 & \beta - \frac{2}{3} & -1 & 0 & -\frac{2}{3} & \frac{2}{3} & \eta - \frac{2}{3}\beta \\ \hline 0 & 0 & 0 & 0 & 0 & 1 & \gamma \end{array}$$

Phase I ist abgeschlossen. Wir können die letzte Zeile und die vorletzte Spalte streichen und erhalten das Tableau

$$\begin{array}{ccccc|c} 0 & -\frac{2}{3} & 1 & 1 & \frac{1}{3} & 1 + \frac{1}{3}\beta \\ 1 & -\frac{1}{3} & 0 & 0 & -\frac{1}{3} & -\frac{1}{3}\beta \\ \hline 0 & \beta - \frac{2}{3} & -1 & 0 & -\frac{2}{3} & \eta - \frac{2}{3}\beta \end{array}$$

für Phase II. Da β negativ ist, lesen wir an der zweiten Spalte ab, dass es keine Lösung gibt.

Fall $\beta \leq -3$: In diesem Fall ist der erste Eintrag der ersten Zeile im Starttableau der Phase I Pivotelement. Das nächste Simplex-Tableau ist

$$\begin{array}{cccccc|c}
1 & -1 & 1 & 1 & 0 & 0 & 1 \\
0 & \boxed{2} & -3 & -3 & -1 & 1 & -3-\beta \\
\hline
0 & \beta-2 & 1 & 2 & 0 & 0 & \eta 2 \\
\hline
0 & -2 & 3 & 3 & 1 & 0 & \gamma+\beta+3
\end{array}$$

und weiter

$$\begin{array}{cccccc|c}
1 & 0 & -\frac{1}{2} & -\frac{1}{2} & -\frac{1}{2} & \frac{1}{2} & 1-\frac{3+\beta}{2} \\
0 & 1 & -\frac{3}{2} & -\frac{3}{2} & -\frac{1}{2} & \frac{1}{2} & -\frac{3+\beta}{2} \\
\hline
0 & 0 & 1-t & 2-t & \frac{\beta-2}{2} & \frac{2-\beta}{2} & \eta+2+\frac{(\beta-2)(3+\beta)}{2} \\
\hline
0 & 0 & 0 & 0 & 0 & 1 & \gamma
\end{array}$$

mit $t = \frac{3}{2}(2-\beta)$. Phase I ist beendet, und wir erhalten für Phase II das Tableau

$$\begin{array}{ccccc|c}
1 & 0 & -\frac{1}{2} & -\frac{1}{2} & -\frac{1}{2} & 1-\frac{3+\beta}{2} \\
0 & 1 & -\frac{3}{2} & -\frac{3}{2} & -\frac{1}{2} & -\frac{3+\beta}{2} \\
\hline
0 & 0 & 1-t & 2-t & \frac{\beta-2}{2} & \eta+2+\frac{(\beta-2)(3+\beta)}{2}
\end{array}$$

Da $\beta < 0$ gilt, ist $1-t < 0$, und wir lesen aus der dritten Spalte ab, dass das Problem unbeschränkt ist.

Aufgabe 24.12 • Die Menge D ist kompakt und die Funktion f stetig. Sie nimmt somit auf D ihr Maximum und ihr Minimum an.

Zunächst berechnen wir die Funktionalmatrix der Nebenbedingungen

$$g'(\boldsymbol{x}) = \begin{pmatrix} 1 & 1 & 1 \\ \frac{1}{2}(x_1-1) & 2x_2 & 2x_3 \end{pmatrix}.$$

Mit einem Gauß-Eliminationsschritt sehen wir, dass die Matrix den Rang 2 hat, wenn nicht $x_2 = x_3$ und $\frac{1}{2}(x_1-1) - 2x_3 = 0$ gilt. Die beiden Gleichungen implizieren eingesetzt in A, dass $x_3 = 0$ und somit $x_2 = 0$ und $x_1 = 1$ gilt. Dieser Punkt liegt aber nicht in B, sodass die (CQ)-Bedingung auf D stets erfüllt ist.

Die zugehörige Lagrange-Funktion lautet

$$\begin{aligned} L(x,\lambda_1,\lambda_2) &= x_1 + \lambda_1(x_1+x_2+x_3-1) \\ &\quad + \lambda_2\left(\frac{1}{4}(x_1-1)^2 + x_2^2 + x_3^2 - 1\right). \end{aligned}$$

Stationäre Punkte sind dadurch gekennzeichnet, dass alle partiellen Ableitungen von L verschwinden. Setzen wir diese null, so folgt das nichtlineare Gleichungssystem

$$\begin{aligned} 1 + \lambda_1 + \frac{1}{2}\lambda_2(x_1-1) &= 0 \\ \lambda_1 + 2\lambda_2 x_2 &= 0 \\ \lambda_1 + 2\lambda_2 x_3 &= 0 \\ x_1 + x_2 + x_3 - 1 &= 0 \\ \frac{1}{4}(x_1-1)^2 + x_2^2 + x_3^2 - 1 &= 0. \end{aligned}$$

Die Differenz der zweiten und der dritten Gleichung liefert $\lambda_2(x_2-x_3) = 0$. Die Annahme $\lambda_2 = 0$ ergibt aus der zweiten Gleichung $\lambda_1 = 0$, aber aus der ersten $\lambda_1 = -1$. Wegen dieses Widerspruchs folgt $x_2 = x_3$. Weiter gilt nun

$$x_2 = x_3 = \frac{1-x_1}{2}.$$

Einsetzen dieser Identitäten in die letzte Gleichung liefert

$$\frac{3}{4}(x_1-1)^2 = 1 \quad \text{bzw.} \quad x_1 = 1 \pm \frac{2}{\sqrt{3}}.$$

Mit der vierten Gleichung bekommt man die anderen Koordinaten

$$x_2 = x_3 = \frac{1-x_1}{2} = \mp\frac{1}{\sqrt{3}}.$$

Bei den einzigen beiden gefundenen Punkten

$$\boldsymbol{e}_1 = \left(1 + \frac{2}{\sqrt{3}}, -\frac{1}{\sqrt{3}}, -\frac{1}{\sqrt{3}}\right)^\top$$

und

$$\boldsymbol{e}_2 = \left(1 - \frac{2}{\sqrt{3}}, \frac{1}{\sqrt{3}}, \frac{1}{\sqrt{3}}\right)^\top$$

handelt es sich also um die Maximalstelle und die Minimalstelle von f auf D.

Aufgabe 24.13 •• Das Problem ist äquivalent zum differenzierbaren Optimierungsproblem

$$\text{(P)} \qquad \underset{x \in M}{\text{Min}} \underbrace{(x_1-6)^2 + x_2^2}_{= f(\boldsymbol{x})}$$

auf der Menge

$$M = \left\{ \boldsymbol{x} \in \mathbb{R}^2 \mid \underbrace{(2-x_1)x_2^2 - (2+x_1)x_1^2}_{= g(\boldsymbol{x})} = 0 \right\}$$

Die constraint qualification (CQ) ist nicht erfüllt, falls $\nabla g = 0$ gilt, d. h. wenn

$$\begin{aligned} \frac{\partial g}{\partial y}(\boldsymbol{x}) &= 2x_2(2-x_1) = 0 \qquad \text{und} \\ \frac{\partial g}{\partial x}(\boldsymbol{x}) &= -x_2^2 - 4x_1 - 3x_1^2 = 0. \end{aligned}$$

Aus der ersten Bedingung folgt $x_2 = 0$ oder $x_1 = 2$. Punkte $\boldsymbol{x} \in \mathbb{R}^2$ mit $x_1 = 2$ liegen offensichtlich nicht in M. Ist $x_2 = 0$, so folgt aus der zweiten Bedingung $x_1(4+3x_1) = 0$, also ist $x_1 = 0$ oder $x_1 = -\frac{4}{3}$. Davon ist nur der Punkt $(0,0)^\top$ in M.

Wir betrachten deshalb das ebenfalls differenzierbare Problem

$$\text{(P')} \quad \min_{x \in M'} f(\boldsymbol{x})$$

mit

$$M' = \left\{ \boldsymbol{x} \in \mathbb{R}^2 \setminus \left\{(0,0)^\top\right\} \mid g(\boldsymbol{x}) = 0 \right\}.$$

Die Lagrange-Funktion zu diesem Problem ist gegeben durch

$$L(x_1, x_2, v) = (x_1-6)^2 + x_2^2 + v\left[(2-x_1)x_2^2 - (2+x_1)x_1^2\right].$$

Nach der Lagrange'schen Multiplikatorenregel gilt: Besitzt f in $\boldsymbol{x} \in M'$ ein Minimum, dann gibt es ein $v \in \mathbb{R}$ mit

$$\nabla_{\boldsymbol{x}} L(x_1, x_2, v) = 0 \quad \text{und} \quad g(\boldsymbol{x}) = 0.$$

Dies ist äquivalent zu

$$\begin{aligned} 2(x_1-6) + v(-x_2^2 - 4x_1 - 3x_1^2) &= 0, & (24.2)\\ 2x_2 + 2x_2 v(2-x_1) &= 0, & (24.3)\\ (2-x_1)x_2^2 - (2+x_1)x_1^2 &= 0. & (24.4) \end{aligned}$$

Aus Gleichung (24.3) folgt $x_2 = 0$ oder $1 + v(2-x_1) = 0$. Ist $x_2 = 0$, so erhält man mit (24.4) $x_1 = -2$ oder $x_1 = 0$ und damit $f(-2,0) = 64$ bzw. $f(0,0) = 36$.

Beachten wir, dass $x_1 = 2$ für Punkte $\boldsymbol{x} \in M'$ nicht möglich ist, erhalten wir andererseits

$$v = \frac{1}{x_1 - 2} \qquad (24.5)$$

Setzt man (24.5) in (24.2) ein, so ergibt sich

$$\begin{aligned} 2(x_1-6) + \tfrac{1}{x_1-2}\left(-x_2^2 - 4x_1 - 3x_1^2\right) &= 0\\ \iff \quad 2(x_1^2 - 8x_1 + 12) - x_2^2 - 4x_1 - 3x_1^2 &= 0\\ \iff \quad -x_1^2 - 20x_1 + 24 - x_2^2 &= 0. \end{aligned}$$

Verwendet man weiter $x_2^2 = \frac{2x_1^2 + x_1^3}{2-x_1}$ aus (24.4), so erhält man als kritischen x_1-Werte

$$\begin{aligned} -x_1^2 - 20x_1 + 24 - \frac{2x_1^2 + x_1^3}{2-x_1} &= 0\\ \iff \quad (x_1-2)(x_1^2 + 20x_1 - 24) - 2x_1^2 - x_1^3 &= 0\\ \iff \quad 16x_1^2 - 64x_1 + 48 &= 0\\ \iff \quad (x_1-1)(x_1-3) &= 0. \end{aligned}$$

Die zugehörigen x_2-Werte sind (vgl. (24.4))

$$\begin{aligned} x_1 = 1 &\implies x_2^2 = 3 \quad \text{bzw. } x_2 = \pm\sqrt{3},\\ x_1 = 3 &\implies -x_2^2 = 45, \quad \text{Widerspruch} \end{aligned}$$

Die zugehörigen Abstände sind $d = \sqrt{(1-6)^2 + (\pm\sqrt{3})^2} = \sqrt{28}$. Die Punkte $(1, \sqrt{3})^\top$ und $(1, -\sqrt{3})^\top$ aus M besitzen daher den kürzesten Abstand zum Punkt $(6,0)^\top$; denn die anderen ermittelten Zielfunktionswerte $f(-2,0) = 64$ und $f(0,0) = 36$ sind größer.

Aufgabe 24.14 •• Wir bezeichnen mit $\boldsymbol{x} \in \mathbb{R}^3$ die Koordinaten des Eckpunkts im positiven Oktanten. Aufgrund der Symmetrie ist somit die Funktion

$$f(\boldsymbol{x}) = x_1 x_2 x_3$$

unter der Nebenbedingung

$$h(\boldsymbol{x}) = \frac{x_1^2}{a^2} + \frac{x_2^2}{b^2} - (1-x_3)^2 \le 0$$

und den Bedingungen $x_j \ge 0$ zu maximieren.

Zumindest für Punkte mit $x_3 \in [0,1)$ ist die (CQ) Bedingung stets gegeben, da bei entsprechender Wahl von $z_3^* > 0$

$$h(\boldsymbol{x}) + 2x_1 z_1^* + 2x_2 z_2^* - \underbrace{2(1-x_3)z_3^*}_{>0} < 0$$

ist.

Wir betrachten die Lagrange-Funktion

$$L(\boldsymbol{x}, \lambda) = x_1 x_2 x_3 + \lambda\left(\frac{x_1^2}{a^2} + \frac{x_2^2}{b^2} - (1-x_3)^2\right)$$

mit einem Multiplikator $\lambda \ge 0$. Damit ergeben sich für eine Extremalstelle die notwendigen Bedingungen

$$0 = \nabla L(\boldsymbol{x}, \lambda) = \begin{pmatrix} x_2 x_3 + 2\frac{\lambda}{a^2} x_1 \\ x_1 x_3 + 2\frac{\lambda}{b^2} x_2 \\ x_1 x_2 + 2\lambda(1-x_3) \\ \frac{x_1^2}{a^2} + \frac{x_2^2}{b^2} - (1-x_3)^2 \end{pmatrix}.$$

Offensichtlich gilt $x_1, x_2, x_3 > 0$; denn wenn eine Koordinate verschwindet, ist das Volumen null und wir erhalten ein minimales Volumen, dass uns nicht weiter interessiert.

Um das nichtlineare Gleichungssystem zu lösen, betrachten wir zunächst die Differenz aus dem x_1-Fachen der ersten Gleichung mit dem x_2-Fachen der zweiten und erhalten wegen $x_1, x_2 \ge 0$

$$\frac{x_1}{a} = \frac{x_2}{b},$$

wenn $\lambda \ne 0$ ist.

Den Fall $\lambda = 0$ können wir für ein Maximum ausschließen, denn sonst folgt etwa aus der ersten Gleichung $x_2 x_3 = 0$, was nur mit $x_2 = 0$ oder $x_3 = 0$ erfüllt werden kann.

Wir setzen die Relation zwischen x_2 und x_3 für eine kritische Stelle in die erste Gleichung ein und erhalten

$$x_3 + \frac{2\lambda}{ab} = 0.$$

Weiter liefert die Differenz aus dem $\frac{2}{ab}$-Fachen der dritten Gleichung und der vierten Gleichung die Identität

$$\frac{4\lambda}{ab}(1-x_3) + (1-x_3)^2 = 0.$$

Setzen wir die zuvor berechnete Darstellung für x_3 ein, so ergibt sich

$$(1-3x_3)(1-x_3)=0.$$

Da $x_3=1$ auf $x_1=x_2=0$ führen würde, bleibt nur $x_3=1/3$ als mögliche Lösung dieser Gleichung für eine kritische Stelle.

Setzen wir $x_3=1/3$ ein, so folgen die weiteren Werte $x_1=\frac{\sqrt{2}}{3}a$ und $x_2=\frac{\sqrt{2}}{3}b$. Da das Volumen f auf der kompakten Menge K eine stetige Funktion ist, muss es ein Maximum geben. Die Multiplikatorenregel erlaubt aber nur diesen einen Kandidaten, sodass wir die Maximalstelle und das maximale Volumen

$$8\cdot\max_{x\in K} f(x)=8\frac{\sqrt{2}}{3}a\cdot\frac{\sqrt{2}}{3}b\cdot\frac{1}{3}=\frac{16}{27}ab$$

gefunden haben.

Beweisaufgaben

Aufgabe 24.15 ••• Sei $\boldsymbol{x}\in M=\{\boldsymbol{x}\in\mathbb{R}^n\mid \boldsymbol{A}\boldsymbol{x}\le\boldsymbol{b}\}$ und $\boldsymbol{r}\in\mathbb{R}^n\backslash\{\boldsymbol{0}\}$. Wir zeigen zunächst, dass

$$\boldsymbol{x}+t\boldsymbol{r}\in M \text{ für alle } t\in\mathbb{R}$$

ist genau dann, wenn $\boldsymbol{A}\boldsymbol{r}=\boldsymbol{0}$ gilt.

Die eine Richtung ist offensichtlich; denn sei $\boldsymbol{A}\boldsymbol{r}=\boldsymbol{0}$ für ein $\boldsymbol{r}\in\mathbb{R}^n$, so folgt

$$\boldsymbol{A}(\boldsymbol{x}+t\boldsymbol{r})=\boldsymbol{A}\boldsymbol{x}+t\boldsymbol{A}\boldsymbol{r}=\boldsymbol{A}\boldsymbol{x}\le\boldsymbol{b},$$

d. h. $\boldsymbol{x}+t\boldsymbol{r}\in M$ für $t\in\mathbb{R}$.

Die andere Implikation folgt aus der Annahme, dass $\boldsymbol{x}+t\boldsymbol{r}\in M$ ist für alle $t\in\mathbb{R}$. Insbesondere ist dann $\boldsymbol{x}\in M$ und wir erhalten aus $\boldsymbol{A}(\boldsymbol{x}+t\boldsymbol{r})\le\boldsymbol{b}$ die Ungleichung

$$t(\boldsymbol{A}\boldsymbol{r})_i\le(\boldsymbol{b}-\boldsymbol{A}\boldsymbol{x})_i$$

für $i=1,\dots,m$ und für alle $t\in\mathbb{R}$. Da die linke Seite für $(\boldsymbol{A}\boldsymbol{r})_i\ne 0$ mit $t\in\mathbb{R}$ unbeschränkt ist, folgt $\boldsymbol{A}\boldsymbol{r}=\boldsymbol{0}$.

Mit dieser Beobachtung kommen wir zurück zur Aufgabe.

„$\Rightarrow$" Wir gehen davon aus, dass es eine Gerade

$$\boldsymbol{x}+t\boldsymbol{r}\in M \quad \text{für alle } t\in\mathbb{R}$$

gibt. Nach obiger Überlegung gilt somit $\boldsymbol{A}\boldsymbol{r}=\boldsymbol{0}$. Ist nun $\widehat{\boldsymbol{x}}\in M$, so folgt für $t\in\mathbb{R}$

$$\boldsymbol{A}(\widehat{\boldsymbol{x}}+t\boldsymbol{r})=\boldsymbol{A}\widehat{\boldsymbol{x}}+t\boldsymbol{A}\boldsymbol{r}=\boldsymbol{A}\widehat{\boldsymbol{x}}\le\boldsymbol{b}.$$

Also sind insbesondere auch $\widehat{\boldsymbol{x}}\pm\boldsymbol{r}\in M$ und es gilt die Konvexkombination

$$\widehat{\boldsymbol{x}}=\frac{1}{2}(\boldsymbol{x}+\boldsymbol{r})+\frac{1}{2}(\boldsymbol{x}-\boldsymbol{r}).$$

Dies gilt für jedes $\widehat{\boldsymbol{x}}\in M$, somit besitzt M keine Ecken.

„$\Leftarrow$" Für die zweite Implikation, gehen wir davon aus, dass es keine Gerade gibt, und beweisen die Existenz einer Ecke.

Aus der Annahme, dass es keine Gerade in M gibt, folgt, wieder mit unserer ersten Überlegung, dass das lineare Gleichungssystem

$$\boldsymbol{A}\boldsymbol{r}=0$$

keine Lösung $\boldsymbol{r}\ne\boldsymbol{0}$ hat. Damit besitzt die Matrix $\boldsymbol{A}\in\mathbb{R}^{m\times n}$ genau n linear unabhängige Zeilen $\boldsymbol{a}_{i*}$, $i=1,\dots,m$.

Wir definieren weiter zu $\boldsymbol{x}\in M$ die Anzahl der linear unabhängigen *aktiven* Zeilen, d. h. mit

$$I(\boldsymbol{x})=\{i\in\{1,\dots,m\}\mid(\boldsymbol{A}\boldsymbol{x})_i=b_i\}$$

und

$$U(\boldsymbol{x})=\operatorname{span}\{\boldsymbol{a}_{i*}\mid i\in I(\boldsymbol{x})\}$$

betrachten wir $\dim U(\boldsymbol{x})\le n$. Aus den Elementen von M wählen wir $\widehat{\boldsymbol{x}}\in M$ aus mit der Eigenschaft

$$\dim U(\widehat{\boldsymbol{x}})=\max_{\boldsymbol{x}\in M}\{\dim U(\boldsymbol{x})\}$$

und unterscheiden zwei Fälle.

1. Fall, $\dim U(\widehat{\boldsymbol{x}})=n$: Dann gilt $(\boldsymbol{A}\widehat{\boldsymbol{x}})_i=b_i$ für n linear unabhängige Zeilen $i\in J\subseteq I(\widehat{\boldsymbol{x}})$. Nehmen wir nun an, es gibt eine Konvexkombination

$$\widehat{\boldsymbol{x}}=\lambda\boldsymbol{y}^1+(1-\lambda)\boldsymbol{y}^2$$

mit $\lambda\in(0,1)$ und $\boldsymbol{y}^1,\boldsymbol{y}^2\in M$, so folgt

$$b_i=(\boldsymbol{A}\widehat{\boldsymbol{x}})_i=\lambda(\boldsymbol{A}\boldsymbol{y}^1)_i+(1-\lambda)(\boldsymbol{A}\boldsymbol{y}^2)_i\le b_i$$

für $i\in J$. Also ist $(\boldsymbol{A}\boldsymbol{y}^1)_i=b_i$ und $(\boldsymbol{A}\boldsymbol{y}^2)_i=b_i$. Für die Differenz folgt

$$(\boldsymbol{A}(\boldsymbol{y}^1-\boldsymbol{y}^2))_i=0.$$

Die Identität gilt für die n linear unabhängigen Zeilen mit Index $i\in J$ und wir erhalten $\boldsymbol{y}^1=\boldsymbol{y}^2=\widehat{\boldsymbol{x}}$, d. h. $\widehat{\boldsymbol{x}}$ ist Ecke des Polyeders.

2. Fall, $\dim U(\widehat{\boldsymbol{x}})<n$: Da die Dimension des Unterraums nicht maximal ist, gibt es einen nichtleeren Unterraum $U^\perp\subseteq\mathbb{R}^n$ senkrecht zu $U(\widehat{\boldsymbol{x}})$. Wähle $\boldsymbol{v}\in U^\perp\backslash\{\boldsymbol{0}\}$. Weiter gilt

$$\begin{aligned}(\boldsymbol{A}\widehat{\boldsymbol{x}})_i&=b_i,\quad i\in I(\widehat{\boldsymbol{x}})\\(\boldsymbol{A}\widehat{\boldsymbol{x}})_i&<b_i,\quad i\notin I(\widehat{\boldsymbol{x}}).\end{aligned}$$

Aufgrund der Situation des zweiten Falls gibt es mindestens ein $j\notin I(\widehat{\boldsymbol{x}})$ mit $(\boldsymbol{A}\widehat{\boldsymbol{x}})_j<b_j$. Somit gilt für hinreichend kleine Werte $\varepsilon>0$, dass

$$\boldsymbol{A}\widehat{\boldsymbol{x}}\pm\varepsilon\boldsymbol{A}\boldsymbol{v}\le\boldsymbol{b}$$

gilt, d. h. $\widehat{\boldsymbol{x}}\pm\varepsilon\boldsymbol{v}\in M$. Für das Maximum aller $\varepsilon>0$ mit dieser Eigenschaft gilt für mindestens ein $j\notin I(\boldsymbol{x})$, dass $(\boldsymbol{A}\widehat{\boldsymbol{x}})_j+\varepsilon(\boldsymbol{A}\boldsymbol{v})_j=b_j$, bzw. $(\boldsymbol{A}\widehat{\boldsymbol{x}})_j-\varepsilon(\boldsymbol{A}\boldsymbol{v})_j=b_j$ im Widerspruch dazu, dass $\widehat{\boldsymbol{x}}$ die maximale Anzahl an aktiven Indizes aufweist.

Also tritt der erste Fall ein und es gibt mindestens eine Ecke zum Polyeder M.

Aufgabe 24.16 •• Betrachten wir das lineare Optimierungsproblem

$$\text{(P)} \quad \underset{x \in M}{\text{Min}}\; \mathbf{0}^\top \boldsymbol{x}$$

auf

$$M = \{\boldsymbol{x} \in \mathbb{R}^n_{\geq 0} \mid \boldsymbol{A}\boldsymbol{x} = \boldsymbol{b}\}.$$

Das zugehörige duale Problem lautet

$$\text{(D)} \quad \underset{y \in N}{\text{Max}}\; \boldsymbol{b}^\top \boldsymbol{y}$$

auf

$$N = \{\boldsymbol{y} \in \mathbb{R}^m \mid \boldsymbol{A}^\top \boldsymbol{y} \leq 0\}.$$

Da $\mathbf{0} \in N$ ist, ist N insbesondere nicht leer, d.h (D) ist zulässig. Das lineare Gleichungssystem hat genau dann keine nicht negative Lösung, wenn (P) nicht zulässig ist. Nach dem starken Dualitätssatz ist dies äquivalent zu $\sup(\text{D}) = +\infty$. Und das duale Problem (D) ist genau dann unbeschränkt, wenn $\boldsymbol{y} \in N$ existiert mit $\boldsymbol{b}^\top \boldsymbol{y} > 0$.

Aufgabe 24.17 •• (a) „$\Rightarrow$“ Ist $\boldsymbol{x} \in \mathbb{R}^n_{\geq 0}\setminus\{\mathbf{0}\}$ Lösung zu $\boldsymbol{A}\boldsymbol{x} = \mathbf{0}$, so gibt es $i \in \{1, \ldots, n\}$ mit $x_i > 0$. Also ist $\boldsymbol{e}^\top \boldsymbol{x} > 0$ und mit $\widehat{\boldsymbol{x}} = \frac{1}{\boldsymbol{e}^\top \boldsymbol{x}}\boldsymbol{x}$ ist eine nicht negative Lösung zu $\boldsymbol{A}\widehat{\boldsymbol{x}} = 0$ mit $\boldsymbol{e}^\top \widehat{\boldsymbol{x}} = 1$ gegeben.

„$\Leftarrow$“ Gilt andererseits $\boldsymbol{A}\boldsymbol{x} = \mathbf{0}$ und $\boldsymbol{e}^\top \boldsymbol{x} = 1$ für ein $\boldsymbol{x} \in \mathbb{R}^n_{\geq 0}$, dann ist insbesondere $\boldsymbol{x} \neq 0$ und wir haben eine Lösung des ersten Systems.

(b) Mithilfe der zweiten Formulierung aus Teil (a) zeigen wir den Transpositionssatz. Dazu formulieren wir das lineare Optimierungsproblem

$$\text{(P)} \quad \underset{x \in M}{\text{Min}}\; \mathbf{0}^\top \boldsymbol{x}$$

auf

$$M = \left\{ \boldsymbol{x} \in \mathbb{R}^n_{\geq 0} \mid \begin{pmatrix} \boldsymbol{A} \\ \boldsymbol{e}^\top \end{pmatrix} \boldsymbol{x} = \begin{pmatrix} 0 \\ \vdots \\ 0 \\ 1 \end{pmatrix} \right\}.$$

Das zugehörige duale Problem lautet

$$\text{(D)} \quad \underset{y \in N}{\text{Max}}\,(0, \ldots, 0, 1)\boldsymbol{y} = \underset{x \in N}{\text{Max}}\; y_{m+1}$$

auf

$$N = \left\{ \boldsymbol{y} \in \mathbb{R}^{n+1} \mid \left(\boldsymbol{A}^\top | \boldsymbol{e}\right) \boldsymbol{y} \leq \begin{pmatrix} 0 \\ \vdots \\ 0 \\ 1 \end{pmatrix} \right\}.$$

Da $\boldsymbol{y} = \mathbf{0} \in N$ ist, ist (D) zulässig.

„$\Rightarrow$“ Ist das System aus Teil (a) lösbar, so ist (P) zulässig. Nach dem starken Dualitätssatz gilt $\max(\text{D}) = \min(\text{P}) = 0$. Angenommen es existiert $y' = (y_1, \ldots, y_m)^\top$ mit $\boldsymbol{A}^\top \boldsymbol{y} < \mathbf{0}$, dann gibt es $y_{m+1} > 0$ mit $\boldsymbol{A}^\top \boldsymbol{y}' + y_{m+1}\boldsymbol{e} \leq \mathbf{0}$. Damit ist $\boldsymbol{y} = (y_1, \ldots, y_m, y_{m+1})^\top \in N$ und es gilt $y_{m+1} = (0, \ldots, 0, 1)^\top \boldsymbol{y} > 0$ im Widerspruch zu $\max(\text{D}) = 0$.

„$\Leftarrow$“ Nehmen wir nun an, dass das System keine nicht negative Lösung besitzt, d. h. (P) ist nicht zulässig. In diesem Fall folgt aus dem starken Dualitätssatz $\max(\text{D}) = \infty$. Deswegen lässt sich $\boldsymbol{y} \in N \subseteq \mathbb{R}^{m+1}$ so wählen, dass $y_{m+1} = (0, \ldots, 0, 1)^\top \boldsymbol{y} > 0$ ist. Es folgt

$$\boldsymbol{A}^\top \boldsymbol{y}' + y_{m+1}\boldsymbol{e} \leq \mathbf{0}$$

mit $\boldsymbol{y}' = (y_1, \ldots, y_m)^\top$ bzw.

$$\boldsymbol{A}^\top \boldsymbol{y}' \leq -y_{m+1}\boldsymbol{e} < \mathbf{0}.$$

Es gibt somit $\boldsymbol{y} \in \mathbb{R}^m$ mit $\boldsymbol{A}^\top \boldsymbol{y} < \mathbf{0}$.

Aufgabe 24.18 • Wegen der Bedingung $\frac{\partial g}{\partial y}(\hat{x}, \hat{y}) \neq 0$ gibt es nach dem Satz über implizite Funktionen in einer Umgebung $D \subseteq \mathbb{R}$ von $\hat{x}$ eine differenzierbare Funktion $y : D \to \mathbb{R}$ mit $y(\hat{x}) = \hat{y}$ und $g(x, y(x)) = 0$.

Die Minimalstelle ist somit Extremum der Funktion $h\colon D \to \mathbb{R}$ mit $h(x) = f(x, y(x))$. Die notwendige Optimalitätsbedingung für h führt auf

$$0 = h'(\hat{x}) = \frac{\partial f}{\partial x}(\hat{x}, \hat{y}) + \frac{\partial f}{\partial y}(\hat{x}, \hat{y})\, y'(\hat{x})$$

Die Ableitung $y'(\hat{x})$ erhalten wir durch implizites Differenzieren aus

$$0\frac{d}{dx}g(x, y(x)) = \frac{\partial g}{\partial x}(x, y(x)) + \frac{\partial g}{\partial y}(x, y(x))y'(x).$$

Einsetzen in die Ableitung $h'(\hat{x})$ liefert

$$\frac{\partial f}{\partial x}(\hat{x}, \hat{y})\,\frac{\partial g}{\partial y}(\hat{x}, \hat{y}) - \frac{\partial f}{\partial y}(\hat{x}, \hat{y})\,\frac{\partial g}{\partial x}(\hat{x}, \hat{y}) = 0.$$

Definieren wir nun $\lambda \in \mathbb{R}$ durch

$$\lambda\frac{\partial g}{\partial y}(\hat{x}, \hat{y}) = -\frac{\partial f}{\partial y}(\hat{x}, \hat{y}),$$

so folgt aus der letzten Gleichung auch

$$\frac{\partial f}{\partial x}(\hat{x}, \hat{y}) + \lambda\frac{\partial g}{\partial x}(\hat{x}, \hat{y}) = 0.$$

Wir haben gezeigt, dass es einen Multiplikator $\lambda \in \mathbb{R}$ gibt mit $\nabla f(\hat{x}, \hat{y}) + \lambda\nabla g(\hat{x}, \hat{y}) = 0$.

Aufgabe 24.19 • Setzen wir $g(\boldsymbol{x}) = \boldsymbol{a}^\top \boldsymbol{x}$, so ist mit $\boldsymbol{a} \neq 0$ die (CQ) Bedingung $\text{rg}(g'(\boldsymbol{x})) = \text{rg}(a_1, \ldots, a_n) = 1$ erfüllt. Damit gibt es zur Minimalstelle des Problems einen Lagrange'schen Multiplikator $\lambda \in \mathbb{R}$. Bezeichnen wir mit

$$L(\boldsymbol{x}, \lambda) = \boldsymbol{x}^\top \boldsymbol{Q}\boldsymbol{x} + \boldsymbol{c}^\top \boldsymbol{x} + \lambda\boldsymbol{a}^\top \boldsymbol{x}$$

die Lagrange-Funktion, so gilt im Minimum

$$\nabla_x L(\boldsymbol{x}, \lambda) = 2\boldsymbol{Q}\boldsymbol{x} + \boldsymbol{c} + \lambda\boldsymbol{a} = \mathbf{0}.$$

Da $\boldsymbol{Q}$ positiv definit ist, ist die Matrix invertierbar, und wir erhalten

$$\boldsymbol{x} = -\frac{1}{2}\boldsymbol{Q}^{-1}(\boldsymbol{c} + \lambda\boldsymbol{a}).$$

Setzen wir dies in die Nebenbedingung ein, so folgt

$$a^\top Q^{-1}(c + \lambda a) = 0$$

und es ergibt sich

$$\lambda = -\frac{a^\top Q^{-1} c}{a^\top Q^{-1} a} \in \mathbb{R}.$$

Dabei ist zu beachten, dass mit Q auch Q^{-1} positiv definit ist und deswegen $a^\top Q^{-1} a > 0$ gilt.

Nun setzen wir diesen Wert für λ ein und erhalten

$$x = \frac{1}{2} Q^{-1}\left(-c + \frac{a^\top Q^{-1} c}{a^\top Q^{-1} a} a\right).$$

Einsetzen in die Zielfunktion führt auf das gesuchte Ergebnis

$$\begin{aligned}
\min(\mathrm{P}) &= (Qx + c)^\top x \\
&= \frac{1}{2}\left(c + \frac{a^\top Q^{-1} c}{a^\top Q^{-1} a} a\right)^\top \left(\frac{1}{2} Q^{-1}\right) \\
&\quad \cdot \left(-c + \frac{a^\top Q^{-1} c}{a^\top Q^{-1} a} a\right) \\
&= -\frac{1}{4} c^\top Q^{-1} c + \frac{1}{4}\left(\frac{a^\top Q^{-1} c}{a^\top Q^{-1} a}\right)^2 a^\top Q^{-1} a
\end{aligned}$$

Die Existenz einer eindeutigen Lösung dieses *quadratischen* Optimierungsproblems ergibt sich aus allgemeinen Überlegungen, wenn man berücksichtigt, dass die Zielfunktion eine *gleichmäßig konvexe* Funktion ist. Dies wird in der konvexen Optimierung untersucht (s. Ausblick auf Seite 1044).

Aufgabe 24.20 ••

- Die Zielfunktion ist $f(x) = \sqrt[n]{x_1 \cdot \ldots \cdot x_n}$ mit der Restriktion $g(x) = x_1 + \ldots + x_n - 1 = 0$. Betrachten wir die Lagrange-Funktion, $L = f + \lambda g$ mit $\lambda \in \mathbb{R}$, so folgt als notwendige Bedingung für Extremalstellen:

$$\begin{aligned}
\nabla_x L(x, \lambda) = \nabla f(x) + \lambda \nabla g(x) &= 0 \quad \text{und} \\
g(x) &= 0
\end{aligned}$$

bzw.

$$\frac{1}{n x_i}\left(x_1^{\frac{1}{n}} \cdot \ldots \cdot x_n^{\frac{1}{n}}\right) + \lambda = 0, \quad i = 1, \ldots, n$$

und $g(x) = 0$. Es ergibt sich

$$x_i = -\frac{x_1^{\frac{1}{n}} \cdot \ldots \cdot x_n^{\frac{1}{n}}}{n\lambda}$$

und $\lambda \neq 0$. Somit erhalten wir für eine Extremalstelle $x_1 = x_2 = \ldots = x_n$ und $g(x) = n x_i - 1 = 0$. Daraus folgt $x_i = \frac{1}{n}$, für $i = 1, \ldots, n$ und die Extremalstelle ist

$$\hat{x} = \left(\frac{1}{n}, \ldots, \frac{1}{n}\right)^T.$$

- Wir gehen davon aus, dass $y \in \mathbb{R}^n$ mit $y_i > 0$, $i = 1, \ldots, n$, ist. Setzen wir

$$x_i = \frac{y_i}{\sum\limits_{j=1}^{n} y_j},$$

so ist $g(x) = \sum\limits_{i=1}^{n} x_i - 1 = 0$. Mit dem ersten Teil folgt

$$\sqrt[n]{x_1 \cdot \ldots \cdot x_n} \le \sqrt[n]{(\frac{1}{n})^n} = \frac{1}{n}.$$

Einsetzen von x ergibt die gesuchte Ungleichung

$$\sqrt[n]{y_1 \cdot \ldots \cdot y_n} \le \frac{1}{n} \sum_{j=1}^{n} y_j.$$

Kapitel 25

Aufgaben

Verständnisfragen

Aufgabe 25.1 • Ist $2^{55} + 1$ durch 11 teilbar?

Aufgabe 25.2 • Gelten für $a, b, c, d, z \in \mathbb{Z}$ und $n \in \mathbb{N}$ die folgenden Implikationen?

(a) $a \equiv b \pmod{n} \Rightarrow a\,z \equiv b\,z \pmod{n\,z}$, falls $z \geq 1$.
(b) $a \equiv b \pmod{n} \Rightarrow a^k \equiv b^k \pmod{n}$ für alle $k \in \mathbb{N}$.

Rechenaufgaben

Aufgabe 25.3 • Bestimmen Sie mit dem euklidischen Algorithmus den ggT d der Zahlen 9692 und 360 und eine Darstellung der Form $d = x\,9692 + y\,360$ mit ganzen Zahlen x und y.

Aufgabe 25.4 • Bestimmen Sie die Lösungsmenge des folgenden Systems simultaner Kongruenzen:

$$X \equiv 7 \pmod{11},\ X \equiv 1 \pmod{5},\ X \equiv 18 \pmod{21}.$$

Aufgabe 25.5 • Sun Tsu stellte die Aufgabe: „Wir haben eine gewisse Anzahl von Dingen, wissen aber nicht genau wie viele. Wenn wir sie zu je drei zählen, bleiben zwei übrig. Wenn wir sie zu je fünf zählen, bleiben drei übrig. Wenn wir sie zu sieben zählen, bleiben zwei übrig. Wie viele Dinge sind es?"

Beweisaufgaben

Aufgabe 25.6 •• Es sei n eine natürliche Zahl mit der Dezimaldarstellung $z_r z_{r-1} \ldots z_2 z_1 z_0$, d. h.,

$$n = \sum_{i=0}^{r} z_i 10^i \quad \text{mit } r \in \mathbb{N}_0,\ z_i \in \{0, \ldots, 9\}.$$

Begründen Sie die folgenden Teilbarkeitsregeln (a), (b) und (d) und lösen Sie (c).

(a) (Dreier- und Neunerregel) Es ist n genau dann durch 3 bzw. 9 teilbar, wenn ihre Quersumme $\sum_{i=0}^{r} z_i$ durch 3 bzw. 9 teilbar ist.
(b) (Elferregel) Es ist n genau dann durch 11 teilbar, wenn ihre alternierende Quersumme $\sum_{i=0}^{r} (-1)^i z_i$ durch 11 teilbar ist.
(c) (Siebenerregel) Formulieren Sie eine ähnliche Regel für die Teilbarkeit durch 7.
(d) (Zweite Siebenerregel) Es ist n genau dann durch 7 teilbar, wenn es auch die Zahl ist, die man erhält, wenn man das Doppelte der letzten Ziffer z_0 von der Zahl $z_r \cdots z_1$ ohne die letzte Ziffer abzieht.

Aufgabe 25.7 •• Begründen Sie, dass eine natürliche Zahl $p > 1$ genau dann eine Primzahl ist, wenn sie die Primeigenschaft hat (vgl. Seite 1061).

Aufgabe 25.8 •• Beweisen Sie die folgende Verallgemeinerung des Chinesischen Restsatzes: Es seien n eine natürliche Zahl und $a_1, \ldots, a_n, m_1, \ldots, m_n \in \mathbb{Z}$. Genau dann ist das System simultaner Kongruenzen

$$X \equiv a_i \pmod{m_i} \text{ für alle } i = 1, \ldots, n \qquad (25.6)$$

lösbar, wenn

$$a_i \equiv a_j \pmod{\mathrm{ggT}(m_i, m_j)} \text{ für alle } i,\ j = 1, \ldots, n$$

gilt. Sind (25.6) lösbar und $a \in \mathbb{Z}$ eine Lösung, so ist die Lösungsmenge L von (25.6) gegeben durch

$$L = a + \mathrm{kgV}(m_1, \ldots, m_n)\mathbb{Z}.$$

Aufgabe 25.9 •• Zeigen Sie: Sind $a_1, \ldots, a_n \neq 0$ paarweise teilerfremde ganze Zahlen, dann gilt:

(a) $\mathrm{kgV}(a_1, \ldots, a_n) = |a_1 \cdots a_n|$.
(b) $a_1 \cdots a_n \mid c \Leftrightarrow a_1 \mid c, \ldots, a_n \mid c$ für $c \in \mathbb{Z}$.

Aufgabe 25.10 •• Zeigen Sie: Die lineare diophantische Gleichung

$$a_1 X_1 + \cdots + a_n X_n = c \quad (*)$$

mit $a_i, c \in \mathbb{Z}$ hat genau dann Lösungen in $\mathbb{Z}^n$, wenn $\mathrm{ggT}(a_1, \ldots, a_n) \mid c$.

Für welche $c \in \mathbb{Z}$ besitzt die Gleichung

$$1729\,X_1 + 2639\,X_2 + 3211\,X_3 = c$$

eine Lösung $(x_1, x_2, x_3) \in \mathbb{Z}^3$?

Aufgabe 25.11 • Zeigen Sie: Für $a, b \in \mathbb{Z}$ und $m_1, \ldots, m_t \in \mathbb{N}$ sowie $v = \mathrm{kgV}(m_1, \ldots, m_t)$ gilt:

$$a \equiv b \pmod{v} \Leftrightarrow a \equiv b \pmod{m_i} \text{ für } i = 1, \ldots, t$$

und, wenn $m_1, \ldots, m_t$ paarweise teilerfremd sind,

$$a \equiv b \pmod{(m_1 \cdots m_t)} \Leftrightarrow a \equiv b \pmod{m_i}$$

für $i = 1, \ldots, t$.

Aufgabe 25.12 ••• Begründen Sie mithilfe des Wohlordnungsprinzips, dass *Division mit Rest* tatsächlich funktioniert, d. h., dass es zu beliebigen Zahlen $a \in \mathbb{Z}$ und $b \in \mathbb{N}$ Zahlen $q, r \in \mathbb{Z}$ gibt mit

$$a = b\,q + r \text{ und } 0 \leq r < b.$$

Hinweise

Verständnisfragen

Aufgabe 25.1 • Betrachten Sie $\left(2^5\right)^{11}$ und den kleinen Satz von Fermat.

Aufgabe 25.2 • Beachten Sie die Rechenregeln für Kongruenzen auf Seite 1073.

Rechenaufgaben

Aufgabe 25.3 • Beachten Sie den euklidischen Algorithmus auf Seite 1077.

Aufgabe 25.4 • Beachten Sie das geschilderte Vorgehen nach dem chinesischen Restsatz auf Seite 1077.

Aufgabe 25.5 • Beachten Sie die Ausführungen nach dem chinesischen Restsatz auf Seite 1077.

Beweisaufgaben

Aufgabe 25.6 •• Beachten Sie $10 \equiv 1 \pmod 3$ und (mod 9) bei (a) und $10 \equiv -1 \pmod{11}$ bei (b) und $1000 \equiv -1 \pmod 7$ bei (c). Für (d) schreiben Sie die Zahl $n = z_r \cdots z_1\, z_0$ in der Form $n = 10\,a + b$ mit $a = z_r \cdots z_1$ und $b = z_0$.

Aufgabe 25.7 •• Führen Sie einen Widerspruchsbeweis.

Aufgabe 25.8 •• –

Aufgabe 25.9 •• Begründen Sie (a) z. B. mit vollständiger Induktion. Für den Teil (b) können Sie die Aussage in (a) benutzen.

Aufgabe 25.10 •• Wiederholen Sie die Schlüsse, die wir im Beweis zu dem Merksatz auf Seite 1062 gezogen haben.

Aufgabe 25.11 • Beachten Sie die Definition des kgV.

Aufgabe 25.12 ••• Betrachten Sie die Menge $M = \{a - b\,m \in \mathbb{N}_0 \mid m \in \mathbb{Z}\} \subseteq \mathbb{N}_0$.

Lösungen

Verständnisfragen

Aufgabe 25.1 • Ja.

Aufgabe 25.2 • Ja.

Rechenaufgaben

Aufgabe 25.3 • Der ggT ist 4. Es gilt $4 = (-13) \cdot 9692 + 350 \cdot 360$.

Aufgabe 25.4 • $711 + 1\,155\,\mathbb{Z}$.

Aufgabe 25.5 • Es ist $23 + 105\,\mathbb{Z}$ die Lösungsmenge.

Beweisaufgaben

Aufgabe 25.6 •• –

Aufgabe 25.7 •• –

Aufgabe 25.8 •• –

Aufgabe 25.9 •• –

Aufgabe 25.10 •• –

Aufgabe 25.11 • –

Aufgabe 25.12 ••• –

Lösungswege

Verständnisfragen

Aufgabe 25.1 • Nach dem kleinen Satz von Fermat gilt

$$2^{55} \equiv \left(2^5\right)^{11} \equiv 2^5 \equiv -1 \pmod{11},$$

sodass $11 \mid 2^{55} + 1$.

Aufgabe 25.2 • Die Aussage in (a) zeigt man beispielsweise wie folgt: $n \mid a - b$ liefert

$$n\,z \mid (a - b)\,z = a\,z - b\,z$$

und somit

$$a\,z \equiv b\,z \pmod{n\,z}.$$

Die Aussage in (b) folgt durch wiederholtes Anwenden der Rechenregel auf Seite 1073.

Rechenaufgaben

Aufgabe 25.3 • Der euklidische Algorithmus liefert:

$$\begin{aligned} 9692 &= 26 \cdot 360 + 332 \\ 360 &= 1 \cdot 332 + 28 \\ 332 &= 11 \cdot 28 + 24 \\ 28 &= 1 \cdot 24 + 4 \\ 24 &= 6 \cdot 4 + 0\,. \end{aligned}$$

Damit:

$$\begin{aligned} 4 &= 28 - 1 \cdot 24 \\ &= 28 - 1 \cdot (332 - 11 \cdot 28) \\ &= 12 \cdot (360 - 1 \cdot 332) - 1 \cdot 332 \\ &= 12 \cdot 360 - 13 \cdot (9692 - 26 \cdot 360) \\ &= 350 \cdot 360 - 13 \cdot 9692 . \end{aligned}$$

Somit gilt $\operatorname{ggT}(9692, 360) = 4 = (-13) \cdot 9692 + 350 \cdot 360$.

Aufgabe 25.4 • Es ist $k = 1155$, $s_1 = 105$, $s_2 = 231$, $s_3 = 55$. Wir bestimmen nun $x_1, x_2, x_3 \in \mathbb{Z}$ mit

$$105\, x_1 \equiv 1 \pmod{11},\ 231\, x_2 \equiv 1 \pmod{5},\ 55\, x_3 \equiv 1 \pmod{21} .$$

Mit dem euklidischen Algorithmus bzw. Probieren erhält man $x_1 = 2$, $x_2 = 1$, $x_3 = 13$. Damit haben wir die Lösung:

$$a = 7 \cdot 105 \cdot 2 + 1 \cdot 231 \cdot 1 + 18 \cdot 55 \cdot 13 = 14\,571 .$$

Die Lösungsmenge lautet $14\,571 + 1\,155\,\mathbb{Z} = 711 + 1\,155\,\mathbb{Z}$.

Aufgabe 25.5 • Offenbar läuft diese Aufgabenstellung auf das Kongruenzensystem

$$\begin{aligned} X &\equiv 2 \pmod 3 \\ X &\equiv 3 \pmod 5 \\ X &\equiv 2 \pmod 7 \end{aligned}$$

hinaus. Wir lösen dieses System.

Wir bestimmen zuerst die k_i: Es gilt $k_1 = \frac{3 \cdot 5 \cdot 7}{3} = 35$, $k_2 = \frac{3 \cdot 5 \cdot 7}{3} = 21$, $k_3 = \frac{3 \cdot 5 \cdot 7}{7} = 15$.

Nun bestimmen wir die x_i aus den Kongruenzen:

$$\begin{aligned} 35\, x_1 &\equiv 1 \pmod 3 \\ 21\, x_2 &\equiv 1 \pmod 5 \\ 15\, x_3 &\equiv 1 \pmod 7 \end{aligned}$$

Wir können hier offenbar $x_1 = -1$, $x_2 = 1$, $x_3 = 1$ wählen. (Sollten die Lösungen dieser Kongruenzen nicht so offensichtlich sein, so kann man jede solche Kongruenz mit dem euklidischen Algorithmus lösen.)

Die a_i sind aus der Aufgabenstellung bekannt: $a_1 = 2$, $a_2 = 3$, $a_3 = 2$.

Damit erhalten wir die Lösung

$$v = -2 \cdot 35 + 3 \cdot 21 + 2 \cdot 15 = 23 .$$

Aber die Lösung ist nicht eindeutig bestimmt. Die Lösungsmenge ist

$$23 + 105\,\mathbb{Z} .$$

Beweisaufgaben

Aufgabe 25.6 •• (a) Da $10 \equiv 1 \pmod 3$ und $\pmod 9$, gilt auch $10^i \equiv 1 \pmod 3$ und $\pmod 9$ für alle $i \geq 0$, und damit ist $n \equiv \sum_{i=0}^r z_i \pmod 3$ bzw. $\pmod 9$, woraus die Behauptung folgt.

(b) Es ist $10 \equiv -1 \pmod{11}$ und daher $10^i \equiv (-1)^i \pmod{11}$ für alle $i \geq 0$. Es folgt $n \equiv \sum_{i=0}^r (-1)^i z_i \pmod{11}$ und damit die Behauptung.

(c) Da $1000^i \equiv (-1)^i \pmod 7$ erhalten wir wie in (b): Genau dann ist n durch 7 teilbar, wenn die alternierende Dreierquersumme $z_2z_1z_0 - z_5z_4z_3 + z_8z_7z_6 - \ldots$ durch 7 teilbar ist. (Hierbei ist etwa $z_5z_4z_3$ die Zahl $z_3 + 10z_4 + 100z_5$). Zum Beispiel ist 949 536 wegen

$$536 - 949 = -413 \text{ und } 7 \mid -413$$

durch 7 teilbar.

(d) Wir schreiben die Zahl $n = z_r \cdots z_1 z_0$ in der Form $n = 10\,a + b$ mit $a = z_r \cdots z_1$ und $b = z_0$. Dann gilt wegen der Rechenregeln für Kongruenzen und der Kürzregel:

$$\begin{aligned} 7 \mid n &\Leftrightarrow 7 \mid 10\,a + b \\ &\Leftrightarrow 10\,a + b \equiv 0 \pmod 7 \\ &\Leftrightarrow 10\,a + b - 21\,b \equiv 0 \pmod 7 \\ &\Leftrightarrow 10\,a - 20\,b \equiv 0 \pmod 7 \\ &\Leftrightarrow 10\,(a - 2\,b) \equiv 0 \pmod 7 \\ &\Leftrightarrow a - 2\,b \equiv 0 \pmod 7 \\ &\Leftrightarrow 7 \mid a - 2\,b . \end{aligned}$$

Beispielsweise ist also $n = 343$ durch 7 teilbar, weil es die Zahl $34 - 6 = 28$ ist.

Aufgabe 25.7 •• Wegen des Satzes auf Seite 1061 ist nur zu begründen, dass jede Zahl $p \in \mathbb{N}_{>1}$, die die Primeigenschaft

$$p \mid b\,c \Rightarrow p \mid b \text{ oder } p \mid c$$

hat, eine Primzahl ist. Es sei also p eine solche natürliche Zahl. Angenommen, p ist keine Primzahl. Wir können p dann als ein Produkt $p = b\,c$ von zwei natürlichen Zahlen b und c schreiben, wobei $1 < b,\ c < p$ gilt. Wegen $p \mid p$ gilt $p \mid b\,c$, sodass wegen der Primeigenschaft der Widerspruch $p \mid b$ oder $p \mid c$ folgt.

Aufgabe 25.8 •• Das System (25.6) sei lösbar, und es sei $a \in \mathbb{Z}$ eine Lösung. Dann gilt für alle i

$$m_i \mid a - a_i ,$$

sodass für alle i und j folgt

$$\operatorname{ggT}(m_i, m_j) \mid (a - a_i) - (a - a_j) = a_j - a_i .$$

Nun gelte für alle $i,\ j$

$$\operatorname{ggT}(m_i, m_j) \mid a_j - a_i .$$

Es sei

$$\mathrm{kgV}(m_1, \ldots, m_n) = p_1^{\nu_1} \cdots p_r^{\nu_r}$$

die kanonische Primfaktorzerlegung, und es sei für $j = 1, \ldots, r$

$$p_j^{\nu_j} \mid m_{c_j} \text{ mit } c_j \in \{1, \ldots, n\}.$$

Nach dem chinesischen Restsatz hat das System

$$X \equiv a_{c_j} \pmod{p_j^{\nu_j}}, \ j = 1, \ldots, r$$

eine Lösung $a \in \mathbb{Z}$. Wir zeigen nun, dass dieses a auch unser System von simultanen Kongruenzen löst.

Es sei dazu für jedes $i = 1, \ldots, n$

$$m_i = p_1^{\nu_{i,1}} p_2^{\nu_{i,2}} \cdots p_s^{\nu_{i,s}}$$

die kanonische Primfaktorzerlegung von m_i. Dann gilt auf jeden Fall $\nu_{i,j} \leq \nu_j$ für alle i, j. Und es folgt aus

$$a \equiv a_{c_j} \pmod{p_j^{\nu_j}}$$

sogleich

$$p_j^{\nu_{i,j}} \mid a - a_{c_j}$$

sowie

$$p_j^{\nu_{i,j}} \mid \mathrm{ggT}(m_i, m_{c_j}) \mid a_i - a_{c_j}.$$

Diese letzten beiden Teilbarkeitsrelationen liefern

$$p_j^{\nu_{i,j}} \mid a - a_i$$

für $j = 1, \ldots, s$, sodass also

$$m_i = p_1^{\nu_{i,1}} p_2^{\nu_{i,2}} \cdots p_s^{\nu_{i,s}} \mid a - a_i.$$

Damit ist a eine Lösung des gegebenen Systems von Kongruenzgleichungen. Die Darstellung der Lösungsmenge folgt nun wie in der Lösung zur Selbstfrage auf Seite 1079.

Aufgabe 25.9 •• Wir begründen die Aussage in (a) nach vollständiger Induktion nach n. Für $n = 2$ ist die Behauptung bereits begründet. Nun setzen wir voraus, dass die Aussage für $n - 1$ richtig ist. Für das kgV gilt:

$$v = \mathrm{kgV}(a_1, \ldots, a_n) = \mathrm{kgV}(|a_1 \cdots a_{n-1}|, a_n).$$

Außerdem gilt offenbar für den ggT:

$$\mathrm{ggT}(|a_1 \cdots a_{n-1}|, a_n) = 1,$$

sodass schließlich $\mathrm{kgV}(|a_1 \cdots a_{n-1}|, a_n) = |a_1 \cdots a_n|$ folgt.

Die Richtung $\Rightarrow$ der Aussage in (b) ist klar. Und umgekehrt folgt aus $a_1 \mid c, \ldots, a_n \mid c$ mit dem ersten Teil $|a_1 \cdots a_n| = \mathrm{kgV}(a_1, \ldots, a_n) \mid c$.

Aufgabe 25.10 •• Es bezeichne d den ggT von $a_1, \ldots, a_n$.

Wenn $(x_1, \ldots, x_n) \in \mathbb{Z}^n$ eine Lösung von $(*)$ ist, gilt $d \mid a_1 x_1 + \cdots + a_n x_n = c$.

Wir setzen nun $d \mid c$ voraus. Es hat d eine Darstellung der Form

$$(**) \quad d = r_1 a_1 + \cdots r_n a_n \text{ mit } a_i, r_i \in \mathbb{Z}.$$

Multiplikation mit $\frac{c}{d} \in \mathbb{Z}$ liefert

$$c = a_1 \frac{r_1 c}{d} + \cdots + a_n \frac{r_n c}{d}$$

mit $x_i = \frac{r_i c}{d} \in \mathbb{Z}$.

Offenbar gilt:

$$\mathrm{ggT}(1729, 2639, 3211) = 13 \text{ und}$$
$$13 = -318 \cdot 1729 + 212 \cdot 2639 - 3 \cdot 3211.$$

Nach dem eben bewiesenen Ergebnis ist die Gleichung lösbar, da $c = 13k$ für ein $k \in \mathbb{Z}$, und

$$c = (-318k) \cdot 1729 + (212k) \cdot 2639 + (-3k) \cdot 3211.$$

Eine Lösung ist somit $(-318k, 212k, -3k)$.

Aufgabe 25.11 • Die Richtung $\Rightarrow$ in der ersten Aussage ist klar, weil aus $m_i \mid v$ und $v \mid a - b$ auch $m_i \mid a - b$ folgt. Für $\Leftarrow$ beachte man: $m_i \mid a - b$ für alle i impliziert $v \mid a - b$.

Die zweite Aussage folgt aus der ersten.

Aufgabe 25.12 ••• Wir betrachten die Menge $M = \{a - bm \in \mathbb{N}_0 \mid m \in \mathbb{Z}\} \subseteq \mathbb{N}_0$ und begründen, dass diese Menge nicht leer ist, um das Wohlordnungsprinzip anwenden zu können.

Ist $a \geq 0$, so folgt $a \in M$ für $m = 0$, sodass in diesem Fall $M \neq \emptyset$ gilt.

Nun gelte $a < 0$. Da $b \in \mathbb{N}$ gilt, ist $1 - b \leq 0$. Somit ist $a(1 - b) \geq 0$. Also folgt wegen $a(1 - b) = a - ab$ für $m = a$

$$a - ab \in M,$$

sodass auch in diesem Fall M nicht leer ist.

Nach dem Wohlordnungsprinzip enthält M ein kleinstes Element r, es gilt $r = a - pb \geq 0$ mit einem $q \in \mathbb{Z}$.

Es ist nur noch zu begründen, dass $r < b$ gilt.

Wäre $r \geq b$, so gälte

$$a - (q+1)b = a - qb - b = r - b \in \mathbb{N}_0.$$

Es folgte ein Widerspruch zur Minimalität von r.

Kapitel 26

Aufgaben

Verständnisfragen

Aufgabe 26.1 • Beweisen Sie die Isomorphie der im folgenden Bild angegebenen Graphen G und G', indem Sie angeben, wie dieser Isomorphismus $\varphi\colon G \to G'$ die Knoten $v_1, \ldots, v_8$ auf die Knoten $v'_1, \ldots, v'_8$ von G' abzubilden hat.

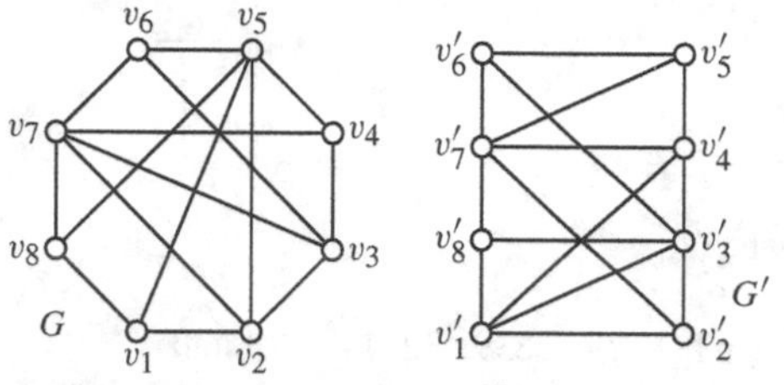

Aufgabe 26.2 • Bestimmen Sie Durchmesser, Radius, Zentrum und Randknoten sowie die Taillenweite des vollständigen Graphen K_n, des vollständigen bipartiten Graphen $K_{p,q}$ sowie des Peterson-Graphen P (siehe Abbildung 26.1)

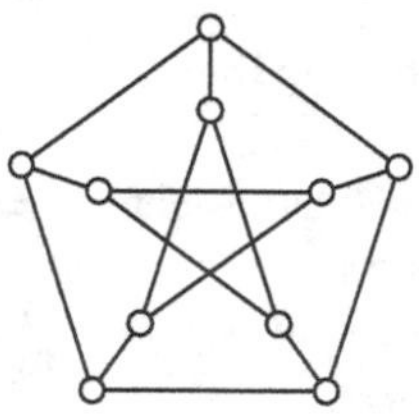

Abbildung 26.1 Der Petersen-Graph P.

Aufgabe 26.3 • Bestimmen Sie alle untereinander nichtisomorphen Bäume mit 6 Knoten. Vergleichen Sie dazu auch die Abbildung 26.19 im Hauptwerk.

Aufgabe 26.4 •• Zeichnen Sie einen Graphen, dessen Knoten $v_1, \ldots, v_7$ der Reihe nach die Grade $(1, 2, 3, 4, 5, 6, 7)$ haben. Gibt es einen einfachen Graphen mit dieser Gradfolge? Gibt es einen Graphen mit sechs Knoten und den Graden $(1, 2, 3, 4, 5, 6)$?

Aufgabe 26.5 •• Wie viele Hamiltonkreise gibt es in den vollständigen Graphen K_5 und allgemeiner in K_n?

Aufgabe 26.6 ••• Welche Längen sind bei Kreisen im Petersen-Graphen P (Abbildung 26.1) möglich? Gibt es einen Hamiltonkreis in P? Warum ist der Petersen-Graph brückenlos?

Aufgabe 26.7 • In einer Vorlesung sitzen 64 Studenten und n Studentinnen. Jeder Student kennt genau 5 Studentinnen und jede Studentin 8 Studenten. Wie viele Studentinnen sitzen in der Vorlesung?

Aufgabe 26.8 • 10 Studentinnen und 5 Studenten stellen sich so in einer Reihe auf, dass keine zwei Studenten nebeneinander stehen. Wie viele Möglichkeiten gibt es hierbei?

Aufgabe 26.9 •• Wie viele Möglichkeiten gibt es, 10 rote und 5 gelbe Gummibärchen (evtl. ungerecht) auf Lisa, Lena, Laura und Lola zu verteilen?

Rechenaufgaben

Aufgabe 26.10 • Bestimmen Sie eine Euler'sche Kantenfolge in dem Graphen aus Abbildung 26.2

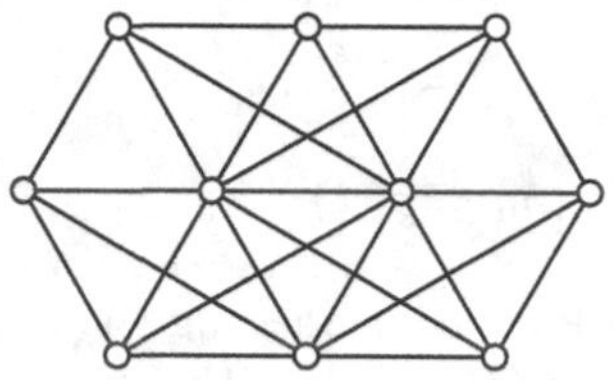

Abbildung 26.2 Euler'scher Graph zu Aufgabe 26.10.

Aufgabe 26.11 • Bestimmen Sie einen minimalen Spannbaum des in Abbildung 26.3 dargestellten Netzwerks (G, w) mit 10 Knoten und 20 Kanten.

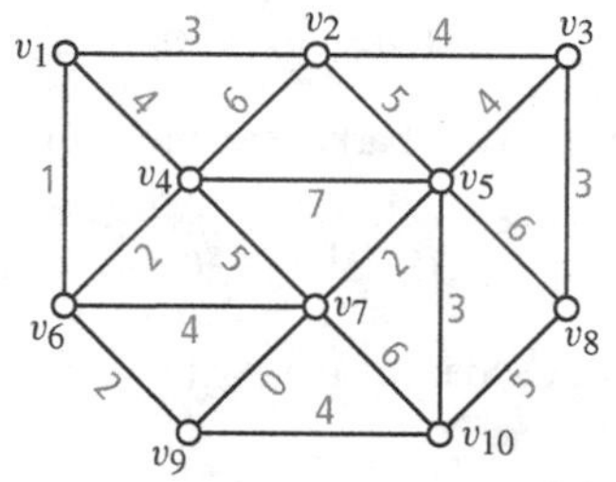

Abbildung 26.3 (G, w) ist ein positiv bewerteter Graph.

Aufgabe 26.12 • Bestimmen Sie für das in Abbildung 26.3 dargestellte Netzwerk (G, w) einen Entfernungsbaum zu dem Knoten v_3.

Aufgabe 26.13 •• Es seien M und N endliche Mengen, $|N| = n$ und $|M| = m$. Bestimmen Sie die Anzahl

(a) aller Abbildungen $f\colon M \to N$,
(b) aller injektiven Abbildungen $f\colon M \to N$,
(c) aller surjektiven Abbildungen $f\colon M \to N$,
(d) aller bijektiven Abbildungen $f\colon M \to N$.

Aufgabe 26.14 •• Gegeben ist die rekursiv definierte Folge $(a_n)_{n\in\mathbb{N}_0}$, wobei

$$a_0 = 1 \quad \text{und} \quad a_{n+1} = 2\,a_n + n.$$

Bestimmen Sie eine explizite Darstellung der Folgenglieder a_n mittels einer erzeugenden Funktion.

Beweisaufgaben

Aufgabe 26.15 • Beweisen Sie die folgende Aussage: Hat in einem einfachen Graphen G mit n Knoten jeder Knoten v einen Grad $\deg v \geq \frac{n}{2}$, so ist G zusammenhängend.

Aufgabe 26.16 ••• Beweisen Sie, dass es in jeder Ansammlung von 6 Personen mindestens drei gibt, die paarweise einander kennen, oder drei, die paarweise einander nicht kennen.

Aufgabe 26.17 •• Beweisen Sie: Besteht der planare Graph G mit n Knoten, m Kanten und f Gebieten aus c Zusammenhangskomponenten, so gilt als Verallgemeinerung der Euler'schen Formel (Seite 1096) $n - m + f = 1 + c$.

Aufgabe 26.18 • Beweisen Sie: Ist G ein planarer zusammenhängender und einfacher Graph, so ist die Kantenzahl m gegenüber der Knotenzahl n durch die Gleichung $m \leq 3n - 6$ begrenzt.

Aufgabe 26.19 • Beweisen Sie die folgende Aussage: Wenn in einem bewerteten einfachen Graphen (G, w) keine zwei Kanten denselben Wert haben, ist der minimale Spannbaum eindeutig.

Aufgabe 26.20 ••• Beweisen Sie das Lemma auf Seite 1104: Sind $M_1, \ldots, M_k$ endliche Mengen, so gilt:

$$\left|\bigcup_{i=1}^{k} M_i\right| = \sum_{\emptyset \neq J \subseteq \{1,\ldots,k\}} (-1)^{|J|-1} \left|\bigcap_{j \in J} M_j\right|.$$

Aufgabe 26.21 •• Begründen Sie, warum für die Stirling-Zahlen zweiter Art und $n > 0$ die folgenden Gleichheiten gelten:

- $S_{n,1} = 1$,
- $S_{n,n} = 1$,
- $S_{n,n-1} = \binom{n}{2}$,
- $S_{n,2} = \frac{1}{2}(2^n - 2) = 2^{n-1} - 1$.

Aufgabe 26.22 ••• Leiten Sie die explizite Darstellung

$$S_{n,k} = \frac{1}{k!} \sum_{i=0}^{k} (-1)^{k-i} \binom{k}{i} i^n$$

für die Stirling-Zahlen zweiter Art her.

Aufgabe 26.23 ••• **Partitionen natürlicher Zahlen.** Es seien $n, k \in \mathbb{N}_0$, $k \leq n$ und $N = \{1, \ldots, n\}$.

Eine k-**Partition** von n ist eine Zerlegung von n in eine Summe aus k Summanden:

$$n = n_1 + n_2 + \ldots + n_k,$$

wobei $n_1, \ldots, n_k \in \mathbb{N}$. Für die Anzahl der ungeordneten k-Partitionen von n schreiben wir $P_{n,k}$, es gilt:

$$P_{n,k} = \left|\left\{(n_1, \ldots, n_k) \in \mathbb{N}^k \mid \sum_{i=1}^{k} n_i = n,\ n_i \leq n_{i+1}\right\}\right|.$$

(a) Bestimmen Sie $P_{6,4}$.

(b) Begründen Sie, warum die Anzahl der geordneten k-Partitionen $\binom{n-1}{k-1}$ ist.

Hinweise

Verständnisfragen

Aufgabe 26.1 • Vergleichen Sie die Knotengrade.

Aufgabe 26.2 • Beachten Sie die Definitionen auf Seite 1091 sowie die Abbildung 26.12.

Aufgabe 26.3 • Ordnen Sie die Fälle nach dem Maximalgrad $\Delta(T)$ des Baumes.

Aufgabe 26.4 •• Es gibt mehrere Lösungen, zusammenhängende und nicht zusammenhängende.

Aufgabe 26.5 •• Der Graph K_n ist vollständig.

Aufgabe 26.6 ••• Beachten Sie die Definitionen auf Seite 1089 und 1093 sowie die Selbstfrage auf Seite 1090.

Aufgabe 26.7 • Doppeltes Abzählen.

Aufgabe 26.8 • Man stelle die 10 Studentinnen auf und überlege, wie viele Möglichkeiten man nun für die Studenten hat.

Aufgabe 26.9 •• Man versetze sich in die Position der Gummibärchen: Diese ziehen aus einer Losschachtel eines der vier Mädchen und legen es nach jedem Ziehen wieder zurück.

Rechenaufgaben

Aufgabe 26.10 • Suchen Sie vorerst gemäß dem Beweis auf Seite 1093 eine disjunkte Zerlegung der Kantenmenge in geschlossene Kantenfolgen ohne Mehrfachkanten und verbinden Sie diese anschließend.

Aufgabe 26.11 • G ist einfach und zusammenhängend.

Aufgabe 26.12 • G ist einfach und zusammenhängend, und alle Werte sind positiv.

Aufgabe 26.13 •• Man überlege jeweils, wie viele Wahlmöglichkeiten man für $f(x)$ hat, wobei x ein Element aus M ist.

Aufgabe 26.14 •• Beachten Sie das allgemeine Vorgehen, das auf Seite 1110 beschrieben ist, und beachten Sie das Beispiel auf Seite 1109. Eine Partialbruchzerlegung von

$\frac{1}{(\alpha-\beta X)(\gamma-\delta X)^2}$ hat die Form

$$\frac{a}{\alpha - \beta X} + \frac{b}{\gamma - \delta X} + \frac{c}{(\gamma - \delta X)^2}.$$

Beweisaufgaben

Aufgabe 26.15 • Argumentieren Sie indirekt und betrachten Sie die Zusammenhangskomponente mit der kleinsten Knotenzahl.

Aufgabe 26.16 ••• Dazu äquivalent ist die Behauptung, dass für jeden Graph G mit sechs Knoten gilt: Der Graph G oder der dazu komplementäre Graph $\overline{G}$ enthält ein Dreieck.

Aufgabe 26.17 •• Wenden Sie die Euler'sche Formel an und schließen Sie mittels Induktion nach der Anzahl der Komponenten.

Aufgabe 26.18 • Wenden Sie die Euler'sche Formel an.

Aufgabe 26.19 • Argumentieren Sie mit einem geeigneten Algorithmus.

Aufgabe 26.20 ••• Zählen Sie, wie oft ein Element $x \in \bigcup_{i=1}^{k} M_i$ auf der rechten Seite der Gleichung berücksichtigt wird.

Aufgabe 26.21 •• Beachten Sie die Definition der Stirling-Zahlen zweiter Art.

Aufgabe 26.22 ••• Benutzen Sie eine erzeugende Funktionen der Art $A_k = \sum_{n\in\mathbb{N}_0} S_{n,k}X^n$.

Aufgabe 26.23 ••• –

Lösungen

Verständnisfragen

Aufgabe 26.1 • Es gibt zwei Lösungen:

$$\varphi\colon (v_1,\ldots,v_8) \to \begin{cases} (v_5', v_4', v_1', v_2', v_7', v_8', v_3', v_6') \\ (v_5', v_4', v_1', v_8', v_7', v_2', v_3', v_6') \end{cases}$$

Aufgabe 26.2 • $\operatorname{diam} K_n = \operatorname{rad} K_n = 1$, $g(K_n) = 3$; $\operatorname{diam} K_{p,q} = \operatorname{rad} K_{p,q} = 2$, $g(K_{p,q}) = 4$; $\operatorname{diam} P = \operatorname{rad} P = 2$, $g(P) = 5$. In allen Fällen sind sämtliche Knoten Randknoten und sie gehören gleichzeitig zum Zentrum.

Aufgabe 26.3 • Es gibt 6 Möglichkeiten.

Aufgabe 26.4 •• Es gibt mehrere Lösungen, darunter jedoch keinen einfachen Graphen. Auch gibt es keinen Graphen mit 6 Knoten und den geforderten Graden.

Aufgabe 26.5 •• K_5 enthält 12 Hamiltonkreise, in K_n gibt es $\frac{(n-1)!}{2}$ Hamiltonkreise.

Aufgabe 26.6 ••• 5, 6, 8, 9. Es gibt keine Hamiltonkreise.

Aufgabe 26.7 • $n = 40$.

Aufgabe 26.8 • $\binom{11}{5}$.

Aufgabe 26.9 •• $\binom{13}{10} \cdot \binom{8}{5}$.

Rechenaufgaben

Aufgabe 26.10 • –

Aufgabe 26.11 • Ein minimaler Spannbaum enthält die Kanten v_1v_2, v_2v_3, v_3v_8, v_1v_6, v_6v_9, v_9v_7, v_7v_5, v_5v_{10} und v_6v_4.

Aufgabe 26.12 • Das folgende Bild zeigt eine Lösung. In den Klammern stehen die Distanzen $d_w(v_3, v_i)$ zwischen v_3 und den einzelnen Knoten v_i, $i = 1, \ldots, 10$.

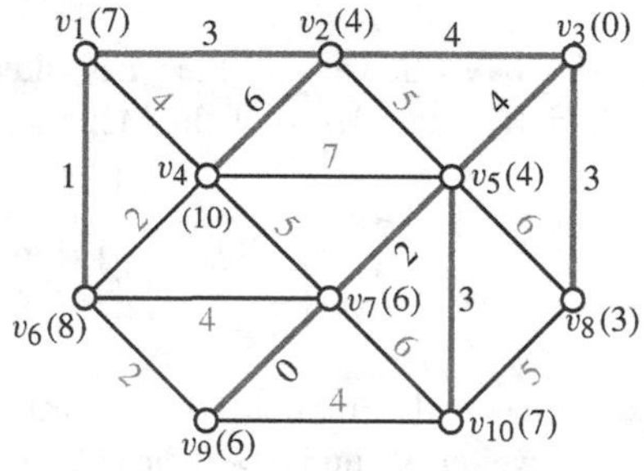

Aufgabe 26.13 •• (a) n^m, (b) $\frac{n!}{(n-m)!}$, (c) $n! \cdot S_{m,n}$, (d) $n!$.

Aufgabe 26.14 •• $a_n = 2^{n+1} - (n+1)$ für alle $n \in \mathbb{N}_0$.

Beweisaufgaben

Aufgabe 26.15 • –

Aufgabe 26.16 ••• –

Aufgabe 26.17 •• –

Aufgabe 26.18 • –

Aufgabe 26.19 • –

Aufgabe 26.20 ••• –

Aufgabe 26.21 •• –

Aufgabe 26.22 ••• –

Aufgabe 26.23 ••• –

Lösungswege

Verständnisfragen

Aufgabe 26.1 • Der Knoten $v_1 \in G$ hat drei Nachbarn, nämlich v_8 mit $\deg v_8 = 3$, v_2 mit $\deg v_2 = 4$ und v_5 mit $\deg v_5 = 5$. Der Graph G' enthält vier Knoten mit Knotengrad 3, nämlich v_2', v_5', v_6' und v_8'. Die Nachbarn von v_2' haben die Knotengrade (4, 5, 5), jene von v_5' (3, 4, 5), von v_6' (3, 5, 5) und von v_8' (4, 5, 5). Damit bleibt

$$\varphi\colon v_1 \mapsto v_5',\ v_2 \mapsto v_4',\ v_5 \mapsto v_7',\ v_8 \mapsto v_6'.$$

Der Knoten v_8 hat zwei Nachbarn mit Knotengrad 5, nämlich v_5 und v_7. Die Nachbarn von v_6' mit Knotengrad 5 lauten v_3' und v_7'. Also bleibt $\varphi\colon v_7 \mapsto v_3'$. Die einzigen Knoten von G mit dem Knotengrad 4 sind v_2 und v_3, jene von G' v_1' und v_4'. Somit gilt $\varphi\colon v_3 \mapsto v_1'$.

Nun haben v_4 und v_6 dieselben drei Nachbarn v_3, v_5 und v_7. Ebenso haben die noch ausständigen v_2' und v_8' genau dieselben Nachbarn v_1', v_3' und v_7'. Damit vervollständigen sowohl $v_4 \mapsto v_2'$ und $v_6 \mapsto v_8'$ als auch $v_4 \mapsto v_8'$ und $v_6 \mapsto v_2'$ die bisherigen Paarungen zu einem Isomorphismus $G \to G'$.

Der Grund für die Mehrdeutigkeit ist ein Automorphismus von G, welcher v_4 mit v_6 vertauscht, während alle anderen Knoten fix bleiben.

Aufgabe 26.2 • Der Durchmesser $\operatorname{diam} G$ des Graphen G ist der maximale Abstand zweier Knoten von G. Die Exzentrizität $e(v)$ eines einzelnen Knoten ist dessen maximale Entfernung zu anderen Knoten in G. Der Radius von G ist definiert als $\operatorname{rad} G = \min\{e(v) \mid v \in V\}$. Das Zentrum ist die Menge derjenigen Knoten, deren Exzentrizität gleich dem Radius ist. Für Randknoten ist $e(v) = \operatorname{diam} G$. Die Taillenweite $g(G)$ ist die Länge des kürzesten Kreises von G.

Für jeden Knoten v des vollständigen Graphen K_n (vergleiche K_5 in Abbildung 26.6) ist $e(v) = 1$, daher auch $\operatorname{rad} K_n = \operatorname{diam} K_n = 1$. Alle Knoten $v \in K_n$ gehören gleichzeitig zum Zentrum und zum Rand von K_n. Der vollständige Graph K_n ist einfach, enthält daher keine parallelen Kanten; also ist $g(K_n) = 3$.

Die Knotenmenge des vollständigen bipartiten Graphen $K_{p,q}$ zerfällt in zwei Teilmengen V_1 und V_2; der Graph umfasst genau sämtliche Verbindungskanten zwischen V_1 und V_2. Somit sind zwei Knoten aus $K_{p,q}$ genau dann nicht benachbart, wenn sie derselben Komponente V_i angehören. Dann haben sie dieselbe Nachbarschaft. Also ist $e(v) = 2$ für alle $v \in K_{p,q}$. Es bleibt $\operatorname{rad} K_{p,q} = \operatorname{diam} K_{p,q} = 2$ und $g(K_{p,q}) = 4$ (vergleiche das Lemma auf Seite 1090).

Die Knotenmenge des Petersen-Graphen P (Abbildung 26.1) zerfällt in ein inneres und ein äußeres Fünfeck. Kanten sind entweder Seiten des äußeren oder Diagonalen des inneren Fünfecks oder sie sind radial und verbinden einen Knoten des inneren Fünfecks mit einem des äußeren. Jeder Knoten des äußeren wie auch des inneren Fünfecks hat von allen anderen Knoten eine Entferung ≤ 2. Es ist $e(v) = 2$ für alle $v \in P$. Also ist $\operatorname{rad} P = \operatorname{diam} P = 2$, und Zentrum und Rand von P sind gleich der gesamten Knotenmenge V. Neben den beiden Fünfecken gibt es weitere Kreise mit dem Umfang 5, nämlich solche, die zwei Nachbarseiten eines der Fünfecke enthalten. Es gibt keine kürzeren Kreise in P; daher ist $g(P) = 5$. Eine ausführliche Begründung zur letzten Behauptung ist in der Lösung der Aufgabe 26.6 enthalten.

Aufgabe 26.3 • Nach Seite 1095 haben die gesuchten Bäume T fünf Kanten. Daher erfüllt der Maximalgrad die Bedingungen $1 < \Delta(T) \leq 5$. Die erste Ungleichung gilt deshalb, weil bei $\Delta(T) = 1$ der Graph nur 3 Kanten haben dürfte.

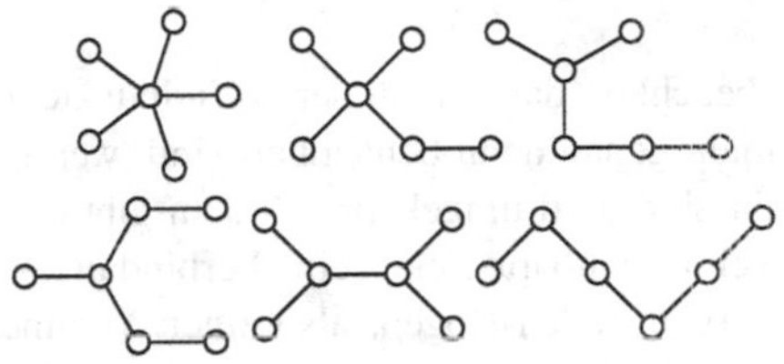

Zu den Maximalgraden 5 und 4 gibt es bis auf Isomorphie nur je einen Baum. Zum Wert $\Delta(T) = 3$ gibt es drei Möglichkeiten und nur eine zu $\Delta(T) = 2$.

Aufgabe 26.4 •• Nachdem durch den letzten Knoten v_7 sieben verschiedene Kanten gehen müssen, aber nur maximal 6 Nachbarn vorhanden sind, müssen mindesten zwei dieser Kanten parallel sein.

Die Summe aller Knotengrade muss nach dem Lemma auf Seite 1088 gerade sein. Wegen $1 + 2 + \cdots + 6 = 21$ gibt es keinen Graphen mit der Gradfolge $(1, \ldots, 6)$.

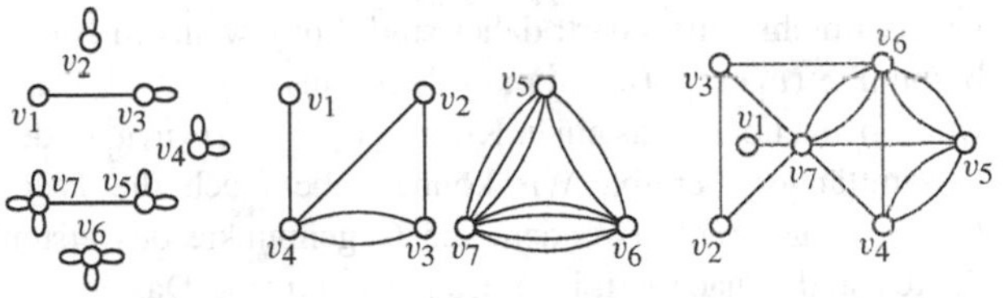

Wir kommen rasch zu einer Lösung, wenn wir möglichst viele Schlingen verwenden. Weil eine Schlinge beim Grad eines Knotens doppelt zu zählen ist, müssen wir durch Knoten ungeraden Grades noch eine zusätzliche Kante vorsehen (linkes Bild).

Wir können aber auch mit einem Graphen zur Kantenfolge (1, 2, 3, 4) beginnen und eine Komponente mit der Gradfolge (5, 6, 7) hinzufügen (mittlere Lösung im obigen Bild).

Das Bild rechts zeigt schließlich einen zusammenhängenden Graphen als Lösung unseres Problems.

Aufgabe 26.5 •• Weil die Graphen vollständig, also je zwei Knoten durch eine Kante verbunden sind, kann man die Reihenfolge für die Durchlaufung aller Knoten willkürlich wählen; es gibt $n!$ Möglichkeiten.

Der durch eine Permutation bestimmte Hamiltonkreis ist unabhängig davon, von welchem Knoten aus man die Durchlaufung beginnt. Daher führen je n Permutationen zu demselben Hamiltonkreis. Außerdem bleibt der Hamiltonkreis unverändert, wenn die Reihenfolge umgekehrt wird. Somit gibt es $\frac{n!}{2n} = \frac{(n-1)!}{2}$ verschiedene Hamiltonkreise.

Aufgabe 26.6 ••• Wie bei Aufgabe 16.2 unterteilen wir die Kantenmenge des Petersen-Graphen wieder in 5 radiale Kanten sowie in die je 5 Seiten des äußeren und inneren Fünfecks.

Ein von den beiden Fünfecken verschiedener Kreis in P muss Kanten beider Fünfecke enthalten und dazwischen radiale Kanten passieren. Da ein Kreis dort endet, wo er beginnt, ist die Anzahl der enthaltenen radialen Kanten gerade, also 2 oder 4.

Es ist zu beachten, dass die äußeren Endpunkte zweier radialer Kanten genau dann benachbart sind, wenn es die inneren nicht sind, und umgekehrt. Zudem gibt es pro Fünfeck für zwei benachbarte Ecken eine Verbindungskante, aber auch den ergänzenden Bogen, also einen Verbindungsweg der Länge 4. Zwei nicht benachbarte Ecken haben als verbindende Wege entlang eines Fünfecks einen mit der Länge 2 und einen anderen mit der Länge 3.

Ein Kreis mit zwei radialen Kanten enthält somit 1 oder 4 Kanten von dem einen Fünfeck sowie 2 oder 3 von dem anderen. Damit haben derartige Kreise die Längen 5, 6, 8 oder 9.

Ein Kreis mit vier radialen Kanten hat mit dem äußeren Fünfeck $v_1 v_2 \ldots v_5 v_1$ entweder zwei getrennte Kanten $v_1 v_2$, $v_3 v_4$ oder eine Kante $v_1 v_2$ und einen davon getrennten Weg $v_3 v_4 v_5$ der Länge 2 gemein.

In dem ersten Fall sind die Endpunktepaare (v_1, v_3) und (v_2, v_4) nicht benachbart; daher sind ihre jeweiligen Nachbarpunkte (v_1', v_3'), (v_2', v_4') auf dem inneren Fünfeck paarweise benachbart, was einen Kreis $v_1 v_2 v_2' v_4' v_4 v_3 v_3' v_1' v_1$ der Gesamtlänge 8 ergibt. Wir können aber auch die Paare (v_1, v_4), (v_2, v_3) verwenden; die Gegenpunkte des ersten Paares sind benachbart, jene des zweiten nicht. Das ermöglicht einen Kreis der Länge 9.

In dem zweiten Fall bleibt nur die Möglichkeit, die Gegenpunkte von (v_1, v_3) und von (v_2, v_5) durch je eine Kante zu verbinden, weil die Alternative (v_1, v_5) und (v_2, v_3) jeweils ein Kantenpaar auf dem inneren Fünfeck als Verbindung erforderte, was nicht zulässig ist.

Damit ist bewiesen, dass keine anderen Kreislängen als die oben angegebenen möglich sind. Somit ist 5 die Mindestlänge, also die Taillenweite (siehe auch Aufgabe 26.2); es gibt in P weder einen Kreis der Länge 7, noch einen der Länge 10, also einen Hamiltonkreis. P erfüllt offensichtlich nicht die im Satz von Dirac (Seite 1093) angegebene Bedingung, doch reicht dies nicht als Begründung für die Nichtexistenz, denn diese Bedingung ist zwar hinreichend, aber nicht notwendig.

Offensichtlich geht durch jede Kante von P ein Kreis. Also ist keine der Kanten eine Brücke; P ist brückenlos.

Aufgabe 26.7 • Aus der Sicht der Studenten: Die Studenten kennen insgesamt $5 \cdot 64$ Studentinnen. Aus der Sicht der Studentinnen: Die Studentinnen kennen insgesamt $8 \cdot n$ Studenten. Nach dem Prinzip des doppelten Abzählens erhalten wir

$$5 \cdot 64 = 8 \cdot n$$

und damit $n = 40$.

Aufgabe 26.8 • Man stelle die 10 Studentinnen in einer Reihe auf. Es gibt dann 11 Plätze für die Studenten, d. h., es gibt $\binom{11}{5}$ Möglichkeiten, wenn man die Studentinnen und Studenten nicht unterscheidet. Unterscheidet man die Studierenden zudem, so sind es $\binom{11}{5} \cdot 10! \cdot 5!$ Möglichkeiten.

Aufgabe 26.9 •• Die zehn Gummibärchen ziehen aus einer Urne, in der Lisa, Lena, Laura und Lola sich befinden, je eines der Mädchen mit Zurücklegen. So werden die zehn Gummibärchen auf die Mädchen verteilt. Da die Anordnung keine Rolle spielt, haben wir es mit dem Fall *ungeordnet, mit Zurücklegen* zu tun. Mit $n = 4$ und $k = 10$ erhalten wir also für die roten Gummibärchen $\binom{n+k-1}{k} = \binom{13}{10}$ Möglichkeiten.

Für die fünf gelben Gummibärchen erhalten wir mit $n = 4$ und $k = 5$ analog $\binom{n+k-1}{k} = \binom{8}{5}$.

Insgesamt gibt es also $\binom{13}{10} \cdot \binom{8}{5}$ Möglichkeiten.

Rechenaufgaben

Aufgabe 26.10 • Das folgende Bild zeigt als eine von vielen Möglichkeiten eine Zerlegung in 5 geschlossene Kantenfolgen A, ..., E.

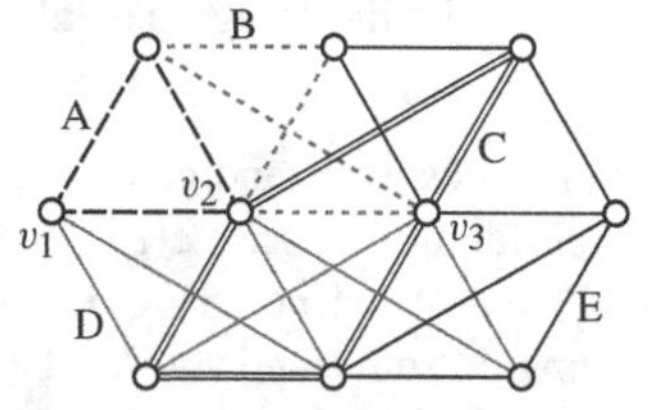

Diese kann man wie folgt zu einer einzigen Kantenfolge zusammenschließen: Wir beginnen mit A und durchlaufen die Kante $v_1 v_2$. Von v_2 aus durchlaufen wir die Folge C in willkürlich wählbarem Durchlaufungssinn, dann die Folge D. Nun wechseln wir zur Folge B und laufen von v_2 bis v_3. Von v_3 aus können wir einmal die Kantenfolge E herumlaufen und dann B abschließen und zu v_2 zurückkehren. Schließlich durchlaufen wir von v_2 aus noch den Rest der Folge A und beenden in v_1 eine eulersche Kantenfolge. Natürlich gibt es auch hier viele andere Möglichkeiten, diese 5 Teilfolgen zu einer einzigen zusammenzufügen.

Aufgabe 26.11 • Bei dem Algorithmus von Kruskal hat man zuerst die Kanten ihren Werten nach in aufsteigender

Reihenfolge zu ordnen. Eine mögliche Reihenfolge lautet v_7v_9, v_1v_6, v_4v_6, v_6v_9, v_5v_7, v_1v_2, v_3v_8, v_5v_{10}, v_1v_4, v_2v_3, v_3v_5, v_6v_7, v_9v_{10}, v_2v_5, v_4v_7, v_8v_{10}, v_7v_{10}, v_5v_8, v_2v_4, v_4v_5.

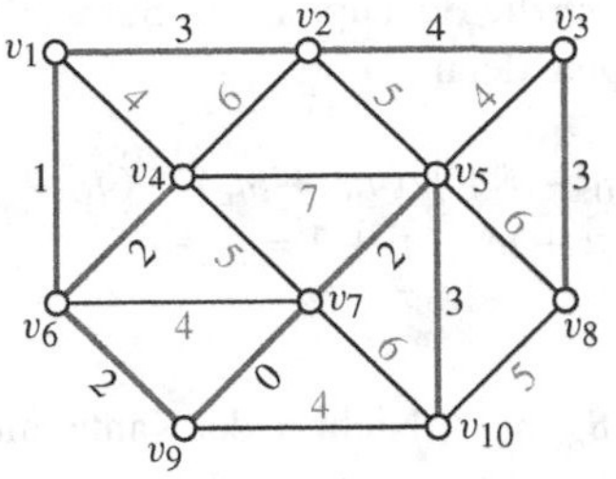

Nun muss man der Reihe nach diejenigen Kanten auswählen, welche mit den bereits gewählten Kanten keinen Kreis bilden. Dabei zeigt sich, dass erstmalig die Kante v_1v_4 einen Kreis bildet und daher ausscheidet. Ab v_3v_5 scheiden dann alle Kanten aus, auch deshalb, weil bis dahin bereits die 9 Kanten eines minimalen Spannbaumes gefunden sind. Dessen Gesamtlänge beträgt 20.

Die Lösung ist nicht eindeutig: Hätte man die Kante v_3v_5 vor der Kante v_2v_3 gereiht, wäre v_3v_5 anstelle v_2v_3 in dem minimalen Spannbaum enthalten.

Dieselbe Aufgabe kann auch mit dem Algorithmus von Prim gelöst werden. Hier kann man den ersten Knoten frei wählen, etwa v_6. Im ersten Schritt wählt man die kürzeste der von v_6 ausgehenden Kanten, also v_1v_6. Im zweiten Schritt ist unter jenen Kanten, die v_1 oder v_6 mit anderen Knoten verbinden, eine kürzeste zu wählen, etwa v_6v_9. Nun umfasst der ausgewählte Teilgraph bereits die Knotenmenge $V_T = \{v_1, v_6, v_9\}$. Im dritten Schritt ist eine kürzeste Kante zu wählen, die V_T mit dem Rest $V \setminus V_T$ verbindet, also v_7v_9, und v_7 kommt zu V_T dazu. Auf diese Weise folgen bis zum 9. Schritt als restliche Knoten der Reihe nach $v_4, v_5, v_2, v_{10}, v_3, v_8$. Es entsteht dabei derselbe minimale Spannbaum wie oben abgebildet.

Aufgabe 26.12 • Wir gehen nach dem Algorithmus von Dijkstra vor:

Schritt	v_1	v_2	v_3	v_4	v_5	v_6	v_7	v_8	v_9	v_{10}	*Vorgänger*
1	∞	∞	$\underline{\mathbf{0}}$	∞	∞	∞	∞	∞	∞	∞	
2	∞	4	–	∞	4	∞	∞	$\underline{\mathbf{3}}$	∞	∞	v_3
3	∞	$\underline{\mathbf{4}}$	–	∞	4	∞	∞	–	∞	8	v_3
4	7	–	–	10	$\underline{\mathbf{4}}$	∞	∞	–	∞	8	v_3
5	7	–	–	10	–	∞	$\underline{\mathbf{6}}$	–	∞	7	v_5
6	7	–	–	10	–	10	–	–	$\underline{\mathbf{6}}$	7	v_7
7	7	–	–	10	–	8	–	–	–	$\underline{\mathbf{7}}$	v_5
8	$\underline{\mathbf{7}}$	–	–	10	–	8	–	–	–	–	v_2
9	–	–	–	10	–	$\underline{\mathbf{8}}$	–	–	–	–	v_1
10	–	–	–	$\underline{\mathbf{10}}$	–	–	–	–	–	–	v_2

Der oben dargestellte Entfernungsbaum ist nicht eindeutig; auch v_6 wäre ein möglicher Vorgänger von v_4.

Aufgabe 26.13 •• (a) Das ist aus Kapitel 2 bekannt. Wir begründen das erneut: Für jedes $x \in M$ steht jedes der n Elemente aus N als Bild $f(x)$ zur Wahl, somit gibt es n^m Möglichkeiten.

(b) Die Abbildung f ist genau dann injektiv, wenn die Bilder $f(x_1), \ldots, f(x_m)$ alle verschieden sind. Für $f(x_1)$ gibt es demnach n Möglichkeiten, für $f(x_2)$ noch $n-1$ Möglichkeiten, ..., für $f(x_m)$ noch $n-(m-1)$ Möglichkeiten. Insgesamt erhalten wir so $\frac{n!}{(n-m)!}$ Möglichkeiten.

(c) Wir betrachten zu einer surjektiven Abbildung $f\colon M \to N$ die angeordnete n-Partition $(M_1, \ldots, M_n)$ von M, wobei $M_i = f^{-1}(y_i)$. Andererseits liefert jede angeordnete n-Partition $(M_1, \ldots, M_n)$ von M eine surjektive Abbildung $f\colon M \to N$, indem man $f(x) = y_i$, falls $x \in M_i$ setzt.

Somit gibt es genau so viele surjektive Abbildungen von M nach N wie es angeordnete n-Partitionen von M gibt, d. h., es gibt genau $n! \cdot S_{m,n}$ surjektive Abbildungen von M nach N.

(d) Es ist klar, dass es nur dann eine Bijektion geben kann, wenn $n = m$ gilt. In diesem Fall gibt es offenbar genau $n!$ Bijektionen.

Aufgabe 26.14 ••

1. Wir bestimmen die erzeugende Funktion:

$$\begin{aligned} A &= a_0 + \sum_{n\geq 1} a_n X^n \\ &= a_0 + X \sum_{n\in\mathbb{N}_0} (2\,a_n + n)\, X^n \\ &= 1 + 2\,X\,A + X \sum_{n\in\mathbb{N}_0} n\, X^n. \end{aligned}$$

   Wegen

$$\sum_{n\in\mathbb{N}_0} n\, X^n = X\, \frac{1}{(1-X)^2}$$

   (siehe das Beispiel auf Seite 1109) erhalten wir

$$A = 1 + 2\,X\,A + \frac{X^2}{(1-X)^2}.$$

2. Wir lösen nach A auf und erhalten

$$A = \frac{1 - 2X + 2X^2}{(1-2X)(1-X)^2}.$$

3. Wir zerlegen den Ausdruck $\frac{1-2X+2X^2}{(1-2X)(1-X)^2}$ in Partialbrüche:

$$\frac{1 - 2X + 2X^2}{(1-2X)(1-X)^2} = \frac{a}{1-2X} + \frac{b}{1-X} + \frac{c}{(1-X)^2}.$$

   Es folgt

$$a = 2,\; b = 0,\; c = -1.$$

Damit erhalten wir für A:

$$\begin{aligned} A &= \frac{2}{1-2X} - \frac{1}{(1-X)^2} \\ &= 2\sum_{n\in\mathbb{N}_0} 2^n X^n - \sum_{n\in\mathbb{N}_0} (n+1)\, X^n \\ &= \sum_{n\in\mathbb{N}_0} (2^{n+1} - (n+1))\, X^n . \end{aligned}$$

4. Durch einen Koeffizientenvergleich erhalten wir

$$a_n = 2^{n+1} - (n+1) \quad \text{für alle } n \in \mathbb{N}_0.$$

Beweisaufgaben

Aufgabe 26.15 • Angenommen, G ist nicht zusammenhängend. Dann hat die kleinste Zusammenhangskomponente höchstens $\frac{n}{2}$ Knoten. Jeder dieser Knoten hat höchstens $(\frac{n}{2} - 1)$ Nachbarn. Daher gilt für die Knoten dieser Komponente $\deg v < \frac{n}{2}$ im Widerspruch zur Voraussetzung.

Aufgabe 26.16 ••• Wir nehmen an, dass $G = (V, E)$ kein Dreieck enthält. Damit gilt für je drei paarweise verschiedene Knoten $v_i, v_j, v_k \in V$ mit $i, j, k \in \{1, \ldots, 6\}$

$$v_i v_j,\ v_j v_k \in E \implies v_i v_k \notin E.$$

(a) Angenommen, es gibt einen Knoten v_1 mit $\deg(v_1) \geq 3$, also $v_1v_2,\ v_1v_3,\ v_1v_4 \in E$. Dann folgt $v_2v_3,\ v_3v_4,\ v_4v_2 \notin E$. Somit gehört das Dreieck $v_2v_3v_4$ zum komplementären Graphen $\overline{G}$.

(b) Bleibt der Fall, wo $\deg(v_i) \leq 2$ gilt für alle Knoten. Angenommen, $\deg(v_1) = 2$, also etwa $v_1v_2,\ v_1v_3 \in E$. Höchstens zwei der verbleibenden Knoten v_4, v_5, v_6 sind Nachbarn von v_2 oder v_3. Einer dieser Knoten, etwa v_4, ist weder mit v_2, noch mit v_3 verbunden. Wegen $v_2v_3 \notin E$ ist $v_2v_3v_4$ ein Dreieck aus $\overline{G}$.

(c) Haben schließlich alle Knoten von G einen Grad ≤ 1, so zerfällt G in mindestens 3 Zusammenhangskomponenten. Wählen wir aus jeder dieser Komponenten einen Knoten, so erhalten wir auch hier ein Dreieck aus $\overline{G}$.

Aufgabe 26.17 •• Wir gehen von einer ebenen Einbettung, also von einer kreuzungsfreien Darstellung von G aus.

Die Behauptung ist nach der Eulerschen Formel richtig für zusammenhängende planare Graphen.

Angenommen, sie gilt für planare Graphen mit $c-1$ Komponenten und damit für die Vereinigung G_0 der ersten $c-1$ Komponenten von G. Das bedeutet, für die zugehörigen Kennzahlen n_0, m_0, f_0 ist $n_0 - m_0 + f_0 = c$.

Für die c-te Komponente gilt die Gleichung $n_c - m_c + f_c = 2$. Nachdem ganz G kreuzungsfrei ist, muss die c-te Komponente zur Gänze in einem Gebiet von G_0 liegen, ob das nun das Außengebiet ist oder nicht. Punkte X aus dem Außengebiet der c-ten Komponente sind jedenfalls äquivalent zu Punkten Y aus einem Gebiet von G_0. Deshalb ist $f = f_0 + f_c - 1$, während $n = n_0 + n_c$ ist und $m = m_0 + m_c$. Damit ergibt sich die Behauptung als Summe der beiden obigen Gleichungen, denn

$$\begin{aligned} &(n_0 + n_c) + (m_0 + m_c) + (f_0 + f_c) \\ &= n + m + f + 1 = 2 + c. \end{aligned}$$

Aufgabe 26.18 • Nicht jede Kante muss zwei verschiedene Gebiete beranden, wie der Graph im rechten Bild auf Seite 1096 zeigt. Sei m' die Anzahl der *Randkanten* von G, also derjenigen Kanten, welche zwei verschiedene Gebiete beranden. Dann ist $m' \leq m$.

Nun zählen wir ab, wie oft ein Gebiet von einer Kante berandet wird: Offensichtlich ist dies $2m'$-mal der Fall. Andererseits wird jedes der f Gebiete von G von mindestens drei Randkanten begrenzt, denn der Rand besteht aus einem Kreis und dieser muss bei einem einfachen Graphen mindestens die Länge 3 haben. Somit ist $3f \leq 2m' \leq 2m$. Wir substituieren $f = 2 - n + m$ aus der Eulerschen Formel und erhalten $6 - 3n + 3m \leq 2m$ und weiter $m \leq 3n - 6$.

Aufgabe 26.19 • Die im Algorithmus von Kruskal erforderliche Reihung der Kanten von G nach aufsteigenden Werten ist eindeutig und ebenso die im i-ten Schritt ausgewählte Kante, $1 \leq i \leq |V| - 1$. Da umgekehrt nach dem Lemma auf Seite 1098 ein minimaler Spannbaum diese Kante enthalten muss, ist das Resultat eindeutig.

Aufgabe 26.20 ••• Für ein Element $x \in \bigcup_{i=1}^{k} M_i$ sei $J_x = \{j \mid x \in M_j\}$. Wir setzen $m = |J_x|$ und $J_x = \{j_1, \ldots, j_m\}$.

Im Fall $|J| = 1$ wird x in den Mengen $M_{j_1}, \ldots, M_{j_m}$ jeweils einmal gezählt, folglich $m = \binom{m}{1}$ mal.

Im Fall $|J| = 2$ wird x in den Mengen $M_{j_r} \cap M_{j_s}$ jeweils einmal abgezogen, folglich $\binom{m}{2}$ mal.

Das geht so weiter bis $|J| = k$. Hier wird x genau $1 = \binom{m}{m}$ mal gezählt.

Wir erhalten so insgesamt, dass x auf der rechten Seite genau

$$\begin{aligned} \sum_{j=1}^{m} (-1)^{j-1} \binom{m}{j} &= 1 + \sum_{j=0}^{m} (-1)^{j-1} \binom{m}{j} \\ &= 1 - \sum_{j=0}^{m} (-1)^{j} \binom{m}{j} \\ &= 1 - (1-1)^m = 1 \end{aligned}$$

mal gezählt wird. Das ist die Behauptung.

Aufgabe 26.21 •• Da $S_{n,k}$ die Anzahl der Möglichkeiten angibt, wie viele Zerlegungen einer n-elementigen Menge

$N = \{x_1, \ldots, x_n\}$ in k disjunkte, nichtleere Mengen möglich sind, erhalten wir

$$S_{n,1} = 1,$$

da es natürlich nur eine Möglichkeit gibt, die Menge N in eine Teilmenge zu zerlegen, $N = N$. Außerdem ist auch

$$S_{n,n} = 1$$

klar, da es auch nur eine Möglichkeit gibt, eine n-elementige Menge in n disjunkte, nichtleere Teilmengen zu zerlegen, $N = \{x_1\} \cup \cdots \cup \{x_n\}$.

Wenn wir die n Elemente $x_1, \ldots, x_n$ aus N in $n-1$ disjunkte, nichtleere Teilmengen stecken, so müssen in eine Teilmenge zwei Elemente, alle anderen Teilmengen enthalten jeweils ein Element. Hierzu haben wir $\binom{n}{2}$ Wahlmöglichkeiten, d. h.

$$S_{n,n-1} = \binom{n}{2}.$$

Wenn wir die n Elemente $x_1, \ldots, x_n$ aus N in 2 disjunkte Teilmengen N_1 und N_2 stecken, so haben wir für jedes Element 2 Möglichkeiten: Wir stecken es entweder in N_1 oder in N_2. Das ergibt 2^n Möglichkeiten. Nun sollen aber die beiden Teilmengen nichtleer sein, damit haben wir $2^n - 2$ Möglichkeiten. Da aber auch die Bezeichnungen N_1 und N_2 der Mengen keine Rolle spielen soll, erhalten wir schließlich

$$S_{n,2} = \frac{1}{2}(2^n - 2) = 2^{n-1} - 1.$$

Aufgabe 26.22 •••

1. Aus der Rekursionsformel erhalten wir die erzeugende Funktion:

$$A_k = X\,A_{k-1} + k\,X\,A_k.$$

2. Wir lösen nach A_k auf:

$$A_k = \frac{z}{1-kX}\,A_{k-1} \quad \text{mit } k \geq 1,$$

das liefert

$$A_k = \frac{X^k}{(1-X)(1-2X)(1-3X)\cdots(1-kX)}.$$

3. Wir führen eine Partialbruchzerlegung durch, der Ansatz lautet:

$$\frac{1}{(1-X)(1-2X)\cdots(1-kX)} = \frac{a_1}{1-X} + \frac{a_2}{1-2X} + \cdots + \frac{a_k}{1-kX}.$$

Wir multiplizieren diesen Ansatz mit $1 - jX$, $j = 1, \ldots, k$, und setzen in der entstehenden Gleichung für X die Zahl $\frac{1}{j}$ ein und erhalten so

$$\begin{aligned} a_j &= \frac{1}{(1-\frac{1}{j})(1-2\frac{1}{j})\cdots(1-(j-1)\frac{1}{j})(1-(j+1)\frac{1}{j})\cdots(1-k\frac{1}{j})} \\ &= (-1)^{k-j}\frac{j^{k-1}}{(j-1)!\,(k-j)!}. \end{aligned}$$

Damit gilt für die erzeugende Funktion

$$\begin{aligned} A_k &= \frac{X^k}{(1-X)(1-2X)(1-3X)\cdots(1-kX)} \\ &= \sum_{j=1}^{k}(-1)^{k-j}\frac{j^{k-1}}{(j-1)!\,(k-j)!}\,\frac{1}{1-jX} \\ &= \sum_{j=1}^{k}(-1)^{k-j}\frac{j^{k-1}X^k}{(j-1)!\,(k-j)!}\sum_{i\geq 0} j^i X^i. \end{aligned}$$

4. Ein Koeffizientenvergleich liefert

$$S_{n,k} = \frac{1}{k!}\sum_{i=0}^{k}(-1)^{k-i}\binom{k}{i}i^n.$$

Aufgabe 26.23 •••

(a) Im Fall $n = 6$ und $k = 3$ erhalten wir wegen

$$6 = 2 + 2 + 1 + 1 = 3 + 1 + 1 + 1$$

offenbar $P_{6,4} = 2$.

(b) Es sei S die Menge aller k-Partitionen von n und T die Menge aller $(k-1)$-elementigen Teilmengen von $\{1, \ldots, n-1\}$. Wir betrachten die Abbildung:

$$\varphi: \begin{cases} S & \to \quad T \\ (n_1, \ldots, n_k) & \mapsto \quad \{n_1, n_1 + n_2, n_1 + n_2 + n_3, \\ & \qquad \ldots, \sum_{i=1}^{k-1} n_i\} \end{cases}$$

Die Abbildung φ ist wohldefiniert: Da alle $n_i \geq 1$, ist $1 < n_1 < n_1 + n_2 < \ldots < \sum_{i=1}^{k-1} n_i < n$, denn $\sum_{i=1}^{k} n_i = n$. Daher ist $\varphi(n_1, \ldots, n_k)$ eine $(k-1)$-elementige Teilmenge von $\{1, \ldots, n\}$.

Es sei $\{a_1, \ldots, a_{k-1}\} \in T$. O. E. $a_1 < a_2 < \ldots < a_{k-1}$, dann ist

$$\begin{aligned} &\{a_1, \ldots, a_{k-1}\} \\ &\mapsto (a_1, a_2 - a_1, a_3 - a_2, \ldots, a_{k-1} - a_{k-2}, n - a_{k-1}) \end{aligned}$$

offenbar die Umkehrabbildung von φ. Somit ist φ eine Bijektion, also $|S| = |T|$.

Printed in the United States
by Baker & Taylor Publisher Services